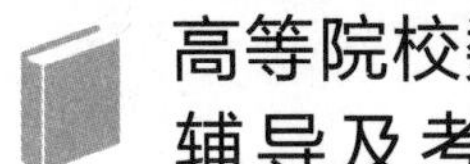

高等院校数学教材同步
辅导及考研复习用书

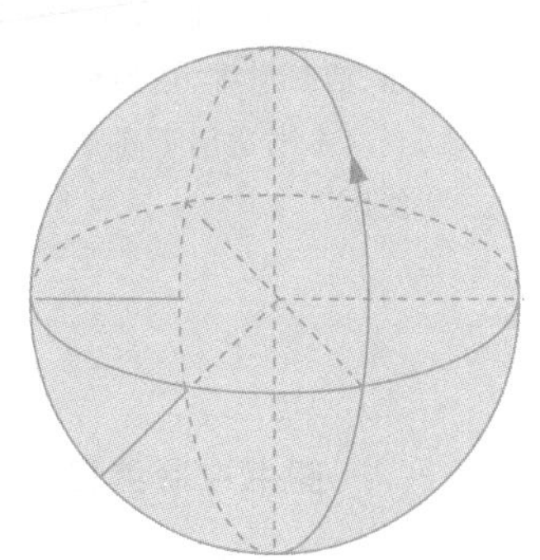

高等数学
同步辅导讲义

(适用同济 第七版 下册)

下册

李正元 主编

- 章节知识点归纳总结、
  题型科学分类归纳、典型例题全解析
- 教材同步学习、章节复习、考研总复习

北京航空航天大学出版社
BEIHANG UNIVERSITY PRESS

内容简介

本书按照同济大学数学系编写的《高等数学》第七版(下册)第八章至第十二章章节顺序编写。对高等数学教材的学习进行同步辅导,每节设有与本节有关的知识点归纳总结、典型题型归纳及解题方法与技巧两个部分,以讲清讲透基本概念为主线,帮助读者在加深理解和掌握各章节的基本概念和重要定理与公式的基础上,通过选编的典型例题,给出多种解题方法与技巧。通过本书的学习,可以开阔读者思路、活跃思维,达到举一反三、触类旁通的效果,以提高分析解决问题的能力。

本书适用于高等院校读者同步复习高等数学教材、学期末总复习以及备考硕士研究生入学考试使用。

图书在版编目(CIP)数据

高等数学同步辅导讲义. 下册 / 李正元主编. -- 北京 : 北京航空航天大学出版社, 2022.6

ISBN 978-7-5124-3814-9

Ⅰ. ①高… Ⅱ. ①李… Ⅲ. ①高等数学-高等学校-自学参考资料 Ⅳ. ①O13

中国版本图书馆 CIP 数据核字(2022)第 091329 号

高等数学同步辅导讲义(下册)

李正元 主编

策划编辑 杨国龙 刘 扬 责任编辑 孙玉杰

*

北京航空航天大学出版社出版发行

北京市海淀区学院路 37 号(邮编 100191) http://www.buaapress.com.cn

发行部电话:(010)82317024 传真:(010)82328026

读者信箱: qdpress@buaacm.com.cn 邮购电话:(010)82316936

保定市中画美凯印刷有限公司印装 各地书店经销

*

开本:787×1 092 1/16 印张:19.25 字数:468 千字

2022 年 7 月第 1 版 2022 年 7 月第 1 次印刷

ISBN 978-7-5124-3814-9 定价:58.00 元

前　言

高等数学课程对于大学生来说，其重要性是不言而喻的，多年来被众多部委和省市列为教学的重点评估课程之一。高等数学在全国硕士学位研究生考试中被指定为全国统考科目。然而，一方面，近年来由于教学改革的实施，高等数学授课时间有所减少，因此，概念的深入探讨、知识点的融会贯通、知识面的拓展势必受到一定影响；另一方面，后续课程以及硕士研究生入学考试对高等数学的要求在教学大纲范围内有深化的趋势。如何解决这一新的矛盾，如何把大学期间高等数学的学习与硕士研究生入学考试复习紧密衔接，作者根据在北京大学多年的教学实践以及硕士研究生入学考试高等数学辅导的经验，听取了广大学员的意见，以同济·第七版为蓝本，参考了北京大学、清华大学、复旦大学、上海交通大学、武汉大学、华中科技大学、浙江大学、四川大学、西安交通大学、哈尔滨工业大学、大连理工大学、东北大学、湖南大学、重庆大学、华南理工大学等高等院校的现行教材，认真编写了本书。

本书每章都设有知识点归纳总结、典型题型归纳及解题方法与技巧。本书以讲清、讲透基本概念为主线，希望能帮助读者把握并理解各章的基本概念和重要的定理与公式；并通过选编的典型例题，或是澄清基本概念与基本运算，或是指出读者解题中常犯的错误，或是介绍高等数学中常用解题思路与技巧，希望读者能开阔思路，活跃思维，举一反三，触类旁通，提高分析与解决问题的能力。

在本次修订中，对于超过新的教学基本要求的内容，涉及一节、一目或有标题的内容均采用 * 或 ** 号标出，有关典型例题也以 * 号或 ** 号标出；对于新的教学基本要求中指明的为某些专业选用的基本内容或典型例题也以 * 号或 ** 号标出。另外，全书中以“∀”表示任意，“∃”表示存在。

要写好一本书实非易事，疏漏错误在所难免，欢迎广大专家、同行和读者批评指正！

李正元

于北大燕北园

目　录

第八章　向量代数与空间解析几何

第一节　向量及其线性运算

一、知识点归纳总结

1. 空间直角坐标系

为了确定空间点的位置，引进空间直角坐标系. 这样，点与三个有序实数所构成的数组就有了一一对应的关系，进而曲面、曲线可建立方程，对它们几何性质的研究就可转化为对方程的研究.

① 在空间中选一定点 O，过 O 点作三条互相垂直的数轴 Ox,Oy,Oz，它们都以 O 为原点，通常具有相同的长度单位，就构成空间直角坐标系. O 为坐标系的原点；数轴 Ox，Oy，Oz 称为坐标轴，任意两个坐标轴所确定的平面 xOy,yOz,zOx，称为坐标平面. 三个坐标平面把空间分成八个部分，每一部分称为一个卦限. 空间直角坐标系有两类：右手系与左手系. 我们通常用右手系.

② 过空间中 $\forall$ 点 M 作三个平面，分别与直角坐标系的 x,y,z 轴垂直得三个交点，它们在每个坐标轴上的坐标分别为 x,y,z，称这个有序数组 (x,y,z) 为点 M 的直角坐标. 在空间直角坐标系中任意一点和三个一组有序的实数建立了一一对应的关系.

③ 过点 M 作直线 L（平面 Π）的垂线交直线 L（平面 Π）于 M' 点，称 M' 为点 M 在直线 L（平面 Π）上的投影.

点 $M(x,y,z)$ 在 Ox,Oy,Oz 轴上的投影分别为：$(x,0,0)$，$(0,y,0)$，$(0,0,z)$. 在 xOy 平面，yOz 平面与 zOx 平面上的投影分别是：$(x,y,0)$，$(0,y,z)$，$(x,0,z)$.

④ 空间中点 $M_1(x_1,y_1,z_1)$ 与 $M_2(x_2,y_2,z_2)$ 的距离

$$d=|\overline{M_1M_2}|=\sqrt{(x_2-x_1)^2+(y_2-y_1)^2+(z_2-z_1)^2}.$$

2. 向量概念与向量的表示法

(1) 向量概念

既有大小又有方向的量称为向量或矢量. 用有向线段 $\overrightarrow{AB}$（图 8.1－1）表示向量，线段的长度 $|\overrightarrow{AB}|$ 表示向量的大小，又称向量的长度或模，从 A 到 B 的方向表示向量的方向. A 称为起点，B 称为终点. 大小相等且方向相同的两个向量称为相等向量. 起、终点重合即长度为 0 的向量称为零向量. 长度为 1 的向量称为单位向量. 大小相等而方向相反的向量称为互为反向量. 彼此平行的向量称为共线的向量. 平行于某一平面的向量称为共面的向量.

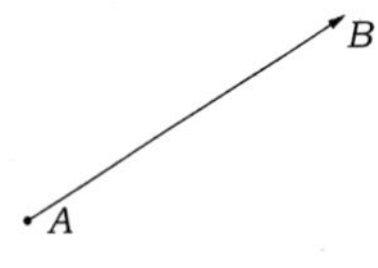

图 8.1－1

学习随笔

学习随笔

也用 $\boldsymbol{a},\boldsymbol{b},\boldsymbol{c}$ 等表示向量，$\boldsymbol{a}$ 的长度记为 $|\boldsymbol{a}|$，$\boldsymbol{a}$ 的反向量记为 $-\boldsymbol{a}$，零向量记为 $\mathbf{0}$ 或 $\vec{0}$.

(2) 向量的坐标表示

在直角坐标系 $Oxyz$ 中，若 $\boldsymbol{a}=\overrightarrow{OM}$，点 M 的坐标 (x,y,z) 称为 $\boldsymbol{a}$ 的坐标，记为 $\boldsymbol{a}=\{x,y,z\}$.

设 $\boldsymbol{a}=\{a_x,a_y,a_z\}$，$\boldsymbol{b}=\{b_x,b_y,b_z\}$，则 $\boldsymbol{a}=\boldsymbol{b}\Leftrightarrow a_x=b_x,a_y=b_y,a_z=b_z$.

(3) 向量的长度与方向余弦

设直角坐标系中 x,y,z 轴的坐标向量即沿坐标轴正向的单位向量，分别记为 $\boldsymbol{i},\boldsymbol{j},\boldsymbol{k}$. $\boldsymbol{a}$ 与 $\boldsymbol{b}$ 的夹角记为 $(\widehat{\boldsymbol{a},\boldsymbol{b}})$，是指不大于 π 的那个角，见图 8.1-2. 称 $(\widehat{\boldsymbol{a},\boldsymbol{i}})=\alpha$，$(\widehat{\boldsymbol{a},\boldsymbol{j}})=\beta$，$(\widehat{\boldsymbol{a},\boldsymbol{k}})=\gamma$ 为 $\boldsymbol{a}$ 的方向角，见图 8.1-3.

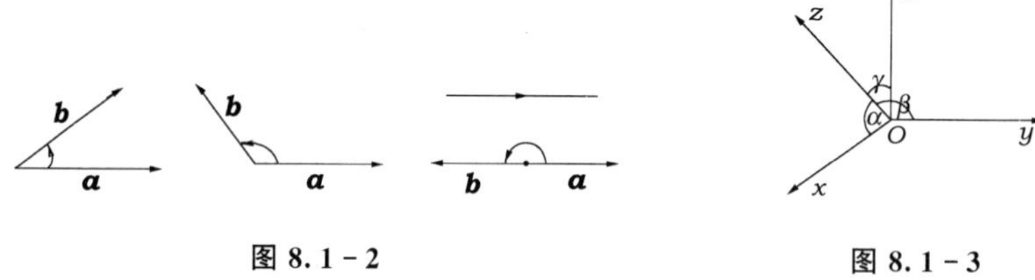

图 8.1-2　　　　图 8.1-3

设 $\boldsymbol{a}=\{x,y,z\}$，则 $\boldsymbol{a}$ 的长度 $|\boldsymbol{a}|=\sqrt{x^2+y^2+z^2}$，$\boldsymbol{a}$ 的方向余弦

$$\cos\alpha=\frac{x}{|\boldsymbol{a}|},\quad \cos\beta=\frac{y}{|\boldsymbol{a}|},\quad \cos\gamma=\frac{z}{|\boldsymbol{a}|},$$

$$\cos^2\alpha+\cos^2\beta+\cos^2\gamma=1.$$

3. 向量的线性运算

(1) 向量的加减法与数乘向量的定义

向量的加法用三角形法或平行四边形法，见图 8.1-4 和图 8.1-5，它们是等价的.

向量减法是加法的逆运算，若 $\boldsymbol{b}+\boldsymbol{c}=\boldsymbol{a}$，称 $\boldsymbol{c}$ 为 $\boldsymbol{a}$ 与 $\boldsymbol{b}$ 之差，记作 $\boldsymbol{a}-\boldsymbol{b}$，见图 8.1-6.

$$\boldsymbol{a}-\boldsymbol{b}=\boldsymbol{a}+(-\boldsymbol{b}).$$

实数 λ 乘向量 $\boldsymbol{a}$ 记为 $\lambda\boldsymbol{a}$，它是一个向量：$|\lambda\boldsymbol{a}|=|\lambda||\boldsymbol{a}|$，$\lambda>0$ 时 $\lambda\boldsymbol{a}$ 与 $\boldsymbol{a}$ 同向，$\lambda<0$ 时 $\lambda\boldsymbol{a}$ 与 $\boldsymbol{a}$ 反向，$\lambda=0$，$\lambda\boldsymbol{a}=\mathbf{0}$.

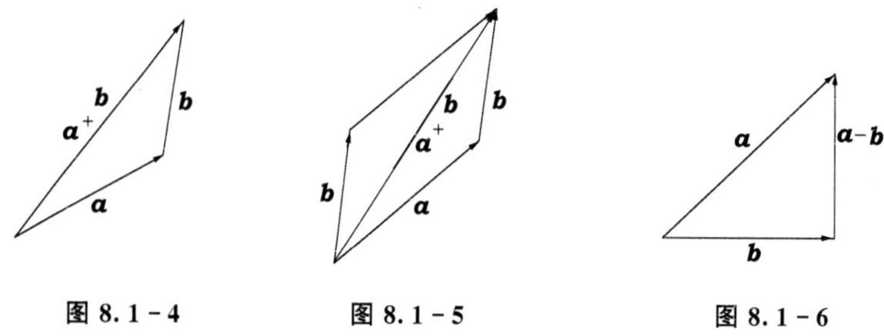

图 8.1-4　　　　图 8.1-5　　　　图 8.1-6

(2) 向量的加法与数乘向量的运算规律

① 向量加法有以下规律：

$$\boldsymbol{a}+\boldsymbol{0}=\boldsymbol{a},\quad \boldsymbol{a}+(-\boldsymbol{a})=\boldsymbol{0},$$
$$\boldsymbol{a}+\boldsymbol{b}=\boldsymbol{b}+\boldsymbol{a},\quad (\boldsymbol{a}+\boldsymbol{b})+\boldsymbol{c}=\boldsymbol{a}+(\boldsymbol{b}+\boldsymbol{c}).$$

② 数乘向量有以下规律：设 λ,μ 为∀实数，则

$$\lambda(\mu\boldsymbol{a})=(\lambda\mu)\boldsymbol{a},\quad (\lambda+\mu)\boldsymbol{a}=\lambda\boldsymbol{a}+\mu\boldsymbol{a},\quad \lambda(\boldsymbol{a}+\boldsymbol{b})=\lambda\boldsymbol{a}+\lambda\boldsymbol{b}.$$

(3) 向量的模的性质

① $|\boldsymbol{a}|\geqslant 0$，$|\boldsymbol{a}|=0\Leftrightarrow \boldsymbol{a}=\boldsymbol{0}$.

② $|\boldsymbol{a}+\boldsymbol{b}|\leqslant|\boldsymbol{a}|+|\boldsymbol{b}|$.

③ $|\lambda\boldsymbol{a}|=|\lambda|\,|\boldsymbol{a}|$.

(4) 向量的分解

① 向量 $\boldsymbol{a}$ 与 $\boldsymbol{b}$ 共线⇔∃实数 λ，使得 $\boldsymbol{a}=\lambda\boldsymbol{b}$ 或 $\boldsymbol{b}=\lambda\boldsymbol{a}$.

② 设 $\boldsymbol{e}_1,\boldsymbol{e}_2$ 是不共线的两个向量，∀向量 $\boldsymbol{a}$，则 $\boldsymbol{a},\boldsymbol{e}_1,\boldsymbol{e}_2$ 共面⇔∃实数 λ_1,λ_2，使得 $\boldsymbol{a}=\lambda_1\boldsymbol{e}_1+\lambda_2\boldsymbol{e}_2$. 并且这种分解是唯一的. 见图 8.1-7.

③ 设 $\boldsymbol{e}_1,\boldsymbol{e}_2,\boldsymbol{e}_3$ 是不共面的三个向量，∀向量 $\boldsymbol{a}$，则∃实数 $\lambda_1,\lambda_2,\lambda_3$，使得

$$\boldsymbol{a}=\lambda_1\boldsymbol{e}_1+\lambda_2\boldsymbol{e}_2+\lambda_3\boldsymbol{e}_3,\text{并且这种分解是唯一的.}$$

④ 设 $\boldsymbol{a}=\{x,y,z\}$，则 $\boldsymbol{a}=x\boldsymbol{i}+y\boldsymbol{j}+z\boldsymbol{k}$，其中 $\boldsymbol{i},\boldsymbol{j},\boldsymbol{k}$ 分别为 x,y,z 轴正方向的单位向量(见图 8.1-8)：

$$\boldsymbol{i}=\{1,0,0\},\quad \boldsymbol{j}=\{0,1,0\},\quad \boldsymbol{k}=\{0,0,1\}.$$

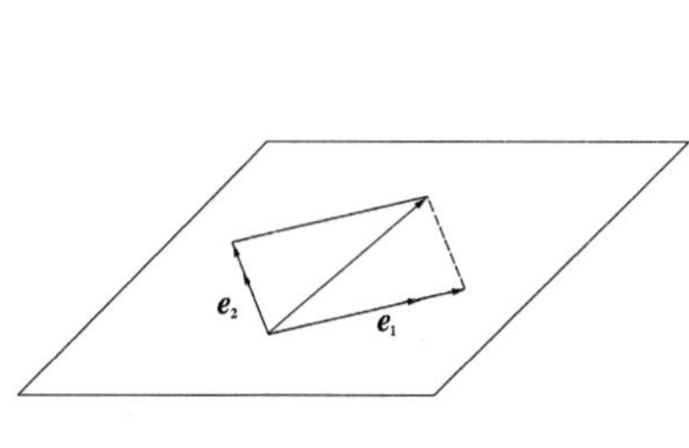

图 8.1-7

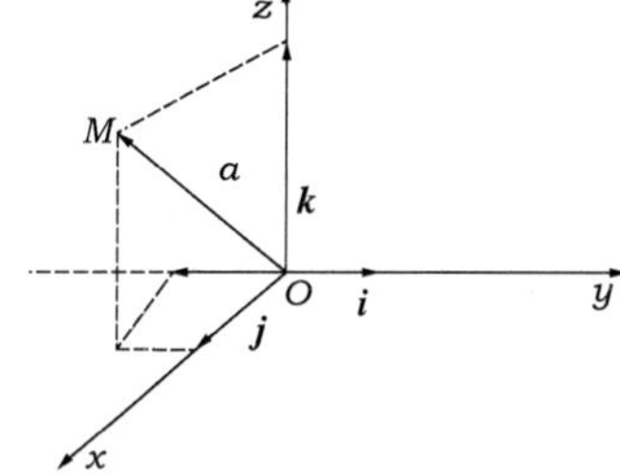

图 8.1-8

(5) 用坐标进行相应的运算

① 设 $\boldsymbol{a}=\{a_x,a_y,a_z\}$，$\boldsymbol{b}=\{b_x,b_y,b_z\}$，则

$$\boldsymbol{a}+\boldsymbol{b}=\{a_x+b_x,a_y+b_y,a_z+b_z\},\quad \lambda\boldsymbol{a}=\{\lambda a_x,\lambda a_y,\lambda a_z\}.$$

② 给定点 $M_i(x_i,y_j,z_i)(i=1,2)$，则 $\overrightarrow{M_1M_2}=\{x_2-x_1,y_2-y_1,z_2-z_1\}$.

4. 向量的投影及其性质

(1) 定　义

设有向量 $\overrightarrow{AB}$ 与直线 L. 若 A,B 在 L 上的投影分别为 A',B'，则称 $\overrightarrow{A'B'}$ 为 $\overrightarrow{AB}$ 在 L 上的投影(向量).

若向量 $\boldsymbol{e}\neq\boldsymbol{\theta}$，取 $\boldsymbol{e}$ 所在直线为 L，$\boldsymbol{e}_0=\dfrac{\boldsymbol{e}}{|\boldsymbol{e}|}$，设 $\overrightarrow{AB}$ 在 L 上的投影为 $\overrightarrow{A'B'}$，则

学习随笔

$\overrightarrow{A'B'}=\lambda e_0$,称数 λ 为 $\overrightarrow{AB}$ 在向量 $\boldsymbol{e}$ 上的投影,记为 $P_{rje}\overrightarrow{AB}$. 按定义知 $P_{rje}\overrightarrow{AB}=|\overrightarrow{AB}|\cos\langle\overrightarrow{AB},\boldsymbol{e}\rangle$.

(2) 投影的性质

若建立空间直角坐标系,取 $\boldsymbol{e}$ 所在直线为 x 轴,$\boldsymbol{i}=\boldsymbol{e}_0$,则 $P_{rje}\overrightarrow{AB}=\overrightarrow{AB}$ 的 x 坐标. 由向量运算与坐标运算的关系得

$$P_{rje}(\boldsymbol{a}+\boldsymbol{b})=P_{rje}\boldsymbol{a}+P_{rje}\boldsymbol{b},\quad P_{rje}(\lambda\boldsymbol{a})=\lambda P_{rje}\boldsymbol{a},\quad \lambda \text{ 为 } \forall \text{ 实数}.$$

二、典型题型归纳及解题方法与技巧

1. 求向量的模、方向与坐标

【例 8.1.1】求向量 $\boldsymbol{a}=2\boldsymbol{i}-3\boldsymbol{j}+5\boldsymbol{k}$ 的模,方向角与它的单位向量 $\boldsymbol{a}_0$,并用 $\boldsymbol{a}_0$ 表示 $\boldsymbol{a}$.

【解】$\boldsymbol{a}=\{2,-3,5\}$,则

$$|\boldsymbol{a}|=\sqrt{2^2+(-3)^2+5^2}=\sqrt{38},\quad \boldsymbol{a}_0=\frac{1}{\sqrt{38}}\{2,-3,5\},$$

$\boldsymbol{a}$ 的方向角为 α,β,γ,则 $\cos\alpha=\dfrac{2}{\sqrt{38}},\quad \cos\beta=-\dfrac{3}{\sqrt{38}},\quad \cos\gamma=\dfrac{5}{\sqrt{38}}$.

$\Rightarrow \alpha=\arccos\dfrac{2}{\sqrt{38}},\quad \beta=\arccos\dfrac{-3}{\sqrt{38}},\quad \gamma=\arccos\dfrac{5}{\sqrt{38}},\quad \boldsymbol{a}-\sqrt{38}\boldsymbol{a}_0$.

【例 8.1.2】设向量 $\boldsymbol{a}$ 与 x 轴及 y 轴的夹角皆为 α,与 z 轴的夹角 $\gamma=2\alpha$,又 $|\boldsymbol{a}|=2$,求向量 $\boldsymbol{a}$ 的坐标.

【解】先求 $\boldsymbol{a}$ 的方向余弦:$\cos\alpha,\cos\beta,\cos\gamma$.

由于 $\qquad \cos^2\alpha+\cos^2\alpha+\cos^2 2\alpha=1,\quad$ 即 $\quad \cos 2\alpha+\cos^2 2\alpha=0$,

即 $\qquad \cos 2\alpha=0\quad$ 或 $\quad \cos 2\alpha=-1\Rightarrow \alpha=\dfrac{\pi}{4}\quad$ 或 $\quad \alpha=\dfrac{\pi}{2}$.

于是 $\boldsymbol{a}$ 的方向余弦为 $\cos\alpha=\dfrac{\sqrt{2}}{2},\cos\beta=\dfrac{\sqrt{2}}{2},\cos\gamma=0$.

或 $\cos\alpha=0,\cos\beta=0,\cos\gamma=-1$.

因此 $\boldsymbol{a}$ 的坐标 $\boldsymbol{a}=|\boldsymbol{a}|(\cos\alpha,\cos\beta,\cos\gamma)=(\sqrt{2},\sqrt{2},0)$,或 $\boldsymbol{a}=(0,0,-2)$.

2. 向量的加减法与数乘向量

【例 8.1.3】已知三个力

$$\boldsymbol{F}_1=\{1,2,3\},\quad \boldsymbol{F}_2=\{-2,3,-4\},\quad \boldsymbol{F}_3=\{3,-4,5\},$$

求合力的大小和方向.

【解】记合力为 $\boldsymbol{F}$,则

$$\boldsymbol{F}=\boldsymbol{F}_1+\boldsymbol{F}_2+\boldsymbol{F}_3=\{1-2+3,2+3-4,3-4+5\}=\{2,1,4\},$$

合力的大小 $|\boldsymbol{F}|=\sqrt{2^2+1^2+4^2}=\sqrt{21}$,合力 $\boldsymbol{F}$ 的方向余弦

$$\cos\alpha = \frac{2}{\sqrt{21}}, \quad \cos\beta = \frac{1}{\sqrt{21}}, \quad \cos\gamma = \frac{4}{\sqrt{21}}.$$

于是 $$\alpha = \arccos\frac{2}{\sqrt{21}}, \quad \beta = \arccos\frac{1}{\sqrt{21}}, \quad \gamma = \arccos = \frac{4}{\sqrt{21}}.$$

【例 8.1.4】 已知 A,B,C 的坐标各为 $(1,0,0)$, $(1,1,0)$, $(1,1,1)$，求 D 的坐标使 $ACDB$ 成一平行四边形.

【解】 设 D 的坐标为 (x,y,z) 见图 8.1-9，按题意 $\overrightarrow{AB} = \overrightarrow{CD}$，即

$$\begin{cases} 1-1=x-1, \\ 1-0=y-1, \\ 0-0=z-1 \end{cases} \Rightarrow \begin{cases} x=1, \\ y=2, \\ z=1. \end{cases}$$ 因此求得 $D(1,2,1)$.

【例 8.1.5】 设 $\boldsymbol{a},\boldsymbol{b}$ 均为非零向量，试从向量加减法的定义出发，指出下列结论成立的充要条件并给出证明.

(1) $|\boldsymbol{a}+\boldsymbol{b}| = |\boldsymbol{a}| - |\boldsymbol{b}|$； (2) $|\boldsymbol{a}+\boldsymbol{b}| = |\boldsymbol{a}-\boldsymbol{b}|$；

(3) $\boldsymbol{a}+\boldsymbol{b}$ 与 $\boldsymbol{a}-\boldsymbol{b}$ 垂直.

【分析与证明】 如图 8.1-10 所示.

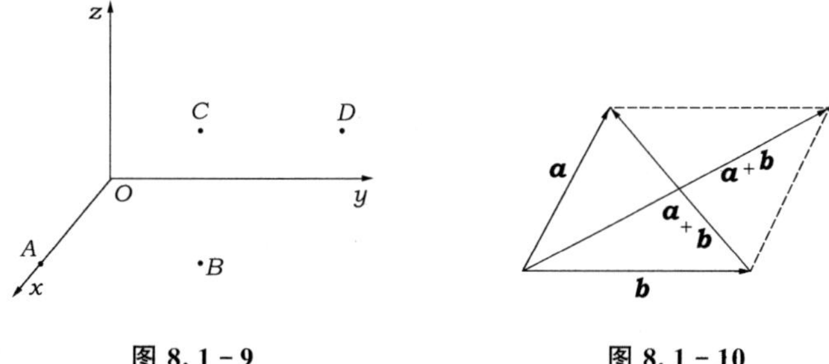

图 8.1-9　　图 8.1-10

(1) 当 $\boldsymbol{a},\boldsymbol{b}$ 不共线时，由向量的加法定义知，$\boldsymbol{a},\boldsymbol{b}$ 与 $\boldsymbol{a}+\boldsymbol{b}$ 构成一个三角形，于是 $|\boldsymbol{a}+\boldsymbol{b}| > ||\boldsymbol{a}| - |\boldsymbol{b}||$. 同样，由向量的加法的定义，当 $\boldsymbol{a}$ 与 $\boldsymbol{b}$ 共线时，若 $\boldsymbol{a}$ 与 $\boldsymbol{b}$ 同向，则 $|\boldsymbol{a}+\boldsymbol{b}| = |\boldsymbol{a}| + |\boldsymbol{b}| > |\boldsymbol{a}| - |\boldsymbol{b}|$. 若 $\boldsymbol{a}$ 与 $\boldsymbol{b}$ 反向时，$|\boldsymbol{a}+\boldsymbol{b}| = ||\boldsymbol{a}| - |\boldsymbol{b}||$ 这时，仅当 $|\boldsymbol{a}| \geqslant |\boldsymbol{b}|$ 时 $|\boldsymbol{a}+\boldsymbol{b}| = |\boldsymbol{a}| - |\boldsymbol{b}|$. 因此 $|\boldsymbol{a}+\boldsymbol{b}| = |\boldsymbol{a}| - |\boldsymbol{b}| \Leftrightarrow \boldsymbol{a}$ 与 $\boldsymbol{b}$ 反向且 $|\boldsymbol{a}| \geqslant |\boldsymbol{b}|$.

(2) 由向量加减法定义，当 $\boldsymbol{a},\boldsymbol{b}$ 不共线时，以 $\boldsymbol{a},\boldsymbol{b}$ 为邻边的平行四边形中，两条对角线是 $|\boldsymbol{a}+\boldsymbol{b}|$ 与 $|\boldsymbol{a}-\boldsymbol{b}|$，见图 8.1-10，平行四边形中两条对角线相等的充要条件是：此四边形为矩形，即 $\boldsymbol{a} \perp \boldsymbol{b}$，当 $\boldsymbol{a}$ 与 $\boldsymbol{b}$ 共线时，$|\boldsymbol{a}+\boldsymbol{b}| = |\boldsymbol{a}-\boldsymbol{b}|$ 的充要条件是 $\boldsymbol{a}$ 与 $\boldsymbol{b}$ 中必有一个零向量，由题设可知这不可能. 因此 $|\boldsymbol{a}+\boldsymbol{b}| = |\boldsymbol{a}-\boldsymbol{b}| \Leftrightarrow \boldsymbol{a} \perp \boldsymbol{b}$.

(3) 同题(2)的分析，当 $\boldsymbol{a},\boldsymbol{b}$ 不共线时，以 $\boldsymbol{a},\boldsymbol{b}$ 为邻边的平行四边形中，$(\boldsymbol{a}+\boldsymbol{b})$ 与 $(\boldsymbol{a}-\boldsymbol{b})$ 是两条对角线. 平行四边形中，两条对角垂直的充要条件是，此四边形为菱形，即 $|\boldsymbol{a}| = |\boldsymbol{b}|$.

当 $\boldsymbol{a},\boldsymbol{b}$ 共线时，$\boldsymbol{a}+\boldsymbol{b}$ 与 $\boldsymbol{a}-\boldsymbol{b}$ 垂直 $\Leftrightarrow$ $\boldsymbol{a}+\boldsymbol{b}$ 与 $\boldsymbol{a}-\boldsymbol{b}$ 中必有一个零向量 $\Leftrightarrow |\boldsymbol{a}| = |\boldsymbol{b}|$. 因此，$(\boldsymbol{a}+\boldsymbol{b}) \perp (\boldsymbol{a}-\boldsymbol{b}) \Leftrightarrow |\boldsymbol{a}| = |\boldsymbol{b}|$.

学习随笔

第二节　数量积、向量积与混合积

一、知识点归纳总结

1. 向量的数量积

(1) 数量积的定义与物理意义

实数$|\boldsymbol{a}||\boldsymbol{b}|\cos(\widehat{\boldsymbol{a},\boldsymbol{b}})$称为$\boldsymbol{a}$与$\boldsymbol{b}$的数量积,记为$\boldsymbol{a}\cdot\boldsymbol{b}$,又称为$\boldsymbol{a}$与$\boldsymbol{b}$的点乘或内积.

$\boldsymbol{F}\cdot\overrightarrow{AB}$表示物体在力$\boldsymbol{F}$的作用下沿直线由$A$移到$B$时力$\boldsymbol{F}$做的功.

(2) 数量积与向量的投影的关系

$$\boldsymbol{a}\cdot\boldsymbol{b}=|\boldsymbol{a}|P_{rja}\boldsymbol{b}(\boldsymbol{a}\neq\boldsymbol{\theta}),\quad \boldsymbol{a}\cdot\boldsymbol{b}=|\boldsymbol{b}|P_{rjb}\boldsymbol{a}(\boldsymbol{b}\neq\boldsymbol{\theta}).$$

(3) 数量积的性质

$\boldsymbol{a}$与$\boldsymbol{b}$的数量积有以下性质：

① $\boldsymbol{a}\cdot\boldsymbol{a}\geqslant 0,\boldsymbol{a}\cdot\boldsymbol{a}=0\Leftrightarrow\boldsymbol{a}=\boldsymbol{0}$.

② $\boldsymbol{a}\cdot\boldsymbol{b}=\boldsymbol{b}\cdot\boldsymbol{a}$.

③ $(\lambda\boldsymbol{a})\cdot\boldsymbol{b}=\lambda(\boldsymbol{a}\cdot\boldsymbol{b})$,$\lambda$为$\forall$实数.

④ $(\boldsymbol{a}+\boldsymbol{b})\cdot\boldsymbol{c}=\boldsymbol{a}\cdot\boldsymbol{c}+\boldsymbol{b}\cdot\boldsymbol{c}$.

(4) 用坐标计算向量的数量积

设$\boldsymbol{a}=\{a_x,a_y,a_z\},\boldsymbol{b}=\{b_x,b_y,b_z\}$,则$\boldsymbol{a}\cdot\boldsymbol{b}=a_xb_x+a_yb_y+a_zb_z$.

(5) $\boldsymbol{a}\perp\boldsymbol{b}\Leftrightarrow\boldsymbol{a}\cdot\boldsymbol{b}=0$

2. 向量的向量积

(1) 向量积的定义与物理意义

$\boldsymbol{a}$与$\boldsymbol{b}$的向量积规定为一个向量,记为$\boldsymbol{a}\times\boldsymbol{b}$,它的大小为

$$|\boldsymbol{a}\times\boldsymbol{b}|=|\boldsymbol{a}||\boldsymbol{b}|\sin(\widehat{\boldsymbol{a},\boldsymbol{b}}),$$

它的方向同时垂直$\boldsymbol{a}$与$\boldsymbol{b}$且$\boldsymbol{a},\boldsymbol{b},\boldsymbol{a}\times\boldsymbol{b}$符合右手法则. 见图 8.2-1. $\boldsymbol{a}\times\boldsymbol{b}$又称为$\boldsymbol{a}$与$\boldsymbol{b}$的叉乘或外积.

作用于A点的力$\boldsymbol{F}$对O点的力矩为$\overrightarrow{OA}\times\boldsymbol{F}$.

(2) 向量积的运算性质

$\boldsymbol{a}$与$\boldsymbol{b}$的向量积有以下性质：

① $\boldsymbol{a}\times\boldsymbol{b}=-\boldsymbol{b}\times\boldsymbol{a}$.

② $(\lambda\boldsymbol{a})\times\boldsymbol{b}=\lambda(\boldsymbol{a}\times\boldsymbol{b})=\boldsymbol{a}\times(\lambda\boldsymbol{b})$.

③ $(\boldsymbol{a}+\boldsymbol{b})\times\boldsymbol{c}=\boldsymbol{a}\times\boldsymbol{c}+\boldsymbol{b}\times\boldsymbol{c}$.

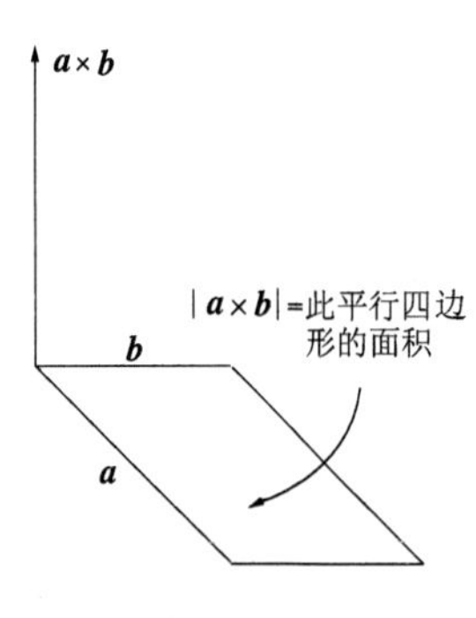

图 8.2-1

(3) 用坐标计算向量的向量积

设 $\boldsymbol{a}=\{a_x,a_y,a_z\}$，$\boldsymbol{b}=\{b_x,b_y,b_z\}$，则

$$\boldsymbol{a}\times\boldsymbol{b}=\begin{vmatrix}\boldsymbol{i} & \boldsymbol{j} & \boldsymbol{k}\\ a_x & a_y & a_z\\ b_x & b_y & b_z\end{vmatrix}=\left\{\begin{vmatrix}a_y & a_z\\ b_y & b_z\end{vmatrix},-\begin{vmatrix}a_x & a_z\\ b_x & b_z\end{vmatrix},\begin{vmatrix}a_x & a_y\\ b_x & b_y\end{vmatrix}\right\}.$$

(4) $\boldsymbol{a}/\!/\boldsymbol{b}\Leftrightarrow\boldsymbol{a}\times\boldsymbol{b}=\boldsymbol{0}$

*3. 向量的混合积

(1) 混合积的定义与几何意义

$(\boldsymbol{a}\times\boldsymbol{b})\cdot\boldsymbol{c}$ 称为向量 $\boldsymbol{a},\boldsymbol{b},\boldsymbol{c}$ 的混合积，记为 $(\boldsymbol{a},\boldsymbol{b},\boldsymbol{c})$.

$(\boldsymbol{a}\times\boldsymbol{b})\cdot\boldsymbol{c}$ 的绝对值表示以向量 $\boldsymbol{a},\boldsymbol{b},\boldsymbol{c}$ 为棱的平行六面体的体积. 若 $\boldsymbol{a},\boldsymbol{b},\boldsymbol{c}$ 组成右手系，那么混合积的符号为正，否则为负.

(2) 混合积的运算性质

向量的混合积有以下性质：

① 混合积中有两个向量相同，其值为零. 即

$$(\boldsymbol{a},\boldsymbol{a},\boldsymbol{c})=0,\quad(\boldsymbol{a},\boldsymbol{b},\boldsymbol{a})=0,\quad(\boldsymbol{a},\boldsymbol{b},\boldsymbol{b})=0.$$

② 混合积中相邻两向量的位置互换一次，则混合积变号. 即

$$\begin{aligned}(\boldsymbol{a},\boldsymbol{b},\boldsymbol{c})&=-(\boldsymbol{b},\boldsymbol{a},\boldsymbol{c})=(\boldsymbol{b},\boldsymbol{c},\boldsymbol{a})\\&=-(\boldsymbol{c},\boldsymbol{b},\boldsymbol{a})=(\boldsymbol{c},\boldsymbol{a},\boldsymbol{b})=-(\boldsymbol{a},\boldsymbol{c},\boldsymbol{b}).\end{aligned}$$

③ $(\lambda\boldsymbol{a},\boldsymbol{b},\boldsymbol{c})=(\boldsymbol{a},\lambda\boldsymbol{b},\boldsymbol{c})=(\boldsymbol{a},\boldsymbol{b},\lambda\boldsymbol{c})=\lambda(\boldsymbol{a},\boldsymbol{b},\boldsymbol{c})$.

④ $(\boldsymbol{a}_1+\boldsymbol{a}_2,\boldsymbol{b},\boldsymbol{c})=(\boldsymbol{a}_1,\boldsymbol{b},\boldsymbol{c})+(\boldsymbol{a}_2,\boldsymbol{b},\boldsymbol{c})$,

$(\boldsymbol{a},\boldsymbol{b}_1+\boldsymbol{b}_2,\boldsymbol{c})=(\boldsymbol{a},\boldsymbol{b}_1,\boldsymbol{c})+(\boldsymbol{a},\boldsymbol{b}_2,\boldsymbol{c})$,

$(\boldsymbol{a},\boldsymbol{b},\boldsymbol{c}_1+\boldsymbol{c}_2)=(\boldsymbol{a},\boldsymbol{b},\boldsymbol{c}_1)+(\boldsymbol{a},\boldsymbol{b},\boldsymbol{c}_2)$.

(3) 用坐标计算向量的混合积

设 $\boldsymbol{a}=\{a_x,a_y,a_z\}$，$\boldsymbol{b}=\{b_x,b_y,b_z\}$，$\boldsymbol{c}=\{c_x,c_y,c_z\}$，则 $(\boldsymbol{a}\times\boldsymbol{b})\cdot\boldsymbol{c}=\begin{vmatrix}a_x & a_y & a_z\\ b_x & b_y & b_z\\ c_x & c_y & c_z\end{vmatrix}$.

(4) $\boldsymbol{a},\boldsymbol{b},\boldsymbol{c}$ 共面 $\Leftrightarrow(\boldsymbol{a},\boldsymbol{b},\boldsymbol{c})=0$

4. 向量运算的几何应用

(1) 向量的共线与点的共线问题

向量 $\boldsymbol{a}=\{a_x,a_y,a_z\}$ 与 $\boldsymbol{b}=\{b_x,b_y,b_z\}$ 共线 $\Leftrightarrow$ 存在实数 λ，使得 $\boldsymbol{a}=\lambda\boldsymbol{b}$ 或 $\boldsymbol{b}=\lambda\boldsymbol{a}\Leftrightarrow$

$$\frac{a_x}{b_x}=\frac{a_y}{b_y}=\frac{a_z}{b_z}\Leftrightarrow\boldsymbol{a}\times\boldsymbol{b}=\boldsymbol{0}.$$

(2) 线段分点的坐标

设 $P_i(x_i,y_i,z_i)(i=1,2)$，则线段 $\overrightarrow{P_1P_2}$ 上点 $P(x,y,z)$：

学习随笔

$$x=\frac{x_1+\lambda x_2}{1+\lambda},\quad y=\frac{y_1+\lambda y_2}{1+\lambda},\quad z=\frac{z_1+\lambda z_2}{1+\lambda}$$

将线段分成 $\overline{P_1P}:\overline{PP_2}=\lambda(\lambda>0)$.

(3) 向量的长度、夹角与向量的垂直问题

设有向量 $\boldsymbol{a}=\{a_x,a_y,a_z\}$,$\boldsymbol{b}=\{b_x,b_y,b_z\}$,则 $\boldsymbol{a}$ 的长度 $|\boldsymbol{a}|=\sqrt{a_x^2+a_y^2+a_z^2}$,$\boldsymbol{a}$ 与 $\boldsymbol{b}$ 的夹角 $(\widehat{\boldsymbol{a},\boldsymbol{b}})$ 为

$$\cos(\widehat{\boldsymbol{a},\boldsymbol{b}})=\frac{\boldsymbol{a}\cdot\boldsymbol{b}}{|\boldsymbol{a}||\boldsymbol{b}|}=\frac{a_xb_x+a_yb_y+a_zb_z}{\sqrt{a_x^2+a_y^2+a_z^2}\sqrt{b_x^2+b_y^2+b_z^2}}.$$

$\boldsymbol{a}$ 与 $\boldsymbol{b}$ 垂直 $\Leftrightarrow \boldsymbol{a}\cdot\boldsymbol{b}=0 \Leftrightarrow a_xb_x+a_yb_y+a_zb_z=0$.

$\boldsymbol{a}\times\boldsymbol{b}$ 是与 $\boldsymbol{a},\boldsymbol{b}$ 均垂直的一个向量(也称为 $\boldsymbol{a}$ 与 $\boldsymbol{b}$ 的一个法向量).

(4) 向量的共面与点的共面问题

① 向量 $\boldsymbol{a}=\{a_x,a_y,a_z\}$,$\boldsymbol{b}=\{b_x,b_y,b_z\}$,$\boldsymbol{c}=\{c_x,c_y,c_z\}$ 共面

$\Leftrightarrow$ 存在实数 λ,μ 使得 $\boldsymbol{a}=\lambda\boldsymbol{b}+\mu\boldsymbol{c}$ 或 $\boldsymbol{b}=\lambda\boldsymbol{a}+\mu\boldsymbol{c}$ 或 $\boldsymbol{c}=\lambda\boldsymbol{a}+\mu\boldsymbol{b}$

$$\Leftrightarrow\quad (\boldsymbol{a}\times\boldsymbol{b})\cdot\boldsymbol{c}=0$$

$$\Leftrightarrow\quad \begin{vmatrix} a_x & a_y & a_z \\ b_x & b_y & b_z \\ c_x & c_y & c_z \end{vmatrix}=0.$$

② 四点 $P_i(x_i,y_i,z_i)(i=1,2,3,4)$ 共面

$\Leftrightarrow$ 向量 $\overrightarrow{M_1M_2},\overrightarrow{M_1M_3},\overrightarrow{M_1M_4}$ 共面 $\Leftrightarrow (\overrightarrow{M_1M_2}\times\overrightarrow{M_1M_3})\cdot\overrightarrow{M_1M_4}=0$

$$\Leftrightarrow\quad \begin{vmatrix} x_2-x_1 & y_2-y_1 & z_2-z_1 \\ x_3-x_1 & y_3-y_1 & z_3-z_1 \\ x_4-x_1 & y_4-y_1 & z_4-z_1 \end{vmatrix}=0.$$

(5) 三角形的面积与平行六面体的体积

$\triangle ABC$ 的面积 $=\frac{1}{2}|\overrightarrow{AB}\times\overrightarrow{AC}|$.

以 a,b,c 为相邻的三条棱的平行六面体的体积为 $|(\boldsymbol{a}\times\boldsymbol{b})\cdot\boldsymbol{c}|$.

二、典型题型归纳及解题方法与技巧

1. 向量的数量积、向量积与混合积的性质

【例 8.2.1】判断下列等式是否必成立,为什么?

(1) $(\boldsymbol{a}\cdot\boldsymbol{b})\boldsymbol{c}=\boldsymbol{a}(\boldsymbol{b}\cdot\boldsymbol{c})$;　　(2) $(\boldsymbol{a}\cdot\boldsymbol{b})^2=\boldsymbol{a}^2\cdot\boldsymbol{b}^2$;

(3) 若 $\boldsymbol{a}\cdot\boldsymbol{c}=\boldsymbol{b}\cdot\boldsymbol{c}$,则 $\boldsymbol{a}=\boldsymbol{b}$;　　(4) $\boldsymbol{a}\cdot(\boldsymbol{b}\times\boldsymbol{c})=(\boldsymbol{a}\times\boldsymbol{b})\cdot\boldsymbol{c}$.

【分析】(1) $(\boldsymbol{a}\cdot\boldsymbol{b})\boldsymbol{c}$ 表示 $\boldsymbol{a}$ 与 $\boldsymbol{b}$ 作数量积得实数,再与 $\boldsymbol{c}$ 作乘积,它与 $\boldsymbol{c}$ 共线. 同理 $\boldsymbol{a}(\boldsymbol{b}\cdot\boldsymbol{c})$ 是与 $\boldsymbol{a}$ 共线的向量,因此等式不一定成立.

(2) $(\boldsymbol{a}\cdot\boldsymbol{b})^2=|\boldsymbol{a}|^2|\boldsymbol{b}|^2\cos^2\langle\boldsymbol{a},\boldsymbol{b}\rangle$,$\boldsymbol{a}^2\cdot\boldsymbol{b}^2=(\boldsymbol{a}\cdot\boldsymbol{a})\cdot(\boldsymbol{b}\cdot\boldsymbol{b})=|\boldsymbol{a}|^2|\boldsymbol{b}|^2$,因此, $\cos^2\langle\boldsymbol{a},\boldsymbol{b}\rangle\neq1$ 时等式不成立.

学习随笔

(3) $\boldsymbol{a}\cdot\boldsymbol{c}=\boldsymbol{b}\cdot\boldsymbol{c}\Leftrightarrow(\boldsymbol{a}-\boldsymbol{b})\cdot\boldsymbol{c}=0\Leftrightarrow(\boldsymbol{a}-\boldsymbol{b})\perp\boldsymbol{c}$，所以不一定有 $\boldsymbol{a}=\boldsymbol{b}$. 如 $\boldsymbol{b}=\boldsymbol{\theta}$，$\boldsymbol{a}\perp\boldsymbol{c}$，$\boldsymbol{a}\neq\boldsymbol{\theta}$，则 $\boldsymbol{a}\cdot\boldsymbol{c}=\boldsymbol{b}\cdot\boldsymbol{c}$，但 $\boldsymbol{a}\neq\boldsymbol{b}$.

(4) 由向量的混合积的运算性质知，

$$(\boldsymbol{a}\times\boldsymbol{b})\cdot\boldsymbol{c}=-(\boldsymbol{b}\times\boldsymbol{a})\cdot\boldsymbol{c}=(\boldsymbol{b}\times\boldsymbol{c})\cdot\boldsymbol{a},$$

再由点乘的性质得 $(\boldsymbol{a}\times\boldsymbol{b})\cdot\boldsymbol{c}=\boldsymbol{a}\cdot(\boldsymbol{b}\times\boldsymbol{c})$.

2. 求向量的数量积、向量积或混合积

【例 8.2.2】设向量 $\boldsymbol{a}=\{2,-3,1\}$，$\boldsymbol{b}=\{1,-1,3\}$，$\boldsymbol{c}=\{1,-2,0\}$.

(1) 求 $\boldsymbol{a}\cdot\boldsymbol{b}$；　　(2) 求 $\boldsymbol{a}\cdot(\boldsymbol{b}\times\boldsymbol{c})$；

(3) 求 $(\boldsymbol{a}\times\boldsymbol{b})\times\boldsymbol{c}$；　　(4) $\boldsymbol{a},\boldsymbol{b},\boldsymbol{c}$ 是否共面？

【解】(1) $\boldsymbol{a}\cdot\boldsymbol{b}=2\times1+(-3)\times(-1)+1\times3=8$.

(2) $$\boldsymbol{a}\cdot(\boldsymbol{b}\times\boldsymbol{c})=(\boldsymbol{b}\times\boldsymbol{c})\cdot\boldsymbol{a}=\begin{vmatrix}1&-1&3\\1&-2&0\\2&-3&1\end{vmatrix}$$

$$=\begin{vmatrix}-2&0\\-3&1\end{vmatrix}+\begin{vmatrix}1&0\\2&1\end{vmatrix}+3\begin{vmatrix}1&-2\\2&-3\end{vmatrix}=-2+1+3(-3+4)=2.$$

(3) 因 $\boldsymbol{a}\times\boldsymbol{b}=\begin{vmatrix}\boldsymbol{i}&\boldsymbol{j}&\boldsymbol{k}\\2&-3&1\\1&-1&3\end{vmatrix}=-8\boldsymbol{i}-5\boldsymbol{j}+\boldsymbol{k}$，所以

$$(\boldsymbol{a}\times\boldsymbol{b})\times\boldsymbol{c}=\begin{vmatrix}\boldsymbol{i}&\boldsymbol{j}&\boldsymbol{k}\\-8&-5&1\\1&-2&0\end{vmatrix}=2\boldsymbol{i}+\boldsymbol{j}+21\boldsymbol{k}.$$

(4) 因为 $\boldsymbol{a},\boldsymbol{b},\boldsymbol{c}$ 共面 $\Leftrightarrow\boldsymbol{a}\cdot(\boldsymbol{b}\times\boldsymbol{c})=0$，又 $\boldsymbol{a}\cdot(\boldsymbol{b}\times\boldsymbol{c})=2\neq0$，所以 $\boldsymbol{a},\boldsymbol{b},\boldsymbol{c}$ 不共面.

评注　可求出 $\boldsymbol{b}\times\boldsymbol{c}=\{6,3,-1\}$

$$\Rightarrow\quad \boldsymbol{a}\times(\boldsymbol{b}\times\boldsymbol{c})=\begin{vmatrix}\boldsymbol{i}&\boldsymbol{j}&\boldsymbol{k}\\2&-3&1\\6&3&-1\end{vmatrix}=8\boldsymbol{j}-24\boldsymbol{k}$$

$$\Rightarrow\quad \boldsymbol{a}\times(\boldsymbol{b}\times\boldsymbol{c})\neq(\boldsymbol{a}\times\boldsymbol{b})\times\boldsymbol{c}.$$

3. 求向量的投影

【例 8.2.3】设 $\boldsymbol{a}=\{4,-3,4\}$，$\boldsymbol{b}=\{2,2,1\}$，求 $\boldsymbol{a}$ 在 $\boldsymbol{b}$ 的投影.

【解】由投影与数量积的关系知，

$$P_{rjb}\boldsymbol{a}=\boldsymbol{a}\cdot\boldsymbol{b}_0=4\times\frac{2}{3}+(-3)\times\frac{2}{3}+4\times\frac{1}{3}=2,\text{其中 } b_0=\frac{\boldsymbol{b}}{|\boldsymbol{b}|}.$$

4. 求证或化简向量等式或证明向量模的不等式

【例 8.2.4】求证：恒等式 $(\boldsymbol{a}\times\boldsymbol{b})^2+(\boldsymbol{a}\cdot\boldsymbol{b})^2=|\boldsymbol{a}|^2|\boldsymbol{b}|^2$.

【证明】由数量积及向量积的定义 $\Rightarrow$

$$(\boldsymbol{a}\times\boldsymbol{b})^2=(\boldsymbol{a}\times\boldsymbol{b})\cdot(\boldsymbol{a}\times\boldsymbol{b})=|\boldsymbol{a}\times\boldsymbol{b}|^2=|\boldsymbol{a}|^2|\boldsymbol{b}|^2\sin^2(\widehat{\boldsymbol{a},\boldsymbol{b}}),$$

$$(\boldsymbol{a}\cdot\boldsymbol{b})^2=(|\boldsymbol{a}||\boldsymbol{b}|\cos(\widehat{\boldsymbol{a},\boldsymbol{b}}))^2=|\boldsymbol{a}|^2|\boldsymbol{b}|^2\cos^2(\widehat{\boldsymbol{a},\boldsymbol{b}}).$$

学习随笔

两式相加即得$(\boldsymbol{a}\times\boldsymbol{b})^2+(\boldsymbol{a}\cdot\boldsymbol{b})^2=|\boldsymbol{a}|^2|\boldsymbol{b}|^2$.

【例 8.2.5】证明$(\boldsymbol{\alpha},\boldsymbol{\beta},\boldsymbol{\gamma})^2\leqslant\boldsymbol{\alpha}^2\boldsymbol{\beta}^2\boldsymbol{\gamma}^2$,并且等号成立的充要条件是$\boldsymbol{\alpha},\boldsymbol{\beta},\boldsymbol{\gamma}$两两垂直或者$\boldsymbol{\alpha},\boldsymbol{\beta},\boldsymbol{\gamma}$中有零向量.

【证明】按定义$|\boldsymbol{\alpha}\times\boldsymbol{\beta}|=|\boldsymbol{\alpha}||\boldsymbol{\beta}|\sin\theta_1$, $(\boldsymbol{\alpha},\boldsymbol{\beta},\boldsymbol{\gamma})=|\boldsymbol{\alpha}\times\boldsymbol{\beta}|\cdot|\boldsymbol{\gamma}|\cos\theta_2$,
其中θ_1是$\boldsymbol{\alpha}$与$\boldsymbol{\beta}$的夹角,θ_2是$\boldsymbol{\alpha}\times\boldsymbol{\beta}$与$\boldsymbol{\gamma}$的夹角,从而

$$(\boldsymbol{\alpha},\boldsymbol{\beta},\boldsymbol{\gamma})^2=|\boldsymbol{\alpha}|^2|\boldsymbol{\beta}|^2|\boldsymbol{\gamma}|^2\sin^2\theta_1\cos^2\theta_2\leqslant|\boldsymbol{\alpha}|^2|\boldsymbol{\beta}|^2|\boldsymbol{\gamma}|^2=\boldsymbol{\alpha}^2\boldsymbol{\beta}^2\boldsymbol{\gamma}^2.$$

等号成立的充要条件是$\sin^2\theta_1=1=\cos^2\theta_2$. 由此得$\theta_1=\dfrac{\pi}{2}$,$\theta_2=0$或$\pi$. 即$\boldsymbol{\alpha}\perp\boldsymbol{\beta}$,且$\boldsymbol{\alpha}\times\boldsymbol{\beta}/\!/\boldsymbol{\gamma}$. 于是即得结论.

评注 ① 本题的几何意义是在棱长一定的平行六面体中,长方体的体积最大.

② 若$\boldsymbol{\alpha}=(x_1,y_1,z_1)$,$\boldsymbol{\beta}=(x_2,y_2,z_2)$,$\boldsymbol{\gamma}=(x_3,y_3,z_3)$,则$(\boldsymbol{\alpha},\boldsymbol{\beta},\boldsymbol{\gamma})^2\leqslant\boldsymbol{\alpha}^2\boldsymbol{\beta}^2\boldsymbol{\gamma}^2$,即

$$\begin{vmatrix}x_1 & y_1 & z_1\\x_2 & y_2 & z_2\\x_3 & y_3 & z_3\end{vmatrix}^2\leqslant(x_1^2+y_1^2+z_1^2)(x_2^2+y_2^2+z_2^2)(x_3^2+y_3^2+z_3^2).$$

【例 8.2.6】设$(\boldsymbol{a}\times\boldsymbol{b})\cdot\boldsymbol{c}=2$,则$[(\boldsymbol{a}+\boldsymbol{b})\times(\boldsymbol{b}+\boldsymbol{c})]\cdot(\boldsymbol{c}+\boldsymbol{a})=$________.

【解】由向量积的运算性质

$$\begin{aligned}J&=[(\boldsymbol{a}+\boldsymbol{b})\times(\boldsymbol{b}+\boldsymbol{c})]\cdot(\boldsymbol{c}+\boldsymbol{a})\\&=[\boldsymbol{a}\times\boldsymbol{b}+\boldsymbol{a}\times\boldsymbol{c}+\boldsymbol{b}\times\boldsymbol{c}]\cdot(\boldsymbol{c}+\boldsymbol{a})\quad(\text{其中},\boldsymbol{b}\times\boldsymbol{b}=\boldsymbol{0})\\&=(\boldsymbol{a}\times\boldsymbol{b})\cdot\boldsymbol{c}+(\boldsymbol{b}\times\boldsymbol{c})\cdot\boldsymbol{a}\quad(\text{其中},(\boldsymbol{a},\boldsymbol{c},\boldsymbol{c})=(\boldsymbol{b},\boldsymbol{c},\boldsymbol{c})=(\boldsymbol{a},\boldsymbol{b},\boldsymbol{a})=(\boldsymbol{a},\boldsymbol{c},\boldsymbol{a})=0)\\&=2[(\boldsymbol{a}\times\boldsymbol{b})\cdot\boldsymbol{c}]=4.\quad(\text{其中},(\boldsymbol{a}\times\boldsymbol{b})\cdot\boldsymbol{c}=(\boldsymbol{b}\times\boldsymbol{c})\cdot\boldsymbol{a})\end{aligned}$$

5. 向量的垂直、共线与共面问题

【例 8.2.7】已知$\boldsymbol{\alpha}_1=(1,2,-3)$,$\boldsymbol{\alpha}_2=(2,-3,a)$,$\boldsymbol{\alpha}_3=(-2,a,6)$.

(1) 如$\boldsymbol{\alpha}_1\perp\boldsymbol{\alpha}_2$,则$a=$________; (2) 如$\boldsymbol{\alpha}_1/\!/\boldsymbol{\alpha}_3$,则$a=$________;

(3) 如$\boldsymbol{\alpha}_1,\boldsymbol{\alpha}_2,\boldsymbol{\alpha}_3$共面,则$a=$________.

【解】(1) $\boldsymbol{\alpha}_1\perp\boldsymbol{\alpha}_2\Leftrightarrow\boldsymbol{\alpha}_1\cdot\boldsymbol{\alpha}_2=0$,故

$$1\cdot2+2\cdot(-3)+(-3)a=0\Rightarrow\quad a=-\frac{4}{3}.$$

(2) $\boldsymbol{\alpha}_1/\!/\boldsymbol{\alpha}_3\Leftrightarrow\dfrac{x_1}{x_3}=\dfrac{y_1}{y_3}=\dfrac{z_1}{z_3}$,故$\dfrac{1}{-2}=\dfrac{2}{a}=\dfrac{-3}{6}\Rightarrow\quad a=-4$.

(3) $\boldsymbol{\alpha}_1,\boldsymbol{\alpha}_2,\boldsymbol{\alpha}_3$共面$\Leftrightarrow(\boldsymbol{\alpha}_1,\boldsymbol{\alpha}_2,\boldsymbol{\alpha}_3)=0$,故$\begin{vmatrix}1 & 2 & 3\\2 & 3 & a\\2 & a & 6\end{vmatrix}=0\Rightarrow\quad a=-4$或$-6$.

【例 8.2.8】求与$\boldsymbol{\alpha}_1=\{1,2,3\}$,$\boldsymbol{\alpha}_2=\{1,3,2\}$都垂直的单位向量.

【解】用叉积,因为$\boldsymbol{\alpha}\times\boldsymbol{\beta}$按定义与$\boldsymbol{\alpha}$与$\boldsymbol{\beta}$都垂直,则有

$$\boldsymbol{\alpha}_1\times\boldsymbol{\alpha}_2=\begin{vmatrix}i & j & k\\1 & 2 & 3\\1 & -3 & -2\end{vmatrix}=5i+5j-5k.$$

可见与$\boldsymbol{\alpha}_1,\boldsymbol{\alpha}_2$都垂直的向量是$k(\boldsymbol{i}+\boldsymbol{j}-\boldsymbol{k})$. 再将其单位化$\dfrac{\boldsymbol{\alpha}}{|\boldsymbol{\alpha}|}$即$\pm\dfrac{1}{\sqrt{3}}\{1,1,-1\}$为

所求.

【例 8.2.9】已知 $\boldsymbol{\alpha}=\{2,-1,1\}$，$\boldsymbol{\beta}=\{1,3,-1\}$，试在 $\boldsymbol{\alpha}$，$\boldsymbol{\beta}$ 所确定的平面 Π 内求与 $\boldsymbol{\alpha}$ 垂直的单位向量 $\boldsymbol{\gamma}$.

【解法一】$\boldsymbol{n}=\boldsymbol{\alpha}\times\boldsymbol{\beta}=\begin{vmatrix} i & j & k \\ 2 & -1 & 1 \\ 1 & 3 & -1 \end{vmatrix}=\{-2,3,7\}$是平面 Π 的法向量，设 $\boldsymbol{\gamma}=\{x,y,z\}$，则由 $\boldsymbol{\alpha}\perp\boldsymbol{\gamma}$ 及 $\boldsymbol{n}\perp\boldsymbol{\gamma}$，有 $\boldsymbol{\gamma}/\!/\boldsymbol{\alpha}\times\boldsymbol{n}$，可计算出

$$\boldsymbol{\alpha}\times\boldsymbol{n}=\begin{vmatrix} \boldsymbol{i} & \boldsymbol{j} & \boldsymbol{k} \\ 2 & -1 & 1 \\ -2 & 3 & 7 \end{vmatrix}=\{-10,-16,4\},$$

再单位化得 $\boldsymbol{\gamma}=\pm\left\{\dfrac{5}{\sqrt{93}},\dfrac{8}{\sqrt{93}},-\dfrac{2}{\sqrt{93}}\right\}$.

【解法二】由于 $\boldsymbol{\alpha}$，$\boldsymbol{\beta}$ 是平面 Π 上不平行的向量，故平面 Π 的任一向量可用 $x\boldsymbol{\alpha}+y\boldsymbol{\beta}$ 表示，则由

$\boldsymbol{\alpha}\perp\boldsymbol{\gamma}\Leftrightarrow\boldsymbol{\alpha}\cdot(x\boldsymbol{\alpha}+y\boldsymbol{\beta})=0\Leftrightarrow 6x-2y=0$，$\boldsymbol{\gamma}/\!/\boldsymbol{\alpha}+3\boldsymbol{\beta}$，下略.

【例 8.2.10】已知三点 A,B,C 的向径分别为 $\boldsymbol{r}_1=2\boldsymbol{i}+4\boldsymbol{j}+\boldsymbol{k}$，$\boldsymbol{r}_2=3\boldsymbol{i}+7\boldsymbol{j}+5\boldsymbol{k}$，$\boldsymbol{r}_3=4\boldsymbol{i}+10\boldsymbol{j}+9\boldsymbol{k}$，证明 A,B,C 三点共线.

【分析与证明】即证：$\overrightarrow{AB}$ 与 $\overrightarrow{AC}$ 共线. A,B,C 的坐标分别为$(2,4,1)$，$(3,7,5)$，$(4,10,9)$. $\Rightarrow\overrightarrow{AB}=\{1,3,4\}$，$\overrightarrow{AC}=\{2,6,8\}\Rightarrow\dfrac{2}{1}=\dfrac{6}{3}=\dfrac{8}{4}=2$.

因此 $\overrightarrow{AB}$ 与 $\overrightarrow{AC}$ 共线，即 A,B,C 三点共线.

6. 向量的模与夹角

【例 8.2.11】设 $\boldsymbol{a},\boldsymbol{b},\boldsymbol{c}$ 满足：$\boldsymbol{a}\perp\boldsymbol{b}$，$\langle\boldsymbol{a},\boldsymbol{c}\rangle=\dfrac{\pi}{3}$，$\langle\boldsymbol{b},\boldsymbol{c}\rangle=\dfrac{\pi}{6}$，$|\boldsymbol{a}|=2$，$|\boldsymbol{b}|=1$，$|\boldsymbol{c}|=1$，求 $\boldsymbol{a}+\boldsymbol{b}+\boldsymbol{c}$ 的模.

【分析与求解】求 $|\boldsymbol{a}+\boldsymbol{b}+\boldsymbol{c}|^2$ 即求数量积$(\boldsymbol{a}+\boldsymbol{b}+\boldsymbol{c})\cdot(\boldsymbol{a}+\boldsymbol{b}+\boldsymbol{c})$. 由题设，$\boldsymbol{a},\boldsymbol{b},\boldsymbol{c}$ 中任意两个向量的数量积均已知：

$$\boldsymbol{a}\cdot\boldsymbol{b}=|\boldsymbol{a}||\boldsymbol{b}|\cos\langle\boldsymbol{a},\boldsymbol{b}\rangle=0,$$

$$\boldsymbol{a}\cdot\boldsymbol{c}=|\boldsymbol{a}||\boldsymbol{b}|\cos\langle\boldsymbol{a},\boldsymbol{c}\rangle=2\times1\times\cos\frac{\pi}{3}=1,$$

$$\boldsymbol{b}\cdot\boldsymbol{c}=|\boldsymbol{b}||\boldsymbol{c}|\cos\langle\boldsymbol{b},\boldsymbol{c}\rangle=1\times1\times\cos\frac{\pi}{6}=\frac{\sqrt{3}}{2}.$$

于是由数量积的运算性质得

$$\begin{aligned}|\boldsymbol{a}+\boldsymbol{b}+\boldsymbol{c}|^2&=(\boldsymbol{a}+\boldsymbol{b}+\boldsymbol{c})\cdot(\boldsymbol{a}+\boldsymbol{b}+\boldsymbol{c})\\&=|\boldsymbol{a}|^2+|\boldsymbol{b}|^2+|\boldsymbol{c}|^2+2\boldsymbol{a}\cdot\boldsymbol{b}+2\boldsymbol{b}\cdot\boldsymbol{c}+2\boldsymbol{a}\cdot\boldsymbol{c}\\&=4+1+1+\sqrt{3}+2=8+\sqrt{3},\end{aligned}$$

因此，$|\boldsymbol{a}+\boldsymbol{b}+\boldsymbol{c}|=\sqrt{8+\sqrt{3}}$.

学习随笔

【例 8.2.12】已知 $7\boldsymbol{a}-5\boldsymbol{b}$ 与 $\boldsymbol{a}+3\boldsymbol{b}$ 正交,$\boldsymbol{a}-4\boldsymbol{b}$ 与 $7\boldsymbol{a}-2\boldsymbol{b}$ 正交,$\boldsymbol{a},\boldsymbol{b}$ 均为非零向量,求 $\boldsymbol{a}$ 与 $\boldsymbol{b}$ 的夹角 $(\widehat{\boldsymbol{a},\boldsymbol{b}})$.

【分析与求解】为求 $(\widehat{\boldsymbol{a},\boldsymbol{b}})$,只须求 $\cos(\widehat{\boldsymbol{a},\boldsymbol{b}})$.

先由正交性条件得 $\begin{cases}(7\boldsymbol{a}-5\boldsymbol{b})\cdot(\boldsymbol{a}+3\boldsymbol{b})=0,\\(\boldsymbol{a}-4\boldsymbol{b})\cdot(7\boldsymbol{a}-2\boldsymbol{b})=0.\end{cases}$

利用数量积运算性质可化为 $\begin{cases}7|\boldsymbol{a}|^2+16\boldsymbol{a}\cdot\boldsymbol{b}-15|\boldsymbol{b}|^2=0,\\7|\boldsymbol{a}|^2-30\boldsymbol{a}\cdot\boldsymbol{b}+8|\boldsymbol{b}|^2=0.\end{cases}$

为求 $\cos(\widehat{\boldsymbol{a},\boldsymbol{b}})=\dfrac{\boldsymbol{a}\cdot\boldsymbol{b}}{|\boldsymbol{a}||\boldsymbol{b}|}$,方程组两边除以 $|\boldsymbol{a}||\boldsymbol{b}|$ 并令 $x=\dfrac{|\boldsymbol{a}|}{|\boldsymbol{b}|}$,$y=\dfrac{\boldsymbol{a}\cdot\boldsymbol{b}}{|\boldsymbol{a}||\boldsymbol{b}|}$,则

$$\begin{cases}7x^2+16xy=15,\\7x^2-30xy=-8\end{cases}\Rightarrow xy=\frac{1}{2},x^2=1,\quad 即\quad x=1,y=\frac{1}{2}.$$

因此
$$\cos(\widehat{\boldsymbol{a},\boldsymbol{b}})=\frac{\boldsymbol{a}\cdot\boldsymbol{b}}{|\boldsymbol{a}||\boldsymbol{b}|}=\frac{1}{2}\Rightarrow\langle\boldsymbol{a},\boldsymbol{b}\rangle=\frac{\pi}{3}.$$

7. 求线段的分点

【例 8.2.13】两个同向平行力 $\boldsymbol{F}_1,\boldsymbol{F}_2$ 的作用点分别为 $A(x_1,y_1,z_1)$ 与 $B(x_2,y_2,z_2)$,其合力作用点在 AB 连线中的某点 C,满足 $|\overrightarrow{AC}|\cdot|\boldsymbol{F}_1|=|\overrightarrow{CB}|\cdot|\boldsymbol{F}_2|$,求合力作用点 C 的坐标.

【解】设 C 的坐标为 (x,y,z),见图 8.2-2.

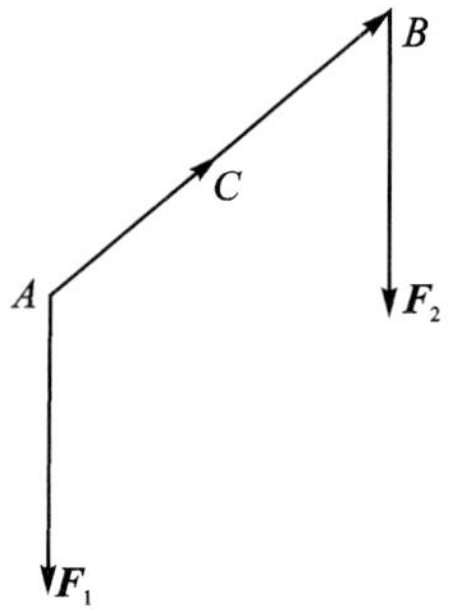

$$\Rightarrow\qquad |\boldsymbol{F}_1|\overrightarrow{AC}=|\boldsymbol{F}_2|\overrightarrow{CB}$$

$$\Rightarrow\qquad \begin{cases}|\boldsymbol{F}_1|(x-x_1)=|\boldsymbol{F}_2|(x_2-x),\\|\boldsymbol{F}_1|(y-y_1)=|\boldsymbol{F}_2|(y_2-y),\\|\boldsymbol{F}_1|(z-z_1)=|\boldsymbol{F}_2|(z_2-z)\end{cases}$$

$$\Rightarrow\qquad \begin{cases}x=\dfrac{|\boldsymbol{F}_1|x_1+|\boldsymbol{F}_2|x_2}{|\boldsymbol{F}_1|+|\boldsymbol{F}_2|},\\y=\dfrac{|\boldsymbol{F}_1|y_1+|\boldsymbol{F}_2|y_2}{|\boldsymbol{F}_1|+|\boldsymbol{F}_2|},\\z=\dfrac{|\boldsymbol{F}_1|z_1+|\boldsymbol{F}_2|z_2}{|\boldsymbol{F}_1|+|\boldsymbol{F}_2|}.\end{cases}$$

图 8.2-2

记 $F_i=|\boldsymbol{F}_i|(i=1,2)$,$F=F_1+F_2$,于是合力作用点是

$$\left(\frac{F_1x_1+F_2x_2}{F},\frac{F_1y_1+F_2y_2}{F},\frac{F_1z_1+F_2z_2}{F}\right).$$

学习随笔

第三节　平面及其方程

一、知识点归纳总结

1. 怎样求平面方程

基本点:平面由一个定点与法向量确定,与平面垂直的向量称为它的法向量.

(1) 平面的点法式方程

过定点 $M_0(x_0,y_0,z_0)$ 垂直于非零向量 $\boldsymbol{n}=\{A,B,C\}$ 的平面被唯一确定,记为 Π. $\forall$ 点 $M(x,y,z)\in\Pi \Leftrightarrow \overrightarrow{M_0M}\cdot\boldsymbol{n}=0 \Leftrightarrow$

$$A(x-x_0)+B(y-y_0)+C(z-z_0)=0 \tag{8.3-1}$$

式(8.3-1)为平面 Π 的点法式方程.

(2) 平面的一般方程

在空间直角坐标系中,任何一个平面的方程都是三元一次方程,即

$$Ax+By+Cz+D=0.$$

反之,任何一个三元一次方程的图形都是平面.

(3) 由定点及两个方位向量确定的平面方程

过定点 $M_0(x_0,y_0,z_0)$ 平行于两个不共线的向量 $\boldsymbol{v}_i=\{X_i,Y_i,Z_i\}(i=1,2)$ 的平面 Π 被唯一确定.

$\forall$ 点 $M(x,y,z)\in\Pi \Leftrightarrow \overrightarrow{M_0M}\cdot\boldsymbol{n}=\overrightarrow{M_0M}\cdot(\boldsymbol{v}_1\times\boldsymbol{v}_2)=0$

$$\Leftrightarrow \begin{vmatrix} x-x_0 & y-y_0 & z-z_0 \\ X_1 & Y_1 & Z_1 \\ X_2 & Y_2 & Z_2 \end{vmatrix}=0, \tag{8.3-2}$$

其中 $\boldsymbol{n}=\boldsymbol{v}_1\times\boldsymbol{v}_2$ 是平面 Π 的法向量,$\boldsymbol{v}_1,\boldsymbol{v}_2$ 称为平面 Π 的方位向量.

(4) 平面的三点式方程

过不共线的三点 $M_i(x_i,y_i,z_i)(i=1,2,3)$ 确定唯一平面 Π. $\forall$ 点 $M(x,y,z)\in\Pi$

$$\Leftrightarrow \overrightarrow{M_0M}\cdot(\overrightarrow{M_0M_1}\times\overrightarrow{M_0M_2})=0$$

$$\Leftrightarrow \begin{vmatrix} x-x_0 & y-y_0 & z-z_0 \\ x_1-x_0 & y_1-y_0 & z_1-z_0 \\ x_2-x_0 & y_2-y_0 & z_2-z_0 \end{vmatrix}=0.$$

(5) 平面的截距式方程

若平面在三个坐标轴上的截距分别为 a,b,c(均不为零),即通过三点 $(a,0,0)$,$(0,b,0)$ 及 $(0,0,c)$,则得平面的截距式方程

$$\frac{x}{a}+\frac{y}{b}+\frac{z}{c}=1.$$

学习随笔

2. 平面束方程

过直线 $L:\begin{cases}A_1x+B_1y+C_1z+D_1=0,\\A_2x+B_2y+C_2z+D_2=0\end{cases}$ 的平面束方程为

$$\lambda(A_1x+B_1y+C_1z+D_1)+\mu(A_2x+B_2y+C_2z+D_2)=0,$$

其中 λ,μ 为任意实数,$\lambda^2+\mu^2\neq 0$.

特别地,若 μ 为任意实数,则

$$A_1x+B_1y+C_1z+D_1+\mu(A_2x+B_2y+C_2z+D_2)=0$$

为不含平面 $A_2x+B_2y+C_2z+D_2=0$ 的通过直线 L 的平面束方程.

若 λ 为任意实数,则

$$\lambda(A_1x+B_1y+C_1z+D_1)+A_2x+B_2y+C_2z+D_2=0$$

为不含平面 $A_1x+B_1y+C_1z+D_1=0$ 的通过直线 L 的平面束方程.

3. 两个平面间的相互关系

设有平面 $\Pi_i:A_ix+B_iy+C_iz+D_i=0$,法向量为 $\boldsymbol{n}_i=\{A_i,B_i,C_i\}$,$i=1,2$,则

① Π_1 与 Π_2 重合$\Leftrightarrow\dfrac{A_1}{A_2}=\dfrac{B_1}{B_2}=\dfrac{C_1}{C_2}=\dfrac{D_1}{D_2}$.

② Π_1 与 Π_2 平行$\Leftrightarrow\dfrac{A_1}{A_2}=\dfrac{B_1}{B_2}=\dfrac{C_1}{C_2}\neq\dfrac{D_1}{D_2}$(法向量 $\boldsymbol{n}_1$ 与 $\boldsymbol{n}_2$ 共线,但两平面不重合).

③ Π_1 与 Π_2 垂直$\Leftrightarrow A_1A_2+B_1B_2+C_1C_2=0$($\boldsymbol{n}_1$ 与 $\boldsymbol{n}_2$ 垂直).

④ $\cos\theta=\dfrac{|\boldsymbol{n}_1\cdot\boldsymbol{n}_2|}{|\boldsymbol{n}_1|\cdot|\boldsymbol{n}_2|}=\dfrac{|A_1A_2+B_1B_2+C_1C_2|}{\sqrt{A_1^2+B_1^2+C_1^2}\sqrt{A_2^2+B_2^2+C_2^2}}$,

其中 θ 是两平面 Π_1 与 Π_2 的夹角(指法向量间不大于 $90°$ 的夹角).

二、典型题型归纳及解题方法与技巧

【例 8.3.1】求过点$(2,0,-3)$且与二平面 $x-2y+4z-7=0$,$2x+y-2z+5=0$ 都垂直的平面方程.

【解】所求平面与二已知平面垂直,它的法向量 $\boldsymbol{n}$ 要垂直于二已知平面的法向量 $\boldsymbol{n}_1=\{1,-2,4\}$ 与 $\boldsymbol{n}_2=\{2,1,-2\}$,于是

$$\boldsymbol{n}=\boldsymbol{n}_1\times\boldsymbol{n}_2=\begin{vmatrix}\boldsymbol{i}&\boldsymbol{j}&\boldsymbol{k}\\1&-2&4\\2&1&-2\end{vmatrix}=\{0,10,5\}=5\{0,2,1\}.$$

所以按平面的点法式方程,所求平面方程为

$$2y+z+3=0.$$

【例 8.3.2】经过两个平面 $\Pi_1:x+y+1=0$,$\Pi_2:x+2y+2z=0$ 的交线,并且与平面 $\Pi_3:2x-y-z=0$ 垂直的平面方程是________.

【解法一】用混合积. 记平面 Π_i 的法向量为 $\boldsymbol{n}_i(i=1,2,3)$. 由于 $\boldsymbol{n}_1,\boldsymbol{n}_2$ 都与平面 Π_1,Π_2 的交线垂直,可取平行于交线的一个向量 $\boldsymbol{l}$ 为

$$\boldsymbol{l}=\boldsymbol{n}_1\times\boldsymbol{n}_2=\begin{vmatrix}\boldsymbol{i}&\boldsymbol{j}&\boldsymbol{k}\\1&1&0\\1&2&2\end{vmatrix}=\{2,-2,1\},$$

学习随笔

于是 $\boldsymbol{l}$ 和 $\boldsymbol{n}_3$ 是平面 Π 上的两个不共线向量，再取平面上一点，例如 $P_0(0,-1,1)$，那么由式(8.3-2)，即得平面 Π 的方程：

$$\begin{vmatrix} x & y+1 & z-1 \\ 2 & -2 & 1 \\ 2 & -1 & -1 \end{vmatrix}=0,$$

【解法二】用平面束方程. 设所求平面 Π 的方程是

$$\lambda(x+y+1)+\mu(x+2y+2z)=0,$$

即
$$(\lambda+\mu)x+(\lambda+2\mu)y+2\mu z+\lambda=0.$$

由于 $\Pi\perp\Pi_3$，故 $\boldsymbol{n}\cdot\boldsymbol{n}_3=0$，即 $2(\lambda+\mu)-(\lambda+2\mu)-2\mu=0$. 即 $\lambda=2,\mu=1$ 代入 Π 的方程，得 $3x+4y+2z+2=0$ 为所求.

评注　求平面方程常用的方法是：

① 找一定点 P_0 及法向量 $\boldsymbol{n}$，用点法式 $\boldsymbol{n}\cdot\overrightarrow{P_0P}=0$.

② 找一定点 P_0 及与平面平行的两个不共线向量 U_1,U_2，用混合积 $(\overrightarrow{P_0P},U_1,U_2)=0$.

③ 用平面束方程.

④ 用平面的一般方程(待定系数).

第四节　空间直线及其方程

一、知识点归纳总结

1. 怎样求直线方程

基本点：直线由一个定点及方向向量唯一确定. 与直线平行的非零向量均称为该直线的方向向量.

(1) 由一点和一个方向向量确定的直线

设直线 L 过定点 $M_0(x_0,y_0,z_0)$，以 $\boldsymbol{l}=\{X,Y,Z\}$ 为方向向量，则点 $M(x,y,z)$ 在 L 上 $\Leftrightarrow$ $\boldsymbol{l}$ 与 $\overrightarrow{M_0M}$ 共线 $\Leftrightarrow \overrightarrow{M_0M}=t\boldsymbol{l}$，由此得

① 直线 L 的向量方程 $\boldsymbol{r}=\boldsymbol{r}_0+t\boldsymbol{l}$，其中 $\boldsymbol{r}_0=\overrightarrow{OM_0}$ 是定点 M_0 的向径，$\boldsymbol{r}=\overrightarrow{OM}$ 是动点 M 的向径，t 在 $(-\infty,+\infty)$ 变动.

② 直线 L 的参数方程 $\begin{cases} x=x_0+tX, \\ y=y_0+tY, \\ z=z_0+tZ. \end{cases}$ $(-\infty<t<+\infty)$

③ 直线 L 的点向式方程 $\dfrac{x-x_0}{X}=\dfrac{y-y_0}{Y}=\dfrac{z-z_0}{Z}$，点向式方程又称为对称式方程.

(2) 由两点确定的直线

通过两点 $(x_i,y_i,z_i)(i=1,2)$ 的直线方程为

学习随笔

$$\frac{x-x_1}{x_2-x_1}=\frac{y-y_1}{y_2-y_1}=\frac{z-z_1}{z_2-z_1}.$$

(3) 相交的两个平面确定一条直线

两个平面:$A_ix+B_iy+C_iz+D_i=0(i=1,2)$的交线为

$$\begin{cases}A_1x+B_1y+C_1z+D_1=0,\\A_2x+B_2y+C_2z+D_2=0,\end{cases}$$

(假设它们相交),其方向向量为

$$\boldsymbol{l}=\{A_1,B_1,C_1\}\times\{A_2,B_2,C_2\}=\begin{vmatrix}\boldsymbol{i}&\boldsymbol{j}&\boldsymbol{k}\\A_1&B_1&C_1\\A_2&B_2&C_2\end{vmatrix}$$

($\boldsymbol{l}\neq\boldsymbol{0}$ 即为相交的条件).

2. 两条直线间的相互关系

设有直线 $L_i:\frac{x-x_i}{X_i}=\frac{y-y_i}{Y_i}=\frac{z-z_i}{Z_i}$,方向向量为 $\boldsymbol{l}_i=\{X_i,Y_i,Z_i\}$,点 $M_i(x_i,y_i,z_i)$,$i=1,2$. 则

① L_1 与 L_2 平行$\Leftrightarrow\frac{X_1}{X_2}=\frac{Y_1}{Y_2}=\frac{Z_1}{Z_2}$($\boldsymbol{l}_1$ 与 $\boldsymbol{l}_2$ 平行)且(x_1,y_1,z_1)不满足 L_2 的方程.

② L_1 与 L_2 垂直$\Leftrightarrow X_1X_2+Y_1Y_2+Z_1Z_2=0$($\boldsymbol{l}_1$ 与 $\boldsymbol{l}_2$ 垂直).

③ $\cos\theta=\frac{|\boldsymbol{l}_1\cdot\boldsymbol{l}_2|}{|\boldsymbol{l}_1|\cdot|\boldsymbol{l}_2|}=\frac{X_1X_2+Y_1Y_2+Z_1Z_2}{\sqrt{X_1^2+Y_1^2+Z_1^2}\sqrt{X_2^2+Y_2^2+Z_2^2}}$,

其中 θ 是 L_1 与 L_2 的夹角(指方向向量间不大于 90°的夹角).

④ L_1 与 L_2 共面 $\Leftrightarrow\overrightarrow{M_1M_2}\cdot(\boldsymbol{l}_1\times\boldsymbol{l}_2)=\boldsymbol{0}$

$$\Leftrightarrow\begin{vmatrix}x_2-x_1&y_2-y_1&z_2-z_1\\X_1&Y_1&Z_1\\X_2&Y_2&Z_2\end{vmatrix}=0,$$

不共面的直线称为异面直线.

3. 直线与平面间的相互关系

设有直线 $L:\frac{x-x_0}{X}=\frac{y-y_0}{Y}=\frac{z-z_0}{Z}$,方向向量为 $\boldsymbol{l}=\{X,Y,Z\}$. 平面 $\Pi:Ax+By+Cz+D=0$ 的法向量为 $\boldsymbol{n}=\{A,B,C\}$,则

① L 与Π 平行$\Leftrightarrow AX+BY+CZ=0$($\boldsymbol{l}$ 与 $\boldsymbol{n}$ 垂直)且 $Ax_0+By_0+Cz_0+D\neq0$.

② L 落在Π 上$\Leftrightarrow AX+BY+CZ=0$ 且 $Ax_0+By_0+Cz_0+D=0$.

③ L 与Π 垂直$\Leftrightarrow\frac{A}{X}=\frac{B}{Y}=\frac{C}{Z}$($\boldsymbol{l}$ 与 $\boldsymbol{n}$ 平行).

④ $\sin\theta=|\cos\langle\boldsymbol{l},\boldsymbol{n}\rangle|=\frac{|AX+BY+CA|}{\sqrt{A^2+B^2+C^2}\sqrt{X^2+Y^2+Z^2}}$,

学习随笔

其中 θ 是 L 与 Π 的夹角，直线 L 与平面 Π 不垂直时，L 与 Π 的夹角 θ 即指 L 和它在平面 Π 上的投影直线的夹角 $\left(0\leqslant\theta<\dfrac{\pi}{2}\right)$，当 L 与 Π 垂直时，规定它们的夹角为 $\dfrac{\pi}{2}$. $\theta=\left|\dfrac{\pi}{2}-(\widehat{\boldsymbol{l},\boldsymbol{n}})\right|$，见图 8.4-1 和图 8.4-2.

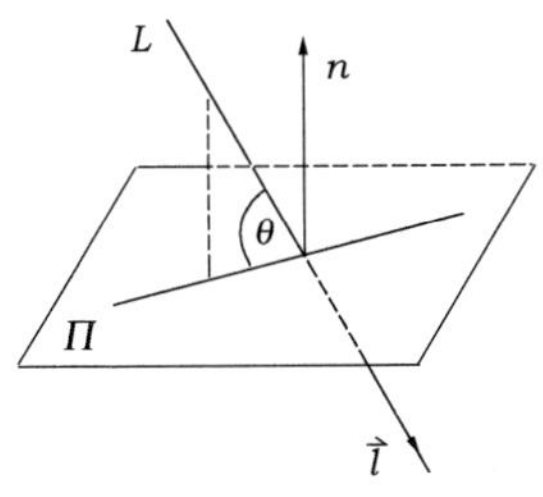

图 8.4-1

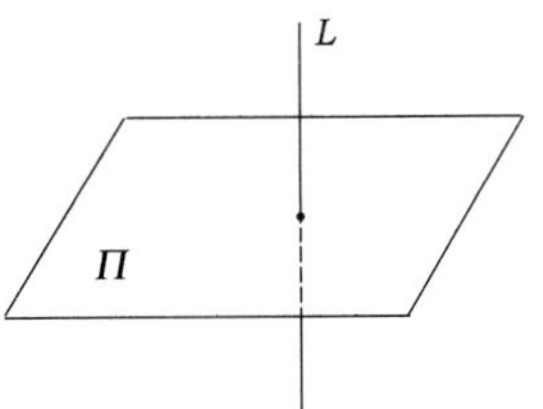

图 8.4-2

4. 距离公式

① 两点 $P_1(x_1,y_1,z_1)$，$P_2(x_2,y_2,z_2)$间的距离

$$d=|\overrightarrow{P_1P_2}|=\sqrt{(x_2-x_1)^2+(y_2-y_1)^2+(z_2-z_1)^2}.$$

② 点 $P_0(x_0,y_0,z_0)$到平面 Π：$Ax+By+Cz+D=0$ 的距离

$$d=\frac{|\overrightarrow{P_1P_0}\cdot\boldsymbol{n}|}{|\boldsymbol{n}|}=\frac{|Ax_0+By_0+Cz_0+D|}{\sqrt{A^2+B^2+C^2}}. \tag{8.4-1}$$

其中 $\boldsymbol{n}=\{A,B,C\}$是 Π 的法向量，P_1 是 Π 上的一个点，见图 8.4-3.

③ 点 $P_0(x_0,y_0,z_0)$到直线 L：$\dfrac{x-x_1}{X}=\dfrac{y-y_1}{Y}=\dfrac{z-z_1}{Z}$的距离

$$d=|\overrightarrow{P_1P_0}|\sin(\widehat{\boldsymbol{l},\overrightarrow{P_1P_0}})=\frac{|\overrightarrow{P_1P_0}\times\boldsymbol{l}|}{|\boldsymbol{l}|}, \tag{8.4-2}$$

其中 P_1 是 L 上的定点(x_1,y_1,z_1).

$\boldsymbol{l}=\{X,Y,Z\}$是 L 的方向向量，见图 8.4-4. 用坐标表示即

$$d=\left\|\begin{matrix}\boldsymbol{i} & \boldsymbol{j} & \boldsymbol{k}\\ x_1-x_0 & y_1-y_0 & z_1-z_0\\ X & Y & Z\end{matrix}\right\|\Big/\sqrt{X^2+Y^2+Z^2}.$$

④ 异面直线的距离.

设平面 Π 经过点 P_1，$\boldsymbol{U}_1$ 与 $\boldsymbol{U}_2$ 是平面 Π 上两个不平行的向量，P_2 是平面 Π 之外的一点，以 U_1，U_2，$\overrightarrow{P_1P_2}$ 为棱构造平行六面体，则底面 $\boldsymbol{U}_1$，$\boldsymbol{U}_2$ 上的高就是点 P_2 到平面 Π 的距离 d. 同时，若直线 L_1 经过点 P_1，方向向量是 $\boldsymbol{U}_1$，直线 L_2 经过点 P_2，方向向量是 $\boldsymbol{U}_2$，那么 L_1，L_2，是异面直线，d 是公垂线段的长，即 L_1 与 L_2 的距离(见图 8.4-5)：

$$d=\frac{|(\overrightarrow{P_1P_2},\boldsymbol{U}_1,\boldsymbol{U}_2)|}{|\boldsymbol{U}_1\times\boldsymbol{U}_2|}. \tag{8.4-3}$$

学习随笔

可建立异面直线公垂线的一般方程

$$\begin{cases}(\overrightarrow{P_1P},\boldsymbol{U}_1,\boldsymbol{U}_1\times\boldsymbol{U}_2)=0,\\(\overrightarrow{P_2P},\boldsymbol{U}_2,\boldsymbol{U}_1\times\boldsymbol{U}_2)=0.\end{cases}\tag{8.4-4}$$

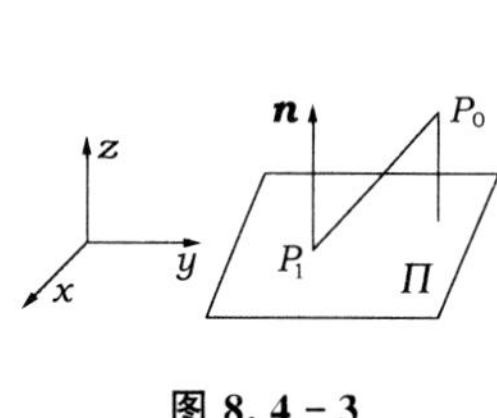

图 8.4-3

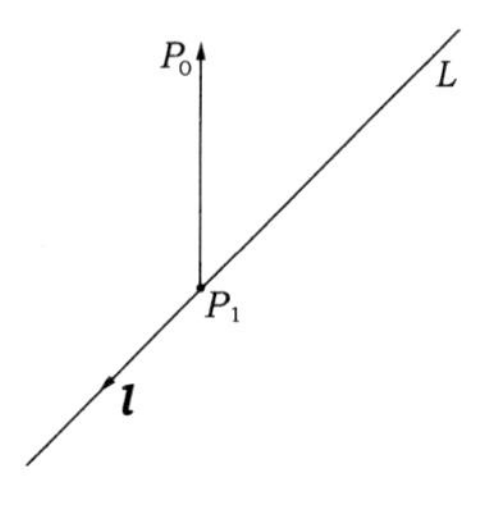

图 8.4-4

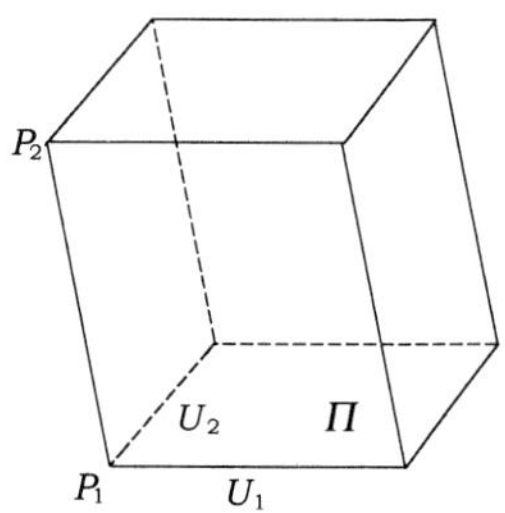

图 8.4-5

二、典型题型归纳及解题方法与技巧

1. 求空间直线方程

【例 8.4.1】经过点 $P(2,-3,1)$ 和平面 $\Pi:3x+y+5z+6=0$ 垂直的直线 L_1 方程是________. 经过点 P 与直线 $L:\dfrac{x-1}{3}=\dfrac{y}{4}=\dfrac{z+2}{5}$ 垂直相交的直线 L_2 方程是________.

【解】由于 $L_1\perp\Pi$，平面 Π 的法向量 $\boldsymbol{n}=\{3,1,5\}$ 就是 $\boldsymbol{L}_1$ 的方向向量，故应填：$\dfrac{x-2}{3}=\dfrac{y+3}{1}=\dfrac{z-1}{5}$.

因 L_2 与 L 垂直相交，所以直线 L_2 在经过 P 点且以 L 的方向向量 $\{3,4,5\}$ 为法向量的平面 Π_1 上，则有

$$\Pi_1:3(x-2)+4(y+3)+5(z-1)=0,$$

同时，L_2 在经过 P 点且经过直线 L 的平面 Π_2 上，点 P 指向 L 上的点 $(1,0,-2)$ 的向量为 $\{1,-3,3\}$. 于是有

$$\Pi_2:\begin{vmatrix}x-1&y&z+2\\3&4&5\\1&-3&3\end{vmatrix}=0,\text{故应填：}\begin{cases}3x+4y+5z+1=0,\\27x-4y-13z-53=0.\end{cases}$$

【例 8.4.2】经过点 $A(-1,0,4)$，与直线 $L_1:\dfrac{x}{1}=\dfrac{y}{2}=\dfrac{z}{3}$ 及 $L_2:\dfrac{x-1}{2}=\dfrac{y-2}{1}=\dfrac{z-3}{4}$ 都相交的直线方程是________.

【解法一】所求直线 L 在过 A 点且过直线 L_1 的平面 Π_1 上，也在过 A 点且过直线 L_2 的平面 Π_2 上. 由于点 $O(0,0,0)$ 在直线 L_1 上，那么 $\overrightarrow{OA}=\{-1,0,4\}$ 与 L_1 的方向向量 $\boldsymbol{l}_1=\{1,2,3\}$ 是平面 Π_1 上的两个向量，Π_1 又过原点 $(0,0,0)$，于是 Π_1 的方程

$$\begin{vmatrix}x&y&z\\1&2&3\\-1&0&4\end{vmatrix}=8x-7y+2z=0.$$

学习随笔

类似地，$B(1,2,3)$ 在直线 L_2 上，$\overrightarrow{BA}=\{-2,-2,1\}$，与 L_2 的方向向量 $\boldsymbol{l}_2=\{2,1,4\}$ 是平面 Π_2 上的两个向量，Π_2 又过点 $(1,2,3)$，于是 Π_2 的方程

$$\begin{vmatrix} x-1 & y-2 & z-3 \\ 2 & 1 & 4 \\ -2 & -2 & 1 \end{vmatrix}=9x-10y-2z+17=0,$$

所以应填：$\begin{cases}8x-7y+2z=0,\\ 9x-10y-2z+17=0.\end{cases}$

【解法二】设所求直线 L 的方向向量 $\boldsymbol{l}=\{X,Y,Z\}$，则 $\boldsymbol{l},\boldsymbol{l}_1,\overrightarrow{OA}$ 共面，$\boldsymbol{l},\boldsymbol{l}_2,\overrightarrow{BA}$ 共面，从而

$$\begin{vmatrix} X & Y & Z \\ 1 & 2 & 3 \\ -1 & 0 & 4 \end{vmatrix}=0,\quad \begin{vmatrix} X & Y & Z \\ 2 & 1 & 4 \\ -2 & -2 & 1 \end{vmatrix}=0.$$

解 $\begin{cases}8X-7Y+2Z=0,\\ 9X-10Y-2Z=0,\end{cases}$ 得 $X:Y:Z=2:2:(-1)$. 所以应填：$\dfrac{x+1}{2}=\dfrac{y}{2}=\dfrac{z-4}{-1}$.

评注　设 Π_i 是定点 A 与已知直线 L_i 所决定的平面，法向量是 $\boldsymbol{n}_i$，点 P_i 是直线 L_i 上的定点，$\boldsymbol{l}_i$ 是 L_i 的方向向量$(i=1,2)$，那么 $\boldsymbol{n}_i=\overrightarrow{AP_i}\times\boldsymbol{l}_i$. Π_1 与 Π_2 的交线就是所求直线 L，$\boldsymbol{n}_1\times\boldsymbol{n}_2$ 正是 L 的方向向量 $\boldsymbol{l}$.

【例 8.4.3】经过点 $A(-1,2,3)$，垂直于直线 $L:\dfrac{x}{4}=\dfrac{y}{5}=\dfrac{z}{6}$ 且与平面 $\Pi:7x+8y+9z+10=0$ 平行的直线方程是________.

【解法一】用交面式. 所求直线在过点 A 以 L 的方向向量 $\boldsymbol{l}=\{4,5,6\}$ 为法向量的平面 Π_1 上，也在过 A 点以 Π 的法向量 $\boldsymbol{n}=\{7,7.9\}$ 为法向量的平面 Π_2 上.

$$\Pi_1:4(x+1)+5(y-2)+6(z-3)=0,$$
$$\Pi_2:7(x+1)+8(y-2)+9(z-3)=0,$$

故应填：$\begin{cases}4x+5y+6z-24=0,\\ 7x+8y+9z-36=0.\end{cases}$

【解法二】设所求直线 L_1 的方向向量是 $\boldsymbol{l}_1$，由于 $L\perp L_1$，即 $\boldsymbol{l}\perp\boldsymbol{l}_1$，由于 $L_1/\!/\Pi$，即 $\boldsymbol{n}\perp\boldsymbol{l}_1$，所以

$$\boldsymbol{l}_1=\boldsymbol{l}\times\boldsymbol{n}=\begin{vmatrix} \boldsymbol{i} & \boldsymbol{j} & \boldsymbol{k} \\ 4 & 5 & 6 \\ 7 & 8 & 9 \end{vmatrix}=\{3,-6,3\},$$

故应填：$\dfrac{x+1}{1}=\dfrac{y-2}{-2}=\dfrac{z-3}{1}$.

评注　① 求空间直线方程的基本方法有：

方法一　找出所求直线所在的两个平面，用直线的交面式方程(例 8.4.1，例 8.4.2，例 8.4.3).

方法二　找定点及直线的方向向量，再用直线的标准方程或参数方程(例 8.4.1).

学习随笔

② 求直线方程的两种思路要明确，交面式往往会简明一些，相对而言，平面方程更显基础与重要，把直线的一般方程化为对称方程要熟悉，关键是求直线的方向向量 $\boldsymbol{l}$.

例如，把$\begin{cases}x-2y+z-1=0,\\2x+y-2z+2=0\end{cases}$化为对称方程 $\boldsymbol{l}=\boldsymbol{n}_1\times\boldsymbol{n}_2=\begin{vmatrix}\boldsymbol{i}&\boldsymbol{j}&\boldsymbol{k}\\1&-2&1\\2&1&-2\end{vmatrix}=\{3,4,5\}$，

或从方程组求得两点 $A(0,0,1)$ 与 $B\left(1,\dfrac{4}{3},\dfrac{8}{3}\right)$.

从而 $\boldsymbol{l}=\overrightarrow{AB}=\dfrac{1}{3}\{3,4,5\}$，这是求方向向量的两种常用方法.

2. 关于直线与直线、直线与平面的关系

【例 8.4.4】求直线 $L_1:\dfrac{x-1}{1}=\dfrac{y-5}{-2}=\dfrac{z+8}{1}$ 与直线 $L_2:\begin{cases}x-y=6,\\2y+z=3\end{cases}$的夹角.

【分析】两条直线的夹角也就是这两条直线方向向量的夹角，L_1 的方向向量 $\boldsymbol{l}_1=\{1,-2,1\}$已知，对 L_2 应通过方程转换化其为点向式方程或参数方程来求 L_2 的方向向量 $\boldsymbol{l}_2$.

【解】令 $y=t$，直线 L_2 的参数方程是$\begin{cases}x=t+6,\\y=t,\\z=-2t+3,\end{cases}$ 则 L_2 的方向向量 $\boldsymbol{l}_2=\{1,1,-2\}$.

由于 $\cos\theta=\dfrac{|\boldsymbol{l}_1\cdot\boldsymbol{l}_2|}{|\boldsymbol{l}_1||\boldsymbol{l}_2|}=\dfrac{|-3|}{\sqrt{6}\sqrt{6}}=\dfrac{1}{2}$，所以 L_1 与 L_2 的夹角是 $\dfrac{\pi}{3}$.

评注　平面 $\Pi_1:x-y=6$ 的法向量 $\boldsymbol{n}_1=\{1,-1,0\}$，平面 $\Pi_2:2y+z=3$ 的法向量是 $\boldsymbol{n}_2=\{0,2,1\}$，而 $\boldsymbol{n}_1\perp\Pi_1$，故 $\boldsymbol{n}_1\perp L_2$，同理 $\boldsymbol{n}_2\perp L_2$，可令 $\boldsymbol{l}_2=\boldsymbol{n}_1\times\boldsymbol{n}_2$ 得

$$\boldsymbol{l}_2=\begin{vmatrix}\boldsymbol{i}&\boldsymbol{j}&\boldsymbol{k}\\1&-1&0\\0&2&1\end{vmatrix}=-\boldsymbol{i}-\boldsymbol{j}+2\boldsymbol{k}=\{-1,-1,2\}.$$

【例 8.4.5】设直线 $L:\begin{cases}x+3y+2z+1=0,\\2x-y-10z+3=0,\end{cases}$ 平面 $\Pi:4x-2y+z-2=0$，则

(A) L 平行于 Π.　　(B) L 在 Π 上.

(C) L 垂直于 Π.　　(D) L 与 Π 斜交.

【分析】设直线 L 的方向向量为 $\boldsymbol{l}$，平面 Π 的法向量为 $\boldsymbol{n}$，则

$$\boldsymbol{l}=\begin{vmatrix}\boldsymbol{i}&\boldsymbol{j}&\boldsymbol{k}\\1&3&2\\2&-1&-10\end{vmatrix}=-28\boldsymbol{i}+14\boldsymbol{j}-7\boldsymbol{k},\quad \boldsymbol{n}=\{4,-2,1\},$$

$\Rightarrow \boldsymbol{l}/\!/\boldsymbol{n}\Rightarrow$ 直线 $L\perp$ 平面 Π. 故应选(C).

3. 求点与直线的距离及点与平面的距离

【例 8.4.6】已知直线 $L:\dfrac{x-1}{1}=\dfrac{y}{-2}=\dfrac{z+1}{1}$ 和点 $M_0(0,1,-1)$，求点 M_0 到直线 L 的距离.

【解】取点 $A(1,0,-1)\in L$，则 $\overrightarrow{AM_0}=\{-1,1,0\}$，直线 L 的方向向量 $\boldsymbol{l}=\{1,-2,1\}$，$|\boldsymbol{l}|=\sqrt{6}$，

$$\overrightarrow{AM_0}\times\boldsymbol{l}=\begin{vmatrix}\boldsymbol{i} & \boldsymbol{j} & \boldsymbol{k}\\ -1 & 1 & 0\\ 1 & -2 & 1\end{vmatrix}=\boldsymbol{i}+\boldsymbol{j}+\boldsymbol{k},\ |\overrightarrow{AM_0}\times\boldsymbol{l}|=\sqrt{3}.$$

由点到直线的距离公式(8.4-2)得 M_0 到直线 L 的距离为

$$d=\frac{|\overrightarrow{AM_0}\times\boldsymbol{l}|}{|\boldsymbol{l}|}=\frac{\sqrt{3}}{\sqrt{6}}=\frac{\sqrt{2}}{2}.$$

【例 8.4.7】求经过直线 $L:\dfrac{x+1}{0}=\dfrac{y+2}{2}=\dfrac{z-2}{-3}$，而且与点 $A(4,1,2)$ 的距离等于 3 的平面方程.

【解】把 L 的方程改为交面式 $\begin{cases}x+1=0,\\ 3y+2z+2=0,\end{cases}$ 则经过 L 的平面可用平面束方程表示为 $\lambda(x+1)+\mu(3y+2z+2)=0$.

由点到平面的距离公式(8.4-1)，得 $d=\dfrac{|5\lambda+9\mu|}{\sqrt{\lambda^2+13\mu^2}}=3$，从而 $8\lambda^2+45\lambda\mu-18\mu^2=(\lambda+6\mu)(8\lambda-3\mu)=0$.

取 $\lambda=6$，$\mu=-1$ 得 $6x-3y-2z+4=0$；

取 $\lambda=3$，$\mu=8$ 得 $3x+24y+16z+19=0$.

【例 8.4.8】证明 $L_1:\dfrac{x}{1}=\dfrac{y}{2}=\dfrac{z}{3}$，$L_2:\dfrac{x-1}{1}=\dfrac{y+1}{1}=\dfrac{z-2}{1}$ 是异面直线，并求公垂线方程及公垂线段的长.

【证明】L_1 的方向向量 $\boldsymbol{l}_1=\{1,2,3\}$，经过点 $P_1(0,0,0)$，L_2 的方向向量 $\boldsymbol{l}_2=\{1,1,1\}$，经过点 $P_2(1,-1,2)$. 由于

$$(\overrightarrow{P_1P_2},\boldsymbol{l}_1,\boldsymbol{l}_2)=\begin{vmatrix}1 & -1 & 2\\ 1 & 2 & 3\\ 1 & 1 & 1\end{vmatrix}=-5\neq 0,$$

所以 L_1,L_2 是异面直线.

公垂线 L 的方向向量 $\boldsymbol{l}$ 与 $\boldsymbol{l}_1,\boldsymbol{l}_2$ 都垂直，令

$$\boldsymbol{l}=\boldsymbol{l}_1\times\boldsymbol{l}_2=\begin{vmatrix}\boldsymbol{i} & \boldsymbol{j} & \boldsymbol{k}\\ 1 & 2 & 3\\ 1 & 1 & 1\end{vmatrix}=\{-1,2,-1\},$$

那么，经过 L_1 并且与 $\boldsymbol{l}$ 平行的平面 Π_1 的方程为 $\begin{vmatrix}x-0 & y-0 & z-0\\ 1 & 2 & 3\\ -1 & 2 & -1\end{vmatrix}=0$，整理得 $4x+y-2z=0$.

经过 L_2 并且与 $\boldsymbol{l}$ 平行的平面 Π_2 的方程 $\begin{vmatrix}x-1 & y+1 & z-2\\ 1 & 1 & 1\\ -1 & 2 & -1\end{vmatrix}=0$，整理得 $x-y+1$

学习随笔

$=0$.

而平面 Π_1 与 Π_2 的交线即是 L_1 与 L_2 的公垂线 L,故

$$L:\begin{cases}4x+y-2x=0,\\ x-z+1=0.\end{cases}$$

公垂线段的长由式(8.4-3)得 $d=\dfrac{|(\overrightarrow{P_1P_2},\boldsymbol{l}_1,\boldsymbol{l}_2)|}{|\boldsymbol{l}_1\times\boldsymbol{l}_2|}=\dfrac{5}{\sqrt{6}}$.

4. 求点或直线在平面上的投影

【例 8.4.9】点 $A(4,-3,1)$ 在平面 $\Pi:x+2y-z-3=0$ 的投影是________.

【解】由点 A 向平面 Π 作垂线 $L:\dfrac{x-4}{1}=\dfrac{y+3}{2}=\dfrac{z-1}{-1}$. 为求 L 与 Π 的交点,化 L 的方程为参数方程:$x=t+4,y=2t-3,z=-t+1$,代入到平面 Π 的方程得

$$(t+4)+2(2t-3)-(-t+1)-3=0,$$

解出 $t=1$,所以 L 与 Π 的交点是 $(5,-1,0)$,故投影点是 $(5,-1,0)$.

【例 8.4.10】求直线 $L:\dfrac{x-5}{3}=y=z-4$ 在平面 $\Pi:x+2y+z=3$ 上的投影.

【解法一】经过 L 作平面 Π_1 与 Π 垂直,则 Π_1 与 Π 的交线就是 L 在 Π 上的投影. L 的方向向量 $\boldsymbol{l}=\{3,1,1\}$,Π 的法向量 $\boldsymbol{n}=\{1,2,1\}$ 是平面 Π_1 上的两个不共线向量,点 $P_0(5,0,4)$ 是 L 上一定点. 设 $P(x,y,z)$ 是 Π_1 上任一点,则 $\overrightarrow{P_0P},\boldsymbol{l},\boldsymbol{n}$ 共面,即

$$\Pi_1:\begin{vmatrix}x-5 & y & z-4\\ 3 & 1 & 1\\ 1 & 2 & 1\end{vmatrix}=0,\text{即}\quad x+2y-5z+15=0,$$

所以 L 在 Π 上的投影是 $\begin{cases}x+2y+z-3=0,\\ x+2y-5z+15=0.\end{cases}$

评注 关于平面 Π_1 的求法还可用平面束方程、点法式等方法,关于投影直线用交面式往往更方便,因此,对过一定直线且与一定平面垂直的平面方程应能熟练、简洁地写出来.

【解法二】直线 L 的参数方程是:$x=3t+5,y=t,z=t+4$. 设点 $P(3t+5,t,t+4)$ 是 L 上任一点,如 P 点在平面 Π 的投影点是 Q,那么 $\overrightarrow{PQ}\perp\Pi$,故由

$$\overrightarrow{PQ}=\lambda\boldsymbol{n}=\{\lambda,2\lambda,\lambda\},$$

知点 $\boldsymbol{Q}(3t+5+\lambda,t+2\lambda,t+4+\lambda)$. 由于点 $\boldsymbol{Q}$ 在平面 Π 上,则有

$$(3t+5+\lambda)+2(t+2\lambda)+(t+4+\lambda)=3,$$

解得 $\lambda=-t-1$,所以 $Q(2t+4,-t-2,3)$.

那么投影的参数方程是 $\begin{cases}x=2t+4,\\ y=-t-2,\\ z=3.\end{cases}$

学习随笔

评注　① 求点 M 在平面 Π 的投影就是过 M 点以 Π 的法向量 $\boldsymbol{n}$ 为方向向量作直线 L，求 L 与平面 Π 的交点.

② 求直线 L 在平面 Π 的投影，就是过直线 L 作与平面 Π 垂直的平面 Π_1，求 Π_1 与 Π 的交线.

第五节　曲面及其方程

一、知识点归纳总结

1. 曲面方程的概念

若曲面 S 与三元方程

$$F(x,y,z)=0 \tag{8.5-1}$$

有下述关系：

① 曲面 S 上 $\forall$ 点的坐标 (x,y,z) 都满足方程(8.5-1).

② 不在曲面 S 上的点的坐标 (x,y,z) 不满足方程(8.5-1).

则称方程(8.5-1)为曲面 S 的一般方程，而曲面 S 就叫作方程(8.5-1)的图形.

2. 特殊的曲面——球面、柱面与旋转面

(1) 球面

设 $P_0(x_0,y_0,z_0)$ 是球心，R 是半径，$P(x,y,z)$ 是球面上任意一点，则 $|\overrightarrow{P_0P}|=R$，即

$$(x-x_0)^2+(y-y_0)^2+(z-z_0)^2=R^2.$$

二次方程

$$x^2+y^2+z^2+2ax+2by+2cz+d=0 \tag{8.5-2}$$

为球面方程 $\Leftrightarrow a^2+b^2+c^2-d>0$.

此时，球心 $(-a,-b,-c)$，半径 $R=\sqrt{a^2+b^2+c^2-d}$.

配方后式(8.5-2)改写成

$$(x+a)^2+(y+b)^2+(z+c)^2=a^2+b^2+c^2-d.$$

(2) 柱面

平行于定直线并沿定曲线 C 移动的直线 L 形成的轨迹叫作柱面. 定曲线 C 叫作柱面的准线，动直线 L 叫作柱面的母线.

方程 $F(x,y)=0$，　$F(y,z)=0$，　$F(z,x)=0$ 在空间中均表示柱面，它们的母线分别平行于 z 轴，x 轴和 y 轴. 准线分别是 xOy 平面，yOz 平面与 zOx 平面上的曲线

$$\begin{cases}F(x,y)=0,\\ z=0,\end{cases}\quad \begin{cases}F(y,z)=0,\\ x=0,\end{cases}\quad \begin{cases}F(z,x)=0,\\ y=0.\end{cases}$$

(3) 旋转曲面

一条平面曲线 Γ 绕同一平面上的一条固定直线 L 旋转一周所成的曲面称为旋转曲

学习随笔

面，曲线 Γ 称为母线，定直线 L 称为旋转轴.

以 yOz 平面上的曲线 Γ：$\begin{cases} f(y,z)=0, \\ x=0 \end{cases}$ 为母线，以 z 轴为旋转轴的旋转面方程为 $f(\pm\sqrt{x^2+y^2},z)=0$.

Γ 绕 y 轴旋转所得旋转面方程为 $f(y,\pm\sqrt{x^2+z^2})=0$.

设曲线 Γ 的参数方程为 $x=f(t),y=g(t),z=h(t)(\alpha\leqslant t\leqslant\beta)$，以 z 轴为旋转轴，得旋转面的参数方程

$$\begin{cases} x=\sqrt{f^2(t)+g^2(t)}\cos\theta, \\ y=\sqrt{f^2(t)+g^2(t)}\sin\theta, \\ z=h(t). \end{cases} (\alpha\leqslant t\leqslant\beta,0\leqslant\theta\leqslant 2\pi) \tag{8.5-3}$$

3. 几类特殊的旋转曲面

(1) 圆锥面

直线 L 绕另一条与 L 相交的直线旋转一周所得旋转面称为圆锥面. 这两直线的交点为该圆锥面的顶点，这两直线的夹角 $\alpha\left(0<\alpha<\frac{\pi}{2}\right)$ 为圆锥面的半顶角.

zOx 平面上直线 L：$z=ax(a>0)$，分别绕 z 轴，x 轴旋转所得圆锥面方程分别为

$$z=\pm a\sqrt{x^2+y^2} \quad (z^2=a^2(x^2+y^2)),$$

$$x=\pm\frac{1}{a}\sqrt{y^2+z^2} \quad \left(x^2=\frac{1}{a^2}(y^2+z^2)\right).$$

(2) 旋转抛物面

zOx 平面上抛物线 $z=ax^2(a>0)$，绕 z 轴旋转一周所得旋转抛物面方程为

$$z=a(x^2+y^2).$$

(3) 旋转双曲面

zOx 平面上双曲线 $\frac{x^2}{a^2}-\frac{z^2}{b^2}=1$ 分别绕 z 轴，x 轴旋转一周所得旋转双曲面方程分别为

$$\frac{x^2+y^2}{a^2}-\frac{z^2}{b^2}=1, \quad \frac{x^2}{a^2}-\frac{y^2+z^2}{b^2}=1.$$

4. 二次曲面

① 以 x,y,z 的二次方程表示的曲面称为二次曲面，它的一般形式是：

$$a_{11}x^2+a_{22}y^2+a_{33}z^2+2a_{12}xy+2a_{13}xz+2a_{23}yz+b_1x+b_2y+b_3z+c=0,$$

其中 $a_{11}^2+a_{22}^2+a_{33}^2\neq 0$.

② 研究的方法是截痕法——考察平行于坐标平面的平面与曲面的交线，并注意对称性.

③ 几类二次曲面的标准方程与图形(见表 8.5-1)：

学习随笔

表 8.5 - 1

曲面名称	方　程	图　形
椭球面	$\frac{x^2}{a^2}+\frac{y^2}{b^2}+\frac{z^2}{c^2}=1$	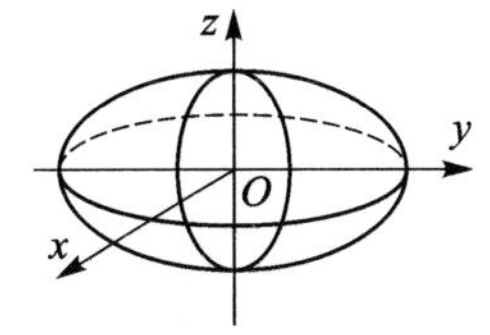
旋转抛物面	$\frac{x^2}{2p}+\frac{y^2}{2p}=z\quad(p>0)$	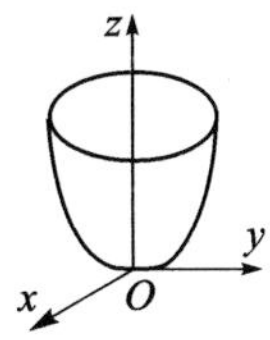
椭圆抛物面	$\frac{x^2}{2p}+\frac{y^2}{2q}=z\quad(p,q>0)$	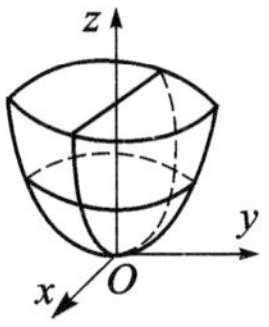
双曲抛物面	$-\frac{x^2}{2p}+\frac{y^2}{2q}=z\quad(p,q>0)$	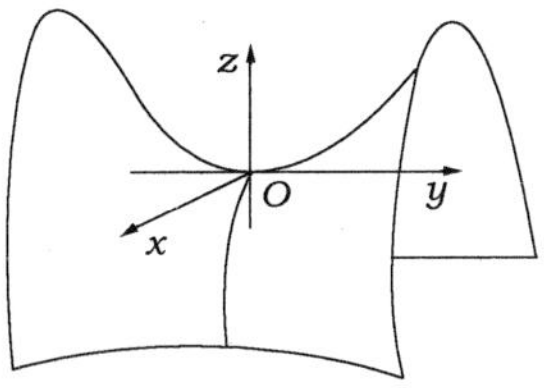
单叶双曲面	$\frac{x^2}{a^2}+\frac{y^2}{b^2}-\frac{z^2}{c^2}=1$	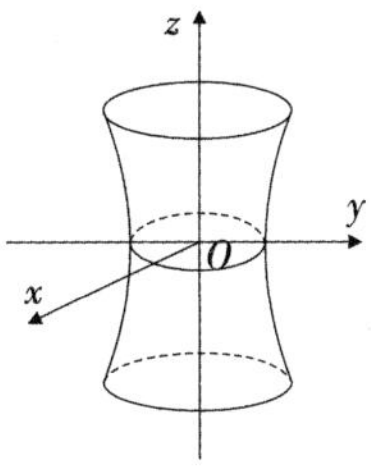
双叶双曲面	$\frac{x^2}{a^2}+\frac{y^2}{b^2}-\frac{z^2}{c^2}=-1$	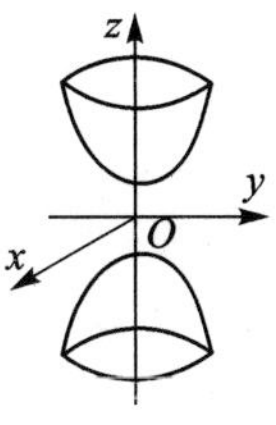

学习随笔

续表 8.5-1

曲面名称	方 程	图 形
二次锥面	$\frac{x^2}{a^2}+\frac{y^2}{b^2}-\frac{z^2}{c^2}=0$	
椭圆柱面	$\frac{x^2}{a^2}+\frac{y^2}{b^2}=1$	
双曲柱面	$\frac{x^2}{a^2}-\frac{y^2}{b^2}=1$	
抛物柱面	$\frac{x^2}{2p}=y \quad (p>0)$	
二张平面	$\frac{x^2}{a^2}=1$	

二、典型题型归纳及解题方法与技巧

1. 求球面方程和球面上点的切平面

【例 8.5.1】设有三元二次方程

$$x^2+y^2+z^2-2x+4y+1=0.$$

(1) 求证:这是球面方程并求球心坐标与球的半径;

(2) 写出通过点 $M_0(0,-1,\sqrt{2})$ 的球面的切平面方程.

【解】(1) 用配方法将方程改写成

学习随笔

$$(x-1)^2+(y+2)^2+z^2=2^2,$$

因此，这是球面方程，球心 Q 是 $(1,-2,0)$，半径 $R=2$.

(2) 点 M_0 在球面上，点 M_0 处球面的切平面即过 M_0 与 $\overrightarrow{M_0Q}$ 垂直的平面 Π.

$$\overrightarrow{M_0Q}=(1-0,-2-(-1),0-\sqrt{2})=(1,-1,-\sqrt{2}),$$

$\forall$ 点 $M(x,y,z)$ 在平面 Π 上 $\Leftrightarrow$ $\overrightarrow{M_0M}\perp\overrightarrow{M_0Q}\Leftrightarrow(x,y+1,z-\sqrt{2})\cdot(1,-1,-\sqrt{2})=0$，即

$$x-(y+1)-\sqrt{2}(z-\sqrt{2})=0,\quad \text{即}\quad x-y-\sqrt{2}z+1=0.$$

它就是所求的切平面方程.

2. 求旋转面方程

【例 8.5.2】求以 y 轴为旋转轴，下列曲线为母线所产生的旋转面方程：

(1) $\begin{cases}\dfrac{x^2}{a^2}-\dfrac{2hx}{a^2}-\dfrac{y^2}{b^2}=0,\\ z=0\quad(x>h>0);\end{cases}$　　(2) $\begin{cases}x-y+2z-1=0,\\ x-3y-2z+1=0.\end{cases}$

【解】(1) 先把曲线方程改写为

$$\begin{cases}x^2-2hx+h^2=h^2+\dfrac{a^2y^2}{b^2},\\ z=0(x>h>0),\end{cases}\quad \text{即}\quad \begin{cases}(x-h)^2=h^2+\dfrac{a^2}{b^2}y^2,\\ z=0(x>h>0),\end{cases}$$

亦即

$$\begin{cases}x^2=\left(h+\sqrt{h^2+\dfrac{a^2}{b^2}y^2}\right)^2,\\ z=0.\end{cases}$$

因此，旋转面方程为

$$x^2+z^2=\left(h+\sqrt{h^2+\dfrac{a^2}{b^2}y^2}\right)^2.$$

(2) 为求曲线绕 y 轴旋转的曲面方程，先把曲线方程改写为参数式：

$$\begin{cases}x=2t,\\ y=t,\\ z=-\dfrac{1}{2}(t-1).\end{cases}$$

按方程(8.5-3)得旋转面的参数方程

$$x=\sqrt{f^2+g^2}\sin\theta,\quad z=\sqrt{f^2+g^2}\cos\theta,\quad y=h.$$

所以

$$x^2+z^2=(2t)^2+\frac{1}{4}(t-1)^2=4y^2+\frac{1}{4}(y-1)^2.$$

即有旋转曲面的方程为：$4x^2-17y^2+4z^2+2y-1=0$.

3. 由曲面方程式确定曲面类型

【例 8.5.3】由下列曲面方程，说明曲面是什么类型的曲面.

(1) $x^2-3z=0$；　(2) $y^2+z^2=(ax^2+bx+c)^2$.

学习随笔

【解】(1) 根据一般结论:$F(z,x)=0$ 是以 zx 平面上的曲线 $\begin{cases}F(z,x)=0,\\ y=0\end{cases}$ 为准线,母线平行于 y 轴的柱面的方程. 该曲面 $x^2-3z=0$ 是以 $\begin{cases}x^2=3z,\\ y=0\end{cases}$ 为准线,母线平行于 y 轴的柱面.

(2) 按旋转面方程的一般结论,$y^2+z^2=(ax^2+bx+c)^2$ 是旋转轴为 x 轴,母线为 $\begin{cases}y=ax^2+bx+c,\\ z=0\end{cases}$ 的旋转面.

4. 关于二次曲面

【例 8.5.4】写出下列二次曲面的标准形式,说出它的名称.

(1) $4x^2-9y^2-16z^2=-25$;　(2) $4x^2-9y^2-16z^2=25$;

(3) $x^2-y^2=2x$;　(4) $y^2+z^2=2x$;

(5) $(x-1)^2+2(y-2)^2-(z-3)^2=0$;　(6) $z=xy$.

【解】(1) 方程可写成标准形式 $-\dfrac{x^2}{\left(\frac{5}{2}\right)^2}+\dfrac{y^2}{\left(\frac{5}{3}\right)^2}+\dfrac{z^2}{\left(\frac{5}{4}\right)^2}=1$,单叶双曲面.

(2) 方程可写成标准形式 $\dfrac{x^2}{\left(\frac{5}{2}\right)^2}-\dfrac{y^2}{\left(\frac{5}{3}\right)^2}-\dfrac{z^2}{\left(\frac{5}{4}\right)^2}=1$,双叶双曲面.

(3) 利用配方法,将方程改写为 $(x-1)^2-y^2=1$,双曲柱形. 它是把标准的双曲柱面 $x^2-y^2=1$ 的图形向 x 轴的正向平移一个单位.

(4) 方程可写成标准形式 $x=\dfrac{y^2}{(\sqrt{2})^2}+\dfrac{z^2}{(\sqrt{2})^2}$,椭圆抛物面.

(5) 方程可写成标准形式 $(z-3)^2=\dfrac{(x-1)^2}{1^2}+\dfrac{(y-2)^2}{\left(\frac{\sqrt{2}}{2}\right)^2}$,椭圆锥面. 它是由标准的椭圆锥面 $\dfrac{x^2}{1^2}+\dfrac{y^2}{\left(\frac{\sqrt{2}}{2}\right)^2}=z^2$ 的图形平移到锥面的顶点为(1,2,3)而成.

(6) 作一坐标变换,让 z 轴不变而 xy 平面绕轴旋转 θ 角,$\theta=\dfrac{\pi}{4}$,转轴后的坐标系的坐标为 (X,Y,Z),新旧坐标之间有关系

$$\begin{cases}x=X\cos\theta-Y\sin\theta=\dfrac{1}{\sqrt{2}}X-\dfrac{1}{\sqrt{2}}Y,\\ y=X\sin\theta+Y\cos\theta=\dfrac{1}{\sqrt{2}}X+\dfrac{1}{\sqrt{2}}Y,\\ z=Z.\end{cases}$$

在新坐标系下,方程 $z=xy$ 可写成 $Z=\dfrac{x^2}{(\sqrt{2})^2}-\dfrac{y^2}{(\sqrt{2})^2}$.

学习随笔

因此,曲面为双曲抛物面.

5. 关于两曲面围成的区域在坐标面的投影

【例 8.5.5】设 Ω 由 $z=x^2+y^2$ 与 $x+y+z=1$ 围成,求 Ω 在 xOy 平面上的投影区域.

【解】Ω 是由旋转抛物面 $z=x^2+y^2$ 与平面 $x+y+z=1$ 围成. Ω 在 xOy 平面上的投影区域 D 就是交线 Γ

$$\begin{cases} z=x^2+y^2, \\ x+y+z=1 \end{cases}$$

在 xOy 平面上的投影曲线所围的区域.

消去 Γ 方程中的 z 得

$$1-x-y=x^2+y^2, \text{即} \left(x+\frac{1}{2}\right)^2+\left(y+\frac{1}{2}\right)^2=\frac{3}{2}.$$

因此,Ω 在 xOy 平面上的投影区域是

$$D:\left(x+\frac{1}{2}\right)^2+\left(y+\frac{1}{2}\right)^2 \leqslant \left(\sqrt{\frac{3}{2}}\right)^2.$$

6. 已知准线方程与母线方向,求柱面方程

【例 8.5.6】求以曲线 $\Gamma:\begin{cases} y^2=x, \\ z=0 \end{cases}$ 为准线,$\{l,m,n\}$为母线方向的柱面方程.

【解】Γ 的参数方程是 $\begin{cases} x=t^2, \\ y=t, \\ z=0, \end{cases}$ 过 Γ 上 $\forall$ 点$(t^2,t,0)$以$\{l,m,n\}$为方向向量的直线方程为

$$\begin{cases} x=t^2+\lambda l, \\ y=t+\lambda m, \\ z=\lambda n. \end{cases}$$

现消去 λ 与 t 并以 $\lambda=\dfrac{z}{n}$ 代入前两个方程得

$$\begin{cases} x-\dfrac{l}{n}z=t^2, \\ y-\dfrac{m}{n}z=t. \end{cases}$$

最后消去 t 得

$$x-\frac{l}{n}z=\left(y-\frac{m}{n}z\right)^2.$$

这就是该柱面方程.

评注　已知准线方程与母线方向向量坐标求柱面方程,本质上是已知直线上一点与方向向量求直线方程.求出的直线方程含有两个参数即是柱面的参数方程,消去参数即得柱面的一般方程.

学习随笔

第六节　空间曲线及其方程

一、知识点归纳总结

1. 空间曲线的一般方程

设曲面 S_1,S_2 的方程分别为 $F(x,y,z)=0$，$G(x,y,z)=0$，则 S_1 与 S_2 的交线 Γ 的方程为

$$\begin{cases}F(x,y,z)=0,\\G(x,y,z)=0,\end{cases}\tag{8.6-1}$$

方程(8.6-1)称为空间曲线 Γ 的一般方程.

2. 空间曲线的参数方程

设空间曲线 Γ 上点 $M(x,y,z)$ 的坐标表成某参数 t 的函数

$$\begin{cases}x=x(t),\\y=y(t),\quad(\alpha\leqslant t\leqslant\beta)\\z=z(t),\end{cases}\tag{8.6-2}$$

则称方程(8.6-2)为曲线 Γ 的参数方程.

3. 空间曲线在坐标面上的投影

设 Γ 是一条空间曲线，Π 是一张平面，对于 Γ 上任意一点 P，令 $\Pi(P)$ 是点 P 在平面 Π 上的投影点，即 $\Pi(P)\in\Pi$，$\overrightarrow{\Pi(p)P}\perp\Pi$. 所有投影点的集合称为 Γ 在平面 Π 上的投影曲线. 而由垂线所构成的曲面是以 Γ 为准线的柱面，称为 Γ 到 Π 的投影柱面.

如：Γ：$\begin{cases}f(x,y,z)=0,\\g(x,y,z)=0,\end{cases}$ 消去 z 得到 $\varphi(x,y)=0$，这是以 Γ 为准线，母线平行于 z 轴的柱面方程. 而 $\begin{cases}\varphi(x,y)=0,\\z=0\end{cases}$ 是 Γ 在 xOy 平面的投影曲线方程.

如 Γ：$\begin{cases}x=f(t),\\y=g(t),\\z=h(t),\end{cases}$ 则 $\begin{cases}x=f(t),\\y=g(t),\\z=0\end{cases}$ 是 Γ 在 xOy 平面的投影曲线方程.

二、典型题型归纳及解题方法与技巧

1. 求交线的参数方程

【例 8.6.1】求下列各曲线的参数方程，并指出它们是什么曲线，是什么曲面的交线.

(1) $\begin{cases}x^2+y^2+z^2=a^2,\\x^2+y^2=b^2\end{cases}$ $(a\geqslant b>0)$；(2) $\begin{cases}x^2+y^2+z^2=5,\\4x+2y=9.\end{cases}$

【解】(1) 这是球面 $x^2+y^2+z^2=a^2$ 与圆柱面 $x^2+y^2=b^2$ 的交线. 由圆周参数方程得

学习随笔

$$x=b\cos t, y=b\sin t \quad (0\leqslant t\leqslant 2\pi).$$

将 $x^2+y^2=b^2$ 代入球面方程得 $z^2=a^2-b^2$.

于是得交线的参数方程 $\begin{cases} x=b\cos t, \\ y=b\sin t, \\ z=\pm\sqrt{a^2-b^2} \end{cases}$ $(0\leqslant t\leqslant 2\pi)$.

当 $a=b$ 时是一个圆周,当 $a>b$ 时是两个圆周.

(2) 这是球面 $x^2+y^2+z^2=5$ 与平面 $4x+2y=9$ 的交线,它是空间中平面 $4x+2y=9$ 上的一个圆周.

以 t 为参数,令 $x=t$,则由平面方程得 $y=\frac{9}{2}-2t$,将 x,y 代入球面方程得

$$z^2=5-t^2-\left(\frac{9}{2}-2t\right)^2=18t-5t^2-\frac{61}{4}, \quad 即 \quad z=\pm\sqrt{18t-5t^2-\frac{61}{4}}.$$

则 $$18t-5t^2-\frac{61}{4}\geqslant 0 \Leftrightarrow \frac{8-\sqrt{19}}{10}\leqslant t\leqslant\frac{18+\sqrt{19}}{10}.$$

因此得交线的参数方程 $\begin{cases} x=t, \\ y=\frac{9}{2}-2t, \\ z=\pm\sqrt{18t-5t^2-\frac{61}{4}}. \end{cases}$

评注 ① 该题求的是曲线 $\Gamma:\begin{cases} F(x,y,z)=0, \\ G(x,y)=0 \end{cases}$ 的参数方程,其中一个方程只含两个变量,常用的方法有:

方法一 若把 $G(x,y)=0$ 看作是 xy 平面上的曲线方程,其参数方程已知,再将它们代入 $F(x,y,z)=0$ 解出 z,就可得 Γ 的参数方程. 如题(1).

方法二 把变量 x,y 之一看作参数,如 $x=t$,由 $G(x,y)=0$ 解出 y,再将它们代入 $F(x,y,z)=0$,解出 z 即可得 Γ 的参数方程. 如题(2).

② 题(2)也可用类似于题(1)的方法.

2. 求空间曲线在坐标平面上的投影曲线

【例 8.6.2】 求下列空间曲线在 xy 平面上的投影:

(1) 直线 $L:\begin{cases} x=1-2t, \\ y=3+t, \\ z=2-3; \end{cases}$　　(2) 曲线 $\Gamma:\begin{cases} x^2+y^2+z^2=1, \\ z^2=2x. \end{cases}$

【解】 (1) L 由参数方程给出,令 $z=0$,直接得 L 在 xy 平面上的投影:

$$\begin{cases} x=1-2t, \\ y=3+t, \\ z=0, \end{cases} \quad 消去\ z\ 得 \quad \begin{cases} x+2y=7, \\ z=0. \end{cases}$$

(2) 由方程 $z^2=2x$ 知 $x\geqslant 0$. 将 $z^2=2x$ 代入第一式,得

$$x^2+y^2+2x=1, x\geqslant 0,$$

学习随笔

因此投影曲线的方程为$\begin{cases}(x+1)^2+y^2=2, x\geqslant 0,\\ z=0.\end{cases}$

它是一段圆弧,如图 8.6-1 所示.

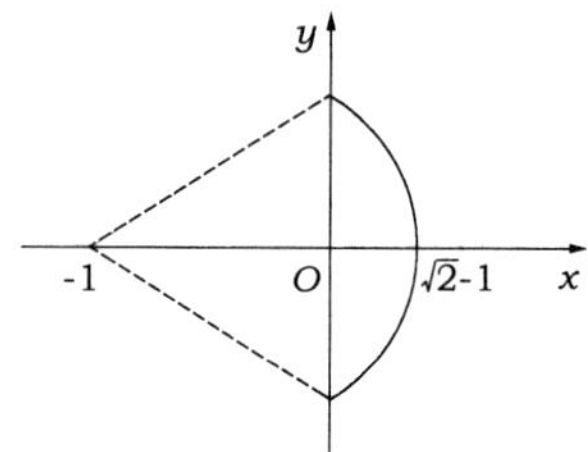

图 8.6-1

评注 ① 对题(2),常犯的错误是:消去 z 后得

$$x^2+y^2+2x=1 \quad x\geqslant 0,$$

认为这就是投影曲线,但在空间这是柱面方程,在 xy 平面上才是曲线方程,因此投影方程必须写成

$$\begin{cases}(x+1)^2+y^2=2, \quad x\geqslant 0,\\ z=0.\end{cases}$$

② 对题(2),不能说投影曲线是整个圆:

$$\begin{cases}(x+1)^2+y^2=2,\\ z=0,\end{cases} \qquad \begin{cases}x^2+y^2+2x=1 \quad x\geqslant 0,\\ z=0,\end{cases}$$

即不要漏掉题中隐含的条件:$z^2=2x\geqslant 0$,即 $x\geqslant 0$.

第九章　多元函数微分法及其应用

第一节　多元函数的基本概念

一、知识点归纳总结

1. 平面上的点集、区域与 n 维空间

为了讨论二元函数,应了解以下几个概念.

(1) 平面上点 M_0 的 δ 邻域

$$U(M_0,\delta)=\{(x,y)\mid(x-x_0)^2+(y-y_0)^2<\delta^2\},$$

点 M_0 的空心邻域 $U_0(M_0,\delta)$(或 $\dot{U}(M_0,\delta)$)$=U(M_0,\delta)\setminus\{M_0\}$,$\delta$ 为邻域的半径.若不强调邻域的半径 δ,分别用 $U(M_0)$ 与 $U_0(M_0)$(或 $\dot{U}(M_0)$)表示 M_0 的某个邻域与空心邻域.

(2) 平面点集 E 的内点,外点与边界点

E 为平面点集,M_0 为平面上一个点.

若 $\exists U(M_0,\delta)\subset E$,则称 M_0 为 E 的内点;若 $\exists U(M_0,\delta)$,$U(M_0,\delta)\cap E=\varnothing$,则称 M_0 为 E 的外点;若 M_0 的 $\forall$ 邻域中既有 E 中的点又有不是 E 中的点,则称 M_0 为 E 的边界点.E 的全体边界点称为 E 的边界,记作 ∂E.见图 9.1-1.

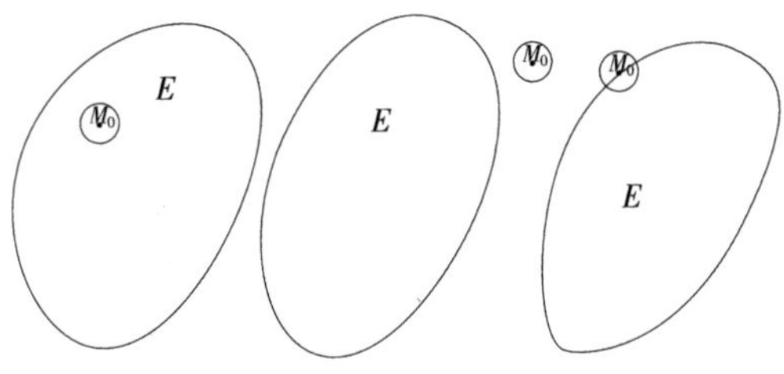

图 9.1-1

若 $\forall\delta>0$,$V_0(M_0,\delta)\cap E\neq\varnothing$,即 M_0 的 $\forall$ 空心邻域总有 E 中的点,称 M_0 为 E 的聚点(或极限点).

(3) 开集、闭集与连通集

若点集 E 的每一点都是它的内点,称 E 为开集.

若点集 E 的边界 $\partial E\subset E$,称 E 为闭集.

若点集 E 中 $\forall$ 两点,都可用属于 E 中的折线连接,称 E 为连通集.

(4) 有界集与无界集

若 $\exists$ 原点的邻域 U,使得点集 $E\subset U$,则称 E 为有界集.若 E 不是有界集,就称为无界集.

学习随笔

学习随笔

(5) 开区域与闭区域

平面点集 D 称为开区域,简称区域,若 D 中的点都是 D 的内点,且 D 中 $\forall$ 两点均可用属于 D 中的折线连接即连通的开集. D 称为闭区域,若 D 由开区域连同它的全部边界组成.

*(6) n 维空间

n 个有序实数组 $(x_1,x_2,\cdots,x_n)$ 称为一个 n 维点,记作 $x=(x_1,x_2,\cdots,x_n)$. n 维点的全体构成的集合称为 n 维空间. n 维空间中的一个点又称为一个 n 维向量, $x_i(i=1,2,\cdots,n)$ 称为向量 x 的分量. 对 n 维向量的全体组成的集合可引进如下的加法和数量乘法而成为 n 维线性空间,称为 n 维向量空间,简称 n 维空间,记作 $\boldsymbol{R}^n$.

对 $\forall \boldsymbol{x}=(x_1,x_2,\cdots,x_n)$, $\boldsymbol{y}=(y_1,y_2,\cdots,y_n)$, $\forall$ 实数 $\lambda\in R$,规定

$$\boldsymbol{x}+\boldsymbol{y}=(x_1+y_1,x_2+y_2,\cdots,x_n+y_n),\lambda\boldsymbol{x}=(\lambda x_1,\lambda x_2,\cdots,\lambda x_n).$$

规定 $\boldsymbol{R}^n$ 中的点 $x=(x_1,x_2,\cdots,x_n)$, $\boldsymbol{y}=(y_1,y_2,\cdots,y_n)$ 间的距离

$$\rho(\boldsymbol{x},\boldsymbol{y})=\sqrt{(x_1-y_1)^2+(x_2-y_2)^2+\cdots+(x_n-y_n)^2},$$

规定 $\boldsymbol{R}^n$ 中的向量 $\boldsymbol{x}=(x_1,x_2,\cdots,x_n)$ 的长度

$$\| x \| =\sqrt{x_1^2+x_2^2+\cdots+x_n^2}=\rho(x,\theta),$$

其中 $\boldsymbol{\theta}=(0,0,\cdots,0)$ 是 R^n 中的零元素(零向量).

这样,在 $\boldsymbol{R}^n$ 中可规定动点 x 趋于定点 $\boldsymbol{a}=(a_1,a_2,\cdots,a_n)(\boldsymbol{x}\to\boldsymbol{a})$.

$$\boldsymbol{x}\to\boldsymbol{a}\Leftrightarrow\rho(\boldsymbol{x},\boldsymbol{a})=\|\boldsymbol{x}-\boldsymbol{a}\|\to 0\Leftrightarrow x_i\to a_i(i=1,2,\cdots,n)$$

平面点集中的一系列概念均可引入到 $\boldsymbol{R}^n$ 空间中.

2. 多元函数的概念

(1) 多元函数的定义

设有三个变量 x,y,z,变量 x,y 的变化域为 D. 若对于 D 中每一点 $P(x,y)$,按照某一对应规则 f,变量 z 都有唯一的一个值与之对应,则称变量 z 是变量 x,y 的二元函数,记作 $z=f(x,y)$ 或 $z=f(P)$. D 称为 $f(x,y)$ 的定义域.

这里 x,y 称为函数的自变量, z 称为因变量,数集 $\{z\,|\,z=f(x,y),(x,y)\in D\}$ 称为该函数的值域.

三个或三个以上自变量的函数可类似定义.

一般地,若 D 是 R^n 中的点集,映射 $f:D\to R$ 就称为定义在 D 上的 n 元函数,记为

$$u=f(x_1,x_2,\cdots,x_n),(x_1,x_2,\cdots,x_n)\in D$$

或简记为 $u=f(x)$, $x=(x_1,x_2,\cdots,x_n)\in D$.

(2) 多元函数的几何表示

二元函数 $z=f(x,y)((x,y)\in D)$ 在三维空间 $Oxyz$ 中的图形即点集

$$\{(x,y,z)\,|\,z=f(x,y),(x,y)\in D\}$$

通常为曲面.

曲面 $z=f(x,y)$ 与平面 $z=c$ 的交线在 Oxy 平面上的投影曲线

$$f(x,y)=c$$

称为 $z=f(x,y)$的等高线.

不能在三维空间中给出三元函数 $u=f(x,y,z)$的几何表示. 对于给定的实数 c,由 $f(x,y,z)=c$ 确定的曲面称为 $u=f(x,y,z)$的等值面.

(3) 一元函数与多元函数的联系与区别

以二元函数为例

① 一元函数是二元函数的特殊情形:让一自变量变动,另一自变量固定,或让(x,y)沿某曲线变动,二元函数就转化为一元函数. 把多元函数问题转化为一元函数问题,这是研究多元函数的基本方法之一.

② 一元函数中,自变量 x 代表直线上的点,只有两个变动方向. 二元函数中,自变量(x,y)代表平面上的点,它有无数个变动方向.

③ 一元函数 $z=f(x)(a<x<b)$,也可看成二元函数,其定义域是:$a<x<b$, $-\infty<y<+\infty$.

3. 多元函数的极限

(1) 多元函数的极限概念

对于二元函数来说,自变量的动点 $M(x,y)$趋于 $M_0(x_0,y_0)$的情况比较复杂,M 可沿任意路径趋向 M_0,自然用它们之间的距离

$$\rho(M,M_0)=\sqrt{(x-x_0)^2+(y-y_0)^2}\to 0$$

来刻画 M 趋于 M_0.

定义　设 $f(x,y)$定义于 D,M_0 是 D 的聚点,A 为常数. 若 $\forall\varepsilon>0$, $\exists\delta>0$,当$(x,y)\in D$ 且$(x,y)\in U_0(M_0,\delta)$时(见图 9.1-2),就有

$$|f(x,y)-A|<\varepsilon,$$

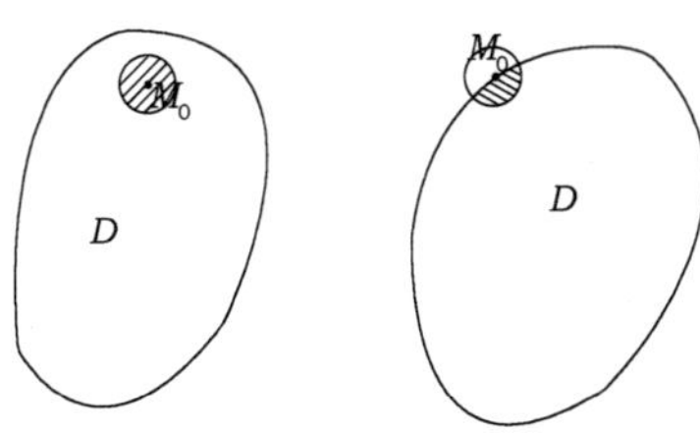

图 9.1-2

则称点 $M(x,y)$趋于 $M_0(x_0,y_0)$时函数 $f(x,y)$以 A 为极限,记为

$$\lim_{(x,y)\to(x_0,y_0)} f(x,y)=A,$$

或 $\lim\limits_{\substack{x\to x_0\\ y\to y_0}} f(x,y)=A$, $\lim\limits_{M\to M_0} f(M)=A$, $f(x,y)\to A\ ((x,y)\to(x_0,y_0))$.

(2) 求多元函数的极限

与一元函数有相同的极限运算法则

① 若 $\lim\limits_{M\to M_0} f(M)=A$, $\lim\limits_{M\to M_0} g(M)=B$,则

$$\lim_{M\to M_0}[f(M)\pm g(M)]=A\pm B;\quad \lim_{M\to M_0}[f(M)g(M)]=AB;$$

学习随笔

$$\lim_{M\to M_0}\frac{f(M)}{g(M)}=\frac{A}{B}(B\neq 0);\qquad \lim_{M\to M_0}f(M)^{g(M)}=A^B\quad (A>0).$$

② 若 $g(x,y)$ 在 $U_0(M_0,\delta)\cap D$ 有界,且 $\lim\limits_{M\to M_0}f(M)=0$,则

$$\lim_{M\to M_0}[f(M)g(M)]=0.$$

③ 设 $\lim\limits_{M\to M_0}f(M)=A$,$\lim\limits_{z\to A}F(z)=B$,当 $(x,y)\in U_0(M_0,\delta)$ 时,$f(x,y)\neq A$,则

$$\lim_{M\to M_0}F[f(M)]\xlongequal{(z=f(M))}\lim_{z\to A}F(z)=B.$$

④ 若 $\exists U_0(M_0,\delta)$,当 $(x,y)\in U_0(M_0,\delta)\cap D$ 时,$u(x,y)\leqslant v(x,y)\leqslant w(x,y)$,且

$$\lim_{M\to M_0}u=\lim_{M\to M_0}w=A,$$

则 $\lim\limits_{M\to M_0}v=A$.

(3) 求多元函数极限常用的方法

① 直接用极限运算法则.

② 通过适当放大缩小法或变量替换法转化为求简单的极限或一元函数的极限.

(4) 多元函数极限的性质

多元函数的极限有与一元函数相同的性质

① 设 $\lim\limits_{M\to M_0}f(M)\exists$,则 $\exists M_0$ 的空心邻域 $U_0(M_0,\delta)$,$f(M)$ 在 $U_0(M_0,\delta)\cap D$ 有界.

② 设 $\lim\limits_{M\to M_0}f(M)=A>\lim\limits_{M\to M_0}g(M)=B$,则 $\exists\delta>0$,当 $M\in U_0(M_0,\delta)\cap D$ 时,

$$f(M)>g(M).$$

③ 设 $f(M)\geqslant g(M)(M\in U_0(M_0,\delta)\cap D)$,且

$$\lim_{M\to M_0}f(M)=A,\qquad \lim_{M\to M_0}g(M)=B,$$

则 $A\geqslant B$.

4. 多元函数的连续性

(1) 连续性概念

定义 设有二元函数 $f(M)$,定义域为 D,M_0 是 D 的聚点.

① 若 $M_0\in D$,且 $\lim\limits_{M\to M_0}f(M)=f(M_0)$,称 $f(M)$ 在 M_0 连续. 若 $\forall M_0\in D$,$f(M)$ 在 M_0 连续,称 $f(M)$ 在 D 连续.

② 若 M_0 不是 $f(M)$ 的连续点,则称 M_0 是 $f(M)$ 的间断点.

(2) 连续性的判断

① 若一元函数 $f(x)$ 在 $x\in I$ 连续,则作为二元函数它在 $x\in I$,$-\infty<y<+\infty$ 连续.

② 连续函数经过有限次四则运算(相除时分母不为零)或复合运算所得函数仍为连续函数.

③ 二元初等函数在其定义区域上连续.(分别以 x,y 为自变量的基本初等函数,经过有限次四则运算及复合运算而得的函数称为以 x,y 为自变量的二元初等函数.)

(3) 连续函数的性质

1) 局部性质

设 $f(x,y)$ 定义在 D 上，$f(M)$ 在 $M_0\in D$ 连续，$f(M_0)>0$，则 $\exists\delta>0$，当 $M\in U(M_0,\delta)\cap D$ 时，$f(M)>0$.

2) 区域上的性质

① 设 D 是有界闭区域，$f(x,y)$ 在 D 连续，则 $f(x,y)$ 在 D 上有界并达到最大值和最小值.

② 设 D 是开区域或闭区域，$f(x,y)$ 在 D 连续，$\forall M_1,M_2\in D$，若 $f(M_1)<f(M_2)$，则 $\forall$ 实数 μ，$f(M_1)<\mu<f(M_2)$，$\exists M_0\in D$，使得 $f(M_0)=\mu$.

③ * 设 D 是有界闭区域，若 $f(x,y)$ 在 D 连续，则 $f(x,y)$ 在 D 一致连续：$\forall\varepsilon>0$，$\exists\delta>0$，$\forall M_1(x_1,y_1),M_2(x_2,y_2)\in D$，只要 $\rho(M_1,M_2)<\delta$，就有

$$|f(x_1,y_1)-f(x_2,y_2)|<\varepsilon.$$

二、典型题型归纳及解题方法与技巧

1. 关于多元函数的定义域

【例 9.1.1】确定下列函数的定义域 D，并作 D 的图形(只对平面情形)，指出它是开区域或闭区域，是否有界区域.

(1) $z=\ln(-x-y)$；　(2) $z=\arccos\dfrac{x}{x+y}$；

(3) $u=\sqrt{25-x^2-y^2-z^2}+\dfrac{1}{1+\sqrt{x^2+y^2+z^2-4}}$.

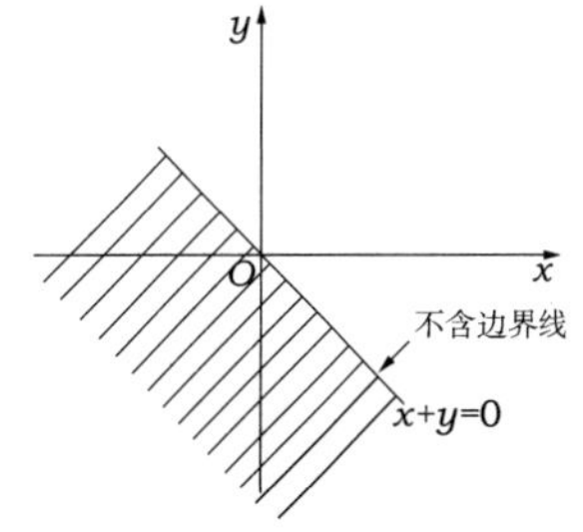

图 9.1-3

【解】(1) 因为 $z=\ln t$ 的定义域是 $t>0$，所以 $z=\ln(-x-y)$ 的定义域是 $-x-y>0$，即　$D:x+y<0$.

先画出边界线 $x+y=0$，$(x+y)|_{(-1,0)}=-1<0$，即 $(-1,0)\in D$，所以定义域为直线 $x+y=0$ 的下方区域，不包括直线 $x+y=0$，它是开区域且是无界区域，见图 9.1-3.

(2) 由于一元函数 $z=\arccos t$ 的定义域是 $[-1,1]$，所以该函数的定义域是

$$D:x+y\neq 0,\ -1\leqslant\frac{x}{x+y}\leqslant 1.\tag{9.1-1}$$

当 $x+y>0$ 时，式(9.1-1)化为

$$\begin{cases}y\geqslant -2x,\\ y\geqslant 0.\end{cases}\tag{9.1-2}$$

当 $(x,y)\neq(0,0)$ 时，式(9.1-2)蕴含不等式 $x+y>0$.

当 $x+y<0$ 时，式(9.1-1)化为

$$\begin{cases}y\leqslant -2x,\\ y\leqslant 0.\end{cases}\tag{9.1-3}$$

当 $(x,y)\neq(0,0)$ 时，式(9.1-3)蕴含不等式 $x+y<0$.

学习随笔

因此定义域

$$D=\{(x,y)\mid(x,y)\neq(0,0),y\geqslant -2x,y\geqslant 0\}$$
$$\cup\{(x,y)\mid(x,y)\neq(0,0),y\leqslant -2x,y\leqslant 0\}.$$

其图形是由直线 $y=-2x$，$y=0$ 所围的阴影部分，它包含除原点外的边界，见图 9.1－4.

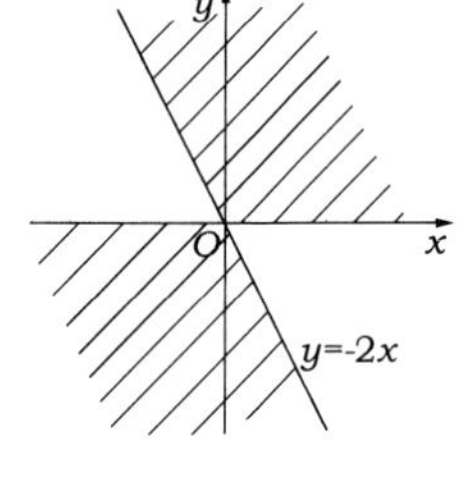

图 9.1－4

D 包含了它的边界，所以不是开区域；D 不包含边界点——原点，所以它也不是闭区域. D 是无界区域.

(3) 因为 $z=\sqrt{25-t}+\dfrac{1}{1+\sqrt{t-4}}$ 的定义域是 $4\leqslant t\leqslant 25$，所以该函数定义域是

$$2^2\leqslant x^2+y^2+z^2\leqslant 5^2,$$

即定义域为 D：$2\leqslant\sqrt{x^2+y^2+z^2}\leqslant 5$.

它是以原点为心，半径分别为 5 与 2 的球面所围部分，包含全部边界面，因而是闭区域，有界区域.

评注　求多元初等函数定义域，转化为求一元函数的定义域.

2. 求多元函数的极限

【例 9.1.2】求下列极限：

(1) $\lim\limits_{(x,y)\to(0,0)}\left[(x+y)\sin\dfrac{1}{x}\cos\dfrac{1}{y}\right]$；　　(2) $\lim\limits_{(x,y)\to(0,0)}(x^2+y^2)^{xy}$；

(3) $\lim\limits_{\substack{x\to\infty\\y\to a}}\left(1+\dfrac{1}{xy}\right)^{\frac{x^2}{x+y}}(a\neq 0)$；　　(4) $\lim\limits_{(x,y)\to(0,0)}\dfrac{x^2|y|^{\frac{3}{2}}}{x^4+y^2}$.

【解】(1) $\lim\limits_{(x,y)\to(0,0)}(x+y)=\lim\limits_{(x,y)\to(0,0)}x+\lim\limits_{(x,y)\to(0,0)}y=0+0=0$，

又 $x\neq 0,y\neq 0$ 时，$\sin\dfrac{1}{x}\cos\dfrac{1}{y}$ 是有界变量，因此 $\lim\limits_{(x,y)\to(0,0)}(x+y)\sin\dfrac{1}{x}\cos\dfrac{1}{y}=0$.

(2) 先将 $(x^2+y^2)^{xy}$ 做恒等变形并适当放大：

$$(x^2+y^2)^{xy}=\mathrm{e}^{xy\ln(x^2+y^2)},\quad |xy\ln(x^2+y^2)|\leqslant\frac{1}{2}(x^2+y^2)|\ln(x^2+y^2)|,$$

$$\lim_{(x,y)\to(0,0)}(x^2+y^2)|\ln(x^2+y^2)|\xlongequal{t=x^2+y^2}\lim_{t\to 0^+}(t|\ln t|)=0.$$

因此 $\lim\limits_{(x,y)\to(0,0)}[xy\ln(x^2+y^2)]=0$，$\lim\limits_{(x,y)\to(0,0)}(x^2+y^2)^{xy}=\lim\limits_{(x,y)\to(0,0)}\mathrm{e}^{xy\ln(x^2+y^2)}=\mathrm{e}^0=1$.

(3) $I=\lim\limits_{\substack{x\to\infty\\y\to a}}\left(1+\dfrac{1}{xy}\right)^{\frac{x^2}{x+y}}=\lim\limits_{\substack{x\to\infty\\y\to a}}\left[\left(1+\dfrac{1}{xy}\right)^{xy}\right]^{\frac{x^2}{xy(x+y)}}$，又

$$\lim_{\substack{x\to\infty\\y\to a}}\left(1+\frac{1}{xy}\right)^{xy}\xlongequal{t=xy}\lim_{t\to\infty}\left(1+\frac{1}{t}\right)^t=\mathrm{e},\quad \lim_{\substack{x\to\infty\\y\to a}}\frac{x^2}{xy(x+y)}=\lim_{\substack{x\to\infty\\y\to a}}\frac{1}{y\left(1+\frac{y}{x}\right)}=\frac{1}{a},$$

因此 $\lim\limits_{\substack{x\to\infty\\y\to a}}\left(1+\dfrac{1}{xy}\right)^{\frac{x^2}{x+y}}=\mathrm{e}^{\frac{1}{a}}$.

（4）由 $x^4+y^2\geqslant 2x^2|y| \Rightarrow 0\leqslant\dfrac{x^2|y|^{\frac{3}{2}}}{x^4+y^2}\leqslant\dfrac{x^2|y|^{\frac{3}{2}}}{2x^2|y|}=\dfrac{1}{2}|y|^{\frac{1}{2}}$，而

$$\lim_{(x,y)\to(0,0)}\frac{1}{2}|y|^{\frac{1}{2}}=0，因此\lim_{(x,y)\to(0,0)}\frac{x^2|y|^{\frac{3}{2}}}{x^4+y^2}=0.$$

评注　除了直接用极限运算法则外，适当放大缩小法与变量替换法仍是求多元函数极限的重要方法. 用变量替换法常把求多元函数极限转化为求一元函数的极限.

3. 证明极限不存在

【例 9.1.3】证明下列极限不存在：

（1）$\lim\limits_{(x,y)\to(0,0)}\dfrac{x^2-y^2}{x^2+y^2}$；　　（2）$\lim\limits_{(x,y)\to(0,0)}\dfrac{x^4y^4}{(x^2+y^4)^3}$；

（3）$\lim\limits_{(x,y)\to(0,0)}\dfrac{\sqrt{xy+1}-1}{x+y}$；　　（4）$\lim\limits_{(x,y)\to(0,0)}\dfrac{1-\cos(x^2+y^2)}{(x^2+y^2)x^2y^2}$.

【分析与证明】（1）分别沿 x 轴与 y 轴趋于原点考察极限：

$$\lim_{\substack{(x,y)\to(0,0)\\y=0}}\frac{x^2-y^2}{x^2+y^2}=\lim_{x\to0}\frac{x^2}{x^2}=1,\quad \lim_{\substack{(x,y)\to(0,0)\\x=0}}\frac{x^2-y^2}{x^2+y^2}=\lim_{y\to0}\frac{-y^2}{y^2}=-1,$$

它们不相等，因而原极限不存在.

（2）先考察沿任意直线趋于原点时的极限：

$$\lim_{\substack{(x,y)\to(0,0)\\y=kx}}\frac{x^4y^4}{(x^2+y^4)^3}=\lim_{x\to0}\frac{k^4x^8}{(x^2+k^4x^4)^3}=0,$$

沿 $x=0$ 也是这样，这不能保证原极限存在.

事实上，考察

$$\lim_{\substack{(x,y)\to(0,0)\\y=x^\alpha(x>0)}}\frac{x^4y^4}{(x^2+y^4)^3}=\lim_{x\to0_+}\frac{x^{4+4\alpha}}{(x^2+x^{4\alpha})^3}\xlongequal{令\ 4\alpha=2}\lim_{x\to0}\frac{x^6}{(2x^2)^3}=\frac{1}{8}\neq0,$$

因此，原极限不存在.

（3）先做恒等变形：

$$\frac{\sqrt{xy+1}-1}{x+y}=\frac{xy}{x+y}\cdot\frac{1}{\sqrt{xy+1}+1}.$$

右边第二个因子当 $(x,y)\to(0,0)$ 时极限为 $\dfrac{1}{2}\neq0$，必须证第一个因子极限不存在.

当 $y=x$ 时，$\lim\limits_{(x,y)\to(0,0)}\dfrac{xy}{x+y}=\lim\limits_{x\to0}\dfrac{x^2}{2x}=0$；

当 $x+y=x^2$（即 $y=-x+x^2$）时，$\lim\limits_{(x,y)\to(0,0)}\dfrac{xy}{x+y}=\lim\limits_{x\to0}\dfrac{x(-x+x^2)}{x^2}=-1$.

因此 $\lim\limits_{(x,y)\to(0,0)}\dfrac{xy}{x+y}$ 不存在，从而原式极限不存在.

（4）当 (x,y) 沿 $y=x$ 趋于 $(0,0)$ 时，有

$$\lim_{(x,y)\to(0,0)}\frac{1-\cos(x^2+y^2)}{(x^2+y^2)x^2y^2}=\lim_{x\to0}\frac{1-\cos2x^2}{2x^6}=\lim_{x\to0}\frac{\frac{1}{2}(2x^2)^2}{x^6}=\infty,$$

学习随笔

其中
$$1-\cos 2x^2 \sim \frac{1}{2}(2x^2)^2. \quad (x \to 0)$$
因此,原极限不存在.

评注　常用如下方法证明 $M \to M_0$ 时 $f(M)$ 的极限不∃:若取两条路径,M 沿这两条路径趋于 M_0 时 $f(M)$ 的极限值不同,则 $M \to M_0$ 时 $f(M)$ 的极限不存在.或 M 沿某条路径趋于 M_0 时 $f(M)$ 的极限不∃,则 $M \to M_0$ 时 $f(M)$ 的极限不存在.

4. 点 M 沿任意直线趋于点 M_0 时 $f(x,y)$ 的极限均相等,$\lim\limits_{M \to M_0} f(M)$ 存在吗?

【例 9.1.4】下列论证是否正确?如不正确请改正.

设 $f(x,y)=\dfrac{x^3 y}{x^3+y^3}$,令 $x=r\cos\theta, y=r\sin\theta$,则

(a) $f(x,y)=r\dfrac{\cos^3\theta\sin\theta}{\cos^3\theta+\sin^3\theta}$;

(b) $\lim\limits_{(x,y)\to(0,0)} f(x,y)=\lim\limits_{r\to 0}\left(r\dfrac{\cos^3\theta\sin\theta}{\cos^3\theta+\sin^3\theta}\right)$

(c) $\qquad =0\times\dfrac{\cos^3\theta\sin\theta}{\cos^3\theta+\sin^3\theta}=0.$

【分析】该题的结论不正确,论证必定不正确.当 $r=\sqrt{x^2+y^2}\to 0$ 时 θ 是变量.论证的错误在于,把 θ 看作是任意固定的,不随 r 而变化(步骤(c)中),因而只能证明当 (x,y) 沿∀直线(除去 $y=-x$)趋于 $(0,0)$ 时 $f(x,y)$ 趋于 0,这不能保证 (x,y) 沿其他路径趋于 $(0,0)$ 时 $f(x,y)$ 也趋于 0.例如,当 $x^3+y^3=x^4$,即 $y=(-x^3+x^4)^{1/3}$ 时,
$$\lim_{(x,y)\to(0,0)} f(x,y)=\lim_{x\to 0}\frac{x^3(-x^3+x^4)^{\frac{1}{3}}}{x^4}=\lim_{x\to 0}(-1+x)^{\frac{1}{3}}=-1.$$
因此,$\lim\limits_{(x,y)\to(0,0)} f(x,y)$ 不存在.

5. 讨论函数的连续性与连续函数的性质

【例 9.1.5】讨论下列函数的连续性:

(1) $f(x,y)=\begin{cases}\sqrt{1-x^2-y^2}, & x^2+y^2\leqslant 1,\\ 1, & x^2+y^2>1;\end{cases}$　(2) $f(x,y)=\begin{cases}\dfrac{\sin(xy)}{x(1+y^2)}, & x\neq 0,\\ 0, & x=0.\end{cases}$

【分析与求解】(1) 当 $x^2+y^2<1$ 时,$f(x,y)$ 与初等函数 $\sqrt{1-x^2-y^2}$ 恒同,因而连续.当 $x^2+y^2>1$ 时,$f(x,y)$ 与常数恒同,因而也连续.最后只需考察在单位圆周 $x^2+y^2=1$ 上的连续性.

设 (x_0,y_0) 是单位圆周上任意一点,则 $x_0^2+y_0^2=1$,按定义 $f(x_0,y_0)=0$,但当 $x^2+y^2>1$ 时
$$\lim_{(x,y)\to(x_0,y_0)} f(x,y)=\lim_{(x,y)\to(x_0,y_0)} 1=1,$$
故 $f(x,y)$ 在 (x_0,y_0) 处不连续.所以 $f(x,y)$ 在单位圆周 $x^2+y^2=1$ 上不连续.

(2) 当 $x\neq 0$ 时，$f(x,y)$ 与初等函数 $\dfrac{\sin(xy)}{x(1+y^2)}$ 恒等，故连续. 再看 $x=0$ 上的 $\forall$ 点 $(0,y_0)$.

若 $y_0\neq 0$，$\lim\limits_{\substack{(x,y)\to(0,y_0)\\ x\neq 0}} f(x,y)=\lim\limits_{\substack{(x,y)\to(0,y_0)\\ x\neq 0}}\left[\dfrac{\sin(xy)}{xy}\cdot\dfrac{y}{y^2+1}\right]=\dfrac{y_0}{y_0^2+1}\neq f(0,y_0)=0$，

$\Rightarrow f(x,y)$ 在 $(0,y_0)$ 不连续，$y_0\neq 0$.

若 $y_0=0$ 即 $(0,0)$ 点，

$$\lim_{\substack{(x,y)\to(0,0)\\ xy=0}} f(x,y)=\lim_{\substack{(x,y)\to(0,0)\\ xy=0}} 0=0=f(0,0),$$

$$\lim_{\substack{(x,y)\to(0,0)\\ xy\neq 0}} f(x,y)=\lim_{\substack{(x,y)\to(0,0)\\ xy\neq 0}} \frac{\sin xy}{xy}\cdot\frac{y}{1+y^2}=0=f(0,0),$$

$\Rightarrow f(x,y)$ 在 $(0,0)$ 连续.

评注　① 对分块表示的函数 $z=f(x,y)$ 常用如下方法证明它的连续性：若 (x_0,y_0) 是分界点，常按定义考察极限 $\lim\limits_{(x,y)\to(x_0,y_0)} f(x,y)$. 若 (x_0,y_0) 是非分界点，如果存在 (x_0,y_0) 的某邻域 U，使得 $f(x,y)=g(x,y)((x,y)\in U)$，又 $g(x,y)$ 在 (x_0,y_0) 连续(特别是 $g(x,y)$ 是初等函数时)，则 $f(x,y)$ 在 (x_0,y_0) 连续.

② 若证明沿某条曲线上点 $M(x,y)$ 趋向 $M_0(x_0,y_0)$ 时，$f(x,y)$ 的极限不存在或不为 $f(x_0,y_0)$，则 $f(x,y)$ 在 M_0 不连续.

第二节　偏导数

一、知识点归纳总结

1. 偏导数的定义

设有二元函数 $z=f(x,y)$. 若存在

$$\frac{\mathrm{d}}{\mathrm{d}x}f(x,y_0)\bigg|_{x=x_0}\left(\frac{\mathrm{d}}{\mathrm{d}y}f(x_0,y)\bigg|_{y=y_0}\right),$$

则称它为 $z=f(x,y)$ 在 (x_0,y_0) 处对 x(对 y)的偏导数，记为

$$\frac{\partial f(x_0,y_0)}{\partial x}\left(\frac{\partial f(x_0,y_0)}{\partial y}\right)\quad 或\quad \frac{\partial z}{\partial x}\bigg|_{\substack{x=x_0\\ y=y_0}},\frac{\partial f}{\partial x}\bigg|_{\substack{x=x_0\\ y=y_0}},$$

$$f_x(x_0,y_0)\left(\frac{\partial z}{\partial y}\bigg|_{\substack{x=x_0\\ y=y_0}},\frac{\partial f}{\partial y}\bigg|_{\substack{x=x_0\\ y=y_0}},f_y(x_0,y_0)\right)等.$$

类似可定义 n 元函数的偏导数：对于 n 元函数，固定 $n-1$ 个自变量，对剩下的一个自变量的导数，就是对这个自变量的偏导数.

按定义有：$\dfrac{\partial f(x_0,y_0)}{\partial x}=\lim\limits_{\Delta x\to 0}\dfrac{f(x_0+\Delta x,y_0)-f(x_0,y_0)}{\Delta x}$，

$$\frac{\partial f(x_0,y_0)}{\partial y}=\lim_{\Delta y\to 0}\frac{f(x_0,y_0+\Delta y)-f(x_0,y_0)}{\Delta y}.$$

学习随笔

2. 偏导数的计算

求多元函数的偏导数,只是把其中一个自变量看作变量,而其他自变量均看作常数,因而实质上就是求一元函数的导数,一元函数的求导方法和公式均可直接引用.

3. 偏导数的几何意义

$\dfrac{\partial f(x_0,y_0)}{\partial x}$即曲面$z=f(x,y)$与平面$y=y_0$的交线在点$P_0(x_0,y_0,f(x_0,y_0))$处的切线$T_x$对$x$轴的斜率($T_x$与$x$轴所成倾角$\alpha$的正切);

$\dfrac{\partial f(x_0,y_0)}{\partial y}$即曲面$z=f(x,y)$与平面$x=x_0$的交线在$P_0$点的切线$T_y$对$y$轴的斜率.

4. 高阶偏导数、混合偏导数与求导次序无关问题

设函数$z=f(x,y)$在区域D内每一点(x,y)都有偏导数$\dfrac{\partial z}{\partial x}=f_x(x,y)$,$\dfrac{\partial z}{\partial y}=f_y(x,y)$,它们在$D$内均是$x,y$的函数,称为$f(x,y)$的偏导函数(简称偏导数),又称$f(x,y)$在$D$可偏导.如果这两个函数的偏导数也存在,则称它们是$z=f(x,y)$的二阶偏导.

按对变量求导次序的不同,有下列4个二阶偏导数:

$$\frac{\partial}{\partial x}\left(\frac{\partial z}{\partial x}\right)=\frac{\partial^2 z}{\partial x^2}=f_{xx}(x,y),\quad \frac{\partial}{\partial y}\left(\frac{\partial z}{\partial x}\right)=\frac{\partial^2 z}{\partial x\partial y}=f_{xy}(x,y),$$

$$\frac{\partial}{\partial x}\left(\frac{\partial z}{\partial y}\right)=\frac{\partial^2 z}{\partial y\partial x}=f_{yx}(x,y),\quad \frac{\partial}{\partial y}\left(\frac{\partial z}{\partial y}\right)=\frac{\partial^2 z}{\partial y^2}=f_{yy}(x,y).$$

其中$\dfrac{\partial^2 z}{\partial x\partial y}$与$\dfrac{\partial^2 z}{\partial y\partial x}$称为混合偏导数.

类似可定义三阶、四阶及n阶偏导数,以及n元函数的高阶偏导数.对不同变量求导的高阶偏导数称为混合偏导数.

设二元函数$z=f(x,y)$的两个二阶混合偏导数$\dfrac{\partial^2 z}{\partial x\partial y}$,$\dfrac{\partial^2 z}{\partial y\partial x}$在点$(x_0,y_0)$均连续,则它们相等,即

$$\left.\frac{\partial^2 z}{\partial x\partial y}\right|_{\substack{x=x_0\\y=y_0}}=\left.\frac{\partial^2 z}{\partial y\partial x}\right|_{\substack{x=x_0\\y=y_0}}.$$

更一般的结论是:任意高阶混合偏导数在连续的条件下与求导次序无关.

5. 多元函数的微分中值定理

设有矩形R:$|x-x_0|<a$,$|y-y_0|<b$,$f(x,y)$在R上可偏导,则$\forall\ |\Delta x|<a$,$|\Delta y|<b$,均有

$$\begin{aligned}&f(x_0+\Delta x,y_0+\Delta y)-f(x_0,y_0)\\=&[f(x_0+\Delta x,y_0+\Delta y)-f(x_0,y_0+\Delta y)]+[f(x_0,y_0+\Delta y)-f(x_0,y_0)]\\=&[f(x_0+\Delta x,y_0+\Delta y)-f(x_0+\Delta x,y_0)]+[f(x_0+\Delta x,y_0)-f(x_0,y_0)]\end{aligned}$$

$$=\frac{\partial f(x_0+\theta_1\Delta x,y_0+\Delta y)}{\partial x}\Delta x+\frac{\partial f(x_0,y_0+\theta_2\Delta y)}{\partial y}\Delta y$$

$$=\frac{\partial f(x_0+\Delta x,y_0+\theta_4\Delta y)}{\partial y}\Delta y+\frac{\partial f(x_0+\theta_3\Delta x,y_0)}{\partial x}\Delta x,$$

其中 $0<\theta_i<1(i=1,2,3,4)$.

二、典型题型归纳及解题方法与技巧

1. 求偏导数

【例 9.2.1】求下列指定的偏导数：

(1) $u=x^{zy}$，求$\frac{\partial u}{\partial x},\frac{\partial u}{\partial y},\frac{\partial u}{\partial z}$；　　(2) $z=\arctan\frac{x+y}{1-xy}$，求$\frac{\partial z}{\partial x},\frac{\partial z}{\partial y}$；

(3) $z=\frac{x}{\sqrt{x^2+y^2}}$，求$\frac{\partial z(1,0)}{\partial x},\frac{\partial z(0,1)}{\partial y}$；

(4) $f(x,y)=\begin{cases}x^4\sin\frac{1}{x^2+y^2}, & (x,y)\neq(0,0),\\ 0, & (x,y)=(0,0),\end{cases}$ 求$\frac{\partial f}{\partial x},\frac{\partial f}{\partial y}$.

【解】(1) u 对 x 来说是幂函数型的，对 x 求偏导数时把 y,z 看作常数，得

$$\frac{\partial u}{\partial x}=zyx^{zy-1}.$$

u 对 y 来说是指数型的，对 y 求偏导数时把 x,z 看作常数，得

$$\frac{\partial u}{\partial y}=(x^{zy}\ln x)z=zx^{yz}\ln x.$$

同理$\frac{\partial u}{\partial z}=yx^{zy}\ln x$.

(2) 先求$\frac{\partial z}{\partial x}$($y$ 为常数).

$$\frac{\partial z}{\partial x}=\frac{1}{1+\left(\frac{x+y}{1-xy}\right)^2}\cdot\frac{\partial}{\partial x}\left(\frac{x+y}{1-xy}\right)$$

$$=\frac{(1-xy)^2}{(1-xy)^2+(x+y)^2}\cdot\frac{(1-xy)-(x+y)(-y)}{(1-xy)^2}$$

$$=\frac{1+y^2}{(1+y^2)(1+x^2)}=\frac{1}{1+x^2}.$$

再求$\frac{\partial z}{\partial y}$($x$ 为常数). 由 x,y 的对称性得$\frac{\partial z}{\partial y}=\frac{1}{1+y^2}$.

(3) 方法一　先求偏导函数，再代入(x,y)的值.

$$\frac{\partial z}{\partial x}=\frac{1}{\sqrt{x^2+y^2}}-\frac{x^2}{(x^2+y^2)^{3/2}}=\frac{y^2}{(x^2+y^2)^{3/2}},\quad \frac{\partial z(1,0)}{\partial x}=0.$$

$$\frac{\partial z}{\partial y}=-\frac{xy}{(x^2+y^2)^{3/2}},\quad \frac{\partial z(0,1)}{\partial y}=0.$$

学习随笔

方法二 求$\frac{\partial z(1,0)}{\partial x}$时先给定 $y=0$：

$$\frac{\partial z(1,0)}{\partial x}=\frac{\mathrm{d}}{\mathrm{d}x}z(x,0)\bigg|_{x=1}=\frac{\mathrm{d}}{\mathrm{d}x}\left(\frac{x}{\sqrt{x^2}}\right)\bigg|_{x=1}=\frac{\mathrm{d}}{\mathrm{d}x}(1)\bigg|_{x=1}=0.$$

求$\frac{\partial z(0,1)}{\partial y}$时先给定 $x=0$：$\frac{\partial z(0,1)}{\partial y}=\frac{\mathrm{d}}{\mathrm{d}y}z(0,y)\bigg|_{y=1}=\frac{\mathrm{d}}{\mathrm{d}y}(0)\bigg|_{y=1}=0.$

(4) 这是分段定义的函数，$(0,0)$是连续点. 当$(x,y)\neq(0,0)$时，

$$\frac{\partial f}{\partial x}=4x^3\sin\frac{1}{x^2+y^2}+x^4\left(\cos\frac{1}{x^2+y^2}\right)\cdot\frac{-2x}{(x^2+y^2)^2}$$
$$=4x^3\sin\frac{1}{x^2+y^2}-\frac{2x^5}{(x^2+y^2)^2}\cos\frac{1}{x^2+y^2},$$

$$\frac{\partial f}{\partial y}=\left(x^4\cos\frac{1}{x^2+y^2}\right)\left[-\frac{2y}{(x^2+y^2)^2}\right]=-\frac{2x^4y}{(x^2+y^2)^2}\cos\frac{1}{x^2+y^2}.$$

当$(x,y)=(0,0)$时，按定义

$$\frac{\partial f(0,0)}{\partial x}=\lim_{\Delta x\to 0}\frac{f(\Delta x,0)-f(0,0)}{\Delta x}=\lim_{\Delta x\to 0}\frac{\Delta x^4\sin\frac{1}{\Delta x^2}}{\Delta x}=0.$$

由表达式知，$f(0,y)=0(\forall y)\Rightarrow\frac{\partial f(0,0)}{\partial y}=0.$

评注 ① 求某点处的偏导数$\frac{\partial f(x_0,y_0)}{\partial x}$，先将 $y=y_0$ 代入，然后再求一元函数 $z=f(x,y_0)$在 $x=x_0$ 处的导数，常常比先求$\forall$点(x,y)处的偏导数$\frac{\partial f}{\partial x}$，然后再代入$(x,y)=(x_0,y_0)$会更简单些. 求$\frac{\partial f(x_0,y_0)}{\partial y}$时类似.

② 求分段函数 $f(x,y)=\begin{cases}g(x,y), & (x,y)\neq(x_0,y_0),\\ A, & (x,y)=(x_0,y_0)\end{cases}$在点$(x_0,y_0)$处的偏导数，就是按定义求

$$\frac{\partial f(x_0,y_0)}{\partial x}=\lim_{\Delta x\to 0}\frac{f(x_0+\Delta x,y_0)-f(x_0,y_0)}{\Delta x}=\lim_{\Delta x\to 0}\frac{g(x_0+\Delta x,y_0)-A}{\Delta x}$$

和 $$\frac{\partial f(x_0,y_0)}{\partial y}=\lim_{\Delta y\to 0}\frac{f(x_0,y_0+\Delta y)-f(x_0,y_0)}{\Delta y}=\lim_{\Delta y\to 0}\frac{g(x_0,y_0+\Delta y)-A}{\Delta y}.$$

2. 偏导数的几何意义

【例 9.2.2】曲面 $z=x^2+\frac{y^2}{6}$和 $z=\frac{x^2+y^2}{3}$与平面 $y=2$ 的交线分别为 Γ_1 与 Γ_2，求 Γ_1 与 Γ_2 在交点处的夹角 α.

【分析与求解】交线 Γ_1 与 Γ_2 的方程分别为$\begin{cases}z=x^2+\frac{2}{3},\\ y=2,\end{cases}$ $\begin{cases}z=\frac{x^2+4}{3},\\ y=2.\end{cases}$

学习随笔

解方程 $x^2+\frac{2}{3}=\frac{x^2+4}{3}\Rightarrow x=\pm 1$. 于是 Γ_1 与 Γ_2 的交点是 $P_0\left(\pm 1,2,\frac{5}{3}\right)$.

Γ_1 与 Γ_2 在同一平面 $y=2$ 上，因此它们在交点 P_0 处的夹角即 P_0 处它们的切线 P_0T_1 与 P_0T_1 的夹角 α. 由于

Γ_1 在 P_0 处切线 P_0T_1 对 x 轴的斜率　$k_1=\frac{\partial}{\partial x}\left(x^2+\frac{y^2}{6}\right)\bigg|_{\substack{x=\pm 1\\ y=2}}=\pm 2$,

Γ_2 在 P_0 处切线 P_0T_2 对 x 轴的斜率　$k_2=\frac{\partial}{\partial x}\left(\frac{x^2+y^2}{3}\right)\bigg|_{\substack{x=\pm 1\\ y=2}}=\pm\frac{2}{3}$,

因此，$\tan\alpha=\left|\frac{k_1-k_2}{1+k_1k_2}\right|=\left|\frac{(\pm 2)-\left(\pm\frac{2}{3}\right)}{1+\frac{4}{3}}\right|=\frac{4}{7}\Rightarrow\alpha=\arctan\frac{4}{7}$.

3. 求高阶偏导数

【例 9.2.3】求所给函数的所有二阶偏导数：$z=xy+\cos(x-2y)$.

【解】先求一阶偏导数，再求二阶偏导数，二阶混合偏导数连续时与求导次序无关，只需求一个便得另一个.

$$\frac{\partial z}{\partial x}=y-\sin(x-2y),\quad \frac{\partial z}{\partial y}=x+2\sin(x-2y).$$

再对它们求偏导数得：

$$\frac{\partial^2 z}{\partial x^2}=-\cos(x-2y),\quad \frac{\partial^2 z}{\partial x\partial y}=1+2\cos(x-2y)=\frac{\partial^2 z}{\partial y\partial x},$$

$$\frac{\partial^2 z}{\partial y^2}=-4\cos(x-2y).$$

【例 9.2.4】设 $f(x,y)=\begin{cases}xy\,\dfrac{x^2-y^2}{x^2+y^2}, & (x,y)\neq(0,0),\\ 0, & (x,y)=(0,0),\end{cases}$ 求 $f_{xy}(0,0)$ 与 $f_{yx}(0,0)$.

【解】需先求 f_x 与 f_y.

当 $x^2+y^2\neq 0$ 时，

$$f_x(x,y)=y\left[\frac{x^2-y^2}{x^2+y^2}+x\,\frac{2x(x^2+y^2)-2x(x^2-y^2)}{(x^2+y^2)^2}\right]$$

$$=y\left[\frac{x^2-y^2}{x^2+y^2}+\frac{4x^2y^2}{(x^2+y^2)^2}\right].\tag{9.2-1}$$

由对称性得

$$f_y(x,y)=x\left[\frac{x^2-y^2}{x^2+y^2}-\frac{4x^2y^2}{(x^2+y^2)^2}\right].\tag{9.2-2}$$

当 $x^2+y^2=0$ 时，

由 $f(x,0)=0(\forall x)$，$f(0,y)=0(\forall y)$，

$$\Rightarrow\quad f_x(0,0)=0,\quad f_y(0,0)=0.\tag{9.2-3}$$

现在由式(9.2-1)，式(9.2-2)与式(9.2-3)得

$$f_x(0,y)=-y\quad(\forall y),\quad f_y(x,0)=x\quad(\forall x).$$

学习随笔

因此 $f_{xy}(0,0)=\frac{\mathrm{d}}{\mathrm{d}y}f_x(0,y)\Big|_{y=0}=-1$， $f_{yx}(0,0)=\frac{\mathrm{d}}{\mathrm{d}x}f_y(x,0)\Big|_{x=0}=1.$

评注 ① 求高阶偏导数的基本方法是逐阶地求. 当混合偏导数连续时与求导次序无关，利用此性质可简化某些计算.

② 例 9.2.4 给出了混合偏导数与求导次序有关的例子. 这说明：混合偏导数与求导次序无关是有条件的.

4. 函数的可偏导性与函数的连续性

【例 9.2.5】讨论下列函数在(0,0)点的连续性与可偏导性：

(1) $f(x,y)=\begin{cases}\dfrac{xy}{x^2+y^2}, & (x,y)\neq(0,0),\\ 0, & (x,y)=(0,0);\end{cases}$ (2) $f(x,y)=\sqrt{x^2+y^2}$.

【分析与求解】(1) 由

$$f(x,0)=0(\forall x)\Rightarrow f_x(0,0)=\frac{\mathrm{d}}{\mathrm{d}x}f(x,0)\Big|_{x=0}=0,$$

$$f(0,y)=0(\forall y)\Rightarrow f_y(0,0)=\frac{\mathrm{d}}{\mathrm{d}y}f(0,y)\Big|_{y=0}=0,$$

因此 $f(x,y)$在(0,0)可偏导.

为考察 $f(x,y)$在(0,0)的连续性，考察点(x,y)沿直线 $y=x$ 趋于(0,0)时 $f(x,y)$ 的极限

$$\lim_{\substack{(x,y)\to(0,0)\\ y=x}}f(x,y)=\lim_{x\to0}\frac{x^2}{x^2+x^2}=\frac{1}{2}\neq f(0,0).$$

因此 $f(x,y)$在点(0,0)处不连续.

(2) 显然，$\lim\limits_{(x,y)\to(0,0)}\sqrt{x^2+y^2}=0=f(0,0)$，$f(x,y)$在(0,0)连续. 另一方面

$$f(x,0)=\sqrt{x^2}=|x|$$

在 $x=0$ 不可导 $\Rightarrow f_x(0,0)$不存在. 同理 $f_y(0,0)$也不存在.

评注 ① 该例表明：$f(x,y)$在(x_0,y_0)可偏导

$$\left(存在\frac{\partial f(x_0,y_0)}{\partial x},\frac{\partial f(x_0,y_0)}{\partial y}\right)\begin{matrix}\nRightarrow\\ \nLeftarrow\end{matrix} f(x,y)在(x_0,y_0)连续.$$

② $\frac{\partial f(x_0,y_0)}{\partial x}$存在$\Rightarrow x$ 的一元函数 $f(x,y_0)$在 $x=x_0$ 可导 $\Rightarrow f(x,y_0)$在 $x=x_0$ 连续.

同理，$\frac{\partial f(x_0,y_0)}{\partial y}$存在$\Rightarrow y$ 的一元函数 $f(x_0,y)$在 $y=y_0$ 可导 $\Rightarrow f(x_0,y)$在 $y=y_0$ 连续. 也就是说，$f(x,y)$在(x_0,y_0)可偏导，只能保证 $f(x,y)$在沿 x 轴与 y 轴方向上在(x_0,y_0)连续，而不能保证沿其他方向或曲线上均连续.

【例 9.2.6】设有矩形区域 D：$|x-x_0|<a$，$|y-y_0|<b$. 若 $f(x,y)$的偏导数$\frac{\partial f}{\partial x}$，$\frac{\partial f}{\partial y}$在 D 有界，求证：$f(x,y)$在 D 上连续.

学习随笔

【分析与证明】$\forall (x_1,y_1)\in D$，要证：$\lim\limits_{(x,y)\to(x_1,y_1)}[f(x,y)-f(x_1,y_1)]=0$，应用二元函数微分中值定理可以建立函数改变量 $f(x,y)-f(x_1,y_1)$ 与自变量改变量 $x-x_1$，$y-y_1$ 之间的联系：

$$f(x,y)-f(x_1,y_1)=\frac{\partial f(\xi,y)}{\partial x}(x-x_1)+\frac{\partial f(x_1,\eta)}{\partial y}(y-y_1),$$

其中 ξ 在 x 与 x_1 之间，η 在 y 与 y_1 之间.

于是 $(\xi,y)\in D$，$(x_1,\eta)\in D$. 按已知条件，$\exists$ 常数 $M>0$，

$$\left|\frac{\partial f}{\partial x}\right|\leqslant M,\quad \left|\frac{\partial f}{\partial y}\right|\leqslant M,\quad (x,y)\in D.$$

$$\Rightarrow\quad |f(x,y)-f(x_1,y_1)|\leqslant\left|\frac{\partial f(\xi,y)}{\partial x}(x-x_1)\right|+\left|\frac{\partial f(x_1,\eta)}{\partial y}(y-y_1)\right|$$

$$\leqslant M(|x-x_1|+|y-y_1|).$$

又
$$\lim_{(x,y)\to(x_1,y_1)}M(|x-x_1|+|y-y_1|)=0,$$

$$\Rightarrow\quad \lim_{(x,y)\to(x_1,y_1)}f(x,y)=f(x_1,y_1)$$

$\Rightarrow f(x,y)$ 在 (x_1,y_1) 连续 $\Rightarrow f(x,y)$ 在 D 上连续.

5. 函数 $z=f(x,y)$ 为常数的条件

【例 9.2.7】设 $f(x,y)$ 定义在区域 D 上，满足 $\dfrac{\partial f}{\partial x}=0$，$\dfrac{\partial f}{\partial y}=0$.

(1) 若 D 是圆域：$(x-x_0)^2+(y-y_0)^2<R^2$，证明：$f(x,y)$ 在 D 上恒为常数；

(2)* 若 D 是任意区域(即连通的开集)，是否也有相同的结论，为什么？

【分析与证明】(1) 回顾一元函数的情形，可知应该转化为一元函数的情形来证明这个结论.

若 D 是圆域 $(x-x_0)^2+(y-y_0)^2<R^2$(见图 9.2－1)，对圆域 D 上任意一点 $(x,y)\neq(x_0,y_0)$，考虑

$$\Delta z=f(x,y)-f(x_0,y_0)$$
$$=[f(x,y)-f(x_0,y)]+[f(x_0,y)-f(x_0,y_0)],$$

因为连接 (x,y) 与 (x_0,y)，(x_0,y) 与 (x_0,y_0) 的线段均属于 D，则对一元函数

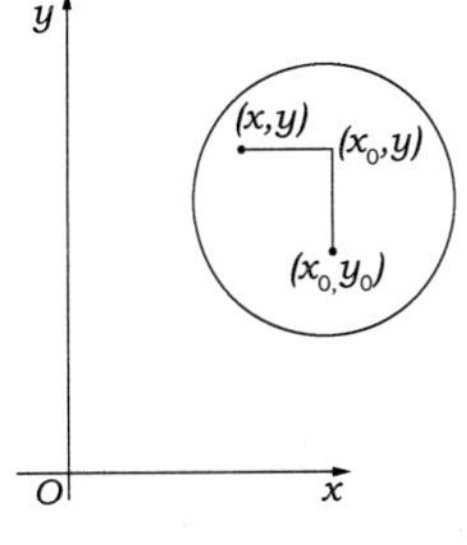

图 9.2－1

$$\alpha(t)=f(t,y),\quad \beta(t)=f(x_0,t)$$

分别在 x_0 与 x 之间及 y_0 与 y 之间可利用微分中值定理，得

$$\alpha(x)-\alpha(x_0)=\alpha'(\xi)(x-x_0)=\frac{\partial f(\xi,y)}{\partial x}(x-x_0)=0,$$

$$\beta(y)-\beta(y_0)=\beta'(\eta)(y-y_0)=\frac{\partial f(x_0,\eta)}{\partial y}(y-y_0)=0,$$

这里 ξ 在 x 与 x_0 之间，η 在 y 与 y_0 之间，$(\xi,y)\in D$，$(x_0,\eta)\in D$.

因此 $f(x,y)-f(x_0,y_0)=0$，即 $f(x,y)$ 在 D 上恒为常数 $f(x_0,y_0)$.

(2)* 若 D 为 $\forall$ 区域(即开区域)，且

$$\frac{\partial f}{\partial x}=0,\quad \frac{\partial f}{\partial y}=0\quad (\forall (x,y)\in D),$$

学习随笔

则 $f(x,y)$在 D 上恒为常数,即设(x_0,y_0)为 D 内一个定点,对 D 内任意点(x_1,y_1),我们可证

$$f(x_1,y_1)=f(x_0,y_0).$$

由 D 的连通性,我们可作一连续曲线(折线)Γ:

$$x=x(t),\quad y=y(t)\quad(0\leqslant t\leqslant 1)$$

属于 D,并有$(x(0),y(0))=(x_0,y_0)$,$(x(1),y(1))=(x_1,y_1)$.

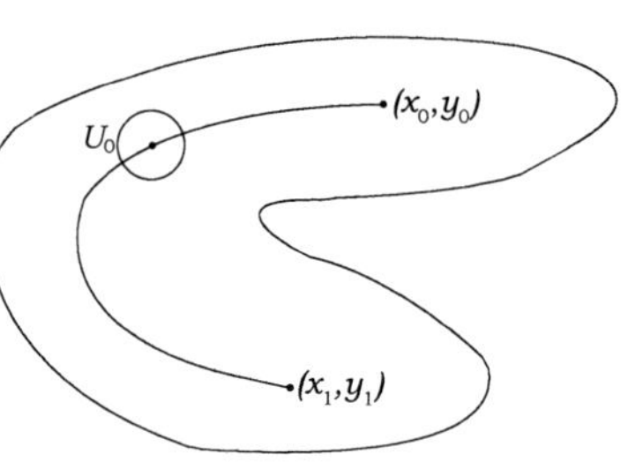

图 9.2-2

现考察 $f(x(t),y(t)),t\in[0,1]$.

$\forall t_0\in[0,1]$,由 D 是开区域,$\exists$ 点$(x(t_0),y(t_0))$的一个邻域 $U_0\subset D$(见图 9.2-2),只要 $t\in[0,1]$,t 充分靠近 t_0,就有$(x(t),y(t))\in U_0$,利用题(1)的结果,有

$f[x(t),y(t)]=$常数,$t\in[0,1]$,t 充分靠近 t_0,于是

$$\left.\frac{\mathrm{d}f[x(t),y(t)]}{\mathrm{d}t}\right|_{t=t_0}=0.$$

由 $t_0\in[0,1]$的任意性得

$$\frac{\mathrm{d}}{\mathrm{d}t}f[x(t),y(t)]=0,0\leqslant t\leqslant 1.$$

因此 $f[x(t),y(t)]=f[x(0),y(0)]=f(x_0,y_0),0\leqslant t\leqslant 1$,

$$f(x_1,y_1)=f[x(1),y(1)]=f(x_0,y_0),$$

即 $f(x,y)$在 D 上为常数.

评注 设函数 $z=f(x,y)$在区域 D 上有$\frac{\partial f}{\partial x}=0,\frac{\partial f}{\partial y}=0$,则 $f(x,y)$在 D 上为常数.这是个重要的结论,应很好掌握.

【例 9.2.8】设在区域 D 内 $u(x,y),v(x,y)$满足

$$\frac{\partial u}{\partial x}=\frac{\partial v}{\partial y},\quad \frac{\partial u}{\partial y}=-\frac{\partial v}{\partial x},\quad u^2+v^2=c(\text{常数}).$$

求证:在 D 内 $u(x,y),v(x,y)$为常数.

【分析与证明】只需证$\frac{\partial u}{\partial x}=\frac{\partial u}{\partial y}=0\left(\text{或}\frac{\partial v}{\partial x}=\frac{\partial v}{\partial y}=0\right),(x,y)\in D$.

$$\text{由 } u^2+v^2=c\Rightarrow\begin{cases}u\dfrac{\partial u}{\partial x}+v\dfrac{\partial v}{\partial x}=0,\\ u\dfrac{\partial u}{\partial y}+v\dfrac{\partial v}{\partial y}=0.\end{cases}$$

以$\frac{\partial v}{\partial x}=-\frac{\partial u}{\partial y}$,$\frac{\partial v}{\partial y}=\frac{\partial u}{\partial x}$代入上式得$\begin{cases}u\dfrac{\partial u}{\partial x}-v\dfrac{\partial u}{\partial y}=0,\\ v\dfrac{\partial u}{\partial x}+u\dfrac{\partial u}{\partial y}=0.\end{cases}$看成以$\frac{\partial u}{\partial x},\frac{\partial u}{\partial y}$为未知数的二元一次方程组,方程组的系数行列式

$$\begin{vmatrix}u & -v\\ v & u\end{vmatrix}=u^2+v^2=c,$$

学习随笔

若 $c=0 \Rightarrow u=0, v=0$ 为常数.

若 $c\neq 0 \Rightarrow$ 方程组有唯一解 $\frac{\partial u}{\partial x}=0, \frac{\partial u}{\partial y}=0$.

因为 $u(x,y)$ 为常数,同理 $v(x,y)$ 也为常数.

评注　证明 $z=f(x,y)$ 在区域 D 上为常数的一个方法是:证明 $\frac{\partial f}{\partial x}=\frac{\partial f}{\partial y}=0$ $(\forall (x,y)\in D)$.

6. 已知二元函数的偏导数求二元函数

【例 9.2.9】已知 $z(x,y)$ 满足 $\begin{cases}\frac{\partial z}{\partial x}=-\sin y+\frac{1}{1-xy}, \\ z(1,y)=\sin y,\end{cases}$ 求 $z(x,y)$ 的表达式.

【分析与求解】把 y 看作任意给定的常数,将等式 $\frac{\partial z}{\partial x}=-\sin y+\frac{1}{1-xy}$ 两边对 x 求积分得

$$z(x,y)=-x\sin y-\frac{1}{y}\ln|1-xy|+\varphi(y),$$

其中 $\varphi(y)$ 为待定的函数. 由 $z(1,y)=\sin y$ 得

$$-\sin y-\frac{1}{y}\ln|1-y|+\varphi(y)=\sin y,\quad 即\quad \varphi(y)=2\sin y+\frac{1}{y}\ln|1-y|.$$

因此得
$$z(x,y)=(2-x)\sin y+\frac{1}{y}\ln\left|\frac{1-y}{1-xy}\right|.$$

【例 9.2.10】设 $z=f(x,y)$ 在全平面有连续的偏导数,且 $\frac{\partial^2 f}{\partial x\partial y}=0$. 求 $f(x,y)$.

【解】先求一阶偏导数后再求函数.

由 $\frac{\partial}{\partial y}\left(\frac{\partial f}{\partial x}\right)=0 \Rightarrow \frac{\partial f}{\partial x}=h(x)$,其中 $h(x)$ 为 $\forall$ 连续函数.

对 x 积分 $\Rightarrow f(x,y)=\varphi(x)+\psi(y)$,其中 $\varphi(x),\psi(y)$ 为 $\forall$ 连续可微函数.

评注　已知二元函数 $z(x,y)$ 的偏导数 $\frac{\partial z}{\partial x}$ 求 $z(x,y)$,这实质上是一个一元函数的积分问题,当 y 任意固定时,它是 x 的一元函数的积分问题.

一元函数的积分中含 $\forall$ 常数,这里却含有 y 的任意函数.

第三节　全微分

一、知识点归纳总结

1. 全微分与可微性的定义

定义　设 $z=f(x,y)$ 在 (x_0,y_0) 邻域有定义,若 z 的全改变量

$$\Delta z=f(x_0+\Delta x,y_0+\Delta y)-f(x_0,y_0)$$

学习随笔

可表示为 $\Delta z = A\Delta x + B\Delta y + o(\rho)\ (\rho \to 0)$，其中 A, B 是常数(与 $\Delta x, \Delta y$ 无关)，$\rho = \sqrt{\Delta x^2 + \Delta y^2}$，则称 $z = f(x,y)$ 在 (x_0, y_0) 可微，Δz 的线性主要部分 $A\Delta x + B\Delta y$ 称为 $z = f(x,y)$ 在 (x_0, y_0) 的全微分，记作

$$dz\big|_{(x_0,y_0)} = A\Delta x + B\Delta y.$$

定义　若 $z = f(x,y)$ 在区域 D 内每一点均可微，则称 $f(x,y)$ 在 D 可微.

对 $n(n \geqslant 3)$ 元函数有类似的定义.

2. 可微的必要条件与充分条件

(1) 必要条件

若 $z = f(x,y)$ 在 (x_0, y_0) 可微，则

① $f(x,y)$ 在 (x_0, y_0) 连续；

② $f(x,y)$ 在 (x_0, y_0) 可偏导，且 $\dfrac{\partial f(x_0,y_0)}{\partial x} = A$，$\dfrac{\partial f(x_0,y_0)}{\partial y} = B$，则

$$dz\big|_{(x_0,y_0)} = \frac{\partial f(x_0,y_0)}{\partial x}\Delta x + \frac{\partial f(x_0,y_0)}{\partial y}\Delta y.$$

规定自变量 x, y 的全微分 $dx = \Delta x$，$dy = \Delta y$，于是

$$dz\big|_{(x_0,y_0)} = \frac{\partial f(x_0,y_0)}{\partial x}dx + \frac{\partial f(x_0,y_0)}{\partial y}dy.$$

(2) 充分条件

若 $z = f(x,y)$ 在 (x_0, y_0) 处两个偏导数 $\dfrac{\partial f}{\partial x}$ 与 $\dfrac{\partial f}{\partial y}$ 连续 $\Rightarrow$ $f(x,y)$ 在 (x_0, y_0) 可微.

对 $n(n \geqslant 3)$ 元函数也有类似的结论.

3. 函数的连续性、可偏导性、可微性及偏导数的连续性之间的关系

一阶偏导数 $\dfrac{\partial f}{\partial x}, \dfrac{\partial f}{\partial y}$ 在 (x_0, y_0) 连续 $\Rightarrow$ $f(x,y)$ 在 (x_0, y_0) 可微 $\Rightarrow$ $f(x,y)$ 在 (x_0, y_0) 可偏导；

$f(x,y)$ 在 (x_0, y_0) 可微 $\Rightarrow$ $f(x,y)$ 在 (x_0, y_0) 连续

4. 全微分运算法则

设 $u(x,y), v(x,y)$ 在 (x,y) 可微，则

$$d[u(x,y) \pm v(x,y)] = du(x,y) \pm dv(x,y),$$

$$d[u(x,y)v(x,y)] = v(x,y)du(x,y) + u(x,y)dv(x,y),$$

$$d\left[\frac{u(x,y)}{v(x,y)}\right] = \frac{v(x,y)du(x,y) - u(x,y)dv(x,y)}{v^2(x,y)}\ (v(x,y) \neq 0).$$

*5. 利用全微分进行近似计算

设 $z = f(x,y)$ 在 (x_0, y_0) 可微，则 $|\Delta x|, |\Delta y|$ 很小时，

$$\Delta z = f(x_0 + \Delta x, y_0 + \Delta y) - f(x_0, y_0) \approx \frac{\partial f(x_0,y_0)}{\partial x}\Delta x + \frac{\partial f(x_0,y_0)}{\partial y}\Delta y,$$

学习随笔

$$f(x_0+\Delta x,y_0+\Delta y)\approx f(x_0,y_0)+\frac{\partial f(x_0,y_0)}{\partial x}\Delta x+\frac{\partial f(x_0,y_0)}{\partial y}\Delta y.$$

二、典型题型归纳及解题方法与技巧

1. 求二元(三元)初等函数的全微分

【例 9.3.1】求下列函数的全微分：

(1) $z=\ln\sqrt{x^2+y^2}$；　(2) $z=\arcsin\frac{x}{y}$；　(3) $z=x^2y^2+y^2$.

【解】(1) 先将函数化简：$z=\frac{1}{2}\ln(x^2+y^2)$. 再求偏导数

$$\frac{\partial z}{\partial x}=\frac{x}{x^2+y^2},\quad \frac{\partial z}{\partial y}=\frac{y}{x^2+y^2}.$$

由于它们在定义域上连续，于是 dz 存在，且

$$dz=\frac{\partial z}{\partial x}dx+\frac{\partial z}{\partial y}dy=\frac{x}{x^2+y^2}dx+\frac{y}{x^2+y^2}dy=\frac{x\,dx+y\,dy}{x^2+y^2}.$$

(2) 先求 $\frac{\partial z}{\partial x}=\frac{1}{\sqrt{1-\frac{x^2}{y^2}}}\cdot\frac{1}{y}=\frac{|y|}{\sqrt{y^2-x^2}}\cdot\frac{1}{y}=\frac{y}{|y|\sqrt{y^2-x^2}}$,

$$\frac{\partial z}{\partial y}=\frac{1}{\sqrt{1-\frac{x^2}{y^2}}}\left(-\frac{x}{y^2}\right)=\frac{-x}{|y|\sqrt{y^2-x^2}},$$

由于它们在定义域上连续，于是 dz 存在，且

$$dz=\frac{\partial z}{\partial x}dx+\frac{\partial z}{\partial y}dy=\frac{y\,dx-x\,dy}{|y|\sqrt{y^2-x^2}}.$$

(3) 用全微分四则运算法则

$$dz=d(x^2y^2)+dy^2=y^2dx^2+x^2dy^2+dy^2=2xy^2dx+2y(1+x^2)dy.$$

$\left(\text{也可先求}\frac{\partial z}{\partial x},\frac{\partial z}{\partial y},\text{然后求 } dz.\right)$

【例 9.3.2】求 $z=x^y$ 在点(1,1)处的全微分.

【解】$\frac{\partial z}{\partial x}=yx^{y-1}$, $\frac{\partial z}{\partial y}=x^y\ln x$, $\left.\frac{\partial z}{\partial x}\right|_{\substack{x=1\\y=1}}=1$, $\left.\frac{\partial z}{\partial y}\right|_{\substack{x=1\\y=1}}=0$.

又由于 $\frac{\partial z}{\partial x},\frac{\partial z}{\partial y}$ 在(1,1)处连续 $\Rightarrow dz|_{(1,1)}\ \exists$，且

$$dz\big|_{\substack{x=1\\y=1}}=\frac{\partial z(1,1)}{\partial x}dx+\frac{\partial z(1,1)}{\partial y}dy=dx.$$

评注　求函数 $z=f(x,y)$ 在点 (x_0,y_0) 处的全微分的基本方法是：

① 先求 $\frac{\partial z}{\partial x},\frac{\partial z}{\partial y}$，只要这两个偏导数在 (x_0,y_0) 连续，则 $z=f(x,y)$ 在 (x_0,y_0) 可微且

学习随笔

$$\mathrm{d}z\Big|_{\substack{x=x_0\\y=y_0}}=\frac{\partial f(x_0,y_0)}{\partial x}\mathrm{d}x+\frac{\partial f(x_0,y_0)}{\partial y}\mathrm{d}y.$$

② 利用全微分四则运算法则.(后面还有其他运算法则.)

2. 讨论二元函数的可微性以及与可偏导性、函数连续性的关系

【例 9.3.3】设 $f(x,y)=\begin{cases}\dfrac{x^2y^2}{x^2+y^2}, & (x,y)\neq(0,0),\\ 0, & (x,y)=(0,0).\end{cases}$

(1) 求 $\dfrac{\partial f}{\partial x},\dfrac{\partial f}{\partial y}$. (2) 讨论 $f(x,y)$ 在 $(0,0)$ 的可微性,若可微并求 $\mathrm{d}f\Big|_{\substack{x=0\\y=0}}$.

【分析与求解】(1) 当 $(x,y)\neq(0,0)$ 时,$\dfrac{\partial f}{\partial x}=\dfrac{2xy^2}{x^2+y^2}-\dfrac{2x^3y^2}{(x^2+y^2)^2}$. 当 $(x,y)=(0,0)$ 时,因为 $f(x,0)=0\ (\forall x)$,于是 $\dfrac{\partial f(0,0)}{\partial x}=0$.

由对称性得 $\dfrac{\partial f}{\partial y}=\dfrac{2x^2y}{x^2+y^2}-\dfrac{2x^2y^3}{(x^2+y^2)^2}$,$(x,y)\neq(0,0)$,$\dfrac{\partial f(0,0)}{\partial y}=0$.

(2) 方法一 考察 $\dfrac{\partial f}{\partial x},\dfrac{\partial f}{\partial y}$ 在 $(0,0)$ 的连续性:

注意:$\left|\dfrac{x^2}{x^2+y^2}\right|\leqslant1,\left|\dfrac{y^2}{x^2+y^2}\right|\leqslant1$,于是

$$\left|\frac{\partial f}{\partial x}\right|\leqslant\frac{y^2}{x^2+y^2}\cdot2|x|+\frac{x^2}{x^2+y^2}\cdot\frac{y^2}{x^2+y^2}\cdot2|x|\leqslant4|x|,$$

$$\left|\frac{\partial f}{\partial y}\right|\leqslant2|y|+2|y|=4|y|.$$

又
$$\lim_{(x,y)\to(0,0)}4|x|=\lim_{(x,y)\to(0,0)}4|y|=0$$

$$\Rightarrow\quad\lim_{(x,y)\to(0,0)}\frac{\partial f}{\partial x}=0=\frac{\partial f(0,0)}{\partial x},\quad\lim_{(x,y)\to(0,0)}\frac{\partial f}{\partial y}=0=\frac{\partial f(0,0)}{\partial y},$$

即 $\dfrac{\partial f}{\partial x},\dfrac{\partial f}{\partial y}$ 在 $(0,0)$ 均连续,因此 $f(x,y)$ 在 $(0,0)$ 可微.

$$\mathrm{d}f\Big|_{\substack{x=0\\y=0}}=\frac{\partial f(0,0)}{\partial x}\mathrm{d}x+\frac{\partial f(0,0)}{\partial y}\mathrm{d}y=0.$$

方法二 按定义,$f(x,y)$ 在 $(0,0)$ 可微 $\Leftrightarrow$

$$f(0+\Delta x,0+\Delta y)-f(0,0)=\frac{\partial f(0,0)}{\partial x}\Delta x+\frac{\partial f(0,0)}{\partial y}\Delta y+o(\rho)\ \left(\rho=\sqrt{\Delta x^2+\Delta y^2}\to0\right).$$

由于 $f(0,0)=0,\dfrac{\partial f(0,0)}{\partial x}=\dfrac{\partial f(0,0)}{\partial y}=0$,于是

$$f(x,y)\text{ 在}(0,0)\text{ 可微}\Leftrightarrow f(\Delta x,\Delta y)=o(\rho)\Leftrightarrow\frac{f(\Delta x,\Delta y)}{\rho}=o(1)\ (\rho\to0).$$

现考察:$\left|\dfrac{f(\Delta x,\Delta y)}{\rho}\right|=\left|\dfrac{\Delta x^2\cdot\Delta y^2}{\rho^3}\right|=\left|\dfrac{\Delta x^2}{\rho^2}\,\dfrac{\Delta y}{\rho}\right||\Delta y|\leqslant|\Delta y|$,

学习随笔

由此得 $\lim\limits_{(\Delta x,\Delta y)\to(0,0)}\left|\dfrac{f(\Delta x,\Delta y)}{\rho}\right|=0$.

因此 $f(x,y)$在$(0,0)$可微,且 $\mathrm{d}f\Big|_{\substack{x=0\\y=0}}=0$.

【例 9.3.4】设 $f(x,y)=\begin{cases}\dfrac{xy}{\sqrt{x^2+y^2}}, & (x,y)\neq(0,0),\\ 0, & (x,y)=(0,0).\end{cases}$

(1) 求证:$f(x,y)$在$(0,0)$连续;(2) 求证:$f(x,y)$在$(0,0)$不可微.

【证明】(1) 只需证 $\lim\limits_{(x,y)\to(0,0)}f(x,y)=f(0,0)=0$,为此估计

$$|f(x,y)|\leqslant\frac{|x|}{\sqrt{x^2+y^2}}|y|\leqslant|y|,$$

由此得 $\lim\limits_{(x,y)\to(0,0)}f(x,y)=0=f(0,0)$,即 $f(x,y)$在$(0,0)$连续.

(2) 为讨论 $f(x,y)$在$(0,0)$的可微性,先求$\dfrac{\partial f(0,0)}{\partial x}$,$\dfrac{\partial f(0,0)}{\partial y}$. 如同例 9.3.3,易得

$$\frac{\partial f(0,0)}{\partial x}=\frac{\partial f(0,0)}{\partial y}=0.$$

又 $f(0,0)=0$,于是 $f(x,y)$在$(0,0)$可微$\Leftrightarrow f(\Delta x,\Delta y)=o(\rho)\quad(\rho\to0)$,

其中 $\rho=\sqrt{\Delta x^2+\Delta y^2}$,即$\dfrac{f(\Delta x,\Delta y)}{\rho}=o(1)\ (\rho\to0)$.

这里$\left|\dfrac{f(\Delta x,\Delta y)}{\rho}\right|=\dfrac{|\Delta x\Delta y|}{\Delta x^2+\Delta y^2}$,当 $\Delta y=\Delta x$ 时,

$$\left|\frac{f(\Delta x,\Delta y)}{\rho}\right|=\frac{1}{2},\text{即}\lim_{\rho\to0}\frac{f(\Delta x,\Delta y)}{\rho}\neq0.$$

因此,$f(x,y)$在$(0,0)$不可微.

【例 9.3.5】设 $z=f(x,y)=\begin{cases}(x^2+y^2)\sin\dfrac{1}{x^2+y^2}, & x^2+y^2\neq0,\\ 0, & x^2+y^2=0.\end{cases}$

(1) 求$\dfrac{\partial f(x,y)}{\partial x}$,$\dfrac{\partial f(x,y)}{\partial y}$; (2) 证明:$\dfrac{\partial f(x,y)}{\partial x}$,$\dfrac{\partial f(x,y)}{\partial y}$在$(0,0)$不连续;

(3) 下列论断是否正确,并证明你的判断.

"因为 $f'_x(x,y)$, $f'_y(x,y)$在$(0,0)$点不连续,所以 $f(x,y)$在$(0,0)$不可微."

【分析与求解】(1) 当 $x^2+y^2\neq0$ 时,

$$\frac{\partial f(x,y)}{\partial x}=\frac{\partial}{\partial x}\left[(x^2+y^2)\sin\frac{1}{x^2+y^2}\right]$$
$$=2x\sin\frac{1}{x^2+y^2}-\frac{2x}{x^2+y^2}\cos\frac{1}{x^2+y^2}.$$

由 x 与 y 的对称性,则

$$\frac{\partial f(x,y)}{\partial y}=2y\sin\frac{1}{x^2+y^2}-\frac{2y}{x^2+y^2}\cos\frac{1}{x^2+y^2}.$$

学习随笔

当 $x^2+y^2=0$ 时，即 $(x,y)=(0,0)$ 时，按定义可求得

$$\frac{\partial f(0,0)}{\partial x}=\lim_{\Delta x\to 0}\frac{f(\Delta x,0)-f(0,0)}{\Delta x}=\lim_{\Delta x\to 0}\frac{\Delta x^2\sin\frac{1}{\Delta x^2}}{\Delta x}=0.$$

类似地 $\frac{\partial f(0,0)}{\partial y}=0$.

(2) 首先，证明 $\frac{\partial f}{\partial x}\left(\frac{\partial f}{\partial y}\right)$ 在 $(0,0)$ 不连续，就是证明：

$$\lim_{(x,y)\to(0,0)}\frac{\partial f}{\partial x}\left(\lim_{(x,y)\to(0,0)}\frac{\partial f}{\partial y}\right)\text{不存在或不为}\frac{\partial f(0,0)}{\partial x}\left(\frac{\partial f(0,0)}{\partial y}\right).$$

其次，如何证明这一结论？

只要证明 (x,y) 沿某一特殊路径趋于 $(0,0)$ 时，$\frac{\partial f}{\partial x}\left(\frac{\partial f}{\partial y}\right)$ 的极限不存在或不为 0.

最后，当 $y=x$ 时，$\left.\frac{\partial f(x,y)}{\partial x}\right|_{y=x}=2x\sin\frac{1}{2x^2}-\frac{1}{x}\cos\frac{1}{2x^2}$,

$$\lim_{x\to 0}2x\sin\frac{1}{2x^2}=0,\quad \lim_{x\to 0}\frac{1}{x}\cos\frac{1}{2x^2}\text{ 不存在.}$$

因此，当 (x,y) 沿 $y=x$ 趋于 $(0,0)$ 时，$\frac{\partial f}{\partial x}$ 的极限不存在，$\frac{\partial f(x,y)}{\partial x}$ 在 $(0,0)$ 不连续.

类似可证 $\frac{\partial f}{\partial y}$ 在 $(0,0)$ 不连续.

(3) $f_x(x,y)$，$f_y(x,y)$ 在点 $(0,0)$ 连续是 $f(x,y)$ 在 $(0,0)$ 可微的充分条件，但并非必要条件，该论断是错误的.

事实上，$f(x,y)$ 在 $(0,0)$ 可微，因为

$$\begin{aligned}\Delta z&=f(\Delta x,\Delta y)-f(0,0)=(\Delta x^2+\Delta y^2)\sin\frac{1}{\Delta x^2+\Delta y^2}\\&=\rho^2\sin\frac{1}{\rho^2}=o(\rho)\ \left(\rho=\sqrt{\Delta x^2+\Delta y^2}\to 0\right),\end{aligned}$$

所以

$$\begin{aligned}\Delta z&=f(\Delta x,\Delta y)-f(0,0)=0\cdot\Delta x+0\cdot\Delta y+o(\rho)\\&=\frac{\partial f(0,0)}{\partial x}\Delta x+\frac{\partial f(0,0)}{\partial y}\Delta y+o(\rho),\end{aligned}$$

即 $f(x,y)$ 在 $(0,0)$ 可微，且 $\left.\mathrm{d}f(x,y)\right|_{\substack{x=0\\y=0}}=0$.

评注 ① 讨论 $z=f(x,y)$ 在点 $M_0(x_0,y_0)$ 的可微性的方法是：

若能证明 $\frac{\partial f}{\partial x},\frac{\partial f}{\partial y}$ 在 M_0 点连续，则得 $f(x,y)$ 在 M_0 可微.

按定义考察，即考察 $\rho=\sqrt{\Delta x^2+\Delta y^2}\to 0$ 时，

$$\frac{1}{\rho}\left[f(x_0+\Delta x,y_0+\Delta y)-f(x_0,y_0)-\frac{\partial f(x_0,y_0)}{\partial x}\Delta x-\frac{\partial f(x_0,y_0)}{\partial y}\Delta y\right]$$

是否为无穷小量.

学习随笔

② 若$\dfrac{\partial f}{\partial x},\dfrac{\partial f}{\partial y}$在$M_0$点不连续，不能断定$f(x,y)$在$M_0$不可微，此时要按定义来判断，参见例 9.3.5.

③ 例 9.3.4 指出：$f(x,y)$在M_0可偏导，不能保证$f(x,y)$在M_0可微.

3. 已知 $\mathrm{d}u$ 求原函数 u

【例 9.3.6】设$u(x,y)$，$F(x,y)$，$G(x,y)$在区域D内可微，求证：

(1) $\mathrm{d}u(x,y)=0$ $((x,y)\in D)\Leftrightarrow u(x,y)$ 在D为常数；

(2) 若$\mathrm{d}F(x,y)=\mathrm{d}G(x,y)$，$(x,y)\in D$，则

$$F(x,y)=G(x,y)+C\quad((x,y)\in D)\text{，其中 } C \text{ 为某常数.}$$

【分析与证明】(1) 若$u(x,y)$在D为常数，显然$\mathrm{d}u=\dfrac{\partial u}{\partial x}\mathrm{d}x+\dfrac{\partial u}{\partial y}\mathrm{d}y=0$.

现设$\mathrm{d}u=0$，$(x,y)\in D$，问题转化为证明：$\dfrac{\partial u}{\partial x}=0$，　$\dfrac{\partial u}{\partial y}=0$，$(x,y)\in D$.

$$\mathrm{d}u(x,y)=\frac{\partial u(x,y)}{\partial x}\Delta x+\frac{\partial u(x,y)}{\partial y}\Delta y,\tag{9.3-1}$$

它是$x,y,\Delta x,\Delta y$的函数.

$\mathrm{d}u(x,y)=0$，$(x,y)\in D$ 意味着，$\forall(x,y)\in D$，$\forall\Delta x,\Delta y$，有式(9.3-1)成立. 令$\Delta x\neq 0$，$\Delta y=0$，得

$$\frac{\partial u}{\partial x}=0\quad((x,y)\in D),$$

令$\Delta x=0$，$\Delta y\neq 0$，得$\dfrac{\partial u}{\partial y}=0$ $((x,y)\in D)$.

在区域D上，$\dfrac{\partial u}{\partial x}=0$，$\dfrac{\partial u}{\partial y}=0$，则在$D$上$u(x,y)$恒为常数.

(2) 令$u(x,y)=F(x,y)-G(x,y)$，即证$u(x,y)$在区域D为常数. 由全微分运算法则及所设条件，有

$$\mathrm{d}u(x,y)=\mathrm{d}F(x,y)-\mathrm{d}G(x,y)=0\ (\forall(x,y)\in D),$$

由题(1)的结论知，$u(x,y)=C$ $(\forall(x,y)\in D)$，其中C为某常数.

【例 9.3.7】设$u=u(x,y)$满足

$$\mathrm{d}u=(4x^3+10xy^3-3y^4)\mathrm{d}x+(15x^2y^2-12xy^3+5y^4)\mathrm{d}y,$$

求$u(x,y)$.

【解法一】由所设条件知

$$\frac{\partial u}{\partial x}=4x^3+10xy^3-3y^4,\quad \frac{\partial u}{\partial y}=15x^2y^2-12xy^3+5y^4.$$

将$\dfrac{\partial u}{\partial x}$表达式对$x$求积分得$u(x,y)=x^4+5x^2y^3-3xy^4+\varphi(y)$，

其中$\varphi(y)$为待定函数. 再将上式两边对y求导得

$$\frac{\partial u}{\partial y}=15x^2y^2-12xy^3+\varphi'(y).$$

学习随笔

与已知的$\frac{\partial u}{\partial y}$表达式相比较得$\varphi'(y)=5y^4 \Rightarrow \varphi(y)=y^5+C$. 因此,$u(x,y)=x^4+5x^2y^3-3xy^4+y^5+C$,其中$C$为任意常数.

【解法二】我们也可利用全微分运算法则及常见的全微分公式来求解. 将原式改写为

$$\begin{aligned}du &= 4x^3\mathrm{d}x+(10xy^3\mathrm{d}x+15x^2y^2\mathrm{d}y)-(3y^4\mathrm{d}x+12xy^3\mathrm{d}y)+5y^4\mathrm{d}y\\&=\mathrm{d}x^4+5(y^3\mathrm{d}x^2+x^2\mathrm{d}y^3)-3(y^4\mathrm{d}x+x\mathrm{d}y^4)+\mathrm{d}y^5\\&=\mathrm{d}x^4+5\mathrm{d}(x^2y^3)-3\mathrm{d}(xy^4)+\mathrm{d}y^5\\&=\mathrm{d}(x^4+5x^2y^3-3xy^4+y^5),\end{aligned}$$

因此$u=x^4+5x^2y^3-3xy^4+y^5+C$.

评注　若$\mathrm{d}u(x,y)=P(x,y)\mathrm{d}x+Q(x,y)\mathrm{d}y,(x,y)\in D$,这里$P,Q$是已知的,称$u(x,y)$为$P\mathrm{d}x+Q\mathrm{d}y$在$D$上的原函数. 已知$\mathrm{d}u$,求$u(x,y)$的表达式,即已知$\frac{\partial u}{\partial x},\frac{\partial u}{\partial y}$的表达式,求$u(x,y)$的表达式.

① 用什么方法求解上述问题?

方法一　由其中的一个偏导数表达式,如$\frac{\partial u}{\partial x}=P(x,y)$,对$x$积分求出$u$的表达式,它含有一个任意函数$\varphi(y)$;将求出的$u$的表达式对$y$求偏导数,并利用已知的$\frac{\partial u}{\partial y}=Q$得到$\varphi'(y)$的表达式;对$\varphi'(y)$积分得$\varphi(y)$的表达式,于是最后求得$u(x,y)$的表达式,见例9.3.7的解法一.

方法二　对某些情形可用凑微分法(或称之为观察法),即用全微分运算法则及已知的全微分公式,将$P(x,y)\mathrm{d}x+Q(x,y)\mathrm{d}y$逐步表示成某函数$u$的全微分$\mathrm{d}u$,如例9.3.7的解法二.

② 若求得$v(x,y)$使$\mathrm{d}v(x,y)=P(x,y)\mathrm{d}x+Q(x,y)\mathrm{d}y$,则$P\mathrm{d}x+Q\mathrm{d}y$的全体原函数是$u(x,y)=v(x,y)+C$,其中$C$为$\forall$常数.

4. 全微分与近似计算

【例9.3.8】设测定圆柱的底半径$r=(2.5\pm0.05)\mathrm{m}$,高$h=(4.0\pm0.02)\mathrm{m}$. 求所算出的圆柱体体积的绝对误差与相对误差.

【分析与求解】(1) 求圆柱体的体积$V(r,h)=\pi r^2h$的绝对误差就是求

$$|\Delta V|=|V(r+\Delta r,h+\Delta h)-V(r,h)|,$$

其中$r=2.5m,h=4m,|\Delta r|\leqslant 0.05m,|\Delta h|\leqslant 0.02m$. 求相对误差就是求$\left|\frac{\Delta V}{V}\right|$.

(2) 可以利用全微分$\mathrm{d}V$来近似计算ΔV,$\frac{\Delta V}{V}$近似计算公式是

$$|\Delta V|\approx|\mathrm{d}V|=\left|\frac{\partial V}{\partial r}\Delta r+\frac{\partial V}{\partial h}\Delta h\right|\leqslant 2\pi rh|\Delta r|+\pi r^2|\Delta h|,$$

$$\left|\frac{\Delta V}{V}\right|\approx\left|\frac{\mathrm{d}V}{V}\right|=\left|\frac{\frac{\partial V}{\partial r}\Delta r+\frac{\partial V}{\partial h}\Delta h}{V}\right|\leqslant\frac{2|\Delta r|}{r}+\frac{|\Delta h|}{h}.$$

(3) 利用上述近似公式先求绝对误差

$|\Delta V| \approx |\mathrm{d}V| \leqslant 2\pi rh|\Delta r| + \pi r^2|\Delta h|$

$\leqslant \pi \times 2.5(2\times 4\times 0.05 + 2.5\times 0.02) = \pi\times 2.5\times 0.45 \approx 3.53(\mathrm{m}^3).$

再求相对误差$\dfrac{|\Delta V|}{V} \approx \dfrac{|\mathrm{d}V|}{V} \leqslant \dfrac{\pi\times 2.5\times 0.45}{\pi\times 2.5^2\times 4} = 0.045 = 4.5\%.$

也可先求相对误差$\dfrac{|\Delta V|}{V} \approx \dfrac{|\mathrm{d}V|}{V} \leqslant \dfrac{2}{r}|\Delta r| + \dfrac{1}{h}|\Delta h| \leqslant \dfrac{2}{2.5}\times 0.05 + \dfrac{1}{4}\times 0.02$

$= 0.045 = 4.5\%.$

再求绝对误差$|\Delta V| \leqslant 0.045\times\pi\times 2.5^2\times 4 = 3.53(\mathrm{m}^3).$

第四节　多元复合函数的求导法则

一、知识点归纳总结

1. 锁链法则

(1) 二元函数与一元函数的复合

设 $x=x(t), y=y(t)$ 对 t 可导，$z=f(x,y)$ 在相应的 (x,y) 可微，则复合函数 $z=f[x(t),y(t)]$ 对 t 可导且

$$\frac{\mathrm{d}z}{\mathrm{d}t} = \frac{\partial f}{\partial x}\frac{\mathrm{d}x}{\mathrm{d}t} + \frac{\partial f}{\partial y}\frac{\mathrm{d}y}{\mathrm{d}t} \quad 或 \quad \frac{\mathrm{d}z}{\mathrm{d}t} = \frac{\partial z}{\partial x}\frac{\mathrm{d}x}{\mathrm{d}t} + \frac{\partial z}{\partial y}\frac{\mathrm{d}y}{\mathrm{d}t}.$$

(2) 二元函数与二元函数的复合

设 $u=u(x,y), v=v(x,y)$ 在 (x,y) 对 x,y 的偏导数存在，$z=f(u,v)$ 在相应的 (u,v)（即 $(u(x,y),v(x,y))$）可微，则复合函数 $z=f[u(x,y),v(x,y)]$ 对 x,y 存在偏导数且有公式

$$\frac{\partial z}{\partial x} = \frac{\partial f}{\partial u}\frac{\partial u}{\partial x} + \frac{\partial f}{\partial v}\frac{\partial v}{\partial x}, \quad \frac{\partial z}{\partial y} = \frac{\partial f}{\partial u}\frac{\partial u}{\partial y} + \frac{\partial f}{\partial v}\frac{\partial v}{\partial y}.$$

其他情形如 $z=f(u,v,w)$ 与 $u=u(x,y), v=v(x,y), w=w(x,y)$ 的复合函数在类似的条件下有

$$\frac{\partial z}{\partial x} = \frac{\partial f}{\partial u}\frac{\partial u}{\partial x} + \frac{\partial f}{\partial v}\frac{\partial v}{\partial x} + \frac{\partial f}{\partial w}\frac{\partial w}{\partial x}, \quad \frac{\partial z}{\partial y} = \frac{\partial f}{\partial u}\frac{\partial u}{\partial y} + \frac{\partial f}{\partial v}\frac{\partial v}{\partial y} + \frac{\partial f}{\partial w}\frac{\partial w}{\partial y},$$

称上述求导法则为锁链法则.

(3) 在应用锁链法则时应注意的问题

① 尽管多元函数锁链法则有各种形式，但它们的共同点是：

复合函数对指定的自变量求偏导数 $=\sum\limits_{i=1}^{m}$ {函数对第 i 个中间变量求偏导数 × 第 i 个中间变量对该自变量求偏导数(导数)}，其中 m 为中间变量的个数.

原则上讲，函数有几个中间变量，公式中就有几项. 要分清中间变量与自变量，一定要注意对哪个自变量求导，对中间变量求导不要漏项，有时公式中右端的项数比中间变量的个数少，那是因为有的中间变量与求偏导数的自变量无关，从而导数为零. 有时一个变量

学习随笔

学习随笔

既是自变量又是中间变量,这时该中间变量对自变量的导数为1.

② 复合函数求导公式中,函数对中间变量的偏导数仍然是中间变量的函数,如设$z=f(u,v)$,$u=\varphi(x,y)$,$v=\psi(x,y)$,则

$$\frac{\partial z}{\partial x}=\frac{\partial f}{\partial u}\frac{\partial \varphi}{\partial x}+\frac{\partial f}{\partial v}\frac{\partial \psi}{\partial x},$$

这里$\frac{\partial f}{\partial u}$,$\frac{\partial f}{\partial v}$均是$u,v$的函数,而$u=\varphi(x,y)$,$v=\psi(x,y)$,它们的复合仍是$x,y$的函数.

2. 一阶全微分形式的不变性

设$z=f(u,v)$,$u=\varphi(x,y)$,$v=\psi(x,y)$均有连续的偏导数,则$z=f[\varphi(x,y),\psi(x,y)]$在点$(x,y)$可微且全微分仍可表为

$$\mathrm{d}z=\frac{\partial f}{\partial u}\mathrm{d}u+\frac{\partial f}{\partial v}\mathrm{d}v,$$

即有一阶全微分形式不变性.

3. 多元复合函数的二阶偏导数

设$z=f(u,v)$,$u=\varphi(x,y)$,$v=\psi(x,y)$,则有复合函数$z=f[\varphi(x,y),\psi(x,y)]$,如何求$\frac{\partial^2 z}{\partial x^2}$,$\frac{\partial^2 z}{\partial x\partial y}$,$\frac{\partial^2 z}{\partial y^2}$.

以求$\frac{\partial^2 z}{\partial x^2}$为例.先求得

$$\frac{\partial z}{\partial x}=\frac{\partial f}{\partial u}\frac{\partial u}{\partial x}+\frac{\partial f}{\partial v}\frac{\partial v}{\partial x}. \tag{9.4-1}$$

下求$\frac{\partial^2 z}{\partial x^2}$:

第一步,用四则运算法则求导

$$\begin{aligned}\frac{\partial^2 z}{\partial x^2}&=\frac{\partial}{\partial x}\left(\frac{\partial f}{\partial u}\frac{\partial u}{\partial x}+\frac{\partial f}{\partial v}\frac{\partial v}{\partial x}\right)\\&=\frac{\partial}{\partial x}\left(\frac{\partial f}{\partial u}\right)\frac{\partial u}{\partial x}+\frac{\partial f}{\partial u}\frac{\partial^2 u}{\partial x^2}+\frac{\partial}{\partial x}\left(\frac{\partial f}{\partial v}\right)\frac{\partial v}{\partial x}+\frac{\partial f}{\partial v}\frac{\partial^2 v}{\partial x^2}.\end{aligned} \tag{9.4-2}$$

第二步,对$\frac{\partial f}{\partial u}$,$\frac{\partial f}{\partial v}$利用锁链法则求对$x$的偏导数$\frac{\partial}{\partial x}\left(\frac{\partial f}{\partial u}\right)$,$\frac{\partial}{\partial x}\left(\frac{\partial f}{\partial v}\right)$.

注意:$\frac{\partial f}{\partial u}$,$\frac{\partial f}{\partial v}$仍然是中间变量$u,v$的函数,从而仍然是$x,y$的函数.

求$\frac{\partial}{\partial x}\left(\frac{\partial f}{\partial u}\right)$仍用锁链法则,即公式(9.4-1),其中的$z$即$f$应换成$\frac{\partial f}{\partial u}$.

$$\frac{\partial}{\partial x}\left(\frac{\partial f}{\partial u}\right)=\frac{\partial}{\partial u}\left(\frac{\partial f}{\partial u}\right)\frac{\partial u}{\partial x}+\frac{\partial}{\partial v}\left(\frac{\partial f}{\partial u}\right)\frac{\partial v}{\partial x}=\frac{\partial^2 f}{\partial u^2}\frac{\partial u}{\partial x}+\frac{\partial^2 f}{\partial u\partial v}\frac{\partial v}{\partial x}.$$

同理

$$\frac{\partial}{\partial x}\left(\frac{\partial f}{\partial v}\right)=\frac{\partial^2 f}{\partial v\partial u}\frac{\partial u}{\partial x}+\frac{\partial^2 f}{\partial v^2}\frac{\partial v}{\partial x}.$$

将它们代入式(9.4-2)即得

学习随笔

$$\frac{\partial^2 z}{\partial x^2}=\frac{\partial^2 f}{\partial u^2}\left(\frac{\partial u}{\partial x}\right)^2+2\frac{\partial^2 f}{\partial u\partial v}\frac{\partial u}{\partial x}\frac{\partial v}{\partial x}+\frac{\partial^2 f}{\partial v^2}\left(\frac{\partial v}{\partial x}\right)^2+\frac{\partial f}{\partial u}\frac{\partial^2 u}{\partial x^2}+\frac{\partial f}{\partial v}\frac{\partial^2 v}{\partial x^2}.$$

注意:不必去记这个公式,但一定要掌握上述方法.

4. 变量替换下方程的变形

含有未知函数偏导数的方程称为偏微分方程.求满足偏微分方程的多元函数,称为求偏微分方程的解.

一般的偏微分方程很难求解,但对某些特殊的方程,将自变量作适当变换,在新的自变量下可使方程简化,从而便于求解或讨论.这时首先要用复合函数求导法将方程变形.

5. 多元函数问题转化为一元函数问题

多元函数问题常常转化为一元函数问题,通过锁链法则把一元函数的导数与多元函数的偏导数联系起来.例如,二元函数 $z=f(x,y)$,$l=(\cos\alpha,\cos\beta)$.

设 $f(x,y)$在(x_0,y_0)可微,则

$$\frac{\partial f(x_0,y_0)}{\partial l}=\frac{\mathrm{d}}{\mathrm{d}t}f(x_0+t\cos\alpha,y_0+t\cos\beta)\Big|_{t=0}$$

$$\xlongequal{\text{(锁链法则)}}\frac{\partial f(x_0,y_0)}{\partial x}\cos\alpha+\frac{\partial f(x_0,y_0)}{\partial y}\cos\beta.$$

又如,求 $z=f(x,y)$在(x_0,y_0)的二阶泰勒公式时,把二元函数的增量 $f(x_0+\Delta x,y_0+\Delta y)-f(x_0,y_0)$看成一元函数 $\Phi(t)=f(x_0+t\Delta x,y_0+t\Delta y)$的增量 $\Phi(1)-\Phi(0)$.由一元函数的二阶泰勒公式

$$\Phi(1)=\Phi(0)+\Phi'(0)+\frac{1}{2!}\Phi''(0)+\frac{1}{3!}\Phi'''(\theta)\quad(0<\theta<1),$$

通过锁链法则求出 $\Phi'(0)$,$\Phi''(0)$,$\Phi'''(\theta)$即得二元函数的二阶泰勒公式.

二、典型题型归纳及解题方法与技巧

1. 利用一阶全微分形式不变性求全微分与偏导数

【例 9.4.1】利用全微分运算法则求下列函数的全微分,然后求偏导数:

(1) $z=\arctan\dfrac{y}{x}$;　　　　(2) $u=\ln\sqrt{x^2+y^2+z^2}$.

【解】(1) $\mathrm{d}z=\dfrac{1}{1+\left(\dfrac{y}{x}\right)^2}\mathrm{d}\left(\dfrac{y}{x}\right)=\dfrac{x^2}{x^2+y^2}\cdot\dfrac{x\mathrm{d}y-y\mathrm{d}x}{x^2}=\dfrac{-y\mathrm{d}x+x\mathrm{d}y}{x^2+y^2}$,

由此得$\dfrac{\partial z}{\partial x}=\dfrac{-y}{x^2+y^2}$,　$\dfrac{\partial z}{\partial y}=\dfrac{x}{x^2+y^2}$.

(2) $$\mathrm{d}u=\mathrm{d}\left[\frac{1}{2}\ln(x^2+y^2+z^2)\right]=\frac{1}{2}\frac{\mathrm{d}(x^2+y^2+z^2)}{x^2+y^2+z^2}$$

$$=\frac{1}{2}\frac{2(x\mathrm{d}x+y\mathrm{d}y+z\mathrm{d}z)}{x^2+y^2+z^2}$$

$$=\frac{x\mathrm{d}x+y\mathrm{d}y+z\mathrm{d}z}{x^2+y^2+z^2},$$

学习随笔

由此可得$\dfrac{\partial u}{\partial x}=\dfrac{x}{x^2+y^2+z^2}$，$\dfrac{\partial u}{\partial y}=\dfrac{y}{x^2+y^2+z^2}$，$\dfrac{\partial u}{\partial z}=\dfrac{z}{x^2+y^2+z^2}$.

2. 求带抽象函数记号的复合函数的一阶与二阶偏导数

【例 9.4.2】求下列复合函数的偏导数：

(1) 设 $u=f(x,xy)$，$v=g(x+xy)$，求$\dfrac{\partial u}{\partial x}\cdot\dfrac{\partial v}{\partial x}$；

(2) 设 $z=f(\sqrt{xy},x-y)$，求$\dfrac{\partial z}{\partial x}$，$\dfrac{\partial z}{\partial y}$；

(3) 设 $u=f(x,xy,xyz)$，求$\dfrac{\partial u}{\partial x}$，$\dfrac{\partial u}{\partial y}$，$\dfrac{\partial u}{\partial z}$.

【解】(1) 先分别求$\dfrac{\partial u}{\partial x}$，$\dfrac{\partial v}{\partial x}$. 由于 $u=f(x,xy)$是 $u=f(x,w)$与 $w=xy$ 的复合，在 $f(x,w)$中 x(第 1 个变量)既是中间变量又是自变量，w(第 2 个变量)是另一中间变量，它是 x,y 的函数. 这些变量的关系如图 9.4－1 所示.

因此由复合函数求导法得

$$\frac{\partial u}{\partial x}=\frac{\partial f(x,w)}{\partial x}+\frac{\partial f(x,w)}{\partial w}\frac{\partial w}{\partial x}=\frac{\partial f(x,w)}{\partial x}+\frac{\partial f(x,w)}{\partial w}y.$$

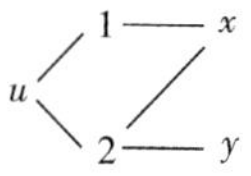

图 9.4－1

又 $v=g(x+xy)$是一元函数 $v=g(z)$与 $z=x+xy$ 的复合函数，z 是中间变量，它们的变量关系如图 9.4－2 所示.

同样由复合函数求导法得

$$\frac{\partial v}{\partial x}=g(z)\frac{\partial z}{\partial x}=g(z)(1+y).$$

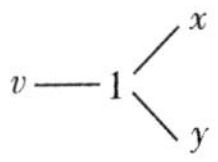

图 9.4－2

因此 $$\frac{\partial u}{\partial x}\cdot\frac{\partial v}{\partial x}=\left[\frac{\partial f(x,w)}{\partial x}+\frac{\partial f(x,w)}{\partial w}y\right]g(z)(1+y).$$

评注 $f(x,w)$对 x 求偏导数与 $f(x,xy)$对 x 求偏导数，二者是不同的. 因此，在这里记号$\dfrac{\partial f}{\partial x}$的含义是不清楚的，为避免混淆或用记号 f'_1(表示对第一个变量求偏导数)，或具体写出，如$\dfrac{\partial f(x,w)}{\partial x}$，$\dfrac{\partial f(x,xy)}{\partial x}=f'_1+f'_2y$.

(2) 引进中间变量 $u=\sqrt{xy}$，$v=x-y$，则 z 是 $f(u,v)$与 $u=\sqrt{xy}$，$v=x-y$ 的复合函数. 这些变量的关系如图 9.4－3 所示.

易求出 $\dfrac{\partial u}{\partial x}=\dfrac{1}{2}\sqrt{\dfrac{y}{x}}$，　$\dfrac{\partial u}{\partial y}=\dfrac{1}{2}\sqrt{\dfrac{x}{y}}$，

$\dfrac{\partial v}{\partial x}=1$，　$\dfrac{\partial v}{\partial y}=-1$.

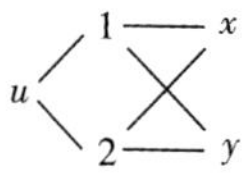

图 9.4－3

由锁链法则得
$$\begin{aligned}\frac{\partial z}{\partial x}&=\frac{\partial f}{\partial u}\frac{\partial u}{\partial x}+\frac{\partial f}{\partial v}\frac{\partial v}{\partial x}=\frac{\partial f}{\partial u}\frac{1}{2}\sqrt{\frac{y}{x}}+\frac{\partial f}{\partial v}\\&=\frac{1}{2}\sqrt{\frac{y}{x}}f'_u(\sqrt{xy},x-y)+f'_v(\sqrt{xy},x-y),\end{aligned}$$

$$\frac{\partial z}{\partial y}=\frac{\partial f}{\partial u}\frac{\partial u}{\partial y}+\frac{\partial f}{\partial v}\frac{\partial v}{\partial y}=\frac{1}{2}\sqrt{\frac{x}{y}}\frac{\partial f}{\partial u}-\frac{\partial f}{\partial v}$$
$$=\frac{1}{2}\sqrt{\frac{x}{y}}f_u(\sqrt{xy},x-y)-f_v(\sqrt{xy},x-y).$$

(3) 引进中间变量 ξ,η,ζ，则 u 是 $f(\xi,\eta,\zeta)$ 与 $\xi=x,\eta=xy,\zeta=xyz$ 的复合函数. 由锁链法则得

$$\frac{\partial u}{\partial x}=\frac{\partial f}{\partial \xi}\frac{\partial \xi}{\partial x}+\frac{\partial f}{\partial \eta}\frac{\partial \eta}{\partial x}+\frac{\partial f}{\partial \zeta}\frac{\partial \zeta}{\partial x}$$
$$=\frac{\partial f(x,xy,xyz)}{\partial \xi}+y\frac{\partial f(x,xy,xyz)}{\partial \eta}+yz\frac{\partial f(x,xy,xyz)}{\partial \zeta},$$
$$\frac{\partial u}{\partial y}=\frac{\partial f}{\partial \xi}\frac{\partial \xi}{\partial y}+\frac{\partial f}{\partial \eta}\frac{\partial \eta}{\partial y}+\frac{\partial f}{\partial \zeta}\frac{\partial \zeta}{\partial y}$$
$$=x\frac{\partial f(x,xy,xyz)}{\partial \eta}+xz\frac{\partial f(x,xy,xyz)}{\partial \zeta},$$
$$\frac{\partial u}{\partial z}=\frac{\partial f}{\partial \xi}\frac{\partial \xi}{\partial z}+\frac{\partial f}{\partial \eta}\frac{\partial \eta}{\partial z}+\frac{\partial f}{\partial \zeta}\frac{\partial \zeta}{\partial z}=xy\frac{\partial f(x,xy,xyz)}{\partial \zeta}.$$

【例 9.4.3】设 $z=\frac{1}{x}f(xy)+y\varphi(x+y)$，求 $\frac{\partial^2 z}{\partial x\partial y}$，其中 f,φ 均有连续的二阶导数.

【解】先求 $\frac{\partial z}{\partial x}$ 或 $\frac{\partial z}{\partial y}$. $f(xy)$ 是一元函数 $f(u)$ 与二元函数 $u=xy$ 的复合，u 是中间变量，$\varphi(x+y)$ 是一元函数 $\varphi(v)$ 与二元函数 $v=x+y$ 的复合，v 是中间变量. 注意，这里 $\frac{\partial^2 z}{\partial x\partial y}=\frac{\partial^2 z}{\partial y\partial x}$，先求 $\frac{\partial z}{\partial y}$ 方便.

由复合函数求导法则得

$$\frac{\partial z}{\partial y}=\frac{1}{x}f'(xy)\frac{\partial(xy)}{\partial y}+\varphi(x+y)+y\varphi'(x+y)\frac{\partial(x+y)}{\partial y}$$
$$=f'(xy)+\varphi(x+y)+y\varphi'(x+y),$$
$$\frac{\partial^2 z}{\partial x\partial y}=\frac{\partial^2 z}{\partial y\partial x}=\frac{\partial}{\partial x}\left(\frac{\partial z}{\partial y}\right)=f''(xy)y+\varphi'(x+y)+y\varphi''(x+y).$$

评注　① 若先求 $\frac{\partial z}{\partial x}$，则

$$\frac{\partial z}{\partial x}=-\frac{1}{x^2}f(xy)+\frac{1}{x}f'(xy)\frac{\partial}{\partial x}(xy)+y\varphi'(x+y)\frac{\partial(x+y)}{\partial x}$$
$$=-\frac{1}{x^2}f(xy)+\frac{y}{x}f'(xy)+y\varphi''(x+y),$$
$$\frac{\partial^2 z}{\partial x\partial y}=\frac{\partial}{\partial y}\left(\frac{\partial z}{\partial x}\right)=-\frac{1}{x^2}f'(xy)x+\frac{1}{x}f'(xy)+\frac{y}{x}f''(xy)x+\varphi'(x+y)+y\varphi'(x+y)$$
$$=yf''(xy)+\varphi'(x+y)+y\varphi''(x+y).$$

这说明对于混合偏导数，不同的求导次序可能影响计算的繁简.

学习随笔

② 在一元函数微分学部分已经指出：

$$f'[\varphi(x)]=f'(u)\big|_{u=\varphi(x)}.$$

这里我们正是用这个记号：

$$f'(xy)=f'(u)\big|_{u=xy},\qquad f''(xy)=f''(u)\big|_{u=xy},$$

$$\varphi'(x+y)=\varphi'(v)\big|_{v=x+y},\qquad \varphi''(x+y)=\varphi''(v)\big|_{v=x+y}.$$

③ 对此题，求$\frac{\partial z}{\partial x}$时常会出现以下问题：

错解或没解完：

$$\frac{\partial z}{\partial x}=-\frac{1}{x^2}f(xy)+\frac{1}{x}f'_x(xy)+y\varphi'_x(x+y).$$

出现这种解答的原因是：或认为 f 与 φ 的中间变量是两个即 x 与 y，故只需对中间变量 x 求导. 这是错误的. 因为 f 与 φ 的中间变量均只有一个. 或者 $f'_x(xy)$ 与 $\varphi'_x(x+y)$ 不知如何再表示(没有解完). 在定义中 $\frac{\partial f(x,y)}{\partial x}$ 与 $f'_x(x,y)$ 是同一个记号，按此 $f'_x(xy)$ 可理解为 $\frac{\partial f(xy)}{\partial x}$，$\varphi'_x(x+y)$ 可理解为 $\frac{\partial\varphi(x+y)}{\partial x}$. 因此还需用复合函数求导法表为 $\frac{\partial f(xy)}{\partial x}=f'(xy)y$，$\frac{\partial\varphi(x+y)}{\partial x}=\varphi'(x+y)$.

【例 9.4.4】求下列函数的偏导数与全微分：

(1) 设 $z=f(e^x\sin y,x^2+y^2)$，求$\frac{\partial^2 z}{\partial x\partial y}$； (2) 设 $u=f\left(\frac{x}{y},\frac{y}{z}\right)$，求 du 及$\frac{\partial^2 u}{\partial y\partial z}$.

【解】(1) 令 $u=e^x\sin y$，$v=x^2+y^2$，则

$$\frac{\partial z}{\partial x}=\frac{\partial f}{\partial u}\frac{\partial u}{\partial x}+\frac{\partial f}{\partial v}\frac{\partial v}{\partial x}=\frac{\partial f}{\partial u}e^x\sin y+\frac{\partial f}{\partial v}2x,$$

$$\begin{aligned}\frac{\partial^2 z}{\partial x\partial y}&=\frac{\partial}{\partial y}\left(\frac{\partial f}{\partial u}e^x\sin y\right)+\frac{\partial}{\partial y}\left(\frac{\partial f}{\partial v}2x\right)\\&=\frac{\partial}{\partial y}\left(\frac{\partial f}{\partial u}\right)e^x\sin y+\frac{\partial f}{\partial u}e^x\cos y+\frac{\partial}{\partial y}\left(\frac{\partial f}{\partial v}\right)2x.\\&=\left(\frac{\partial^2 f}{\partial u^2}\frac{\partial u}{\partial y}+\frac{\partial^2 f}{\partial u\partial v}\frac{\partial v}{\partial y}\right)e^x\sin y+\frac{\partial f}{\partial u}e^x\cos y+\left(\frac{\partial^2 f}{\partial v\partial u}\frac{\partial u}{\partial y}+\frac{\partial^2 f}{\partial v^2}\frac{\partial v}{\partial y}\right)2x\\&=\left(\frac{\partial^2 f}{\partial u^2}e^x\cos y+\frac{\partial^2 f}{\partial u\partial v}2y\right)e^x\sin y+\frac{\partial f}{\partial u}e^x\cos y+\left(\frac{\partial^2 f}{\partial v\partial u}e^x\cos y+\frac{\partial^2 f}{\partial v^2}2y\right)2x.\end{aligned}$$

我们也可不必写出中间变量，采用简便记号，可如下表示：

$$\frac{\partial z}{\partial x}=f'_1e^x\sin y+f'_2 2x,$$

$$\frac{\partial^2 z}{\partial x\partial y}=(f''_{11}e^x\cos y+f''_{12}2y)e^x\sin y+f'_1e^x\cos y+(f''_{21}e^x\cos y+f''_{22}2y)2x.$$

(2) $u=f\left(\frac{x}{y},\frac{y}{z}\right)$是 $u=f(s,t)$ 与 $s=\frac{x}{y}$，$t=\frac{y}{z}$复合而成的 x,y,z 的三元函数. 先求 du $\left(\text{从而也就求得}\frac{\partial u}{\partial x},\frac{\partial u}{\partial y},\frac{\partial u}{\partial z}\right)$或先求$\frac{\partial u}{\partial x}$，$\frac{\partial u}{\partial y}$，$\frac{\partial u}{\partial z}$也就可得 du. 然后再由$\frac{\partial u}{\partial y}$

$\left(\text{或}\dfrac{\partial u}{\partial z}\right)$求$\dfrac{\partial^2 u}{\partial y\partial z}\left(\text{或}\dfrac{\partial^2 u}{\partial z\partial y}\right)$.

由一阶全微分形式的不变性及全微分的四则运算法则，得

$$\begin{aligned}\mathrm{d}u&=f'_1\mathrm{d}\left(\frac{x}{y}\right)+f'_2\mathrm{d}\left(\frac{y}{z}\right)=f'_1\frac{y\mathrm{d}x-x\mathrm{d}y}{y^2}+f'_2\frac{z\mathrm{d}y-y\mathrm{d}z}{z^2}\\&=\frac{1}{y}f'_1\mathrm{d}x+\left(-\frac{x}{y^2}f'_1+\frac{1}{z}f'_2\right)\mathrm{d}y-\frac{y}{z^2}f'_2\mathrm{d}z.\end{aligned}$$

于是
$$\frac{\partial u}{\partial y}=-\frac{x}{y^2}f'_1+\frac{1}{z}f'_2.$$

因此
$$\begin{aligned}\frac{\partial^2 u}{\partial y\partial z}&=-\frac{x}{y^2}\,\frac{\partial}{\partial z}(f'_1)+\frac{1}{z}\,\frac{\partial}{\partial z}(f'_2)-\frac{1}{z^2}f'_2\\&=-\frac{x}{y^2}\left[f''_{12}\frac{\partial}{\partial z}\left(\frac{y}{z}\right)\right]+\frac{1}{z}f''_{22}\frac{\partial}{\partial z}\left(\frac{y}{z}\right)-\frac{1}{z^2}f'_2\\&=\frac{x}{yz^2}\,f''_{12}-\frac{y}{z^3}f''_{22}-\frac{1}{z^2}f'_2.\end{aligned}$$

评注　① f'_1与f'_2中第一个变量是$\dfrac{x}{y}$，与z无关，求$\dfrac{\partial}{\partial z}\left(\dfrac{\partial u}{\partial y}\right)$时$f''_{11}$与$f''_{21}$前的系数均为0，故此项不出现. 因此，求$\dfrac{\partial}{\partial z}\left(\dfrac{\partial u}{\partial y}\right)$与求$\dfrac{\partial}{\partial y}\left(\dfrac{\partial u}{\partial z}\right)$的繁简程度是差不多的.

事实上，$\dfrac{\partial u}{\partial z}=-\dfrac{y}{z^2}f'_2$，

$$\begin{aligned}\frac{\partial^2 u}{\partial z\partial y}&=\frac{\partial}{\partial y}\left(\frac{\partial u}{\partial z}\right)=-\frac{1}{z^2}f'_2-\frac{y}{z^2}\frac{\partial}{\partial y}(f'_2)\\&=-\frac{1}{z^2}f'_2-\frac{y}{z^2}\left[f''_{21}\frac{\partial}{\partial y}\left(\frac{x}{y}\right)+f''_{22}\frac{\partial}{\partial y}\left(\frac{y}{z}\right)\right]\\&=-\frac{1}{z^2}f'_2-\frac{y}{z^2}\left(-\frac{x}{y^2}f''_{21}+\frac{1}{z}f''_{22}\right)=-\frac{1}{z^2}f'_2+\frac{x}{yz^2}f''_{21}-\frac{y}{z^3}f''_{22}.\end{aligned}$$

② 我们也可根据全微分的基本公式及复合函数求导法求出，即

$$\begin{aligned}\mathrm{d}u&=\frac{\partial u}{\partial x}\mathrm{d}x+\frac{\partial u}{\partial y}\mathrm{d}y+\frac{\partial u}{\partial z}\mathrm{d}z\\&=f'_1\frac{\partial}{\partial x}\left(\frac{x}{y}\right)\mathrm{d}x+\left[f'_1\frac{\partial}{\partial y}\left(\frac{x}{y}\right)+f'_2\frac{\partial}{\partial y}\left(\frac{y}{z}\right)\right]\mathrm{d}y+f'_2\frac{\partial}{\partial z}\left(\frac{y}{z}\right)\mathrm{d}z\\&=\frac{1}{y}f'_1\mathrm{d}x+\left(-\frac{x}{y^2}f'_1+\frac{1}{z}f'_2\right)\mathrm{d}y-\frac{y}{z^2}f'_2\mathrm{d}z.\end{aligned}$$

③ 求带抽象函数记号的复合函数的偏导数时，要特别注意不要漏项. 特别是求二阶偏导数时. 一是求乘积的偏导数时不要漏项，二是求复合函数的偏导数时不要漏项. 最容易出错的是对$\dfrac{\partial f}{\partial u}=f'_u(u,v)$或$\dfrac{\partial f}{\partial v}=f'_v(u,v)$求偏导数时，忽视了$f'_u$与$f'_v$仍然是$u$与$v$的函数(即它们与$f(u,v)$有相同的复合结构)而易错解为仅仅是$u$或$v$的函数，从而导致漏项的错误：

学习随笔

$$\frac{\partial}{\partial x}(f'_u)=f''_{uu}\frac{\partial u}{\partial x},\quad \frac{\partial}{\partial x}(f'_v)=f''_{vv}\frac{\partial v}{\partial x}$$

分别漏掉了 $f''_{uv}\dfrac{\partial v}{\partial x}$ 与 $f''_{vu}\dfrac{\partial u}{\partial x}$ 项.

3. 函数的特殊形式与偏导数满足的关系式

【例 9.4.5】若可微函数 $z=f(x,y)$ 在极坐标变换下只是 θ 的函数,问 $f(x,y)$ 的偏导数 $\dfrac{\partial f}{\partial x}$,$\dfrac{\partial f}{\partial y}$ 应满足什么关系式?

【分析与求解】作极坐标变换 $x=r\cos\theta, y=r\sin\theta$,在极坐标系里 $z=f(x,y)=f(r\cos\theta,r\sin\theta)$.

若它只是 θ 的函数,则 $\dfrac{\partial z}{\partial r}=0$. 由复合函数求导法得

$$\frac{\partial z}{\partial r}=\frac{\partial f}{\partial x}\frac{\partial x}{\partial r}+\frac{\partial f}{\partial y}\frac{\partial y}{\partial r}=\frac{\partial f}{\partial x}\cos\theta+\frac{\partial f}{\partial y}\sin\theta,\quad r\frac{\partial z}{\partial r}=\frac{\partial f}{\partial x}x+\frac{\partial f}{\partial y}y.$$

由 $\dfrac{\partial z}{\partial r}=0$ 得 $x\dfrac{\partial f}{\partial x}+y\dfrac{\partial f}{\partial y}=0$.

【例 9.4.6】若函数 $f(x,y)$ 对 $\forall$ 正实数 t,满足

$$f(tx,ty)=t^n f(x,y),\tag{9.4-3}$$

则称 $f(x,y)$ 为 n 次齐次函数. 设 $f(x,y)$ 是可微函数,证明:

$f(x,y)$ 为 n 次齐次函数 $\Leftrightarrow$ $f(x,y)$ 满足

$$xf'_x(x,y)+yf'_y(x,y)=nf(x,y).\tag{9.4-4}$$

【证明】(1) 设 $f(x,y)$ 为 n 次齐次函数,按定义则有

$$f(tx,ty)=t^n f(x,y)\quad(\forall t>0).$$

将上式两端对 t 求导,按复合函数求导法得

$$xf'_1(tx,ty)+yf'_2(tx,ty)=nt^{n-1}f(x,y).$$

令 $t=1$ 得 $xf'_1(x,y)+yf'_2(x,y)=nf(x,y)$,即 $xf'_x(x,y)+yf'_y(x,y)=nf(x,y)$.

(2) 设式(9.4-4)成立. 要证:$\forall t>0$,式(9.4-3)成立. 为此,只需证 $\varphi(t)=\dfrac{f(tx,ty)}{t^n}$ 对 $t>0$ 为常数. 由复合函数求导法得

$$\begin{aligned}\varphi'(t)&=\frac{[xf'_1(tx,ty)+yf'_2(tx,ty)]t^n-nt^{n-1}f(tx,ty)}{t^{2n}}\\&=\frac{1}{t^{n+1}}[txf'_1(tx,ty)+tyf'_2(tx,ty)-nf(tx,ty)].\end{aligned}$$

在式(9.4-4)分别用 tx,ty 代替 x 与 y 得 $\varphi'(t)=0$,$\varphi(t)$ 对 $t>0$ 为常数,于是 $\varphi(t)=\varphi(1)=f(x,y)$ $(\forall t>0)$,即式(9.4-3)成立.

【例 9.4.7】设 $u=f(x,y,z)$,f 是可微的,试证:u 仅是 $\rho=\sqrt{x^2+y^2+z^2}$ 的函数的充要条件是 $\dfrac{f'_x}{x}=\dfrac{f'_y}{y}=\dfrac{f'_z}{z}$.

【分析与证明】作球坐标变换 $x=\rho\sin\varphi\cos\theta, y=\rho\sin\varphi\sin\theta, z=\rho\cos\varphi$,$u$ 仅是 ρ 的函

数的充要条件是

$$\frac{\partial f}{\partial \theta}=0\text{ 且 }\frac{\partial f}{\partial \varphi}=0.$$

于是，要用复合函数求导法得出$\frac{\partial f}{\partial \theta},\frac{\partial f}{\partial \varphi}$与$\frac{\partial f}{\partial x},\frac{\partial f}{\partial y},\frac{\partial f}{\partial z}$的关系.

$$\begin{aligned}\frac{\partial f}{\partial \theta}&=\frac{\partial f}{\partial x}\frac{\partial x}{\partial \theta}+\frac{\partial f}{\partial y}\frac{\partial y}{\partial \theta}+\frac{\partial f}{\partial z}\frac{\partial z}{\partial \theta}\\&=\frac{\partial f}{\partial x}(-\rho\sin\varphi\sin\theta)+\frac{\partial f}{\partial y}(\rho\sin\varphi\cos\theta)=-\frac{\partial f}{\partial x}y+\frac{\partial f}{\partial y}x.\end{aligned}$$

由此得

$$\frac{\partial f}{\partial \theta}=0\Leftrightarrow\frac{f'_x}{x}=\frac{f'_y}{y}.\qquad(9.4-5)$$

$$\begin{aligned}\frac{\partial f}{\partial \varphi}&=\frac{\partial f}{\partial x}\frac{\partial x}{\partial \varphi}+\frac{\partial f}{\partial y}\frac{\partial y}{\partial \varphi}+\frac{\partial f}{\partial z}\frac{\partial z}{\partial \varphi}\\&=\frac{\partial f}{\partial x}\rho\cos\varphi\cos\theta+\frac{\partial f}{\partial y}\rho\cos\varphi\sin\theta+\frac{\partial f}{\partial z}(-\rho\sin\varphi)\\&\xlongequal{\left(\frac{\partial f}{\partial x}=\frac{x}{y}\frac{\partial f}{\partial y}=\frac{\cos\theta}{\sin\theta}\frac{\partial f}{\partial y}\right)}\frac{\partial f}{\partial y}\rho\cos\varphi\frac{\cos^2\theta}{\sin\theta}+\frac{\partial f}{\partial y}\rho\cos\varphi\sin\theta-\frac{\partial f}{\partial z}\rho\sin\varphi\\&=\frac{\partial f}{\partial y}\frac{\rho\cos\varphi}{\sin\theta}-\frac{\partial f}{\partial z}\rho\sin\varphi=\frac{1}{\sin\theta}\left(\frac{\partial f}{\partial y}z-\frac{\partial f}{\partial z}y\right).\end{aligned}$$

在式(9.4-5)条件下，$\frac{\partial f}{\partial \varphi}=0\Leftrightarrow\frac{f'_y}{y}=\frac{f'_z}{z}$.

综上得$\frac{\partial f}{\partial \theta}=0,\frac{\partial f}{\partial \varphi}=0\Leftrightarrow\frac{f'_x}{x}=\frac{f'_y}{y}=\frac{f'_z}{z}\quad\Leftrightarrow u=f(x,y,z)$仅是$\rho$的函数.

4. 变量替换下方程的变形

【例 9.4.8】用变换$\begin{cases}u=x-2y,\\v=x+ay\end{cases}$可把方程$6\frac{\partial^2 z}{\partial x^2}+\frac{\partial^2 z}{\partial x\partial y}-\frac{\partial^2 z}{\partial y^2}=0$化简为$\frac{\partial^2 z}{\partial u\partial v}=0$，求$a$值，其中$z$有二阶连续的偏导数.

【分析与求解】先将z对x,y的偏导数用z对u,v的偏导数来表示，然后将原方程变形.

由复合函数求导法得

$$\frac{\partial z}{\partial x}=\frac{\partial z}{\partial u}\frac{\partial u}{\partial x}+\frac{\partial z}{\partial v}\frac{\partial v}{\partial x}=\frac{\partial z}{\partial u}+\frac{\partial z}{\partial v},$$

$$\frac{\partial z}{\partial y}=\frac{\partial z}{\partial u}\frac{\partial u}{\partial y}+\frac{\partial z}{\partial v}\frac{\partial v}{\partial y}=-2\frac{\partial z}{\partial u}+a\frac{\partial z}{\partial v},$$

$$\begin{aligned}\frac{\partial^2 z}{\partial x^2}&=\frac{\partial}{\partial x}\left(\frac{\partial z}{\partial u}\right)+\frac{\partial}{\partial x}\left(\frac{\partial z}{\partial v}\right)\\&=\frac{\partial^2 z}{\partial u^2}\cdot\frac{\partial u}{\partial x}+\frac{\partial^2 z}{\partial u\partial v}\frac{\partial v}{\partial x}+\frac{\partial^2 z}{\partial v\partial u}\frac{\partial u}{\partial x}+\frac{\partial^2 z}{\partial v^2}\frac{\partial v}{\partial x}\\&=\frac{\partial^2 z}{\partial u^2}+2\frac{\partial^2 z}{\partial u\partial v}+\frac{\partial^2 z}{\partial v^2},\end{aligned}$$

学习随笔

$$\frac{\partial^2 z}{\partial x\partial y}=\frac{\partial}{\partial y}\left(\frac{\partial z}{\partial u}\right)+\frac{\partial}{\partial y}\left(\frac{\partial z}{\partial v}\right)$$

$$=\frac{\partial^2 z}{\partial u^2}\frac{\partial u}{\partial y}+\frac{\partial^2 z}{\partial u\partial v}\frac{\partial v}{\partial y}+\frac{\partial^2 z}{\partial v\partial u}\frac{\partial u}{\partial y}+\frac{\partial^2 z}{\partial v^2}\frac{\partial v}{\partial y}$$

$$=-2\frac{\partial^2 z}{\partial u^2}+\frac{\partial^2 z}{\partial u\partial v}(a-2)+a\frac{\partial^2 z}{\partial v^2},$$

$$\frac{\partial^2 z}{\partial y^2}=\frac{\partial}{\partial y}\left(-2\frac{\partial z}{\partial u}\right)+\frac{\partial}{\partial y}\left(a\frac{\partial z}{\partial v}\right)$$

$$=-2\frac{\partial^2 z}{\partial u^2}\frac{\partial u}{\partial y}-2\frac{\partial^2 z}{\partial u\partial v}\frac{\partial v}{\partial y}+a\frac{\partial^2 z}{\partial v\partial u}\frac{\partial u}{\partial y}+a\frac{\partial^2 z}{\partial v^2}\frac{\partial v}{\partial y}$$

$$=4\frac{\partial^2 z}{\partial u^2}-4a\frac{\partial^2 z}{\partial u\partial v}+a^2\frac{\partial^2 z}{\partial v^2}.$$

于是
$$6\frac{\partial^2 z}{\partial x^2}+\frac{\partial^2 z}{\partial x\partial y}-\frac{\partial^2 z}{\partial y^2}=(10+5a)\frac{\partial^2 z}{\partial u\partial v}+(6+a-a^2)\frac{\partial^2 z}{\partial v^2}=0.$$

令 $6+a-a^2=0$ 得 $a=3,a=-2$. 当 $a=3$ 时,$10+5a\neq0$;当 $a=-2$ 时,$10+5a=0$. 因此,$a=3$ 时,方程化简为 $\frac{\partial^2 z}{\partial u\partial v}=0$.

评注　在变换 $\begin{cases}u=x-2y,\\ v=x+3y\end{cases}$ 下,原方程变为 $\frac{\partial^2 z}{\partial u\partial v}=0$. 就可解得 $z=f(u)+g(v)$. 即原方程的解为 $z=f(x-2y)+g(x+3y)$,其中 f,g 为 $\forall$ 二阶连续可微函数.

【例 9.4.9】设 $u=u(x,y)$ 有连续的二阶偏导数且满足 $\Delta u=\frac{\partial^2 u}{\partial x^2}+\frac{\partial^2 u}{\partial y^2}=0$. 若对自变量作极坐标变换 $x=r\cos\theta,y=r\sin\theta$. 求证 u 满足:

$$\frac{\partial^2 u}{\partial r^2}+\frac{1}{r}\frac{\partial u}{\partial r}+\frac{1}{r^2}\frac{\partial^2 u}{\partial\theta^2}=0.$$

【证法一】由锁链法则得

$$\frac{\partial u}{\partial r}=\frac{\partial u}{\partial x}\cos\theta+\frac{\partial u}{\partial y}\sin\theta,\quad \frac{\partial u}{\partial\theta}=-\frac{\partial u}{\partial x}r\sin\theta+\frac{\partial u}{\partial y}r\cos\theta,$$

$$\frac{\partial^2 u}{\partial r^2}=\frac{\partial^2 u}{\partial x^2}\cos^2\theta+2\frac{\partial^2 u}{\partial x\partial y}\cos\theta\sin\theta+\frac{\partial^2 u}{\partial y^2}\sin^2\theta,$$

$$\frac{\partial^2 u}{\partial\theta^2}=\frac{\partial^2 u}{\partial x^2}r^2\sin^2\theta-2\frac{\partial^2 u}{\partial x\partial y}r^2\cos\theta\sin\theta+\frac{\partial^2 u}{\partial y^2}r^2\cos^2\theta-r\left(\frac{\partial u}{\partial x}\cos\theta+\frac{\partial u}{\partial y}\sin\theta\right).$$

将 $\frac{\partial^2 u}{\partial r^2}$ 与 $\frac{1}{r^2}\frac{\partial^2 u}{\partial\theta^2}$ 相加,并利用 $\frac{\partial u}{\partial r}$ 的表达式得

$$\frac{\partial^2 u}{\partial r^2}+\frac{1}{r^2}\frac{\partial^2 u}{\partial\theta^2}=\Delta u-\frac{1}{r}\frac{\partial u}{\partial r},$$

因此 u 满足:$\Delta u=\frac{\partial^2 u}{\partial r^2}+\frac{1}{r}\frac{\partial u}{\partial r}+\frac{1}{r^2}\frac{\partial^2 u}{\partial\theta^2}=0$.

【证法二】由锁链法则得

$$\frac{\partial u}{\partial x}=\frac{\partial u}{\partial r}\frac{\partial r}{\partial x}+\frac{\partial u}{\partial\theta}\frac{\partial\theta}{\partial x},\quad \frac{\partial u}{\partial y}=\frac{\partial u}{\partial r}\frac{\partial r}{\partial y}+\frac{\partial u}{\partial\theta}\frac{\partial\theta}{\partial y}.$$

下面先求$\frac{\partial r}{\partial x},\frac{\partial \theta}{\partial x},\frac{\partial r}{\partial y},\frac{\partial \theta}{\partial y}$. 由 $x=r\cos\theta,y=r\sin\theta \Rightarrow \begin{cases}\mathrm{d}x=\cos\theta\mathrm{d}r-r\sin\theta\mathrm{d}\theta,\\ \mathrm{d}y=\sin\theta\mathrm{d}r+r\cos\theta\mathrm{d}\theta.\end{cases}$

解出 $\mathrm{d}r=\frac{1}{r}\begin{vmatrix}\mathrm{d}x & -r\sin\theta\\ \mathrm{d}y & r\cos\theta\end{vmatrix}=\cos\theta\mathrm{d}x+\sin\theta\mathrm{d}y=\frac{x}{r}\mathrm{d}x+\frac{y}{r}\mathrm{d}y,$

$$\mathrm{d}\theta=\frac{1}{r}\begin{vmatrix}\cos\theta & \mathrm{d}x\\ \sin\theta & \mathrm{d}y\end{vmatrix}=-\frac{1}{r}\sin\theta\mathrm{d}x+\frac{1}{r}\cos\theta\mathrm{d}y=-\frac{y}{r^2}\mathrm{d}x+\frac{x}{r^2}\mathrm{d}y.$$

$$\Rightarrow\quad \frac{\partial r}{\partial x}=\frac{x}{r},\quad \frac{\partial r}{\partial y}=\frac{y}{r},\quad \frac{\partial \theta}{\partial x}=-\frac{y}{r^2},\quad \frac{\partial \theta}{\partial y}=\frac{x}{r^2}$$

$$\Rightarrow\quad \frac{\partial u}{\partial x}=\frac{\partial u}{\partial r}\frac{x}{r}-\frac{\partial u}{\partial \theta}\frac{y}{r^2},\quad \frac{\partial u}{\partial y}=\frac{\partial u}{\partial r}\frac{y}{r}+\frac{\partial u}{\partial \theta}\frac{x}{r^2}$$

$$\Rightarrow\quad \frac{\partial^2 u}{\partial x^2}=\frac{\partial^2 u}{\partial r^2}\left(\frac{x}{r}\right)^2-2\frac{\partial^2 u}{\partial r\partial \theta}\frac{xy}{r^3}+\frac{\partial u}{\partial r}\left(\frac{1}{r}-\frac{x^2}{r^3}\right)+\frac{\partial^2 u}{\partial \theta^2}\frac{y^2}{r^4}+2\frac{\partial u}{\partial \theta}\frac{xy}{r^4},$$

$$\frac{\partial^2 u}{\partial y^2}=\frac{\partial^2 u}{\partial r^2}\left(\frac{y}{r}\right)^2+2\frac{\partial^2 u}{\partial r\partial \theta}\frac{xy}{r^3}+\frac{\partial u}{\partial r}\left(\frac{1}{r}-\frac{y^2}{r^3}\right)+\frac{\partial^2 u}{\partial \theta^2}\frac{x^2}{r^4}-2\frac{\partial u}{\partial \theta}\frac{xy}{r^4},$$

两式相加 $\Rightarrow \frac{\partial^2 u}{\partial x^2}+\frac{\partial^2 u}{\partial y^2}=\frac{\partial^2 u}{\partial r^2}+\frac{1}{r}\frac{\partial u}{\partial r}+\frac{1}{r^2}\frac{\partial^2 u}{\partial \theta^2}=0.$

评注　设 $u=u(x,y)$ 有连续的二阶偏导数且满足拉普拉斯方程

$$\Delta u=\frac{\partial^2 u}{\partial x^2}+\frac{\partial^2 u}{\partial y^2}=0,$$

则在极坐标变换 $x=r\cos\theta,y=r\sin\theta$ 下,它的极坐标形式是:

$$\frac{\partial^2 u}{\partial r^2}+\frac{1}{r}\frac{\partial u}{\partial r}+\frac{1}{r^2}\frac{\partial^2 u}{\partial \theta^2}=0.$$

特别是,若 $u=u(r)$,则

$$\frac{\mathrm{d}^2 u}{\mathrm{d}r^2}+\frac{1}{r}\frac{\mathrm{d}u}{\mathrm{d}r}=0,\quad 即\ \frac{\mathrm{d}}{\mathrm{d}r}\left(r\frac{\mathrm{d}u}{\mathrm{d}r}\right)=0,$$

$\Rightarrow r\frac{\mathrm{d}u}{\mathrm{d}r}=c_1,\quad \frac{\mathrm{d}u}{\mathrm{d}r}=\frac{c_1}{r},\quad$ 即 $u=c_1\ln r+c_2\quad (c_1,c_2$ 为$\forall$常数).

若 $u=u(\theta)$,则 $\frac{\mathrm{d}^2 u}{\mathrm{d}\theta^2}=0$,即 $u=c_1\theta+c_2$.

【例 9.4.10】 设 $w=w(u,v)$ 满足方程 $\frac{\partial^2 w}{\partial u^2}+\frac{\partial^2 w}{\partial v^2}=0$,作变量替换 $u=u(x,y)$, $v=v(x,y)$,它们满足方程 $\frac{\partial u}{\partial x}=\frac{\partial v}{\partial y},\frac{\partial u}{\partial y}=-\frac{\partial v}{\partial x}$. 求证:

(1) $w=w[u(x,y),v(x,y)]$满足方程$\frac{\partial^2 w}{\partial x^2}+\frac{\partial^2 w}{\partial y^2}=0$;

(2) $\frac{\partial^2 (uv)}{\partial x^2}+\frac{\partial^2 (uv)}{\partial y^2}=0.$

【分析与证明】 (1) $w[u(x,y),v(x,y)]$是 $w(u,v)$ 与 $u=u(x,y),v=v(x,y)$的复合函数,要建立$\frac{\partial^2 w}{\partial x^2},\frac{\partial^2 w}{\partial y^2}$与$\frac{\partial^2 w}{\partial u^2}$与$\frac{\partial^2 w}{\partial v^2}$的关系. 由所给条件,应将$\frac{\partial^2 w}{\partial x^2},\frac{\partial^2 w}{\partial y^2}$用 w 对

学习随笔

u,v 的偏导数及 u,v 对 x,y 的偏导数来表示.

$$\frac{\partial w}{\partial x}=\frac{\partial w}{\partial u}\frac{\partial u}{\partial x}+\frac{\partial w}{\partial v}\frac{\partial v}{\partial x},$$

$$\frac{\partial^2 w}{\partial x^2}=\frac{\partial^2 w}{\partial u^2}\left(\frac{\partial u}{\partial x}\right)^2+2\frac{\partial^2 w}{\partial u\partial v}\frac{\partial u}{\partial x}\frac{\partial v}{\partial x}+\frac{\partial^2 w}{\partial v^2}\left(\frac{\partial v}{\partial x}\right)^2+\frac{\partial w}{\partial u}\frac{\partial^2 u}{\partial x^2}+\frac{\partial w}{\partial v}\frac{\partial^2 v}{\partial x^2}. \tag{9.4-6}$$

同样可算得

$$\frac{\partial w}{\partial y}=\frac{\partial w}{\partial u}\frac{\partial u}{\partial y}+\frac{\partial w}{\partial v}\frac{\partial v}{\partial y},$$

$$\frac{\partial^2 w}{\partial y^2}=\frac{\partial^2 w}{\partial u^2}\left(\frac{\partial u}{\partial y}\right)^2+2\frac{\partial^2 w}{\partial u\partial v}\frac{\partial u}{\partial y}\frac{\partial v}{\partial y}+\frac{\partial^2 w}{\partial v^2}\left(\frac{\partial v}{\partial y}\right)^2+\frac{\partial w}{\partial u}\frac{\partial^2 u}{\partial y^2}+\frac{\partial w}{\partial v}\frac{\partial^2 v}{\partial y^2}. \tag{9.4-7}$$

将式(9.4-6)与式(9.4-7)相加得

$$\begin{aligned}\frac{\partial^2 w}{\partial x^2}+\frac{\partial^2 w}{\partial y^2}=&\frac{\partial^2 w}{\partial u^2}\left[\left(\frac{\partial u}{\partial x}\right)^2+\left(\frac{\partial u}{\partial y}\right)^2\right]+\frac{\partial^2 w}{\partial v^2}\left[\left(\frac{\partial v}{\partial x}\right)^2+\left(\frac{\partial v}{\partial y}\right)^2\right]+\\&2\frac{\partial w}{\partial u}\frac{\partial w}{\partial v}\left(\frac{\partial u}{\partial x}\frac{\partial v}{\partial x}+\frac{\partial u}{\partial y}\frac{\partial v}{\partial y}\right)+\frac{\partial w}{\partial u}\left(\frac{\partial^2 u}{\partial x^2}+\frac{\partial^2 u}{\partial y^2}\right)+\\&\frac{\partial w}{\partial v}\left(\frac{\partial^2 v}{\partial x^2}+\frac{\partial^2 v}{\partial y^2}\right).\end{aligned} \tag{9.4-8}$$

因已知
$$\frac{\partial u}{\partial x}=\frac{\partial v}{\partial y},\quad \frac{\partial u}{\partial y}=-\frac{\partial v}{\partial x}, \tag{9.4-9}$$

分别对 x,y 求偏导数得

$$\frac{\partial^2 u}{\partial x^2}=\frac{\partial^2 v}{\partial y\partial x},\quad \frac{\partial^2 u}{\partial y\partial x}=-\frac{\partial^2 v}{\partial x^2};\frac{\partial^2 u}{\partial x\partial y}=\frac{\partial^2 v}{\partial y^2},\quad \frac{\partial^2 u}{\partial y^2}=-\frac{\partial^2 v}{\partial x\partial y}.$$

由此得
$$\frac{\partial^2 u}{\partial x^2}+\frac{\partial^2 u}{\partial y^2}=0,\quad \frac{\partial^2 v}{\partial x^2}+\frac{\partial^2 v}{\partial y^2}=0. \tag{9.4-10}$$

由式(9.4-9)又得

$$\frac{\partial u}{\partial x}\frac{\partial v}{\partial x}+\frac{\partial u}{\partial y}\frac{\partial v}{\partial y}=0, \tag{9.4-11}$$

$$\left(\frac{\partial u}{\partial x}\right)^2+\left(\frac{\partial u}{\partial y}\right)^2=\left(\frac{\partial v}{\partial x}\right)^2+\left(\frac{\partial v}{\partial y}\right)^2. \tag{9.4-12}$$

将式(9.4-10),式(9.4-11),式(9.4-12)代入式(9.4-8)得

$$\frac{\partial^2 w}{\partial x^2}+\frac{\partial^2 w}{\partial y^2}=\left[\left(\frac{\partial u}{\partial x}\right)^2+\left(\frac{\partial u}{\partial y}\right)^2\right]\left(\frac{\partial^2 w}{\partial u^2}+\frac{\partial^2 w}{\partial v^2}\right)=0.$$

(2) 这里 $w=uv,u=u(x,y),v=v(x,y)$.若有 $\frac{\partial^2 w}{\partial u^2}+\frac{\partial^2 w}{\partial v^2}=0$,则由题(1)的结论得证.

现计算:令 $w=uv$,则 $\frac{\partial^2 w}{\partial u^2}=0,\frac{\partial^2 w}{\partial v^2}=0,\frac{\partial^2 w}{\partial u^2}+\frac{\partial^2 w}{\partial v^2}=0.$

由题(1)的结果,有 $\frac{\partial^2 w}{\partial x^2}+\frac{\partial^2 w}{\partial y^2}=0$,即 $\frac{\partial^2 (uv)}{\partial x^2}+\frac{\partial^2 (uv)}{\partial y^2}=0.$

学习随笔

5. 多元函数问题转化为一元函数问题

【例 9.4.11】设 xy 平面上区域 D 满足:连接 D 中 $\forall$ 两点的线段均属于 D,又设 $f(x,y)$在 D 可微.求证:$\forall(x_0,y_0),(x_0+\Delta x,y_0+\Delta y)\in D$,$\exists\theta\in(0,1)$,使得

$$f(x_0+\Delta x,y_0+\Delta y)-f(x_0,y_0)=\frac{\partial f(x_0+\theta\Delta x,y_0+\theta\Delta y)}{\partial x}\Delta x+\frac{\partial f(x_0+\theta\Delta x,y_0+\theta\Delta y)}{\partial y}\Delta y.$$

【分析与证明】这是建立二元函数的增量与偏导数及自变量增量间的关系.我们把二元函数的增量表示为一元函数的增量,引进辅助函数

$$\Phi(t)=f(x_0+t\Delta x,y_0+t\Delta y),t\in[0,1],$$

注意连接点(x_0,y_0),$(x_0+\Delta x,y_0+\Delta y)$的线段方程(见图 9.4-4)即是

$$\begin{cases}x=x_0+t\Delta x,\\y=y_0+t\Delta y,\end{cases}$$

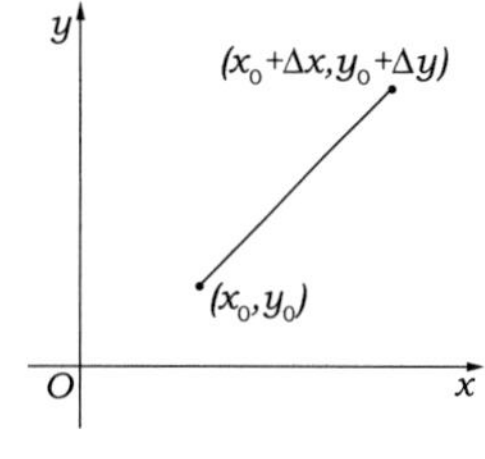

图 9.4-4

将(x,y)限制在这条线段上变化,二元函数的增量 $f(x_0+\Delta x,y_0+\Delta y)-f(x_0,y_0)$就转化成一元函数 $\Phi(t)$的增量 $\Phi(1)-\Phi(0)$.

由于$(x_0+t\Delta x,y_0+t\Delta y)\in D(t\in[0,1])$,由复合函数的可导性知 $\Phi(t)$在$[0,1]$可导,再由一元函数微分中值定理知,$\exists\theta\in(0,1)$,有

$$\Phi(1)-\Phi(0)=\Phi'(\theta).$$

左端即 $f(x_0+\Delta x,y_0+\Delta y)-f(x_0,y_0)$.由复合函数求导法得

$$\Phi'(t)=\frac{\partial f(x_0+t\Delta x,y_0+t\Delta y)}{\partial x}\Delta x+\frac{\partial f(x_0+t\Delta x,y_0+t\Delta y)}{\partial y}\Delta y,$$

$$\Phi'(\theta)=\frac{\partial f(x_0+\theta\Delta x,y_0+\theta\Delta y)}{\partial x}\Delta x+\frac{\partial f(x_0+\theta\Delta x,y_0+\theta\Delta y)}{\partial y}\Delta y.$$

因此得证.

第五节　隐函数的求导公式

一、知识点归纳总结

这是多元复合函数求导法则的应用.

1. 由方程式确定的隐函数的求导法

(1) $F(x,y)=0$ 的情形

设 $F(x,y)$有连续偏导数,$\frac{\partial F}{\partial y}\neq0$,由方程式 $F(x,y)=0$ 确定有连续导数的隐函数 $y=y(x)$.如何求 $y'(x)$:

将上述方程两边对 x 求导得$\frac{\partial F}{\partial x}+\frac{\partial F}{\partial y}y'(x)=0\Rightarrow y'(x)=-\frac{\partial F}{\partial x}\Big/\frac{\partial F}{\partial y}$.或对方程

学习随笔

两边求全微分得$\frac{\partial F}{\partial x}\mathrm{d}x+\frac{\partial F}{\partial y}\mathrm{d}y=0 \Rightarrow \frac{\mathrm{d}y}{\mathrm{d}x}=-\frac{\partial F}{\partial x}\Big/\frac{\partial F}{\partial y}$.

设 $F(x,y)$有连续的二阶偏导数,如何求 y''.

方法一　将 y'表达式对 x 再求导.

$$y''=\frac{\mathrm{d}}{\mathrm{d}x}\left(-\frac{\partial F}{\partial x}\Big/\frac{\partial F}{\partial y}\right)=-\frac{\frac{\mathrm{d}}{\mathrm{d}x}\left(\frac{\partial F}{\partial x}\right)\frac{\partial F}{\partial y}-\frac{\partial F}{\partial x}\frac{\mathrm{d}}{\mathrm{d}x}\left(\frac{\partial F}{\partial y}\right)}{\left(\frac{\partial F}{\partial y}\right)^2}$$

$$=\frac{-\frac{\partial F}{\partial y}\left(\frac{\partial^2 F}{\partial x^2}+\frac{\partial^2 F}{\partial x\partial y}y'\right)+\frac{\partial F}{\partial x}\left(\frac{\partial^2 F}{\partial y\partial x}+\frac{\partial^2 F}{\partial y^2}y'\right)}{\left(\frac{\partial F}{\partial y}\right)^2},$$

再将 y'代入.

方法二　将 y'满足的方程$\frac{\partial F}{\partial x}+\frac{\partial F}{\partial y}y'=0$,两边对 x 求导得

$$\frac{\partial^2 F}{\partial x^2}+2\frac{\partial^2 F}{\partial x\partial y}y'+\frac{\partial^2 F}{\partial y^2}y'^2+\frac{\partial F}{\partial y}y''=0.$$

解出 y''再将 y'代入.

(2) F(x,y,z)=0 的情形

设 $F(x,y,z)$有连续偏导数,$\frac{\partial F}{\partial z}\neq 0$,由方程式 $F(x,y,z)=0$ 确定有连续偏导数的隐函数 $z=z(x,y)$. 如何求 z 对 x,y 的一、二阶偏导数?

方法一　将方程两边分别对 x,y 求偏导数得

$$\frac{\partial F}{\partial x}+\frac{\partial F}{\partial z}\frac{\partial z}{\partial x}=0,\qquad \frac{\partial F}{\partial y}+\frac{\partial F}{\partial z}\frac{\partial z}{\partial y}=0.$$

解得
$$\frac{\partial z}{\partial x}=-\frac{\partial F}{\partial x}\Big/\frac{\partial F}{\partial z},\qquad \frac{\partial z}{\partial y}=-\frac{\partial F}{\partial y}\Big/\frac{\partial F}{\partial z}.$$

方法二　对方程求全微分得

$$\frac{\partial F}{\partial x}\mathrm{d}x+\frac{\partial F}{\partial y}\mathrm{d}y+\frac{\partial F}{\partial z}\mathrm{d}z=0.$$

解得
$$\mathrm{d}z=-\left(\frac{\partial F}{\partial x}\mathrm{d}x+\frac{\partial F}{\partial y}\mathrm{d}y\right)\Big/\frac{\partial F}{\partial z}.$$

$\mathrm{d}x$ 与 $\mathrm{d}y$ 的系数分别是$\frac{\partial z}{\partial x}$与$\frac{\partial z}{\partial y}$.

设 $F(x,y,z)$有连续的二阶偏导数,有与前面类似的两种方法求隐函数的二阶偏导数. 一是对$\frac{\partial z}{\partial x}$或$\frac{\partial z}{\partial y}$的表达式继续求导. 另一是将方程

$$\frac{\partial F}{\partial x}+\frac{\partial F}{\partial z}\frac{\partial z}{\partial x}=0 \text{ 或 } \frac{\partial F}{\partial y}+\frac{\partial F}{\partial z}\frac{\partial z}{\partial y}=0$$

两边对 x 或 y 求导.

学习随笔

2. 由方程组确定的隐函数的求导法

(1) $\begin{cases}F(x,y,z)=0,\\ G(x,y,z)=0\end{cases}$ 的情形

设 $F(x,y,z)$,$G(x,y,z)$有连续偏导数,

$$J=\begin{vmatrix}\frac{\partial F}{\partial y} & \frac{\partial F}{\partial z}\\ \frac{\partial G}{\partial y} & \frac{\partial G}{\partial z}\end{vmatrix}\triangleq\frac{\partial(F,G)}{\partial(y,z)}\neq 0,$$

由方程组$\begin{cases}F(x,y,z)=0,\\ G(x,y,z)=0\end{cases}$确定有连续导数的一组隐函数 $y=y(x),z=z(x)$.

如何求$\frac{\mathrm{d}y}{\mathrm{d}x},\frac{\mathrm{d}z}{\mathrm{d}x}$? 将方程组两边对 x 求导,注意 $y=y(x),z=z(x)$,得

$$\begin{cases}\frac{\partial F}{\partial x}+\frac{\partial F}{\partial y}\frac{\mathrm{d}y}{\mathrm{d}x}+\frac{\partial F}{\partial z}\frac{\mathrm{d}z}{\mathrm{d}x}=0,\\ \frac{\partial G}{\partial x}+\frac{\partial G}{\partial y}\frac{\mathrm{d}y}{\mathrm{d}x}+\frac{\partial G}{\partial z}\frac{\mathrm{d}z}{\mathrm{d}x}=0.\end{cases}$$

这是$\frac{\mathrm{d}y}{\mathrm{d}x},\frac{\mathrm{d}z}{\mathrm{d}x}$的二元一次方程组,当 $J=\begin{vmatrix}\frac{\partial F}{\partial y} & \frac{\partial F}{\partial z}\\ \frac{\partial G}{\partial y} & \frac{\partial G}{\partial z}\end{vmatrix}\neq 0$ 时解得

$$\frac{\mathrm{d}y}{\mathrm{d}x}=\frac{1}{J}\begin{vmatrix}-\frac{\partial F}{\partial x} & \frac{\partial F}{\partial z}\\ -\frac{\partial G}{\partial x} & \frac{\partial G}{\partial z}\end{vmatrix},\quad \frac{\mathrm{d}z}{\mathrm{d}x}=\frac{1}{J}\begin{vmatrix}\frac{\partial F}{\partial y} & -\frac{\partial F}{\partial x}\\ \frac{\partial G}{\partial y} & -\frac{\partial G}{\partial x}\end{vmatrix}.$$

(2) $\begin{cases}F(x,y,u,v)=0,\\ G(x,y,u,v)=0\end{cases}$ 的情形

设 $F(x,y,u,v)$,$G(x,y,u,v)$有连续偏导数,

$$J=\begin{vmatrix}\frac{\partial F}{\partial u} & \frac{\partial F}{\partial v}\\ \frac{\partial G}{\partial u} & \frac{\partial G}{\partial v}\end{vmatrix}\triangleq\frac{\partial(F,G)}{\partial(u,v)}\neq 0,$$

由方程组$\begin{cases}F(x,y,u,v)=0,\\ G(x,y,u,v)=0\end{cases}$确定有连续偏导数的一组隐函数 $u=u(x,y),v=v(x,y)$.

如何求$\frac{\partial u}{\partial x},\frac{\partial v}{\partial x},\frac{\partial u}{\partial y},\frac{\partial v}{\partial y}$? 将方程组两边分别对 x,y 求偏导数,并注意 x,y 为自变量,$u=u(x,y),v=v(x,y)$,得

$$\begin{cases}\frac{\partial F}{\partial x}+\frac{\partial F}{\partial u}\frac{\partial u}{\partial x}+\frac{\partial F}{\partial v}\frac{\partial v}{\partial x}=0,\\ \frac{\partial G}{\partial x}+\frac{\partial G}{\partial u}\frac{\partial u}{\partial x}+\frac{\partial G}{\partial v}\frac{\partial v}{\partial x}=0\end{cases}\quad 与\quad \begin{cases}\frac{\partial F}{\partial y}+\frac{\partial F}{\partial u}\frac{\partial u}{\partial y}+\frac{\partial F}{\partial v}\frac{\partial v}{\partial y}=0,\\ \frac{\partial G}{\partial y}+\frac{\partial G}{\partial u}\frac{\partial u}{\partial y}+\frac{\partial G}{\partial v}\frac{\partial v}{\partial y}=0.\end{cases}$$

学习随笔

分别解得

$$\frac{\partial u}{\partial x}=\frac{1}{J}\begin{vmatrix}-\dfrac{\partial F}{\partial x} & \dfrac{\partial F}{\partial v}\\ -\dfrac{\partial G}{\partial x} & \dfrac{\partial G}{\partial v}\end{vmatrix},\quad \frac{\partial v}{\partial x}=\frac{1}{J}\begin{vmatrix}\dfrac{\partial F}{\partial u} & -\dfrac{\partial F}{\partial x}\\ \dfrac{\partial G}{\partial u} & -\dfrac{\partial G}{\partial x}\end{vmatrix};$$

$$\frac{\partial u}{\partial y}=\frac{1}{J}\begin{vmatrix}-\dfrac{\partial F}{\partial y} & \dfrac{\partial F}{\partial v}\\ -\dfrac{\partial G}{\partial y} & \dfrac{\partial G}{\partial v}\end{vmatrix},\quad \frac{\partial v}{\partial y}=\frac{1}{J}\begin{vmatrix}\dfrac{\partial F}{\partial u} & -\dfrac{\partial F}{\partial y}\\ \dfrac{\partial G}{\partial u} & -\dfrac{\partial G}{\partial y}\end{vmatrix}.$$

3. 隐函数的局部存在唯一性定理

① 设函数 $F(x,y)$在点 $M_0(x_0,y_0)$的某邻域内有连续的偏导数,且 $F(x_0,y_0)=0$,$F'_y(x_0,y_0)\neq 0$,则方程 $F(x,y)=0$ 在点 M_0 的某邻域内能唯一确定一个连续且具有连续导数的函数 $y=y(x)$,它满足条件 $y_0=y(x_0)$,并有

$$\frac{\mathrm{d}y}{\mathrm{d}x}=-\frac{\partial F}{\partial x}\Big/\frac{\partial F}{\partial y}.$$

② 设函数 $F(x,y,z)$在点 $P_0(x_0,y_0,z_0)$的某邻域内有连续的偏导数,且 $F(x_0,y_0,z_0)=0$,$F'_z(x_0,y_0,z_0)\neq 0$,则方程 $F(x,y,z)=0$ 在点 P_0 的某邻域内能唯一确定一个连续且具有连续偏导数的函数 $z=z(x,y)$,它满足条件 $z_0=z(x_0,y_0)$,并有

$$\frac{\partial z}{\partial x}=-\frac{\partial F}{\partial x}\Big/\frac{\partial F}{\partial z},\quad \frac{\partial z}{\partial y}=-\frac{\partial F}{\partial y}\Big/\frac{\partial F}{\partial z}.$$

③ 设函数 $F(x,y,u,v)$,$G(x,y,u,v)$在点 $P_0(x_0,y_0,u_0,v_0)$的某邻域内有对所有变量连续的偏导数,又

$$F(x_0,y_0,u_0,v_0)=0,\quad G(x_0,y_0,u_0,v_0)=0,$$

且偏导数组成的函数行列式

$$J=\frac{\partial(F,G)}{\partial(u,v)}=\begin{vmatrix}\dfrac{\partial F}{\partial u} & \dfrac{\partial F}{\partial v}\\ \dfrac{\partial G}{\partial u} & \dfrac{\partial G}{\partial v}\end{vmatrix}$$

在点 P_0 不等于零,则方程组 $\begin{cases}F(x,y,u,v)=0,\\ G(x,y,u,v)=0\end{cases}$ 在点 P_0 的某邻域内能唯一确定一组连续且有连续偏导数的函数 $u=u(x,y)$,$v=v(x,y)$,它满足条件

$$u_0=u(x_0,y_0),\quad v_0=v(x_0,y_0),$$

并有

$$\frac{\partial u}{\partial x}=-\frac{1}{J}\frac{\partial(F,G)}{\partial(x,v)}=\frac{-\begin{vmatrix}F'_x & F'_v\\ G'_x & G'_v\end{vmatrix}}{\begin{vmatrix}F'_u & F'_v\\ G'_u & G'_v\end{vmatrix}},\quad \frac{\partial v}{\partial x}=-\frac{1}{J}\frac{\partial(F,G)}{\partial(u,x)}=\frac{-\begin{vmatrix}F'_u & F'_x\\ G'_u & G'_x\end{vmatrix}}{\begin{vmatrix}F'_u & F'_v\\ G'_u & G'_v\end{vmatrix}}.$$

$\dfrac{\partial u}{\partial y}$与$\dfrac{\partial v}{\partial y}$有类似公式.

学习随笔

二、典型题型归纳及解题方法与技巧

1. 求由具体的方程式确定的一元隐函数的导数

【例 9.5.1】求由下列方程确定的隐函数 $y=y(x)$ 的导数：

（1）$y=1+y^x$；（2）$x^2-xy+y^2=1$.

【解】可用两种方法求解.其一是，将方程中的 y 看成隐函数 $y(x)$，并将方程两边求导，得含 y' 的方程，解出 y' 即可.另一方法是套公式.前一方法在一元函数微分中就学过，这里用后一个方法.

（1）令 $F(x,y)=y-1-y^x$，则 $F_x'=-y^x\ln y$，$F_y'=1-xy^{x-1}$.

套公式得 $\dfrac{\mathrm{d}y}{\mathrm{d}x}=-\dfrac{F_x'}{F_y'}=\dfrac{y^x\ln y}{1-xy^{x-1}}$.

（2）令 $F(x,y)=x^2-xy+y^2-1$，则 $F_x'=2x-y$，$F_y'=-x+2y$.

套公式得 $\dfrac{\mathrm{d}y}{\mathrm{d}x}=-\dfrac{F_x'}{F_y'}=\dfrac{y-2x}{2y-x}$.

2. 求由具体的方程式确定的二元隐函数的偏导数

【例 9.5.2】求由下列方程确定的隐函数 $z=z(x,y)$ 的一、二阶偏导数：

（1）$z^3-3xyz=a^3$，求 $\dfrac{\partial z}{\partial x},\dfrac{\partial z}{\partial y},\dfrac{\partial^2 z}{\partial x^2}$；

（2）$\ln z=x+y+z-1$，求 $\dfrac{\partial z}{\partial x},\dfrac{\partial z}{\partial y},\dfrac{\partial z}{\partial x\partial y},\dfrac{\partial^2 z}{\partial y^2}$.

【解】（1）方程两边对 x 求偏导数，得 $3z^2z'_x-3yz-3xyz'_x=0$，$(z^2-xy)z'_x-yz$.

解得
$$z_x'=\frac{yz}{z^2-xy}.\qquad(9.5-1)$$

方程两边对 y 求导，得 $3z^2z'_y-3xz-3xyz'_y=0$，$(z^2-xy)z'_y=xz$.

解得
$$z_y'=\frac{xz}{z^2-xy}.$$

再将式(9.5-1)对 x 求导，并注意 $z=z(x,y)$ 得

$$\frac{\partial^2 z}{\partial x^2}=\frac{\partial}{\partial x}\left(\frac{yz}{z^2-xy}\right)=\frac{y\dfrac{\partial z}{\partial x}(z^2-xy)-yz\left(2z\dfrac{\partial z}{\partial x}-y\right)}{(z^2-xy)^2}.$$

将式(9.5-1)代入得

$$\frac{\partial^2 z}{\partial x^2}=\frac{y\cdot yz(z^2-xy)-yz[2z\cdot yz-y(z^2-xy)]}{(z^2-xy)^3}$$
$$=\frac{y^2z(z^2-xy-2z^2+z^2-xy)}{(z^2-xy)^3}=\frac{-2xy^3z}{(z^2-xy)^3}.$$

（2）方程两边求全微分得

$$\frac{1}{z}\mathrm{d}z=\mathrm{d}x+\mathrm{d}y+\mathrm{d}z.$$

移项得
$$\frac{1-z}{z}\mathrm{d}z=\mathrm{d}x+\mathrm{d}y,\quad \mathrm{d}z=\frac{z}{1-z}\mathrm{d}x+\frac{z}{1-z}\mathrm{d}y.$$

学习随笔

$$\Rightarrow \qquad \frac{\partial z}{\partial x}=\frac{z}{1-z}=\frac{1}{1-z}-1,\quad \frac{\partial z}{\partial y}=\frac{z}{1-z}=\frac{1}{1-z}-1.$$

将$\frac{\partial z}{\partial x}$对 y 求导得$\frac{\partial^2 z}{\partial x\partial y}=\frac{\partial}{\partial y}\left(\frac{1}{1-z}-1\right)=\frac{\frac{\partial z}{\partial y}}{(1-z)^2}=\frac{z}{(1-z)^3}$.

将$\frac{\partial z}{\partial y}$对 y 求导并注意$\frac{\partial z}{\partial y}=\frac{\partial z}{\partial x}$得

$$\frac{\partial^2 z}{\partial y^2}=\frac{\partial}{\partial y}\left(\frac{\partial z}{\partial y}\right)=\frac{\partial}{\partial y}\left(\frac{\partial z}{\partial x}\right)=\frac{\partial^2 z}{\partial x\partial y}=\frac{z}{(1-z)^3}.$$

【例 9.5.3】设 $u=f(\sqrt{x^2+y^2},z)$且 $z=z(x,y)$由方程 $xy+x+y-z=e^z$ 确定,求$\frac{\partial^2 u}{\partial x\partial y}$.

【解】由复合函数求偏导法可得

$$\frac{\partial u}{\partial x}=f'_1\frac{x}{\sqrt{x^2+y^2}}+f'_2\frac{\partial z}{\partial x},$$

$$\frac{\partial^2 u}{\partial x\partial y}=\frac{x}{\sqrt{x^2+y^2}}\left(f''_{11}\frac{y}{\sqrt{x^2+y^2}}+f''_{12}\frac{\partial z}{\partial y}\right)-\frac{xy}{(x^2+y^2)^{3/2}}f'_1+$$
$$\frac{\partial z}{\partial x}\left(f''_{21}\frac{y}{\sqrt{x^2+y^2}}+f''_{22}\frac{\partial z}{\partial y}\right)+f'_2\frac{\partial^2 z}{\partial x\partial y}.$$

为了求得其中的$\frac{\partial z}{\partial x}$,$\frac{\partial z}{\partial y}$和$\frac{\partial^2 z}{\partial x\partial y}$,要利用隐函数求偏导数的方法.这里我们利用求 dz 得到$\frac{\partial z}{\partial x}$与$\frac{\partial z}{\partial y}$.

注意 dz 满足 $d(xy)+dx+dy-dz=e^z dz$,即

$$(1+e^z)dz=ydx+xdy+dx+dy,\quad dz=\frac{1}{1+e^z}[(1+y)dx+(x+1)dy],$$

从而
$$\frac{\partial z}{\partial x}=\frac{1+y}{1+e^z},\quad \frac{\partial z}{\partial y}=\frac{1+x}{1+e^z}.$$

再求导得
$$\frac{\partial^2 z}{\partial x\partial y}=\frac{1}{1+e^z}-\frac{(1+y)e^z}{(1+e^z)^2}\cdot\frac{\partial z}{\partial y}=\frac{(1+e^z)^2-(1+x)(1+y)e^z}{(1+e^z)^3}.$$

评注 求由方程式确定的隐函数的一阶偏导数时,也可直接套公式,因为由方程式

$$F(x,y,z)=0$$

确定的隐函数 $z=z(x,y)$的偏导数公式

$$\frac{\partial z}{\partial x}=-\frac{\partial F}{\partial x}\Big/\frac{\partial F}{\partial z},\quad \frac{\partial z}{\partial y}=-\frac{\partial F}{\partial y}\Big/\frac{\partial F}{\partial z}$$

比较简单,易记住.

如例 9.5.3 中,由 $xy+x+y-z=e^z$ 确定,$z=z(x,y)$.令 $F(x,y,z)=xy+x+y-z-e^z$,方程可写成 $F(x,y,z)=0$,因此,由

$$\frac{\partial F}{\partial x}=y+1,\quad \frac{\partial F}{\partial y}=x+1,\quad \frac{\partial F}{\partial z}=-1-e^z,$$

学习随笔

得 $$\frac{\partial z}{\partial x}=-\frac{\partial F}{\partial x}\Big/\frac{\partial F}{\partial z}=\frac{y+1}{1+e^z},\quad \frac{\partial z}{\partial y}=-\frac{\partial F}{\partial y}\Big/\frac{\partial F}{\partial z}=\frac{x+1}{1+e^z}.$$

3. 求带抽象函数记号的方程式确定的隐函数的偏导数或全微分

【例 9.5.4】设由方程式 $F(x-y,y-z,z-x)=0$ 确定隐函数 $z=z(x,y)$，求 $\frac{\partial z}{\partial x}$，$\frac{\partial z}{\partial y}$ 及 dz.

【分析】可用复合函数求导法先求出 $\frac{\partial z}{\partial x}$，$\frac{\partial z}{\partial y}$，此时必须注意，$x$，$y$ 为自变量，z 是因变量，是 x，y 的函数，然后就可写出 dz；也可用一阶全微分形式的不变性，先求 dz，再求得 $\frac{\partial z}{\partial x}$，$\frac{\partial z}{\partial y}$.

【解法一】由一阶全微分形式不变性，对方程求全微分，得

$$F_1'd(x-y)+F_2'd(y-z)+F_3'd(z-x)=0,$$
$$F_1'(dx-dy)+F_2'(dy-dz)+F_3'(dz-dx)=0.$$

整理得 $$(F_1'-F_3')dx+(F_2'-F_1')dy+(F_3'-F_2')dz=0.$$

解得 $$dz=\frac{1}{F_2'-F_3'}[(F_1'-F_3')dx+(F_2'-F_1')dy].$$

由此可得 $$\frac{\partial z}{\partial x}=\frac{F_1'-F_3'}{F_2'-F_3'},\quad \frac{\partial z}{\partial y}=\frac{F_2'-F_1'}{F_2'-F_3'}.$$

【解法二】将方程分别对 x，y 求偏导数得

$$F_1'\frac{\partial(x-y)}{\partial x}+F_2'\frac{\partial(y-z)}{\partial x}+F_3'\frac{\partial(z-x)}{\partial x}=0,$$
$$F_1'\frac{\partial(x-y)}{\partial y}+F_2'\frac{\partial(y-z)}{\partial y}+F_3'\frac{\partial(z-x)}{\partial y}=0.$$

注意 x，y 为自变量，$z=z(x,y)$，化简得

$$F_1'-F_2'\frac{\partial z}{\partial x}+F_3'\left(\frac{\partial z}{\partial x}-1\right)=0,\quad -F_1'+F_2'\left(1-\frac{\partial z}{\partial y}\right)+F_3'\frac{\partial z}{\partial y}=0.$$

解得 $$\frac{\partial z}{\partial x}=\frac{F_3'-F_1'}{F_3'-F_2'},\quad \frac{\partial z}{\partial y}=\frac{F_1'-F_2'}{F_3'-F_2'}.$$

由此得 $$dz=\frac{\partial z}{\partial x}dx+\frac{\partial z}{\partial y}dy=\frac{F_3'-F_1'}{F_3'-F_2'}dx+\frac{F_1'-F_2'}{F_3'-F_2'}dy.$$

评注　① 用复合函数求导法则解这个问题时不要犯以下错误：

$$\frac{\partial(y-z)}{\partial x}=0,\quad \frac{\partial(z-x)}{\partial x}=-1.$$

因为这里 z 不是自变量，它是 x，y 的函数. 正确的是：

$$\frac{\partial(y-z)}{\partial x}=-\frac{\partial z}{\partial x},\quad \frac{\partial(z-x)}{\partial x}=\frac{\partial z}{\partial x}-1.$$

② 用复合函数求导法求隐函数的偏导数或全微分时，常用两种方法：一是利用一阶全微分形式不变性，将方程两边同时求全微分，这时方程中各个变量的地位是平等的. 另

学习随笔

一是将方程两边同时对某自变量求偏导数.这时一定要分清哪些变量是自变量,哪些是因变量.

4. 求由方程组确定的隐函数的偏导数或全微分

【例 9.5.5】设$\begin{cases}xu+yv=0,\\uv-xy=5,\end{cases}$求当$x=1,y=-1,u=v=2$时,$\dfrac{\partial^2 u}{\partial x^2}$与$\dfrac{\partial^2 v}{\partial x\partial y}$的值.

【解】需要先求$x=1,y=-1$(相应地$u=v=2$)时$\dfrac{\partial u}{\partial x},\dfrac{\partial v}{\partial x},\dfrac{\partial u}{\partial y},\dfrac{\partial v}{\partial y}$的值.将方程两边求微分得

$$\begin{cases}x\mathrm{d}u+u\mathrm{d}x+y\mathrm{d}v+v\mathrm{d}y=0,\\v\mathrm{d}u+u\mathrm{d}v-y\mathrm{d}x-x\mathrm{d}y=0,\end{cases}\quad 即\quad\begin{cases}x\mathrm{d}u+y\mathrm{d}v=-u\mathrm{d}x-v\mathrm{d}y,\\v\mathrm{d}u+u\mathrm{d}v=y\mathrm{d}x+x\mathrm{d}y.\end{cases}$$

其系数行列式$w=\begin{vmatrix}x&y\\v&u\end{vmatrix}=xu-yv$,

于是

$$\mathrm{d}u=\frac{1}{w}\begin{vmatrix}-u\mathrm{d}x-v\mathrm{d}y&y\\y\mathrm{d}x+x\mathrm{d}y&u\end{vmatrix}=\frac{-(u^2+y^2)\mathrm{d}x-(uv+xy)\mathrm{d}y}{xu-yv},$$

$$\mathrm{d}v=\frac{1}{w}\begin{vmatrix}x&-u\mathrm{d}x-v\mathrm{d}y\\v&y\mathrm{d}x+x\mathrm{d}y\end{vmatrix}=\frac{(xy+uv)\mathrm{d}x+(x^2+v^2)\mathrm{d}y}{xu-yv}.$$

因此

$$\frac{\partial u}{\partial x}=-\frac{u^2+y^2}{xu-yv},\qquad\frac{\partial u}{\partial y}=\frac{-(uv+xy)}{xu-yv};$$

$$\frac{\partial v}{\partial x}=\frac{xy+uv}{xu-yv},\qquad\frac{\partial v}{\partial y}=\frac{x^2+v^2}{xu-yv}.$$

当$x=1,y=-1,u=v=2$时

$$\frac{\partial u}{\partial x}=-\frac{5}{4},\quad\frac{\partial u}{\partial y}=-\frac{3}{4},\quad\frac{\partial v}{\partial x}=\frac{3}{4},\quad\frac{\partial v}{\partial y}=\frac{5}{4}.\tag{9.5-2}$$

下求$\left.\dfrac{\partial^2 u}{\partial x^2}\right|_{y=-1}$.在$\dfrac{\partial u}{\partial x}$的表达式中令$y=-1$,得

$$\left.\frac{\partial^2 u}{\partial x^2}\right|_{y=-1}=\frac{\mathrm{d}}{\mathrm{d}x}\left(\left.\frac{\partial u}{\partial x}\right|_{y=-1}\right)=\frac{\mathrm{d}}{\mathrm{d}x}\left(-\frac{u^2+1}{xu+v}\right)$$

$$=-\frac{2u\dfrac{\partial u}{\partial x}(xu+v)-\left(u+x\dfrac{\partial u}{\partial x}+\dfrac{\partial v}{\partial x}\right)(u^2+1)}{(xu+v)^2}.\tag{9.5-3}$$

再求$\left.\dfrac{\partial^2 v}{\partial x\partial y}\right|_{x=1}$.在$\dfrac{\partial v}{\partial x}$的表达式中令$x=1$,得

$$\left.\frac{\partial^2 v}{\partial x\partial y}\right|_{x=1}=\frac{\mathrm{d}}{\mathrm{d}y}\left(\left.\frac{\partial v}{\partial x}\right|_{x=1}\right)=\frac{\mathrm{d}}{\mathrm{d}y}\left(\frac{y+uv}{u-yv}\right)$$

$$=\frac{\left(1+\dfrac{\partial u}{\partial y}v+u\dfrac{\partial v}{\partial y}\right)(u-yv)-\left(\dfrac{\partial u}{\partial y}-v-y\dfrac{\partial v}{\partial y}\right)(y+uv)}{(u-yv)^2}.\tag{9.5-4}$$

最后将$x=1,y=-1,u=v=2$及式(9.5-2)代入式(9.5-3)与式(9.5-4)得

$$\frac{\partial^2 u}{\partial x^2}=\frac{55}{32},\quad \frac{\partial^2 v}{\partial x\partial y}=\frac{25}{32}.$$

【例 9.5.6】设 $y=g(x,z)$，而 $z=z(x,y)$ 是由方程 $f(x-z,xy)=0$ 所确定，求 $\frac{\mathrm{d}z}{\mathrm{d}x}$.

【分析与求解一】按题意，x 为自变量，y,z 为因变量，由方程组

$$\begin{cases} f(x-z,xy)=0, \\ y-g(x,z)=0 \end{cases} \tag{9.5-5}$$

确定 $y=y(x),z=z(x)$. 将方程组(9.5-5)两边对 x 求导得

$$\begin{cases} f_1'\cdot\left(1-\frac{\mathrm{d}z}{\mathrm{d}x}\right)+f_2'\cdot\left(y+x\frac{\mathrm{d}y}{\mathrm{d}x}\right)=0, \\ \frac{\mathrm{d}y}{\mathrm{d}x}-g_1'-g_2'\frac{\mathrm{d}z}{\mathrm{d}x}=0, \end{cases}$$

即

$$\begin{cases} xf_2'\frac{\mathrm{d}y}{\mathrm{d}x}-f_1'\frac{\mathrm{d}z}{\mathrm{d}x}=-f_1'-yf_2', \\ \frac{\mathrm{d}y}{\mathrm{d}x}-g_2'\frac{\mathrm{d}z}{\mathrm{d}x}=g_1'. \end{cases}$$

解得

$$\begin{aligned}\frac{\mathrm{d}z}{\mathrm{d}x}&=\frac{1}{\begin{vmatrix} xf_2' & -f_1' \\ 1 & -g_2' \end{vmatrix}}\begin{vmatrix} xf_2' & -f_1'-yf_2' \\ 1 & g_1' \end{vmatrix} \\ &=\frac{xf_2'g_1'+f_1'+yf_2'}{f_1'-xf_2'g_2'}.\end{aligned} \tag{9.5-6}$$

【分析与求解二】对方程组(9.5-5)两边求全微分得

$$\begin{cases} f_1'\cdot(\mathrm{d}x-\mathrm{d}z)+f_2'\cdot(y\mathrm{d}x+x\mathrm{d}y)=0, \\ \mathrm{d}y-g_1'\cdot\mathrm{d}x-g_2'\cdot\mathrm{d}z=0. \end{cases}$$

消去 $\mathrm{d}y$ 得　$f_1'\cdot(\mathrm{d}x-\mathrm{d}z)+f_2'\cdot[y\mathrm{d}x+x(g_1'\cdot\mathrm{d}x+g_2'\mathrm{d}z)]=0$，

即　$(f_1'-xf_2'\cdot g_2')\mathrm{d}z=(f_1'+yf_2'+xf_2'g_1')\mathrm{d}x$.

解出 $\frac{\mathrm{d}z}{\mathrm{d}x}$，同样得式(9.5-6).

【例 9.5.7】设 $\begin{cases} u=f(x-ut,y-ut,z-ut), \\ g(x,y,z)=0, \end{cases}$ 求 $\frac{\partial u}{\partial x},\frac{\partial u}{\partial y}$.

【分析与求解一】将方程组两边分别对 x,y 求偏导数，要先确定自变量与因变量.

这里有五个变量，两个方程，确定两个因变量，其余三个为自变量. 按题意，已明确告知，u 是因变量，x,y 为自变量，另一自变量是 t 还是 z，还是两者皆可. 由第二个方程知，x,y 是自变量时，z 应是因变量，因此，自变量为 x,y,t，因变量为 u 与 z.

现将方程组两边对 x 求导得

$$\begin{cases} \frac{\partial u}{\partial x}=f_1'\left(1-t\frac{\partial u}{\partial x}\right)+f_2'\left(-t\frac{\partial u}{\partial x}\right)+f_3'\left(\frac{\partial z}{\partial x}-t\frac{\partial u}{\partial x}\right), \\ g_1'+g_3'\frac{\partial z}{\partial x}=0 \end{cases}$$

学习随笔

$$\Rightarrow \begin{cases} \dfrac{\partial u}{\partial x}[1+t(f'_1+f'_2+f'_3)]=f'_1+f'_3\dfrac{\partial z}{\partial x}, \\ \dfrac{\partial z}{\partial x}=-g'_1/g'_3 \end{cases}$$

$$\Rightarrow \quad \frac{\partial u}{\partial x}=(f'_1\cdot g'_3-f'_3\cdot g'_1)\Big/\{g'_3\cdot[1+t(f'_1+f'_2+f'_3)]\}. \tag{9.5-7}$$

同理将方程两边对 y 求导,或由 x 与 y 的对称性得

$$\frac{\partial u}{\partial y}=(f'_2g'_3-f'_3g'_2)\Big/\{g'_3[1+t(f'_1+f'_2+f'_3)]\}. \tag{9.5-8}$$

【分析与求解二】将方程组两边求微分得

$$\begin{cases} \mathrm{d}u=f'_1\cdot(\mathrm{d}x-t\mathrm{d}u-u\mathrm{d}t)+f'_2\cdot(\mathrm{d}y-t\mathrm{d}u-u\mathrm{d}t)+f'_3\cdot(\mathrm{d}z-t\mathrm{d}u-u\mathrm{d}t), \\ g'_1\mathrm{d}x+g'_2\mathrm{d}y+g'_3\mathrm{d}z=0, \end{cases}$$

即

$$\begin{cases} \quad [1+t(f'_1+f'_2+f'_3)]\mathrm{d}u \\ =f'_1\mathrm{d}x+f'_2\mathrm{d}y-u(f'_1+f'_2+f'_3)\mathrm{d}t+f'_3\mathrm{d}z, \\ \mathrm{d}z=-\dfrac{1}{g'_3}(g'_1\mathrm{d}x+g'_2\mathrm{d}y). \end{cases}$$

将第二式代入第一式 ⇒

$$[1+t(f'_1+f'_2+f'_3)]\mathrm{d}u=\frac{f'_1\cdot g'_3-f'_3g'_1}{g'_3}\mathrm{d}x+\frac{f'_2\cdot g'_3-f'_3g'_2}{g'_3}\mathrm{d}y-u(f'_1+f'_2+f'_3)\mathrm{d}t.$$

由此同样可得式(9.5-7)与式(9.5-8).

评注 ① 求由方程组确定的隐函数的导数或偏导数也是归结为复合函数求偏导数,最后要求解一个线性方程组. 计算前,要明确函数关系:哪些是自变量,哪些是因变量. 一般说来,有几个方程就确定几个因变量,其余的都是自变量. 至于哪些是因变量或自变量,这可由题目本身的分析确定.

② 求多个隐函数的偏导数时,往往对方程两边求全微分会更方便些.

5. 雅可比行列式、函数组的反函数和它的偏导数

设函数组 $u=u(x,y),v=v(x,y)$ 有连续的偏导数,称

$$\frac{\partial(u,v)}{\partial(x,y)}=\begin{vmatrix} \dfrac{\partial u}{\partial x} & \dfrac{\partial u}{\partial y} \\ \dfrac{\partial v}{\partial x} & \dfrac{\partial v}{\partial y} \end{vmatrix}$$

为 u,v 对 x,y 的雅可比行列式$\left(\text{简称为 } u,v \text{ 的雅可比行列式,也记为}\dfrac{D(u,v)}{D(x,y)}.\right)$

设函数组

$$\begin{cases} x=x(u,v), \\ y=y(u,v) \end{cases} \tag{9.5-9}$$

在点(u_0,v_0)邻域有连续的偏导数且

$$\left.\frac{\partial(x,y)}{\partial(u,v)}\right|_{(u_0,v_0)}=\left|\begin{matrix}\frac{\partial x}{\partial u} & \frac{\partial x}{\partial v}\\ \frac{\partial y}{\partial u} & \frac{\partial y}{\partial v}\end{matrix}\right|_{(u_0,v_0)}\neq 0,$$

令 $x_0=x(u_0,v_0)$，$y_0=y(u_0,v_0)$，则在点 (x_0,y_0) 某邻域存在唯一的具有连续偏导数的函数组

$$\begin{cases}u=u(x,y),\\ v=v(x,y)\end{cases}\tag{9.5-10}$$

满足函数组(9.5-9)，且 $u_0=u(x_0,y_0)$，$v_0=v(x_0,y_0)$.

称函数组(9.5-10)为函数组(9.5-9)的反函数.

【例 9.5.8】设有函数组

$$\begin{cases}x=x(u,v),\\ y=y(u,v),\end{cases}\tag{9.5-11}$$

它的反函数是 $\begin{cases}u=u(x,y),\\ v=v(x,y).\end{cases}$

(1) 求 $\frac{\partial u}{\partial x},\frac{\partial u}{\partial y},\frac{\partial v}{\partial x},\frac{\partial v}{\partial y}$；　(2) 证明：$\frac{\partial(u,v)}{\partial(x,y)}\cdot\frac{\partial(x,y)}{\partial(u,v)}=1$.

【解】(1) 将函数组(9.5-11)两边对 x 求偏导数 ⇒

$$1=\frac{\partial x}{\partial u}\frac{\partial u}{\partial x}+\frac{\partial x}{\partial v}\frac{\partial v}{\partial x},\quad 0=\frac{\partial y}{\partial u}\frac{\partial u}{\partial x}+\frac{\partial y}{\partial v}\frac{\partial v}{\partial x}.$$

解出得

$$\frac{\partial u}{\partial x}=\frac{1}{\frac{\partial(x,y)}{\partial(u,v)}}\begin{vmatrix}1 & \frac{\partial x}{\partial v}\\ 0 & \frac{\partial y}{\partial v}\end{vmatrix}=\frac{\frac{\partial y}{\partial v}}{\frac{\partial(x,y)}{\partial(u,v)}},$$

$$\frac{\partial v}{\partial x}=\frac{1}{\frac{\partial(x,y)}{\partial(u,v)}}\begin{vmatrix}\frac{\partial x}{\partial u} & 1\\ \frac{\partial y}{\partial u} & 0\end{vmatrix}=\frac{-\frac{\partial y}{\partial u}}{\frac{\partial(x,y)}{\partial(u,v)}}.$$

同理，将函数组(9.5-11)两边对 y 求偏导数 ⇒

$$\begin{cases}0=\frac{\partial x}{\partial u}\frac{\partial u}{\partial y}+\frac{\partial x}{\partial v}\frac{\partial v}{\partial y},\\ 1=\frac{\partial y}{\partial u}\frac{\partial u}{\partial y}+\frac{\partial y}{\partial v}\frac{\partial v}{\partial y}.\end{cases}\Rightarrow\frac{\partial u}{\partial y}=\frac{-\frac{\partial x}{\partial v}}{\frac{\partial(x,y)}{\partial(u,v)}},\quad\frac{\partial v}{\partial y}=\frac{\frac{\partial x}{\partial u}}{\frac{\partial(x,y)}{\partial(u,v)}}.$$

(2) 由题(1)的结果 ⇒

$$\frac{\partial(u,v)}{\partial(x,y)}=\begin{vmatrix}\frac{\partial u}{\partial x} & \frac{\partial u}{\partial y}\\ \frac{\partial v}{\partial x} & \frac{\partial v}{\partial y}\end{vmatrix}=\frac{\partial u}{\partial x}\frac{\partial v}{\partial y}-\frac{\partial u}{\partial y}\frac{\partial v}{\partial x}$$

$$=\frac{\frac{\partial y}{\partial v}\frac{\partial x}{\partial u}-\left(-\frac{\partial x}{\partial v}\right)\left(-\frac{\partial y}{\partial u}\right)}{\left[\frac{\partial(x,y)}{\partial(u,v)}\right]^2}=\frac{1}{\frac{\partial(x,y)}{\partial(u,v)}}.$$

学习随笔

$$\Rightarrow \quad \frac{\partial(u,v)}{\partial(x,y)} \cdot \frac{\partial(x,y)}{\partial(u,v)} = 1.$$

评注　反函数求导法是隐函数求导法的特例，即是由方程组

$$\begin{cases} F(x,y,u,v)=0, \\ G(x,y,u,v)=0 \end{cases}$$

确定隐函数 $u=u(x,y), v=v(x,y)$ 的特例，其中 $\begin{cases} F(x,y,u,v)=x-x(u,v), \\ G(x,y,u,v)=y-y(u,v). \end{cases}$

第六节　多元函数微分学的几何应用

一、知识点归纳总结

1. 曲线的向量方程与一元向量值函数的导数

空间曲线 Γ 的参数方程为

$$\begin{cases} x=x(t) \\ y=y(t) \\ z=z(t) \end{cases}$$

若记向量

$$\boldsymbol{r}=(x,y,z),\ \boldsymbol{f}(t)=(x(t),y(t),z(t))$$

则 Γ 的向量方程为

$$\boldsymbol{r}=\boldsymbol{f}(t)$$

(1) 向量值函数的极限与连续性

定义　设有向量函数 $\boldsymbol{F}(t)=(F_1(t),F_2(t),F_3(t))$，若 ∃ 向量 $\boldsymbol{A}=(A_1,A_2,A_3)$ 使得

$$\lim_{t\to t_0}|\boldsymbol{F}(t)-A|=0$$

称 $t\to t_0$ 时 $\boldsymbol{F}(t)$ 以 $\boldsymbol{A}$ 为极限. 特别是若 $\boldsymbol{A}=\boldsymbol{F}(t_0)$，称 $\boldsymbol{F}(t)$ 在 t_0 连续.

设 $\boldsymbol{F}(t)=(F_1(t),F_2(t),F_3(t))$，$\boldsymbol{A}=(A_1,A_2,A_3)$，则

$$\lim_{t\to t_0}\boldsymbol{F}(t)=\boldsymbol{A}\Leftrightarrow\lim_{t\to t_0}F_i(t)=A_i\ (i=1,2,3).$$

$\boldsymbol{F}(t)$ 在 $t=t_0$ 连续 ⇔ $F_i(t)\ (i=1,2,3)$ 在 $t=t_0$ 连续.

(2) 向量值函数的导数、高阶导数与向量微分法

定义　设有向量函数 $\boldsymbol{F}(t)$，若

$$\lim_{\Delta t\to 0}\frac{\boldsymbol{F}(t+\Delta t)-\boldsymbol{F}(t)}{\Delta t}\ \text{存在},$$

则称此极限向量为 $\boldsymbol{F}(t)$ 在 t 的导数，记为 $\frac{\mathrm{d}\boldsymbol{F}(t)}{\mathrm{d}t}$ 或 $\boldsymbol{F}'(t)$.

同样有高阶导数概念. $\boldsymbol{F}(t)$ 的二阶导数

$$\frac{\mathrm{d}^2\boldsymbol{F}(t)}{\mathrm{d}t^2}=\frac{\mathrm{d}}{\mathrm{d}t}\left(\frac{\mathrm{d}\boldsymbol{F}(t)}{\mathrm{d}t}\right).$$

向量值函数的导数有以下运算法则：

① $\boldsymbol{F}(t)=(F_1(t),F_2(t),F_3(t))$.

$\boldsymbol{F}'(t)=(F_1'(t),F_2'(t),F_3'(t))$，$\boldsymbol{F}''(t)=(F_1''(t)),(F_2''(t)),(F_3''(t))$.

② $\boldsymbol{F}(t)=\boldsymbol{C}$(常向量)，$t\in(a,b)\Leftrightarrow\boldsymbol{F}'(t)=\boldsymbol{\theta}$，$t\in(a,b)$.

③ $\dfrac{\mathrm{d}}{\mathrm{d}t}(\boldsymbol{F}(t)+\boldsymbol{G}(t))=\dfrac{\mathrm{d}\boldsymbol{F}}{\mathrm{d}t}+\dfrac{\mathrm{d}\boldsymbol{G}}{\mathrm{d}t}$.

④ $\dfrac{\mathrm{d}}{\mathrm{d}t}(u\boldsymbol{F}(t))=u\dfrac{\mathrm{d}\boldsymbol{F}}{\mathrm{d}t}+\boldsymbol{F}\dfrac{\mathrm{d}u}{\mathrm{d}t}$($u(t)$为数值函数).

⑤ $\dfrac{\mathrm{d}}{\mathrm{d}t}(\boldsymbol{F}\cdot\boldsymbol{G})=\boldsymbol{F}\cdot\dfrac{\mathrm{d}\boldsymbol{G}}{\mathrm{d}t}+\dfrac{\mathrm{d}\boldsymbol{F}}{\mathrm{d}t}\cdot\boldsymbol{G}$.

⑥ $\dfrac{\mathrm{d}}{\mathrm{d}t}(\boldsymbol{F}\times\boldsymbol{G})=\dfrac{\mathrm{d}\boldsymbol{F}}{\mathrm{d}t}\times\boldsymbol{G}+\boldsymbol{F}\times\dfrac{\mathrm{d}\boldsymbol{G}}{\mathrm{d}t}$.

(3) 向量值函数导数的几何意义与物理意义

空间曲线 Γ 的向量方程为

$$\boldsymbol{r}=\boldsymbol{f}(t)$$

($\boldsymbol{r}=(x,y,z)$，$\boldsymbol{f}(t)=(x(t),y(t),z(t))$)，则 $\boldsymbol{f}'(t_0)$是 Γ 在点 M_0($\overrightarrow{OM_0}=\boldsymbol{r}_0=(x(t_0),y(t_0),z(t_0))$)的一个切向量，即 Γ 在点 M_0 处的切线的一个方向向量.

设向量值函数 $\boldsymbol{r}=\boldsymbol{f}(t)$是沿空间光滑曲线运动的质点 M 的定位向量($\overrightarrow{OM}=\boldsymbol{r}$)，$t$ 是时间变量，则 M 在 t 时的速度向量 $\boldsymbol{v}(t)=\dfrac{\mathrm{d}\boldsymbol{r}}{\mathrm{d}t}$，加速度向量 $\boldsymbol{a}(t)=\dfrac{\mathrm{d}\boldsymbol{v}}{\mathrm{d}t}=\dfrac{\mathrm{d}^2\boldsymbol{r}}{\mathrm{d}t^2}$.

2. 隐式表示的平面曲线的切线与法线

设 Oxy 平面上的曲线 Γ 由隐式方程 $F(x,y)=0$ 给出，$M_0(x_0,y_0)\in\Gamma(F(x_0,y_0)=0)$，$F(x,y)$有连续的偏导数，$\dfrac{\partial F(M_0)}{\partial x}$，$\dfrac{\partial F(M_0)}{\partial y}$不同时为零，则 Γ 在点 M_0 的切线方程是

$$\frac{\partial F(M_0)}{\partial x}(x-x_0)+\frac{\partial F(M_0)}{\partial y}(y-y_0)=0.$$

Γ 在 M_0 点的法向量(即切线在 M_0 的法向量)$\boldsymbol{n}=\left(\dfrac{\partial F(M_0)}{\partial x},\dfrac{\partial F(M_0)}{\partial y}\right)=\mathbf{grad}F\big|_{M_0}$.

Γ 在 M_0 点的切向量 $\boldsymbol{\tau}=\left(-\dfrac{\partial F(M_0)}{\partial y},\dfrac{\partial F(M_0)}{\partial x}\right)$.

Γ 在 M_0 点的法线方程 $-\dfrac{\partial F(M_0)}{\partial y}(x-x_0)+\dfrac{\partial F(M_0)}{\partial x}(y-y_0)=0$.

评注　平面曲线方程由显式方程给出或参数方程或极坐标方程给出时，如何求它的切线方程与法线方程在一元函数微分学部分已经学过.

3. 空间曲线由参数方程给出时的切线与法平面

设空间曲线 Γ 的参数方程为

$$x=x(t),\quad y=y(t),\quad z=z(t)\quad(\alpha\leqslant t\leqslant\beta),$$

学习随笔

用向量表示：

$$\boldsymbol{r}=\boldsymbol{f}(t)$$

其中 $\boldsymbol{r}=(x,y,z)$，$\boldsymbol{f}(t)=(x(t),y(t),z(t))$.

$M_0(x_0,y_0,z_0)\in\Gamma$，对应于参数 $t=t_0((x(t_0),y(t_0),z(t_0))=(x_0,y_0,z_0)$，$x(t)$，$y(t)$，$z(t)$ 在 $t=t_0$ 可导且 $x'^2(t_0)+y'^2(t_0)+z'^2(t_0)\neq0$，则 Γ 在点 M_0 的切向量 $\boldsymbol{\tau}=\boldsymbol{f}'(t_0)=(x'(t_0),y'(t_0),z'(t_0))$）于是相应的切线方程为

$$\frac{x-x_0}{x'(t_0)}=\frac{y-y_0}{y'(t_0)}=\frac{z-z_0}{z'(t_0)},$$

该直线的方向向量即 Γ 在点 M_0 的切向量 $\boldsymbol{\tau}=\{x'(t_0),y'(t_0),z'(t_0)\}$.

Γ 在点 M_0 的法平面(即过 M_0 与 Γ 在 M_0 的切线垂直的平面)方程为

$$x'(t_0)(x-x_0)+y'(t_0)(y-y_0)+z'(t_0)(z-z_0)=0.$$

4. 曲面的切平面与法线

设曲面 S 由方程 $F(x,y,z)=0$ 确定. $M_0(x_0,y_0,z_0)$ 是曲面上的一点($F(x_0,y_0,z_0)=0$). 设 $F_x(x,y,z)$，$F_y(x,y,z)$，$F_z(x,y,z)$ 在 M_0 连续，不全为零.

曲面 S 有如下性质：曲面 S 上过 M_0 点的一切可微曲线

$$x=x(t),\quad y=y(t),\quad z=z(t)$$

(即 $t=t_0$ 时，$(x(t_0),y(t_0),z(t_0))=(x_0,y_0,z_0)$，$x(t)$，$y(t)$，$z(t)$ 在 $t=t_0$ 可微且 $x'^2(t_0)+y'^2(t_0)+z'^2(t_0)\neq0$)在 M_0 点的切线都在过 M_0 的同一张平面上，称它为曲面 S 在点 M_0 的切平面. 该切平面的法向量为

$$\boldsymbol{n}=[(F_x(x_0,y_0,z_0),F_y(x_0,y_0,z_0),F_z(x_0,y_0,z_0)]\xlongequal{(记)}\textbf{grad}F\,|_{M_0}.$$

曲面 S 过 M_0 的切平面方程为

$$F_x(x_0,y_0,z_0)(x-x_0)+F_y(x_0,y_0,z_0)(y-y_0)+F_z(x_0,y_0,z_0)(z-z_0)=0.$$

法线(即过 M_0 与切平面垂直的直线)方程为

$$\frac{x-x_0}{F_x(x_0,y_0,z_0)}=\frac{y-y_0}{F_y(x_0,y_0,z_0)}=\frac{z-z_0}{F_z(x_0,y_0,z_0)}.$$

当曲面 S 由显式方程 $z=f(x,y)$ 确定时，它可以看作是曲面隐式方程的特例，即 $f(x,y)-z=0$，这时曲面上过点 $(x_0,y_0,f(x_0,y_0))$ 的切平面方程为

$$z=z_0+f'_x(x_0,y_0)(x-x_0)+f'_y(x_0,y_0)(y-y_0).$$

曲面 S 在点 $(x_0,y_0,f(x_0,y_0))$ 处的法向量(即切平面的法向量)

$$\boldsymbol{n}=\pm\{-f'_x(x_0,y_0),-f'_y(x_0,y_0),1\}.$$

法线方程为 $\dfrac{x-x_0}{-f'_x(x_0,y_0)}=\dfrac{y-y_0}{-f'_y(x_0,y_0)}=\dfrac{z-z_0}{1}$.

这里 $z=f(x,y)$ 在点 (x_0,y_0) 有连续的偏导数.

5. 当空间曲线是两张曲面的交线时的切线与法平面

设空间曲线 Γ 的方程由

$$\begin{cases}F(x,y,z)=0(\text{曲面 }S_1),\\G(x,y,z)=0(\text{曲面 }S_2)\end{cases}$$

给出，$M_0(x_0,y_0,z_0)$ 是 Γ 上的一个点. 又设 F，G 有对各个变量的连续偏导数，且

$$\frac{\partial(F,G)}{\partial(y,z)}=\begin{vmatrix}F_y' & F_z'\\ G_y' & G_z'\end{vmatrix},\quad \frac{\partial(F,G)}{\partial(z,x)}=\begin{vmatrix}F_z' & F_x'\\ G_z' & G_x'\end{vmatrix},\quad \frac{\partial(F,G)}{\partial(x,y)}=\begin{vmatrix}F_x' & F_y'\\ G_x' & G_y'\end{vmatrix}$$

在 M_0 不同时为零，则曲线 Γ 在点 M_0 的切向量

$$\boldsymbol{\tau}=\mathbf{grad}F\,|_{M_0}\times\mathbf{grad}G\,|_{M_0}$$

$$=\begin{vmatrix}\boldsymbol{i} & \boldsymbol{j} & \boldsymbol{k}\\ F_x'(M_0) & F_y'(M_0) & F_z'(M_0)\\ G_x'(M_0) & G_y'(M_0) & G_z'(M_0)\end{vmatrix}$$

(Γ 在 M_0 的切向量 $\boldsymbol{\tau}$ 与曲面 $S_1:F(x,y,z)=0$ 在点 M_0 的法向量 $\boldsymbol{n}_1=\mathbf{grad}F\,|_{M_0}$ 及曲面 $S_2:G(x,y,z)=0$ 在点 M_0 的法向量 $\boldsymbol{n}_2=\mathbf{grad}G\,|_{M_0}$ 均垂直，见图 9.6－1).

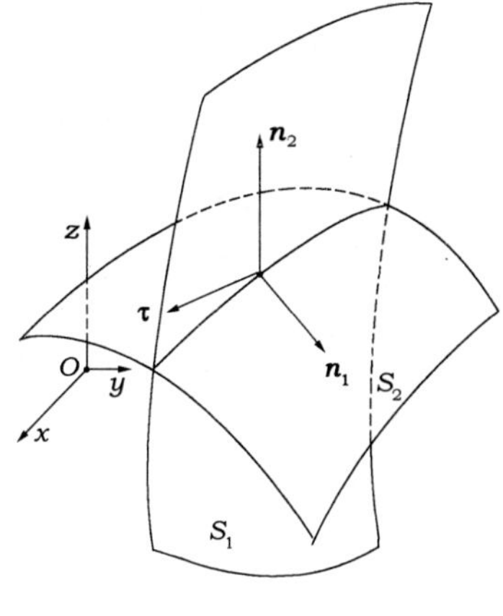

图 9.6－1

Γ 在点 M_0 的切线方程为

$$\frac{x-x_0}{\begin{vmatrix}F_y'(M_0) & F_z'(M_0)\\ G_y'(M_0) & G_z'(M_0)\end{vmatrix}}=\frac{y-y_0}{\begin{vmatrix}F_z'(M_0) & F_x'(M_0)\\ G_z'(M_0) & G_x'(M_0)\end{vmatrix}}$$

$$=\frac{z-z_0}{\begin{vmatrix}F_x'(M_0) & F_y'(M_0)\\ G_x'(M_0) & G'y(M_0)\end{vmatrix}}.$$

二、典型题型归纳及解题方法与技巧

1. 求曲面 S 的法向量或切平面与法线方程

【例 9.6.1】设有曲面 $S:3(x^2+z^2)+2y^2=12$ 及 S 上的一个点 $M_0(0,\sqrt{3},\sqrt{2})$，求 S 在点 M_0 处指向外侧的单位法向量.

【解】记 $F(x,y,z)=3(x^2+z^2)+2y^2-12$，则曲面 $S:F(x,y,z)=0$ 在 M_0 点处的一对法向量是

$$\pm\left\{\frac{\partial F}{\partial x},\frac{\partial F}{\partial y},\frac{\partial F}{\partial z}\right\}\Bigg|_{(0,\sqrt{3},\sqrt{2})}=\pm\{6x,4y,6z\}\,|_{(0,\sqrt{3},\sqrt{2})}=\pm 2\{0,2\sqrt{3},3\sqrt{2}\},$$

单位化后得 $\pm\dfrac{\{0,2\sqrt{3},3\sqrt{2}\}}{\sqrt{12+18}}=\pm\dfrac{1}{\sqrt{5}}\{0,\sqrt{2},\sqrt{3}\}$.

S 是闭曲面：旋转椭球面，点 M_0 位于第一卦限，因此指向外侧的单位法向量为

$$\boldsymbol{n}=\frac{1}{\sqrt{5}}\{0,\sqrt{2},\sqrt{3}\}.$$

【例 9.6.2】求曲面 $S:z=\arctan\dfrac{x}{y}$ 在点 $M_0\left(1,1,\dfrac{\pi}{4}\right)$ 处的切平面和法线方程.

【解】记 $F(x,y,z)=\arctan\dfrac{x}{y}-z$，则 $S:F(x,y,z)=0$. $M_0\in S$，S 在 M_0 点的一个法向量

$$\boldsymbol{n}=\left\{\frac{\partial F}{\partial x},\frac{\partial F}{\partial y},\frac{\partial F}{\partial z}\right\}\Bigg|_{M_0}=\left\{\frac{y}{x^2+y^2},-\frac{x}{x^2+y^2},-1\right\}\Bigg|_{M_0}$$

学习随笔

$$=\left\{\frac{1}{2},-\frac{1}{2},-1\right\}=\frac{1}{2}\{1,-1,-2\}.$$

于是 S 在点 M_0 的切平面方程是

$$(x-1)-(y-1)-2\left(z-\frac{\pi}{4}\right)=0,\text{即 } x-y-2z+\frac{\pi}{2}=0.$$

法线方程为 $x-1=\dfrac{y-1}{-1}=\dfrac{z-\frac{\pi}{4}}{-2}$.

评注　求曲面的切平面方程或法线方程的关键是:求曲面的法向量.

2. 求曲线的切线方程与法平面方程

【例 9.6.3】求下列曲线在指定点的切线和法平面方程:

(1) 曲线 $\Gamma: x=a\sin^2 t,\ y=b\sin t\cos t,\ z=c\cos^2 t$,对应于 $t=\dfrac{\pi}{4}$ 的点;

(2) 曲线 $\Gamma: y=x, z=x^2$,点$(1,1,1)$;

(3) 曲线 $\Gamma:\begin{cases}z=x^2+y^2,\\2x^2+2y^2-z^2=0,\end{cases}$ 点$(1,1,2)$.

【解】(1) 对应于 $t=\dfrac{\pi}{4}$ 的点是$\left(\dfrac{a}{2},\dfrac{b}{2},\dfrac{c}{2}\right)$. 曲线 Γ 在该点的切向量

$$\begin{aligned}\boldsymbol{\tau}&=\{x'(t),y'(t),z'(t)\}\big|_{t=\frac{\pi}{4}}\\&=\{2a\sin t\cos t,b(\cos^2 t-\sin^2 t),-2c\sin t\cos t\}\big|_{t=\frac{\pi}{4}}\\&=\{a,0,-c\}.\end{aligned}$$

所以 Γ 在该点的切线方程为$\dfrac{x-\frac{a}{2}}{a}=\dfrac{y-\frac{b}{2}}{0}=\dfrac{z-\frac{c}{2}}{-c}$,

法平面方程为 $a\left(x-\dfrac{a}{2}\right)-c\left(z-\dfrac{c}{2}\right)=0$,即 $ax-cz-\dfrac{a^2}{2}+\dfrac{c^2}{2}=0$.

(2) 曲线 Γ 的参数方程是 $x=t,y=t,z=t^2$,点$(1,1,1)$对应的参数 $t=1$. Γ 在点$(1,1,1)$处的切向量

$$\boldsymbol{\tau}=\{x'(t),y'(t),z'(t)\}\big|_{t=1}=\{1,1,2\}.$$

于是切线方程为 $x-1=y-1=\dfrac{z-1}{2}$,

法平面方程为$(x-1)+(y-1)+2(z-1)=0$,即 $x+y+2z-4=0$.

(3) 曲线 Γ 是曲面 $S_1: x^2+y^2-z=0$ 与 $S_2: 2x^2+2y^2-z^2=0$ 的交线. 点 $M_0(1,1,2)\in\Gamma$,Γ 在点 M_0 的切向量 $\boldsymbol{\tau}$ 既在 S_1 过 M_0 的切平面上,又在 S_2 过 M_0 的切平面上. 这两个切平面的法向量分别为

$$\boldsymbol{n}_1=\{2x,2y,-1\}\big|_{(1,1,2)}=\{2,2,-1\},$$

$$\boldsymbol{n}_2=\{4x,4y,-2z\}\big|_{(1,1,2)}=4\{1,1,-1\}\text{ 或 }\boldsymbol{n}_2=\{1,1,-1\},$$

$\boldsymbol{\tau}$ 垂直于 $\boldsymbol{n}_1$ 与 $\boldsymbol{n}_2$,于是

学习随笔

$$\boldsymbol{\tau}=\boldsymbol{n}_1\times\boldsymbol{n}_2=\begin{vmatrix}\boldsymbol{i} & \boldsymbol{j} & \boldsymbol{k}\\ 2 & 2 & -1\\ 1 & 1 & -1\end{vmatrix}=-\boldsymbol{i}+\boldsymbol{j}.$$

因此 P 在点 M_0 的切线方程为$\dfrac{x-1}{-1}=\dfrac{y-1}{1}=\dfrac{z-2}{0}$，

法平面方程为$-(x-1)+(y-1)=0$，即 $x-y=0$.

评注　① 求曲线的切线方程或法平面方程的关键是求曲线的切向量.

② 题(2)中也可把 Γ 看成曲面 $S_1:y=x$ 与 $S_2:z=x^2$ 的交线，则 S_1 与 S_2 在点 $M_0(1,1,1)$处的一个法向量分别是

$$\boldsymbol{n}_1=\{1,-1,0\},\quad \boldsymbol{n}_2=\{2,0,-1\}.$$

因此，Γ 在点 M_0 处的一个切向量

$$\boldsymbol{\tau}=\boldsymbol{n}_1\times\boldsymbol{n}_2=\begin{vmatrix}\boldsymbol{i} & \boldsymbol{j} & \boldsymbol{k}\\ 1 & -1 & 0\\ 2 & 0 & -1\end{vmatrix}=\boldsymbol{i}+\boldsymbol{j}+2\boldsymbol{k}.$$

3. 讨论某些曲线的切线的性质或求曲线满足一定条件的切线方程

【例 9.6.4】证明曲线 $\Gamma:x=a\mathrm{e}^t\cos t,\ y=a\mathrm{e}^t\sin t,\ z=a\mathrm{e}^t$ 与锥面 $S:x^2+y^2=z^2$ 的各母线相交的角度相同.

【分析与证明】先证 Γ 在锥面上，再求出 Γ 上 $\forall$ 点处的切向量 $\boldsymbol{\tau}$ 与母线方向 $\boldsymbol{l}$，最后证$\cos\langle\boldsymbol{l},\boldsymbol{\tau}\rangle$为常数.

显然 Γ 的参数方程满足：$x^2+y^2=z^2$，于是 Γ 在锥面 S 上. Γ 上 $\forall$ 点(x,y,z)处的母线方向是 $\boldsymbol{l}=\{x,y,z\}$. 切向量是

$$\boldsymbol{\tau}=\{x',y',z'\}=\{a\mathrm{e}^t(\cos t-\sin t),a\mathrm{e}^t(\cos t+\sin t),a\mathrm{e}^t\}=\{x-y,x+y,z\}.$$

因此
$$\cos\langle\boldsymbol{l},\boldsymbol{\tau}\rangle=\frac{\boldsymbol{l}\cdot\boldsymbol{\tau}}{|\boldsymbol{l}|\,|\boldsymbol{\tau}|}=\frac{\{x,y,z\}\cdot\{x-y,x+y,z\}}{\sqrt{x^2+y^2+z^2}\sqrt{(x-y)^2+(x+y)^2+z^2}}$$
$$=\frac{2z^2}{\sqrt{2}\,|z|\sqrt{3}\,|z|}=\frac{\sqrt{6}}{3}.$$

即曲线 Γ 与锥面 S 的各母线相交的角度相同，均为 $\arccos\dfrac{\sqrt{6}}{3}$.

【例 9.6.5】确定 b 并求曲线 $\Gamma:\begin{cases}x=t,\\ y=-t^2,\\ z=\dfrac{1}{12}t^3\end{cases}$ 的切线，使之与平面 $\Pi:x+by+z=4$ 垂直.

【分析与求解】$\forall t_0\in(-\infty,+\infty)$，$M_0(x(t_0),y(t_0),z(t_0))=\left(t_0,-t_0^2,\dfrac{1}{12}t_0^3\right)$是 Γ 上 $\forall$ 点. Γ 在 M_0 的切向量

$$\boldsymbol{\tau}=\{x'(t_0),y'(t_0),z'(t_0)\}=\left\{1,-2t_0,\frac{1}{4}t_0^2\right\}.$$

学习随笔

切线与平面 Π 垂直$\Leftrightarrow$ $\boldsymbol{\tau}$ 与 Π 的法向量 $\boldsymbol{n}=\{1,b,1\}$ 平行,即

$$\frac{1}{1}=\frac{-2t_0}{b}=\frac{\frac{1}{4}t_0^2}{1}.$$

解得 $t_0=\pm 2$,相应地 $b=\mp 4$. 对应于 $t_0=\pm 2$,Γ 上相应的点 $M_0\left(\pm 2,-4,\pm\frac{2}{3}\right)$,$\Gamma$ 在点 M_0 的切向量 $\boldsymbol{\tau}=\{1,\mp 4,1\}$. 因此,$b=-4$ 时,Γ 的切线

$$\frac{x-2}{1}=\frac{y+4}{-4}=\frac{z-\frac{2}{3}}{1}$$

与平面 Π 垂直. 当 $b=4$ 时,Γ 的切线

$$\frac{x+2}{1}=\frac{y+4}{4}=\frac{z+\frac{2}{3}}{1}$$

与平面 Π 垂直.

4. 求曲面满足一定条件的切平面方程,讨论某些曲面的切平面的性质

【例 9.6.6】设有曲面 $S:\frac{x^2}{2}+y^2+\frac{z^2}{4}=1$ 及平面 $\Pi:2x+2y+z+5=0$,在曲面 S 上求平行于平面 Π 的切平面方程.

【分析与求解】先求 S 上任意点 $M_0(x_0,y_0,z_0)$处的切平面方程.

记 S 的方程为 $F(x,y,z)=0$,$F(x,y,z)=\frac{x^2}{2}+y^2+\frac{z^2}{4}-1$. 则 S 上点 M_0 处的切平面方程为

$$F_x'(x_0,y_0,z_0)(x-x_0)+F_y'(x_0,y_0,z_0)(y-y_0)+F_z'(x_0,y_0,z_0)(z-z_0)=0,$$

其中$\{F_x'(x_0,y_0,z_0),F_y'(x_0,y_0,z_0),F_z'(x_0,y_0,z_0)\}=\{x_0,2y_0,\frac{1}{2}z_0\}$是切平面的法向量.

该切平面与平面 Π 平行$\Leftrightarrow$它们的法向量共线即

$$\frac{x_0}{2}=\frac{2y_0}{2}=\frac{\frac{1}{2}z_0}{1}=\lambda, \tag{9.6-1}$$

且 $2x_0+2y_0+z_0+5\neq 0$.

由式(9.6-1)得 $x_0=2\lambda,y_0=\lambda,z_0=2\lambda$. 因 M_0 在 S 上,它满足方程

$$\frac{1}{2}x_0^2+y_0^2+\frac{1}{4}z_0^2=1,$$

即

$$\frac{1}{2}(2\lambda)^2+\lambda^2+\frac{1}{4}(2\lambda)^2=1,\quad 4\lambda^2=1,\lambda=\pm\frac{1}{2}.$$

于是

$$(x_0,y_0,z_0)=\pm\left(1,\frac{1}{2},1\right).$$ 显然(x_0,y_0,z_0)不在平面 Π 上.

相应的切平面方程是

$$(x-1)+\left(y-\frac{1}{2}\right)+\frac{1}{2}(z-1)=0,$$

$$-(x+1)-\left(y+\frac{1}{2}\right)-\frac{1}{2}(z+1)=0,$$

即
$$x+y+\frac{1}{2}z-2=0, x+y+\frac{1}{2}z+2=0.$$

这就是曲面 S 上平行于平面 Π 的方程.

评注　求解该问题常犯的一个错误是：S 在 $M_0(x_0,y_0,z_0)$ 处的法向量 $\left\{x_0,2y_0,\frac{1}{2}z_0\right\}$ 与平面 Π 的法向量 $\{2,2,1\}$ 平行 $\Rightarrow$

$$x_0=2,\quad 2y_0=2,\quad \frac{1}{2}z_0=1.$$

非零向量 $\boldsymbol{a}$ 与 $\boldsymbol{b}$ 平行 $\Leftrightarrow\exists$ 常数 λ，使得 $\boldsymbol{a}=\lambda\boldsymbol{b}$. 另外，$\boldsymbol{a}$ 与 $\boldsymbol{b}$ 平行 $\not\Rightarrow\boldsymbol{a}=\boldsymbol{b}$.

【例 9.6.7】证明曲面 $F(x-az,y-bz)=0$ 的切平面与某直线平行，其中 a,b 为常数.

【分析与证明】将曲面方程表示为 $G(x,y,z)=0$，则

$$\frac{\partial G}{\partial x}=F'_1,\quad \frac{\partial G}{\partial y}=F'_2,\quad \frac{\partial G}{\partial z}=-aF'_1-bF'_2.$$

于是曲面在 $\forall$ 点 (x,y,z) 处的法向量

$$\boldsymbol{n}=\left\{\frac{\partial G}{\partial x},\frac{\partial G}{\partial y},\frac{\partial G}{\partial z}\right\}=\{F'_1,F'_2,-aF'_1-bF'_2\}.$$

下证 $\boldsymbol{n}$ 与某向量垂直. 令 $\boldsymbol{l}=\{a,b,1\}$，则 $\boldsymbol{n}\cdot\boldsymbol{l}=aF'_1+bF'_2-aF'_1-bF'_2=0$.

因此，该曲面的切平面均与以 $\boldsymbol{l}$ 为方向向量的直线平行.

第七节　方向导数与梯度

一、知识点归纳总结

1. 方向导数

(1) 方向导数的定义

xOy 平面上过点 $M_0(x_0,y_0)$ 以 $\boldsymbol{l}$ 为方向向量的直线 L 的方程

$$x=x_0+t\cos\alpha,\quad y=y_0+t\cos\beta\ (-\infty<t<+\infty),$$

其中 $\boldsymbol{l}_0=\dfrac{\boldsymbol{l}}{|\boldsymbol{l}|}=(\cos\alpha,\cos\beta)$，$\cos\alpha,\cos\beta$ 是 $\boldsymbol{l}$ 的方向余弦.

参数 t 的几何意义：直线 L 上点 $M(x,y)$ 与 M_0 的距离即 $|t|$，$t>0$ 时 $\overrightarrow{M_0M}$ 与 $\boldsymbol{l}$ 同向，$t<0$ 时 $\overrightarrow{M_0M}$ 与 $\boldsymbol{l}$ 反向.

点 $M(x,y)$ 限制在直线 L 上时二元函数 $f(x,y)$ 变成了一元函数

$$\varphi(t)=f(x_0+t\cos\alpha,\quad y_0+t\cos\beta).$$

学习随笔

定义　若一元函数 $\varphi(t)$ 在 $t=0$ 存在导数 $\varphi'(0)$，称它为 $z=f(x,y)$ 在点 $M_0(x_0,y_0)$ 沿方向 $\boldsymbol{l}$ 的方向导数，记为 $\frac{\partial f(M_0)}{\partial l}$ 或 $\frac{\partial f(x_0,y_0)}{\partial l}$.

$\frac{\partial f(M_0)}{\partial l}$ 即 $f(x,y)$ 在点 M_0 沿 $\boldsymbol{l}$ 方向的变化率.

用极限表示：

$$\frac{\partial f(M_0)}{\partial l}=\lim_{t\to 0}\frac{\varphi(t)-\varphi(0)}{t}=\lim_{t\to 0}\frac{f(x_0+t\cos\alpha,\ y_0+t\cos\beta)-f(x_0,y_0)}{t}.$$

等价定义：

记 ρ 为点 $M(x,y)$ 与 $M_0(x_0,y_0)$ 的距离，则

$$\frac{\partial f(M_0)}{\partial l}=A\Leftrightarrow \lim_{\rho\to 0,\overrightarrow{M_0M}\text{与}l\text{同向}}\frac{f(M)-f(M_0)}{\rho}=\lim_{\rho\to 0,\overrightarrow{M_0M}\text{与}l\text{反向}}\frac{f(M_0)-f(M)}{\rho}=A.$$

偏导数是特殊的方向导数：

$\frac{\partial f(M_0)}{\partial x}$ 即 $f(x,y)$ 在 M_0 沿 $\boldsymbol{l}=\boldsymbol{i}$ 的方向导数，

$\frac{\partial f(M_0)}{\partial y}$ 即 $f(x,y)$ 在 M_0 沿 $\boldsymbol{l}=\boldsymbol{j}$ 的方向导数，

其中 $\boldsymbol{i}$，$\boldsymbol{j}$ 分别是 x,y 轴的坐标向量.

(2) 方向导数的几何意义

在空间直角坐标系 $Oxyz$ 中，以 $(x_0,y_0,0)$ 为原点，$(\cos\alpha,\cos\beta,0)$ 为横轴方向，$(0,0,1)$ 为纵轴方向，建立平面直角坐标系，则曲面 $S:z=f(x,y)$ 与平面 $\Pi:\begin{cases}x=x_0+t\cos\alpha\\ y=y_0+t\cos\beta\end{cases}$ 的交线 Γ 在这个平面直角坐标系中的方程是

$$z=f(x_0+t\cos\alpha,y_0+t\cos\beta)\xlongequal{\Delta}\varphi(t),$$

其中 t 是横坐标，z 是纵坐标. 而 $\frac{\partial f(x_0,y_0)}{\partial l}=\varphi'(0)$ 是曲线 Γ 在点 $(x_0,y_0,\ f(x_0,y_0))$ 的切线与向量 $(\cos\alpha,\cos\beta,0)$ 的夹角的正切.

(3) 方向导数的计算公式

设 $z=f(x,y)$ 在点 (x,y) 处可微时，则沿任一方向 $\boldsymbol{l}$ 的方向导数均存在且有下列公式

$$\frac{\partial f(x,y)}{\partial l}=\frac{\partial f(x,y)}{\partial x}\cos\alpha+\frac{\partial f(x,y)}{\partial y}\cos\beta,$$

其中 α,β 分别是方向 $\boldsymbol{l}$ 与 x 轴正向及 y 轴正向的夹角即 $\boldsymbol{l}$ 的方向角.（α,β 的变化范围是 0 到 π，见图 9.7－1）.

若以 θ 表示 $\boldsymbol{l}$ 的极角 $(0\leqslant\theta<2\pi)$，则 $\boldsymbol{l}_0=(\cos\theta,\sin\theta)$，方向导数的计算公式表为

$$\frac{\partial f(x_0,y_0)}{\partial l}=\frac{\partial f(x_0,y_0)}{\partial x}\cos\theta+\frac{\partial f(x_0,y_0)}{\partial y}\sin\theta,$$

见图 9.7－2.

类似地，三元函数 $u=f(x,y,z)$ 沿任意方向 $\boldsymbol{l}$ 的方向导数可表为

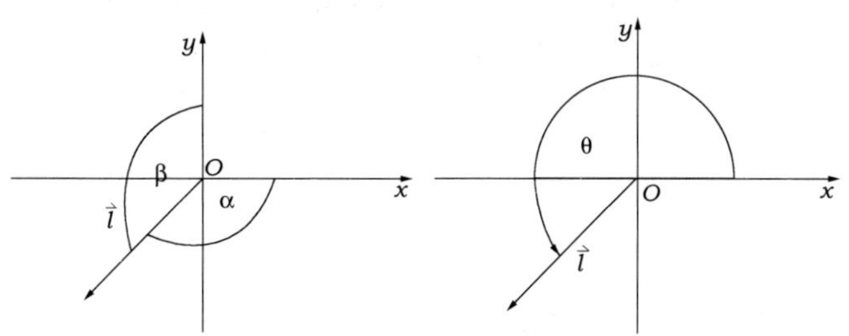

图 9.7-1　　　　图 9.7-2

$$\frac{\partial f(x,y,z)}{\partial l}=\frac{\partial f(x,y,z)}{\partial x}\cos\alpha+\frac{\partial f(x,y,z)}{\partial y}\cos\beta+\frac{\partial f(x,y,z)}{\partial z}\cos\gamma,$$

其中 α,β,γ 分别是 $\boldsymbol{l}$ 与 x,y,z 轴正向的夹角，即 $\boldsymbol{l}$ 的方向角，仍设 $f(x,y,z)$在(x,y,z)可微.

2. 函数的梯度

(1) 梯度定义

称向量$\left(\frac{\partial f(x_0,y_0)}{\partial x},\frac{\partial f(x_0,y_0)}{\partial y}\right)$为 $f(x,y)$在点 $M_0(x_0,y_0)$的梯度向量，简称梯度. 记为

$$\mathbf{grad}f\,|_{(x_0,y_0)}=\nabla f\,|_{(x_0,y_0)}=\left(\frac{\partial f(x_0,y_0)}{\partial x},\frac{\partial f(x_0,y_0)}{\partial y}\right)$$

其中$\nabla=\left(\frac{\partial}{\partial x},\frac{\partial}{\partial y}\right)$为梯度算符.

(2) 梯度与方向导数的关系

用梯度表示方向导数的计算公式

$$\frac{\partial f(x,y)}{\partial l}=\mathbf{grad}f(x,y)\cdot \boldsymbol{l}_0=|\mathbf{grad}f(x,y)|\cos\langle \mathbf{grad}f,\boldsymbol{l}_0\rangle,$$

其中 $\boldsymbol{l}_0=\frac{\boldsymbol{l}}{|\boldsymbol{l}|}$.

(3) 梯度的性质

① 设 $z=f(x,y)$在(x,y)可微，则沿着给定点处的梯度方向(即 $\boldsymbol{l}=\mathbf{grad}f(x,y)$)时方向导数取最大值，其值等于

$$|\mathbf{grad}f(x,y)|=\sqrt{\left(\frac{\partial f}{\partial x}\right)^2+\left(\frac{\partial f}{\partial y}\right)^2}.$$

沿着给定点的负梯度方向(即 $\boldsymbol{l}=-\mathbf{grad}f(x,y)$)时方向导数取最小值，其值为$-|\mathbf{grad}f(x,y)|$；沿着与给定点处梯度向量垂直的方向时，方向导数取值为零. 三元函数有类似结论.

② 若$\nabla f(x,y)|_{x_0,y_0}\neq\boldsymbol{\theta}$，则二元函数 $z=f(x,y)$的等值线 $f(x,y)=f(x_0,y_0)$在点(x_0,y_0)的法向量是$\nabla f(x,y)|_{x_0,y_0}$.

学习随笔

三元函数类似. 若$\nabla f(x,y,z)|_{(x_0,y_0,z_0)}\neq\boldsymbol{\theta}$,则$f(x,y,z)$的等值面$f(x,y,z)=f(x_0,y_0,z_0)$在$(x_0,y_0,z_0)$点的法向量是$\nabla f(x,y,z)|_{(x_0,y_0,z_0)}$.

(4) 梯度的运算法则

① $\nabla(u\pm v)=\nabla u\pm\nabla v$.

② $\nabla(uv)=v\nabla u+u\nabla v$, $\nabla(cu)=c\nabla u$ (c 为常数).

③ $\nabla\left(\dfrac{u}{v}\right)=\dfrac{1}{v^2}(v\nabla u-u\nabla v)$ $(v\neq 0)$.

④ $\nabla f(u)=f'(u)\nabla u$.

二、典型题型归纳及解题方法与技巧

1. 求函数在指定点处沿指定方向的方向导数

【例 9.7.1】求下列二元函数$f(x,y)$在指定点处沿指定方向的方向导数$\dfrac{\partial f}{\partial l}\Big|_{(x_0,y_0)}$:

(1) $f(x,y)=x^2-y^2$,$(x_0,y_0)=(1,1)$,$\langle\boldsymbol{l},\boldsymbol{i}\rangle=\dfrac{\pi}{3}$,$\langle\boldsymbol{l},\boldsymbol{j}\rangle=\dfrac{\pi}{6}$;

(2) $f(x,y)=\ln(x^2+y^2)$,$(x_0,y_0)=(1,1)$,$\boldsymbol{l}$ 的极角$\theta=120°$.

【解】直接用方向导数的计算公式

(1) $$\frac{\partial f}{\partial l}\Big|_{(1,1)}=\frac{\partial f(1,1)}{\partial x}\cos\alpha+\frac{\partial f(1,1)}{\partial y}\cos\beta$$
$$=2\cos\frac{\pi}{3}-2\cos\frac{\pi}{6}=2\times\frac{1}{2}-2\times\frac{\sqrt{3}}{2}=1-\sqrt{3}.$$

(2) $$\frac{\partial f}{\partial l}\Big|_{(1,1)}=\frac{\partial f(1,1)}{\partial x}\cos\theta+\frac{\partial f(1,1)}{\partial y}\sin\theta$$
$$=\frac{2x}{x^2+y^2}\Big|_{(1,1)}\cos120°+\frac{2y}{x^2+y^2}\Big|_{(1,1)}\sin120°$$
$$=1\times\left(-\frac{1}{2}\right)+1\times\frac{\sqrt{3}}{2}=\frac{1}{2}(\sqrt{3}-1).$$

【例 9.7.2】求下列三元函数$u=f(x,y,z)$在指定点处沿指向方向的方向导数$\dfrac{\partial u}{\partial l}\Big|_{(x_0,y_0,z_0)}$:

(1) $u=xyz$,$(x_0,y_0,z_0)=(1,1,1)$,$\boldsymbol{l}$ 沿从点$A(1,1,1)$到$B(2,2,2)$的方向;

(2) $u=xy+yz+zx$,$(x_0,y_0,z_0)=(2,1,3)$,$\boldsymbol{l}$ 与各坐标轴正向成等角.

【解】按题意先确定方向$\boldsymbol{l}$,然后套方向导数公式.

(1) 此处$\overrightarrow{AB}=\{2-1,2-1,2-1\}=\{1,1,1\}$,将$\overrightarrow{AB}$单位化即得方向$\boldsymbol{l}$的方向余弦
$$\boldsymbol{l}=\frac{\overrightarrow{AB}}{|\overrightarrow{AB}|}=\frac{1}{\sqrt{3}}\{1,1,1\}=\{\cos\alpha,\cos\beta,\cos\gamma\}.$$

于是 $$\frac{\partial u}{\partial l}\Big|_{(1,1,1)}=\frac{\partial u(1,1,1)}{\partial x}\cos\alpha+\frac{\partial u(1,1,1)}{\partial y}\cos\beta+\frac{\partial u(1,1,1)}{\partial y}\cos\gamma$$

$$=(yz)|_{(1,1,1)}\cos\alpha+(xz)|_{(1,1,1)}\cos\beta+(xy)|_{(1,1,1)}\cos\gamma$$

$$=1\times\frac{1}{\sqrt{3}}+1\times\frac{1}{\sqrt{3}}+1\times\frac{1}{\sqrt{3}}=\sqrt{3}.$$

(2) 设 $\boldsymbol{l}$ 的方向角为 α,β,γ，按题意：$\alpha=\beta=\gamma$，又由方向余弦的性质得

$$3\cos^2\alpha=1,\quad 即\quad \cos\alpha=\pm\frac{1}{\sqrt{3}}.$$

即方向 $\boldsymbol{l}_1=\left\{\frac{1}{\sqrt{3}},\frac{1}{\sqrt{3}},\frac{1}{\sqrt{3}}\right\}$，$\boldsymbol{l}_2=\left\{-\frac{1}{\sqrt{3}},-\frac{1}{\sqrt{3}},-\frac{1}{\sqrt{3}}\right\}$，均与坐标轴正向成等角.

记 M_0 为点(2,1,3)，则

$$\frac{\partial u(M_0)}{\partial x}=(y+z)|_{(2,1,3)}=4,\quad \frac{\partial u(M_0)}{\partial y}=(x+z)|_{(2,1,3)}=5,$$

$$\frac{\partial u(M_0)}{\partial z}=(y+x)|_{(2,1,3)}=3.$$

于是
$$\frac{\partial u(M_0)}{\partial l_1}=4\times\frac{1}{\sqrt{3}}+5\times\frac{1}{\sqrt{3}}+3\times\frac{1}{\sqrt{3}}=4\sqrt{3}.$$

又 $\boldsymbol{l}_2=-\boldsymbol{l}_1\Rightarrow\frac{\partial u(M_0)}{\partial l_2}=-4\sqrt{3}.$

评注　求函数 $z=f(x,y)$ 在点 $M_0(x_0,y_0)$ 处的方向导数 $\frac{\partial f(M_0)}{\partial l}$ 归结为求偏导数 $\frac{\partial f(M_0)}{\partial x},\frac{\partial f(M_0)}{\partial y}$ 及方向 $\boldsymbol{l}$ 的方向余弦.特别是，若题中只给出方向 $\boldsymbol{l}$ 与某向量 $\overrightarrow{AB}$ 同向且平行，则要将 $\overrightarrow{AB}$ 单位化求得 $\boldsymbol{l}$ 的方向余弦. $\boldsymbol{l}=\frac{\overrightarrow{AB}}{|\overrightarrow{AB}|}=(\cos\alpha,\cos\beta)$. 对三元函数是类似的.

2. 求梯度向量

【例 9.7.3】求函数 $z=\ln\frac{y}{x}$ 分别在 $A\left(\frac{1}{3},\frac{1}{10}\right)$，$B\left(1,\frac{1}{6}\right)$ 处的两个梯度之间的夹角.

【解】$x>0,y>0$ 时，$z=\ln y-\ln x$，

$$\mathbf{grad}z=\left(\frac{\partial z}{\partial x},\frac{\partial z}{\partial y}\right)=\left(-\frac{1}{x},\frac{1}{y}\right),$$

$$\Rightarrow\quad \mathbf{grad}z|_A=(-3,10),\quad \mathbf{grad}z|_B=(-1,6).$$

分别记为 $\boldsymbol{l}_A$ 与 $\boldsymbol{l}_B$，它们的夹角记为 θ，则

$$\cos\theta=\frac{\boldsymbol{l}_A\cdot\boldsymbol{l}_B}{|\boldsymbol{l}_A||\boldsymbol{l}_B|}=\frac{(-3)\times(-1)+10\times 6}{\sqrt{9+100}\sqrt{1+36}}=\frac{63}{\sqrt{109}\sqrt{37}}.$$

【例 9.7.4】求函数 $u=x^3+y^3+z^3-3xyz$ 的梯度，并问在何处其梯度：

(1) 垂直于 z 轴；　(2) 平行于 z 轴.

【解】$\mathbf{grad}u=(3x^2-3yz,3y^2-3xz,3z^2-3xy)$.

学习随笔

(1) $\mathbf{grad}u$ 与 z 轴垂直 $\Leftrightarrow$ $\mathbf{grad}u\cdot\boldsymbol{k}=0$ $(\boldsymbol{k}=(0,0,1))$,即 $3z^2-3xy=0$. 因此,在曲面 $z^2=xy$ 上的点处,梯度与 z 轴垂直.

(2) $\mathbf{grad}u$ 与 z 轴平行 $\Leftrightarrow$ $\mathbf{grad}u=\lambda\boldsymbol{k}$ $\Leftrightarrow$

$$x^2-yz=0,\ y^2-xz=0,\ z^2-xy=c.\ (c\text{ 为常数})$$

若 $x\neq0,y\neq0$,用 x,y 分别乘前两个方程得 $x=y$,再代回第一方程得 $x=z$.将 $x=y=z$ 代入第三个方程得 $c=0$,即此时 $\mathbf{grad}u=\boldsymbol{0}$,由于零向量的方向任意,可认为它的方向与 z 轴平行.

若 $x=0\Rightarrow y=0$,或 $y=0\Rightarrow x=0$,此时 z 取任意值都有 $\mathbf{grad}u$ 与 z 轴平行.

【例 9.7.5】设 $r=\sqrt{x^2+y^2+z^2}$,求下列梯度:

(1) $\mathbf{grad}r$; (2) $\mathbf{grad}(r^{-n})$,n 为常数 $n\neq0$;

(3) $\mathbf{grad}\left[\boldsymbol{c}\cdot\boldsymbol{r}+\dfrac{1}{2}\ln(\boldsymbol{c}\cdot\boldsymbol{r})\right]$,其中 $\boldsymbol{c}$ 为常向量,$\boldsymbol{r}=(x,y,z)$,$\boldsymbol{c}\cdot\boldsymbol{r}>0$.

【解】(1) $\mathbf{grad}r=\left(\dfrac{\partial r}{\partial x},\dfrac{\partial r}{\partial y},\dfrac{\partial r}{\partial z}\right)=\left(\dfrac{x}{r},\dfrac{y}{r},\dfrac{z}{r}\right)=\dfrac{1}{r}(x,y,z)=\dfrac{1}{r}\boldsymbol{r}$,

其中 $\boldsymbol{r}=(x,y,z)$.

(2) 由梯度运算法则

$$\mathbf{grad}(r^{-n})=\frac{\mathrm{d}}{\mathrm{d}r}(r^{-n})\nabla r=\frac{-n}{r^{n+1}}\cdot\frac{\boldsymbol{r}}{r}=\frac{-n}{r^{n+2}}\boldsymbol{r},$$

其中由题(1),$\nabla r=\dfrac{1}{r}\boldsymbol{r}$.

(3) 记 $\boldsymbol{c}=(c_1,c_2,c_3)$,则 $\nabla(\boldsymbol{c}\cdot\boldsymbol{r})=\nabla(c_1x+c_2y+c_3z)=(c_1,c_2,c_3)=\boldsymbol{c}$. 再由梯度运算法则得

$$\begin{aligned}\mathbf{grad}\left[\boldsymbol{c}\cdot\boldsymbol{r}+\frac{1}{2}\ln(\boldsymbol{c}\cdot\boldsymbol{r})\right]&=\nabla(\boldsymbol{c}\cdot\boldsymbol{r})+\frac{1}{2}\nabla\ln(\boldsymbol{c}\cdot\boldsymbol{r})=\boldsymbol{c}+\frac{1}{2}\frac{1}{\boldsymbol{c}\cdot\boldsymbol{r}}\nabla(\boldsymbol{c}\cdot\boldsymbol{r})\\&=\boldsymbol{c}+\frac{1}{2(\boldsymbol{c}\cdot\boldsymbol{r})}\boldsymbol{c}=\left[1+\frac{1}{2(\boldsymbol{c}\cdot\boldsymbol{r})}\right]\boldsymbol{c}.\end{aligned}$$

评注 ① 求 $z=f(x,y)$(或 $u=f(x,y,z)$)的梯度向量,或直接计算它的每个分量,即相应的偏导数,或利用梯度运算法则.

② 讨论一个函数在两点处梯度的关系或一点处的梯度与其他向量的关系,归结为讨论两个向量间的关系.

3. 梯度的性质

【例 9.7.6】设 xOy 平面上各点的温度 T 与点的位置的关系为 $T=4x^2+9y^2$,点 P_0 为(9,4),求:

(1) $\mathbf{grad}T\big|_{P_0}$; (2) 在点 P_0 处沿极角为 $210°$ 的方向 $\boldsymbol{l}$ 的温度变化率;

(3) 在什么方向上点 P_0 处温度的变化率取得:最大值;最小值;零,并求此最大值与最小值.

【分析与求解】(1) 按梯度的定义

$$\mathbf{grad}T\big|_{P_0}=\left(\frac{\partial T}{\partial x},\frac{\partial T}{\partial y}\right)\bigg|_{P_0}=(8x,18y)\big|_{P_0}=72(1,1).$$

(2) 求 P_0 处沿 $\boldsymbol{l}$ 方向的温度变化率即求 $\left.\frac{\partial T}{\partial l}\right|_{P_0}$. 按方向用极角表示时方向导数的计算公式得

$$\begin{aligned}\left.\frac{\partial T}{\partial l}\right|_{P_0}&=\mathbf{grad}T\,|_{P_0}\cdot(\cos\theta,\sin\theta)\,|_{\theta=210^\circ}\\&=\left.\frac{\partial T}{\partial x}\right|_{P_0}\cos210^\circ+\left.\frac{\partial T}{\partial y}\right|_{P_0}\sin210^\circ\\&=72\left(-\frac{\sqrt{3}}{2}\right)+72\left(-\frac{1}{2}\right)=-36(\sqrt{3}+1).\end{aligned}$$

(3) 温度 T 在 P_0 的梯度方向就是 P_0 点处温度变化率$\left(\text{即}\left.\frac{\partial T}{\partial l}\right|_{P_0}\right)$取最大值的方向,最大值就是 $|\mathbf{grad}T\,|_{P_0}|$. 因此,在 P_0 处沿 $\boldsymbol{l}=\mathbf{grad}T\,|_{P_0}=72(1,1)$,即

$$\boldsymbol{l}_0=\frac{\boldsymbol{l}}{|\boldsymbol{l}|}=(\cos\alpha,\cos\beta)=\left(\frac{1}{\sqrt{2}},\frac{1}{\sqrt{2}}\right)$$

方向,温度变化率取最大值 $|\mathbf{grad}T\,|_{P_0}|=72\sqrt{2}$.

温度 T 在 P_0 沿负梯度方向即 $-\mathbf{grad}T\,|_{P_0}=-72(1,1)$ 就是 T 在 P_0 处温度变化率取最小值的方向,最小值为 $-|\mathbf{grad}T\,|_{P_0}|=-72\sqrt{2}$. 与 P_0 梯度垂直的方向即 $\pm\left(\frac{1}{\sqrt{2}},-\frac{1}{\sqrt{2}}\right)$就是 P_0 点处温度变化率为零的方向,因为

$$\left.\frac{\partial T}{\partial l}\right|_{P_0}=|\mathbf{grad}T\,|_{P_0}|\cos\langle\mathbf{grad}T\,|_{P_0},\boldsymbol{l}\rangle=0$$

仅当 $\boldsymbol{l}\perp\mathbf{grad}T\,|_{P_0}$ 时成立.

【例 9.7.7】求函数 $z=x^2y$ 在点 $M_0(x_0,y_0)$处的梯度,并验证该梯度与函数的等高线在该点的切线垂直.

【解】先求:$\mathbf{grad}z\,|_{M_0}=\left.\left(\frac{\partial z}{\partial x},\frac{\partial z}{\partial y}\right)\right|_{M_0}=(2x_0y_0,x_0^2)$.

其次,函数 $z=x^2y$ 过点 M_0 的等高线为 $x^2y=x_0^2y_0$,即 $y=\frac{x_0^2y_0}{x^2}$.

它在点 M_0 处切线的斜率为 $y'(x_0)=-\left.\frac{2x_0^2y_0}{x^3}\right|_{x=x_0}=-\frac{2y_0}{x_0}$.

于是该等高线在点 M_0 的切向量 $\boldsymbol{\tau}=(x_0,-2y_0)$, $\mathbf{grad}z\,|_{M_0}\cdot\boldsymbol{\tau}=2x_0^2y_0-2x_0^2y_0=0$,即 $\mathbf{grad}z\,|_{M_0}$ 与 $\boldsymbol{\tau}$ 垂直.

评注　设 $z=f(x,y)$ 在 $M_0(x_0,y_0)$点有连续偏导数,则 $\mathbf{grad}f\,|_{M_0}$ 有两条重要性质:

① $\frac{\partial f(M_0)}{\partial l}$沿梯度方向的方向导数取最大值 $|\mathbf{grad}f\,|_{M_0}|$.

② 等高线 $f(x,y)=f(M_0)$在点 M_0 的法向量即 $\mathbf{grad}f\,|_{M_0}$(例 9.7.7 对具体的一个函数验证了这一性质,它具有普遍性).

学习随笔

对于三元函数是类似的.

设 $u=f(x,y,z)$ 在 $M_0(x_0,y_0,z_0)$ 可微,则 $\mathbf{grad}f|_{M_0}$ 有两个重要性质:

① $\dfrac{\partial f(M_0)}{\partial l}$ 沿梯度 $\mathbf{grad}f|_{M_0}$ 方向取最大值 $|\mathbf{grad}f|_{M_0}|$.

② $\mathbf{grad}f|_{M_0}$ 是等值面 $f(x,y,z)=f(M_0)$ 在点 M_0 处的法向量.

4. 求函数沿曲线的切向量或法向量方向的方向导数

【例 9.7.8】求函数 $z=1-\left(\dfrac{x^2}{a^2}+\dfrac{y^2}{b^2}\right)$ 在点 $P\left(\dfrac{a}{\sqrt{2}},\dfrac{b}{\sqrt{2}}\right)$ 处沿曲线 $\dfrac{x^2}{a^2}+\dfrac{y^2}{b^2}=1$,在这点的切线方向和内法线方向的方向导数.

【分析与求解一】曲线在点 P 处切线的斜率为 $y'(x)\Big|_{\left(\frac{a}{\sqrt{2}},\frac{b}{\sqrt{2}}\right)}$,由曲线方程得

$$\frac{2x}{a^2}+\frac{2y}{b^2}y'(x)=0,\quad y'=-\frac{b^2}{a^2}\cdot\frac{x}{y}.$$

P 点处 $y'=-\dfrac{b}{a}$.

于是,曲线在 P 点处的单位切向量 $\boldsymbol{\tau}=\dfrac{\pm(-a,b)}{\sqrt{a^2+b^2}}$,单位内法向量 $\boldsymbol{n}=\dfrac{-(b,a)}{\sqrt{a^2+b^2}}$.

在 P 点处 $\dfrac{\partial z}{\partial x}=\dfrac{-2x}{a^2}\Big|_{x=\frac{a}{\sqrt{2}}}=\dfrac{-\sqrt{2}}{a}$, $\dfrac{\partial z}{\partial y}=\dfrac{-2y}{b^2}\Big|_{y=\frac{b}{\sqrt{2}}}=\dfrac{-\sqrt{2}}{b}$,

于是在 P 点处

$$\frac{\partial z}{\partial \boldsymbol{\tau}}=\frac{\partial z}{\partial x}\left(\mp\frac{a}{\sqrt{a^2+b^2}}\right)+\frac{\partial z}{\partial y}\left(\pm\frac{b}{\sqrt{a^2+b^2}}\right)$$

$$=-\sqrt{2}\left(\mp\frac{\frac{1}{a}\cdot a}{\sqrt{a^2+b^2}}\pm\frac{\frac{1}{b}\cdot b}{\sqrt{a^2+b^2}}\right)=0,$$

$$\frac{\partial z}{\partial \boldsymbol{n}}=\frac{\partial z}{\partial x}\left(-\frac{b}{\sqrt{a^2+b^2}}\right)+\frac{\partial z}{\partial y}\left(-\frac{a}{\sqrt{a^2+b^2}}\right)$$

$$=\frac{-\sqrt{2}}{a}\left(-\frac{b}{\sqrt{a^2+b^2}}\right)+\left(-\frac{\sqrt{2}}{b}\right)\left(-\frac{a}{\sqrt{a^2+b^2}}\right)=\frac{\sqrt{2}}{ab}\sqrt{a^2+b^2}.$$

【分析与求解二】(参照例 9.7.7 的评注)

令 $\varphi(x,y)=\dfrac{x^2}{a^2}+\dfrac{y^2}{b^2}-1\Rightarrow \mathbf{grad}\varphi=\left(\dfrac{2x}{a^2},\dfrac{2y}{b^2}\right)$. $-\mathbf{grad}\varphi(x,y)$,即 $\varphi(x,y)=0$ 在点(x,y)处的内法线方向,又

$$\mathbf{grad}z=-\left(\frac{2x}{a^2},\frac{2y}{b^2}\right)=-\mathbf{grad}\varphi(x,y),$$

因此,z 在点 P 沿曲线 $\dfrac{x^2}{a^2}+\dfrac{y^2}{b^2}=1$ 的内法线方向 $\boldsymbol{n}$ 即沿 $\mathbf{grad}z|_P$ 的方向的方向导数,于是

$$\frac{\partial z}{\partial n}=|\mathbf{grad}z|_P|=\sqrt{\left(\frac{-\sqrt{2}}{a}\right)^2+\left(\frac{-\sqrt{2}}{b}\right)^2}=\frac{\sqrt{2}}{ab}\sqrt{a^2+b^2}.$$

评注　求函数沿曲线的切向量或法向量方向的方向导数时，首先要求出曲线的法向量(也就求出了切向量)，然后再单位化. 求曲线的切向量或法向量的方法是：或由隐函数求导法，求得切线的斜率，再得相应的切向量和法向量，或求相应函数的梯度向量得法向量(见例 9.7.7 的评注.)

【例 9.7.9】设 $z=f(x,y)$ 在区域 D 有连续的偏导数，$\Gamma: x=x(t), y=y(t)\ (\alpha\leqslant t\leqslant\beta)$ 是 D 中的光滑曲线(即 $\Gamma\subset D$，$x(t),y(t)$ 在 $[\alpha,\beta]$ 有连续的导数且 $x'^2(t)+y'^2(t)\neq 0$)，Γ 的端点为 A,B. 若 $f(A)=f(B)$，求证：$\exists$ 点 $M_0(x_0,y_0)\in\Gamma$，使得

$$\frac{\partial f(M_0)}{\partial\tau}=0,$$

其中 $\boldsymbol{\tau}$ 是 Γ 在 M_0 点的切线的方向向量.

【分析与证明】要证 $\exists$ 点 $M_0\in\Gamma$，使二元函数 $z=f(x,y)$ 在点 M_0 沿 Γ 的切线方向的方向导数为零. 在 Γ 上考察二元函数 $f(x,y)$，它就成了 t 的一元函数

$$\Phi(t)=f[x(t),y(t)],t\in[\alpha,\beta].$$

由条件知 $\Phi(t)$ 在 $[\alpha,\beta]$ 有连续的导数，设 A,B 点分别对应参数 $t=\alpha, t=\beta$，于是

$$\Phi(\alpha)=f(A),\quad \Phi(\beta)=f(B).$$

$\Rightarrow \Phi(\alpha)=\Phi(\beta)$，由罗尔定理 $\Rightarrow\ \exists t_0\in(\alpha,\beta),\Phi'(t_0)=0$.

记 $x_0=x(t_0),y_0=y(t_0)$，由复合函数求导法得

$$\Phi'(t_0)=\left[\frac{\partial f[x(t),y(t)]}{\partial x}x'(t)+\frac{\partial f[x(t),y(t)]}{\partial y}y'(t)\right]\Bigg|_{t=t_0}$$

$$=\frac{\partial f(x_0,y_0)}{\partial x}x'(t_0)+\frac{\partial f(x_0,y_0)}{\partial y}y'(t_0)=0.$$

注意 $(x'(t_0),y'(t_0))$ 是 Γ 在点 $M_0(x_0,y_0)$ 的一个切向量，单位化得

$$\boldsymbol{\tau}=\frac{1}{\sqrt{x'^2(t_0)+y'^2(t_0)}}(x'(t_0),y'(t_0))=(\cos\alpha,\cos\beta).$$

于是得

$$\sqrt{x'^2(t_0)+y'^2(t_0)}\left[\frac{\partial f(x_0,y_0)}{\partial x}\cos\alpha+\frac{\partial f(x_0,y_0)}{\partial y}\cos\beta\right]=0.$$

由方向导数计算公式及 $x'^2(t_0)+y'^2(t_0)\neq 0$ 得 $\dfrac{\partial f(M_0)}{\partial\tau}=0$.

5. 由函数在某点沿两个不共线方向的方向导数求偏导数

【例 9.7.10】设函数 $f(x,y)$ 在 (x_0,y_0) 可微，单位向量 $\boldsymbol{l}_1=\left(\frac{1}{\sqrt2},\frac{1}{\sqrt2}\right)$，$\boldsymbol{l}_2=\left(-\frac{1}{\sqrt2},\frac{1}{\sqrt2}\right)$，$\dfrac{\partial f(x_0,y_0)}{\partial l_1}=1$，$\dfrac{\partial f(x_0,y_0)}{\partial l_2}=0$，确定方向 $\boldsymbol{l}$，使得 $\dfrac{\partial f(x_0,y_0)}{\partial l}=\dfrac{7}{5\sqrt2}$.

【分析与求解】首先，由方向导数计算公式及 $\dfrac{\partial f(x_0,y_0)}{\partial l_1}$ 与 $\dfrac{\partial f(x_0,y_0)}{\partial l_2}$ 的值确定 $\dfrac{\partial f(x_0,y_0)}{\partial x}$ 与 $\dfrac{\partial f(x_0,y_0)}{\partial y}$.

因

$$\frac{\partial f(x_0,y_0)}{\partial l_1}=\frac{\partial f(x_0,y_0)}{\partial x}\frac{1}{\sqrt2}+\frac{\partial f(x_0,y_0)}{\partial y}\frac{1}{\sqrt2}=1,$$

学习随笔

$$\frac{\partial f(x_0,y_0)}{\partial l_2}=\frac{\partial f(x_0,y_0)}{\partial x}\left(-\frac{1}{\sqrt{2}}\right)+\frac{\partial f(x_0,y_0)}{\partial y}\frac{1}{\sqrt{2}}=0,$$

解此二元一次方程组,系数行列式为

$$\begin{vmatrix}\frac{1}{\sqrt{2}} & \frac{1}{\sqrt{2}}\\ -\frac{1}{\sqrt{2}} & \frac{1}{\sqrt{2}}\end{vmatrix}=\frac{1}{2}+\frac{1}{2}=1,$$

于是 $$\frac{\partial f(x_0,y_0)}{\partial x}=\begin{vmatrix}1 & \frac{1}{\sqrt{2}}\\ 0 & \frac{1}{\sqrt{2}}\end{vmatrix}=\frac{1}{\sqrt{2}},\quad \frac{\partial f(x_0,y_0)}{\partial y}=\begin{vmatrix}\frac{1}{\sqrt{2}} & 1\\ \frac{-1}{\sqrt{2}} & 0\end{vmatrix}=\frac{1}{\sqrt{2}}.$$

其次,再由方向导数计算公式确定 $\boldsymbol{l}=(\cos\alpha,\cos\beta)$,使得

$$\frac{\partial f(x_0,y_0)}{\partial l}=\frac{\partial f(x_0,y_0)}{\partial x}\cos\alpha+\frac{\partial f(x_0,y_0)}{\partial y}\cos\beta=\frac{7}{5\sqrt{2}},$$

$\Rightarrow$ $$\frac{1}{\sqrt{2}}\cos\alpha+\frac{1}{\sqrt{2}}\cos\beta=\frac{7}{5\sqrt{2}}.$$

又 $$\cos^2\alpha+\cos^2\beta=1$$

$\Rightarrow$ $$\begin{cases}\cos\alpha+\cos\beta=\frac{7}{5},\\ \cos^2\alpha+\cos^2\beta=1.\end{cases}$$

解得 $$(\cos\alpha,\cos\beta)=\left(\frac{4}{5},\frac{3}{5}\right)\quad 或\quad (\cos\alpha,\cos\beta)=\left(\frac{3}{5},\frac{4}{5}\right).$$

评注　设 $\boldsymbol{l}_i=(\cos\alpha_i,\cos\beta_i)\ (i=1,2)$,$\boldsymbol{l}_1$ 与 $\boldsymbol{l}_2$ 不共线,则

$$\begin{cases}\frac{\partial f(M_0)}{\partial l_1}=\frac{\partial f(M_0)}{\partial x}\cos\alpha_1+\frac{\partial f(M_0)}{\partial y}\cos\beta_1,\\ \frac{\partial f(M_0)}{\partial l_2}=\frac{\partial f(M_0)}{\partial x}\cos\alpha_2+\frac{\partial f(M_0)}{\partial y}\cos\beta_2.\end{cases}\tag{9.7-1}$$

由于 $\begin{vmatrix}\cos\alpha_1 & \cos\beta_1\\ \cos\alpha_2 & \cos\beta_2\end{vmatrix}\neq 0$,给定 $\frac{\partial f(M_0)}{\partial l_1}$,$\frac{\partial f(M_0)}{\partial l_2}$,由式(9.7-1)便可求得 $\frac{\partial f(M_0)}{\partial x}$ 与 $\frac{\partial f(M_0)}{\partial y}$.

第八节　多元函数的极值及其求法

一、知识点归纳总结

1. 极值(最值)问题的提法

多元函数的极值问题(即最大、最小值问题)有两类(以二元、三元函数为例):

学习随笔

(1) 简单极值(最值)问题

求 $z=f(x,y)$在定义域 D 上的最大(小)值问题,D 是 Oxy 平面上的一个区域.

求 $u=f(x,y,z)$在定义域 Ω 上的最大(小)值问题,Ω 是 $Oxyz$ 空间中的一个区域.

简单极值又称为普通极值或无条件极值.

(2) 条件极值(最值)问题

求 $z=f(x,y)$在条件 $\varphi(x,y)=0$ 下的最大(小)值问题.

求 $u=f(x,y,z)$ 在条件 $\varphi(x,y,z)=0$ 下的最大(小)值问题或在条件 $\begin{cases}\varphi(x,y,z)=0\\ \psi(x,y,z)=0\end{cases}$下的最大(小)值问题.

这里 $f(x,y)$, $f(x,y,z)$称为目标函数,$\varphi(x,y)=0$,$\varphi(x,y,z)=0$,$\psi(x,y,z)=0$均称为约束条件.

2. 多元函数取极值的条件

求解多元函数极值问题的基本方法是:通过求极值来求最大(小)值.

(1) 极值的定义

设 $f(x,y)$在点 $M_0(x_0,y_0)$的某邻域$U(M_0,\delta)$有定义,且$\forall (x,y)\in U(M_0,\delta)$有

$$f(x,y)\underset{(\geqslant)}{\leqslant} f(x_0,y_0),$$

则称 M_0 是 $f(x,y)$的极大(小)值点, $f(x_0,y_0)$为 $f(x,y)$的极大(小)值. 统称为极值点与极值.

对三元函数有类似定义.

(2) 极值的必要条件

设 $M_0(x_0,y_0)$是 $f(x,y)$的极值点,又$\nabla f(M_0)=\left(\dfrac{\partial f(M_0)}{\partial x},\dfrac{\partial f(M_0)}{\partial y}\right)$存在,则

$$\nabla f(M_0)=\mathbf{0},$$

即

$$\frac{\partial f(M_0)}{\partial x}=0,\quad \frac{\partial f(M_0)}{\partial y}=0.$$

定义　若$\nabla f(x_0,y_0)=0\left(即\dfrac{\partial f(x_0,y_0)}{\partial x}=\dfrac{\partial f(x_0,y_0)}{\partial y}=0\right)$,则称$(x_0,y_0)$为 $f(x,y)$的驻点(或稳定点).

极值的必要条件表明:若 $f(x,y)$在极值点处存在偏导数,则一定是驻点.

(3) 极值的充分条件

设 $f(x,y)$在点 $M_0(x_0,y_0)$邻域$U(M_0,\delta)$有二阶连续偏导数,且

$$f'_x(x_0,y_0)=0,\quad f'_y(x_0,y_0)=0,$$

记 $A=f''_{xx}(x_0,y_0)$,$B=f''_{xy}(x_0,y_0)$,$C=f''_{yy}(x_0,y_0)$,$\Delta=\begin{vmatrix}A & B\\ B & C\end{vmatrix}$,则

① 当 $\Delta>0$,$A>0$ 时 $f(x,y)$在(x_0,y_0)取极小值.

② 当 $\Delta>0$,$A<0$ 时 $f(x,y)$在(x_0,y_0)取极大值.

③ 当 $\Delta<0$ 时(x_0,y_0)不是 $f(x,y)$的极值点.

学习随笔

④ 当 $\Delta=0$ 时需另作讨论.

3. 简单极值(最值)问题的解法

① 设 D 是 Oxy 平面上的有界闭区域，$f(x,y)$在 D 连续，则 $f(x,y)$在 D ∃最大值与最小值. 又若 $f(x,y)$在 D 内存在偏导数，则 $f(x,y)$在 D 上的最大，最小值或在 D 的驻点达到，或在 D 的边界上达到. 因此求 $f(x,y)$在 D 上最值的步骤是：首无，求解方程组$\frac{\partial f}{\partial x}=0,\frac{\partial f}{\partial y}=0$ 得 $f(x,y)$在 D 的驻点. 其次，求 $f(x,y)$在 D 的边界上的最值(它归结为一元函数的最值. 最后，比较驻点的函数值与边界上的最值，其中最大(最小)者为 $f(x,y)$在 D 的最大(最小)值.

② 设 D 不是有界闭区域，往往由实际问题可知，$f(x,y)$在 D 有最大值或最小值且在 D 内达到. 若又有 $f(x,y)$在 D 内存在偏导数，则 $f(x,y)$在 D 的最大值或最小值必在驻点处达到. 因此，只需比较驻点的函数值.

4. 条件极值(最值)问题的解法

(1) 求解条件极值问题的基本思路

① 把条件极值转化为简单极值.

② 同简单极值问题一样，在许多情形下，条件最大(小)值在条件极值点处达到. 因此，只要求出所有可能的条件极值点，再比较它们的函数值就可得条件极值问题的最大值或最小值，因此解决这类问题的关键是，导出条件极值点的必要条件.

(2) 条件极值点的定义

设 $P_0(x_0,y_0)$满足：$\varphi(x_0,y_0)=0$，若 ∃P_0 邻域 $U(P_0,\delta)$，当$(x,y)\in U(P_0,\delta)$且满足 $\varphi(x,y)=0$ 时有

$$f(x,y)\underset{(\geqslant)}{\leqslant} f(x_0,y_0),$$

则称 P_0 是 $z=f(x,y)$在条件 $\varphi(x,y)=0$ 下的极大(小)值点，$f(x_0,y_0)$为条件极大(小)值.

(3) 从条件中解出隐函数，化条件极值为简单极值

求 $z=f(x,y)$在条件 $\varphi(x,y)=0$ 下的极值问题时，若能从条件 $\varphi(x,y)=0$ 中解出 $y=y(x)$，代入目标函数得 $z=f(x,y(x))$，则化成了简单极值问题.

对三元函数 $u=f(x,y,z)$的条件极值问题也有类似的方法.

(4) 用隐函数求导法导出条件极值的必要条件

设 $P_0(x_0,y_0)$是 $z=f(x,y)$在条件 $\varphi(x,y)=0$ 下的极值点. 又 $f(x,y)$，$\varphi(x,y)$在 P_0 邻域有连续偏导数且$(\varphi_x'(P_0),\varphi_y'(P_0))\neq(0,0)$，由隐函数求导法可导出条件极值点 P_0 的必要条件是：

$$\begin{vmatrix} f_x'(P_0) & f_y'(P_0) \\ \varphi_x'(P_0) & \varphi_y'(P_0) \end{vmatrix}=0,\quad \varphi(P_0)=0.$$

对三元函数也有类似结论.

(5) 拉格朗日乘数法，化条件极值为简单极值

用拉格朗日乘数法求解 $z=f(x,y)$在条件 $\varphi(x,y)=0$ 条件下的极值问题的主要步

骤是：

① 引进辅助函数 $F(x,y,\lambda)=f(x,y)+\lambda\varphi(x,y)$.

② 写出方程组 $\begin{cases}\dfrac{\partial F}{\partial x}=\dfrac{\partial f}{\partial x}+\lambda\dfrac{\partial \varphi}{\partial x}=0,\\ \dfrac{\partial F}{\partial y}=\dfrac{\partial f}{\partial y}+\lambda\dfrac{\partial \varphi}{\partial y}=0,\\ \dfrac{\partial F}{\partial \lambda}=\varphi(x,y)=0.\end{cases}$

③ 解上述方程组得所有解(x_0,y_0,λ_0),(x_0,y_0)是可能的条件极值点.

④ 由可能的极值点中求得条件最大值点或最小值点.

类似的步骤用于求解 $u=f(x,y,z)$在条件 $\varphi(x,y,z)=0$ 下的极值问题.(构造辅助函数 $F(x,y,z,\lambda)=f(x,y,z)+\lambda\varphi(x,y,z)$).

用拉格朗日乘数法求解 $u=f(x,y,z)$在条件 $\varphi(x,y,z)=0$,$\psi(x,y,z)=0$ 下的极值问题的主要步骤是：

① 引进辅助函数 $F(x,y,z,\lambda,\mu)=f(x,y,z)+\lambda\varphi(x,y,z)+\mu\psi(x,y,z)$.

② 写出方程组 $\begin{cases}\dfrac{\partial F}{\partial x}=\dfrac{\partial f}{\partial x}+\lambda\dfrac{\partial \varphi}{\partial x}+\mu\dfrac{\partial \psi}{\partial x}=0,\\ \dfrac{\partial F}{\partial y}=\dfrac{\partial f}{\partial y}+\lambda\dfrac{\partial \varphi}{\partial y}+\mu\dfrac{\partial \psi}{\partial y}=0,\\ \dfrac{\partial F}{\partial z}=\dfrac{\partial f}{\partial z}+\lambda\dfrac{\partial \varphi}{\partial z}+\mu\dfrac{\partial \psi}{\partial z}=0,\\ \dfrac{\partial F}{\partial \lambda}=\varphi(x,y,z)=0,\\ \dfrac{\partial F}{\partial \mu}=\psi(x,y,z)=0.\end{cases}$

③ 解上述方程组得所有解$(x_0,y_0,z_0,\lambda_0,\mu_0)$,$(x_0,y_0,z_0)$是可能的条件极值点.

④ 由可能的极值点中求得条件最大值点或最小值点.

以上均假设：$f(x,y)$,$\varphi(x,y)$，$f(x,y,z)$,$\varphi(x,y,z)$,$\psi(x,y,z)$有连续的偏导数.

二、典型题型归纳及解题方法与技巧

1. 按定义判断极值

【例 9.8.1】设 $z=f(x,y)=ax^2+2bxy+cy^2$,其中 a,b,c 为常数.

(1) (0,0)点是否是 $f(x,y)$的驻点；

(2) 按定义判断(0,0)是不是 $f(x,y)$的极小值点或极大值点.

【分析与求解】(1) 计算

$$f'_x(x,y)\big|_{(0,0)}=(2ax+2by)\big|_{(0,0)}=0,\quad f'_y(x,y)\big|_{(0,0)}=(2bx+2cy)\big|_{(0,0)}=0,$$

因此,(0,0)是 $f(x,y)$的驻点.

(2) 按定义判断(0,0)是否是 $f(x,y)$的极值点,就是考察 $f(x,y)-f(0,0)=f(x,y)$是否在某邻域不变号. 为此,用配方法表为

学习随笔

① $a\neq 0$ 时，$f(x,y)=a\left(x+\frac{by}{a}\right)^2+\frac{1}{a}(ac-b^2)y^2$.

若 $a>0,ac-b^2\geqslant 0\Rightarrow(0,0)$是 $f(x,y)$的极小值点.

若 $a<0,ac-b^2\geqslant 0\Rightarrow(0,0)$是 $f(x,y)$的极大值点.

若 $ac-b^2<0\Rightarrow$ 两个系数 a 与$\frac{1}{a}(ac-b^2)$异号 $\Rightarrow(0,0)$不是 $f(x,y)$的极值点.

$\Big($因为 $y=0$ 时 $f(x,0)=ax^2$ 与 a 同号,在直线 $x+\frac{by}{a}=0$ 上 $f(x,y)=\frac{1}{a}(ac-b^2)y^2$ 与$\frac{1}{a}(ac-b^2)$同号,而 $a,\frac{1}{a}(ac-b^2)$异号.$\Big)$

② $a=0$ 时,$f(x,y)=y(2bx+cy)$.

若 $b=0$,$(0,0)$是极值点($c>0$ 时是极小值点,$c<0$ 时是极大值点,$c=0$ 时 $f(x,y)\equiv 0$).若 $b\neq 0$,则$(0,0)$不是极值点.

评注 ① 从上面的讨论可知,若$(0,0)$是 $f(x,y)$的极小(大)值点,则$(0,0)$就是 $f(x,y)=ax^2+2bxy+cy^2$ 的最小(大)值点.

② 这里 $f''_{xx}(0,0)=2a,f''_{xy}(0,0)=2b,f''_{yy}(0,0)=2c$,

$$ac-b^2=\begin{vmatrix} a & b \\ b & c \end{vmatrix}=\frac{1}{4}\begin{vmatrix} f''_{xx}(0,0) & f''_{xy}(0,0) \\ f''_{xy}(0,0) & f''_{yy}(0,0) \end{vmatrix},$$

是利用 $f(x,y)$在$(0,0)$的二阶导数来判断$(0,0)$是否是 $f(x,y)$的极值点的.

2. 利用极值点充分判别法对给定函数求极值

【例 9.8.2】设有函数 $z=(1+e^y)\cos x-ye^y$.

(1) 证明:函数 z 有无穷多个极大值点,而没有极小值点;

(2) 与一元函数相比较,此例说明了什么问题.

【分析与求题】(1) 先计算 z 的一、二阶偏导数:

$$\frac{\partial z}{\partial x}=-(1+e^y)\sin x,\quad \frac{\partial z}{\partial y}=e^y(\cos x-1-y),$$

$$\frac{\partial^2 z}{\partial x^2}=-(1+e^y)\cos x,\quad \frac{\partial^2 z}{\partial y^2}=e^y(\cos x-2-y),$$

$$\frac{\partial^2 z}{\partial x\partial y}=-e^y\sin x.$$

再求出所有驻点,令

$$\begin{cases} \dfrac{\partial z}{\partial x}=-(1+e^y)\sin x=0, \\ \dfrac{\partial z}{\partial y}=e^y(\cos x-1-y)=0, \end{cases}$$

解得$(x,y)=(2n\pi,0)$或$(x,y)=((2n+1)\pi,-2)$$(n=0,\pm 1,\pm 2,\cdots)$.

对驻点利用极值点的充分判别法.在$(2n\pi,0)$处,

$$\frac{\partial^2 z}{\partial x^2}\cdot\frac{\partial^2 z}{\partial y^2}-\left(\frac{\partial^2 z}{\partial x\partial y}\right)^2=2>0,\quad \frac{\partial^2 z}{\partial x^2}=-2<0,$$

所以$(2n\pi,0)$是 z 的极大值点.

在$((2n+1)\pi,-2)$处，

$$\frac{\partial^2 z}{\partial x^2}\cdot\frac{\partial^2 z}{\partial y^2}-\left(\frac{\partial^2 z}{\partial x\partial y}\right)^2=-(1+\mathrm{e}^{-2})\mathrm{e}^{-2}<0,$$

所以$((2n+1)\pi,-2)$不是 z 的极值点.

因此，函数 z 有无穷多个极大值点，而没有极小值点.

(2) 此例说明了多元函数与一元函数的一个区别：

连续的一元函数若有多个极值点，其中必定同时有极大值点与极小值点.

连续的多元函数若有多个极值点，这些极值点可以全是极大值点或全是极小值点.

【例 9.8.3】设 $f(x,y)=x^3-4x^2+2xy-y^2$，区域

$$D=\{(x,y)\mid -1\leqslant x\leqslant 4,-1\leqslant y\leqslant 1\}.$$

(1) 求 $f(x,y)$在 D 内的驻点，并判断它是否极值点；

(2) 求 $f(x,y)$在 D 的一段边界 $x=4(-1\leqslant y\leqslant 1)$上的最值并判断题(1)中求得的驻点是否 $f(x,y)$在 D 的最值点？

【解】(1) 解方程组 $\begin{cases}\dfrac{\partial f}{\partial x}=3x^2-8x+2y=0,\\[2mm] \dfrac{\partial f}{\partial y}=2x-2y=0,\end{cases}$

由第二个方程 $\Rightarrow x=y$，代入第一个方程 $\Rightarrow x(x-2)=0$，得驻点$(0,0)$与$(2,2)$，但$(2,2)$不在 D 内，即 D 内有唯一驻点$(0,0)$.

现考察 $\begin{pmatrix}\dfrac{\partial^2 f}{\partial x^2} & \dfrac{\partial^2 f}{\partial x\partial y}\\[2mm] \dfrac{\partial^2 f}{\partial x\partial y} & \dfrac{\partial^2 f}{\partial y^2}\end{pmatrix}=\begin{pmatrix}6x-8 & 2\\ 2 & -2\end{pmatrix}$，在$(0,0)$处，$\begin{pmatrix}A & B\\ B & C\end{pmatrix}=\begin{pmatrix}-8 & 2\\ 2 & -2\end{pmatrix}$，相应的 $\Delta=\begin{vmatrix}A & B\\ B & C\end{vmatrix}=12>0,A=-8<0$

$\Rightarrow$ $(0,0)$是 $f(x,y)$的极大值点.

(2) 在 $f(x,y)$中令 $x=4$，考察

$$g(y)=f(4,y)=8y-y^2\quad(-1\leqslant y\leqslant 1)$$

$$\Rightarrow\qquad g'(y)=8-2y=2(4-y)>0\quad(-1\leqslant y\leqslant 1)$$

$\Rightarrow f(x,y)$在 D 的一段边界 $x=4(-1\leqslant y\leqslant 1)$上(即 $g(y)$在$[-1,1]$上)的最大值为 $g(1)=7$，最小值为 $g(-1)=-9$.

由此看到 $f(4,1)=7>f(0,0)=0$，即 $f(x,y)$在 D 的唯一驻点——极大值点不是 $f(x,y)$的最值点.

评注　该例表明了多元函数与一元函数的一个区别.设连续的一元函数 $y=f(x)$在区间 I 上有唯一的极值点，若是极小(大)值点，则就是 $f(x)$在区间 I 上的最小(大)值点.对于多元函数没有相应的结论，即区域 D 上连续的二元函数 $f(x,y)$在 D 有唯一的极值点，若是极小(大)值点，不一定是 $f(x,y)$的最小(大)值点.

学习随笔

3. 求隐函数的极值

【例 9.8.4】设有方程式

$$x^2+y^2+z^2-2x+4y-6z-11=0.$$

(1) 由此方程式确定隐函数 $z=z(x,y)$,试用隐函数微分法求出隐函数的极值;

(2) 由函数的几何图形直接说明上述结论.

【分析与求解】(1) 按以下步骤求解:

① 求出隐函数的一、二阶偏导数.

将方程两边分别对 x,y 求偏导数并化简得

$$\frac{\partial z}{\partial x}=\frac{x-1}{3-z},\quad \frac{\partial z}{\partial y}=\frac{y+2}{3-z},$$

$$\frac{\partial^2 z}{\partial x^2}=\frac{3-z+(x-1)\dfrac{\partial z}{\partial x}}{(3-z)^2},\quad \frac{\partial^2 z}{\partial y^2}=\frac{(3-z)+(y+2)\dfrac{\partial z}{\partial y}}{(3-z)^2},$$

$$\frac{\partial^2 z}{\partial x\partial y}=\frac{(x-1)\dfrac{\partial z}{\partial y}}{(3-z)^2}.$$

② 求出隐函数的驻点.

由 $\begin{cases}\dfrac{\partial z}{\partial x}=0,\\ \dfrac{\partial z}{\partial y}=0\end{cases}$ 解得唯一驻点 $(x,y)=(1,-2)$.

③ 当 $(x,y)=(1,-2)$ 时,由原方程得 $z^2-6z-16=0$,

解得 $z=-2$ 或 $z=8$. 所以在 $(1,-2)$ 处,原方程确定了两个隐函数,分别记为 $z_1(x,y)$, $z_2(x,y)$:

$$z_1(1,-2)=-2,\quad z_2(1,-2)=8.$$

④ $z_1(x,y)$ 在 $(1,-2)$ 处,

$$A=\frac{\partial^2 z_1}{\partial x^2}\bigg|_{(1,-2)}=\frac{1}{5}>0,\qquad B=\frac{\partial^2 z_1}{\partial x\partial y}\bigg|_{(1,-2)}=0,$$

$$C=\frac{\partial^2 z}{\partial y^2}\bigg|_{(1,-2)}=\frac{1}{5},\qquad AC-B^2>0$$

$\Rightarrow$ $(1,-2)$ 为 $z_1(x,y)$ 的极小值点,且 $z_1(1,-2)=-2$.

⑤ $z_2(x,y)$ 在 $(1,-2)$ 处,

$$A=\frac{\partial^2 z_2}{\partial x^2}\bigg|_{(1,-2)}=-\frac{1}{5}<0,\qquad B=\frac{\partial^2 z_2}{\partial x\partial y}\bigg|_{(1,-2)}=0,$$

$$C=\frac{\partial^2 z_2}{\partial y^2}\bigg|_{(1,-2)}=-\frac{1}{5},\qquad AC-B^2>0$$

$\Rightarrow$ $(1,-2)$ 为 $z_2(x,y)$ 的极大值点,且 $z_2(1,-2)=8$.

(2) 这是一个球面方程,用配方法将方程改写为

$$(x-1)^2+(y+2)^2+(z-3)^2=5^2,$$

所以方程确定两个隐函数可分别表示为

$$z_1(x,y)=3-\sqrt{25-(x-1)^2-(y+2)^2}$$

$$z_2(x,y)=3+\sqrt{25-(x-1)^2-(y+2)^2}.$$

它们的图形分别为下半球面与上半球面，球心位于(1，-2，3). 从图形来看，结论是显然的.

评注　求隐函数的极值，实质上是用隐函数求导法对隐函数求偏导数，解出驻点，再对驻点求隐函数的二阶偏导数，然后利用极值的充分判别法.

4. 求给定函数在有界闭区域上的最值

【例 9.8.5】求函数 $z(x,y)=x^2y(4-x-y)$ 在由直线 $x+y=6$，x 轴和 y 轴所围成的区域 D 上的最大值与最小值.

【分析与求解】区域 D 如图 9.8－1 所示，它是有界闭区域. 因 $z(x,y)$ 在 D 连续，所以 $z(x,y)$ 在 D 上一定存在最大值与最小值，或在 D 内驻点达到，或在 D 的边界上达到.

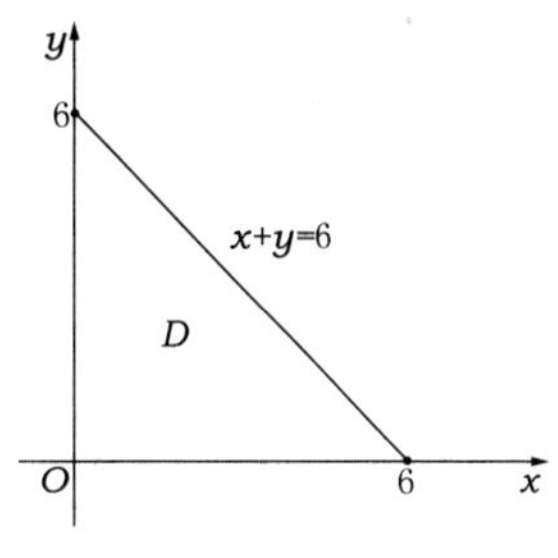

图 9.8－1

为求 D 内驻点，先求

$$\frac{\partial z}{\partial x}=xy(8-3x-2y),\quad \frac{\partial z}{\partial y}=x^2(4-x-2y).$$

再解方程组 $\begin{cases}3x+2y=8,\\x+2y=4,\end{cases}$ 得 $z(x,y)$ 在 D 内唯一驻点 $(x,y)=(2,1)$ 且 $z(2,1)=4$.

在 D 的边界 $y=0,0\leqslant x\leqslant 6$ 或 $x=0,0\leqslant y\leqslant 6$ 上，

$$z(x,y)=0.$$

在边界 $x+y=6(0\leqslant x\leqslant 6)$ 上，将 $y=6-x$ 代入 $z(x,y)$ 表达式得

$$z(x,y)=x^2(6-x)(-2)=2x^3-12x^2\quad(0\leqslant x\leqslant 6).$$

由一元函数求最值方法可得上述函数在 $x=4$ 处取最小值 -64，在 $x=0$ 处取最大值 0.

比较 -64，0 与 4，得 $\max\limits_D z(x,y)=4$，$\min\limits_D z(x,y)=-64$.

评注　求二元函数在有界闭区域边界上的最值时，实际上是转化为考察相应的一元函数在有界闭区间上的最值问题，可用求一元函数最值的方法.

5. 简单极值(最值)问题的应用题

【例 9.8.6】在半径为 R 的圆的一切内接三角形中，求出其面积最大者.

【分析与求解】首先要选择适当的自变量，把内接三角形的面积表为自变量的函数.

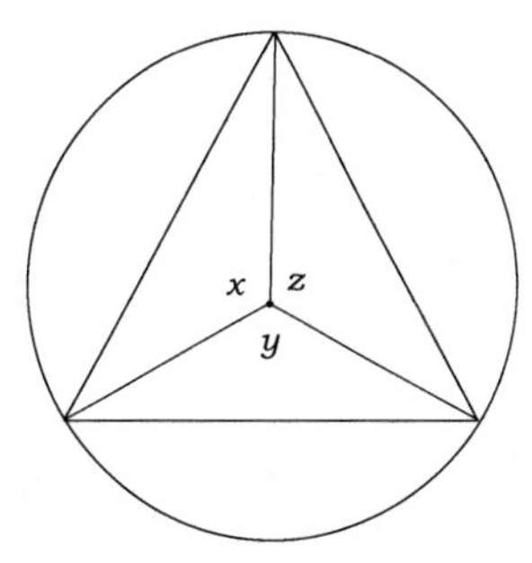

图 9.8－2

用 x,y,z 表示三角形各边所对的中心角(见图 9.8－2)，则三角形的面积可表示为

$$S=\frac{1}{2}R^2\sin x+\frac{1}{2}R^2\sin y+\frac{1}{2}R^2\sin z,$$

其中 $z=2\pi-x-y$，将其代入得

$$S(x,y)=\frac{1}{2}R^2[\sin x+\sin y-\sin(x+y)],$$

学习随笔

定义域 $D=\{(x,y)\mid x\geqslant 0,y\geqslant 0,x+y\leqslant 2\pi\}$.

问题转化成求 $S(x,y)$在区域 D 上的最大值点.

先求 S 在 D 内驻点：

$$\frac{\partial S}{\partial x}=\frac{1}{2}R^2[\cos x-\cos(x+y)]=0,\quad \frac{\partial S}{\partial y}=\frac{1}{2}R^2[\cos y-\cos(x+y)]=0,$$

两式相减得 $\cos x-\cos y=0$,

即
$$\sin\frac{x+y}{2}\sin\frac{x-y}{2}=0. \tag{9.8-1}$$

由此得 $x=y$,再代入求解的偏导方程组得

$$\cos x-\cos 2x=0,\text{即 } 2\cos^2 x-\cos x-1=0.$$

解得
$$\cos x=\frac{1\pm\sqrt{1+8}}{4}=\frac{1\pm 3}{4}.$$

于是
$$x=y=\frac{2}{3}\pi\quad(\text{另一不合题意}).$$

$S(x,y)$在 D 内有唯一驻点$(x,y)=\left(\frac{2}{3}\pi,\frac{2}{3}\pi\right)$.

$$S\left(\frac{2}{3}\pi,\frac{2}{3}\pi\right)=\frac{1}{2}R^2\left(\frac{\sqrt{3}}{2}+\frac{\sqrt{3}}{2}+\frac{\sqrt{3}}{2}\right)=\frac{3\sqrt{3}}{4}R^2.$$

在 D 的边界上 $S=0$,因此当$(x,y)=\left(\frac{2}{3}\pi,\frac{2}{3}\pi\right)$时 $S(x,y)$在 D 上取最大值.

$x=y=\frac{2}{3}\pi$ 时 $\Rightarrow z=\frac{2}{3}\pi$,因此内接三角形中以等边三角形面积最大.

评注　① 由式(9.8-1)得

$$\sin\frac{x+y}{2}=0, \tag{9.8-2}$$

或
$$\sin\frac{x-y}{2}=0. \tag{9.8-3}$$

由式(9.8-2)得 $\frac{x+y}{2}=0$ 或 $\frac{x+y}{2}=\pi$,则(x,y)均属于 D 的边界. 由式(9.8-3)得 $x=y$ 或 $\frac{x-y}{2}=\pm\pi$,后者在 D 的内部无解.

② 用求解最值问题来解某些应用题时,常常先要选择适当的自变量,写出目标函数的表达式,明确最值问题的提法,以便于求解.

6. 条件极值(最值)问题的应用题

【例 9.8.7】把正数 a 分成三个正数之和,使它们的乘积最大.

【分析】问题是求函数

$$u=xyz\ (x>0,y>0,z>0)$$

在条件 $x+y+z=a$ 下的最大值点. 它可转化成无条件极值问题,也可用拉格朗日乘数法求解.

【解法一】转化成无条件极值.

从条件 $x+y+z=a$ 中解得 $z=a-x-y$，代入目标函数得 $u=xy(a-x-y)$，因而问题变成求函数 $u=xy(a-x-y)$ 在开区域

$$D=\{(x,y)\mid x>0,y>0,x+y<a\}$$

中的最大值.由题意可知这样的最大值一定存在.它一定在 D 内的驻点处达到.令

$$\begin{cases}\dfrac{\partial u}{\partial x}=y(a-x-y)-xy=0,\\ \dfrac{\partial u}{\partial y}=x(a-x-y)-xy=0,\end{cases}\quad\text{即}\quad\begin{cases}x=y,\\ 2x+y=a,\end{cases}$$

解得唯一驻点 $x=\dfrac{a}{3}$，$y=\dfrac{a}{3}$，从而即为最大值点.因此，当 $x=\dfrac{a}{3}$，$y=\dfrac{a}{3}$，$z=\dfrac{a}{3}$ 时，它们的乘积最大.

【解法二】用拉格朗日乘数法.构造辅助函数

$$F(x,y,z,\lambda)=xyz+\lambda(x+y+z-a),$$

令

$$\begin{cases}\dfrac{\partial F}{\partial x}=yz+\lambda=0,\\ \dfrac{\partial F}{\partial y}=xz+\lambda=0,\\ \dfrac{\partial F}{\partial z}=xy+\lambda=0,\\ \dfrac{\partial F}{\partial \lambda}=x+y+z-a=0,\end{cases}$$

解此方程组，用 x,y,z 分别乘第一、二、三个方程式得 $x=y=z$，再代入最后一个方程式得

$$x=y=z=\frac{a}{3}.$$

由题意，最大值一定存在，因此当 $x=y=z=\dfrac{a}{3}$ 时，它们的乘积最大.

评注　① 此题说明，把一个正数拆成三个正数的和，当它们相等时，乘积最大.更一般地，可用类似方法证明：把一个正数拆成 n 个正数的和，当它们相等时，乘积最大，即

$$u=x_1x_2\cdots x_n\ (x_i>0,i=1,2,\cdots,n)$$

在条件 $x_1+x_2+\cdots+x_n=a$ 下的最大值点是：

$$(x_1,x_2,\cdots,x_n)=\left(\frac{a}{n},\frac{a}{n},\cdots,\frac{a}{n}\right).$$

这个结论很有用，可帮助我们解决不少问题.

② 在解法一中，若考虑目标函数 $u=xy(a-x-y)$ 定义在有界闭区域

$$\overline{D}=\{(x,y)\mid x\geqslant 0,y\geqslant 0,x+y\leqslant a\}$$

上.因 u 在 D 的边界上恒为零，而在 D 内唯一驻点 $(x,y)=\left(\dfrac{a}{3},\dfrac{a}{3}\right)$ 处 $u(x,y)>0$.因此，这个唯一驻点就是 $u(x,y)$ 在 $\overline{D}$ 上的最大值点，也是 $u(x,y)$ 在 D 内的最大值点.

【例 9.8.8】设 $a,b,c>0$，在椭球面 $\dfrac{x^2}{a^2}+\dfrac{y^2}{b^2}+\dfrac{z^2}{c^2}=1$ 的第一卦限部分求一点，使得

学习随笔

该点处的切平面与三个坐标面所围成的四面体的体积最小.

【分析与求解】先求出椭球面上∀点(x,y,z)处的切平面方程,然后求出它在三个坐标面上的截距,由此可写出四面体的体积表达式$V(x,y,z)$,问题化为求$V(x,y,z)$在条件$\frac{x^2}{a^2}+\frac{y^2}{b^2}+\frac{z^2}{c^2}=1(x>0,y>0,z>0)$条件下的最小值点.

将椭球面方程改写成$F(x,y,z)=\frac{x^2}{a^2}+\frac{y^2}{b^2}+\frac{z^2}{c^2}-1=0$,则椭球面第一卦限部分上∀点$(x,y,z)$处的切平面方程是

$$\frac{\partial F(x,y,z)}{\partial x}(X-x)+\frac{\partial F(x,y,z)}{\partial y}(Y-y)+\frac{\partial F(x,y,z)}{\partial z}(Z-z)=0,$$

即
$$\frac{x}{a^2}(X-x)+\frac{y}{b^2}(Y-y)+\frac{z}{c^2}(Z-z)=0,$$

其中(X,Y,Z)为切平面上任意点的坐标.

分别令$Y=Z=0,Z=X=0,X=Y=0$,得该切平面与三个坐标轴的交点分别为

$$X=\frac{a^2}{x}\left(\frac{x^2}{a^2}+\frac{y^2}{b^2}+\frac{z^2}{c^2}\right)=\frac{a^2}{x},\quad Y=\frac{b^2}{y}\left(\frac{x^2}{a^2}+\frac{y^2}{b^2}+\frac{z^2}{c^2}\right)=\frac{b^2}{y},$$

$$Z=\frac{c^2}{z}\left(\frac{x^2}{a^2}+\frac{y^2}{b^2}+\frac{z^2}{c^2}\right)=\frac{c^2}{z}.$$

四面体的体积为$V=\frac{1}{3}\left(\frac{1}{2}XY\right)Z=\frac{1}{6}\frac{a^2b^2c^2}{xyz}$.

为了简化计算,问题可转化成求$V_0(x,y,z)=xyz(x\geqslant0,y\geqslant0,z\geqslant0)$在条件$\frac{x^2}{a^2}+\frac{y^2}{b^2}+\frac{z^2}{c^2}=1$下的最大值点.

用拉格朗日乘数法.构造辅助函数$F(x,y,z,\lambda)=xyz+\lambda\left(\frac{x^2}{a^2}+\frac{y^2}{b^2}+\frac{z^2}{c^2}-1\right)$,

令
$$\begin{cases}\frac{\partial F}{\partial x}=yz+\frac{2x}{a^2}\lambda=0,\\ \frac{\partial F}{\partial y}=zx+\frac{2y}{b^2}\lambda=0,\\ \frac{\partial F}{\partial z}=xy+\frac{2z}{c^2}\lambda=0,\\ \frac{\partial F}{\partial \lambda}=\frac{x^2}{a^2}+\frac{y^2}{b^2}+\frac{z^2}{c^2}-1=0,\end{cases}$$

解此方程组,用x,y,z分别乘第一、二、三个方程式得$\frac{x^2}{a^2}=\frac{y^2}{b^2}=\frac{z^2}{c^2}$代入第四个方程得

$$x=\frac{a}{\sqrt{3}},\quad y=\frac{b}{\sqrt{3}},\quad z=\frac{c}{\sqrt{3}}.$$

由题意,最小值一定存在,因此椭球面第一卦限部分中点$(x,y,z)=\left(\frac{a}{\sqrt{3}},\frac{b}{\sqrt{3}},\frac{c}{\sqrt{3}}\right)$处的切平面与三个坐标面所围成的四面体的体积最小.

若用例 9.8.7 中的已知结论，我们做如下转化. 问题化成求 $V^*(x,y,z)=\frac{x^2}{a^2}\cdot\frac{y^2}{b^2}\cdot\frac{z^2}{c^2}$在条件$\frac{x^2}{a^2}+\frac{y^2}{b^2}+\frac{z^2}{c^2}=1$ 下的最大值点. 因此，当$\frac{x^2}{a^2}=\frac{y^2}{b^2}=\frac{z^2}{c^2}$时，即 $x=\frac{a}{\sqrt{3}}$，$y=\frac{b}{\sqrt{3}}$，$z=\frac{c}{\sqrt{3}}$ 时它们的乘积 $V^*(x,y,z)=\frac{x^2}{a^2}\cdot\frac{y^2}{b^2}\cdot\frac{z^2}{c^2}$取最大值.

评注　求解最值应用问题的步骤是：首先把实际问题提成最值问题(确定目标函数和约束条件，包括相应的定义域). 其次可能时为简化计算，把求解的问题转化为简化的等价问题. 最后用拉格朗日乘数法求解.

【例 9.8.9】求平面 $x+y+z=0$ 与圆柱面 $x^2+y^2=1$ 所截成椭圆的半长轴与半短轴.

【分析与求解】椭圆中心是原点，求它的半长轴与半短轴即求原点到椭圆周上的最大、最小距离，等价于求

$$f(x,y,z)=x^2+y^2+z^2$$

在条件$\begin{cases}x+y+z=0,\\x^2+y^2=1\end{cases}$下的最大、最小值.

按拉格朗日乘数法，构造辅助函数 $F(x,y,z,\lambda)=x^2+y^2+z^2+\lambda(x^2+y^2-1)+\mu(x+y+z)$，令

$$\begin{cases}\dfrac{\partial F}{\partial x}=2(1+\lambda)x+\mu=0, & (9.8-4)\\ \dfrac{\partial F}{\partial y}=2(1+\lambda)y+\mu=0, & (9.8-5)\\ \dfrac{\partial F}{\partial z}=2z+\mu=0, & (9.8-6)\\ \dfrac{\partial F}{\partial \lambda}=x^2+y^2-1=0, & (9.8-7)\\ \dfrac{\partial F}{\partial \mu}=x+y+z=0, & (9.8-8)\end{cases}$$

解此方程组，当 $\lambda\neq-1$ 时，由式(9.8-4)、式(9.8-5) $\Rightarrow x=y$，代入式(9.8-7) $\Rightarrow x=y=\pm\frac{1}{\sqrt{2}}$，再由式(9.8-8) $\Rightarrow z=\mp\frac{2}{\sqrt{2}}$. 相应地

$$f(x,y,z)=3.$$

当 $\lambda=-1$ 时，由式(9.8-4) $\Rightarrow \mu=0$. 由式(9.8-6) $\Rightarrow z=0$，由式(9.8-8) $\Rightarrow x=-y$，代入式(9.8-7) $\Rightarrow x=\pm\frac{1}{\sqrt{2}}$，$y=\mp\frac{1}{\sqrt{2}}$. 相应地

$$f(x,y,z)=1.$$

因此，椭圆的半长轴为$\sqrt{3}$，半短轴为 1.

7. 条件极值问题的几何解法与条件极值必要条件的几何意义

【例 9.8.10】设 $f(x,y)$，$\varphi(x,y)$在 P_0 有连续偏导数，$\mathbf{grad}f(P_0)\neq\boldsymbol{\theta}$，$\mathbf{grad}\varphi(P_0)\neq$

学习随笔

$\boldsymbol{\theta}$. $P_0(x_0,y_0)$是$z=f(x,y)$在条件$\varphi(x,y)=0$下的极值点.

(1) 试考察$z=f(x,y)$的等高线与Oxy平面上的曲线$\Gamma:\varphi(x,y)=0(z=0)$的位置关系有几种可能的情形;

(2) 在P_0点等高线$f(x,y)=f(P_0)$与曲线Γ是什么关系?

(3) 由上述关系写出P_0点处$f(x,y)$与$\varphi(x,y)$应满足的关系式.

【分析与求解】(1) 作为一般情形,$z=f(x,y)$的等高线与曲线Γ的位置关系有三种可能:相离,相交或相切.

(2) 在P_0点等高线$f(x,y)=f(P_0)$与曲线Γ必相切.见图9.8-3.

若$f(x,y)=f(P_0)$与Γ在P_0相交(不相切),则Γ上P_0两侧既有$f(x,y)>f(P_0)$的点,又有$f(x,y)<f(P_0)$的点,P_0不是极值点.

(3) 由等高线$f(x,y)=f(P_0)$与Γ在P_0相切$\Rightarrow$等高线与Γ在P_0的法向量共线.

$f(x,y)=f(P_0)$在P_0的一个法向量是$\left(\dfrac{\partial f(P_0)}{\partial x},\dfrac{\partial f(P_0)}{\partial y}\right)$.

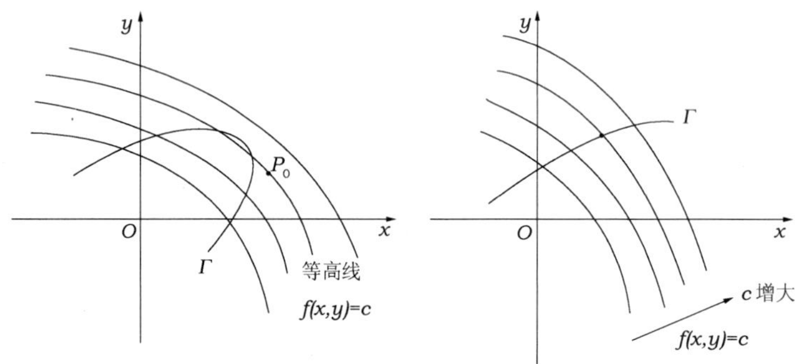

图 9.8-3

$\varphi(x,y)=0$在P_0的一个法向量是$\left(\dfrac{\partial \varphi(P_0)}{\partial x},\dfrac{\partial \varphi(P_0)}{\partial y}\right)$.因为它们共线$\Rightarrow$

$$\begin{vmatrix} \dfrac{\partial f(P_0)}{\partial x} & \dfrac{\partial f(P_0)}{\partial y} \\ \dfrac{\partial \varphi(P_0)}{\partial x} & \dfrac{\partial \varphi(P_0)}{\partial y} \end{vmatrix}=0. \tag{9.8-9}$$

或$\exists$常数λ_0,$\mathbf{grad} f(P_0)=\lambda_0 \mathbf{grad}\varphi(P_0)$.

评注　条件极值点的必要条件式(9.8-9)的一个几何意义是:设$P_0(x_0,y_0)$是$z=f(x,y)$在条件$\varphi(x,y)=0$下的极值点,则等高线$f(x,y)=f(x_0,y_0)$与平面曲线$\varphi(x,y)=0$在P_0处相切.

8. 讨论三元函数在空间曲线上极值点的性质

【例 9.8.11】设$f(x,y,z)$在空间区域Ω上有连续的偏导数,又Γ是Ω内一条可微曲线:

$$x=x(t),y=y(t),z=z(t)\quad (\alpha<t<\beta),$$

$x'^2(t)+y'^2(t)+z'^2(t)\neq 0$,若$P_0$是$f(x,y,z)$在$\Gamma$上的极值点,求证:

(1) $\frac{\partial f(P_0)}{\partial \tau}=0$,其中 $\boldsymbol{\tau}$ 为 Γ 在 P_0 点的单位切向量;

(2) Γ 在 P_0 点的切线位于等值面 $f(x,y,z)=f(P_0)$在 P_0 点的切平面上.

【分析与证明】(1) 设 $P_0(x(t_0),y(t_0),z(t_0))$,则 $u(t)=f(x(t),y(t),z(t))$在 t_0 取极值

$$\begin{aligned}\left.\frac{\mathrm{d}u}{\mathrm{d}t}\right|_{t_0}&=\frac{\partial f(P_0)}{\partial x}x'(t_0)+\frac{\partial f(P_0)}{\partial y}y'(t_0)+\frac{\partial f(P_0)}{\partial z}z'(t_0)\\&=\sqrt{x'^2(t_0)+y'^2(t_0)+z'^2(t_0)}\left[\frac{\partial f(P_0)}{\partial x}\cos\alpha+\frac{\partial f(P_0)}{\partial y}\cos\beta+\frac{\partial f(P_0)}{\partial z}\cos\gamma\right]\\&=\sqrt{x'^2(t_0)+y'^2(t_0)+z'^2(t_0)}\ \frac{\partial f(P_0)}{\partial \tau}=0,\end{aligned}$$

其中 $\boldsymbol{\tau}=\{\cos\alpha,\cos\beta,\cos\gamma\}=\frac{1}{\sqrt{x'^2(t_0)+y'^2(t_0)+z'^2(t_0)}}\{x'(t_0),y'(t_0),z'(t_0)\}$.

$\Rightarrow \frac{\partial f(P_0)}{\partial \tau}=0$.

(2) 由 $\frac{\partial f(P_0)}{\partial \tau}=\mathbf{grad}f(P_0)\cdot\boldsymbol{\tau}=0\Rightarrow\ \mathbf{grad}f(P_0)\perp\boldsymbol{\tau}$.

$\mathbf{grad}f(P_0)$是等值面 $f(x,y,z)=f(P_0)$在 P_0 点的法向量,$\boldsymbol{\tau}$ 是 Γ 在 P_0 的切向量.因此 Γ 在 P_0 点的切线位于等值面 $f(x,y,z)=f(P_0)$在 P_0 的切平面上.

*第九节 二元函数的泰勒公式

一、知识点归纳总结

1. 带拉格朗日余项或皮亚诺余项的 n 阶泰勒公式

① 设 D 为 xOy 平面上的凸区域(即 D 中 $\forall$ 两点连线均属于 D). $f(x,y)$在 D 有 $n+1$ 阶连续的偏导数,则 $\forall(x_0,y_0),(x_0+\Delta x,y_0+\Delta y)\in D$ 有 n 阶泰勒公式

$$f(x_0+\Delta x,y_0+\Delta y)=f(x_0,y_0)+\frac{\partial f(x_0,y_0)}{\partial x}\Delta x+\frac{\partial f(x_0,y_0)}{\partial y}\Delta y+$$
$$\frac{1}{2!}\left[\frac{\partial^2 f(x_0,y_0)}{\partial x^2}\Delta x^2+2\frac{\partial^2 f(x_0,y_0)}{\partial x\partial y}\Delta x\Delta y+\frac{\partial^2 f(x_0,y_0)}{\partial y^2}\Delta y^2\right]+\cdots+$$
$$\frac{1}{n!}\left(\frac{\partial}{\partial x}\Delta x+\frac{\partial}{\partial y}\Delta y\right)^n f(x_0,y_0)+R_n,$$

其中 $R_n=\frac{1}{(n+1)!}\left(\frac{\partial}{\partial x}\Delta x+\frac{\partial}{\partial y}\Delta y\right)^{n+1}f(x_0+\theta\Delta x,y_0+\theta\Delta y)\quad(0<\theta<1)$,称为拉格朗日余项.

② 设 $f(x,y)$在(x_0,y_0)邻域有连续的 n 阶偏导数,则在此邻域内有

$$f(x_0+\Delta x,y_0+\Delta y)=f(x_0,y_0)+\frac{\partial f(x_0,y_0)}{\partial x}\Delta x+\frac{\partial f(x_0,y_0)}{\partial y}\Delta y+$$

学习随笔

$$\frac{1}{2!}\left[\frac{\partial^2 f(x_0,y_0)}{\partial x^2}\Delta x^2+2\frac{\partial^2 f(x_9,y_0)}{\partial x\partial y}\Delta x\Delta y+\frac{\partial^2 f(x_0,y_0)}{\partial y^2}\Delta y^2\right]+\cdots+$$

$$\frac{1}{n!}\left(\frac{\partial}{\partial x}\Delta x+\frac{\partial}{\partial y}\Delta y\right)^n f(x_0,y_0)+R_n,$$

其中 $R_n=o(\rho^n)(\rho=\sqrt{\Delta x^2+\Delta y^2}\to 0)$,称为皮亚诺余项.

这里$\left(\frac{\partial}{\partial x}\Delta x+\frac{\partial}{\partial y}\Delta y\right)^n f(x_0,y_0)=\sum\limits_{k=1}^{n}C_n^k\frac{\partial^n f(x_0,y_0)}{\partial x^k\partial y^{n-k}}\Delta x^k\Delta y^{n-k}$,

$$\left(\frac{\partial}{\partial x}\Delta x+\frac{\partial}{\partial y}\Delta y\right)^{n+1} f(x_0+\theta\Delta x,y_0+\theta\Delta y)=$$

$$\sum_{k=1}^{n+1}C_{n+1}^k\frac{\partial^{n+1} f(x_0+\theta\Delta x,y_0+\theta\Delta y)}{\partial x^k\partial y^{n+1-k}}\Delta x^k\Delta y^{n+1-k}.$$

2. 泰勒公式的应用

(1) 证明极值的充分条件

(2) f(x,y)的近似计算公式

$$f(x_0+\Delta x,y_0+\Delta y)\approx$$

$$f(x_0,y_0)+\frac{\partial f(x_0,y_0)}{\partial x}\Delta x+\frac{\partial f(x_0,y_0)}{\partial y}\Delta y+$$

$$\frac{1}{2}\left[\frac{\partial^2 f(x_0,y_0)}{\partial x^2}\Delta x^2+2\frac{\partial^2 f(x_0,y_0)}{\partial x\partial y}\Delta x\Delta y+\frac{\partial^2 f(x_0,y_0)}{\partial y^2}\Delta y^2\right].$$

二、典型题型归纳及解题方法与技巧

1. 求带皮亚诺余项的泰勒公式

【例 9.9.1】求 $f(x,y)=\arctan\frac{1+x+y}{1-x+y}$在(0,0)点带皮亚诺余项的二阶泰勒公式.

【解】直接求法. 即先求

$$f(0,0)=\arctan 1=\frac{\pi}{4},$$

$$f'_x(x,y)=\frac{1}{1+\left(\frac{1+x+y}{1-x+y}\right)^2}\frac{(1-x+y)+(1+x+y)}{(1-x+y)^2}$$

$$=\frac{1+y}{(1+y)^2+x^2},$$

$$f'_x(0,0)=1,$$

$$f'_y(0,0)=\frac{d}{dy}f(0,y)\big|_{y=0}=\frac{d}{dy}(\arctan 1)\big|_{y=0}=0,$$

$$f''_{xx}(0,0)=\frac{d}{dx}f'_x(x,0)\big|_{x=0}=\frac{d}{dx}\left(\frac{1}{1+x^2}\right)\big|_{x=0}=0,$$

$$f''_{xy}(0,0)=\frac{d}{dy}f'_x(0,y)\big|_{y=0}=\frac{d}{dy}\left(\frac{1}{1+y}\right)\big|_{y=0}=-1,$$

学习随笔

$$f''_{yy}(0,0)=\frac{\mathrm{d}}{\mathrm{d}y}f'_y(0,y)\big|_{y=0}=\frac{\mathrm{d}^2}{\mathrm{d}y^2}f(0,y)\big|_{y=0}=\frac{\mathrm{d}}{\mathrm{d}y^2}(\arctan 1)\big|_{y=0}=0,$$

代入二阶泰勒公式的一般表达式得

$$\arctan\frac{1+x+y}{1-x+y}=\frac{\pi}{4}+x-xy+o(\rho^2)\quad(\rho\to 0),$$

其中 $\rho=\sqrt{x^2+y^2}$.

【例 9.9.2】求 $f(x,y)=\mathrm{e}^{x+y}$ 在(0,0)点的带皮亚诺余项的三阶泰勒公式.

【解】间接求法. 令 $t=x+y$，由 $\mathrm{e}^t=1+t+\frac{1}{2!}t^2+\frac{1}{3!}t^3+o(t^3)$，得

$$\mathrm{e}^{x+y}=1+(x+y)+\frac{1}{2}(x+y)^2+\frac{1}{6}(x+y)^3+o((x+y)^3)\quad(x+y\to 0).$$

注意：$|x+y|^2\leqslant 2(x^2+y^2)$，

$$\left|\frac{(x+y)^3}{(\sqrt{x^2+y^2})^3}\right|=\left|\frac{x+y}{\sqrt{x^2+y^2}}\right|^3\leqslant 2\sqrt{2},$$

$$\frac{o((x+y)^3)}{(\sqrt{x^2+y^2})^3}=\frac{o((x+y)^3)}{(x+y)^3}\cdot\frac{(x+y)^3}{(\sqrt{x^2+y^2})^3}\to 0$$

$(\rho=\sqrt{x^2+y^2}\to 0)$，即 $o((x+y)^3)=o(\rho^3)$.

因此，$\mathrm{e}^{x+y}=1+x+y+\frac{1}{2}(x+y)^2+\frac{1}{6}(x+y)^3+o(\rho^3)$.

评注　求带皮亚诺余的泰勒公式的方法.

① 直接法. 即求 $f(x_0,y_0)$ 及在点 (x_0,y_0) 处 $f(x,y)$ 相应的各阶偏导数. 特别是求 $f(x,y)$ 在(0,0)处的二阶泰勒公式，即计算

$$f(0,0),\quad f'_x(x,y),\quad f'_x(0,0),\quad f'_y(0,0)=\frac{\mathrm{d}}{\mathrm{d}y}f(0,y)\big|_{y=0},$$

$$f''_{xx}(0,0)=\frac{\mathrm{d}}{\mathrm{d}x}f'_x(x,0)\big|_{x=0},\quad f''_{xy}(0,0)=\frac{\mathrm{d}}{\mathrm{d}y}f'_x(0,y)\big|_{y=0},$$

$$f''_{yy}(0,0)=\frac{\mathrm{d}^2}{\mathrm{d}y}f(0,y)\big|_{y=0},$$

如例 9.9.1.

② 间接法. 由泰勒公式的唯一性，利用已知的泰勒公式经过适当的运算求得某函数 $f(x,y)$ 的泰勒公式. 特别是，在某些情形下，通过变量替换，把求二元函数的泰勒公式，转化为求一元函数的泰勒公式，其中无穷小阶的运算起着重要作用. 如例 9.9.2.

2. 用二阶泰勒公式求二元函数的近似表达式或近似值

【例 9.9.3】设函数 $z=z(x,y)$ 是由方程 $z^3-2xz+y=0$ 所确定，且 $z(1,1)=1$. 在(1,1)附近求 $z(x,y)$ 的近似表达式.

【分析与求解】求 $z(x,y)$ 在(1,1)处带皮亚诺余项的二阶泰勒公式，略去余项得近似表达式. 下面求 $z(x,y)$ 在(1,1)处的一、二阶偏导数.

将方程两边对 x 求偏导数得

学习随笔

$$3z^2\frac{\partial z}{\partial x}-2z-2x\frac{\partial z}{\partial x}=0. \tag{9.9-1}$$

令 $x=1,y=1,z=1$ 得

$$\left.\frac{\partial z}{\partial x}\right|_{(1,1)}=2. \tag{9.9-2}$$

方程两边对 y 求偏导得

$$3z^2\frac{\partial z}{\partial y}-2x\frac{\partial z}{\partial y}+1=0. \tag{9.9-3}$$

也令 $x=1,y=1,z=1$ 得

$$\left.\frac{\partial z}{\partial y}\right|_{(1,1)}=-1. \tag{9.9-4}$$

方程(9.9-1)两边再对 x 求偏导得

$$3z^2\frac{\partial^2 z}{\partial x^2}+6z\left(\frac{\partial z}{\partial x}\right)^2-2\frac{\partial z}{\partial x}-2\frac{\partial z}{\partial x}-2x\frac{\partial^2 z}{\partial x^2}=0.$$

令 $x=1,y=1,z=1$,并将式(9.9-2)代入得

$$\left.\frac{\partial^2 z}{\partial x^2}\right|_{(1,1)}=-6\times4+4\times2=-16.$$

方程(9.9-1)两边再对 y 求偏导得 $3z^2\frac{\partial^2 z}{\partial x\partial y}+6z\frac{\partial z}{\partial y}\frac{\partial z}{\partial x}-2\frac{\partial z}{\partial y}-2x\frac{\partial^2 z}{\partial x\partial y}=0.$
令 $x=y=z=1$,并将式(9.9-2)、式(9.9-4)代入得

$$\left.\frac{\partial^2 z}{\partial x\partial y}\right|_{(1,1)}=-6\times(-1)\times2+2\times(-1)=10.$$

方程(9.9-3)两边再对 y 求偏导得 $3z^2\frac{\partial^2 z}{\partial y^2}+6z\left(\frac{\partial z}{\partial y}\right)^2-2x\frac{\partial^2 z}{\partial y^2}=0.$

令 $x=y=z=1$,并将式(9.9-4)代入得 $\left.\frac{\partial^2 z}{\partial y^2}\right|_{(1,1)}=-6\cdot(-1)^2=-6.$
于是

$$\begin{aligned}z(x,y)\approx{}&1+\frac{\partial z(1,1)}{\partial x}(x-1)+\frac{\partial z(1,1)}{\partial y}(y-1)+\frac{1}{2}\frac{\partial^2 z(1,1)}{\partial x^2}(x-1)^2+\\&\frac{\partial^2 z(1,1)}{\partial x\partial y}(x-1)(y-1)+\frac{1}{2}\frac{\partial^2 z(1,1)}{\partial y^2}(y-1)^2\\={}&1+2(x-1)-(y-1)-8(x-1)^2+10(x-1)(y-1)-3(y-1)^2.\end{aligned}$$

评注 求隐函数的二阶泰勒公式归结为求隐函数的一、二阶偏导数.

*第十节 最小二乘法

一、知识点归纳总结

用最小二乘法求函数的经验公式

(1) 定义

已知 u 是 $x_1,x_2,\cdots,x_n$ 的函数 $u=f(x_1,x_2,\cdots,x_n)$. 由若干组实验数据,从某个简

单的函数类(如一次函数 $u=a_1x_1+a_2x_2+\cdots+a_nx_n+b$)中找一个最佳的函数来近似表达这个函数,得到一个经验公式,常用的方法是最小二乘法.

(2) 最佳原则

① 按给定的函数类;取定函数表达式,它依赖于若干参数,由实验数据,计算函数的实验值与公式计算值的误差的平方和.

② 选择参数值使这个误差平方和取最小,这就是我们的最佳标准.

这就是最小二乘法的基本步骤.

二、典型题型归纳及解题方法与技巧

用最小二乘法确定函数的经验公式

【例 9.10.1】已知一组实验数据 $(x_1,y_1),(x_2,y_2),\cdots,(x_n,y_n)$. 又知经验公式是: $y=\beta x^\alpha$,试按最小二乘法确定常数 α 与 β.

【分析与求解】两边取对数得 $\ln y=\alpha\ln x+\ln\beta$.

令 $Y=\ln y,X=\ln x,a=\alpha,b=\ln\beta$,问题转化为由一组实验数据

$$(X_i,Y_i)=(\ln x_i,\ln y_i),i=1,2,\cdots,n.$$

确定表达式 $Y=aX+b$ 中的 a 与 b.

① 导出实验值与计算值的误差平方和公式,即 $\sum\limits_{i=1}^{n}(aX_i+b-Y_i)^2\xlongequal{\text{记}}\Delta(a,b)$.

② 选择 a,b,使得 $\Delta(a,b)$取最小值. 由

$$\frac{\partial\Delta}{\partial a}=\sum_{i=1}^{n}2(aX_i+b-Y_i)X_i=0,\quad \frac{\partial\Delta}{\partial b}=\sum_{i=1}^{n}2(aX_i+b-Y_i)=0,$$

得 a,b 满足的二元一次方程组

$$\begin{cases}\left(\sum\limits_{i=1}^{n}X_i^2\right)a+\left(\sum\limits_{i=1}^{n}X_i\right)b=\sum\limits_{i=1}^{n}X_iY_i,\\ \left(\sum\limits_{i=1}^{n}X_i\right)a+nb=\sum\limits_{i=1}^{n}Y_i.\end{cases}$$

记 $\overline{X}=\frac{1}{n}\sum\limits_{i=1}^{n}X_i,\overline{Y}=\frac{1}{n}\sum\limits_{i=1}^{n}Y_i$,上式改写成

$$\begin{cases}\left(\sum\limits_{i=1}^{n}X_i^2\right)a+n\overline{X}b=\sum\limits_{i=1}^{n}X_iY_i,\\ \overline{X}a+b=\overline{Y}.\end{cases}\tag{9.10-1}$$

③ 解上述二元一次方程组. 方程组(9.10-1)的系数行列式

$$\sum_{i=1}^{n}X_i^2-n\overline{X}^2=\sum_{i=1}^{n}(X_i^2-\overline{X}^2)=\sum_{i=1}^{n}(X_i-\overline{X})^2,$$

其中

$$\sum_{i=1}^{n}X_i\overline{X}=n\overline{X}^2=\sum_{i=1}^{n}\overline{X}^2,$$

$$\begin{vmatrix}\sum\limits_{i=1}^{n}X_iY_i & n\overline{X}\\ \overline{Y} & 1\end{vmatrix}=\sum_{i=1}^{n}X_iY_i-n\overline{X}\,\overline{Y}=\sum_{i=1}^{n}(X_i-\overline{X})(Y_i-\overline{Y}),$$

学习随笔

$$\sum_{i=1}^{n}\overline{X}Y_i=\sum_{i=1}^{n}\overline{Y}X_i=n\overline{X}\overline{Y}.$$

$\Rightarrow$

$$a=\frac{\sum\limits_{i=1}^{n}(X_i-\overline{X})(Y_i-\overline{Y})}{\sum\limits_{i=1}^{n}(X_i-\overline{X})^2}=\frac{\sum\limits_{i=1}^{n}X_iY_i-n\overline{X}\overline{Y}}{\sum\limits_{i=1}^{n}(X_i-\overline{X})^2},$$

$$b=\begin{vmatrix}\sum\limits_{i=1}^{n}X_i^2 & \sum\limits_{i=1}^{n}X_iY_i\\ \overline{X} & \overline{Y}\end{vmatrix}\Big/\sum_{i=1}^{n}(X_i-\overline{X})^2=\frac{\overline{Y}\sum\limits_{i=1}^{n}X_i^2-\sum\limits_{i=1}^{n}X_iY_i\overline{X}}{\sum\limits_{i=1}^{n}(X_i-\overline{X})^2}$$

$$=\frac{\overline{Y}(\sum\limits_{i=1}^{n}X_i^2-n\overline{X}^2)-(\sum\limits_{i=1}^{n}X_iY_i-n\overline{X}\overline{Y})\overline{X}}{\sum\limits_{i=1}^{n}(X_i-\overline{X})^2}=\overline{Y}-a\overline{X}.$$

由 a,b 得 $\alpha=a,\beta=\mathrm{e}^b$.

学习随笔

第十章　重积分

第一节　二重积分的概念与性质

一、知识点归纳总结

1. 二重积分的定义

定义　设 $f(x,y)$ 定义在有界闭区域 D 上，将 D 任意分成 n 个小闭区域 $\Delta\sigma_1$，$\Delta\sigma_2,\cdots,\Delta\sigma_n$，其中 $\Delta\sigma_i$ 表示第 i 个小区域，也表示它的面积. 在每个小区域 $\Delta\sigma_i$ 上任取一点 (ξ_i,η_i)，作和数 $\sum\limits_{i=1}^{n}f(\xi_i,\eta_i)\Delta\sigma_i$，称它为 $f(x,y)$ 在区域 D 上的一个积分和. 记 λ 为各小区域直径的最大值，若对区域 D 的任意一种分割法及对点 (ξ_i,η_i) 的任意取法，当 $\lambda\to0$ 时上式积分和数的极限总存在，则称此极限值为二元函数 $f(x,y)$ 在区域 D 上的二重积分，记为

$$\iint\limits_D f(x,y)\mathrm{d}\sigma=\lim_{\lambda\to0}\sum_{i=1}^{n}f(\xi_i,\eta_i)\Delta\sigma_i,$$

其中 D 称为积分区域，$f(x,y)$ 称为被积函数，$\mathrm{d}\sigma$ 称为面积元素.

定义　当 $f(x,y)$ 在 D 上存在二重积分 $\iint\limits_D f(x,y)\mathrm{d}\sigma$ 时，称 $f(x,y)$ 在 D 上可积.

评注　有界闭区域的直径是指该区域上任意两点间距离的最大值.

2. 二重积分的几何意义与物理意义

(1) $\iint\limits_D f(x,y)\mathrm{d}\sigma$ 的几何意义

设 $f(x,y)$ 是有界闭区域 D 上连续非负函数，则 $\iint\limits_D f(x,y)\mathrm{d}\sigma$ 是以曲面 $z=f(x,y)$ 为顶，以区域 D 为底，侧面是柱面(准线是 D 的边界，母线平行于 z 轴)的曲顶柱体的体积(见图 10.1－1).

当 $f(x,y)$ 在 D 上变号时，$\iint\limits_D f(x,y)\mathrm{d}\sigma$ 表示 xOy 平面上方的曲顶柱体体积减去 xOy 平面下方的曲顶柱体的体积.

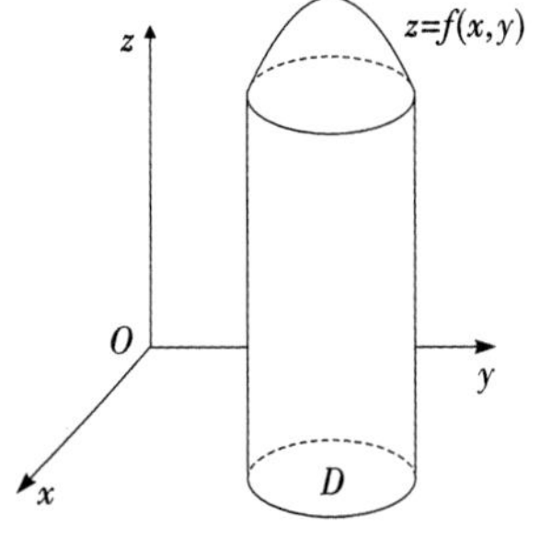

图 10.1－1

学习随笔

(2) $\iint\limits_D f(x,y)\mathrm{d}\sigma$ 的物理意义

设 $f(x,y)$ 是有界闭区域 D 上连续正值函数,则 $\iint\limits_D f(x,y)\mathrm{d}\sigma$ 是以 $f(x,y)$ 为面密度,占据平面区域 D 的薄片的质量.

3. 二元函数的可积性

(1) 可积的必要条件

设 $f(x,y)$在有界闭区域 D 上可积,则 $f(x,y)$在 D 上有界.

(2) 可积的充分条件

设 $f(x,y)$在有界闭区域 D 上连续,则 $f(x,y)$在 D 上可积.

更一般的有设 $f(x,y)$在有界闭区域 D 上分块有界连续,则 $f(x,y)$在 D 上可积.所谓分块有界连续函数,是指将原来的定义域分解成有限个小区域,而函数在每个小区域内是有界且连续的.

4. 二重积分的性质

设 $f(x,y)$,$g(x,y)$在有界闭区域 D 上可积,则二重积分有如下性质:

性质一 $\iint\limits_D kf(x,y)\mathrm{d}\sigma=k\iint\limits_D f(x,y)\mathrm{d}\sigma$,$k$ 为常数.

性质二 $\iint\limits_D [f(x,y)\pm g(x,y)]\mathrm{d}\sigma=\iint\limits_D f(x,y)\mathrm{d}\sigma\pm\iint\limits_D g(x,y)\mathrm{d}\sigma$.

称性质一与二为线性性质.利用其计算重积分又称为分项积分法.

性质三 积分对区域的可加性.

若将区域 D 分解为互不重叠的区域 D_1 与 D_2,即 $D=D_1\cup D_2$,则

$$\iint\limits_D f(x,y)\mathrm{d}\sigma=\iint\limits_{D_1} f(x,y)\mathrm{d}\sigma+\iint\limits_{D_2} f(x,y)\mathrm{d}\sigma.$$

利用此性质计算重积分,称为分块积分法.

性质四 二重积分保持不等号的性质.

设 $f(x,y)\leqslant g(x,y)(\forall(x,y)\in D)$,则 $\iint\limits_D f(x,y)\mathrm{d}\sigma\leqslant\iint\limits_D g(x,y)\mathrm{d}\sigma$.

若又有 $f(x,y)$,$g(x,y)$ 在 D 连续,且 $f(x,y)\not\equiv g(x,y)$,则 $\iint\limits_D f(x,y)\mathrm{d}\sigma<\iint\limits_D g(x,y)\mathrm{d}\sigma$.

特别地有 $\left|\iint\limits_D f(x,y)\mathrm{d}\sigma\right|\leqslant\iint\limits_D |f(x,y)|\mathrm{d}\sigma$.

若 $f(x,y)$ 在 D 连续,$m\underset{\not\equiv}{\leqslant}f(x,y)\underset{\not\equiv}{\leqslant}M$,则 $m|D|<\iint\limits_D f(x,y)\mathrm{d}\sigma<M|D|$,

其中 $|D|$ 记为 D 的面积.

性质五 二重积分的中值定理.

设 $f(x,y)$ 在有界闭区域 D 上连续,则 $\exists(\xi,\eta)\in D$,使得 $\iint\limits_D f(x,y)\mathrm{d}\sigma=$

$f(\xi,\eta)|D|$.

5. 对称区域上的二重积分

设 $f(x,y)$在有界闭区域 D 上可积.

(1) 对称区域上奇偶函数的二重积分

① 设 D 关于 x 轴对称($(x,y)\in D \Rightarrow (x,-y)\in D$)

$$\iint_D f(x,y)\mathrm{d}\sigma=\begin{cases}0, & \text{若 } f(x,y) \text{ 对 } y \text{ 为奇函数} \\ & (f(x,-y)=-f(x,y),\forall(x,y)\in D), \\ 2\iint_{D_1} f(x,y)\mathrm{d}\sigma, & \text{若 } f(x,y) \text{ 对 } y \text{ 为偶函数} \\ & (f(x,-y)=f(x,y),\forall(x,y)\in D),\end{cases}$$

其中 $D_1=D\cap\{y\geqslant 0\}$,见图 10.1-2.

② 设 D 关于 y 轴对称($(x,y)\in D \Rightarrow (-x,y)\in D$),记 $D_1=D\cap\{x\geqslant 0\}$,见图 10.1-3.

$$\iint_D f(x,y)\mathrm{d}\sigma=\begin{cases}0, & \text{若 } f(x,y) \text{ 对 } x \text{ 为奇函数} \\ & (f(-x,y)=-f(x,y),\forall(x,y)\in D), \\ 2\iint_{D_1} f(x,y)\mathrm{d}\sigma, & \text{若 } f(x,y) \text{ 对 } x \text{ 为偶函数} \\ & (f(-x,y)=f(x,y),\forall(x,y)\in D).\end{cases}$$

③ 设 D 关于原点对称($(x,y)\in D \Rightarrow (-x,-y)\in D$)

$$\iint_D f(x,y)\mathrm{d}\sigma=\begin{cases}0, & \text{若 } f(x,y) \text{ 对}(x,y) \text{ 为奇函数} \\ & (f(-x,-y)=-f(x,y),\forall(x,y)\in D), \\ 2\iint_{D_1} f(x,y)\mathrm{d}\sigma, & \text{若 } f(x,y) \text{ 对}(x,y) \text{ 为偶函数} \\ & (f(-x,-y)=f(x,y),\forall(x,y)\in D).\end{cases}$$

其中 $D_1=D\cup\{x\geqslant 0\}$或 $D_1=D\cup\{y\geqslant 0\}$,见图 10.1-4.

(2) 变量的轮换对称性

若 D 关于直线 $y=x$ 对称,即$(x,y)\in D\Leftrightarrow(y,x)\in D$(见图 10.1-5),则

$$\iint_D f(x,y)\mathrm{d}\sigma=\iint_D f(y,x)\mathrm{d}\sigma$$

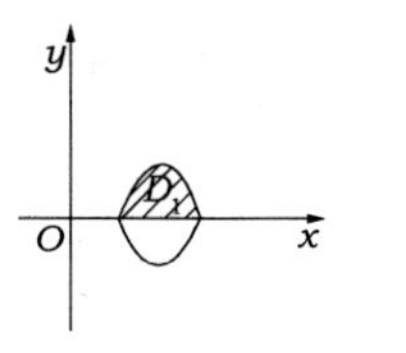

图 10.1-2

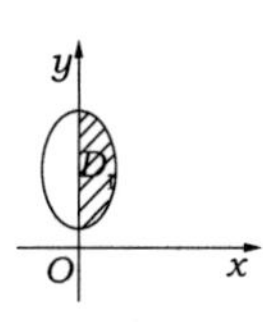

图 10.1-3

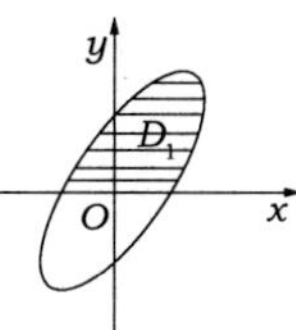

图 10.1-4

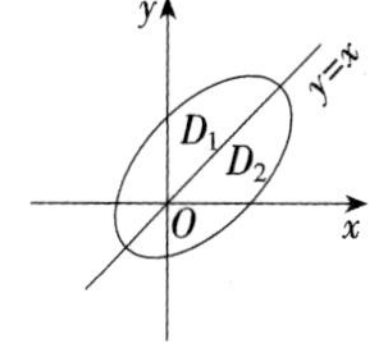

图 10.1-5

在这种情形下,若将 D 分成两部分 $D=D_1\cup D_2$,D_1,D_2 分别为 D 在 $y=x$ 的上方与下方部分,则

学习随笔

$$\iint_{D_1} f(x,y)\mathrm{d}\sigma = \iint_{D_2} f(y,x)\mathrm{d}\sigma$$

注　坐标系中 x,y 轴名称互换后,区域 D 不变,D_1 与 D_2 互换.

二、典型题型归纳及解题方法与技巧

1. 积分值符号的判断,积分值大小的比较与积分值的估计

【例 10.1.1】下列不等式正确的是

(A) $\iint\limits_{\substack{|x|\leqslant 1\\|y|\leqslant 1}} \left(x-\frac{1}{2}\right)\mathrm{d}\sigma > 0$.　　(B) $\iint\limits_{x^2+y^2\leqslant 1} (-x^2-y^2)\mathrm{d}\sigma > 0$.

(C) $\iint\limits_{\substack{|x|\leqslant 1\\|y|\leqslant 1}} (y-1)\mathrm{d}\sigma > 0$.　　(D) $\iint\limits_{\substack{|x|\leqslant 1\\|y|\leqslant 1}} (x+1)\mathrm{d}\sigma > 0$.

【分析】此类问题,首先看连续的被积函数中是否容易判断出非负,$\neq 0$,若是,被选中;若不易判断,则看是否容易判断出哪些被积函数非正,若有三个,则余下的一个选中,若有两个,则进一步考察余下的两个.

在(D)中,$f(x,y)=x+1\geqslant 0,\neq 0$,连续($|x|\leqslant 1,|y|\leqslant 1$)

$\Rightarrow \iint\limits_{\substack{|x|\leqslant 1\\|y|\leqslant 1}} (x+1)\mathrm{d}\sigma > 0 \Rightarrow$ (D) 是正确的.

或者,在(B),(C)中,$f(x,y)\leqslant 0,\neq 0$,连续 $\Rightarrow$ 它们的积分值均<0. 进一步考察

$$\iint_D \left(x-\frac{1}{2}\right)\mathrm{d}x\mathrm{d}y = \iint_D x\,\mathrm{d}x\mathrm{d}y - \frac{1}{2}\iint_D \mathrm{d}x\mathrm{d}y = -\frac{1}{2}\iint_D \mathrm{d}x\mathrm{d}y < 0,$$

其中 D:$|x|\leqslant 1,|y|\leqslant 1$ 关于 y 轴对称,$f(x,y)=x$ 对 x 为奇函数,$\iint\limits_D x\,\mathrm{d}x\mathrm{d}y=0$.

因此,同样得(D)正确.

【例 10.1.2】设

$$I=\iint\limits_{x^2+y^2\leqslant 1}(x^4+y^4)\mathrm{d}\sigma,\quad J=\iint\limits_{\substack{|x|\leqslant 1\\|y|\leqslant 1}}(x^4+y^4)\mathrm{d}\sigma,\quad K=\iint\limits_{x^2+y^2\leqslant 1}2x^2y^2\mathrm{d}\sigma,$$

则 I,J,K 的大小关系是

(A) $I<J<K$.　　(B) $J<K<I$.

(C) $J<I<K$.　　(D) $K<I<J$.

【分析】若积分区域相同,被积函数连续但不相同,可通过比较被积函数来判断积分值的大小. 因

$$x^4+y^4 \underset{\neq}{\geqslant} 2x^2y^2,(x^2+y^2\leqslant 1)$$

又它们连续 $\Rightarrow I=\iint\limits_{x^2+y^2\leqslant 1}(x^4+y^4)\mathrm{d}\sigma > K=\iint\limits_{x^2+y^2\leqslant 1}2x^2y^2\mathrm{d}\sigma$.

若被积函数连续,恒正且相同,但积分区域不同,可通过比较积分区域的大小来判断积分值的大小.

因 x^4+y^4 连续，恒正（除原点外），又

$$\{(x,y)\mid x^2+y^2\leqslant 1\}\subset\{(x,y)\mid |x|\leqslant 1,|y|\leqslant 1\}$$

$$\Rightarrow\qquad I=\iint\limits_{x^2+y^2\leqslant 1}(x^4+y^4)\mathrm{d}\sigma<J=\iint\limits_{\substack{|x|\leqslant 1\\|y|\leqslant 1}}(x^4+y^4)\mathrm{d}\sigma.$$

因此 $K<I<J$，选(D).

【例 10.1.3】利用二重积分的性质估计积分值：

$$I=\iint\limits_D \mathrm{e}^{\sqrt{1+3x+y}}\,\mathrm{d}x\,\mathrm{d}y,$$

其中 D 是由 x 轴，y 轴及直线 $x+y=1$ 所围成的闭区域.

【分析与求解】若 $f(x,y)$ 在 D 连续，$M=\max\limits_D\{f(x,y)\}$，$m=\min\limits_D\{f(x,y)\}$，又 $f(x,y)$ 在 D 不恒为常数 $\Rightarrow m|D|<\iint\limits_D f(x,y)\mathrm{d}\sigma<M|D|$，

其中 $|D|$ 为 D 的面积. 由此性质来估计二重积分值.

在 D 上，$\mathrm{e}=\mathrm{e}^1\leqslant f(x,y)=\mathrm{e}^{\sqrt{1+x+y+2x}}\leqslant \mathrm{e}^{\sqrt{1+1+2}}=\mathrm{e}^2$，

其中 $f(0,0)=\mathrm{e}$，$f(1,0)=\mathrm{e}^2$. 又区域 D 是直角三角形，面积为 $\frac{1}{2}$（见图 10.1－6），因此

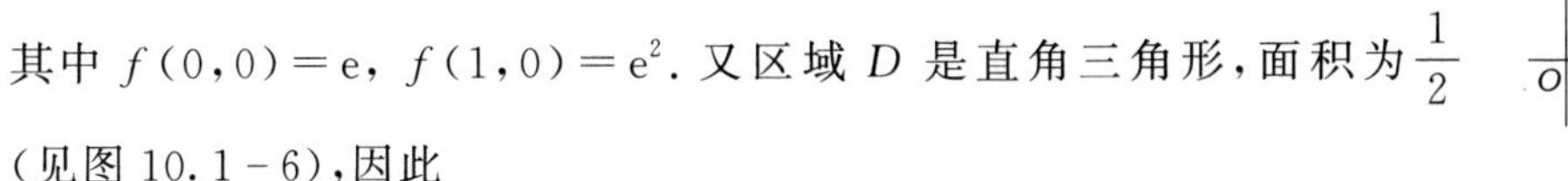

图 10.1－6

$$\frac{1}{2}\mathrm{e}<I<\frac{1}{2}\mathrm{e}^2.$$

评注　求解上述各题中的基本依据是：

① 若 $f(x,y)$ 在有界闭区域 D 上连续，又 $f(x,y)\geqslant 0,\not\equiv 0\Rightarrow\iint\limits_D f(x,y)\mathrm{d}\sigma>0$.（证明见例 10.1.4－(3)）.

② 若 $f(x,y)$ 在有界闭区域 D 上连续，非负，又区域 $D_0\subset D$，$f(x,y)$ 在 $D\backslash D_0$ 上不恒为零，则 $\iint\limits_D f(x,y)\mathrm{d}\sigma>\iint\limits_{D_0} f(x,y)\mathrm{d}\sigma$.

因为 $\iint\limits_D f(x,y)\mathrm{d}\sigma=\iint\limits_{D_0} f(x,y)\mathrm{d}\sigma+\iint\limits_{D\backslash D_0} f(x,y)\mathrm{d}\sigma$，而 $\iint\limits_{D\backslash D_0} f(x,y)\mathrm{d}\sigma>0$.

2. 非负连续函数 f(x,y) 的积分性质

【例 10.1.4】试判断下列命题是否正确，并证明你的判断.

设 D 是 xOy 平面上有界闭区域.

(1) 若 $f(x,y)$ 在 D 连续，且 $f(x,y)>0((x,y)\in D)$，则 $\iint\limits_D f(x,y)\mathrm{d}\sigma>0$；

(2) 若 $f(x,y)$ 在 D 可积，$f(x,y)\geqslant 0,\not\equiv 0((x,y)\in D)$，则 $\iint\limits_D f(x,y)\mathrm{d}\sigma>0$；

(3) 若 $f(x,y)$ 在 D 连续，$f(x,y)\geqslant 0,\not\equiv 0((x,y)\in D)$，则 $\iint\limits_D f(x,y)\mathrm{d}\sigma>0$.

【分析与证明】(1) 正确. 由有界闭域上连续函数达到最小值 $\Rightarrow\exists(x_0,y_0)\in D$，

学习随笔

$$\min_D f(x,y)=f(x_0,y_0)>0$$

$$\Rightarrow\quad \iint_D f(x,y)\mathrm{d}\sigma \geqslant \iint_D \min_D f(x,y)\mathrm{d}\sigma = f(x_0,y_0)|D|>0,$$

其中$|D|$为D的面积. 因此命题正确.

(2) 不正确. 因为函数

$$f(x,y)=\begin{cases}0, & (x,y)\in D,(x,y)\neq(x_0,y_0),\\ 1, & (x,y)=(x_0,y_0),\end{cases}$$

其中$(x_0,y_0)\in D$,满足：$f(x,y)\geqslant 0,\not\equiv 0((x,y)\in D)$,但$\iint_D f(x,y)\mathrm{d}\sigma=0$.

(3) 正确. 将D分解成$D=D_1\cup D_2$,在D_1上$f(x,y)\geqslant 0$,在D_2上$f(x,y)>0$,再利用积分对区域的可加性及题(1)的结论.

因为$f(x,y)\geqslant 0,\not\equiv 0\Rightarrow \exists M_0(x_0,y_0)\in D$, $f(x_0,y_0)>0$ 又因$f(x,y)$在D连续$\Rightarrow \exists$有界闭区域D_1,$M_0\in D_1\subset D$使得$f(x,y)>0((x,y)\in D_1)$. 记$D_2=D\setminus D_1$,则$D=D_1\cup D_2$,

$$\iint_{D_1} f(x,y)\mathrm{d}\sigma>0(\text{题}(1)\text{知}),\quad \iint_{D_2} f(x,y)\mathrm{d}\sigma\geqslant 0.$$

最后由积分对区域的可加性得

$$\iint_D f(x,y)\mathrm{d}\sigma=\iint_{D_1} f(x,y)\mathrm{d}\sigma+\iint_{D_2} f(x,y)\mathrm{d}\sigma>0.$$

评注 ① 题(2),(3)的差别就在于是否有连续性条件. 讨论题(2)时利用了改变有限个点上的函数值,不改变积分值这一结论.

② 论证题(1),(3)时均用到连续函数的重要性质:连续函数在有界闭区域上达到最值以及连续函数的局部性质(在某点取正值保证在该点某邻域也取正值).

3. 关于二重积分的定义与可积性

【例 10.1.5】设$f(x,y)$, $f(y,x)$在D可积,D关于直线$y=x$对称($(x,y)\in D\Rightarrow(y,x)\in D$),求证：

(1) $\iint_{D_1} f(x,y)\mathrm{d}x\mathrm{d}y=\iint_{D_2} f(y,x)\mathrm{d}x\mathrm{d}y$,其中$D_1,D_2$分别为$D$在$y=x$的上方与下方部分,见图 10.1-7;

(2) $\iint_D f(x,y)\mathrm{d}x\mathrm{d}y=\iint_D f(y,x)\mathrm{d}x\mathrm{d}y$.

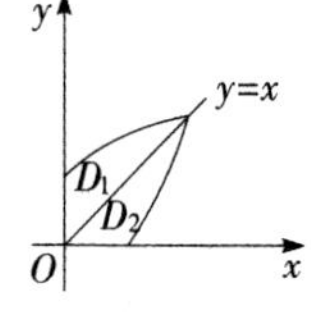

图 10.1-7

【分析】对区域D_1,D_2作某种特殊的分割——关于$y=x$对称,每个小区域上的点也是某种特殊取法——关于$y=x$对称. 目的是,对要证的积分等式,构造出对应的相等的积分和.

【证明】(1) 将$D_1=D\cap\{y\geqslant x\}$任意分成$n$个小区域$\Delta\sigma_1,\Delta\sigma_2,\cdots,\Delta\sigma_n$,相应地将$D_2=D\cap\{y\leqslant x\}$分成$n$个小区域$\Delta\sigma'_1,\Delta\sigma'_2,\cdots,\Delta\sigma'_n$,其中$\Delta\sigma_i$与$\Delta\sigma'_i$关于$y=x$对称$(i=1,2,\cdots,n)$. 小区域$\Delta\sigma_i$与$\Delta\sigma'_i$的面积也记为$\Delta\sigma_i$与$\Delta\sigma'_i$. $\forall$取$(\xi_i,\eta_i)\in\Delta\sigma_i$,则$(\eta_i,\xi_i)\in\Delta\sigma'_i(i=1,2,\cdots,n)$. 对应上述做法,分别得到

$$\iint\limits_{D_1} f(x,y)\mathrm{d}\sigma \text{ 的积分和} \sum_{i=1}^{n} f(\xi_i,\eta_i)\Delta\sigma_i,$$

$$\iint\limits_{D_2} f(y,x)\mathrm{d}\sigma \text{ 的积分和} \sum_{i=1}^{n} f(\xi_i,\eta_i)\Delta\sigma'_i.$$

注意 $\Delta\sigma_i=\Delta\sigma'_i(i=1,2,\cdots,n) \Rightarrow \lim\limits_{\lambda\to 0}\sum\limits_{i=1}^{n} f(\xi_i,\eta_i)\Delta\sigma_i=\lim\limits_{\lambda\to 0}\sum\limits_{i=1}^{n} f(\xi_i,\eta_i)\Delta\sigma'_i$.

由可积性 $\Rightarrow \iint\limits_{D_1} f(x,y)\mathrm{d}\sigma=\iint\limits_{D_2} f(y,x)\mathrm{d}\sigma$.

(2) $D=D_1\cup D_2$，由题(1) $\Rightarrow$

$$\iint\limits_{D_1} f(x,y)\mathrm{d}\sigma=\iint\limits_{D_2} f(y,x)\mathrm{d}\sigma,\quad \iint\limits_{D_2} f(x,y)\mathrm{d}\sigma=\iint\limits_{D_1} f(y,x)\mathrm{d}\sigma,$$

两式相加 $\Rightarrow$ $\iint\limits_{D} f(x,y)\mathrm{d}\sigma=\iint\limits_{D} f(y,x)\mathrm{d}\sigma$.

评注　若 $f(x,y)$ 在 D 上可积，那么 $\iint\limits_{D} f(x,y)\mathrm{d}\sigma$ 应等于 $f(x,y)$ 在 D 上某特殊的积分和的极限. 该例的论证正是利用了这一点.

第二节　二重积分的计算法

一、知识点归纳总结

1. 化二重积分为二次单积分的公式

设 $f(x,y)$ 在有界闭区域 D 上连续.

① 若 $D=\{(x,y)\mid a\leqslant x\leqslant b,\varphi_1(x)\leqslant y\leqslant\varphi_2(x)\}$，　(10.2-1)

其中 $\varphi_1(x),\varphi_2(x)$ 在 $[a,b]$ 连续，见图 10.2-1.

$$\iint\limits_{D} f(x,y)\mathrm{d}x\mathrm{d}y=\int_a^b \mathrm{d}x\int_{\varphi_1(x)}^{\varphi_2(x)} f(x,y)\mathrm{d}y \quad \left(\int_a^b \left[\int_{\varphi_1(x)}^{\varphi_2(x)} f(x,y)\mathrm{d}y\right]\mathrm{d}x\right).\tag{10.2-2}$$

这是先积 y 后积 x 的情形，D 由直线 $x=a,x=b(a<b)$ 及曲线 $y=\varphi_2(x)$，$y=\varphi_1(x)(\varphi_2(x)\geqslant\varphi_1(x),x\in[a,b])$ 所围成. 直线 $x=a$ 或 $x=b$ 可缩成一个点，见图 10.2-2.

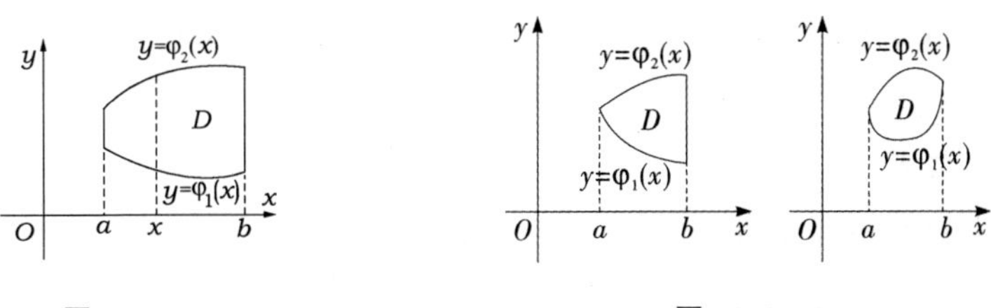

图 10.2-1　　图 10.2-2

学习随笔

② 若 $D=\{(x,y)\mid \alpha\leqslant y\leqslant\beta,\psi_1(y)\leqslant x\leqslant\psi_2(y)\}$, (10.2-3)

见图 10.2-3,其中 $\psi_1(y)$,$\psi_2(y)$ 在$[\alpha,\beta]$连续,则

$$\iint_D f(x,y)\mathrm{d}x\mathrm{d}y=\int_\alpha^\beta \mathrm{d}y\int_{\psi_1(y)}^{\psi_2(y)}f(x,y)\mathrm{d}x\left(\int_\alpha^\beta\left[\int_{\psi_1(y)}^{\psi_2(y)}f(x,y)\mathrm{d}x\right]\mathrm{d}y\right).\tag{10.2-4}$$

这是先积 x 后积 y 的情形,D 由直线 $y=\alpha$,$y=\beta(\alpha<\beta)$ 及曲线 $x=\psi_2(y)$,$x=\psi_1(y)(\psi_2(y)\geqslant\psi_1(y),y\in[\alpha,\beta])$ 所围成. 直线 $y=\alpha$ 或 $y=\beta$ 可缩成一个点,见图 10.2-4.

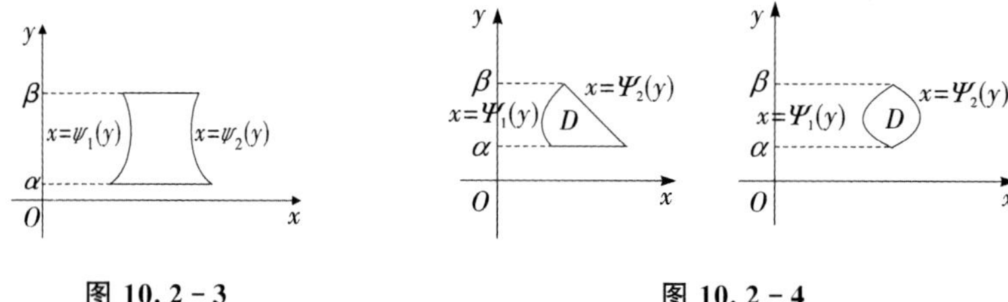

图 10.2-3　　　　图 10.2-4

③ 特殊情形是:设 D 是矩形区域

$$D=\{(x,y)\mid a\leqslant x\leqslant b,\alpha\leqslant y\leqslant\beta\},$$

若 $f(x,y)$ 在 D 连续,则 $\iint_D f(x,y)\mathrm{d}\sigma=\int_a^b\mathrm{d}x\int_\alpha^\beta f(x,y)\mathrm{d}y=\int_\alpha^\beta\mathrm{d}y\int_a^b f(x,y)\mathrm{d}x$.

若 $f(x)$ 在$[a,b]$连续,$g(y)$ 在$[\alpha,\beta]$连续,则 $\iint_D f(x)g(y)\mathrm{d}\sigma=\int_a^b f(x)\mathrm{d}x\int_\alpha^\beta g(y)\mathrm{d}y$.

【公式的特点】式(10.2-2)和式(10.2-4)都是将二重积分化为累次积分.不同的是,前者是先对 y 积分后对 x 积分,后者是先对 x 积分后对 y 积分.

【区域 D 的特点】式(10.2-2)中区域 D 的特点是,穿过 D 内与 y 轴平行的直线交 D 的边界不多于两点,是适于先积 y 后积 x 类型的区域.公式(10.2-4)中区域 D 的特点是,穿过 D 内与 x 轴平行的直线交 D 的边界不多于两点,是适于先积 x 后积 y 类型的区域.

【积分限的特点】每个单积分总是积分上限≥积分下限,外层积分限是常数,内层积分限则不一定是常数,对 y 积分时积分限是 x 的函数,对 x 积分时积分限是 y 的函数.

2. 怎样用公式计算二重积分

(1) 利用公式的关键

按某种积分顺序配置积分限,余下是定积分计算.

为了配置积分限,要想象或画出积分区域 D 的图形,或写出 D 的不等式表示(如式(10.2-1)或式(10.2-3)).

(2) 利用分块积分法

利用积分对区域的可加性质:

$$\iint_D f(x,y)\mathrm{d}\sigma=\iint_{D_1}f(x,y)\mathrm{d}\sigma+\iint_{D_2}f(x,y)\mathrm{d}\sigma,$$

其中 $D=D_1\cup D_2$，来计算二重积分的方法，称之为分块积分.

对以下情形要用分块积分法：

① 区域 D 的边界是分段表示的.

② 被积函数是分块表示的.

③ 积分区域 D 分块后才是式(10.2－1)或式(10.2－3)中所述类型.

(3) 利用分项积分法

利用积分的线性性质

$$\iint_D [k_1 f(x,y)+k_2 g(x,y)]\mathrm{d}\sigma = k_1\iint_D f(x,y)\mathrm{d}\sigma + k_2\iint_D g(x,y)\mathrm{d}\sigma$$

来计算二重积分的方法，称之为分项积分法，其中 k_1,k_2 为常数.

3. 积分技巧与简化计算

① 选择积分顺序，不同的积分顺序可能影响计算的繁简，甚至影响能否积出来.

② 利用区域的对称性与被积函数的奇偶性.

③ 利用积分的几何意义. 若积分区域 D 的面积 σ 已知，则直接可得 $\iint_D k\,\mathrm{d}\sigma = k\sigma$，其中 k 为常数.

4. 在极坐标变换下二重积分计算公式

极坐标 (r,θ) 与直角坐标 (x,y) 的关系为 $x=r\cos\theta$，$y=r\sin\theta$，在极坐标系中面积元素为 $\mathrm{d}\sigma=r\mathrm{d}r\mathrm{d}\theta$，见图 10.2－5.

设 $f(x,y)$ 在有界闭区域 D 连续，在极坐标变换 $x=r\cos\theta$，$y=r\sin\theta$ 下，我们有

$$\iint_D f(x,y)\mathrm{d}\sigma = \iint_{D'} f(r\cos\theta, r\sin\theta)r\mathrm{d}r\mathrm{d}\theta, \tag{10.2-5}$$

其中 D' 是 D 在极坐标变换下对应于直角坐标系 $O\theta r$ 中的平面区域(见图 10.2－6).

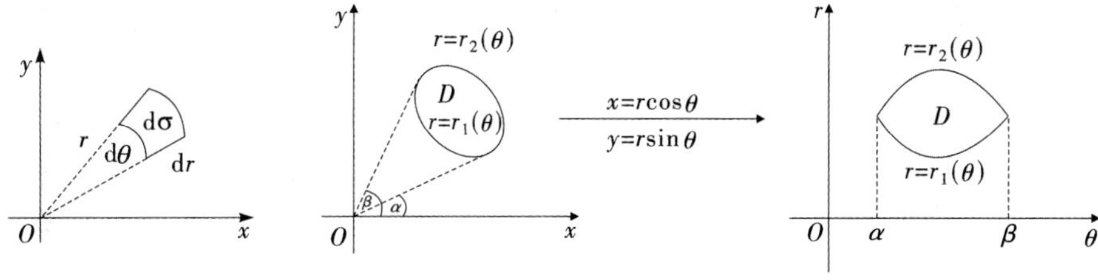

图 10.2－5　　　图 10.2－6

5. 极坐标变换下积分限的配置

设 $f(x,y)$ 在有界闭区域 D 上连续，在极坐标变换下，怎样将

$$\iint_{D'} f(r\cos\theta, r\sin\theta)r\mathrm{d}r\mathrm{d}\theta$$

化为累次积分？这是直角坐标系中化二重积分为累次积分的问题.

注意：在 $O\theta r$ 中 D' 的不等式表示与 Oxy 中 D 的极坐标的不等式表示形式上是相同

学习随笔

的.因此,在极坐标变换下化$\iint\limits_D f(x,y)\mathrm{d}\sigma$为累次积分的关键是,在$Oxy$平面上画出$D$的图形并写出相应的$D$的极坐标表示式.在这个意义上,习惯上也常把(10.2-5)写成

$$\iint\limits_D f(x,y)\mathrm{d}\sigma=\iint\limits_D f(r\cos\theta,r\sin\theta)r\mathrm{d}r\mathrm{d}\theta.$$

常见以下情形:

情形一　$D=\{(x,y)\mid\alpha\leqslant\theta\leqslant\beta,r_1(\theta)\leqslant r\leqslant r_2(\theta)\}$,其中$r_1(\theta)$,$r_2(\theta)$在$[\alpha,\beta]$连续,见图10.2-7,则有

$$\iint\limits_D f(x,y)\mathrm{d}\sigma=\int_\alpha^\beta\mathrm{d}\theta\int_{r_1(\theta)}^{r_2(\theta)}f(r\cos\theta,r\sin\theta)r\mathrm{d}r.$$

情形二　$D=\{(x,y)\mid 0\leqslant\theta\leqslant 2\pi,r_1(\theta)\leqslant r\leqslant r_2(\theta)\}$,其中$r_1(\theta)$,$r_2(\theta)$在$[0,2\pi]$连续,特殊情形是$r_1(\theta)=0$,见图10.2-8,则有

$$\iint\limits_D f(x,y)\mathrm{d}\sigma=\int_0^{2\pi}\mathrm{d}\theta\int_{r_1(\theta)}^{r_2(\theta)}f(r\cos\theta,r\sin\theta)r\mathrm{d}r.$$

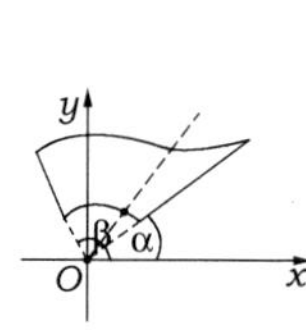

图 10.2-7

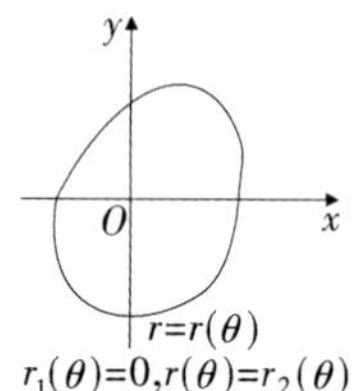

图 10.2-8

情形三　$D=\{(x,y)\mid\alpha\leqslant\theta\leqslant\beta,0\leqslant r\leqslant r(\theta)\}$,其中$r(\theta)$在$[\alpha,\beta]$连续,见图10.2-9,则有

$$\iint\limits_D f(x,y)\mathrm{d}\sigma=\int_\alpha^\beta\mathrm{d}\theta\int_0^{r(\theta)}f(r\cos\theta,r\sin\theta)r\mathrm{d}r.$$

情形四　$D=\{(x,y)\mid a\leqslant r\leqslant b,\theta_1(r)\leqslant\theta\leqslant\theta_2(r)\}$,其中$\theta_1(r)$,$\theta_2(r)$在$[a,b]$连续,见图10.2-10,则有

$$\iint\limits_D f(x,y)\mathrm{d}\sigma=\int_a^b\mathrm{d}r\int_{\theta_1(r)}^{\theta_2(r)}f(r\cos\theta,r\sin\theta)r\mathrm{d}\theta.$$

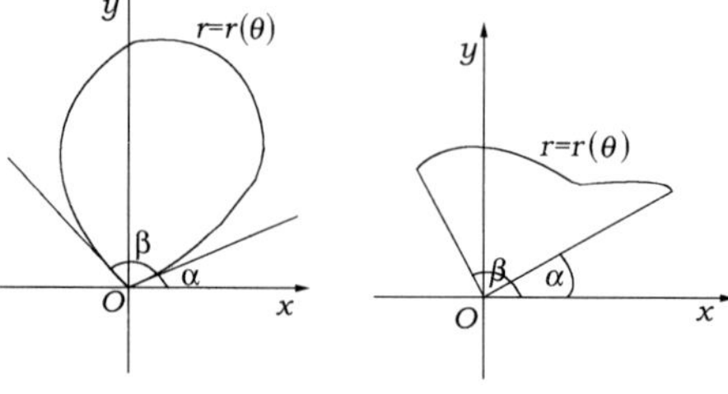

图 10.2-9

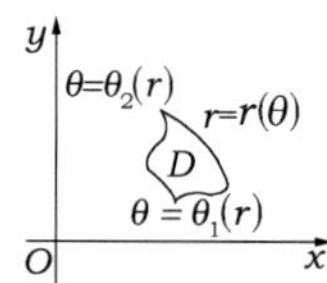

图 10.2-10

6. 平移变换下的二重积分公式

设D为平面有界闭区域,$f(x,y)$在D连续,在平移变换$\begin{cases}u=x-a,\\v=y-b\end{cases}$下,有

学习随笔

$$\iint\limits_{D} f(x,y)\mathrm{d}x\mathrm{d}y=\iint\limits_{D'} f(u+a,v+b)\mathrm{d}u\mathrm{d}v,$$

其中 D'是该平移变换下 Oxy 平面上的区域 D 变成 $O'uv$ 平面上的一个区域,见图 10.2－11.

平移变换下保持区域的形状与面积不变. 如 $D:(x-1)^2+(y-1)^2\leqslant 1$ 在平移变换 $u=x-1,v=y-1$ 下,D 变成 $D':u^2+v^2\leqslant 1$,见图 10.2－12.

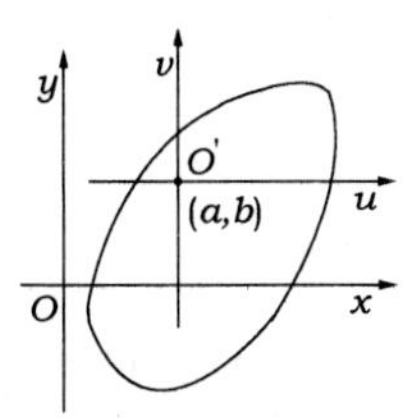

图 10.2－11

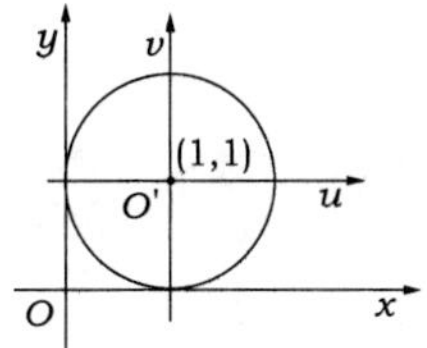

图 10.2－12

*7. 二重积分的一般变量替换

设 D 是 Oxy 平面上的有界闭区域，$f(x,y)$在 D 连续,作变换：

$$x=x(u,v),y=y(u,v),\tag{10.2-6}$$

满足：

① 将 uv 平面上的区域 D'一一对应地变到 xy 平面上的区域 D.

② $x(u,v),y(u,v)$在 D'有连续偏导数.

③ $J(u,v)=\dfrac{\partial(x,y)}{\partial(u,v)}\neq 0((u,v)\in D')$.

则
$$\iint\limits_{D} f(x,y)\mathrm{d}x\mathrm{d}y=\iint\limits_{D'} f(x(u,v),y(u,v))\,|J(u,v)|\,\mathrm{d}u\mathrm{d}v.\tag{10.2-7}$$

评注　式(10.2－7)成立的条件可略降低:在 D' 中除去有限个点或有限条光滑曲线外,变换(10.2－6)是一一对应且雅可比行列式不等于零,有连续的一阶偏导数,式(10.2－7)仍然成立.

8. 选择变量替换问题

除了在直角坐标系中计算二重积分外,还可选择适当的变量替换. 选择何种变换,这取决于积分区域 D 的形状与被积函数 $f(x,y)$的具体形式. 可供选择的有：

① 极坐标变换. 若被积函数形如 $x^m y^n f(x^2+y^2)$或 $x^n y^m f\left(\dfrac{y}{x}\right)$,积分区域 D 是圆域,环域,扇形,扇形环域,或 D 的边界的极坐标方程还比较简单等,可考虑选用极坐标变换.

② 平移变换. 若区域 D 有某种对称性(如 D 是圆,但圆心不在原点),经平移后变成了关于某坐标轴或原点对称的区域且被积函数变成了(或部分变成了)有奇偶性时,可考虑选用平移变换.

* ③ 除极坐标变换与平移变换外,常用的有：

➢ 一次函数变换：$\begin{cases}x=a_1u+b_1v+c_1,\\ y=a_2u+b_2v+c_2,\end{cases}\dfrac{\partial(x,y)}{\partial(u,v)}=\begin{vmatrix}a_1 & b_1\\ a_2 & b_2\end{vmatrix}\neq 0.$

学习随笔

➢ 广义极坐标变换：$\begin{cases}x=ar\cos^{\beta}\theta,\\ y=br\sin^{\beta}\theta,\end{cases}$ a,b,β 为常数，$\dfrac{\partial(x,y)}{\partial(r,\theta)}=ab\beta r\cos^{\beta-1}\theta\sin^{\beta-1}\theta$.

➢ 区域边界是曲线 $u(x,y)=a,u(x,y)=b,v(x,y)=\alpha,v(x,y)=\beta$，作变换：

$$\begin{cases}u=u(x,y),\\ v=v(x,y).\end{cases}$$

二、典型题型归纳及解题方法与技巧

1. 化二重积分为累次积分并计算

【例 10.2.1】将下列二重积分 $\iint\limits_D f(x,y)\mathrm{d}x\mathrm{d}y$ 化为次序不同的累次积分，其中积分区域：

(1) D 由 $y=x,y=3x,x=1,x=3$ 围成； (2) $D=\{(x,y)\mid x^2+y^2\leqslant 2x\}$.

【分析与求解】(1) D 的图形如图 10.2－13 所示.

① 先对 y 积分，后对 x 积分，D 的不等式表示：$1\leqslant x\leqslant 3,x\leqslant y\leqslant 3x$，于是

$$I=\iint\limits_D f(x,y)\mathrm{d}x\mathrm{d}y=\int_1^3\mathrm{d}x\int_x^{3x}f(x,y)\mathrm{d}y.$$

② 先对 x 积分，后对 y 积分. 此时 D 的边界曲线分段表示，应将区域 D 分块表示，见图 10.2－14. $D=D_1\cup D_2$. 而 $D_1:1\leqslant y\leqslant 3,1\leqslant x\leqslant y,D_2:3\leqslant y\leqslant 9,\dfrac{y}{3}\leqslant x\leqslant 3$，于是

$$I=\iint\limits_{D_1}f(x,y)\mathrm{d}x\mathrm{d}y+\iint\limits_{D_2}f(x,y)\mathrm{d}x\mathrm{d}y=\int_1^3\mathrm{d}y\int_1^y f(x,y)\mathrm{d}x+\int_3^9\mathrm{d}y\int_{\frac{y}{3}}^3 f(x,y)\mathrm{d}x.$$

(2) D 的边界曲线是圆 $(x-1)^2+y^2=1$，D 如图 10.2－15 所示.

① 先对 y 积分后对 x 积分. $D:0\leqslant x\leqslant 2,-\sqrt{2x-x^2}\leqslant y\leqslant\sqrt{2x-x^2}$，于是

$$I=\int_0^2\mathrm{d}x\int_{-\sqrt{2x-x^2}}^{\sqrt{2x-x^2}}f(x,y)\mathrm{d}y.$$

② 先对 x 积分，后对 y 积分. $D:-1\leqslant y\leqslant 1,1-\sqrt{1-y^2}\leqslant x\leqslant 1+\sqrt{1-y^2}$，于是

$$I=\int_{-1}^1\mathrm{d}y\int_{1-\sqrt{1-y^2}}^{1+\sqrt{1-y^2}}f(x,y)\mathrm{d}x.$$

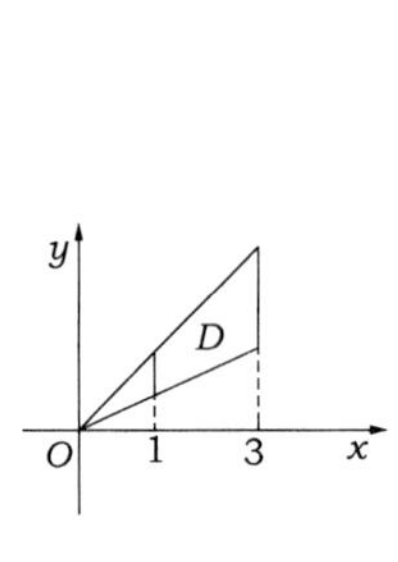

图 10.2－13

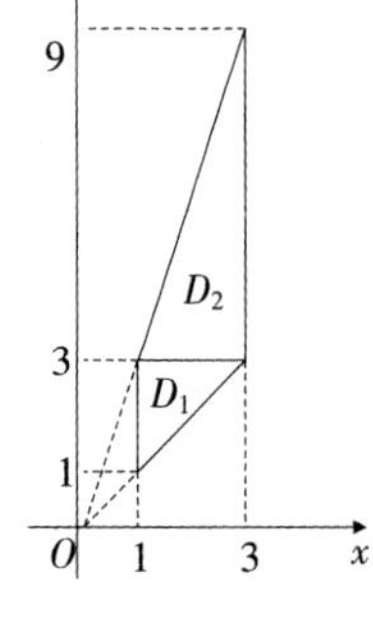

图 10.2－14

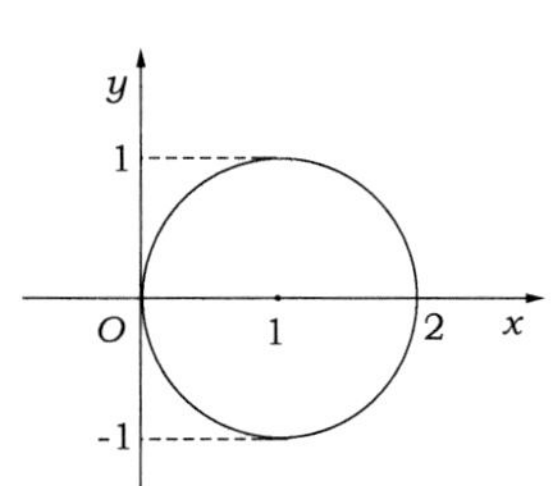

图 10.2－15

【例 10.2.2】计算下列二重积分：

(1) $I=\iint\limits_{D} x\mathrm{e}^{xy}\mathrm{d}x\mathrm{d}y$，其中 $D=\{(x,y)\mid 0\leqslant x\leqslant 1, 0\leqslant y\leqslant 1\}$；

(2) $I=\iint\limits_{D}(6x+y)\mathrm{d}x\mathrm{d}y$，其中 D 是由 $y=x, y=\frac{1}{5}x, y=1$ 围成的区域；

(3) $I=\iint\limits_{D} xy\mathrm{d}x\mathrm{d}y$，其中 $D=\{(x,y)\mid x\geqslant 0, y\geqslant 0, \sqrt{x}+\sqrt{y}\leqslant 1\}$.

【解】画出 D 的图形，选择积分顺序，配置积分限，化为累次积分并求出结果.

(1) D 是正方形区域，先对 y 积分可得

$$I=\int_0^1\mathrm{d}x\int_0^1 x\mathrm{e}^{xy}\mathrm{d}y=\int_0^1\left[\mathrm{e}^{xy}\right]_{y=0}^{y=1}\mathrm{d}x=\int_0^1(\mathrm{e}^x-1)\mathrm{d}x=\mathrm{e}-2.$$

(若先对 x 积分，则需用分部积分法计算相应的定积分，计算的步骤要多些).

(2) 积分区域 D 见图 10.2－16. 先对 y 积分时，因边界曲线分段表示，要将 D 分块，会增加计算量，先对 x 积分则不必分块，计算简便. D：$0\leqslant y\leqslant 1, y\leqslant x\leqslant 5y$.

$$\begin{aligned}I&=\iint\limits_{D}(6x+y)\mathrm{d}x\mathrm{d}y=6\iint\limits_{D}x\mathrm{d}x\mathrm{d}y+\iint\limits_{D}y\mathrm{d}x\mathrm{d}y\\&=6\int_0^1\mathrm{d}y\int_y^{5y}x\mathrm{d}x+\int_0^1\mathrm{d}y\int_y^{5y}y\mathrm{d}x=3\int_0^1\left[x^2\right]_y^{5y}\mathrm{d}y+\int_0^1 4y^2\mathrm{d}y\\&=3\cdot 24\int_0^1 y^2\mathrm{d}y+\frac{4}{3}=24+\frac{4}{3}=\frac{76}{3}.\end{aligned}$$

(3) D 由 x 轴，y 轴及曲线 $\sqrt{x}+\sqrt{y}=1$ 围成，见图 10.2－17.

先对 y 积分，D：$0\leqslant x\leqslant 1, 0\leqslant y\leqslant(1-\sqrt{x})^2$.

$$\begin{aligned}I&=\int_0^1\mathrm{d}x\int_0^{(1-\sqrt{x})^2}xy\mathrm{d}y=\frac{1}{2}\int_0^1 x(1-\sqrt{x})^4\mathrm{d}x\\&\xlongequal[x=(1-t)^2]{t=1-\sqrt{x}}\int_0^1(1-t)^3t^4\mathrm{d}t=\frac{1}{5}\int_0^1(1-t)^3\mathrm{d}t^5\\&=\frac{3}{5}\int_0^1(1-t)^2t^5\mathrm{d}t=\frac{1}{10}\int_0^1(1-t)^2\mathrm{d}t^6=\frac{1}{5}\int_0^1 t^6(1-t)\mathrm{d}t\\&=\frac{1}{5}\left(\frac{1}{7}-\frac{1}{8}\right)=\frac{1}{280}.\end{aligned}$$

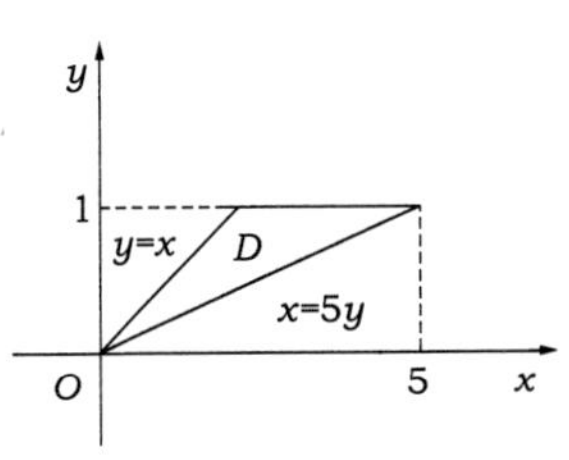

图 10.2－16

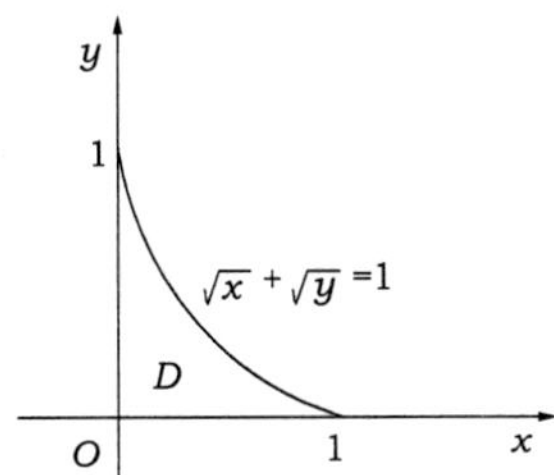

图 10.2－17

学习随笔

2. 选择积分顺序

【例 10.2.3】求 $I=\iint\limits_{D}\sqrt{x^2-y^2}\,\mathrm{d}x\,\mathrm{d}y$,其中 D 由 $y=x$,$x=1$ 及 x 轴围成.

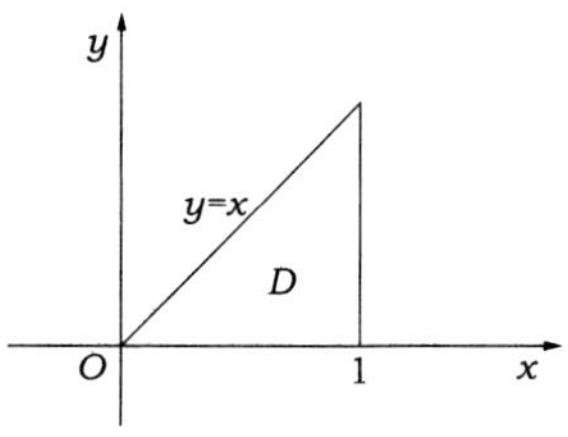

图 10.2-18

【解】区域 D 如图 10.2-18 所示. 注意计算 $\int\sqrt{a^2-x^2}\,\mathrm{d}x$ 比起计算 $\int\sqrt{x^2-a^2}\,\mathrm{d}x$ 要简单得多. 我们选择先积 y 后积 x 的顺序. D 表为 $D:0\leqslant x\leqslant 1,0\leqslant y\leqslant x$,于是

$$I=\int_0^1\mathrm{d}x\int_0^x\sqrt{x^2-y^2}\,\mathrm{d}y\xlongequal{y=x\cos\theta}\int_0^1\mathrm{d}x\int_{\frac{\pi}{2}}^0\sqrt{x^2(1-\cos^2\theta)}\cdot(-x\sin\theta)\mathrm{d}\theta$$

$$=\int_0^1\mathrm{d}x\int_0^{\frac{\pi}{2}}x^2\sin^2\theta\,\mathrm{d}\theta=\int_0^{\frac{\pi}{2}}\sin^2\theta\,\mathrm{d}\theta\cdot\int_0^1x^2\,\mathrm{d}x=\frac{\pi}{4}\cdot\frac{1}{3}=\frac{\pi}{12}.$$

若利用定积分的几何意义可知

$$\int_0^x\sqrt{x^2-y^2}\,\mathrm{d}y=\text{半径为 } x \text{ 的}\frac{1}{4}\text{圆的面积}=\frac{\pi}{4}x^2.$$

于是立即可得

$$I=\iint\limits_{D}\sqrt{x^2-y^2}\,\mathrm{d}\sigma=\int_0^1\mathrm{d}x\int_0^x\sqrt{x^2-y^2}\,\mathrm{d}y=\int_0^1\frac{\pi}{4}x^2\,\mathrm{d}x=\frac{\pi}{12}.$$

评注 若选择先积 x 后积 y,则积分限的配置是

$$I=\int_0^1\mathrm{d}y\int_y^1\sqrt{x^2-y^2}\,\mathrm{d}x,$$

计算下去比较复杂. 不同的积分顺序可能影响计算繁简.

【例 10.2.4】求 $I=\iint\limits_{D}\frac{\sin y}{y}\mathrm{d}x\,\mathrm{d}y$,其中 D 由 $y=x$ 与 $x=y^2$ 围成.

【解】$y=x$ 与 $x=y^2$ 的交点是(0,0)与(1,1),区域 D 如图 10.2-19 所示.

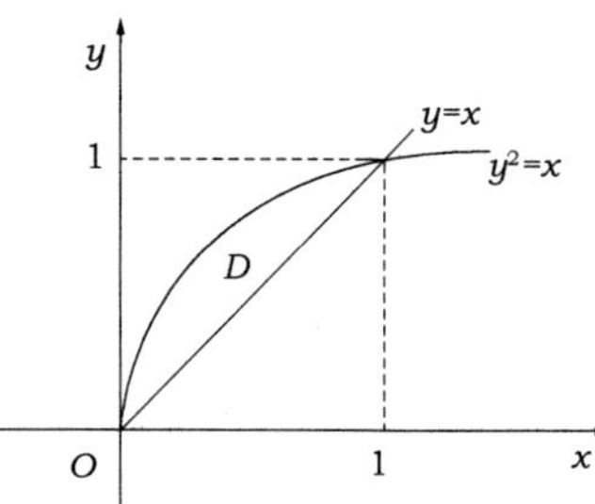

图 10.2-19

若先积 y 后积 x 的顺序,D 表为 $D:0\leqslant x\leqslant 1,x\leqslant y\leqslant\sqrt{x}$,于是

$$I=\int_0^1\mathrm{d}x\int_x^{\sqrt{x}}\frac{\sin y}{y}\mathrm{d}y.$$

无法计算下去,因 $\int\frac{\sin y}{y}\mathrm{d}y$ 不是初等函数.

因此,改为先积 x 后积 y 的顺序,D 表为 $D:0\leqslant y\leqslant 1$,$y^2\leqslant x\leqslant y$,于是

$$I=\int_0^1\mathrm{d}y\int_{y^2}^{y}\frac{\sin y}{y}\mathrm{d}x=\int_0^1\frac{\sin y}{y}(y-y^2)\mathrm{d}y$$

$$=\int_0^1\sin y\,\mathrm{d}y+\int_0^1y\,\mathrm{d}\cos y=[-\cos y]_0^1+[y\cos y]_0^1-\int_0^1\cos y\,\mathrm{d}y$$

$$=-\cos 1+1+\cos 1-[\sin y]_0^1=1-\sin 1.$$

学习随笔

评注　不同的积分顺序不仅可能影响计算的繁简，甚至影响能否积得出来.

3. 利用积分区域的对称性与被积函数的奇偶性

【例 10.2.5】 求 $I=\iint\limits_D(x^2+y^2)\mathrm{d}x\mathrm{d}y$，其中 $D=\{(x,y)\,|\,|x|+|y|\leqslant 1\}$.

【解】 区域 D 如图 10.2－20 所示. D 关于 x,y 轴均对称，$f(x,y)=x^2+y^2$ 对 x,y 均为偶函数，则

$$I=2\iint\limits_{D\cap\{x\geqslant 0\}}(x^2+y^2)\mathrm{d}x\mathrm{d}y=4\iint\limits_{D_1}(x^2+y^2)\mathrm{d}x\mathrm{d}y,$$

其中 $D_1=\{(x,y)\,|\,x\geqslant 0,y\geqslant 0,x+y\leqslant 1\}=\{(x,y)\,|\,0\leqslant x\leqslant 1,0\leqslant y\leqslant 1-x\}$.

再用变量的轮换对称性(把 x 与 y 互换，区域 D_1 不变)，于是

$$\iint\limits_{D_1}y^2\mathrm{d}x\mathrm{d}y=\iint\limits_{D_1}x^2\mathrm{d}x\mathrm{d}y.$$

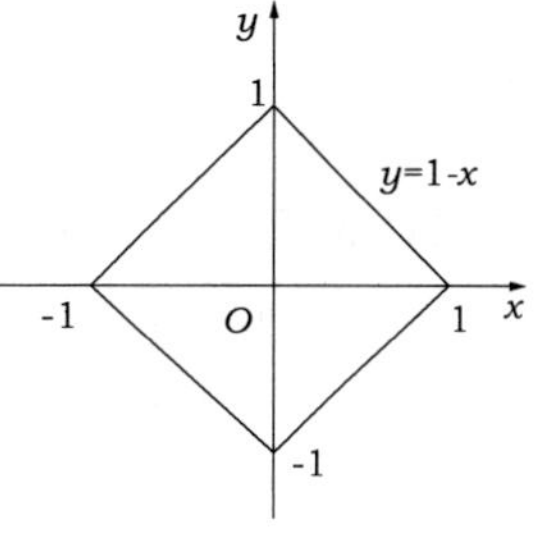

图 10.2－20

因此，
$$\begin{aligned}I&=\iint\limits_D(x^2+y^2)\mathrm{d}x\mathrm{d}y=4\iint\limits_{D_1}(x^2+y^2)\mathrm{d}x\mathrm{d}y\\&=8\iint\limits_{D_1}x^2\mathrm{d}x\mathrm{d}y=8\int_0^1\mathrm{d}x\int_0^{1-x}x^2\mathrm{d}y\\&=8\int_0^1(1-x)x^2\mathrm{d}x=8\left(\frac{1}{3}-\frac{1}{4}\right)=\frac{2}{3}.\end{aligned}$$

评注　我们也可利用例 10.1.5 的结论：D_1 关于 $y=x$ 对称，于是

$$\iint\limits_{D_1}x^2\mathrm{d}x\mathrm{d}y=\iint\limits_{D_1}y^2\mathrm{d}x\mathrm{d}y.$$

【例 10.2.6】 求 $I=\iint\limits_D y\left[1+x\mathrm{e}^{\frac{1}{2}(x^2+y^2)}\right]\mathrm{d}x\mathrm{d}y$，其中 D 是由直线 $y=x$，$y=-1$ 及 $x=1$ 围成的平面区域.

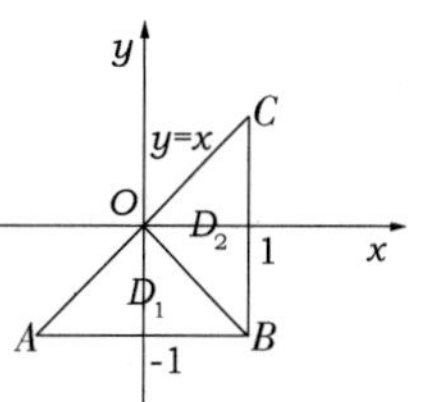

图 10.2－21

【分析与求解】 区域 D 如图 10.2－21 所示，是 $\triangle ABC$. 被积函数对 x,y 有奇偶性，D 关于 x,y 轴不对称，添加辅助线 OB 后，有分块对称性. $D=D_1\cup D_2$.

D_1 与 D_2 分别对 y 轴与 x 轴对称，被积函数 $xy\mathrm{e}^{\frac{1}{2}(x^2+y^2)}$ 对 x 与 y 均为奇函数，则

$$\iint\limits_D xy\mathrm{e}^{\frac{1}{2}(x^2+y^2)}\mathrm{d}x\mathrm{d}y=\iint\limits_{D_1}xy\mathrm{e}^{\frac{1}{2}(x^2+y^2)}\mathrm{d}x\mathrm{d}y+\iint\limits_{D_2}xy\mathrm{e}^{\frac{1}{2}(x^2+y^2)}\mathrm{d}x\mathrm{d}y=0+0=0.$$

同理
$$\begin{aligned}\iint\limits_D y\mathrm{d}x\mathrm{d}y&=\iint\limits_{D_1}y\mathrm{d}x\mathrm{d}y+\iint\limits_{D_2}y\mathrm{d}x\mathrm{d}y=\iint\limits_{D_1}y\mathrm{d}x\mathrm{d}y\\&=2\iint\limits_{D_1\cap\{x\geqslant 0\}}y\mathrm{d}x\mathrm{d}y=2\int_{-1}^0\mathrm{d}y\int_0^{-y}y\mathrm{d}x=-2\int_{-1}^0y^2\mathrm{d}y=-\frac{2}{3}.\end{aligned}$$

学习随笔

因此 $I=-\dfrac{2}{3}$.

4. 利用分块积分法求二重积分

【例 10.2.7】求 $I=\iint\limits_D\sqrt{|y-x^2|}\,dx\,dy$,其中 $D:0\leqslant x\leqslant 1,0\leqslant y\leqslant 2$.

【解】D 为矩形区域,见图 10.2-22.被积函数是分块表示的,即

$$|y-x^2|=\begin{cases}y-x^2, & y\geqslant x^2,\\ x^2-y, & y\leqslant x^2,\end{cases}$$

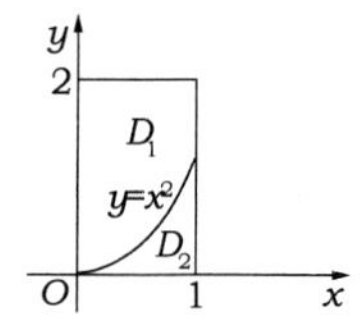

图 10.2-22

因而要用分块积分法.用 $y=x^2$ 将 D 分成 D_1,D_2 两块.

$$D_1=D\cap\{y\geqslant x^2\},\quad D_2=D\cap\{y\leqslant x^2\}.$$

于是
$$I=\iint\limits_{D_1}\sqrt{y-x^2}\,dx\,dy+\iint\limits_{D_2}\sqrt{x^2-y}\,dx\,dy.$$

选择先积 y 后积 x 的顺序,

$$D_1:0\leqslant x\leqslant 1,x^2\leqslant y\leqslant 2;\quad D_2:0\leqslant x\leqslant 1,0\leqslant y\leqslant x^2.$$

于是
$$\begin{aligned}I&=\int_0^1dx\int_{x^2}^2\sqrt{y-x^2}\,dy+\int_0^1dx\int_0^{x^2}\sqrt{x^2-y}\,dy\\
&=\frac{2}{3}\int_0^1(y-x^2)^{\frac{3}{2}}\Big|_{y=x^2}^{2}dx-\frac{2}{3}\int_0^1(x^2-y)^{\frac{3}{2}}\Big|_{y=0}^{x^2}dx\\
&=\frac{2}{3}\int_0^1(2-x^2)^{\frac{3}{2}}dx+\frac{2}{3}\int_0^1x^3dx=\frac{2}{3}\int_0^1(2-x^2)^{\frac{3}{2}}dx+\frac{1}{6}\\
&\xlongequal{x=\sqrt{2}\sin t}\frac{2}{3}\int_0^{\frac{\pi}{4}}2\sqrt{2}\cos^3t\cdot\sqrt{2}\cos t\,dt+\frac{1}{6}\\
&=\frac{8}{3}\int_0^{\frac{\pi}{4}}\cos^4t\,dt+\frac{1}{6}=\frac{8}{3}\int_0^{\frac{\pi}{4}}\left(\frac{1+\cos2t}{2}\right)^2dt+\frac{1}{6}\\
&=\frac{8}{3}\cdot\frac{1}{4}\int_0^{\frac{\pi}{4}}(1+2\cos2t+\cos^22t)\,dt+\frac{1}{6}\\
&=\frac{2}{3}\left(\frac{\pi}{4}+\left[\sin2t\right]_0^{\frac{\pi}{4}}+\frac{1}{2}\int_0^{\frac{\pi}{2}}\cos^2t\,dt\right)+\frac{1}{6}\\
&=\frac{2}{3}\left(\frac{\pi}{4}+1+\frac{1}{2}\cdot\frac{\pi}{4}\right)+\frac{1}{6}=\frac{\pi}{4}+\frac{5}{6}.\end{aligned}$$

评注　本题是由于被积函数是分块表示的,所以要用分块积分法.

【例 10.2.8】求 $I=\iint\limits_D x^2\,dx\,dy$,其中 D 由 $xy=2,y=x-1$ 及 $y=x+1$ 围成.

【解】区域 D 如图 10.2-23 所示.由解方程组

$$\begin{cases}xy=2,\\ y=x-1,\end{cases}\qquad\begin{cases}xy=2,\\ y=x+1,\end{cases}$$

得四个交点$(-1,-2),(2,1),(-2,-1),(1,2)$.

不论选择哪种积分顺序,边界曲线均为分段表示的,要用分块积分法.

选择先积 y 后积 x 的顺序,将 D 分解为 $D=D_1\cup D_2\cup D_3$,如图 10.2-24 所示.

学习随笔

$D_1: -2 \leqslant x \leqslant -1, \dfrac{2}{x} \leqslant y \leqslant x+1$;　$D_2: -1 \leqslant x \leqslant 1, x-1 \leqslant y \leqslant x+1$;

$D_3: 1 \leqslant x \leqslant 2, x-1 \leqslant y \leqslant \dfrac{2}{x}$.

于是 $I = \iint\limits_{D_1} x^2 \mathrm{d}x\mathrm{d}y + \iint\limits_{D_2} x^2 \mathrm{d}x\mathrm{d}y + \iint\limits_{D_3} x^2 \mathrm{d}x\mathrm{d}y$

$$= \int_{-2}^{-1} \mathrm{d}x \int_{\frac{2}{x}}^{x+1} x^2 \mathrm{d}y + \int_{-1}^{1} \mathrm{d}x \int_{x-1}^{x+1} x^2 \mathrm{d}y + \int_{1}^{2} \mathrm{d}x \int_{x-1}^{\frac{2}{x}} x^2 \mathrm{d}y$$

$$= \int_{-2}^{-1} x^2 \left(x+1-\frac{2}{x}\right) \mathrm{d}x + \int_{-1}^{1} x^2 (x+1-x+1) \mathrm{d}x + \int_{1}^{2} x^2 \left(\frac{2}{x} - x + 1\right) \mathrm{d}x$$

$$= \int_{1}^{2} (-x^3 + x^2 + 2x) \mathrm{d}x + 4\int_{0}^{1} x^2 \mathrm{d}x + \int_{1}^{2} (-x^3 + x^2 + 2x) \mathrm{d}x$$

$$= 2\left[-\frac{1}{4}x^4 + \frac{1}{3}x^3 + x^2\right]_1^2 + \frac{4}{3} = \frac{19}{6} + \frac{4}{3} = \frac{9}{2}.$$

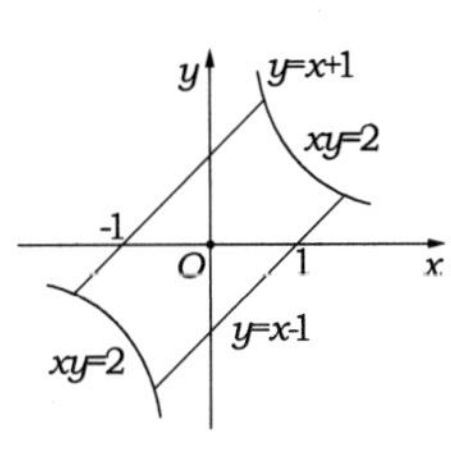

图 10.2-23

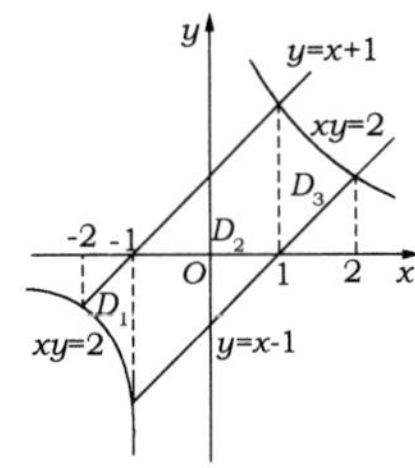

图 10.2-24

评注　① 本题是由于边界曲线是分段表示的，所以要用分块积分法.

② 可利用 D 的对称性与被积函数的奇偶性简化计算.

积分区域 D 关于原点对称，被积函数 x^2 关于(x 或 y)为偶函数，所以

$$\iint\limits_{D} x^2 \mathrm{d}x\mathrm{d}y = 2\iint\limits_{D'} x^2 \mathrm{d}x\mathrm{d}y,$$

其中 D'是 D 在右半平面部分.

现将 D'分成两块：$D' = D'_1 \cup D'_2$，其中

$$D'_1 = \{(x,y) \mid 0 \leqslant x \leqslant 1, x-1 \leqslant y \leqslant x+1\},$$

$$D'_2 = \{(x,y) \mid 1 \leqslant x \leqslant 2, x-1 \leqslant y \leqslant \frac{2}{x}\}.$$

于是
$$\iint\limits_{D} x^2 \mathrm{d}x\mathrm{d}y = 2\iint\limits_{D'} x^2 \mathrm{d}x\mathrm{d}y = 2\iint\limits_{D'_1} x^2 \mathrm{d}x\mathrm{d}y + 2\iint\limits_{D'_2} x^2 \mathrm{d}x\mathrm{d}y$$

$$= 2\int_{0}^{1} \mathrm{d}x \int_{x-1}^{x+1} x^2 \mathrm{d}y + 2\int_{1}^{2} \mathrm{d}x \int_{x-1}^{2/x} x^2 \mathrm{d}y$$

$$= 2\int_{0}^{1} 2x^2 \mathrm{d}x + 2\int_{1}^{2} x^2 \left(\frac{2}{x} - x + 1\right) \mathrm{d}x$$

$$= \frac{4}{3} + 2\left[x^2 - \frac{1}{4}x^4 + \frac{1}{3}x^3\right]_1^2 = \frac{4}{3} + \frac{19}{6} = \frac{9}{2}.$$

学习随笔

5. 交换积分顺序计算累次积分

【例 10.2.9】求下列累次积分：

(1) $I=\int_{\frac{1}{4}}^{\frac{1}{2}}dx\int_{\frac{1}{2}}^{\sqrt{x}}e^{\frac{x}{y}}dy+\int_{\frac{1}{2}}^{1}dx\int_{x}^{\sqrt{x}}e^{\frac{x}{y}}dy$；

(2) $I=\int_{1}^{2}dx\int_{\sqrt{x}}^{x}\sin\frac{\pi x}{2y}dy+\int_{2}^{4}dx\int_{\sqrt{x}}^{2}\sin\frac{\pi x}{2y}dy$.

【分析与求解】本题是求累次积分. 因内层积分的被积函数的原函数不是初等函数，所以内层积分积不出来. 题中两累次积分分别是某二重积分的累次积分. 因此解决这一问题的一个方法是：将累次积分表成二重积分$\iint\limits_{D}f(x,y)dxdy$，由内外层积分的积分限确定积分区域 D，然后交换积分顺序.

(1) $I=\iint\limits_{D}e^{\frac{x}{y}}dxdy$，其中 $D=D_1\cup D_2$，且

$D_1=\{(x,y)\mid\frac{1}{4}\leqslant x\leqslant\frac{1}{2},\frac{1}{2}\leqslant y\leqslant\sqrt{x}\}$，$D_2=\{(x,y)\mid\frac{1}{2}\leqslant x\leqslant 1,x\leqslant y\leqslant\sqrt{x}\}$，如图 10.2-25 所示.

D 还可表示成：$D=\{(x,y)\mid\frac{1}{2}\leqslant y\leqslant 1,y^2\leqslant x\leqslant y\}$.

现交换积分顺序得

$$\begin{aligned}I&=\int_{\frac{1}{2}}^{1}dy\int_{y^2}^{y}e^{\frac{x}{y}}dx=\int_{\frac{1}{2}}^{1}y\left[e^{\frac{x}{y}}\right]_{x=y^2}^{x=y}dy\\&=\int_{\frac{1}{2}}^{1}y(e-e^y)dy=\frac{1}{2}e\left[y^2\right]_{\frac{1}{2}}^{1}-\int_{\frac{1}{2}}^{1}yde^y\\&=\frac{3}{8}e-\left[ye^y\right]_{\frac{1}{2}}^{1}+\int_{\frac{1}{2}}^{1}e^ydy=\frac{3}{8}e-\left[(y-1)e^y\right]_{\frac{1}{2}}^{1}=\frac{3}{8}e-\frac{1}{2}e^{\frac{1}{2}}.\end{aligned}$$

(2) $I=\iint\limits_{D}\sin\frac{\pi x}{2y}dxdy$，其中 $D=D_1\cup D_2$，且

$D_1=\{(x,y)\mid 1\leqslant x\leqslant 2,\sqrt{x}\leqslant y\leqslant x\}$，$D_2=\{(x,y)\mid 2\leqslant x\leqslant 4,\sqrt{x}\leqslant y\leqslant 2\}$，如图 10.2-26 所示.

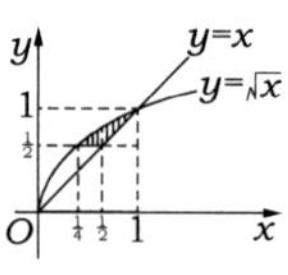

图 10.2-25

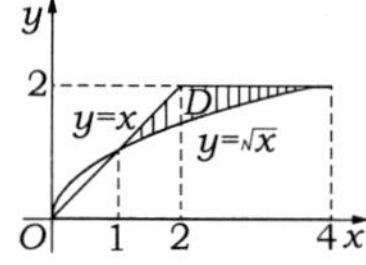

图 10.2-26

D 还可表示成：$D=\{(x,y)\mid 1\leqslant y\leqslant 2,y\leqslant x\leqslant y^2\}$.

现交换积分顺序得

$$I=\int_{1}^{2}dy\int_{y}^{y^2}\sin\frac{\pi x}{2y}dx=-\int_{1}^{2}\frac{2y}{\pi}\cos\frac{\pi x}{2y}\Big|_{x=y}^{x=y^2}dy=-\frac{2}{\pi}\int_{1}^{2}y\cos\frac{\pi}{2}ydy$$

$$=-\frac{4}{\pi^2}\int_1^2 y\,\mathrm{d}\sin\frac{\pi}{2}y=-\frac{4}{\pi^2}\left[\left(y\sin\frac{\pi}{2}y\right)\Big|_1^2-\int_1^2\sin\frac{\pi}{2}y\,\mathrm{d}y\right]$$

$$=-\frac{4}{\pi^2}\left(-1+\left[\frac{2}{\pi}\cos\frac{\pi}{2}y\right]_1^2\right)=\frac{4}{\pi^2}\left(1+\frac{2}{\pi}\right).$$

评注　**若计算某累次积分难以实现时,常考虑的一种方法是:按上述方法改变积分顺序后再积分.**

6. 一元函数问题转化为二元函数问题

【例 10.2.10】证明下列定积分的若干不等式:

(1) 设 $f(x)$ 在 $[a,b]$ 连续且 $f(x)>0$,则

$$\int_a^b f(x)\mathrm{d}x\int_a^b\frac{1}{f(x)}\mathrm{d}x\geqslant(b-a)^2;$$

(2) 设 $f(x),g(x)$ 在 $[a,b]$ 连续,又 $f(x),g(x)$ 均是增函数,则

$$\int_a^b f(x)\mathrm{d}x\int_a^b g(x)\mathrm{d}x\leqslant(b-a)\int_a^b f(x)g(x)\mathrm{d}x.$$

【分析】有时把一元函数的积分问题转化为二元函数的积分问题便可使问题得以解决.

这里,记 $D=\{(x,y)\mid a\leqslant x\leqslant b,a\leqslant y\leqslant b\}$ 题中的左端定积分可表示为正方形区域 D 上的二重积分.

$$\int_a^b f(x)\mathrm{d}x\cdot\int_a^b\frac{\mathrm{d}x}{f(x)}=\iint_D f(x)\frac{1}{f(y)}\mathrm{d}x\mathrm{d}y=\iint_D f(y)\cdot\frac{1}{f(x)}\mathrm{d}x\mathrm{d}y,$$

$$\int_a^b f(x)\mathrm{d}x\int_a^b g(x)\mathrm{d}x=\iint_D f(x)g(y)\mathrm{d}x\mathrm{d}y=\iint_D f(y)g(x)\mathrm{d}x\mathrm{d}y,$$

然后再用二重积分的性质可得证.

【证明】(1) $I=\int_a^b f(x)\mathrm{d}x\cdot\int_a^b\frac{1}{f(x)}\mathrm{d}x=\iint_D\frac{f(x)}{f(y)}\mathrm{d}x\mathrm{d}y=\iint_D\frac{f(y)}{f(x)}\mathrm{d}x\mathrm{d}y$,

$\Rightarrow I=\frac{1}{2}\iint_D\left[\frac{f(x)}{f(y)}+\frac{f(y)}{f(x)}\right]\mathrm{d}x\mathrm{d}y\geqslant\frac{1}{2}\iint_D 2\mathrm{d}x\mathrm{d}y=(b-a)^2$($\forall$ 正数 $\alpha+\beta\geqslant2\sqrt{\alpha\beta}$).

(2) 因 $\int_a^b f(x)\mathrm{d}x\int_a^b g(x)\mathrm{d}x=\iint_D f(x)g(y)\mathrm{d}x\mathrm{d}y=\iint_D f(y)g(x)\mathrm{d}x\mathrm{d}y$,

$$(b-a)\int_a^b f(x)g(x)\mathrm{d}x=\iint_D f(x)g(x)\mathrm{d}x\mathrm{d}y=\iint_D f(y)g(y)\mathrm{d}x\mathrm{d}y,$$

$$\Rightarrow\quad 2\left[(b-a)\int_a^b f(x)g(x)\mathrm{d}x-\int_a^b f(x)\mathrm{d}x\cdot\int_a^b g(x)\mathrm{d}x\right]$$

$$=\iint_D f(x)g(x)\mathrm{d}x\mathrm{d}y+\iint_D f(y)g(y)\mathrm{d}x\mathrm{d}y-\iint_D f(x)g(y)\mathrm{d}x\mathrm{d}y-\iint_D f(y)g(x)\mathrm{d}x\mathrm{d}y$$

$$=\iint_D[f(x)-f(y)][g(x)-g(y)]\mathrm{d}x\mathrm{d}y\geqslant0.$$

因此,原不等式得证.

学习随笔

7. 在极坐标变换下配置积分限并计算二重积分

【例 10.2.11】将二重积分 $I=\iint\limits_{D}f(x,y)\mathrm{d}\sigma$ 在极坐标下化为累次积分,其中区域 D 为

(1) $x^2+y^2\leqslant ax(a>0)$; (2) $x^2+y^2\leqslant ax$ 和 $x^2+y^2\leqslant ay$ 的公共部分,$a>0$.

【解】画出 D 的图形,写出 D 的极坐标表示.

(1) D 的边界线 $x^2+y^2=ax$ 即圆周:$\left(x-\frac{a}{2}\right)^2+y^2=\left(\frac{a}{2}\right)^2$,见图 10.2-27,极坐标方程为 $r=a\cos\theta$. D 的极坐标表示:$-\frac{\pi}{2}\leqslant\theta\leqslant\frac{\pi}{2}$,$0\leqslant r\leqslant a\cos\theta$.

于是

$$I=\int_{-\frac{\pi}{2}}^{\frac{\pi}{2}}\mathrm{d}\theta\int_0^{a\cos\theta}f(r\cos\theta,r\sin\theta)r\,\mathrm{d}r.$$

(2) D 是两圆的公共部分,边界线是圆周:$\left(x-\frac{a}{2}\right)^2+y^2=\left(\frac{a}{2}\right)^2$(极坐标方程 $r=a\cos\theta$)和 $x^2+\left(y-\frac{a}{2}\right)^2=\left(\frac{a}{2}\right)^2$(极坐标方程 $r=a\sin\theta$),见图 10.2-28.

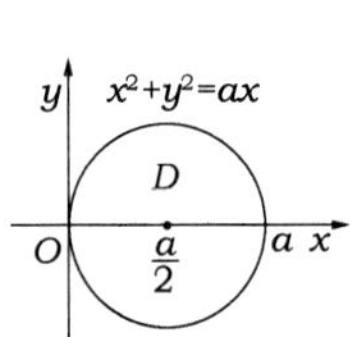

图 10.2-27

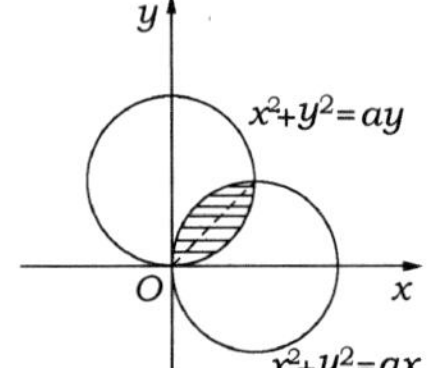

图 10.2-28

D 中点的 θ 变化范围是 $\left[0,\frac{\pi}{2}\right]$,当 $\theta\in\left[0,\frac{\pi}{2}\right]$ 时,D 的边界线 $r=r(\theta)$ 是分段表示的,分界点是 $\theta=\frac{\pi}{4}$$\left(\text{对应于交点}\left(\frac{a}{2},\frac{a}{2}\right)\text{处的 }\theta\right)$. 于是,$D$ 的极坐标表示:

$$0\leqslant\theta\leqslant\frac{\pi}{4},\quad 0\leqslant r\leqslant a\sin\theta;\quad \frac{\pi}{4}\leqslant\theta\leqslant\frac{\pi}{2},\quad 0\leqslant r\leqslant a\cos\theta.$$

于是

$$I=\int_0^{\frac{\pi}{4}}\mathrm{d}\theta\int_0^{a\sin\theta}f(r\cos\theta,r\sin\theta)r\,\mathrm{d}r+\int_{\frac{\pi}{4}}^{\frac{\pi}{2}}\mathrm{d}\theta\int_0^{a\cos\theta}f(r\cos\theta,r\sin\theta)r\,\mathrm{d}r.$$

【例 10.2.12】用极坐标变换求下列二重积分:

(1) $I=\iint\limits_{D}y\,\mathrm{d}x\,\mathrm{d}y$,$D$:$0\leqslant\alpha x\leqslant y\leqslant\beta x$,$a^2\leqslant x^2+y^2\leqslant b^2$,$(b>a>0,\beta>\alpha>0)$;

(2) $I=\iint\limits_{D}\sqrt{x^2+y^2}\,\mathrm{d}x\,\mathrm{d}y$,$D$ 由 $y=x$ 与 $y=x^4$ 围成;

(3) $I=\iint\limits_{D}xy\,\mathrm{d}x\,\mathrm{d}y$,$D$ 由 $r=\sin2\theta\left(0\leqslant\theta\leqslant\frac{\pi}{2}\right)$ 围成,其中 r,θ 为极坐标.

【解】(1) 积分区域由圆弧及射线围成,被积函数为 y,选用极坐标变换是方便的.

令 $x=r\cos\theta$,$y=r\sin\theta$,则 D 的极坐标表示为 $a\leqslant r\leqslant b$,$\arctan\alpha\leqslant\theta\leqslant\arctan\beta$,见图 10.2-29. 于是

学习随笔

$$I=\int_{\arctan\alpha}^{\arctan\beta}\mathrm{d}\theta\int_a^b r\sin\theta\cdot r\,\mathrm{d}r=\int_{\arctan\alpha}^{\arctan\beta}\sin\theta\,\mathrm{d}\theta\cdot\frac{1}{3}\left[r^3\right]_a^b$$

$$=\frac{1}{3}(b^3-a^3)\left[-\cos\theta\right]_{\arctan\alpha}^{\arctan\beta}$$

$$=\frac{1}{3}(b^3-a^3)\left(\frac{1}{\sqrt{1+\alpha^2}}-\frac{1}{\sqrt{1+\beta^2}}\right).$$

(2) 虽然 D 的边界不是圆弧，但被积函数是 $r=\sqrt{x^2+y^2}$，选用极坐标方便. 在极坐标变换下，D 的边界方程是：$\theta=\frac{\pi}{4}$，$r=\frac{\sin^{\frac{1}{3}}\theta}{\cos^{\frac{4}{3}}\theta}$. 于是 D 的极坐标表示为

$$0\leqslant\theta\leqslant\frac{\pi}{4},0\leqslant r\leqslant\frac{\sin^{\frac{1}{3}}\theta}{\cos^{\frac{4}{3}}\theta},$$

见图 10.2－30.

于是
$$I=\int_0^{\frac{\pi}{4}}\mathrm{d}\theta\int_0^{\sin^{\frac{1}{3}}\theta/\cos^{\frac{4}{3}}\theta}r\cdot r\,\mathrm{d}r=\frac{1}{3}\int_0^{\frac{\pi}{4}}\frac{\sin\theta}{\cos^4\theta}\mathrm{d}\theta=-\frac{1}{3}\int_0^{\frac{\pi}{4}}\frac{\mathrm{d}\cos\theta}{\cos^4\theta}$$

$$=\frac{1}{9}\left[\frac{1}{\cos^3\theta}\right]_0^{\frac{\pi}{4}}=\frac{1}{9}(2\sqrt{2}-1).$$

(3) 由于 D 的边界曲线由极坐标方程给出及被积函数的形式，选极坐标方便.

$$I=\iint_{D'}r\cos\theta r\sin\theta\cdot r\,\mathrm{d}r\,\mathrm{d}\theta.$$

读者对 D 的图形也许不熟悉，这里可不必考察 D 的图形，只需知 D 的边界是过原点在第一象限的闭曲线$\left(r\geqslant0,r(0)=r\left(\frac{\pi}{2}\right)=0\right)$就够了. 因为 D 的极坐标表示为

$$0\leqslant\theta\leqslant\frac{\pi}{2},0\leqslant r\leqslant\sin2\theta.$$

在 $O\theta r$ 直角坐标系中 D' 的图形如图 10.2－31 所示. 于是

$$I=\int_0^{\frac{\pi}{2}}\mathrm{d}\theta\int_0^{\sin2\theta}r^3\cos\theta\sin\theta\,\mathrm{d}r=\frac{1}{4}\int_0^{\frac{\pi}{2}}\sin\theta\cos\theta\sin^42\theta\,\mathrm{d}\theta$$

$$=\frac{1}{8}\int_0^{\frac{\pi}{2}}\sin^52\theta\,\mathrm{d}\theta=\frac{1}{16}\int_0^{\pi}\sin^5t\,\mathrm{d}t=\frac{1}{8}\int_0^{\frac{\pi}{2}}\sin^5t\,\mathrm{d}t=\frac{1}{8}\cdot\frac{4\cdot2}{5\cdot3}=\frac{1}{15}.$$

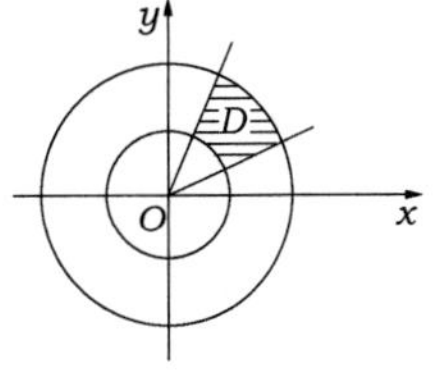

图 10.2－29

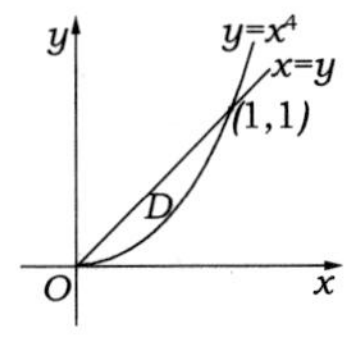

图 10.2－30

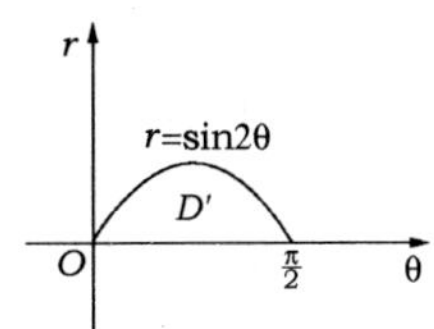

图 10.2－31

学习随笔

评注 ① 用极坐标变换计算二重积分首先要配置积分限,其关键是:或在 Oxy 直角坐标系中画出 D 的图形,写出 D 的极坐标表示如题(1),题(2)或写出 D 的边界的极坐标方程在 $Or\theta$ 直角坐标系中画出相应的 D' 的图形,如题(3).

② 题(3)中用了公式:

$$\int_0^{\pi}\sin^n x\,\mathrm{d}x=2\int_0^{\frac{\pi}{2}}\sin^n x\,\mathrm{d}x,\quad \int_0^{\frac{\pi}{2}}\sin^n x\,\mathrm{d}x=\frac{(n-1)!!}{n!!}(n\text{ 为奇数}).$$

8. 极坐标变换下交换累次积分的顺序

【例 10.2.13】将极坐标变换后的二重积分 $\iint\limits_{D'}f(r\cos\theta,r\sin\theta)r\,\mathrm{d}r\,\mathrm{d}\theta$ 的累次积分交换积分顺序:(1) $I=\int_{-\frac{\pi}{4}}^{\frac{\pi}{2}}\mathrm{d}\theta\int_0^{2a\cos\theta}F(r,\theta)r\,\mathrm{d}r$;(2) $I=\int_{\frac{\pi}{2}}^{\pi}\mathrm{d}r\int_{\frac{\pi}{4}}^{\frac{r}{2}}F(r,\theta)r\,\mathrm{d}\theta$,其中 $F(r,\theta)=f(r\cos\theta,r\sin\theta)$.

【分析】注意 $\iint\limits_{D}f(x,y)\mathrm{d}x\,\mathrm{d}y=\iint\limits_{D'}f(r\cos\theta,r\sin\theta)r\,\mathrm{d}r\,\mathrm{d}\theta$.

在直角坐标系中画出 D 的图形,然后交换积分顺序.或且在 $O\theta r$ 直角坐标系中画出 D' 的图形,然后交换积分顺序.

【解】(1) D 的极坐标表示是:$-\frac{\pi}{4}\leqslant\theta\leqslant\frac{\pi}{2}$, $0\leqslant r\leqslant 2a\cos\theta$. $r=2a\cos\theta$,即 $r^2=2ar\cos\theta$,是圆周 $x^2+y^2=2ax$,即 $(x-a)^2+y^2=a^2$,因此,D 的图形如图 10.2-32 所示.为了先 θ 后 r 的积分顺序,将 D 分成两块,如图 10.2-33 虚线所示,$D=D_1\cup D_2$.

$$D_1=\left\{(x,y)\,|\,0\leqslant r\leqslant\sqrt{2}a,-\frac{\pi}{4}\leqslant\theta\leqslant\arccos\frac{r}{2a}\right\},$$

$$D_2=\left\{(x,y)\,|\,\sqrt{2}a\leqslant r\leqslant 2a,-\arccos\frac{r}{2a}\leqslant\theta\leqslant\arccos\frac{r}{2a}\right\}.$$

其中 $\theta=-\frac{\pi}{4}$ 与 $r=2a\cos\theta$ 的交点的极坐标是 $\left(\sqrt{2}a,-\frac{\pi}{4}\right)$.

因此
$$I=\int_0^{\sqrt{2}a}\mathrm{d}r\int_{-\frac{\pi}{4}}^{\arccos\frac{r}{2a}}F(r,\theta)r\,\mathrm{d}\theta+\int_{\sqrt{2}a}^{2a}\mathrm{d}r\int_{-\arccos\frac{r}{2a}}^{\arccos\frac{r}{2a}}F(r,\theta)r\,\mathrm{d}\theta.\qquad(10.2-8)$$

评注 也可在 $O\theta r$ 直角坐标系中画出 D' 的图形,如图 10.2-34 所示.为改换积分顺序,将 D' 分块表成 $D'=D'_1\cup D'_2$,其中

$$D'_1:0\leqslant r\leqslant\sqrt{2}a,-\frac{\pi}{4}\leqslant\theta\leqslant\arccos\frac{r}{2a},$$

$$D'_2:\sqrt{2}a\leqslant r\leqslant 2a,-\arccos\frac{r}{2a}\leqslant\theta\leqslant\arccos\frac{r}{2a}.$$

于是
$$I=\iint\limits_{D'}F(r,\theta)r\,\mathrm{d}r\,\mathrm{d}\theta=\iint\limits_{D'_1}F(r,\theta)r\,\mathrm{d}r\,\mathrm{d}\theta+\iint\limits_{D'_2}F(r,\theta)r\,\mathrm{d}r\,\mathrm{d}\theta.$$

进一步配置积分限同样得式(10.2-8).

(2) 按题意 D':$\frac{\pi}{2}\leqslant r\leqslant\pi$, $\frac{\pi}{4}\leqslant\theta\leqslant\frac{1}{2}r$.在直角坐标系 $O\theta r$ 中 D' 的图形如图 10.2-35.

学习随笔

为改换积分顺序，将 D' 表示成

$$\frac{\pi}{4}\leqslant\theta\leqslant\frac{\pi}{2},2\theta\leqslant r\leqslant\pi.$$

于是
$$I=\iint_{D'}F(r,\theta)r\,\mathrm{d}r\,\mathrm{d}\theta=\int_{\frac{\pi}{4}}^{\frac{\pi}{2}}\mathrm{d}\theta\int_{2\theta}^{\pi}F(r,\theta)r\,\mathrm{d}r.$$

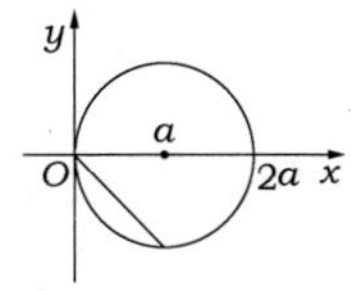

图 10.2－32

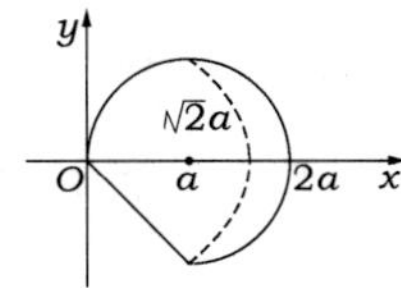

图 10.2－33

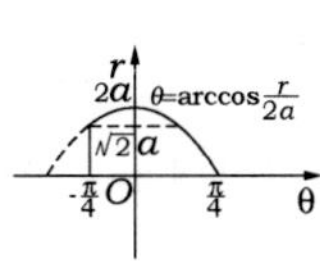

图 10.2－34

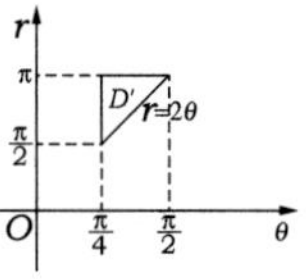

图 10.2－35

9. 用极坐标变换求直角坐标系下的累次积分

【例 10.2.14】 将

$$I=\int_0^{\frac{R}{\sqrt{1+R^2}}}\mathrm{d}x\int_0^{Rx}f\left(\frac{y}{x}\right)\mathrm{d}y+\int_{\frac{R}{\sqrt{1+R^2}}}^{R}\mathrm{d}x\int_0^{\sqrt{R^2-x^2}}f\left(\frac{y}{x}\right)\mathrm{d}y$$

化成定积分，其中 $R>0$.

【分析与求解】 这是直角坐标系下一个二重积分的累次积分，

$$I=\iint_D f\left(\frac{y}{x}\right)\mathrm{d}x\,\mathrm{d}y.$$

先确定积分区域 D：

$$0\leqslant y\leqslant Rx,\quad 0\leqslant x\leqslant\frac{R}{\sqrt{1+R^2}},$$

$$0\leqslant y\leqslant\sqrt{R^2-x^2},\quad \frac{R}{\sqrt{1+R^2}}\leqslant x\leqslant R,$$

见图 10.2－36，直线 $y=Rx$ 与半圆 $y=\sqrt{R^2-x^2}$ 的交点 $\left(\frac{R}{\sqrt{1+R^2}},\frac{R^2}{\sqrt{1+R^2}}\right)$.

交换积分顺序无济于事，改用极坐标变换得

$$I=\iint_D f(\tan\theta)r\,\mathrm{d}r\,\mathrm{d}\theta,$$

D：$0\leqslant r\leqslant R,0\leqslant\theta\leqslant\arctan R$.

于是
$$I=\int_0^{\arctan R}\mathrm{d}\theta\int_0^R f(\tan\theta)r\,\mathrm{d}r=\frac{R^2}{2}\int_0^{\arctan R}f(\tan\theta)\,\mathrm{d}\theta.$$

【例 10.2.15】 求 $I=\int_{-1}^{0}\mathrm{d}x\int_{1-\sqrt{1-x^2}}^{-x}\frac{\mathrm{d}y}{\sqrt{x^2+y^2}\sqrt{4-x^2-y^2}}$.

【分析与求解】 这也是直角坐标系下一个二重积分的累次积分，直接计算很复杂，先表示成

$$I=\iint_D f(x,y)\,\mathrm{d}x\,\mathrm{d}y.$$

学习随笔

确定积分区域 D：$-1\leqslant x\leqslant 0, 1-\sqrt{1-x^2}\leqslant y\leqslant -x$，如图 10.2-37 所示.

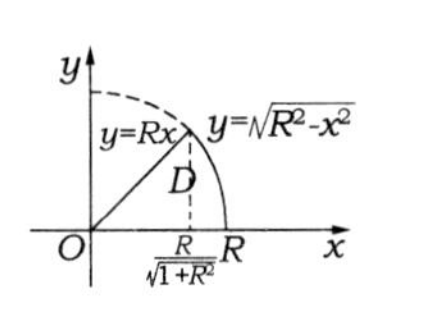

图 10.2-36

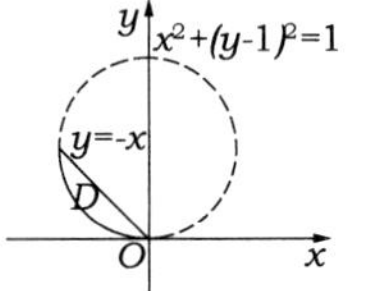

图 10.2-37

交换积分顺序达不到简化的目的. 从积分区域 D 及被积函数的特点，应改用极坐标变换，D 的极坐标表示：$\frac{3}{4}\pi\leqslant\theta\leqslant\pi, 0\leqslant r\leqslant 2\sin\theta$.

(D 的边界 $x^2+(y-1)^2=1$ 即 $x^2+y^2=2y$ 的极坐标方程是 $r=2\sin\theta$).

因此，
$$I=\int_{\frac{3}{4}\pi}^{\pi}\mathrm{d}\theta\int_0^{2\sin\theta}\frac{r}{r\sqrt{4-r^2}}\mathrm{d}r=\int_{\frac{3}{4}\pi}^{\pi}\arcsin\frac{r}{2}\Big|_0^{2\sin\theta}\mathrm{d}\theta=\int_{\frac{3}{4}\pi}^{\pi}\arcsin\sin(\pi-\theta)\mathrm{d}\theta$$
$$=\int_0^{\frac{\pi}{4}}\arcsin\sin\theta\,\mathrm{d}\theta=\int_0^{\frac{\pi}{4}}\theta\,\mathrm{d}\theta=\frac{1}{32}\pi^2.$$

10. 选择适当方法求二重积分

【例 10.2.16】求下列二重积分：

(1) $I=\iint\limits_D\sqrt{1-y^2}\,\mathrm{d}x\,\mathrm{d}y$，其中 D 为 $x^2+y^2=1$ 与 $y=|x|$ 所围成区域；

(2) $I=\iint\limits_D(x+y^2)\mathrm{d}x\,\mathrm{d}y$，其中 $D=\{(x,y)\mid x^2+y^2\leqslant 2x+2y\}$；

(3) $I=\iint\limits_D|3x+4y|\mathrm{d}x\,\mathrm{d}y$，其中 $D=\{(x,y)\mid x^2+y^2\leqslant 1\}$；

(4) $I=\iint\limits_D y\,\mathrm{d}x\,\mathrm{d}y$，其中 D 由直线 $x=-2, y=0, y=2$ 以及曲线 $x=-\sqrt{2y-y^2}$ 围成.

【分析】考察积分区域与被积函数的特点，选择适当方法求解.

【解】(1) D 的图形见图 10.2-38.

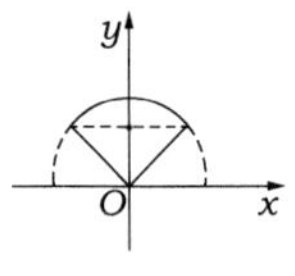

图 10.2-38

方法一　在直角坐标系中选择恰当的积分顺序.

因被积函数只含 y，先对 x 求积，虽然区域要分块，还是简单些，而先对 y 求积，虽只有一个积分，但积分需费点功夫.

由于对称性，只需考虑 D 在第一象限部分，引直线 $y=\frac{1}{\sqrt{2}}$ 把该部分分成两个区域：

$$0\leqslant y\leqslant\frac{1}{\sqrt{2}},\ 0\leqslant x\leqslant y \text{ 与 } \frac{1}{\sqrt{2}}\leqslant y\leqslant 1,\ 0\leqslant x\leqslant\sqrt{1-y^2},$$

于是
$$I=2\int_0^{\frac{1}{\sqrt{2}}}\mathrm{d}y\int_0^y\sqrt{1-y^2}\,\mathrm{d}x+2\int_{\frac{1}{\sqrt{2}}}^1\mathrm{d}y\int_0^{\sqrt{1-y^2}}\sqrt{1-y^2}\,\mathrm{d}x$$
$$=2\int_0^{\frac{1}{\sqrt{2}}}y\sqrt{1-y^2}\,\mathrm{d}y+2\int_{\frac{1}{\sqrt{2}}}^1(1-y^2)\mathrm{d}y$$

学习随笔

$$=-\frac{2}{3}\left[(1-y^2)^{\frac{3}{2}}\right]_0^{\frac{1}{\sqrt{2}}}+2\left[y-\frac{1}{3}y^3\right]_{\frac{1}{\sqrt{2}}}^1=2-\sqrt{2}.$$

方法二　由积分区域与被积函数的特点,适合于用极坐标变换:$x=r\cos\theta, y=r\sin\theta$,

$$D\cap\{x\geqslant 0\}:\frac{\pi}{4}\leqslant\theta\leqslant\frac{\pi}{2}, 0\leqslant r\leqslant 1.$$

于是
$$I=2\int_{\frac{\pi}{4}}^{\frac{\pi}{2}}\mathrm{d}\theta\int_0^1\sqrt{1-r^2\sin^2\theta}\,r\,\mathrm{d}r=-\int_{\frac{\pi}{4}}^{\frac{\pi}{2}}\frac{2}{3}\frac{1}{\sin^2\theta}\left[(1-r^2\sin^2\theta)^{\frac{3}{2}}\right]_{r=0}^{r=1}\mathrm{d}\theta$$

$$=\frac{2}{3}\int_{\frac{\pi}{4}}^{\frac{\pi}{2}}\frac{1-\cos^3\theta}{\sin^2\theta}\mathrm{d}\theta=\frac{2}{3}\left(-\left[\cot\theta\right]_{\frac{\pi}{4}}^{\frac{\pi}{2}}-\int_{\frac{\pi}{4}}^{\frac{\pi}{2}}\frac{1-\sin^2\theta}{\sin^2\theta}\mathrm{d}\sin\theta\right)$$

$$=\frac{2}{3}\left(1+\left[\frac{1}{\sin\theta}\right]_{\frac{\pi}{4}}^{\frac{\pi}{2}}+\left[\sin\theta\right]_{\frac{\pi}{4}}^{\frac{\pi}{2}}\right)=\frac{2}{3}\left(3-\sqrt{2}-\frac{\sqrt{2}}{2}\right)=2-\sqrt{2}.$$

(2) D 为圆域:$(x-1)^2+(y-1)^2\leqslant(\sqrt{2})^2$,见图 10.2-39.

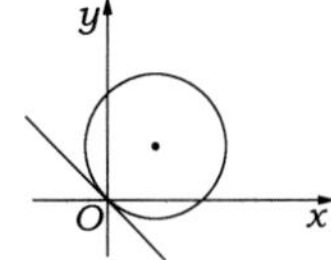

图 10.2-39

方法一　为了利用对称性,作平移变换:$u=x-1, v=y-1$ 得

$$D':u^2+v^2\leqslant(\sqrt{2})^2.$$

D' 在 uv 直角坐标系中关于 u 轴与 v 轴均对称,面积为 2π.

于是
$$I=\iint_{D'}[u+1+(v+1)^2]\mathrm{d}u\,\mathrm{d}v=\iint_{D'}(u+2v)\mathrm{d}u\,\mathrm{d}v+2\iint_{D'}\mathrm{d}u\,\mathrm{d}v+\iint_{D'}v^2\mathrm{d}u\,\mathrm{d}v$$

$$=0+4\pi+\int_0^{2\pi}\sin^2\theta\mathrm{d}\theta\int_0^{\sqrt{2}}r^2\cdot r\,\mathrm{d}r$$

$$=4\pi+\pi\cdot\frac{1}{4}\left[r^4\right]_0^{\sqrt{2}}=5\pi.$$

方法二　直接作极坐标变换:$x=r\cos\theta, y=r\sin\theta$,

$$D:0\leqslant r\leqslant 2(\cos\theta+\sin\theta)=2\sqrt{2}\cos\left(\theta-\frac{\pi}{4}\right), -\frac{\pi}{4}\leqslant\theta\leqslant\frac{3}{4}\pi.$$

其中 D 的边界圆的极坐标方程是 $r=2(\cos\theta+\sin\theta)$.

于是
$$I=\int_{-\frac{\pi}{4}}^{\frac{3\pi}{4}}\mathrm{d}\theta\int_0^{2\sqrt{2}\cos\left(\theta-\frac{\pi}{4}\right)}(r\cos\theta+r^2\sin^2\theta)r\,\mathrm{d}r$$

$$=\frac{16\sqrt{2}}{3}\int_{-\frac{\pi}{4}}^{\frac{3}{4}\pi}\cos\theta\cos^3\left(\theta-\frac{\pi}{4}\right)\mathrm{d}\theta+16\int_{-\frac{\pi}{4}}^{\frac{3}{4}\pi}\sin^2\theta\cos^4\left(\theta-\frac{\pi}{4}\right)\mathrm{d}\theta.$$

$$\xlongequal{t=\theta-\frac{\pi}{4}}\frac{16}{3}\int_{-\frac{\pi}{2}}^{\frac{\pi}{2}}(\cos t-\sin t)\cos^3t\,\mathrm{d}t+8\int_{-\frac{\pi}{2}}^{\frac{\pi}{2}}\cos^4t(1+2\sin t\cos t)\mathrm{d}t$$

$$=\frac{32}{3}\int_0^{\frac{\pi}{2}}\cos^4t\,\mathrm{d}t+16\int_0^{\frac{\pi}{2}}\cos^4t\,\mathrm{d}t=\frac{80}{3}\cdot\frac{3\cdot 1}{4\cdot 2}\cdot\frac{\pi}{2}=5\pi.$$

(3) 在 D 上被积函数是分块表示的,若用分块积分法则比较复杂.因 D 是圆域,可用极坐标变换,转化为考虑定积分的被积函数是分段表示的情形,这时可利用周期函数及偶函数的积分性质.

作极坐标变换,则 $D:0\leqslant\theta\leqslant 2\pi, 0\leqslant r\leqslant 1$.

于是
$$I=\iint_{D'}|3r\cos\theta+4r\sin\theta|r\,\mathrm{d}r\,\mathrm{d}\theta=\int_0^{2\pi}|3\cos\theta+4\sin\theta|\mathrm{d}\theta\cdot\int_0^1r^2\mathrm{d}r$$

学习随笔

$$=\frac{5}{3}\int_0^{2\pi}\left|\frac{3}{5}\cos\theta+\frac{4}{5}\sin\theta\right|\mathrm{d}\theta=\frac{5}{3}\int_0^{2\pi}|\sin(\theta+\theta_0)|\mathrm{d}\theta,$$

其中 $\sin\theta_0=\frac{3}{5},\cos\theta_0=\frac{4}{5}$,由周期函数积分性质及偶函数的积分性质得

$$I=\frac{5}{3}\int_{\theta_0}^{2\pi+\theta_0}|\sin t|\,\mathrm{d}t=\frac{5}{3}\int_{-\pi}^{\pi}|\sin t|\,\mathrm{d}t=\frac{10}{3}\int_0^{\pi}\sin t\,\mathrm{d}t=\frac{20}{3}.$$

(4) 注意曲线 $x=-\sqrt{2y-y^2}$,即 $x=-\sqrt{1-(y-1)^2}$,是以(0,1)为圆心,半径为1的左半圆:$x^2+(y-1)^2=1,x<0$. 区域 D 如图 10.2-40 所示,并可表示为

$$D=\{(x,y)\mid 0\leqslant y\leqslant 2,-2\leqslant x\leqslant-\sqrt{2y-y^2}\}.$$

方法一　在直角坐标系中用先积 x 后积 y 的顺序化为累次积分得

$$I=\int_0^2\mathrm{d}y\int_{-2}^{-\sqrt{2y-y^2}}y\,\mathrm{d}x.$$

化简累次积分得

$$I=\int_0^2 y(2-\sqrt{2y-y^2})\mathrm{d}y=\int_0^2 2y\,\mathrm{d}y-\int_0^2 y\sqrt{1-(y-1)^2}\,\mathrm{d}y$$

$$=4-\int_0^2 y\sqrt{1-(y-1)^2}\,\mathrm{d}y.$$

作变换 $t=y-1$ 得 $I=4-\int_{-1}^{1}(t+1)\sqrt{1-t^2}\,\mathrm{d}t$. 由奇函数在对称区间上的积分性质及定积分的几何意义,得

$$I=4-\int_{-1}^{1}\sqrt{1-t^2}\,\mathrm{d}t=4-\frac{\pi}{2}.$$

方法二　为了用极坐标变换,把 D 表示成 $D=D_1\backslash D_2$,其中

$$D_1=\{(x,y)\mid -2\leqslant x\leqslant 0,0\leqslant y\leqslant 2\},$$

$$D_2=\{(x,y)\mid 0\leqslant y\leqslant 2,-\sqrt{2y-y^2}\leqslant x\leqslant 0\}.$$

于是

$$I=\iint\limits_{D_1}y\,\mathrm{d}x\,\mathrm{d}y-\iint\limits_{D_2}y\,\mathrm{d}x\,\mathrm{d}y,$$

其中 D_1 为正方形,D_2 是如图 10.2-41 所示的半圆.

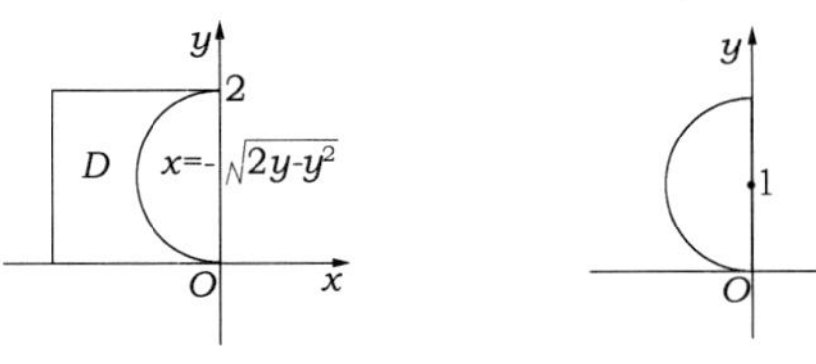

图 10.2-40　　　图 10.2-41

令 $x=r\cos\theta,y=r\sin\theta$,曲线 $x=-\sqrt{2y-y^2}$ 的极坐标方程是 $r=2\sin\theta\left(\frac{\pi}{2}\leqslant\theta\leqslant\pi\right)$,

D_2 表示成:$\frac{\pi}{2}\leqslant\theta\leqslant\pi,0\leqslant r\leqslant 2\sin\theta$. 于是

$$\iint\limits_{D_2}y\,\mathrm{d}x\,\mathrm{d}y=\int_{\frac{\pi}{2}}^{\pi}\mathrm{d}\theta\int_0^{2\sin\theta}r\sin\theta\cdot r\,\mathrm{d}r=\int_{\frac{\pi}{2}}^{\pi}\sin\theta\cdot\frac{1}{3}r^3\Big|_0^{2\sin\theta}\mathrm{d}\theta=\frac{8}{3}\int_{\frac{\pi}{2}}^{\pi}\sin^4\theta\,\mathrm{d}\theta$$

$$=\frac{8}{3}\int_0^{\frac{\pi}{2}}\sin^4\theta\mathrm{d}\theta=\frac{8}{3}\cdot\frac{3\cdot 1}{4\cdot 2}\cdot\frac{\pi}{2}=\frac{\pi}{2}$$

易求出
$$\iint\limits_{D_1} y\mathrm{d}x\mathrm{d}y=\int_{-2}^{0}\mathrm{d}x\int_0^2 y\mathrm{d}y=2\cdot\frac{1}{2}\left[y^2\right]_0^2=4.$$

因此 $I=4-\frac{\pi}{2}$.

方法三　作平移变换. 注意 $D=\{(x,y)\mid 0\leqslant y\leqslant 2,-2\leqslant x\leqslant -\sqrt{1-(y-1)^2}\}$. 令　$u=x,v=y-1$，则 D 变成

$$D'=\{(u,v)\mid -1\leqslant v\leqslant 1,-2\leqslant u\leqslant -\sqrt{1-v^2}\}.$$

于是
$$I=\iint\limits_{D'}(v+1)\mathrm{d}u\mathrm{d}v=\iint\limits_{D'}v\mathrm{d}u\mathrm{d}v+\iint\limits_{D'}\mathrm{d}u\mathrm{d}v=0+4-\frac{\pi}{2}=4-\frac{\pi}{2}.$$

这是因为 D'关于 u 轴对称，被积函数对 v 为奇函数，又 D'的面积为 $4-\frac{\pi}{2}$.

【例 10.2.17】* 求下列二重积分：

(1) $I=\iint\limits_{D}(x^2+y^2)\mathrm{d}x\mathrm{d}y$，其中 $D=\left\{(x,y)\,\middle|\,\frac{x^2}{a^2}+\frac{y^2}{b^2}\leqslant 1\right\}$；

(2) $I=\iint\limits_{D}xy\mathrm{d}x\mathrm{d}y$，其中 D 由 $y=x,y=2x,xy=1,xy=3$ 围成的第一象限部分；

(3) $I=\iint\limits_{D}\mathrm{e}^{(x+y)^2}\mathrm{d}\sigma$，其中 $D=\{(x,y)\mid x\geqslant 0,y\geqslant 0,x+y\leqslant 1\}$.

【分析与求解】(1) D 是椭圆，作广义极坐标变换是简便的.

令 $x=ar\cos\theta,y=br\sin\theta$，则 $J(r,\theta)=abr$，D'：$0\leqslant r\leqslant 1,0\leqslant\theta\leqslant 2\pi$. 于是

$$I=\iint\limits_{D'}r^2(a^2\cos^2\theta+b^2\sin^2\theta)abr\mathrm{d}r\mathrm{d}\theta$$

$$=ab\int_0^{2\pi}(a^2\cos^2\theta+b^2\sin^2\theta)\mathrm{d}\theta\int_0^1 r^3\mathrm{d}r=\frac{\pi}{4}ab(a^2+b^2).$$

(2) 直接计算要分块积分较麻烦，作变换是简便的. 边界曲线为

$$\frac{y}{x}=1,\frac{y}{x}=2,xy=1,xy=3.$$

令 $u=\frac{y}{x},v=xy$ 则

$$I=\iint\limits_{D'}v\,|J(u,v)|\,\mathrm{d}u\mathrm{d}v, \tag{10.2-9}$$

其中 D'：$1\leqslant u\leqslant 2,1\leqslant v\leqslant 3$.

为计算 $|J(u,v)|=\left|\frac{\partial(x,y)}{\partial(u,v)}\right|$，只须先求

$$\frac{\partial(u,v)}{\partial(x,y)}=\begin{vmatrix}-\frac{y}{x^2} & \frac{1}{x}\\ y & x\end{vmatrix}=-2\frac{y}{x}=-2u.$$

于是
$$\frac{\partial(x,y)}{\partial(u,v)}=-\frac{1}{2u}.$$

代入(10.2-9)得

$$I=\iint_{D'} v\,\frac{1}{2u}\mathrm{d}u\,\mathrm{d}v=\frac{1}{2}\int_1^2\frac{1}{u}\mathrm{d}u\cdot\int_1^3 v\,\mathrm{d}v=2\ln2.$$

(3) 做一次函数变换：

$$\begin{cases}u=x+y,\\ v=x,\end{cases}\quad\left(\begin{cases}x=v,\\ y=u-v\end{cases}\right)$$

于是 $J(u,v)=\begin{vmatrix}0&1\\1&-1\end{vmatrix}=-1,\quad I=\iint_{D'}\mathrm{e}^{u^2}\mathrm{d}u\,\mathrm{d}v,$

其中 D'：$v\geqslant0.u-v\geqslant0,u\leqslant1$，见图 10.2-42.

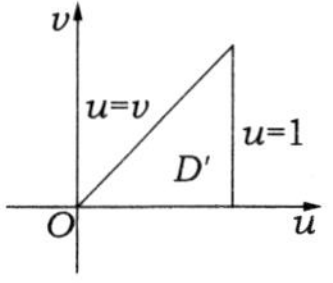

图 10.2-42

因此 $I=\int_0^1\mathrm{d}u\int_0^u\mathrm{e}^{u^2}\mathrm{d}v=\int_0^1 u\,\mathrm{e}^{u^2}\mathrm{d}u=\frac{1}{2}\left[\mathrm{e}^{u^2}\right]_0^1=\frac{1}{2}(\mathrm{e}-1).$

评注 ① 对题(1)，也可先用对称性化成

$$I=4\iint_{D_1}(x^2+y^2)\mathrm{d}x\,\mathrm{d}y,$$

其中 D_1 是 D 在第一象限部分，然后直接化成累次积分：

$$\iint_{D_1}x^2\mathrm{d}x\,\mathrm{d}y=\int_0^a\mathrm{d}x\int_0^{b\sqrt{1-\frac{x^2}{a^2}}}x^2\mathrm{d}y=\int_0^a x^2b\sqrt{1-\frac{x^2}{a^2}}\,\mathrm{d}x$$

$$=\frac{b}{a}\int_0^a x^2\sqrt{a^2-x^2}\,\mathrm{d}x\xlongequal{x=a\sin t}\frac{b}{a}\int_0^{\frac{\pi}{2}}a^4\sin^2t\cos^2t\,\mathrm{d}t$$

$$=a^3b\int_0^{\frac{\pi}{2}}\frac{1}{4}\sin^2 2t\,\mathrm{d}t=\frac{a^3b}{8}\int_0^{\pi}\sin^2 s\,\mathrm{d}s=\frac{a^3b}{16}\pi.$$

由对称性 $\iint_{D_1}y^2\mathrm{d}x\,\mathrm{d}y=\frac{ab^3}{16}\pi.$

因此 $I=4\cdot\left(\frac{a^3b}{16}+\frac{ab^3}{16}\right)\pi=\frac{\pi}{4}ab(a^2+b^2).$

这种方法不如用广义极坐标变换方便.

② 题(2)中，作变换 $u=\frac{y}{x},v=xy$ 后，不必解出 x 与 y 后再求 $\frac{\partial(x,y)}{\partial(u,v)}$，而是先计算 $\frac{\partial(u,v)}{\partial(x,y)}$，然后利用关系式 $\frac{\partial(x,y)}{\partial(u,v)}\cdot\frac{\partial(u,v)}{\partial(x,y)}=1$ 求得 $\frac{\partial(x,y)}{\partial(u,v)}$，这样更简便.

③ 对题(3)也可作极坐标变换：$x=r\cos\theta,y=r\sin\theta$，则

$$D':0\leqslant\theta\leqslant\frac{\pi}{2},\ 0\leqslant r\leqslant\frac{1}{\cos\theta+\sin\theta}.$$

于是 $I=\int_0^{\frac{\pi}{2}}\mathrm{d}\theta\int_0^{\frac{1}{\cos\theta+\sin\theta}}\mathrm{e}^{r^2(\cos\theta+\sin\theta)^2}r\,\mathrm{d}r=\int_0^{\frac{\pi}{2}}\frac{1}{2(\cos\theta+\sin\theta)^2}\left[\mathrm{e}^{r^2(\cos\theta+\sin\theta)^2}\right]_{r=0}^{r=\frac{1}{\cos\theta+\sin\theta}}\mathrm{d}\theta$

$$=(\mathrm{e}-1)\int_0^{\frac{\pi}{2}}\frac{\mathrm{d}\tan\theta}{2(1+\tan\theta)^2}=\frac{1}{2}(\mathrm{e}-1).$$

学习随笔

第三节 三重积分

一、知识点归纳总结

1. 三重积分的概念

(1) 三重积分的定义

设三元函数 $f(x,y,z)$定义在空间有界闭区域 Ω 上,将 Ω 任意分割成 n 个小闭区域

$$\Delta V_1,\Delta V_2,\cdots,\Delta V_n,$$

在 ΔV_i 上任取一点(x_i,y_i,z_i),$i=1,2,\cdots,n$,作积分和 $\sigma=\sum\limits_{i=1}^{n}f(x_i,y_i,z_i)\Delta V_i$,这里 ΔV_i 也代表小区域的体积.令 $\lambda=\max\limits_{1\leqslant i\leqslant n}\{\Delta V_i \text{ 的直径}\}$.若对区域 Ω 的任意一种分割法及点(x_i,y_i,z_i)的任意取法,积分和的极限总存在,则称此极限值为函数 $f(x,y,z)$在区域 Ω 上的三重积分,记为

$$\iiint\limits_{\Omega}f(x,y,z)\mathrm{d}V,$$

其中 $f(x,y,z)$称为被积函数,Ω 称为积分区域,$\mathrm{d}V$ 为体积元素.

当极限$\lim\limits_{\lambda\to 0}\sum\limits_{i=1}^{n}f(x_i,y_i,z_i)\Delta V_i$ 存在时,称函数 $f(x,y,z)$ 在区域 Ω 上是可积的.

(2) 三重积分的物理意义

若物体占据空间区域Ω,其体密度为$f(x,y,z)$,则它的质量是$m=\iiint\limits_{\Omega}f(x,y,z)\mathrm{d}V$.

(3) 三元函数的可积性

设 Ω 是空间中的有界闭区域:

若 $f(x,y,z)$在 Ω 上可积,则 $f(x,y,z)$在 Ω 上有界.

若 $f(x,y,z)$在 Ω 上连续,则 $f(x,y,z)$在 Ω 上可积.

若 $f(x,y,z)$在 Ω 上分块连续,则 $f(x,y,z)$在 Ω 上可积.

(4) 三重积分有与二重积分类似的性质

(5) 对称区域上奇偶函数的积分

设 Ω 是空间中的有界闭区域,$f(x,y,z)$在 Ω 上可积.

若 Ω 关于 xOy 平面对称,则

$$\iiint\limits_{\Omega}f(x,y,z)\mathrm{d}V=\begin{cases}0, & \text{当 } f(x,y,z) \text{ 对 } z \text{ 为奇函数时,}\\ & (f(x,y,-z)=-f(x,y,z),\ \forall(x,y,z)\in\Omega)\\ 2\iiint\limits_{\Omega_1}f(x,y,z)\mathrm{d}V, & \text{当 } f(x,y,z) \text{ 对 } z \text{ 为偶函数时,}\\ & (f(x,y,-z)=f(x,y,z),\ \forall(x,y,z)\in\Omega.)\end{cases}$$

学习随笔

其中 $\Omega_1=\Omega\cap\{z\geqslant 0\}$.

若 Ω 关于 zOx 平面对称，或关于 yOz 平面对称，有类似的结论.

若 Ω 关于原点对称，则

$$\iiint\limits_{\Omega} f(x,y,z)\mathrm{d}V=\begin{cases}0, & \text{当 } f(x,y,z) \text{ 关于}(x,y,z)\text{ 为奇函数时，} \\ & (f(-x,-y,-z)=-f(x,y,z),\forall (x,y,z)\in\Omega) \\ 2\iiint\limits_{\Omega_1} f(x,y,z)\mathrm{d}V, & \text{当 } f(x,y,z) \text{ 关于}(x,y,z)\text{ 为偶函数时，} \\ & (f(-x,-y,-z)=f(x,y,z),\forall (x,y,z)\in\Omega)\end{cases}$$

其中 $\Omega_1=\Omega\cap\{z\geqslant 0\}$ 或 $\Omega_1=\Omega\cap\{y\geqslant 0\}$ 等.

2. 在直角坐标系下化三重积分为累次积分公式

(1) 积分区域为柱形长条区域的情形(先一后二的情形)

设 Ω 是 $Oxyz$ 空间中的有界闭区域，$f(x,y,z)$在 Ω 连续.

若 $\Omega=\{(x,y,z)\mid z_1(x,y)\leqslant z\leqslant z_2(x,y),(x,y)\in D\}$， (10.3-1)

其中 D 是 Oxy 平面上的有界闭区域，$z_i(x,y)$在 D 连续($i=1,2$)，则

$$\iiint\limits_{\Omega} f(x,y,z)\mathrm{d}V=\iint\limits_{D}\mathrm{d}x\mathrm{d}y\int_{z_1(x,y)}^{z_2(x,y)} f(x,y,z)\mathrm{d}z\left(\iint\limits_{D}\left[\int_{z_1(x,y)}^{z_2(x,y)} f(x,y,z)\mathrm{d}z\right]\mathrm{d}x\mathrm{d}y\right). \tag{10.3-2}$$

条件(10.3-1)表示的区域 Ω 是由上曲面 $z=z_2(x,y)$，下曲面 $z=z_1(x,y)$，及侧面——柱面(以 Oxy 平面上的区域 D 的边界为准线，母线平行于 z 轴的柱面)所围成的. D 是 Ω 在 Oxy 平面上的投影区域. 有时形象地称这种区域为柱形长条区域.(见图 10.3-1). 式(10.3-2)是先对 z 积分，由下方曲面 $z=z_1(x,y)$到上方曲面 $z=z_2(x,y)$，然后在平面区域 D 上对 x,y 作二重积分.

(2) 积分区域的截面为已知的情形(先二后一的情形)

设 Ω 是 $Oxyz$ 空间中的有界闭区域，$f(x,y,z)$在 Ω 连续.

若 $\Omega=\{(x,y,z)\mid \alpha\leqslant z\leqslant\beta,(x,y)\in D(z)\}$， (10.3-3)

其中 $D(z)$为竖坐标为 z 的平面上的有界闭区域，则

$$\iiint\limits_{\Omega} f(x,y,z)\mathrm{d}V=\int_{\alpha}^{\beta}\mathrm{d}z\iint\limits_{D(z)} f(x,y,z)\mathrm{d}x\mathrm{d}y. \tag{10.3-4}$$

条件(10.3-3)表示的区域 Ω 是介于平面 $z=\beta$ 与 $z=\alpha(\beta>\alpha)$之间，过 z 轴上区间$[\alpha,\beta]$中任意点 z 作垂直于 z 轴的平面截区域 Ω 得平面区域 $D(z)$. 常称这种区域为截面已知的区域(见图 10.3-2). 式(10.3-4)是先对 x,y 在 $D(z)$上作二重积分，然后对 z 从 α 到 β 积分.

式(10.3-2)和式(10.3-4)都是把三重积分化为求一次定积分与求一次二重积分，最后均化为求三次定积分. 但式(10.3-2)是先求一次定积分，再求一次二重积分(先一后二)的情形，式(10.3-4)是先求一次二重积分，再求一次定积分(先二后一)的情形.

3. 利用化三重积分为累次积分公式的要点

① 首先确定积分区域 Ω 是属于哪种类型的，看它适合于用哪个计算公式. 利用式

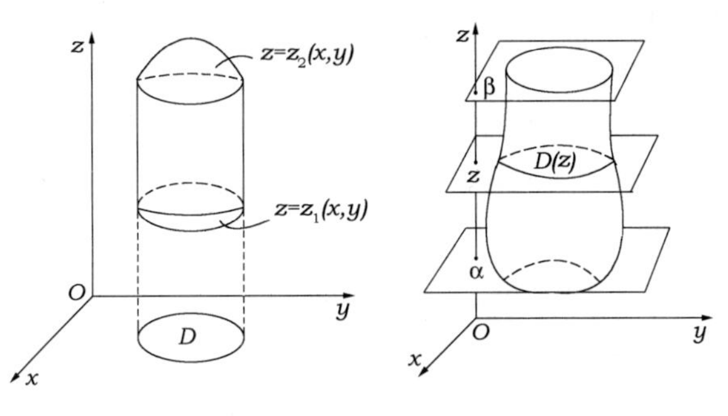

图 10.3-1　　　　图 10.3-2

(10.3-2)的关键是确定上、下曲面，特别是投影区域 D. 利用式(10.3-4)的关键是确定积分区域 Ω 的截面区域.

② 若两个计算公式均可用时，要注意选择积分顺序，是先一后二还是先二后一，有时不同的顺序会影响计算的繁简.

③ 若积分区域 Ω 有对称性，被积函数有相应的奇偶性，要充分利用它以简化计算.

④ 有时要将积分区域 Ω 分块，然后利用上述公式(与二重积分类似).

4. 平移变换下的三重积分公式

设 Ω 为 $Oxyz$ 空间中的有界闭区域，$f(x,y,z)$在 Ω 连续，在平移变换：

$$u=x-a,\ v=y-b,\ w=z-c \tag{10.3-5}$$

下，有 $\iiint\limits_{\Omega} f(x,y,z)\mathrm{d}x\,\mathrm{d}y\,\mathrm{d}z=\iiint\limits_{\Omega'} f(u+a,v+b,w+c)\mathrm{d}u\,\mathrm{d}v\,\mathrm{d}w$，

其中 Ω' 是该平移变换下 $Oxyz$ 空间中的区域 Ω 变成 $O'uvw$ 空间中的一个区域，见图 10.3-3.

平移变换下保持区域的形状与体积不变. 如 $\Omega:(x-a)^2+(y-b)^2+(z-c)^2\leqslant R^2$ 在平移变换(10.3-5)下变成 $\Omega':u^2+v^2+w^2\leqslant R^2$.

5. 用柱坐标变换计算三重积分

(1) 柱坐标

M 为空间中的点，直角坐标为(x,y,z)，它在 Oxy 平面上投影点 P 的极坐标为 r,θ，称数组(r,θ,z)为点 M 的柱坐标，见图 10.3-4.

r,θ,z 的变化范围：$0\leqslant r<+\infty$，$0\leqslant\theta<2\pi$，$-\infty<z<+\infty$，

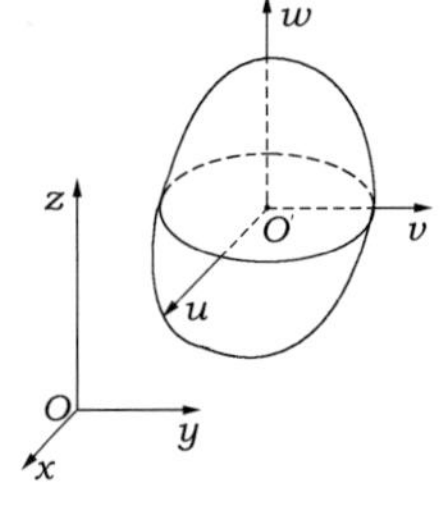

图 10.3-3

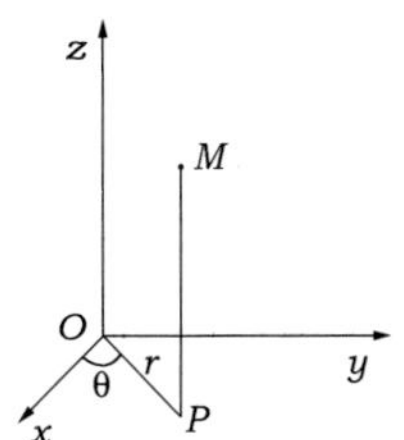

图 10.3-4

学习随笔

直角坐标与柱坐标的关系：$x=r\cos\theta, y=r\sin\theta, z=z$.

柱坐标系中三组坐标面：

$r=$常数——以 z 轴为轴的圆柱面；

$\theta=$常数——过 z 轴的半平面；

$z=$常数——与 Oxy 平面平行的平面.

(2) 柱坐标变换下三重积分公式

用柱坐标系中三组坐标面来分割积分区域时，相应的体积元素为 $\mathrm{d}V=r\mathrm{d}r\mathrm{d}\theta\mathrm{d}z$，见图 10.3-5.

设 Ω 为 $Oxyz$ 空间中的有界闭区域，$f(x,y,z)$ 在 Ω 连续，在柱坐标变换：$x=r\cos\theta, y=r\sin\theta, z=z$ 下，则有

$$\iiint_{\Omega} f(x,y,z)\mathrm{d}x\mathrm{d}y\mathrm{d}z=\iiint_{\Omega'} f(r\cos\theta,r\sin\theta,z)r\mathrm{d}r\mathrm{d}\theta\mathrm{d}z,$$

其中 Ω' 是 $O'r\theta z$ 中的一个区域：$\Omega'=\{(r,\theta,z)\mid(r\cos\theta,r\sin\theta,z)\in\Omega\}$.

(3) 几种常见的情形

① Ω 为柱形长条区域，上、下曲面的柱坐标方程是 $z=z_2(r,\theta)$，$z=z_1(r,\theta)$，它在 xy 平面上投影区域的极坐标表示为 D，则

$$\iiint_{\Omega} f(x,y,z)\mathrm{d}x\mathrm{d}y\mathrm{d}z=\iint_{D} r\mathrm{d}r\mathrm{d}\theta\int_{z_1(r,\theta)}^{z_2(r,\theta)} f(r\cos\theta,r\sin\theta,z)\mathrm{d}z.$$

② Ω 为截面已知的区域——设 Ω 界于平面 $z=\beta$，$z=\alpha(\beta>\alpha)$ 之间，界于这两平面之间与 z 轴垂直的平面截区域 Ω 得平面区域 $D(z)$，并由极坐标表示给出，则

$$\iiint_{\Omega} f(x,y,z)\mathrm{d}x\mathrm{d}y\mathrm{d}z=\int_{\alpha}^{\beta}\mathrm{d}z\iint_{D(z)} f(r\cos\theta,r\sin\theta,z)r\mathrm{d}r\mathrm{d}\theta.$$

以上两种情形即是对 z 积分加上极坐标变换.

③ Ω 为截面已知的区域——设 Ω 界于半平面 $\theta=\alpha$，$\theta=\beta(0\leqslant\alpha<\beta<2\pi)$ 之间，且极角为 $\theta\in[\alpha,\beta]$ 的半平面与 Ω 相截得平面区域 $D(\theta)$，则

$$\iiint_{\Omega} f(x,y,z)\mathrm{d}x\mathrm{d}y\mathrm{d}z=\int_{\alpha}^{\beta}\mathrm{d}\theta\iint_{D(\theta)} f(r\cos\theta,r\sin\theta,z)r\mathrm{d}r\mathrm{d}z,$$

见图 10.3-6.

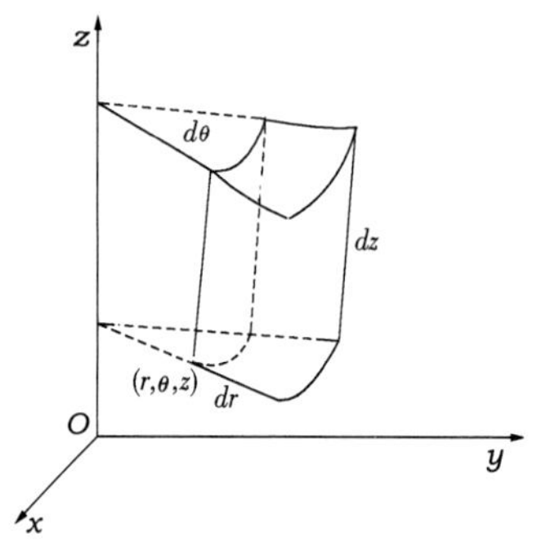

图 10.3-5

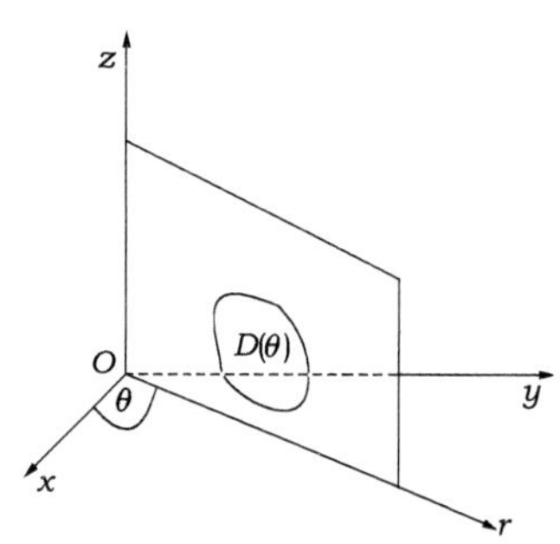

图 10.3-6

学习随笔

6. 用球坐标变换计算三重积分

(1) 球坐标

设 M 为空间中的点，直角坐标为 (x,y,z)，点 M 到原点的距离为 ρ，点 M 在 Oxy 平面上投影点 P 的极角为 θ，点 M 的向径 $\overrightarrow{OM}$ 与 z 轴正向的夹角为 φ，称数组 (ρ,θ,φ) 为点 M 的球坐标(图 10.3－7).

ρ,θ,φ 的变化范围：$0\leqslant\rho<+\infty,0\leqslant\theta<2\pi,0\leqslant\varphi\leqslant\pi$.

直角坐标与球坐标的关系：$\begin{cases}x=\rho\sin\varphi\cos\theta,\\ y=\rho\sin\varphi\sin\theta,\\ z=\rho\cos\varphi.\end{cases}$

球坐标系中三组坐标面：

$\rho=$ 常数——以原点为中心的球面；

$\theta=$ 常数——过 z 轴的半平面；

$\varphi=$ 常数——原点为顶点，z 轴为对称轴的锥面.

(2) 球坐标变换下三重积分公式

用球坐标系中三组坐标面来分割区域 Ω 时相应的体积元素为

$$dV=\rho^2\sin\varphi d\rho d\varphi d\theta,$$

见图 10.3－8.

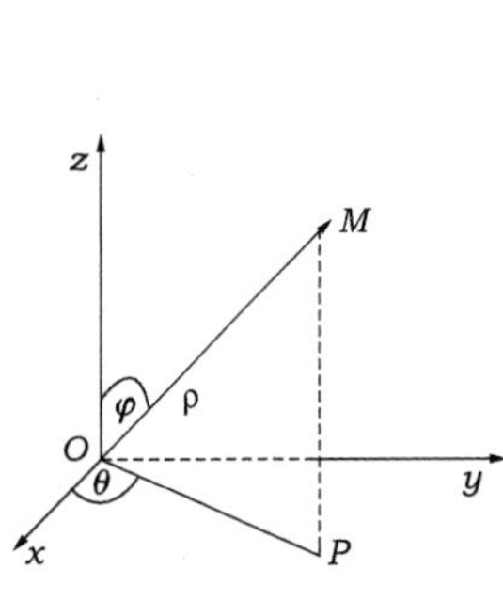

图 10.3－7

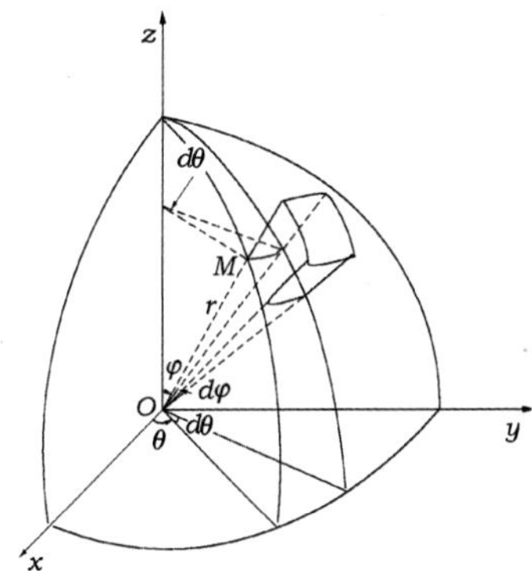

图 10.3－8

设 Ω 为 $Oxyz$ 空间中的有界闭区域，$f(x,y,z)$ 在 Ω 连续，在球坐标变换：$x=\rho\sin\varphi\cos\theta,y=\rho\sin\varphi\sin\theta,z=\rho\cos\varphi$ 下，则

$$\iiint_{\Omega}f(x,y,z)dxdydz=\iiint_{\Omega'}F(\rho,\theta,\varphi)\rho^2\sin\varphi d\rho d\theta d\varphi,$$

其中 $F(\rho,\theta,\varphi)=f(\rho\sin\varphi\cos\theta,\rho\sin\varphi\sin\theta,\rho\cos\varphi)$，$\Omega'$ 是 $O'\rho\theta\varphi$ 中的一个区域：

$$\Omega'=\{(\rho,\theta,\varphi)\mid(\rho\sin\varphi\cos\theta,\rho\sin\varphi\sin\theta,\rho\cos\varphi)\in\Omega\}.$$

(3) 几种常见的情形

① 设 Ω 由球坐标方程为 $\rho=\rho(\theta,\varphi)$ 的曲面及锥面 $\varphi=\alpha$ 所围成，则

学习随笔

$$\iiint\limits_{\Omega} f(x,y,z)\mathrm{d}x\mathrm{d}y\mathrm{d}z=\int_0^{2\pi}\mathrm{d}\theta\int_0^{\alpha}\mathrm{d}\varphi\int_0^{\rho(\theta,\varphi)}F(\rho,\theta,\varphi)\rho^2\sin\varphi\mathrm{d}\rho,$$

见图 10.3－9.

② 设 Ω 是由球坐标方程为 $\rho=\rho(\theta,\varphi)$ 的闭曲面所围成,原点 O 在 Ω 内部,则

$$\iiint\limits_{\Omega} f(x,y,z)\mathrm{d}x\mathrm{d}y\mathrm{d}z=\int_0^{2\pi}\mathrm{d}\theta\int_0^{\pi}\mathrm{d}\varphi\int_0^{\rho(\theta,\varphi)}F(\rho,\theta,\varphi)\rho^2\sin\varphi\mathrm{d}\rho,$$

见图 10.3－10.

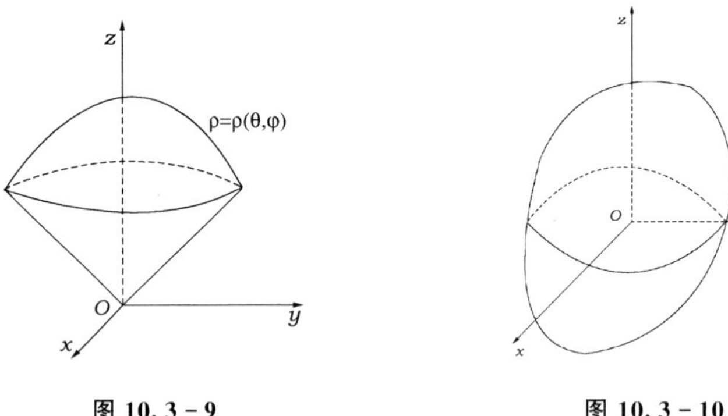

图 10.3－9　　图 10.3－10

7. 选择变量替换问题

除了在直角坐标系中计算三重积分外,还可选择适当的变量替换:

① 柱坐标变换,若 Ω 是旋转体,如柱体、锥体、旋转抛物体,被积函数形如 $x^n y^m z^l f(x^2+y^2)$ 或 $x^n y^m z^l f(x^2+z^2)$ 等等,可考虑选用柱坐标变换.

② 球坐标变换,若 Ω 是球体、锥体或它们的一部分,被积函数形如 $x^n y^m z^l f(x^2+y^2+z^2)$,可考虑选用球坐标变换.

③ 平移变换,若 Ω 有某种对称性(如 Ω 为球体,球心不在原点,或 Ω 为正方体,中心不在原点),经平移后变成了关于坐标平面对称的区域且被积函数变成(或部分变成)有奇偶性时,可考虑选用平移变换.

二、典型题型归纳及解题方法与技巧

1. 在直角坐标系中化三重积分为累次积分并计算

【例 10.3.1】利用直角坐标下化三重积分为累次积分公式求下列三重积分:

(1) $I=\iiint\limits_{\Omega} xy\mathrm{d}V$,其中 Ω 由 $z=xy,z=0,x+y=1$ 所围成;

(2) $I=\iiint\limits_{\Omega}\sqrt{z}\,\mathrm{d}V$,其中 Ω 由 $z=\sqrt{x^2+y^2}$ 与 $z=4$ 所围成;

(3) $I=\iiint\limits_{\Omega} z\sin(x+y+z)\mathrm{d}V$,其中 Ω:$x\geqslant 0,y\geqslant 0,z\geqslant 0,x+y+z\leqslant\dfrac{\pi}{2}$.

【分析与求解】(1) 步骤如下:

① 积分区域的图形不好画,但易求出区域 Ω 在 xy 平面上的投影区域 D,D 的边界曲线是:$x+y=1,x=0,y=0$,D 如图 10.3－11 所示,不等式表示是

$$D=\{(x,y)\mid 0\leqslant x\leqslant 1,0\leqslant y\leqslant 1-x\},$$

或
$$D=\{(x,y)\mid 0\leqslant y\leqslant 1,0\leqslant x\leqslant 1-y\}.$$

于是区域 Ω 的不等式表示为 $\Omega=\{(x,y,z)\mid 0\leqslant z\leqslant xy,(x,y)\in D\}$，其中 $z=xy$ 是马鞍面(双曲面).

② 由积分区域 Ω 及被积函数的特点，选择先一(先对 z 积分)后二(后对 xy 积分)的顺序，配置积分限化为累次积分，并求值.

$$I=\iint_D \mathrm{d}x\,\mathrm{d}y\int_0^{xy} xy\,\mathrm{d}z=\iint_D x^2y^2\,\mathrm{d}x\,\mathrm{d}y$$
$$=\int_0^1\mathrm{d}x\int_0^{1-x}x^2y^2\,\mathrm{d}y=\frac{1}{3}\int_0^1 x^2\left[y^3\right]_{y=0}^{y=1-x}\mathrm{d}x=\frac{1}{3}\int_0^1 x^2(1-x)^3\,\mathrm{d}x.$$

(求这个二重积分时，先对 x，还是先对 y 积分，计算的繁简无差别). 用分部积分法求这个定积分较简便.

$$I=\frac{-1}{3\times 4}\int_0^1 x^2\,\mathrm{d}(1-x)^4=\frac{1}{6}\int_0^1 x(1-x)^4\,\mathrm{d}x$$
$$=-\frac{1}{30}\int_0^1 x\,\mathrm{d}(1-x)^5=\frac{1}{30}\int_0^1(1-x)^5\,\mathrm{d}x=\frac{1}{180}.$$

(2) 步骤如下：

① 区域 Ω 是由锥面 $z=\sqrt{x^2+y^2}$ 及平面 $z=4$ 所围成. 过 z 轴任意点 $z\in[0,4]$，作 z 轴的垂直平面与区域 Ω 相交成区域 $D(z)$，易知 $D(z)$ 是圆域 $x^2+y^2\leqslant z^2$，它的面积为 πz^2，见图 10.3 - 12. Ω 可表为 $\Omega=\{(x,y,z)\mid 0\leqslant z\leqslant 4,(x,y)\in D(z)\}$.

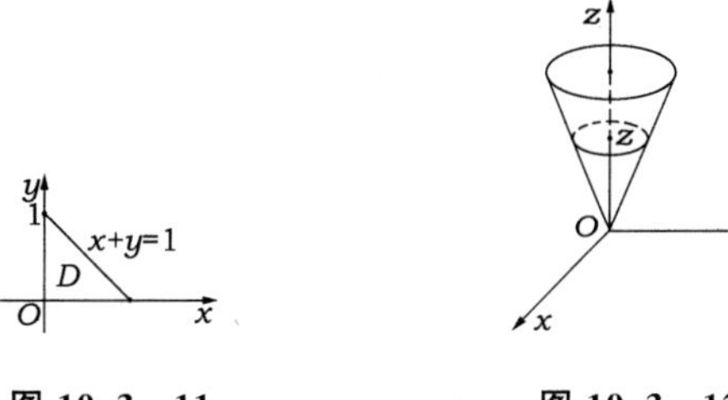

图 10.3 - 11　　　　图 10.3 - 12

② 又由于被积函数与 x,y 无关，因此选择先二(先对 xy 积分)后一(再对 z 积分)的顺序，配置积分限并求出累次积分.

$$I=\int_0^4\mathrm{d}z\iint_{D(z)}\sqrt{z}\,\mathrm{d}x\,\mathrm{d}y=\int_0^4\sqrt{z}\cdot\pi z^2\,\mathrm{d}z=\pi\int_0^4 z^{\frac{5}{2}}\,\mathrm{d}z=\frac{2}{7}\pi\left[z^{\frac{7}{2}}\right]_0^4=\frac{256}{7}\pi.$$

③ 区域 Ω 在各坐标平面上的投影区域有相同的形状并容易求出，垂直于坐标轴的平面与区域 Ω 相交成的平面区域也有相同的形状且也是容易求出的. 选用先一后二或先二后一的积分顺序，繁简程度差不多. 注意被积函数是 $z\sin(x+y+z)$，因此先对 x 或 y 积分，比先对 z 积分，计算上要简单些.

方法一　先一后二(先对 y 积分). 区域 Ω 如图 10.3 - 13 所示. Ω 可表示成

$$\Omega=\left\{(x,y,z)\mid 0\leqslant y\leqslant\frac{\pi}{2}-x-z,(z,x)\in D_{zx}\right\},$$

学习随笔

其中 $D_{zx}=\{(z,x)\mid 0\leqslant z\leqslant\frac{\pi}{2},0\leqslant x\leqslant\frac{\pi}{2}-z\}$，见图 10.3－14.

于是

$$I=\iint\limits_{D_{zx}}\mathrm{d}z\,\mathrm{d}x\int_0^{\frac{\pi}{2}-x-z}z\sin(x+y+z)\mathrm{d}y=\iint\limits_{D_{zx}}z\left[-\cos(x+y+z)\right]_{y=0}^{y=\frac{\pi}{2}-x-z}\mathrm{d}z\,\mathrm{d}x$$

$$=\iint\limits_{D_{zx}}z\cos(x+z)\mathrm{d}z\,\mathrm{d}x=\int_0^{\frac{\pi}{2}}\mathrm{d}z\int_0^{\frac{\pi}{2}-z}z\cos(x+z)\mathrm{d}x=\int_0^{\frac{\pi}{2}}z(1-\sin z)\mathrm{d}z$$

$$=\frac{\pi^2}{8}+\left[z\cos z\right]_0^{\frac{\pi}{2}}-\int_0^{\frac{\pi}{2}}\cos z\,\mathrm{d}z=\frac{\pi^2}{8}-1.$$

方法二　先二后一(先对 xy，后对 z).

过 z 轴上任意点 $z\in\left[0,\frac{\pi}{2}\right]$，作 z 轴垂直平面与 Ω 相交成区域 $D(z)$：

$$D(z)=\{(x,y)\mid x\geqslant 0,y\geqslant 0,x+y\leqslant\frac{\pi}{2}-z\}$$

$$=\{(x,y)\mid 0\leqslant x\leqslant\frac{\pi}{2}-z,0\leqslant y\leqslant\frac{\pi}{2}-z-x\},$$

见图 10.3－15. 于是

$$\Omega=\{(x,y,z)\mid 0\leqslant z\leqslant\frac{\pi}{2},(x,y)\in D_z\},$$

则　$I=\int_0^{\frac{\pi}{2}}\mathrm{d}z\iint\limits_{D(z)}z\sin(x+y+z)\mathrm{d}x\,\mathrm{d}y=\int_0^{\frac{\pi}{2}}\mathrm{d}z\int_0^{\frac{\pi}{2}-z}\mathrm{d}x\int_0^{\frac{\pi}{2}-z-x}z\sin(x+y+z)\mathrm{d}y.$

余下计算同方法一.

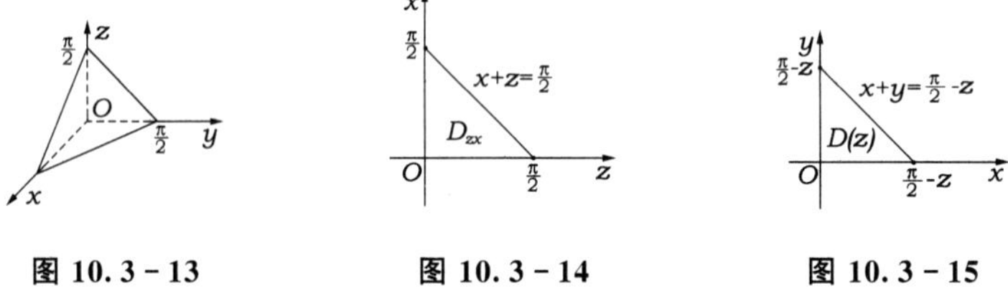

图 10.3－13　　图 10.3－14　　图 10.3－15

评注　① 求三重积分时是否画出积分区域 Ω 的图形这并不重要，在许多情形下，是困难的，只须画出投影区域或截面区域的图形即可.

② 计算三重积分 $\iiint\limits_{\Omega}f(z)\mathrm{d}V$ 时，因被积函数与 x,y 无关，若 $\Omega=\{(x,y,z)\mid a\leqslant z\leqslant b,(x,y)\in D(z)\}$，其中 $D(z)$($D(z_0)$ 是 Ω 被平面 $z=z_0$ 截得的区域)的面积已知，为 $S(z)$，于是选用先二后一(即先对 xy 求二重积分再对 z 求一重积分)的计算公式是十分简便的，即

$$\iiint\limits_{\Omega}f(z)\mathrm{d}V=\int_a^b\mathrm{d}z\iint\limits_{D(z)}f(z)\mathrm{d}x\,\mathrm{d}y=\int_a^b f(z)S(z)\mathrm{d}z.$$

学习随笔

2. 交换积分次序并计算累次积分

【例 10.3.2】求 $I=\int_0^1 \mathrm{d}x\int_0^{1-x}\mathrm{d}z\int_0^{1-x-z}(1-y)\mathrm{e}^{-(1-y-z)^2}\mathrm{d}y$.

【分析与求解一】这是一个累次积分，要避免先对 y 或 z 积分，即要先对 x 积分，就要交换积分顺序，为此先表成三重积分

$$I=\iiint_\Omega (1-y)\mathrm{e}^{-(1-y-z)^2}\mathrm{d}V.$$

由累次积分限去确定 Ω，再重新配限.

$$\Omega:\begin{cases}0\leqslant y\leqslant 1-x-z,\\ 0\leqslant z\leqslant 1-x,\\ 0\leqslant x\leqslant 1,\end{cases}$$

见图 10.3-16.

交换积分顺序

$$\begin{aligned}I&=\iint_{D_{yz}}\mathrm{d}y\mathrm{d}z\int_0^{1-y-z}(1-y)\mathrm{e}^{-(1-y-z)^2}\mathrm{d}x\\&=\iint_{D_{yz}}(1-y)(1-y-z)\mathrm{e}^{-(1-y-z)^2}\mathrm{d}y\mathrm{d}z,\end{aligned}$$

其中 D_{yz} 见图 10.3-17.再配限

$$\begin{aligned}I&=\int_0^1(1-y)\mathrm{d}y\int_0^{1-y}(1-y-z)\mathrm{e}^{-(1-y-z)^2}\mathrm{d}z\\&=\int_0^1(1-y)\left[\frac{1}{2}\mathrm{e}^{-(1-y-z)^2}\right]_{z=0}^{z=1-y}\mathrm{d}y=\frac{1}{2}\int_0^1(1-y)[1-\mathrm{e}^{-(1-y)^2}]\mathrm{d}y\\&=-\frac{1}{4}\int_0^1[1-\mathrm{e}^{-(1-y)^2}]\mathrm{d}(1-y)^2=\frac{1}{4\mathrm{e}}.\end{aligned}\tag{10.3-6}$$

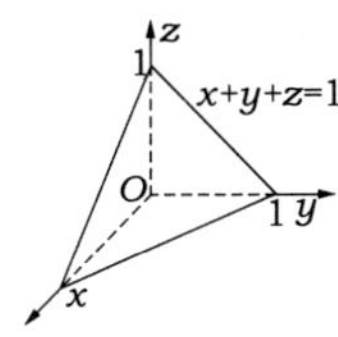

图 10.3-16

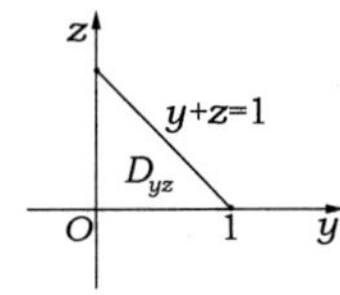

图 10.3-17

【分析与求解二】这是一个三重积分的累次积分，可看成是用先一后二或先二后一的公式化成的.只须对二重积分来交换积分顺序，达到先积 x 的目的.(不必考察 Ω 的形状)

记 $f(x,y,z)=(1-y)\mathrm{e}^{-(1-y-z)^2}$，先交换 x 与 z 的顺序，见图 10.3-18，则

$$I=\iint_{D_{zx}}\mathrm{d}z\mathrm{d}x\int_0^{1-x-z}f(x,y,z)\mathrm{d}y=\int_0^1\mathrm{d}z\int_0^{1-z}\mathrm{d}x\int_0^{1-x-z}f(x,y,z)\mathrm{d}y.$$

再交换 x 与 y 的顺序，见图 10.3-19，则

$$I=\int_0^1\mathrm{d}z\iint_{D_{xy}}f(x,y,z)\mathrm{d}x\mathrm{d}y=\int_0^1\mathrm{d}z\int_0^{1-z}\mathrm{d}y\int_0^{1-y-z}f(x,y,z)\mathrm{d}x$$

学习随笔

$$=\int_0^1 dz\int_0^{1-z}(1-y)(1-y-z)e^{-(1-y-z)^2}dy.$$

最后交换 z 与 y 的顺序,见图 10.3-20.

$$I=\int_0^1 dy\int_0^{1-y}(1-y)(1-y-z)e^{-(1-y-z)^2}dz.$$

余下同式(10.3-6).

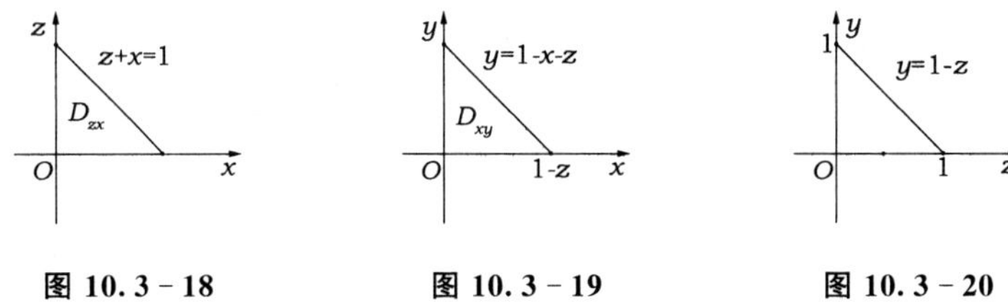

图 10.3-18　　图 10.3-19　　图 10.3-20

评注　对三重积分的累次积分交换积分顺序时,若由累次积分不易确定三重积分的积分区域 Ω 时,我们只须把这个累次积分看作是一次定积分与一次二重积分的累次积分.对其中的二重积分的累次积分易交换顺序,这样每一步都是二重积分的积分顺序的交换,若干次后即可达目的.

3. 用柱坐标变换或球坐标变换求三重积分

【例 10.3.3】求 $I=\iiint\limits_{\Omega}(x^2+y^2+z)dV$,其中 Ω 由曲面 $z=\frac{1}{2}(x^2+y^2)$ 与平面 $z=4$ 所围成.

【分析与求解】Ω 是旋转体,如图 10.3-21 所示,又被积函数只和 $r=\sqrt{x^2+y^2}$ 与 z 有关,故选用柱坐标变换:$x=r\cos\theta,\ y=r\sin\theta,\ z=z$.

先看 Ω 的柱坐标表示:$\Omega=\left\{(x,y,z)\,\middle|\,\frac{r^2}{2}\leqslant z\leqslant 4,(x,y)\in D:x^2+y^2\leqslant 8\right\}$,

见图 10.3-22.这是适于先一后二(先 z 后 r、θ)的积分顺序(方法三).

也可表成　$\Omega:(x,y)\in D(z)(x^2+y^2\leqslant 2z),0\leqslant z\leqslant 4$,

$D(z):0\leqslant r\leqslant\sqrt{2z},0\leqslant\theta\leqslant 2\pi$,

见图 10.3-23.这是适用于先二后一(先 r,θ 后 z)的积分顺序(方法二).

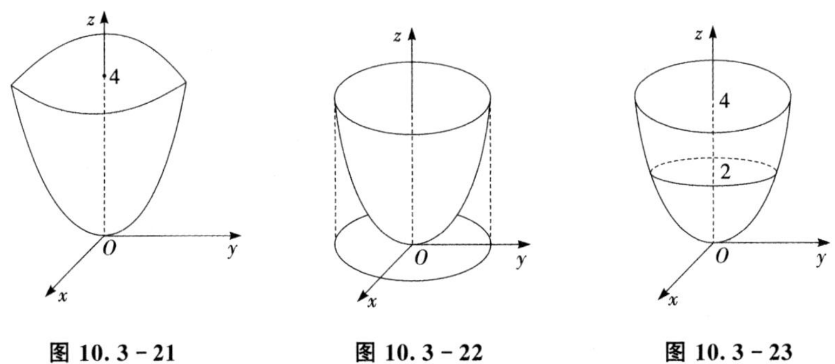

图 10.3-21　　图 10.3-22　　图 10.3-23

还可表成 $\Omega:(r,z)\in D(\theta),0\leqslant\theta\leqslant 2\pi,D(\theta):0\leqslant r\leqslant\sqrt{2z},0\leqslant z\leqslant 4$.见图 10.3-24

学习随笔

与图 10.3-25. 这是适于先二后一(先 r,z 后 θ)的积分顺序(方法一).

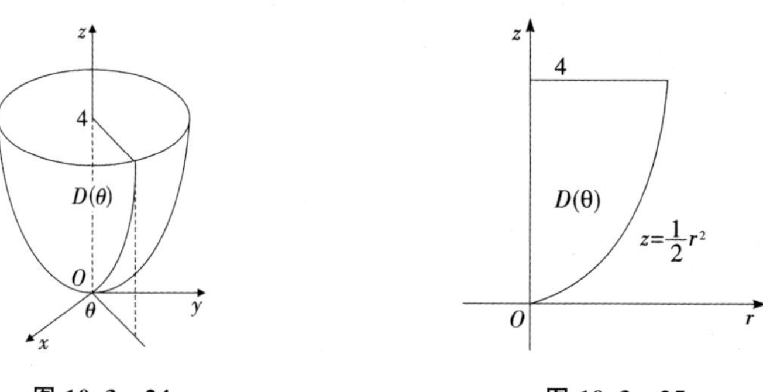

图 10.3-24　　图 10.3-25

后两种情形是类似的,但先对 r 积分时,有一个积分限为 0,计算上简便. 第一种情形,先对 z 积分时上、下限均非零,比后两种情形要复杂些.

$$D:0\leqslant r\leqslant\sqrt{8},0\leqslant\theta\leqslant 2\pi.$$

方法一　$I=\int_0^{2\pi}\mathrm{d}\theta\iint\limits_{D(\theta)}(r^2+z)r\,\mathrm{d}r\,\mathrm{d}z=2\pi\int_0^4\mathrm{d}z\int_0^{\sqrt{2z}}(r^2+z)r\,\mathrm{d}r$

$$=\int_0^4\left(\frac{1}{4}r^4+\frac{1}{2}zr^2\right)\Big|_0^{\sqrt{2z}}\mathrm{d}z$$

$$=2\pi\int_0^4 2z^2\,\mathrm{d}z=\frac{256}{3}\pi.$$

方法二　$I=\int_0^4\mathrm{d}z\iint\limits_{D(z)}(r^2+z)r\,\mathrm{d}r\,\mathrm{d}\theta=\int_0^4\mathrm{d}z\int_0^{2\pi}\mathrm{d}\theta\int_0^{\sqrt{2z}}(r^2+z)r\,\mathrm{d}z$

$$=2\pi\int_0^4\left[\frac{1}{4}r^4+\frac{1}{2}zr^2\right]_{r=0}^{r=\sqrt{2z}}\mathrm{d}z=\frac{256}{3}\pi.$$

方法三　$I=\iint\limits_D\mathrm{d}r\,\mathrm{d}\theta\int_{\frac{r^2}{2}}^4(r^2+z)r\,\mathrm{d}z=\int_0^{2\pi}\mathrm{d}\theta\int_0^{\sqrt{8}}\mathrm{d}r\int_{\frac{r^2}{2}}^4(r^2+z)r\,\mathrm{d}z$

$$=2\pi\int_0^{\sqrt{8}}\left[r^3\left(4-\frac{r^2}{2}\right)+r\,\frac{1}{2}z^2\Big|_{\frac{r^2}{2}}^4\right]\mathrm{d}r$$

$$=2\pi\int_0^{\sqrt{8}}\left(4r^3-\frac{5}{8}r^5+8r\right)\mathrm{d}r$$

$$=2\pi\left[r^4-\frac{5}{8}\cdot\frac{1}{6}r^6+4r^2\right]_0^{\sqrt{8}}=\frac{256}{3}\pi.$$

评注　这是适于用柱坐标变换的情形,在不同的解法中看到,化为累次积分时,不同的顺序可能影响计算的繁简.

【例 10.3.4】 求 $I=\iiint\limits_{\Omega}(x^3+y^3+z^3)\mathrm{d}V$,其中 Ω 由半球面 $x^2+y^2+z^2=2z(z\geqslant 1)$ 与锥面 $z=\sqrt{x^2+y^2}$ 围成.

【分析与求解】 Ω 的图形见图 10.3-26. 首先由 Ω 关于 yz 平面与 zx 平面的对称性及 x^3,y^3 分别对 x,y 为奇函数得

$$\iiint\limits_{\Omega}(x^3+y^3)\mathrm{d}V=0.$$

学习随笔

于是
$$I=\iiint_{\Omega} z^3\mathrm{d}V.$$

因 Ω 由球面与锥面围成,可选用球坐标变换:
$$x=\rho\sin\varphi\cos\theta,\ y=\rho\sin\varphi\sin\theta,\ z=\rho\cos\varphi,$$
则球面的坐标方程是 $\rho=2\cos\varphi$,锥面方程是 $\varphi=\frac{\pi}{4}$. Ω 的球坐标表示:$0\leqslant\theta\leqslant2\pi,0\leqslant\varphi\leqslant\frac{\pi}{4},0\leqslant\rho\leqslant2\cos\varphi$.

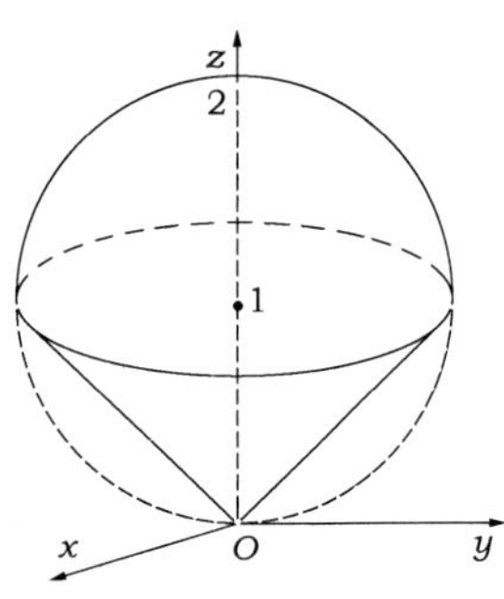

图 10.3-26

于是
$$\begin{aligned}I&=\int_0^{2\pi}\mathrm{d}\theta\int_0^{\frac{\pi}{4}}\mathrm{d}\varphi\int_0^{2\cos\varphi}\rho^3\cos^3\varphi\cdot\rho^2\sin\varphi\mathrm{d}\rho\\&=2\pi\int_0^{\frac{\pi}{4}}\cos^3\varphi\sin\varphi\left[\frac{1}{6}\rho^6\right]_0^{2\cos\varphi}\mathrm{d}\varphi\\&=\frac{\pi}{3}\cdot2^6\int_0^{\frac{\pi}{4}}(-\cos^9\varphi)\mathrm{d}\cos\varphi\\&=\frac{\pi}{3}\cdot2^6\cdot\left[\frac{1}{10}(-\cos^{10}\varphi)\right]_0^{\frac{\pi}{4}}=\frac{31}{5}\pi.\end{aligned}$$

评注 ① 尽量利用对称性简化计算.

② 该例是适于用球坐标变换的情形.由于区域截面的面积易求,被积函数只依赖于 z,因而也可用先二后一(先 x,y 后 z)的公式得
$$\begin{aligned}I&=\int_0^2\mathrm{d}z\iint_{D(z)}z^3\mathrm{d}x\mathrm{d}y=\int_0^1\mathrm{d}z\iint_{D(z)}z^3\mathrm{d}x\mathrm{d}y+\int_1^2\mathrm{d}z\iint_{D(z)}z^3\mathrm{d}x\mathrm{d}y\\&=\int_0^1z^3\pi z^2\mathrm{d}z+\int_1^2z^3(2z-z^2)\mathrm{d}z=\frac{\pi}{6}+\pi\left[\frac{2}{5}z^5-\frac{z^6}{6}\right]_1^2=\frac{31}{15}\pi.\end{aligned}$$

4. 选择适当方法求三重积分

【例 10.3.5】求下列三重积分:

(1) $I=\iiint_{\Omega}\frac{y\sin x}{x}\mathrm{d}x\mathrm{d}y\mathrm{d}z$,其中 Ω 由 $y=\sqrt{x}$, $y=0$, $z=0$, $x+z=\frac{\pi}{2}$ 围成;

(2) $I=\iiint_{\Omega}y\mathrm{d}V$,其中 Ω 由 $x^2+y^2+z^2\leqslant2y$ 所确定;

(3) $I=\iiint_{\Omega}(\sqrt{x^2+y^2})^3\mathrm{d}V$,其中 Ω 由 $x^2+y^2=9$, $x^2+y^2=16$, $z^2=x^2+y^2$, $z\geqslant0$ 所围成;

(4) $I=\iiint_{\Omega}z\mathrm{e}^{(x+y)^2}\mathrm{d}x\mathrm{d}y\mathrm{d}z$,其中 Ω:$1\leqslant x+y\leqslant2$, $x\geqslant0$, $y\geqslant0$, $0\leqslant z\leqslant3$.

【分析与求解】

(1) 从被积函数与积分区域来看,我们只须适当选取积分顺序,将三重积分化为累次积分.

① Ω 是曲顶曲底柱形长条区域:上顶是平面 $z=\frac{\pi}{2}-x$,下底是 xy 平面,即 $z=0$,侧

学习随笔

面是柱面 $y=0$ 及 $y=\sqrt{x}$. 注意：$z=\frac{\pi}{2}-x$ 与 xy 平面交于直线 $x=\frac{\pi}{2}$，于是

$$\Omega=\{(x,y,z)\mid 0\leqslant z\leqslant\frac{\pi}{2}-x,(x,y)\in D_{xy}\},$$

D_{xy} 见图 10.3－27. 也可以看成

$$\Omega=\{(x,y,z)\mid 0\leqslant y\leqslant\sqrt{x},(z,x)\in D_{zx}\},$$

D_{zx} 如图 10.3－28 所示，它是 Ω 在 zx 平面上的投影区域.

② 选择先一后二的积分顺序，化三重积分为累次积分.

若先对 z 积分得

$$I=\iint\limits_{D_{xy}}\mathrm{d}x\,\mathrm{d}y\int_0^{\frac{\pi}{2}-x}\frac{y\sin x}{x}\mathrm{d}z=\iint\limits_{D_{xy}}\left(\frac{\pi}{2}-x\right)\frac{\sin x}{x}y\,\mathrm{d}x\,\mathrm{d}y,$$

现先对 y 积分后对 x 积分，化成

$$\begin{aligned}I&=\int_0^{\frac{\pi}{2}}\left(\frac{\pi}{2}-x\right)\frac{\sin x}{x}\mathrm{d}x\int_0^{\sqrt{x}}y\,\mathrm{d}y=\frac{1}{2}\int_0^{\frac{\pi}{2}}\left(\frac{\pi}{2}-x\right)\frac{\sin x}{x}x\,\mathrm{d}x\\&=\frac{1}{2}\int_0^{\frac{\pi}{2}}\left(\frac{\pi}{2}-x\right)\sin x\,\mathrm{d}x=\frac{-1}{2}\int_0^{\frac{\pi}{2}}\left(\frac{\pi}{2}-x\right)\mathrm{d}\cos x\\&=\frac{\pi}{4}-\frac{1}{2}\cos x\,\mathrm{d}x=\frac{\pi}{4}-\frac{1}{2}.\end{aligned}$$

若先对 y 积分得

$$\begin{aligned}I&=\iint\limits_{D_{zx}}\mathrm{d}z\,\mathrm{d}x\int_0^{\sqrt{x}}\frac{y\sin x}{x}\mathrm{d}y=\iint\limits_{D_{zx}}\frac{\sin x}{x}\cdot\left[\frac{1}{2}y^2\right]_0^{\sqrt{x}}\mathrm{d}z\,\mathrm{d}x\\&=\frac{1}{2}\iint\limits_{D_{zx}}\sin x\,\mathrm{d}z\,\mathrm{d}x=\frac{1}{2}\int_0^{\frac{\pi}{2}}\mathrm{d}z\int_0^{\frac{\pi}{2}-z}\sin x\,\mathrm{d}x\\&=\frac{1}{2}\int_0^{\frac{\pi}{2}}\left[-\cos x\right]_0^{\frac{\pi}{2}-z}\mathrm{d}z=\frac{1}{2}\int_0^{\frac{\pi}{2}}(1-\sin z)\mathrm{d}z=\frac{\pi}{4}-\frac{1}{2}.\end{aligned}$$

评注　因为 $\int\frac{\sin x}{x}\mathrm{d}x$ 不是初等函数，所以不能先对 x 积分.

(2) 积分区域 Ω 是以(0,1,0)为球心，半径为 1 的球体：$x^2+(y-1)^2+z^2\leqslant 1$，见图 10.3－29.

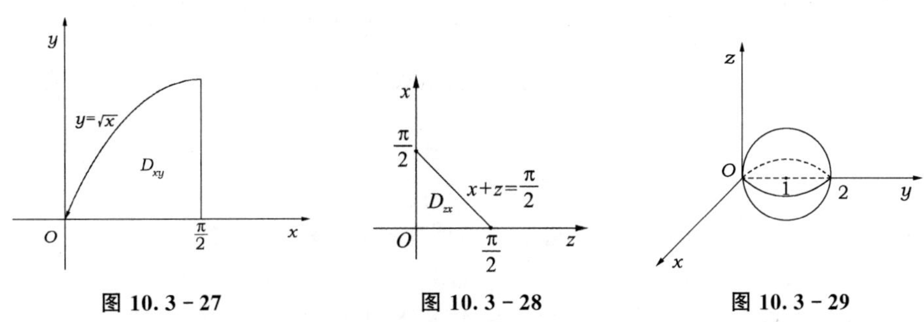

图 10.3－27　　图 10.3－28　　图 10.3－29

方法一　① 积分区域是球体，可选用球坐标变换，在此变换下被积函数也是不复杂的.

学习随笔

令 $x=\rho\sin\varphi\cos\theta$，$y=\rho\sin\varphi\sin\theta$，$z=\rho\cos\varphi$，则球面方程为

$$\rho^2=\rho\sin\varphi\sin\theta\text{，即 }\rho=2\sin\varphi\sin\theta,$$

区域 Ω 的球坐标表示为 $0\leqslant\theta\leqslant\pi, 0\leqslant\varphi\leqslant\pi, 0\leqslant\rho\leqslant 2\sin\varphi\sin\theta$.

② 在球坐标变换下化为累次积分并计算

$$\begin{aligned}I&=\iiint\limits_{\Omega}\rho\sin\varphi\sin\theta\rho^2\sin\varphi\,\mathrm{d}\rho\mathrm{d}\varphi\mathrm{d}\theta=\int_0^{\pi}\mathrm{d}\theta\int_0^{\pi}\mathrm{d}\varphi\int_0^{2\sin\varphi\sin\theta}\rho^3\sin^2\varphi\sin\theta\,\mathrm{d}\rho\\&=\int_0^{\pi}\mathrm{d}\theta\int_0^{\pi}\sin^2\varphi\sin\theta\cdot\frac{1}{4}\rho^4\Big|_0^{2\sin\varphi\sin\theta}\mathrm{d}\varphi=4\int_0^{\pi}\sin^5\theta\,\mathrm{d}\theta\cdot\int_0^{\pi}\sin^6\varphi\,\mathrm{d}\varphi\\&=16\int_0^{\frac{\pi}{2}}\sin^5\theta\,\mathrm{d}\theta\int_0^{\frac{\pi}{2}}\sin^6\varphi\,\mathrm{d}\varphi=16\cdot\frac{4\cdot2}{5\cdot3}\cdot\frac{5\cdot3}{6\cdot4\cdot2}\cdot\frac{\pi}{2}=\frac{4}{3}\pi.\end{aligned}$$

评注 这里用到了如下公式：

$$\int_0^{\pi}\sin^n x\,\mathrm{d}x=2\int_0^{\frac{\pi}{2}}\sin^n x\,\mathrm{d}x,$$

$$\int_0^{\frac{\pi}{2}}\sin^n x\,\mathrm{d}x=\frac{(n-1)!!}{n!!}I^*, I^*=\begin{cases}\dfrac{\pi}{2}, & n\text{ 为偶数},\\ 1, & n\text{ 为奇数},\end{cases}\text{其中 }n\text{ 为正整数}.$$

方法二　被积函数只与 y 有关，过 y 轴上 $\forall$ 点 $y\in[0,2]$ 作垂直于 y 轴的平面与 Ω 相交成区域 $D(y)$ 是圆域，它的面积为 $\pi(2y-y^2)$，因此在直角坐标系中选择先二(先积 z,x)后一(后积 y)的积分顺序化为累次积分.

$$\begin{aligned}I&=\int_0^2\mathrm{d}y\iint\limits_{D(y)}y\,\mathrm{d}z\mathrm{d}x=\int_0^2 y\pi(2y-y^2)\mathrm{d}y\\&=\pi\left[\frac{2}{3}y^2-\frac{1}{4}y^4\right]_0^2=\pi\left(\frac{16}{3}-4\right)=\frac{4}{3}\pi.\end{aligned}$$

方法三　选择平移变换可利用对称性.

令 $u=x, v=y-1, w=z$，见图 10.3-30，则 Ω 变成

$$\Omega'=\{(u,v,w)\mid u^2+v^2+w^2\leqslant1\}.$$

于是 $I=\iiint\limits_{\Omega'}(v+1)\mathrm{d}u\mathrm{d}v\mathrm{d}w=\iiint\limits_{\Omega'}v\,\mathrm{d}u\mathrm{d}v\mathrm{d}w+\iiint\limits_{\Omega'}\mathrm{d}u\mathrm{d}v\mathrm{d}w=0+\frac{4}{3}\pi=\frac{4}{3}\pi.$

这里 $\Omega':u^2+v^2+w^2\leqslant1$，关于 wu 平面对称，被积函数 v 对 v 为奇函数，所以

$$\iiint\limits_{\Omega'}v\,\mathrm{d}u\mathrm{d}v\mathrm{d}w=0,\quad\iiint\limits_{\Omega'}1\mathrm{d}u\mathrm{d}v\mathrm{d}w=\text{单位球的体积}=\frac{4}{3}\pi.$$

(3) Ω 是由锥面 $z=\sqrt{x^2+y^2}$，xy 平面及圆柱面 $x^2+y^2=9$，$x^2+y^2=16$ 围成，Ω 可表成

$$\Omega=\{(x,y,z)\mid 0\leqslant z\leqslant\sqrt{x^2+y^2}, 3\leqslant\sqrt{x^2+y^2}\leqslant4\},$$

而被积函数又是 $\sqrt{x^2+y^2}$ 的函数，故选用柱坐标变换，作柱坐标变换后

$$\Omega=\{(x,y,z)\mid 0\leqslant\theta\leqslant2\pi, 3\leqslant r\leqslant4, 0\leqslant z\leqslant r\}.$$

用先一后二(先 z 后 r,θ)的顺序化为累次积分，于是

$$I=\iiint\limits_{\Omega'}r^3\cdot r\,\mathrm{d}r\mathrm{d}\theta\mathrm{d}z=\int_0^{2\pi}\mathrm{d}\theta\int_3^4\mathrm{d}r\int_0^r r^4\,\mathrm{d}z$$

$$=2\pi\int_3^4 r^5\,\mathrm{d}r=2\pi\cdot\left[\frac{1}{6}r^6\right]_3^4=\frac{3367}{3}=\pi.$$

(4) Ω 可表成 Ω：$0\leqslant z\leqslant 3,(x,y)\in D_{xy}$，其中

$$D_{xy}=\{(x,y)\mid x\geqslant 0,y\geqslant 0,1\leqslant x+y\leqslant 2\},$$

如图 10.3 - 31 所示. 用先一后二(先 z 后 x,y)的积分顺序得

$$I=\iint\limits_{D_{xy}}\mathrm{e}^{(x+y)^2}\,\mathrm{d}x\,\mathrm{d}y\int_0^3 z\,\mathrm{d}z=\frac{9}{2}\iint\limits_{D_{xy}}\mathrm{e}^{(x+y)^2}\,\mathrm{d}x\,\mathrm{d}y.$$

这时先 x 后 y 或先 y 后 x 的积分顺序都不可行，因 $\int\mathrm{e}^{x^2}\mathrm{d}x$ 不是初等函数，故选用极坐标变换，则 D_{xy} 的极坐标表示为 $0\leqslant\theta\leqslant\frac{\pi}{2},\frac{1}{\cos\theta+\sin\theta}\leqslant r\leqslant\frac{2}{\cos\theta+\sin\theta}$.

于是
$$I=\frac{9}{2}\int_0^{\frac{\pi}{2}}\mathrm{d}\theta\int_{\frac{1}{\cos\theta+\sin\theta}}^{\frac{2}{2\cos\theta+\sin\theta}}\mathrm{e}^{r^2(\cos\theta+\sin\theta)^2}\,r\,\mathrm{d}r=\frac{9}{4}\mathrm{e}(\mathrm{e}^3-1).$$

(详细计算类似例 10.2.17 的评注③)

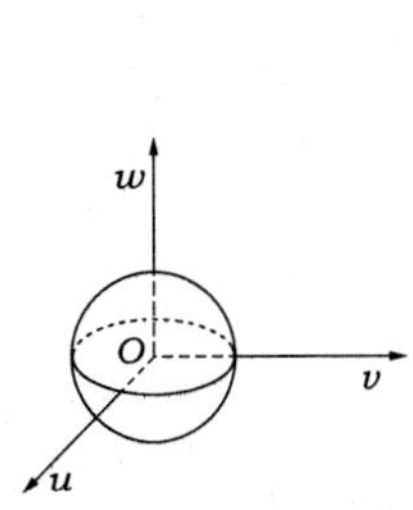

图 10.3 - 30

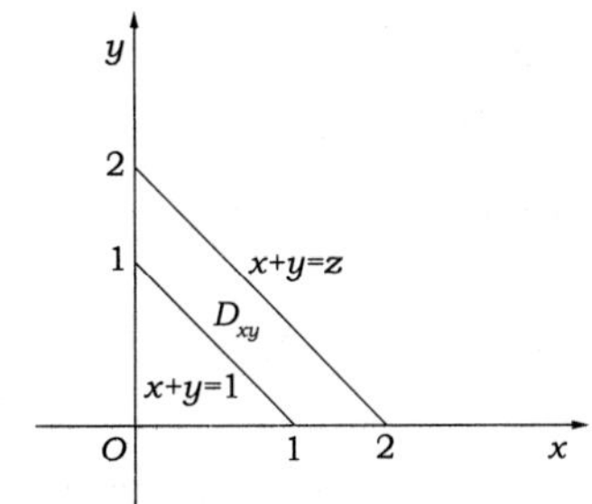

图 10.3 - 31

第四节　重积分的应用

一、知识点归纳总结

1. 重积分的几何应用

(1) 平面区域 D 的面积

$$\iint\limits_D 1\,\mathrm{d}\sigma.$$

(2) 空间区域 Ω 的体积

$$\iiint\limits_{\Omega} 1\,\mathrm{d}V.$$

若 Ω 是柱形长条区域：$z_1(x,y)\leqslant z\leqslant z_2(x,y),(x,y)\in D$，则它的体积

$$V=\iint\limits_D[z_2(x,y)-z_1(x,y)]\,\mathrm{d}x\,\mathrm{d}y.$$

学习随笔

(3) 曲面的面积

1) 曲面面积的定义

设有一块曲面 S,曲面方程为 $z=f(x,y)$,它在 xy 平面上的投影区域为 D. 将 D 分割成 n 个小区域

$$\Delta\sigma_1,\Delta\sigma_2,\cdots,\Delta\sigma_n,$$

$\Delta\sigma_i(i=1,2,\cdots,n)$ 中的最大值径为 λ. 以每个 $\Delta\sigma_i$ 边界线为准线,母线平行于 z 轴作柱面截曲面 S 的一小块 ΔS_i,$\forall$ 取 $(x_i,y_i)\in\Delta\sigma_i$,对应 ΔS_i 一点 P_i,过 P_i 作 S 的切平面被与 $\Delta\sigma_i$ 相应的柱面所截的一块面积为 ΔA_i,若极限 $\lim\limits_{\lambda\to 0}\sum\limits_{i=1}^{n}\Delta A_i$ 存在且极限值与分割及点 (x_i,y_i) 的取法无关,则称此极限值为曲面 S 的面积.

2) 曲面面积计算公式

① 设 $S:z=f(x,y),(x,y)\in D$, $f(x,y)$ 在 D 有连续偏导数,S 上任意点处单位法向量是

$$\frac{1}{\sqrt{1+f_x^2+f_y^2}}\{-f'_x,-f'_y,1\}=\{\cos\alpha,\cos\beta,\cos\gamma\},$$

曲面面积元素 $\mathrm{d}S$ 与其在 xy 平面上的投影 $\mathrm{d}\sigma$ 有关系:$\mathrm{d}\sigma=|\cos\gamma|\mathrm{d}S$.

曲面 S 的面积 A 的计算公式是

$$A=\iint_D\frac{1}{|\cos\gamma|}\mathrm{d}\sigma=\iint_D\sqrt{1+\left(\frac{\partial f}{\partial x}\right)^2+\left(\frac{\partial f}{\partial y}\right)^2}\,\mathrm{d}\sigma.$$

*② 设曲面 S 由参数方程给出:$\begin{cases}x=x(u,v),\\ y=y(u,v),\quad (u,v)\in D'\\ z=z(u,v),\end{cases}$

其中 D' 为 uv 平面上的有界闭区域. 设 $x(u,v),y(u,v),z(u,v)$ 在 D' 上有连续的一阶偏导数,且 $\dfrac{\partial(x,y)}{\partial(u,v)},\dfrac{\partial(y,z)}{\partial(u,v)},\dfrac{\partial(z,x)}{\partial(u,v)}$ 不全为零,则曲面 S 的面积 A 的计算公式是

$$A=\iint_{D'}\sqrt{EG-F^2}\,\mathrm{d}u\mathrm{d}v$$

其中 $\qquad E=x_u^2+y_u^2+z_u^2,F=x_ux_v+y_uy_v+z_uz_v,G=x_v^2+y_v^2+z_v^2$

2. 重积分的物理应用

(1) 物体的质量

若物体薄片占有平面区域 D,面密度为 $\mu(x,y)$,则质量 $m=\iint\limits_D\mu(x,y)\mathrm{d}\sigma$.

若物体占据空间区域 Ω,体密度为 $\mu(x,y,z)$,则质量 $m=\iiint\limits_\Omega\mu(x,y,z)\mathrm{d}V$.

(2) 物体的质心坐标

若物体薄片占据平面区域 D,面密度为 $\mu(x,y)$,则质心坐标为

$$\overline{x}=\frac{1}{m}\iint_D x\mu\mathrm{d}\sigma,\quad \overline{y}=\frac{1}{m}\iint_D y\mu\mathrm{d}\sigma,$$

其中,m 为质量.

若物体占有空间区域 Ω,体密度为 $\mu(x,y,z)$,则质心坐标为

$$\overline{x}=\frac{1}{m}\iiint\limits_{\Omega}x\mu\mathrm{d}V,\quad \overline{y}=\frac{1}{m}\iiint\limits_{\Omega}y\mu\mathrm{d}V,\quad \overline{z}=\frac{1}{m}\iiint\limits_{\Omega}z\mu\mathrm{d}V,$$

其中,m 为质量.

(3) 物体的转动惯量

若物体占有平面区域 D,面密度为 $\mu(x,y)$,则它对 x,y 轴及原点的转动惯量分别为

$$I_x=\iint\limits_{D}y^2\mu\mathrm{d}\sigma,\quad I_y=\iint\limits_{D}x^2\mu\mathrm{d}\sigma,\quad I_o=\iint\limits_{D}(x^2+y^2)\mu\mathrm{d}\sigma.$$

若物体占有空间区域 Ω,体密度为 $\mu(x,y,z)$,则它对 x,y,z 轴及原点的转动惯量分别为

$$I_x=\iiint\limits_{\Omega}(y^2+z^2)\mu\mathrm{d}V,\quad I_y=\iiint\limits_{\Omega}(x^2+z^2)\mu\mathrm{d}V,$$

$$I_z=\iiint\limits_{\Omega}(x^2+y^2)\mu\mathrm{d}V,\quad I_o=\iiint\limits_{\Omega}(x^2+y^2+z^2)\mathrm{d}V.$$

(4) 物体的引力

设物体占有空间区域 Ω,体密度为 $\mu(x,y,z)$,则物体对位于 Ω 外的点 (a,b,c) 处的单位质点的引力的三个分量分别为

$$F_x=\iiint\limits_{\Omega}k\,\frac{x-a}{r^3}\mu\mathrm{d}V,\quad F_y=\iiint\limits_{\Omega}k\,\frac{y-b}{r^3}\mu\mathrm{d}V,\quad F_z=\iiint\limits_{\Omega}k\,\frac{z-c}{r^3}\mu\mathrm{d}V,$$

其中,$r=[(x-a)^2+(y-b)^2+(z-c)^2]^{\frac{1}{2}}$,$k$ 是引力常数.

(5) 重积分应用中的基本方法

重积分的应用仍然是分割、近似、求和、取极限这几种方法的应用,它可用微元法来代替.

导出上述物体的重心,转动惯量,对质点的引力等的重积分表达式的基本方法是:

① 先知道质点组的情形.

② 把区域分割看成质点组(n 个质点).

③ 无限细分,令 $n\to+\infty$ 得重积分表达式.

上述步骤可用微元法所代替.

二、典型题型归纳及解题方法与技巧

1. 求各种柱形长条区域的体积

【例 10.4.1】求下列区域 Ω 的体积 V:

(1) Ω 由 $z=x^2+y^2,x^2+y^2=x,x^2+y^2=2x,z=0$ 围成;

(2) Ω 由 $z=xy,x^2+y^2=a^2,z=0$ 围成.

【分析与求解】Ω 均是曲顶柱体.

(1) Ω:$0\leqslant z\leqslant x^2+y^2,(x,y)\in D$,$D$ 的边界线:$\left(x-\frac{1}{2}\right)^2+y^2=\left(\frac{1}{2}\right)^2$,$(x-1)^2+y^2=1$,

学习随笔

如图 10.4-1. Ω 的体积为

$$V=\iint_D (x^2+y^2)\mathrm{d}x\mathrm{d}y.$$

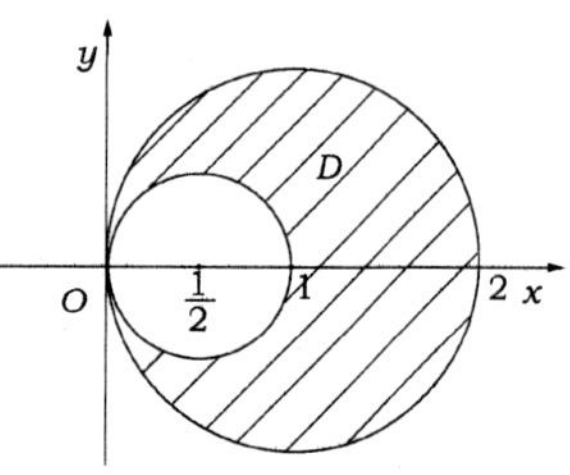

图 10.4-1

作极坐标变换 $D:-\frac{\pi}{2}\leqslant\theta\leqslant\frac{\pi}{2},\cos\theta\leqslant r\leqslant 2\cos\theta.$

于是

$$V=\int_{-\frac{\pi}{2}}^{\frac{\pi}{2}}\mathrm{d}\theta\int_{\cos\theta}^{2\cos\theta}r^2\cdot r\mathrm{d}r$$

$$=2\cdot\frac{1}{4}\int_0^{\frac{\pi}{2}}\left[r^4\right]_{\cos\theta}^{2\cos\theta}\mathrm{d}\theta=\frac{15}{2}\int_0^{\frac{\pi}{2}}\cos^4\theta\,\mathrm{d}\theta$$

$$=\frac{15}{2}\cdot\frac{3\cdot 1}{4\cdot 2}\cdot\frac{\pi}{2}=\frac{45}{32}\pi.$$

(2) 注意:Ω 在 xy 平面上的投影区域是 $D:x^2+y^2\leqslant a^2$. 当 $xy>0$ 时围成 Ω 一部分的上曲面为 $z=xy$,下曲面为 $z=0$,$xy<0$ 时则相反. 于是,Ω 的体积为

$$V=\iint_D |xy|\mathrm{d}x\mathrm{d}y.$$

利用对称性及极坐标变换得

$$V=4\int_0^{\frac{\pi}{2}}\mathrm{d}\theta\int_0^a r^2\cos\theta\sin\theta r\,\mathrm{d}r=a^4\cdot\int_0^{\frac{\pi}{2}}\sin\theta\mathrm{d}\sin\theta=\frac{a^4}{2}.$$

【例 10.4.2】求下列区域 Ω 的体积 V:

(1) Ω 由 $z=x^2+y^2,x+y+z=1$ 所围成;

(2) Ω 由 $z^2-x^2=a^2,z^2-y^2=a^2,z=a\sqrt{2}(a>0)$等曲面围成.

【分析与求解】Ω 是曲顶、曲底柱体区域.

(1) 先求两曲面的交线及其在 xy 平面上的投影. 解联立方程

$$\begin{cases}z=x^2+y^2,\\ x+y+z=1,\end{cases}$$

消去 z 得

$$\left(x+\frac{1}{2}\right)^2+\left(y+\frac{1}{2}\right)^2=\frac{3}{2}.$$

$\Rightarrow$ Ω 在 xy 平面上投影区域 $D_{xy}:\left(x+\frac{1}{2}\right)^2+\left(y+\frac{1}{2}\right)^2\leqslant\left(\sqrt{\frac{3}{2}}\right)^2.$

$\Rightarrow$

$$\Omega:x^2+y^2\leqslant z\leqslant 1-x-y,(x,y)\in D_{xy}.$$

则 Ω 的体积为

$$V=\iint_{D_{xy}}(1-x-y-x^2-y^2)\mathrm{d}x\mathrm{d}y=\iint_{D_{xy}}\left(\frac{3}{2}-\left[\left(x+\frac{1}{2}\right)^2+\left(y+\frac{1}{2}\right)^2\right]\right)\mathrm{d}x\mathrm{d}y$$

$$=\frac{3}{2}\cdot\pi\cdot\frac{3}{2}-\iint_{D'}(u^2+v^2)\mathrm{d}u\mathrm{d}v.$$

这里作了平移变换:

$$u=x+\frac{1}{2},\quad v=y+\frac{1}{2},\quad D'\text{ 为 }u^2+v^2\leqslant\frac{3}{2}.$$

再作极坐标变换:$u=r\cos\theta,v=r\sin\theta$,于是

学习随笔

$$V=\frac{9}{4}\pi-\int_0^{2\pi}\mathrm{d}\theta\int_0^{\sqrt{\frac{3}{2}}}r^2\cdot r\mathrm{d}r=\frac{9}{4}\pi-2\pi\cdot\left[\frac{r^4}{4}\right]_0^{\sqrt{\frac{3}{2}}}$$

$$=\frac{9}{4}\pi-\frac{9}{8}\pi=\frac{9}{8}\pi.$$

(2) 投影到 yz 平面上. 易知 Ω 在 yz 平面上的投影区域：

$$D_{yz}:a\leqslant z\leqslant\sqrt{2}a,\quad -\sqrt{z^2-a^2}\leqslant y\leqslant\sqrt{z^2-a^2}$$

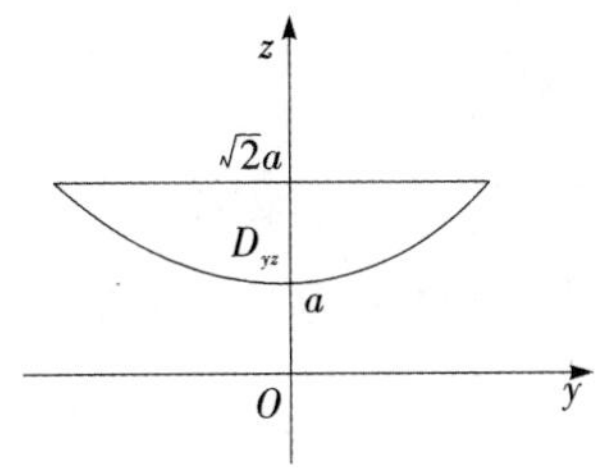

图 10.4-2

(图 10.4-2)，于是 Ω：$-\sqrt{z^2-a^2}\leqslant x\leqslant\sqrt{z^2-a^2}$，$(y,z)\in D_{yz}$.

因此　$$V=2\iint\limits_{D_{yz}}\sqrt{z^2-a^2}\,\mathrm{d}y\mathrm{d}z=4\int_a^{\sqrt{2}a}\mathrm{d}z\int_0^{\sqrt{z^2-a^2}}\sqrt{z^2-a^2}\,\mathrm{d}y$$

$$=4\int_a^{\sqrt{2}a}(z^2-a^2)\mathrm{d}z=4\left[\left[\frac{1}{3}z^3\right]_a^{\sqrt{2}a}-a^3(\sqrt{2}-1)\right]=\frac{4}{3}(2-\sqrt{2})a^3.$$

评注　① 求空间区域 Ω(各种柱形长条区域)的体积时，关键是要弄清楚它的投影区域，可不必画出 Ω 的图形(一般是困难的). 只要弄清它的上、下两曲面(投影到 xy 平面时)，画出它在 xy 平面上的投影区域，余下就是套公式.

② 若区域 Ω 由两块不同曲面围成，为求投影区域，须先求两曲面的交线，然后得投影区域.

2. 垂直圆柱面围成的区域

【例 10.4.3】设有两个半径相等的圆柱面，其对称轴垂直相交，求它们围成的立体的体积.

【分析与求解】设半径为 R，建立直角坐标系，使它们的方程分别为

$$x^2+y^2=R^2,x^2+z^2=R^2,$$

投影到 xy 平面上，投影区域 $D_{xy}:x^2+y^2\leqslant R^2$.

上下曲面 $z=\pm\sqrt{R^2-x^2}$，于是围成的立体 Ω：

$$-\sqrt{R^2-x^2}\leqslant z\leqslant\sqrt{R^2-x^2},(x,y)\in D_{xy}.$$

则 Ω 的体积　$$V=2\iint\limits_{D_{xy}}\sqrt{R^2-x^2}\,\mathrm{d}x\mathrm{d}y=2\cdot4\int_0^R\mathrm{d}x\int_0^{\sqrt{R^2-x^2}}\sqrt{R^2-x^2}\,\mathrm{d}y$$

$$=8\int_0^R(R^2-x^2)\mathrm{d}x=\frac{16}{3}R^3.$$

【例 10.4.4】求曲面 $x^2+y^2=R^2,y^2+z^2=R^2,z^2+x^2=R^2$ 所围立体的体积.

【分析与求解】这个立体 Ω 由三个互相垂直且半径相同的圆柱面所围成.

注意 Ω 关于三个坐标面均对称，记 Ω^* 为 Ω 在第一卦限部分. 投影到 xy 平面上，考察曲面

$$S_1:z=\sqrt{R^2-y^2}\text{ 与 }S_2:z=\sqrt{R^2-x^2}\quad(x^2+y^2\leqslant R^2)$$

的位置关系，哪个曲面在另一曲面的上方，确定 Ω^* 的上顶曲面的表达式.

当 $|y|\leqslant|x|$ 时，曲面 S_1 位于 S_2 的上方，当 $|y|>|x|$ 时曲面 S_2 位于 S_1 的上方 $\Rightarrow$ Ω^* 可表示为

$$\Omega^*=\{(x,y,z)\,|\,x^2+y^2\leqslant R^2,x\geqslant0,y\geqslant0,0\leqslant z\leqslant z(x,y)\},$$

学习随笔

其中
$$z(x,y)=\begin{cases}\sqrt{R^2-y^2}, & 0\leqslant x\leqslant y,\\ \sqrt{R^2-x^2}, & 0\leqslant y\leqslant x.\end{cases}$$

Ω^* 关于平面 $y=x$ 也对称,记 Ω_1 为 Ω^* 中 $0\leqslant y\leqslant x$ 部分,其体积为 V_1,则 Ω 的体积 $V=16V_1$.

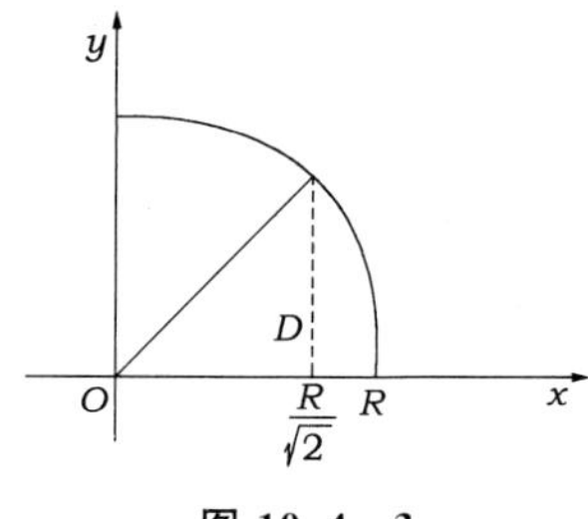

图 10.4-3

下求 V_1:$V_1=\iint\limits_D z(x,y)\mathrm{d}x\mathrm{d}y$,

其中 $D=\{(x,y)\mid x^2+y^2\leqslant R^2,0\leqslant y\leqslant x\}$.

见图 10.4-3,则 $V_1=\iint\limits_D\sqrt{R^2-x^2}\mathrm{d}x\mathrm{d}y$.

为计算简便,选择先积 y 的顺序

$$\begin{aligned}V_1&=\int_0^{\frac{R}{\sqrt{2}}}\mathrm{d}x\int_0^x\sqrt{R^2-x^2}\mathrm{d}y+\int_{\frac{R}{\sqrt{2}}}^R\mathrm{d}x\int_0^{\sqrt{R^2-x^2}}\sqrt{R^2-x^2}\mathrm{d}y\\&=\int_0^{\frac{R}{\sqrt{2}}}x\sqrt{R^2-x^2}\mathrm{d}x+\int_{\frac{R}{\sqrt{2}}}^R(R^2-x^2)\mathrm{d}x\\&=\left[-\frac{1}{3}(R^2-x^2)^{\frac{3}{2}}\right]_0^{\frac{R}{\sqrt{2}}}+\left[R^2x-\frac{1}{3}x^3\right]_{\frac{R}{\sqrt{2}}}^R\\&=\frac{R^3}{3}\left(1-\frac{\sqrt{2}}{4}\right)+R^3\left(\frac{2}{3}-\frac{5}{12}\sqrt{2}\right)R^3\left(1-\frac{\sqrt{2}}{2}\right).\end{aligned}$$

最后得 $V=16V_1=8R^3(2-\sqrt{2})$.

评注 所求的仍是柱形长条区域.求解中不必依赖于立体的图形.只须弄清上、下两曲面的方程及投影区域即可,图 10.4-4 与图 10.4-5 分别对应于例 10.4.3 与例 10.4.4 的立体的图形.

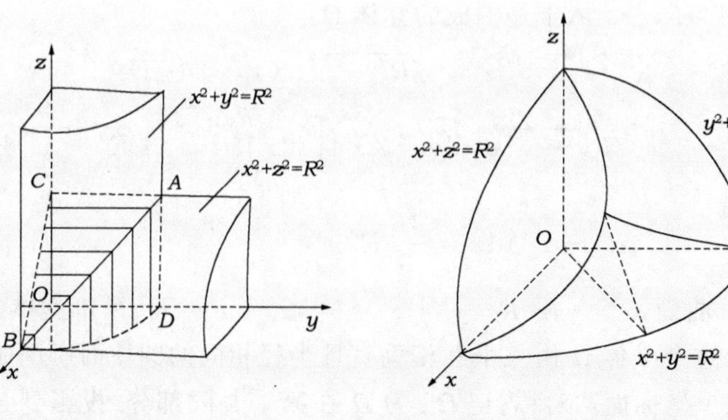

图 10.4-4 图 10.4-5

3. 求曲面的面积

【例 10.4.5】求柱面 $x^2+y^2=Rx$ 包含在球面 $x^2+y^2+z^2=R^2$ 内那部分的面积.

【分析与求解】由对称性我们只须求第一卦限部分的面积 S_1,见图 10.4-6.

柱面方程为

学习随笔

$$y=\sqrt{Rx-x^2}\quad (z,x)\in D_{zx}, \tag{10.4-1}$$

D_{zx} 是柱面(第一卦限部分)在 zx 平面的投影区域.

柱面与球面的交线是 $\begin{cases}x^2+y^2=Rx,\\ x^2+y^2=R^2-z^2\end{cases}\Rightarrow z=\sqrt{R^2-Rx}$.

它是 D_{zx} 的一条边界,另外的边界是 x,y 轴,见图 10.4-7.

$$D_{zx}: 0\leqslant x\leqslant R,\quad 0\leqslant z\leqslant \sqrt{R^2-Rx}.$$

再由式(10.4-1)得

$$\frac{\partial y}{\partial x}=\frac{R-2x}{2\sqrt{Rx-x^2}},\quad \frac{\partial y}{\partial z}=0,\quad \sqrt{1+\left(\frac{\partial y}{\partial x}\right)^2+\left(\frac{\partial y}{\partial z}\right)^2}=\frac{R}{2\sqrt{Rx-x^2}}.$$

因此

$$S_1=\iint_{D_{zx}}\sqrt{1+\left(\frac{\partial y}{\partial x}\right)^2+\left(\frac{\partial y}{\partial z}\right)^2}\,\mathrm{d}z\,\mathrm{d}x=\frac{R}{2}\iint_{D_{zx}}\frac{1}{\sqrt{Rx-x^2}}\mathrm{d}z\,\mathrm{d}x$$

$$=\frac{R}{2}\int_0^R\mathrm{d}x\int_0^{\sqrt{R^2-Rx}}\frac{\mathrm{d}z}{\sqrt{Rx-x^2}}=\frac{R\sqrt{R}}{2}\int_0^R\frac{\mathrm{d}x}{\sqrt{x}}=R^2.$$

评注　求空间曲面面积的关键也是求曲面的投影区域,余下的也是套公式.

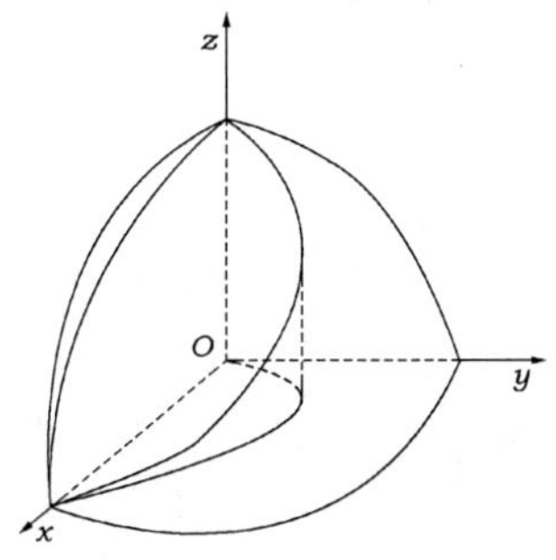

图 10.4-6

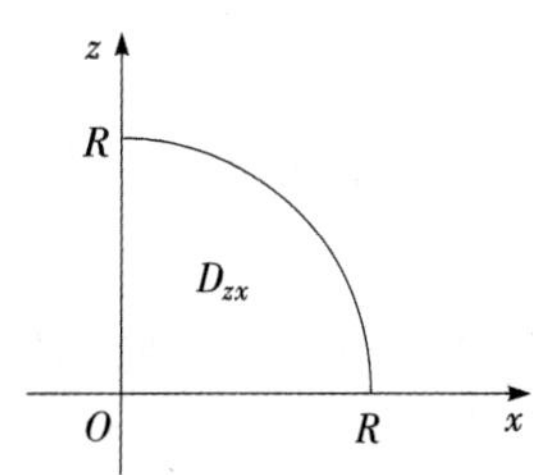

图 10.4-7

4. 求质量与质心

【例 10.4.6】设有半径为 R 的球体,P_0 是此球的表面上的一个定点,球体上任一点的密度与该点到 P_0 的距离的平方成正比,比例常数 $k>0$,求球体的质心.

【分析与求解】首先要建立坐标系,以球心为原点,射线 OP_0 为正 x 轴,建立直角坐标系.

球面方程为 $x^2+y^2+z^2=R^2$,P_0 的坐标为$(R,0,0)$,球的体密度

$$\mu(x,y,z)=k[(x-R)^2+y^2+z^2].$$

记 Ω 的质心为$(\overline{x},\overline{y},\overline{z})$,由对称性得 $\overline{y}=\overline{z}=0$. 只需再求 $\overline{x}$.

$$\overline{x}=\iiint_{\Omega}x\mu(x,y,z)\mathrm{d}V\Big/\iiint_{\Omega}\mu(x,y,z)\mathrm{d}V$$

$$=\iiint_{\Omega}xk[(x-R)^2+y^2+z^2]\mathrm{d}V\Big/\iiint_{\Omega}k[(x-R)^2+y^2+z^2]\mathrm{d}V.$$

学习随笔

而
$$\begin{aligned}&\iiint_{\Omega}[(x-R)^2+y^2+z^2]\mathrm{d}V\\&=\iiint_{\Omega}(x^2+y^2+z^2)\mathrm{d}V+R^2\iiint_{\Omega}\mathrm{d}V-2R\iiint_{\Omega}x\,\mathrm{d}V\\&=\int_0^{2\pi}\mathrm{d}\theta\int_0^{\pi}\mathrm{d}\varphi\int_0^{R}\rho^2\rho^2\sin\varphi\mathrm{d}\rho+\frac{4}{3}\pi R^5\\&=2\pi(-\cos\varphi)\Big|_0^{\pi}\cdot\frac{1}{5}R^5+\frac{4}{3}\pi R^5=\frac{4}{5}\pi R^5+\frac{4}{3}\pi R^5=\frac{32}{15}\pi R^5,\end{aligned}$$
其中,$\iiint_{\Omega}x\,\mathrm{d}V=0$ (Ω 关于 yz 平面对称).

又
$$\begin{aligned}&\iiint_{\Omega}x[(x-R)^2+y^2+z^2]\mathrm{d}V\\&=\iiint_{\Omega}x(x^2+y^2+z^2+R^2)\mathrm{d}V-2R\iiint_{\Omega}x^2\mathrm{d}V\\&=-\frac{2R}{3}\iiint_{\Omega}(x^2+y^2+z^2)\mathrm{d}V=-\frac{2R}{3}\cdot\frac{4}{5}\pi R^5=-\frac{8}{15}\pi R^6,\end{aligned}$$
其中,$\iiint_{\Omega}x(x^2+y^2+z^2+R^2)\mathrm{d}V=0$ (Ω 关于 yz 平面对称,被积函数对 x 为奇函数).

因此,$\overline{x}=-\frac{8}{15}\pi R^6\Big/\frac{32}{15}\pi R^5=-\frac{R}{4}$.

评注 ① 这里利用了变量的转换对称性得 $\iiint_{\Omega}x^2\mathrm{d}V=\iiint_{\Omega}y^2\mathrm{d}V=\iiint_{\Omega}z^2\mathrm{d}V$.

$$(\Omega\text{ 是球心为原点的球体})\Rightarrow\iiint_{\Omega}x^2\mathrm{d}V=\frac{1}{3}\iiint_{\Omega}(x^2+y^2+z^2)\mathrm{d}V,$$
然后利用前面已经求得的结果 $\iiint_{\Omega}(x^2+y^2+z^2)\mathrm{d}V=\frac{4}{5}\pi R^5$.

② 这里直接由物理上利用对称性得 $\overline{y}=\overline{z}=0$. 若写出它们的积分表达式,由 Ω 的对称性及被积函数的奇偶性同样可得 $\overline{y}=\overline{z}=0$.

5. 求转动惯量

【例 10.4.7】求密度为 1 的均匀圆柱体 Ω:$x^2+y^2\leqslant a^2$,$|z|\leqslant h$,对于直线 L:$x=y=z$ 的转动惯量.

【分析与求解】不是求对坐标轴的转动惯量,不能套已有公式,要学会求转动惯量的方法.

质量为 m 的质点对直线 L 的转动惯量是 md^2,d 是质点到 L 的距离.

要先求圆柱体上 $\forall$ 点 (x,y,z) 到直线 L 的距离的平方:
$$d^2=\frac{|\{1,1,1\}\times\{x,y,z\}|^2}{(\sqrt{3})^2}=\frac{1}{3}\left\|\begin{matrix}\boldsymbol{i}&\boldsymbol{j}&\boldsymbol{k}\\1&1&1\\x&y&z\end{matrix}\right\|^2$$

$$=\frac{1}{3}[(z-y)^2+(x-z)^2+(x-y)^2].$$

再求圆柱体对 L 的转动惯量

$$I=\iiint_\Omega \frac{1}{3}[(y-z)^2+(z-x)^2+(x-y)^2]\mathrm{d}V$$

$$=\frac{2}{3}\iiint_\Omega(x^2+y^2+z^2)\mathrm{d}V-\frac{2}{3}\iiint_\Omega(yz+zx+xy)\mathrm{d}V$$

$$=\frac{2}{3}\iiint_\Omega(x^2+y^2)\mathrm{d}V+\frac{2}{3}\iiint_\Omega z^2\mathrm{d}V\quad(\Omega\text{ 关于三个坐标面均对称})$$

$$=\frac{4h}{3}\iint_{x^2+y^2\leqslant a^2}(x^2+y^2)\mathrm{d}x\mathrm{d}y+\frac{2}{3}\int_{-h}^{h}\pi a^2z^2\mathrm{d}z$$

（第一个积分先对 z 积分，第二个积分先对 xy 积分）

$$=\frac{4h}{3}\int_0^{2\pi}\mathrm{d}\theta\int_0^a r^2\cdot r\mathrm{d}r+\frac{4}{9}\pi a^2h^3=\frac{2}{3}\pi ha^4+\frac{4}{9}\pi a^2h^3.$$

评注　求立体 Ω 对直线 L 的转动惯量，关键是求质点对直线 L 的转动惯量，然后用微元法得立体 Ω 对直线 L 的转动惯量的积分表达式.

6. 求引力

【例 10.4.8】证明：均匀球体对球外一质点 P 的引力，等于将该球的全部质量都集中于球心时，球心对该质点的引力.

【分析与证明】以球心为原点建立直角坐标系，z 轴过 P 点，于是 P 点的坐标为 $(0,0,h)$，h 为 P 点到球心的距离. 设球的半径为 R，则球体 Ω 表为 $x^2+y^2+z^2\leqslant R^2$.

下面要计算球体 Ω 对 P 点的引力 $\boldsymbol{F}=(F_x,F_y,F_z)$. 由对称性知：$F_x=0,F_y=0$，只须求

$$F_z=\iiint_\Omega \frac{k(z-h)\mu}{[x^2+y^2+(z-h)^2]^{3/2}}\mathrm{d}V,$$

其中，k 为引力常数，常数 μ 为球体的密度.

记 $D(z):x^2+y^2\leqslant R^2-z^2$，则

$$F_z=k\mu\int_{-R}^{R}(z-h)\mathrm{d}z\iint_{D(z)}\frac{1}{[x^2+y^2+(z-h)^2]^{3/2}}\mathrm{d}x\mathrm{d}y,$$

而

$$\text{内层积分}\xlongequal{\text{极坐标变换}}\int_0^{2\pi}\mathrm{d}\theta\int_0^{\sqrt{R^2-z^2}}\frac{r\mathrm{d}r}{[r^2+(z-h)^2]^{3/2}}$$

$$=-2\pi[r^2+(z-h)^2]^{-\frac{1}{2}}\Big|_{r=0}^{r=\sqrt{R^2-z^2}}$$

$$=2\pi\left(\frac{1}{h-z}-\frac{1}{\sqrt{R^2+h^2-2zh}}\right),$$

所以

$$F_z=2\pi k\mu\int_{-R}^{R}\left(\frac{z-h}{h-z}-\frac{z-h}{\sqrt{R^2+h^2-2zh}}\right)\mathrm{d}z$$

$$=2\pi k\mu\left[-2R+\frac{1}{h}\int_{-R}^{R}(z-h)\mathrm{d}\sqrt{R^2+h^2-2zh}\right]$$

学习随笔

$$=2\pi k\mu\left[-2R+\frac{1}{h}(z-h)\sqrt{R^2+h^2-2zh}\,\Big|_{-R}^{R}-\frac{1}{h}\int_{-R}^{R}\sqrt{R^2+h^2-2zh}\,\mathrm{d}z\right]$$

$$=2\pi k\mu\left[-2R+4R+\frac{1}{h}\,\frac{1}{3h}(R^2+h^2-2zh)^{\frac{3}{2}}\Big|_{-R}^{R}\right]$$

$$=2\pi k\mu\left\{2R+\frac{1}{3h^2}[(h-R)^3-(h+R)^3]\right\}$$

$$=2\pi k\mu\left[2R+\frac{1}{3h^2}(-6h^2R-2R^3)\right]=-k\mu\,\frac{4}{3}\pi R^3\,\frac{1}{h^2}.$$

这就证明了题中的结论.

*第五节 含参变量的积分

一、知识点归纳总结

设 $f(x,y)$ 是定义在矩形

$$D=\{(x,y)\,|\,a\leqslant x\leqslant b,\alpha\leqslant y\leqslant\beta\}$$

上的函数，$\forall x\in[a,b]$，$f(x,y)$ 对 y 在 $[\alpha,\beta]$ 可积，有下面两种含参变量的定积分.

1. 积分限不含参变量的情形

$I(x)=\int_{\alpha}^{\beta}f(x,y)\mathrm{d}y$ 对 $x\in[a,b]$ 确定了一个函数，它有如下性质：

① 设 $f(x,y)$ 在 D 连续，则 $I(x)=\int_{\alpha}^{\beta}f(x,y)\mathrm{d}y$ 在 $[a,b]$ 连续，即

$$\lim_{\substack{x\to x_0\\ x\in[a,b]}}I(x)=\lim_{\substack{x\to x_0\\ x\in[a,b]}}\int_{\alpha}^{\beta}f(x,y)\mathrm{d}y=\int_{\alpha}^{\beta}\lim_{\substack{x\to x_0\\ x\in[a,b]}}f(x,y)\mathrm{d}y$$

$$=\int_{\alpha}^{\beta}f(x_0,y)\mathrm{d}y=I(x_0),$$

$\forall x_0\in[a,b]$ 成立.(即求极限与求积分的顺序可交换).

② 设 $f(x,y)$ 在 D 连续，则 $I(x)$ 在 $[a,b]$ 可积且

$$\int_a^b I(x)\mathrm{d}x=\int_a^b\left[\int_{\alpha}^{\beta}f(x,y)\mathrm{d}y\right]\mathrm{d}x=\int_{\alpha}^{\beta}\left[\int_a^b f(x,y)\mathrm{d}x\right]\mathrm{d}y$$

(即两个求积分顺序可以交换).

③ 设 $f(x,y)$，$\frac{\partial f(x,y)}{\partial x}$ 在 D 连续，则 $I(x)$ 在 $[a,b]$ 有连续的导数且

$$I'(x)=\frac{\mathrm{d}}{\mathrm{d}x}\int_{\alpha}^{\beta}f(x,y)\mathrm{d}y=\int_{\alpha}^{\beta}\frac{\partial f(x,y)}{\partial x}\mathrm{d}y$$

(即求导与求积的顺序可交换).

2. 积分限也含参变量的情形

若又有 $\varphi(x)$，$\psi(x)$ 定义于 $[a,b]$，且 $\alpha\leqslant\varphi(x)$，$\psi(x)\leqslant\beta$，则

$$J(x)=\int_{\psi(x)}^{\varphi(x)} f(x,y)\mathrm{d}y,$$

对 $x\in[a,b]$定义了一个函数,它有如下性质:

① 设 $f(x,y)$在 D 连续,$\varphi(x),\psi(x)$在$[a,b]$连续且 $\alpha\leqslant\varphi(x),\psi(x)\leqslant\beta$ $(x\in[a,b])$,则 $J(x)$在$[a,b]$连续.

② 设 $f(x,y),\dfrac{\partial f(x,y)}{\partial x}$在 D 连续,$\varphi(x),\psi(x)$在$[a,b]$可微且 $\alpha\leqslant\varphi(x),\psi(x)\leqslant\beta$ $(x\in[a,b])$,则 $J(x)$在$[a,b]$可微且

$$J'(x)=\int_{\psi(x)}^{\varphi(x)}\frac{\partial f(x,y)}{\partial x}\mathrm{d}y+f[x,\varphi(x)]\varphi'(x)-f[x,\psi(x)]\psi'(x)\quad(x\in[a,b]).$$

二、典型题型归纳及解题方法与技巧

1. 求参变积分的极限或导数

【例 10.5.1】求下列极限:

(1) $\lim\limits_{y\to1}\int_0^1\arctan\dfrac{x}{y}\mathrm{d}x$;　　(2) $\lim\limits_{y\to0}\int_0^1\dfrac{x}{y^2}\mathrm{e}^{-\frac{x^2}{y^2}}\mathrm{d}x$.

【分析与求解】(1) 记 $D=\{(x,y)\mid 0\leqslant x\leqslant1,\dfrac{1}{2}\leqslant y\leqslant2\}$,则 $f(x,y)=\arctan\dfrac{x}{y}$ 在 D 连续 $\Rightarrow I(y)=\int_0^1\arctan\dfrac{x}{y}\mathrm{d}x$ 在 $\left[\dfrac{1}{2},2\right]$ 连续,于是

$$\begin{aligned}\lim_{y\to1}I(y)&=\lim_{y\to1}\int_0^1\arctan\frac{x}{y}\mathrm{d}x\\&=I(1)=\int_0^1\arctan x\mathrm{d}x=[x\arctan x]_0^1-\int_0^1\frac{x}{1+x^2}\mathrm{d}x\\&=\frac{\pi}{4}-\left[\frac{1}{2}\ln(1+x^2)\right]_0^1=\frac{\pi}{4}-\frac{1}{2}\ln2.\end{aligned}$$

(2) 记 $D=\{(x,y)\mid 0\leqslant x\leqslant1,-\delta\leqslant y\leqslant\delta\}$,$\delta>0$ 为 $\forall$ 给定常数,$f(x,y)=\dfrac{x}{y^2}\mathrm{e}^{-\frac{x^2}{y^2}}$ 在 D 上不连续(不可能在(x,y)为$(0,0)$处补充定义使 $f(x,y)$连续).因为

$$\lim_{\substack{(x,y)\to(0,0)\\y=x}}\frac{x}{y^2}\mathrm{e}^{-\frac{x^2}{y^2}}=\lim_{x\to0}\frac{1}{x}\mathrm{e}^{-1}=\infty.$$

因此,不能保证可在积分号下取极限.

现先求积分再求极限:

$$\lim_{y\to0}\int_0^1\frac{x}{y^2}\mathrm{e}^{-\frac{x^2}{y^2}}\mathrm{d}x=\lim_{y\to0}\left[-\frac{1}{2}\mathrm{e}^{-\frac{x^2}{y^2}}\right]_{x=0}^{x=1}=\lim_{y\to0}\frac{1}{2}(1-\mathrm{e}^{-\frac{1}{y^2}})=\frac{1}{2}.$$

评注　① 题(1)是利用变限积分的连续性来求极限.验证条件后用的是代入法.

② 题(2)的下述解法是错误的.

$$\forall x,\ \lim_{y\to0}\frac{x}{y^2}\mathrm{e}^{-\frac{x^2}{y^2}}\xlongequal{令 t=\frac{1}{y^2}}\lim_{t\to+\infty}\frac{xt}{\mathrm{e}^{x^2t}}=0,$$ 于是

学习随笔

$$\lim_{y\to 0}\int_0^1 \frac{x}{y^2}e^{-\frac{x^2}{y^2}}dx=\int_0^1\lim_{y\to 0}\frac{x}{y^2}e^{-\frac{x^2}{y^2}}dx=\int_0^1 0dx=0.$$

这里不能在积分号下求极限,因为条件不满足.

该例也说明求极限与求积分运算顺序的交换是有条件的.

【例 10.5.2】设 $F(x)=\int_{\sin x}^{\cos x}e^{x\sqrt{1-y^2}}dy$,求 $F'(x)$.

【分析与求解】利用对$\int_{\psi(x)}^{\varphi(x)}f(x,y)dy$ 的求导法.

(1) 令 $f(x,y)=e^{x\sqrt{1-y^2}}$,$\varphi(x)=\cos x$,$\psi(x)=\sin x$,

$$D=\{(x,y)\mid -\infty<x<+\infty,-1\leqslant y\leqslant 1\},$$

则 $f(x,y)$ 及 $\frac{\partial f}{\partial x}=\sqrt{1-y^2}e^{x\sqrt{1-y^2}}$ 在 D 连续,$\varphi(x)$,$\psi(x)$ 在$(-\infty,+\infty)$ 可导且 $-1\leqslant\varphi(x)$,$\psi(x)\leqslant 1(x\in(-\infty,+\infty))$. 于是 $F(x)$ 在$(-\infty,+\infty)$ 可导且

$$\begin{aligned}F'(x)&=\int_{\sin x}^{\cos x}\sqrt{1-y^2}e^{x\sqrt{1-y^2}}dy+e^{x\sqrt{1-\cos^2x}}(-\sin x)-e^{x\sqrt{1-\sin^2x}}\cos x\\&=\int_{\sin x}^{\cos x}\sqrt{1-y^2}e^{x\sqrt{1-y^2}}dy-e^{x|\sin x|}\sin x-e^{x|\cos x|}\cos x.\end{aligned}$$

【例 10.5.3】设 $f(x)$为连续函数,且

$$F(x)=\int_0^h d\xi\int_0^h f(x+\xi+\eta)d\eta,$$

求 $F''(x)$.

【分析】以下的解法是错误的.

$$\begin{aligned}F'(x)&=\int_0^h\frac{\partial}{\partial x}\left[\int_0^h f(x+\xi+\eta)d\eta\right]d\xi=\int_0^h\left[\int_0^h f'(x+\xi+\eta)d\eta\right]d\xi\\&=\int_0^h[f(x+\xi+h)-f(x+\xi)]d\xi.\end{aligned}$$

类似地再求导.

错在不能直接在积分号下求导,因为假设条件不够,没假设 $f(x)$有连续的导数.

【解】作变量替换,变成变限积分,然后在积分号下求导.

$$F(x)=\int_0^h d\xi\int_{x+\xi}^{x+\xi+h}f(t)dt\quad(t=x+\xi+\eta).$$

这时易验证可在积分号下求导得

$$\begin{aligned}F'(x)&=\int_0^h\left[\frac{\partial}{\partial x}\int_{x+\xi}^{x+\xi+\eta}f(t)dt\right]d\xi=\int_0^h[f(x+\xi+h)-f(x+\xi)]d\xi\\&=\int_{x+h}^{x+2h}f(t)dt-\int_x^{x+h}f(t)dt.\ (\text{变量替换})\end{aligned}$$

最后再用变限积分求导法得

$$F''(x)=f(x+2h)-2f(x+h)+f(x).$$

评注　例 10.5.2 与例 10.5.3 均是参变积分的求导,前者用的是现成的方法与公式,用时要注意验证条件,后者不能直接套公式,因不满足条件,通过变量替换后转化为可以用参变积分求导公式的情形.

学习随笔

2. 利用对参数的微分法或积分法求参变积分

【例 10.5.4】求 $I(a)=\int_0^{\frac{\pi}{2}}\frac{\arctan(a\tan x)}{\tan x}\mathrm{d}x$.

【分析与求解】先求 $I'(a)$ 再求 $I(a)$.

令 $f(x,a)=\frac{\arctan(a\tan x)}{\tan x}$，$\Rightarrow \lim\limits_{x\to 0}f(x,a)=\lim\limits_{x\to 0}\frac{a\tan x}{\tan x}=a$，$\lim\limits_{x\to\frac{\pi}{2}}f(x,a)=0$.

可补充定义使 $f(x,a)$ 在 $x\in\left[0,\frac{\pi}{2}\right]$，$a\in(-\infty,+\infty)$ 上连续.

$$\frac{\partial f(x,a)}{\partial a}=\frac{\tan x}{1+a^2\tan^2 x}\,\frac{1}{\tan x}=\frac{1}{1+a^2\tan^2 x},\quad x\in\left[0,\frac{\pi}{2}\right)$$

$$\frac{\partial f(x,a)}{\partial a}=0.\quad \left(x=\frac{\pi}{2}\right)$$

$\Rightarrow \frac{\partial f(x,a)}{\partial a}$ 在 $x\in\left[0,\frac{\pi}{2}\right]$，$a\in(-\infty,+\infty)$ 连续. 因此，对 $I(a)$ 可以在积分号下求导数.

由于 $I(a)$ 是奇函数，$I(0)=0$，只须考察 $a>0$.

$a>0$ 时，

$$\begin{aligned}I'(a)&=\int_0^{\frac{\pi}{2}}\frac{\partial f(x,a)}{\partial a}\mathrm{d}x\\&=\int_0^{\frac{\pi}{2}}\frac{\mathrm{d}x}{1+a^2\tan^2 x}\xlongequal{t=\tan x}\int_0^{+\infty}\frac{\mathrm{d}t}{(1+a^2t^2)(1+t^2)}\\&=\frac{1}{a^2-1}\int_0^{+\infty}\left(\frac{a^2}{1+a^2t^2}-\frac{1}{1+t^2}\right)\mathrm{d}t\ (a\neq 1)\\&=\frac{1}{a^2-1}\left[a\arctan(at)-\arctan t\right]_0^{+\infty}=\frac{1}{a+1}\,\frac{\pi}{2}.\end{aligned}$$

$a=1$ 时，

$$I'(1)=\int_0^{\frac{\pi}{2}}\frac{\mathrm{d}x}{1+\tan^2 x}=\int_0^{\frac{\pi}{2}}\cos^2 x\,\mathrm{d}x=\frac{\pi}{4}.$$

因此总有

$$I'(a)=\frac{1}{a+1}\,\frac{\pi}{2}\ (a>0).$$

积分得

$$I(a)-I(0)=\int_0^a\frac{\pi}{2(t+1)}\mathrm{d}t=\frac{\pi}{2}\ln(1+a).$$

$$I(a)=\frac{\pi}{2}\ln(1+a)\ (a>0).$$

最后求得

$$I(a)=\begin{cases}\frac{\pi}{2}\ln(1+a), & a\geqslant 0,\\-\frac{\pi}{2}\ln(1-a), & a<0.\end{cases}$$

【例 10.5.5】求 $I(a,b)=\int_0^1\cos\left(\ln\frac{1}{x}\right)\frac{x^b-x^a}{\ln x}\mathrm{d}x\ (a>0,b>0)$.

【分析与求解】先把被积函表成某函数 $f(x,y)$ 的定积分 $\int_a^b f(x,y)\mathrm{d}y$，然后将

$$I(a,b)=\int_0^1\left[\int_a^b f(x,y)\mathrm{d}y\right]\mathrm{d}x$$

学习随笔

交换积分顺序.

不妨设 $b>a>0$，$\cos\left(\ln\frac{1}{x}\right)\frac{x^b-x^a}{\ln x}=\int_a^b\cos\left(\ln\frac{1}{x}\right)x^y\mathrm{d}y$，

于是，记 $f(x,y)=\cos\left(\ln\frac{1}{x}\right)x^y$，$I(a,b)$ 可表成 $I(a,b)=\int_0^1\left[\int_a^b f(x,y)\mathrm{d}y\right]\mathrm{d}x$.

若补充定义 $f(0,y)=0\ (a\leqslant y\leqslant b)$，则 $f(x,y)$ 在

$$D=\{(x,y)\mid 0\leqslant x\leqslant 1,a\leqslant y\leqslant b\}$$

连续，可交换积分顺序得

$$I(a,b)=\int_a^b\left[\int_0^1 f(x,y)\mathrm{d}x\right]\mathrm{d}y. \tag{10.5-1}$$

先计算

$$\begin{aligned}\int_0^1 f(x,y)\mathrm{d}x&=\int_0^1\cos\left(\ln\frac{1}{x}\right)x^y\mathrm{d}x=\int_0^1\frac{\cos\left(\ln\frac{1}{x}\right)}{y+1}\mathrm{d}x^{y+1}\\&=\left[\frac{x^{y+1}}{y+1}\cos\left(\ln\frac{1}{x}\right)\right]_{x=0+}^{x=1}-\int_0^1\frac{x^{y+1}}{y+1}\frac{1}{x}\sin\left(\ln\frac{1}{x}\right)\mathrm{d}x\\&=\frac{1}{y+1}-\int_0^1\frac{1}{(y+1)^2}\sin\left(\ln\frac{1}{x}\right)\mathrm{d}x^{y+1}\\&=\frac{1}{y+1}-\left[\frac{x^{y+1}}{(y+1)^2}\sin\left(\ln\frac{1}{x}\right)\right]_{x=0+}^{x=1}-\int_0^1\frac{x^y}{(y+1)^2}\cos\left(\ln\frac{1}{x}\right)\mathrm{d}x\\&=\frac{1}{y+1}-\frac{1}{(y+1)^2}\int_0^1 f(x,y)\mathrm{d}x\end{aligned}$$

移项得 $\int_0^1 f(x,y)\mathrm{d}x=\frac{y+1}{1+(y+1)^2}$.

代入式(10.5-1)得

$$I(a,b)=\int_a^b\frac{y+1}{1+(y+1)^2}\mathrm{d}y=\frac{1}{2}\left[\ln\left[1+(y+1)^2\right]\right]_a^b=\frac{1}{2}\ln\frac{b^2+2b+2}{a^2+2a+2}.$$

评注　求含参变量积分 $I(t)=\int_a^b f(x,t)\mathrm{d}x$ 常用的方法是积分号下求导或求积分：

① 若 $I'(t)=\int_a^b\frac{\partial}{\partial t}f(x,t)\mathrm{d}t$ 易求，先求 $I'(t)$，再积分求得 $I(t)$，还需对某 $t=t_0$，$I(t_0)$ 易求. 要验证积分号下求导的合理性.

② 求 $\int_a^b g(x)\mathrm{d}x$，把被积函数表成定积分 $g(x)=\int_\alpha^\beta f(x,y)\mathrm{d}y$，然后交换积分顺序

$$\int_a^b g(x)\mathrm{d}x=\int_a^b\left[\int_\alpha^\beta f(x,y)\mathrm{d}y\right]\mathrm{d}x=\int_\alpha^\beta\left[\int_a^b f(x,y)\mathrm{d}x\right]\mathrm{d}y,$$

要验证交换积分顺序的合理性.

学习随笔

第十一章　曲线积分与曲面积分

第一节　对弧长的曲线积分

一、知识点归纳总结

1. 对弧长的曲线积分(第一类曲线积分)的概念

(1) 定　义

设函数 $f(M)$定义在分段光滑曲线 L 上，将 L 依次分成 n 小段 $\Delta L_i(i=1,2,3,\cdots,n)$，每小段 ΔL_i 的弧长记为 $\Delta s_i(i=1,2,3,\cdots,n)$. 令 $\lambda=\max\limits_{1\leqslant i\leqslant n}\{\Delta s_i\}$，在每小段 ΔL_i 上任取一点 M_i. 若极限

$$\lim_{\lambda\to 0}\sum_{i=1}^{n}f(M_i)\Delta s_i$$

存在(它与 L 的分法及点 M_i 的取法无关)，则称此极限为函数 $f(M)$ 在曲线 L 上的第一类曲线积分(对弧长的曲线积分)，记作$\int_L f(s)\mathrm{d}s$，且$\int_L f(s)\mathrm{d}s=\lim\limits_{\lambda\to 0}\sum\limits_{i=1}^{n}f(M_i)\Delta s_i$.

这个定义包含了平面和空间的两种情形. 若 L 是平面曲线，$f(M)=f(x,y)$ 是二元函数，就得到平面曲线积分 $\int_L f(x,y)\mathrm{d}s$. 若 L 是空间曲线，$f(M)=f(x,y,z)$ 是三元函数，就得到空间曲线积分 $\int_L f(x,y,z)\mathrm{d}s$.

按定义有 $\int_L \mathrm{d}s=l$，其中 l 是 L 的弧长.

(2) 物理意义

设曲线形物件占据曲线 L，在 $\forall$ 点 $M\in L$ 处，线密度为 $f(M)$，则它的质量

$$m=\int_L f(M)\mathrm{d}s.$$

2. 对弧长的曲线积分的性质

设 L 是分段光滑曲线，$f(M)$ 在 L 上连续或只有有限个间断点且有界，则存在积分 $\int_L f(M)\mathrm{d}s$，它有以下性质：

性质一　线性性质. 设$\int_L f(M)\mathrm{d}s$，$\int_L g(M)\mathrm{d}s$ 存在 $\Rightarrow$ $\forall$ 常数 λ,μ，有

$$\int_L[\lambda f(M)+\mu g(M)]\mathrm{d}s=\lambda\int_L f(M)\mathrm{d}s+\mu\int_L g(M)\mathrm{d}s.$$

性质二　可加性. 设 L 由 L_1 与 L_2 连接而成，则

学习随笔

$$\int_L f(M)\mathrm{d}s=\int_{L_1} f(M)\mathrm{d}s+\int_{L_2} f(M)\mathrm{d}s.$$

性质三　第一类型曲线积分的中值定理. 设 $f(M)$ 在 L 连续,则 $\exists M^*\in L$,使得

$$\int_L f(M)\mathrm{d}s=f(M^*)l,$$

其中,l 为 L 的弧长.

性质四　第一类曲线积分的保号性质. 设 $\int_L f(M)\mathrm{d}s$ 与 $\int_L g(M)\mathrm{d}s$ 存在,若 $f(M)\leqslant g(M)(\forall M\in L)$,则

$$\int_L f(M)\mathrm{d}s\leqslant\int_L g(M)\mathrm{d}s.$$

3. 对弧长的曲线积分的对称性问题

设 L 是平面上分段光滑曲线,$f(x,y)$是连续函数,若 L 关于 y 轴(x 轴)对称,则

$$\int_L f(x,y)\mathrm{d}s=\begin{cases}0, & \text{若 } f(x,y) \text{ 关于 } x(y) \text{ 为奇函数},\\ 2\int_{L_1} f(x,y)\mathrm{d}s, & \text{若 } f(x,y) \text{ 关于 } x(y) \text{ 为偶函数},\end{cases}$$

其中,$L_1=L\cap\{x\geqslant 0\}(L_1=L\cap\{y\geqslant 0\})$.

$f(x,y)$关于 x(或 y)为奇函数:$f(-x,y)=-f(x,y)(f(x,-y)=-f(x,y))$.

$f(x,y)$关于 x(或 y)为偶函数:$f(-x,y)=f(x,y)(f(x,-y)=f(x,y))$.

设 L 关于原点对称,则

$$\int_L f(x,y)\mathrm{d}s=\begin{cases}0, & \text{若 } f(x,y) \text{ 关于}(x,y) \text{ 为奇函数},\\ 2\int_{L_1} f(x,y)\mathrm{d}s, & \text{若 } f(x,y) \text{ 关于}(x,y) \text{ 为偶函数},\end{cases}$$

其中,$L_1=L\cap\{y\geqslant 0\}$或 $L_1=L\cap\{x\geqslant 0\}$.

$f(x,y)$关于(x,y)为奇(偶)函数:$f(-x,-y)=-f(x,y)(f(-x,-y)=f(x,y))$.

4. 对弧长的曲线积分的计算法

设有光滑曲线 $L:x=\varphi(t),y=\psi(t)(\alpha\leqslant t\leqslant\beta)$. 即 $\varphi(t),\psi(t)$在$[\alpha,\beta]$有连续的导数且 $\varphi'^2(t)+\psi'^2(t)\neq 0$. 若 $f(x,y)$在 L 上连续,则

$$\int_L f(x,y)\mathrm{d}s=\int_\alpha^\beta f[\varphi(t),\psi(t)]\sqrt{\varphi'^2(t)+\psi'^2(t)}\,\mathrm{d}t. \tag{11.1-1}$$

公式(11.1-1)表明,计算对弧长的曲线积分 $\int_L f(x,y)\mathrm{d}s$ 化为计算定积分,这只要把曲线的参数方程代入被积表达式——归结为微分运算:$\mathrm{d}s=\sqrt{\varphi'^2(t)+\psi'^2(t)}\,\mathrm{d}t$. 但必须注意,积分限对应曲线端点的参数值,定积分的下限 α 一定要小于上限 β.

特别地,L 在直角坐标系中有方程 $y=y(x)(a\leqslant x\leqslant b)$,$y(x)$在$[a,b]$有连续的导数,则

$$\int_L f(x,y)\mathrm{d}s=\int_a^b f[x,y(x)]\sqrt{1+y'^2(x)}\,\mathrm{d}x.$$

对空间曲线情形有类似的公式.

学习随笔

5. 曲线积分的几何应用

(1) 求曲线的弧长

设 L 是分段光滑曲线，则 L 的弧长为 $\int_L \mathrm{d}s$.

(2) 求柱面被曲面所截部分的面积

设 L 为 Oxy 平面上的光滑曲线，以 L 为准线，母线平行于 z 轴作柱面，此柱面在 xy 平面与连续曲面 $z=f(x,y)(\geqslant 0)$ 之间部分的面积为

$$A=\int_L f(x,y)\mathrm{d}s. \tag{11.1-2}$$

6. 第一类曲线积分的物理应用

与重积分类似，利用第一类曲线积分可求曲线形物体的质量、质心、对直线的转动惯量及对质点的引力.

二、典型题型归纳及解题方法与技巧

1. 求第一类曲线积分

【例 11.1.1】求下列曲线积分：

(1) $I=\int_L y^2\mathrm{d}s$，其中曲线 L 为 $\begin{cases}x=a(t-\sin t),\\ y=a(1-\cos t)\end{cases}$ $(0\leqslant t\leqslant 2\pi)$ 的一拱，其中常数 $a>0$；

(2) $I=\int_L y\mathrm{d}s$，其中 L 是抛物线 $y^2=4x$ 自点 $(0,0)$ 至点 $(1,2)$ 的一段；

(3) $I=\int_L \sqrt{x^2+y^2}\mathrm{d}s$，其中 L 是圆周：$x^2+y^2=4x$.

【解】(1) L 的参数方程是已知的，先求出 $\mathrm{d}s$，然后代公式.

$$\mathrm{d}s=\sqrt{x'^2(t)+y'^2(t)}\,\mathrm{d}t=a\sqrt{(1-\cos t)^2+\sin^2 t}\,\mathrm{d}t=\sqrt{2}a(1-\cos t)^{\frac{1}{2}}\mathrm{d}t,$$

$$I=\int_0^{2\pi}a^2(1-\cos t)^2\sqrt{x'^2+y'^2(t)}\,\mathrm{d}t=\int_0^{2\pi}\sqrt{2}a^3(1-\cos t)^{\frac{5}{2}}\mathrm{d}t$$

$$=8a^3\int_0^{2\pi}\left|\sin\frac{t}{2}\right|^5\mathrm{d}t=8a^3\int_0^{2\pi}\sin^5\frac{t}{2}\mathrm{d}t$$

$$=16a^3\int_0^{\pi}\sin^5 s\,\mathrm{d}s=32a^3\int_0^{\frac{\pi}{2}}\sin^5 s\,\mathrm{d}s=32a^3\cdot\frac{4\cdot 2}{5\cdot 3\cdot 1}=\frac{256}{15}a^3.$$

(2) L 的显式方程是已知的：$x=\frac{1}{4}y^2(0\leqslant y\leqslant 2)$，先求出 $\mathrm{d}s$，然后代公式：

$$\mathrm{d}s=\sqrt{1+x'(y)^2}\,\mathrm{d}y=\sqrt{1+\left(\frac{1}{2}y\right)^2}\,\mathrm{d}y,$$

$$I=\int_0^2 y\sqrt{1+x'^2(y)}\,\mathrm{d}y=\int_0^2 y\sqrt{1+\left(\frac{1}{2}y\right)^2}\,\mathrm{d}y$$

$$=2\int_0^2\sqrt{1+\frac{1}{4}y^2}\,\mathrm{d}\left(\frac{1}{4}y^2\right)=\frac{4}{3}\left(1+\frac{1}{4}y^2\right)^{\frac{3}{2}}\Big|_0^2=\frac{4}{3}(2\sqrt{2}-1).$$

学习随笔

(3) 方法一　在直角坐标系中,利用 L 的直角坐标方程来计算.

$$L: x^2+y^2=4x \Rightarrow 2x+2yy'=4, y'=\frac{2-x}{y},$$

则 $ds=\sqrt{1+y'^2}dx=\sqrt{1+\frac{(2-x)^2}{y^2}}dx=\sqrt{\frac{4}{y^2}}dx.$

由于 L 关于 x 轴对称,被积函数对 y 为偶函数,于是

$$I=2\int_0^4\sqrt{4x}\sqrt{1+y'^2}dx=2\int_0^4\sqrt{4x}\ \frac{2}{y}dx$$

$$=4\int_0^4\frac{\sqrt{4x}}{\sqrt{4x-x^2}}dx=8\int_0^4\frac{dx}{\sqrt{4-x}}=-16\left[\sqrt{4-x}\right]_0^4=32.$$

方法二　利用 L 的参数方程来计算. 圆周 $L:(x-2)^2+y^2=2^2$ 的参数方程为

$$\begin{cases}x=2+2\cos t,\\ y=2\sin t,\end{cases}0\leqslant t\leqslant 2\pi,$$

于是

$$ds=\sqrt{x'^2_t+y'^2_t}dt=\sqrt{4\sin^2t+4\cos^2t}dt=2dt,$$

$$I=\int_0^{2\pi}\sqrt{x^2+y^2}ds=\int_0^{2\pi}\sqrt{4x}ds=2\int_0^{2\pi}\sqrt{8(1+\cos t)}dt$$

$$=8\int_0^{2\pi}\left|\cos\frac{t}{2}\right|dt=16\int_0^{\pi}|\cos t|dt=32\int_0^{\frac{\pi}{2}}\cos t dt=32.$$

方法三　利用 L 的极坐标方程来计算.

$L: x^2+y^2=4x$ 的极坐标方程:$r=4\cos\theta\left(-\frac{\pi}{2}\leqslant\theta\leqslant\frac{\pi}{2}\right)$. 极坐标下的弧微分公式为

$$ds=\sqrt{r^2(\theta)+r'^2(\theta)}d\theta=\sqrt{4\cos^2\theta+4\sin^2\theta}d\theta=4d\theta,$$

于是由极坐标方程下曲线积分的计算公式得

$$I=\int_L\sqrt{x^2+y^2}ds=\int_{-\frac{\pi}{2}}^{\frac{\pi}{2}}r(\theta)\sqrt{r^2(\theta)+r'^2(\theta)}d\theta$$

$$=\int_{-\frac{\pi}{2}}^{\frac{\pi}{2}}4\cos\theta\cdot 4d\theta=32\int_0^{\frac{\pi}{2}}\cos\theta d\theta=32.$$

【例 11.1.2】求曲线积分 $I=\int_L(x+y+z)ds$,其中 L 为从点(1,1,1)到点(2,2,2)的直线段.

【解】先写出直线段 L 的参数方程,然后求 ds,最后代公式.

直线 L 的参数方程是:$x=1+t, y=1+t, z=1+t\ (t\in[0,1])$,于是

$$ds=\sqrt{x'^2+y'^2+z'^2}dt=\sqrt{3}dt,$$

$$I=\int_0^1(3+3t)\sqrt{3}dt=3\sqrt{3}\int_0^1(1+t)dt=\frac{9}{2}\sqrt{3}.$$

2. 讨论曲线有对称性时的曲线积分

【例 11.1.3】设空间中的光滑曲线 L 关于平面 $x-y=0$ 对称, $f(x,y)$, $f(y,x)$ 在 L 连续,试问 $\int_L f(x,y)ds$ 与 $\int_L f(y,x)ds$ 有什么关系? 为什么?

学习随笔

【分析与求解】将 L 分为两段，在 $x-y=0$ 的一侧记为 L_1，另一侧记为 L_2. 设 L_1 的参数方程为 $x=\varphi(t), y=\psi(t), z=\zeta(t), \alpha\leqslant t\leqslant\beta$，则可得 L_2 的参数方程

$$x=\psi(t), y=\varphi(t), z=\zeta(t), \alpha\leqslant t\leqslant\beta.$$

将 $\int_L f(x,y)\mathrm{d}s$ 与 $\int_L f(y,x)\mathrm{d}s$ 均化为定积分得

$$\int_L f(x,y)\mathrm{d}s=\int_{L_1} f(x,y)\mathrm{d}s+\int_{L_2} f(x,y)\mathrm{d}s$$
$$=\int_\alpha^\beta [f(\varphi(t),\psi(t))+f(\psi(t),\varphi(t))]\sqrt{\varphi'^2(t)+\psi'^2(t)+\zeta'^2(t)}\,\mathrm{d}t, \tag{11.1-3}$$

$$\int_L f(y,x)\mathrm{d}s=\int_{L_1} f(y,x)\mathrm{d}s+\int_{L_2} f(y,x)\mathrm{d}s$$
$$=\int_\alpha^\beta [f(\psi(t),\varphi(t))+f(\varphi(t),\psi(t))]\sqrt{\varphi'^2(t)+\psi'^2(t)+\zeta'^2(t)}\,\mathrm{d}t. \tag{11.1-4}$$

比较式(11.1-3)与式(11.1-4)得 $\int_L f(x,y)\mathrm{d}s=\int_L f(y,x)\mathrm{d}s$.

评注　① 在同样条件下：$\int_L f(x,y,z)\mathrm{d}s=\int_L f(y,x,z)\mathrm{d}s$.

② 设空间曲线 L 关于平面 $y-z=0$(或 $z-x=0$)对称，$f(x,y,z)$在 L 连续，则有

$$\int_L f(x,y,z)\mathrm{d}s=\int_L f(x,z,y)\mathrm{d}s \quad \left(\text{或}\int_L f(x,y,z)\mathrm{d}s=\int_L f(z,y,x)\mathrm{d}s\right).$$

③ 这里的对称性即变量的轮换对称性.

3. 利用曲线方程与对称性简化曲线积分的计算

【例 11.1.4】设 L 是椭圆 $\frac{x^2}{4}+\frac{y^2}{3}=1$，其周长为 a，则 $\int_L (2xy+3x^2+4y^2)\mathrm{d}s=$ ________.

【解】L 关于 x 轴(y 轴)对称，被积函数 $2xy$ 对 y(对 x)为奇函数 $\Rightarrow \int_L 2xy\mathrm{d}s=0$.

又利用椭圆方程 $\Rightarrow \int_L (3x^2+4y^2)\mathrm{d}s=12\int_L\left(\frac{x^2}{4}+\frac{y^2}{3}\right)\mathrm{d}s=12\int_L\mathrm{d}s=12a$.

因此，原式$=12a$.

【例 11.1.5】求下列曲线积分：

(1) $I=\int_L (x^2+y^2)\mathrm{d}s$；　　(2) $I=\int_L xy\mathrm{d}s$.

其中，L 为圆周：$\begin{cases}x^2+y^2+z^2=a^2,\\ x+y+z=0,\end{cases}$ 常数 $a>0$.

【分析与求解】如果先求 L 的参数方程，然后化曲线积分为定积分，则计算复杂. 简单的方法是利用对称性.

(1) 由对称性 $\Rightarrow \int_L x^2\mathrm{d}s=\int_L y^2\mathrm{d}s=\int_L z^2\mathrm{d}s$.

学习随笔

于是 $I=\int_L(x^2+y^2)\mathrm{d}s=\frac{2}{3}\int_L(x^2+y^2+z^2)\mathrm{d}s=\frac{2}{3}a^2\int_L\mathrm{d}s.$

注意,L 是半径为 a 的圆周,周长为 $2\pi a$,因此 $I=\frac{2}{3}a^2\cdot 2\pi a=\frac{4}{3}\pi a^3$.

(2) 由对称性 $\Rightarrow \int_L xy\mathrm{d}s=\int_L yz\mathrm{d}s=\int_L zx\mathrm{d}s$.

于是
$$\begin{aligned}\int_L xy\mathrm{d}s&=\frac{1}{3}\int_L(xy+yz+zx)\mathrm{d}s\\&=\frac{1}{3}\cdot\frac{1}{2}\int_L[(x+y+z)^2-(x^2+y^2+z^2)]\mathrm{d}s\\&=-\frac{1}{6}a^2\int_L\mathrm{d}s=-\frac{1}{3}\pi a^3.\end{aligned}$$

4. 求某些柱面的面积

【例 11.1.6】求柱面 $x^2+y^2=Rx$ 包含在球面 $x^2+y^2+z^2=R^2$ 内那部分的面积.

【分析与求解】由对称性只需考虑第一卦限部分. 利用柱面被曲面所截部分的面积公式(11.1-2)得$A=4\int_L\sqrt{R^2-x^2-y^2}\,\mathrm{d}s$,

其中 $L:x^2+y^2=Rx(y\geqslant 0,0\leqslant x\leqslant R)$,见图 11.1-1.

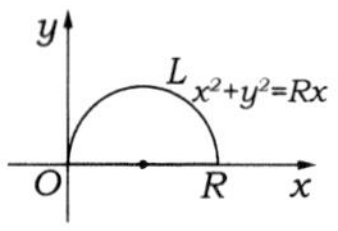

图 11.1-1

将 L 的方程改写为$\left(x-\frac{R}{2}\right)^2+y^2=\left(\frac{R}{2}\right)^2$,相应的参数方程为

$x=\frac{R}{2}+\frac{R}{2}\cos\theta,y=\frac{R}{2}\sin\theta,\theta\in[0,\pi]$

$$\mathrm{d}s=\sqrt{x'^2+y'^2}\,\mathrm{d}\theta=\frac{R}{2}\mathrm{d}\theta,$$

则
$$\begin{aligned}A&=4\int_L\sqrt{R^2-Rx}\,\mathrm{d}s=4\int_0^{\pi}\frac{R}{\sqrt{2}}\sqrt{1-\cos\theta}\cdot\frac{R}{2}\mathrm{d}\theta\\&=\sqrt{2}R^2\int_0^{\pi}\sqrt{2}\sin\frac{\theta}{2}\mathrm{d}\theta=4R^2\left[-\cos\frac{\theta}{2}\right]_0^{\pi}=4R^2.\end{aligned}$$

第二节 对坐标的曲线积分

一、知识点归纳总结

1. 对坐标的曲线积分(第二类曲线积分)的概念

(1) 定义

设向量函数 $\boldsymbol{F}(M)=P(x,y,z)\boldsymbol{i}+Q(x,y,z)\boldsymbol{j}+R(x,y,z)\boldsymbol{k}$ 定义在分段光滑定向曲线 $\overset{\frown}{AB}$ 上. 在 $\overset{\frown}{AB}$ 上依次插入 $n-1$ 个分点:

$A=A_0(x_0,y_0,z_0),A_1(x_1,y_1,z_1),\cdots,A_{n-1}(x_{n-1},y_{n-1},z_{n-1}),A_n(x_n,y_n,z_n)=B$,

把 $\overset{\frown}{AB}$ 分成 n 个有向小弧段 $\overset{\frown}{A_{i-1}A_i}(i=1,2,\cdots,n)$,$\overset{\frown}{A_{i-1}A_i}$ 的弧长记为 Δs_i 并令 $\lambda=$

学习随笔

$\max\limits_{1\leqslant i\leqslant n}\{\Delta s_i\}$，$\forall$ 取 $M_i(\xi_i,\eta_i,\zeta_i)\in\widehat{A_{i-1}A_i}$，若极限

$$\lim_{\lambda\to 0}\sum_{i=1}^{n}\boldsymbol{F}(M_i)\cdot\overrightarrow{A_{i-1}A_i}=\lim_{\lambda\to 0}\sum_{i=1}^{n}[P(M_i)\Delta x_i+Q(M_i)\Delta y_i+R(M_i)\Delta z_i]$$

（其中，$\Delta x_i=x_i-x_{i-1}$，$\Delta y_i=y_i-y_{i-1}$，$\Delta z_i=z_i-z_{z-1}$）存在（它与 $\widehat{AB}$ 的分法及点 M_i 的取法无关），则称此极限值为向量函数 $\boldsymbol{F}(M)$ 沿定向曲线 $\widehat{AB}$（从 A 到 B）的第二类曲线积分，记作

$$\int_{\widehat{AB}}\boldsymbol{F}(M)\cdot\mathrm{d}\boldsymbol{s},$$

也称为对坐标的曲线积分，也记作 $\int_{\widehat{AB}}P\mathrm{d}x+Q\mathrm{d}y+R\mathrm{d}z$.

对平面情形类似. 设 $\boldsymbol{F}(x,y)=\{P(x,y),Q(x,y)\}$，$\widehat{AB}$ 为平面曲线，则

$$\int_{\widehat{AB}}\boldsymbol{F}(M)\mathrm{d}\boldsymbol{s}=\lim_{\lambda\to 0}\sum_{i=1}^{n}\boldsymbol{F}(M_i)\cdot\overrightarrow{A_{i-1}A_i},$$

或写成
$$\int_{\widehat{AB}}P\mathrm{d}x+Q\mathrm{d}y=\lim_{\lambda\to 0}\sum_{i=1}^{n}[P(M_i)\Delta x_i+Q(M_i)\Delta y_i].$$

（2）物理意义

设质点在 $\forall$ 点 M 处所受力为 $\boldsymbol{F}(M)$，它沿曲线 $\widehat{AB}$ 由 A 点移动到 B 点，则力 $\boldsymbol{F}(M)$ 所做的功

$$W=\int_{\widehat{AB}}\boldsymbol{F}(M)\cdot\mathrm{d}\boldsymbol{s}.$$

对于空间情形：$\boldsymbol{F}=\{P,Q,R\}$，$W=\int_{\widehat{AB}}P\mathrm{d}x+Q\mathrm{d}y+R\mathrm{d}z$.

对于平面情形：$\boldsymbol{F}=(P,Q)$，$W=\int_{\widehat{AB}}P\mathrm{d}x+Q\mathrm{d}y$.

2. 对坐标的曲线积分的性质

设 L 是分段光滑的定向曲线，$\boldsymbol{F}(M)$ 在 L 上连续或只有有限个间断点且有界，则存在积分 $\int_L\boldsymbol{F}(M)\cdot\mathrm{d}\boldsymbol{s}$，有以下性质：

性质一　线性性质. 设 $\int_L\boldsymbol{F}(M)\cdot\mathrm{d}\boldsymbol{s}$，$\int_L\boldsymbol{G}(M)\cdot\mathrm{d}\boldsymbol{s}$ 存在 $\Rightarrow$ $\forall$ 常数 λ,μ，有

$$\int_L[\lambda\boldsymbol{F}(M)+\mu\boldsymbol{G}(M)]\cdot\mathrm{d}\boldsymbol{s}=\lambda\int_L\boldsymbol{F}(M)\cdot\mathrm{d}\boldsymbol{s}+\mu\int_L\boldsymbol{G}(M)\cdot\mathrm{d}\boldsymbol{s}.$$

性质二　可加性. 若有向曲线弧 L 可分成两段光滑的有向曲线弧 L_1 和 L_2，则

$$\int_L\boldsymbol{F}(M)\cdot\mathrm{d}\boldsymbol{s}=\int_{L_1}\boldsymbol{F}(M)\cdot\mathrm{d}\boldsymbol{s}+\int_{L_2}\boldsymbol{F}(M)\cdot\mathrm{d}\boldsymbol{s}.$$

性质三　有向性. 设 L 是有向光滑曲线弧，L^- 是 L 的反向曲线弧，则

$$\int_{L^-}\boldsymbol{F}(x,y)\cdot\mathrm{d}\boldsymbol{s}=-\int_L\boldsymbol{F}(x,y)\cdot\mathrm{d}\boldsymbol{s}.$$

性质三表示，当积分弧段的方向改变时，对坐标的曲线积分要改变符号. 因此关于**对坐标的曲线积分，我们必须注意积分弧段的方向.**

学习随笔

这一性质是对坐标的曲线积分所特有的，对弧长的曲线积分不具有这一性质. 而对弧长的曲线积分所具有的性质四保号性，对坐标的曲线积分不具有类似的性质.

3. 对坐标的曲线积分的对称性问题

设 L 为平面上分段光滑的定向曲线，$P(x,y)$，$Q(x,y)$ 连续.

① 若 L 关于 x 轴对称，则

$$\int_L P(x,y)\mathrm{d}x=\begin{cases}0, & P(x,y)\text{ 对 } y \text{ 为偶函数},\\ 2\int_{L_1} P(x,y)\mathrm{d}x, & P(x,y)\text{ 对 } y \text{ 为奇函数},\end{cases}$$

$$\int_L Q(x,y)\mathrm{d}y=\begin{cases}0, & Q(x,y)\text{ 对 } y \text{ 为奇函数},\\ 2\int_{L_1} Q(x,y)\mathrm{d}y, & Q(x,y)\text{ 对 } y \text{ 为偶函数},\end{cases}$$

其中，$L_1=L\cap\{y\geqslant 0\}$.

② 若 L 关于 y 轴对称，则

$$\int_L P(x,y)\mathrm{d}x=\begin{cases}0, & P(x,y)\text{ 对 } x \text{ 为奇函数},\\ 2\int_{L_1} P(x,y)\mathrm{d}x, & P(x,y)\text{ 对 } x \text{ 为偶函数},\end{cases}$$

$$\int_L Q(x,y)\mathrm{d}y=\begin{cases}0, & Q(x,y)\text{ 对 } x \text{ 为偶函数},\\ 2\int_{L_1} Q(x,y)\mathrm{d}y, & Q(x,y)\text{ 对 } x \text{ 为奇函数}.\end{cases}$$

其中，$L_1=L\cap\{x\geqslant 0\}$.

③ 若 L 关于原点对称(不经过原点)，则

$$\int_L P(x,y)\mathrm{d}x+Q(x,y)\mathrm{d}y=\begin{cases}0, & \text{若 } P,Q \text{ 关于}(x,y)\text{ 为偶函数},\\ 2\int_{L_1} P\mathrm{d}x+Q\mathrm{d}y, & \text{若 } P,Q \text{ 关于}(x,y)\text{ 为奇函数},\end{cases}$$

其中，$L_1=L\cap\{y\geqslant 0\}$ 或 $L_2=L\cap\{x\geqslant 0\}$.

4. 对坐标的曲线积分的计算法

设有光滑曲线 $\overset{\frown}{AB}$ 的参数方程为

$$x=x(t),\ y=y(t),\ z=z(t),$$

其定向是当 t 单调地(增加或减少)从 α 变到 β 时相应的点 M 从 A 沿曲线变到 B，(即 $x(t)$，$y(t)$，$z(t)$ 在 $[\alpha,\beta]$ 或 $[\beta,\alpha]$ 有连续的导数，$x'^2(t)+y'^2(t)+z'^2(t)\neq 0$，$(x(\alpha),y(\alpha),z(\alpha))$ 为 A，$(x(\beta),y(\beta),z(\beta))$ 为 B) 且 $P(x,y,z)$，$Q(x,y,z)$，$R(x,y,z)$ 在 $\overset{\frown}{AB}$ 连续，则

$$\begin{aligned}&\int_{\overset{\frown}{AB}} P\mathrm{d}x+Q\mathrm{d}y+R\mathrm{d}z=\\&\int_\alpha^\beta [P(x(t),y(t),z(t))x'(t)+Q(x(t),y(t),z(t))y'(t)+\\&R(x(t),y(t),z(t))z'(t)]\mathrm{d}t.\end{aligned}$$

上述公式表明，计算对坐标的曲线积分 $\int_L P\mathrm{d}x+Q\mathrm{d}y+R\mathrm{d}z$ 化为计算定积分，只要把

曲线的参数方程代入被积表达式——归结为微分运算：$dx = x'(t)dt, dy = y'(t)dt, dz = z'(t)dt$. 必须注意，下限 α 对应于 L 的起点，上限 β 对应于 L 的终点，α 不一定小于 β.

5. 两类曲线积分的联系与区别

(1) 两类积分的比较

两类曲线积分的共同点：都是和式的极限，都是用小弧段的最大弧长 $\lambda \to 0$ 来刻画无限细分，和式中的每一项均含两个求积因子，其中一个因子，都是函数在小弧段的某点取值，和式的极限均要求有两个无关性（与曲线的分法及点 M_i 的取法无关）. 不同点是：和式中每个乘积项的另一因子不同，一是乘小弧段的弧长，因而也可说是对弧长求和，它与曲线定向无关；另一是乘小弧段在坐标轴上的投影即小弧段对应的有向弦的坐标. 因而是对坐标求和，它与曲线的定向有关.

(2) 两类曲线积分的关系式

设 L 是空间中的光滑曲线，三元函数 P,Q,R 在 L 连续，则

$$\int_L P\,dx + Q\,dy + R\,dz = \int_L (P\cos\alpha + Q\cos\beta + R\cos\gamma)\,ds,$$

其中，$\cos\alpha, \cos\beta, \cos\gamma$ 是 L 上 $\forall$ 点 $M(x,y,z)$ 处指向曲线方向的单位切向量 $\boldsymbol{\tau}$ 的方向余弦.

对平面情形有类似公式.

二、典型题型归纳及解题方法与技巧

1. 求第二类曲线积分

【例 11.2.1】求第二类曲线积分 $I = \oint_L \dfrac{-y\,dx + x\,dy}{x^2+y^2}$.

(1) $L: x^2+y^2=a^2$，顺时针方向（$a>0$）；

(2) $L: |x|\leqslant 1, |y|\leqslant 1$ 的边界，沿顺时针方向.

【解】(1) 方法一　写出圆周的参数方程再利用第二类曲线积分计算公式.

圆周的参数方程：$x=a\cos t,\ y=a\sin t$，按定向，t 从 2π 到 0. 化曲线积分为定积分.

$$I = \int_{2\pi}^{0} \frac{-a\sin t(-a\sin t) + a\cos t(a\cos t)}{a^2}\,dt$$

$$= -\int_0^{2\pi} (\sin^2 t + \cos^2 t)\,dt = -\int_0^{2\pi} dt = -2\pi.$$

方法二　化第二类曲线积分为第一类曲线积分

$$I = \int_L \frac{-y\cos\alpha + x\cos\beta}{a^2}\,ds.$$

注意 $\{\cos\alpha, \cos\beta\} = \left\{\dfrac{y}{a}, \dfrac{-x}{a}\right\}$ 是 L 上点 (x,y) 处的单位切向量，指向顺时针方向（见图 11.2-1）. 于是

$$I = -\frac{1}{a^2}\int_L \frac{y^2+x^2}{a}\,ds = -\frac{1}{a}\int_L ds = -\frac{1}{a}\cdot 2\pi a = -2\pi.$$

(2) L 是正方形的边界，分别在四条边上来计算，见图 11.2-2.

边界线的参数方程是分段表示的,并容易写出. 如 $\overline{BC}$:$\begin{cases} x=-1, \\ y=y(-1\leqslant y\leqslant 1), \end{cases}$ 分别在四条边上化成定积分并计算:

$$I=\int_{\overline{AB}}+\int_{\overline{BC}}+\int_{\overline{CD}}+\int_{\overline{DA}}$$

$$=\int_{1}^{-1}\frac{-(-1)}{1+x^2}\mathrm{d}x+\int_{-1}^{1}\frac{(-1)\mathrm{d}y}{1+y^2}+\int_{-1}^{1}\frac{(-1)\mathrm{d}x}{1+x^2}+\int_{1}^{-1}\frac{\mathrm{d}y}{1+y^2}$$

$$=-4\int_{-1}^{1}\frac{\mathrm{d}x}{1+x^2}=[-8\arctan x]_0^1=-8\cdot\frac{\pi}{4}=-2\pi.$$

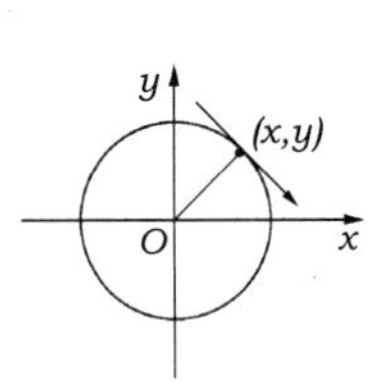

图 11.2-1

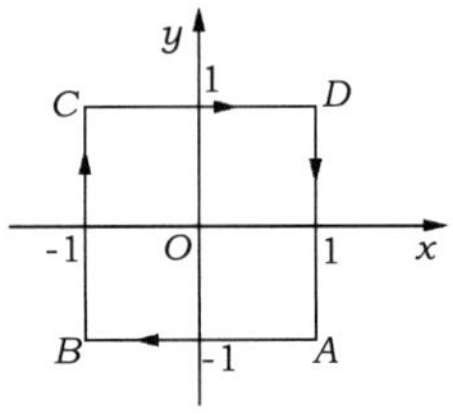

图 11.2-2

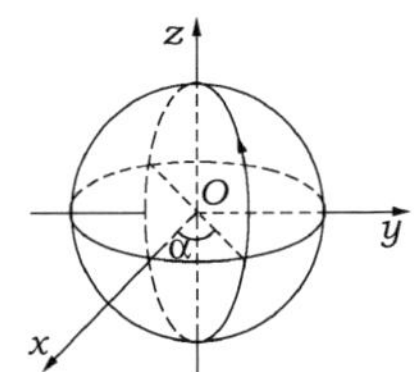

图 11.2-3

【例 11.2.2】求曲线积分

$$I=\int_C(y-z)\mathrm{d}x+(z-x)\mathrm{d}y+(x-y)\mathrm{d}z,$$

其中,C 为圆周:$\begin{cases} x^2+y^2+z^2=a^2, & a>0, \\ y=x\tan\alpha, & 0<\alpha<\dfrac{\pi}{2}, \end{cases}$ 从 x 轴正向看去,圆周沿逆时针方向.

【解】先求出圆周 C 的参数方程,然后代公式. 求圆周 C 的参数方程:

将 $y=x\tan\alpha$ 代入球面方程 $x^2+y^2+z^2=a^2$ 得

$$\frac{x^2}{\cos^2\alpha}+z^2=a^2,$$

这是圆周 C 在 zx 平面上的投影方程,它是 zx 平面上的椭圆曲线. 因此,由椭圆的参数方程可得圆 C 的参数方程是 $\begin{cases} x=a\cos\alpha\cos t, \\ y=a\sin\alpha\cos t, \\ z=a\sin t, \end{cases}$ 见图 11.2-3.

按题意,由圆周 C 的定向,参数 t 从 $t=0$ 到 $t=2\pi$. 化曲线积分为定积分并计算.

$$I=\int_0^{2\pi}[(a\sin\alpha\cos t-a\sin t)(-a\cos\alpha\sin t)+(a\sin t-a\cos\alpha\cos t)\cdot$$

$$(-a\sin\alpha\sin t)+(a\cos\alpha\cos t-a\sin\alpha\cos t)(a\cos t)]\mathrm{d}t$$

$$=a^2\int_0^{2\pi}(\cos\alpha-\sin\alpha)(\cos^2t+\sin^2t)\mathrm{d}t=2\pi a^2(\cos\alpha-\sin\alpha).$$

评注　直接求第一、二类曲线积分时,若曲线由参数方程给出,则直接套公式化为定积分;若曲线由其他形式的方程给出时,则先求曲线的参数方程,然后套公式. 套公式时,对第一类积分要计算 $\mathrm{d}s$,对第二类积分要计算 $\mathrm{d}x,\mathrm{d}y(\mathrm{d}z)$ 等. 确定积分限时,要确定参数的变化范围,但要注意对第一类曲线积分,积分下限≤积分上限. 对第二类积分,定积分的下、上限分别对应曲线起终点的参数. 若曲线分段表示,则要分段积分.

学习随笔

2. 利用曲线方程与对称性简化曲线积分的计算

【例 11.2.3】求下列曲线积分的值：

(1) 设 L 是闭曲线 $|x|+|y|=2$，取逆时针方向，则 $\int_L \frac{-y\mathrm{d}x+2x\mathrm{d}y}{|x|+|y|}=$ ________；

(2) 设 L 是单位圆周 $x^2+y^2=1$，取逆时针方向，则 $\int_L \frac{\mathrm{d}x+\mathrm{d}y}{|x|+|y|}$ ________.

【分析与求解】(1) 利用曲线方程 $\Rightarrow I=\int_L \frac{-y\mathrm{d}x+2x\mathrm{d}y}{|x|+|y|}=\frac{1}{2}\int_L -y\mathrm{d}x+2x\mathrm{d}y$.

注意：$P=-y$，$Q=2x$ 对 (x,y) 为奇函数，L 关于原点对称（见图 11.2-4）$\Rightarrow$

$$I=2\cdot\frac{1}{2}\int_{L'} -y\mathrm{d}x+2x\mathrm{d}y,$$

其中，$L'=L\cap\{y\geqslant 0\}$.

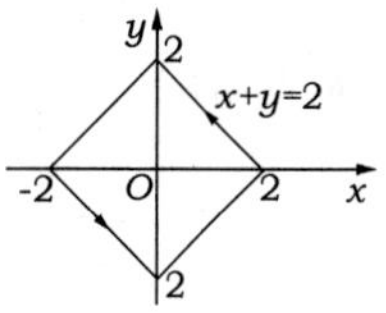

图 11.2-4

L' 关于 y 轴对称，$P=-y$ 对 x 为偶函数，$Q=2x$ 对 x 为奇函数 $\Rightarrow$

$$I=\int_{L'} -y\mathrm{d}x+2x\mathrm{d}y=2\int_{L_1} -y\mathrm{d}x+2x\mathrm{d}y,$$

其中，$L_1=L'\cap\{x\geqslant 0\}$. L_1 的方程是 $y=2-x$，$x\in[2,0]\Rightarrow$

$$I=2\int_2^0[-(2-x)+2x(-1)]\mathrm{d}x=2\int_0^2(x+2)\mathrm{d}x=2\left(\frac{1}{2}[x^2]_0^2+4\right)=12.$$

(2) L 是以原点为圆心的圆周，关于原点对称.

$P(x,y)=Q(x,y)=\frac{1}{|x|+|y|}$ 对 x,y 为偶函数. 因此 $I=\int_L \frac{\mathrm{d}x+\mathrm{d}y}{|x|+|y|}=0$.

3. 两类曲线积分的关系

【例 11.2.4】设 Γ 是一条光滑定向平面曲线，Γ 上 $\forall$ 点 (x,y) 处的法向量为 $\boldsymbol{n}$，沿 Γ 方向它指向右侧，$P(x,y)$，$Q(x,y)$ 在 Γ 上连续，求证：

$$\int_\Gamma P\mathrm{d}y-Q\mathrm{d}x=\int_\Gamma[P\cos\langle\boldsymbol{n},\boldsymbol{i}\rangle+Q\cos\langle\boldsymbol{n},\boldsymbol{j}\rangle]\mathrm{d}s.$$

【分析与证明】Γ 上 $\forall$ 点 (x,y) 处的切向量 $\boldsymbol{\tau}$，它指向 Γ 的方向，由第一、二类曲线积分的关系得

$$\int_\Gamma -Q\mathrm{d}x+P\mathrm{d}y=\int_\Gamma[-Q\cos\langle\boldsymbol{\tau},\boldsymbol{i}\rangle+P\cos\langle\boldsymbol{\tau},\boldsymbol{j}\rangle]\mathrm{d}s. \qquad (11.2-1)$$

注意 $\langle\boldsymbol{\tau},\boldsymbol{i}\rangle=\pi-\langle\boldsymbol{n},\boldsymbol{j}\rangle$，$\langle\boldsymbol{\tau},\boldsymbol{j}\rangle=\langle\boldsymbol{n},\boldsymbol{i}\rangle$，（见图 11.2-5）

代入式(11.2-1) $\Rightarrow$

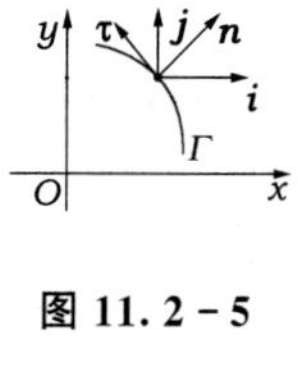

$$\int_\Gamma -Q\mathrm{d}x+P\mathrm{d}y=\int_\Gamma[-Q\cos(\pi-\langle\boldsymbol{n},\boldsymbol{j}\rangle+P\cos\langle\boldsymbol{n},\boldsymbol{i}\rangle]\mathrm{d}s$$

$$=\int_\Gamma[P\cos\langle\boldsymbol{n},\boldsymbol{i}\rangle+Q\cos\langle\boldsymbol{n},\boldsymbol{j}\rangle]\mathrm{d}s.$$

图 11.2-5

学习随笔

4. 功的计算

【例 11.2.5】设位于点(0,1)的质点 A 对质点 M 的引力大小为 $\frac{k}{r^2}$($k>0$ 为常数,$r=|AM|$),分别求下列运动过程中 A 对质点 M 的引力所做的功.

(1) 质点 M 沿曲线 $y=\sqrt{2x-x^2}$ 自 $B(2,0)$ 运动到 $O(0,0)$;

(2) 质点 M 在圆 $x^2+y^2=2^2$ 上自 B 点沿逆时针方向运动到 B 点.

【分析】首先求出引力 $\boldsymbol{F}$. 已知 $|\boldsymbol{F}|=\frac{k}{r^2}$,$r=|\overline{AM}|=\sqrt{x^2+(1-y)^2}$. 再求 $\boldsymbol{F}$ 的方向,$\boldsymbol{F}$ 与 $\overrightarrow{MA}=\{-x,1-y\}$同向,

$$\frac{\overrightarrow{MA}}{|\overrightarrow{MA}|}=\frac{1}{r}\{-x,1-y\}\Rightarrow \boldsymbol{F}=\frac{k}{r^3}\{-x,1-y\},$$

(见图 11.2-6).

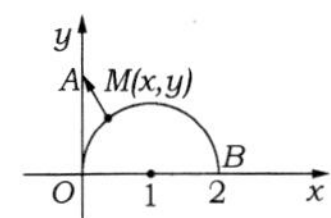

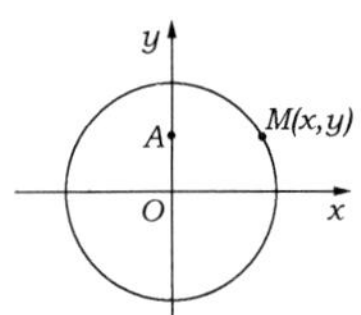

图 11.2-6

求功就是求曲线积分

$$W=\int_C \frac{k}{r^3}[-x\mathrm{d}x+(1-y)\mathrm{d}y]\xlongequal{\text{记}}\int_C P\mathrm{d}x+Q\mathrm{d}y.$$

题(1)与题(2)分别给出两种不同的积分路径 C.

【解】下面介绍三种方法:

方法一 (由曲线的参数方程求曲线积分)

(1) 半圆的参数 $\begin{cases}x=1+\cos\theta,\\ y=\sin\theta,\end{cases}\theta\in[0,\pi]$,

$$\Rightarrow W=k\int_0^{\pi}\frac{-(1+\cos\theta)\mathrm{d}(1+\cos\theta)+(1-\sin\theta)\mathrm{d}(\sin\theta)}{[(1+\cos\theta)^2+(1-\sin\theta)^2]^{3/2}}$$

$$=-\frac{k}{2}\int_0^{\pi}\frac{\mathrm{d}[2(\cos\theta-\sin\theta)]}{[3+2(\cos\theta-\sin\theta)]^{3/2}}=k\left[[3+2(\cos\theta-\sin\theta)]^{-\frac{1}{2}}\right]_0^{\pi}=k\left(1-\frac{1}{\sqrt{5}}\right).$$

(2) 圆的参数方程 $\begin{cases}x=2\cos\theta,\\ y=2\sin\theta,\end{cases}\theta\in[0,2\pi]$,

$$\Rightarrow W=k\int_0^{2\pi}\frac{-2\cos\theta\mathrm{d}(2\cos\theta)+(1-2\sin\theta)\mathrm{d}(2\sin\theta)}{[4\cos^2\theta+(1-2\sin\theta)^2]^{3/2}}$$

$$=-\frac{k}{2}\int_0^{2\pi}\frac{\mathrm{d}(-4\sin\theta)}{(5-4\sin\theta)^{3/2}}=k\left[(5-4\sin\theta)^{-\frac{1}{2}}\right]_0^{2\pi}=0.$$

方法二 $\left(\text{验证}\frac{\partial Q}{\partial x}=\frac{\partial P}{\partial y}\right)$

易算得 $\frac{\partial Q}{\partial x}=\frac{\partial}{\partial x}\left[\frac{-k(y-1)}{r^3}\right]=\frac{3k(y-1)x}{r^5}=\frac{\partial}{\partial y}\left(\frac{-kx}{r^3}\right)=\frac{\partial P}{\partial y}$,$(x,y)\neq(0,1)$.

(1) 在所考虑的单连通区域(含半圆但不含 A 点)内:$\frac{\partial Q}{\partial x}=\frac{\partial P}{\partial y}\Rightarrow$ 积分与路径无关,于是

$$W=\int_{\overline{BO}}\frac{k}{r^3}[-x\mathrm{d}x+(1-y)\mathrm{d}y]$$

$$=k\int_2^0 \frac{-x}{(1+x^2)^{3/2}}\mathrm{d}x = k\left[(1+x^2)^{-\frac{1}{2}}\right]_2^0 = k\left(1-\frac{1}{\sqrt{5}}\right).$$

(2) 由于$\frac{\partial Q}{\partial x}=\frac{\partial P}{\partial y}((x,y)\neq(0,1))$，在全平面除 A 点外的区域不是单连通的，不足以判断积分是否与路径无关.

以 A 为中心，$\varepsilon>0$ 充分小为半径作小圆周 C_ε，大圆记为 C，C_ε 与 C 围成 D，则

$$0=\iint_D\left(\frac{\partial Q}{\partial x}-\frac{\partial P}{\partial y}\right)\mathrm{d}\sigma=\int_{C\cup C_\varepsilon}P\mathrm{d}x+Q\mathrm{d}y,$$

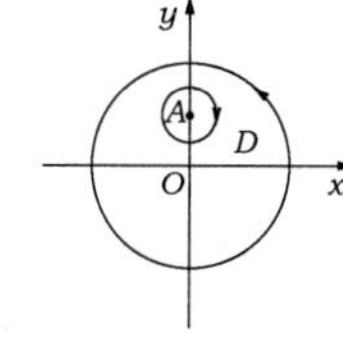

图 11.2－7

其中，C 取逆时针方向，C_ε 取顺时针方向，(图 11.2－7). 从而

$$W=\int_C P\mathrm{d}x+Q\mathrm{d}y=-\int_{C_\varepsilon}P\mathrm{d}x+Q\mathrm{d}y$$

$$=-k\int_{C_\varepsilon}-x\mathrm{d}x+(1-y)\mathrm{d}y=0.$$

方法三　(求原函数)

$$P\mathrm{d}x+Q\mathrm{d}y=\frac{k}{r^3}[-x\mathrm{d}x+(1-y)\mathrm{d}y]=\frac{-k}{2r^3}\mathrm{d}[x^2+(1-y)^2]$$

$$=-\frac{k}{2r^3}\mathrm{d}r^2=-\frac{k}{r^2}\mathrm{d}r=\mathrm{d}\left(\frac{k}{r}\right).$$

(1) $W=\int_{\overset{\frown}{BO}}\mathrm{d}\left(\frac{k}{r}\right)=\frac{k}{r}\Big|_{(2,0)}^{(0,0)}=k\left(1-\frac{1}{\sqrt{5}}\right).$

(2) 求出了原函数，积分与路径无关，沿闭路积分为零，即 $W=0$.

评注　① 第二类曲线积分的主要应用是求变力所做的功. 关键是先求出变力 $\boldsymbol{F}$，只需按题意分别求出 $\boldsymbol{F}$ 的大小 $|\boldsymbol{F}|$ 及它的方向 $\boldsymbol{l}_0(|\boldsymbol{l}_0|=1)$；$\boldsymbol{F}=|\boldsymbol{F}|\boldsymbol{l}_0$. 余下就是计算第二类曲线积分$\int_{\overset{\frown}{AB}}\boldsymbol{F}\cdot\mathrm{d}\boldsymbol{s}$.

② 本题的方法二与方法三要复习了本章节三节内容以后再看.

第三节　格林公式及其应用

一、知识点归纳总结

1. 平面上的单连通区域与区域的正向边界

设 D 为平面区域，若 D 内任一闭曲线所围部分都属于 D，则称 D 为平面单连通区域，否则称为复连通区域. 通俗地说，平面单连通区域是不含有“洞”(包括点“洞”)的区域. 复连通区域是含有“洞”(包括点“洞”)的区域.

设 D 为平面区域，L 是 D 的边界，我们规定 L 的正向如下：当观察者沿这个方向行进时 D 内在他近处的那一部分总在他的左边.

设 D 是复连通区域，外边界为闭曲线 C，内边界是闭曲线：$C_1,C_2,\cdots,C_n$，则 C 的正向是逆时针方向，$C_1,C_2,\cdots,C_n$ 的正向是顺时针方向.

学习随笔

2. 格林公式

(1) 格林公式的表述

定理　设 D 为有界闭区域,边界 Γ 是分段光滑曲线,$P(x,y)$,$Q(x,y)$在 D 有连续偏导数,则有格林公式

$$\iint_D\left(\frac{\partial Q}{\partial x}-\frac{\partial P}{\partial y}\right)\mathrm{d}x\,\mathrm{d}y=\int_{\Gamma^+}P\,\mathrm{d}x+Q\,\mathrm{d}y,$$

或

$$\iint_D\left(\frac{\partial P}{\partial x}+\frac{\partial Q}{\partial y}\right)\mathrm{d}x\,\mathrm{d}y=\int_{\Gamma^+}P\,\mathrm{d}y-Q\,\mathrm{d}x,$$

其中,Γ^+ 表示沿边界 Γ 的正向(沿 Γ 前进时,区域 D 永远在左边).

(2) 复连通区域上的格林公式

设 D 是复连通区域,边界 Γ 分段光滑,且 $\Gamma=$外边界 $C\cup\{$内边界 $\bigcup\limits_{i=1}^{k}C_i\}$,$P(x,y)$,$Q(x,y)$ 在 D 有连续偏导数,则

$$\iint_D\left(\frac{\partial Q}{\partial x}-\frac{\partial p}{\partial y}\right)\mathrm{d}x\,\mathrm{d}y=\int_{\Gamma^+}P\,\mathrm{d}x+Q\,\mathrm{d}y=\int_{C^+}P\,\mathrm{d}x+Q\,\mathrm{d}y+\sum_{i=1}^{k}\int_{C_i^-}P\,\mathrm{d}x+Q\,\mathrm{d}y$$

$$=\int_{C^+}P\,\mathrm{d}x+Q\,\mathrm{d}y-\sum_{i=1}^{k}\int_{C_i^+}P\,\mathrm{d}x+Q\,\mathrm{d}y.$$

这里,对单条闭曲线,C_i^+ 表示逆时针方向,C_i^- 表示顺时针方向.见图 11.3-1.

(3)* 平面上的分部积分公式——格林第一、第二公式

设 D 是平面上有界闭区域,边界 Γ 是分段光滑曲线.

① 若 $u(x,y)$,$w(x,y)$在 D 有连续偏导数,则

$$\iint_D u\frac{\partial w}{\partial x}\mathrm{d}\sigma=\int_\Gamma uw\cos\langle\boldsymbol{n},\boldsymbol{i}\rangle\mathrm{d}s-\iint_D w\frac{\partial u}{\partial x}\mathrm{d}\sigma,$$

$$\iint_D u\frac{\partial w}{\partial y}\mathrm{d}\sigma=\int_\Gamma uw\cos\langle\boldsymbol{n},\boldsymbol{j}\rangle\mathrm{d}s-\iint_D w\frac{\partial u}{\partial y}\mathrm{d}\sigma,$$

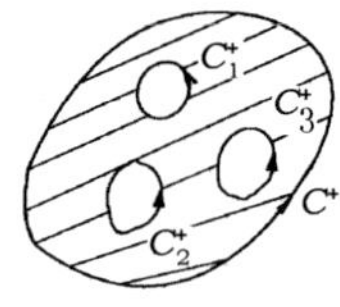

图 11.3-1

其中,$\boldsymbol{n}$ 为 Γ 的外法向.——平面中的分部积分公式.

② 若 $u(x,y)$,$v(x,y)$在 D 有连续的二阶偏导数,则

$$\iint_D u\Delta v\,\mathrm{d}\sigma=\int_\Gamma u\frac{\partial v}{\partial n}\mathrm{d}s-\iint_D(\nabla u\cdot\nabla v)\mathrm{d}\sigma,\text{(格林第一公式)}\tag{11.3-1}$$

$$\iint_D(u\Delta v-v\Delta u)\mathrm{d}\sigma=\int_\Gamma\left(u\frac{\partial v}{\partial n}-v\frac{\partial u}{\partial n}\right)\mathrm{d}s,\text{(格林第二公式)}\tag{11.3-2}$$

其中,$\Delta u=\dfrac{\partial^2 u}{\partial x^2}+\dfrac{\partial^2 u}{\partial y^2}$,　$\Delta v=\dfrac{\partial^2 v}{\partial x^2}+\dfrac{\partial^2 v}{\partial y^2}$.

3. 格林公式的应用

(1) 利用曲线积分计算平面区域 D 的面积

设 D 为有界闭区域,正向边界 L^+ 分段光滑,则

学习随笔

$$D\text{ 的面积}=\frac{1}{2}\int_{L^+}-y\mathrm{d}x+x\mathrm{d}y.$$

(2) 利用格林公式计算曲线积分

$$\int_{L^+}P\mathrm{d}x+Q\mathrm{d}y=\iint_D\left(\frac{\partial Q}{\partial x}-\frac{\partial P}{\partial y}\right)\mathrm{d}x\mathrm{d}y,$$

其中,L^+为 D 的正向边界.若右端二重积分易求,则求左端的线积分可化为求二重积分.

$$\int_{L^+}P\mathrm{d}x+Q\mathrm{d}y=\int_{C^+}P\mathrm{d}x+Q\mathrm{d}y+\iint_D\left(\frac{\partial Q}{\partial x}-\frac{\partial P}{\partial y}\right)\mathrm{d}\sigma,$$

其中,闭曲线 L 与 C 围成区域 D,L^+是外边界,C^+是内边界,均取逆时针方向.求左端的线积分转化为求右端的二重积分和另一条线积分.

特别地,当$\frac{\partial Q}{\partial x}\equiv\frac{\partial P}{\partial y}$时,转化为求另一曲线积分,见图 11.3-2.

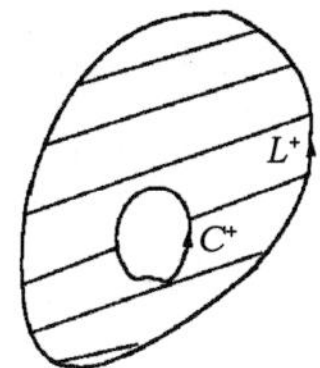

图 11.3-2

(3) 利用格林公式求二重积分

有时直接计算二重积分较复杂,可利用格林公式将求二重积分化为求曲线积分.

4. 曲线积分与路径无关及全微分式的原函数概念

定义　设 D 为平面上的区域.若$\forall$的 $A,B\in D$,沿以 A 为起点,B 为终点的$\forall$两条分段光滑曲线 L_1,L_2,恒有

$$\int_{L_1}P\mathrm{d}x+Q\mathrm{d}y=\int_{L_2}P\mathrm{d}x+Q\mathrm{d}y,$$

则称$\int_L P\mathrm{d}x+Q\mathrm{d}y$ 在 D 与路径无关,否则说不是与路径无关.(见图 11.3-3)

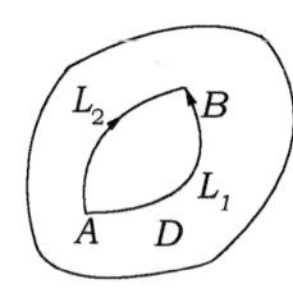

图 11.3-3

定义　若定义在区域 D 上的函数 $u(x,y)$满足

$$\mathrm{d}u=P(x,y)\mathrm{d}x+Q(x,y)\mathrm{d}y,$$

称 $u(x,y)$为区域 D 上 $P\mathrm{d}x+Q\mathrm{d}y$ 的原函数.

当 $P(x,y),Q(x,y)$在 D 上连续时,

$$u(x,y)\text{为区域 }D\text{ 上原函数}\Leftrightarrow\frac{\partial u}{\partial x}=P(x,y),\frac{\partial u}{\partial y}=Q(x,y),(x,y)\in D$$

$$\Leftrightarrow \mathbf{grad}u=(P,Q)(x,y)\in D.$$

定义　设有向量函数 $\boldsymbol{F}(x,y)=(P(x,y),Q(x,y))$ 若积分$\int_L\boldsymbol{F}\mathrm{d}\boldsymbol{s}=\int_L P\mathrm{d}x+Q\mathrm{d}y$ 在区域 D 与路径无关,称向量场 $\boldsymbol{F}$ 在 D 是保守场.

若在 D 上,$\mathrm{d}u=P\mathrm{d}x+Q\mathrm{d}y$,称数值函数 $u(x,y)$是向量场 $\boldsymbol{F}$ 的势函数.

$u(x,y)$是向量场 $\boldsymbol{F}$ 的势函数$\Leftrightarrow\nabla u$(即 $\mathbf{grad}u$)$=\boldsymbol{F}$

学习随笔

5. 曲线积分$\int_L P\mathrm{d}x+Q\mathrm{d}y$与路径无关($P\mathrm{d}x+Q\mathrm{d}y$存在原函数)时的特征

(1) 路径无关与闭路积分

定理　设$P(x,y),Q(x,y)$在D连续,则

$\int_L P\mathrm{d}x+Q\mathrm{d}y$在$D$与路径无关$\Leftrightarrow$对$D$内$\forall$分段光滑闭曲线$C$,$\oint_C P\mathrm{d}x+Q\mathrm{d}y=0$.

(2) 路径无关与原函数

定理　设$P(x,y),Q(x,y)$在D连续,则

$\int_L P\mathrm{d}x+Q\mathrm{d}y$在$D$与路径无关$\Leftrightarrow P\mathrm{d}x+Q\mathrm{d}y$在$D$存在原函数$u(x,y)$.

此时,$\forall(x_0,y_0)\in D,\forall(x,y)\in D$,积分

$$u(x,y)=\int_{(x_0,y_0)}^{(x,y)}P\mathrm{d}x+Q\mathrm{d}y$$

是$P\mathrm{d}x+Q\mathrm{d}y$在$D$上的一个原函数.

对于向量场$\boldsymbol{F}=(P,Q)$,其中$P(x,y),Q(x,y)$在区域D连续,则向量场$\boldsymbol{F}$在D是保守场$\Leftrightarrow$在D内向量场$\boldsymbol{F}$存在势函数(记为$u(x,y)$).此时,$\forall(x_0,y_0)\in D,\forall(x,y)\in D$,$u(x,y)=\int_{(x_0,y_0)}^{(x,y)}P\mathrm{d}x+Q\mathrm{d}y$是$\boldsymbol{F}$的一个势函数.

(3) 路径无关与P,Q的性质

定理　设$P(x,y),Q(x,y)$在区域D有连续偏导数,$\int_L P\mathrm{d}x+Q\mathrm{d}y$在$D$与路径无关$\Rightarrow\dfrac{\partial Q}{\partial x}=\dfrac{\partial P}{\partial y}\quad((x,y)\in D)$.

定理　设$P(x,y),Q(x,y)$在区域D有连续偏导数,若$\dfrac{\partial Q}{\partial x}=\dfrac{\partial P}{\partial y}\quad((x,y)\in D)$,且$D$是单连通区域$\Rightarrow\int_L P\mathrm{d}x+Q\mathrm{d}y$在$D$内与路径无关.

6. 曲线积分与路径无关的判别方法

设D是平面上一区域,$P(x,y),Q(x,y)$在D有连续偏导数.

(1) 由以下方法之一均可断定积分$\int_L P\mathrm{d}x+Q\mathrm{d}y$在$D$内不是与路径无关

① 一条分段光滑闭曲线$C\subset D$,使得$\oint_C P\mathrm{d}x+Q\mathrm{d}y\neq 0$.

② 存在$(x,y)\in D$,$\dfrac{\partial Q(x,y)}{\partial x}\neq\dfrac{\partial P(x,y)}{\partial y}$.

(2) 由以下方法之一均可断定积分$\int_L P\mathrm{d}x+Q\mathrm{d}y$在$D$内与路径无关

① 求得原函数$u(x,y)$使得$\mathrm{d}u=P\mathrm{d}x+Q\mathrm{d}y\quad((x,y)\in D)$.

② 若$\dfrac{\partial Q}{\partial x}=\dfrac{\partial P}{\partial y}\quad((x,y)\in D)$,又$D$是单连通区域.

学习随笔

③ 设 $D=D_0\setminus\{M_0\}$，D_0 是单连通区域，点 $M_0\in D$. 若 $\dfrac{\partial Q}{\partial x}=\dfrac{\partial P}{\partial y}((x,y)\in D)$，又存在一条分段光滑闭曲线 C，它环绕点 M_0，且 $\int_C P\mathrm{d}x+Q\mathrm{d}y=0$. 见图 11.3－4.

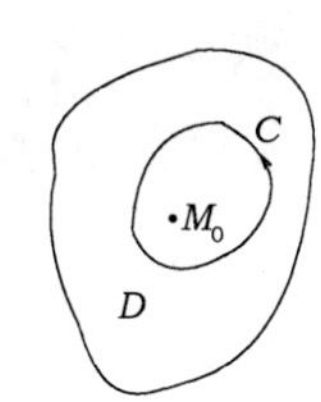

图 11.3－4

7. 求 $P\mathrm{d}x+Q\mathrm{d}y$ 的原函数的方法

设 $P(x,y)$，$Q(x,y)$ 在区域 D 连续，若 $u(x,y)$ 是 $P\mathrm{d}x+Q\mathrm{d}y$ 在区域 D 的一个原函数，则它的全体原函数是：$u(x,y)+C$，C 为 $\forall$ 常数.

我们可用以下方法求得 $P\mathrm{d}x+Q\mathrm{d}y$ 的原函数.

方法一　特殊路径积分法.

若已判断 $P\mathrm{d}x+Q\mathrm{d}y$ 存在原函数，可取特殊路径求积分

$$\int_{(x_0,y_0)}^{(x,y)} P\mathrm{d}x+Q\mathrm{d}y,$$

从而求得原函数 $u(x,y)$. 特别是有

$$u(x,y)=\int_{x_0}^{x} P(x,y_0)\mathrm{d}x+\int_{y_0}^{y} Q(x,y)\mathrm{d}y+C,$$

或

$$u(x,y)=\int_{x_0}^{x} P(x,y)\mathrm{d}x+\int_{y_0}^{y} Q(x_0,y)\mathrm{d}y+C,$$

其中，C 为 $\forall$ 常数，即分别取积分路径如图 11.3－5 所示.

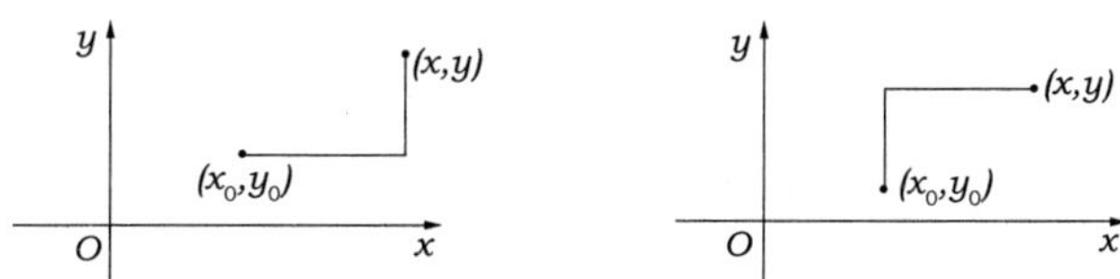

图 11.3－5

方法二　不定积分法.

将方程 $\dfrac{\partial u}{\partial x}=P(x,y)$ 两端对 x 求积分得

$$u(x,y)=\Phi(x,y)+\varphi(y),$$

其中，$\Phi(x,y)=\int P(x,y)\mathrm{d}x$ 是已确定的函数，$\varphi(y)$ 是待定的函数.

再由

$$\frac{\partial u}{\partial y}=\frac{\partial \Phi(x,y)}{\partial y}+\varphi'(y)=Q(x,y),$$

定出 $\varphi'(y)$，最后确定 $\varphi(y)$.

方法三　凑微分法.

利用已知的全微分公式，将 $P\mathrm{d}x+Q\mathrm{d}y$ 凑成 $\mathrm{d}\Phi(x,y)$，即 $P\mathrm{d}x+Q\mathrm{d}y=\cdots=\mathrm{d}\Phi(x,y)$，则

$$u(x,y)=\Phi(x,y)+C.$$

学习随笔

8. 若$\int_L P\mathrm{d}x+Q\mathrm{d}y$在$D$内与路径无关时,求$\int_{\overset{\frown}{AB}} P\mathrm{d}x+Q\mathrm{d}y$的方法

设$P(x,y)$,$Q(x,y)$在D连续,求$\int_{\overset{\frown}{AB}} P\mathrm{d}x+Q\mathrm{d}y$的方法:

方法一　若$\overset{\frown}{AB}:\begin{cases}x=x(t),\\ y=y(t),\end{cases}$ t从α(起点)到β(终点),则

$$\int_{\overset{\frown}{AB}} P\mathrm{d}x+Q\mathrm{d}y=\int_{\alpha}^{\beta}[P(x(t),y(t))x'(t)+Q(x(t),y(t))y'(t)]\mathrm{d}t.$$

方法二　存在$u(x,y)$,并已求得$\mathrm{d}u=P\mathrm{d}x+Q\mathrm{d}y$,则

$$\int_{\overset{\frown}{AB}} P\mathrm{d}x+Q\mathrm{d}y=\int_{\overset{\frown}{AB}}\mathrm{d}u=\Big[u(x,y)\Big]_A^B=u(B)-u(A).$$

方法三　若另证得积分$\int_L P\mathrm{d}x+Q\mathrm{d}y$与路径无关,则可取特殊路径求积分$\int_{\overset{\frown}{AB}} P\mathrm{d}x+Q\mathrm{d}y$.

若向量场$\boldsymbol{F}=(P,Q)$是保守场,则$\boldsymbol{F}$存在势函数$u(x,y)$且

$$\int_{\overset{\frown}{AB}}\boldsymbol{F}\mathrm{d}\boldsymbol{S}=\int_{\overset{\frown}{AB}} P\mathrm{d}x+Q\mathrm{d}y=\Big[u(x,y)\Big]_A^B.$$

9. *全微分方程与**积分因子

*(1) 全微分方程

① 什么是全微分方程

设有微分方程

$$P(x,y)\mathrm{d}x+Q(x,y)\mathrm{d}y=0, \tag{11.3-3}$$

若$P(x,y)\mathrm{d}x+Q(x,y)\mathrm{d}y$是某函数$u(x,y)$的全微分,即

$$\mathrm{d}u(x,y)=\frac{\partial u}{\partial x}\mathrm{d}x+\frac{\partial u}{\partial y}\mathrm{d}y=P(x,y)\mathrm{d}x+Q(x,y)\mathrm{d}y$$

(也就是$P\mathrm{d}x+Q\mathrm{d}y$存在原函数),则称式(11.3-3)为全微分方程.

② 全微分方程的条件

在所考虑的单连通区域D内,P,Q有连续的一阶偏导数,则式(11.3-3)是全微分方程$\Leftrightarrow$

$$\frac{\partial Q}{\partial x}=\frac{\partial P}{\partial y},\ (x,y)\in D.$$

③ 全微分方程通解的求法

设已判断式(11.3-3)是全微分方程,则式(11.3-3)的通解为$u(x,y)=C$,其中C为$\forall$常数,$u(x,y)$为$P\mathrm{d}x+Q\mathrm{d}y$的原函数.

求式(11.3-3)的通解,归结为求$P\mathrm{d}x+Q\mathrm{d}y$的原函数.

**(2) 积分因子

① 什么是积分因子

若存在非零函数$\mu(x,y)$,使得用它乘式(11.3-3)后所得方程

$$\mu(x,y)P(x,y)\mathrm{d}x+\mu(x,y)Q(x,y)\mathrm{d}y=0,$$

成为全微分方程,则称$\mu(x,y)$为式(11.3-3)的积分因子.

② $\mu(x,y)$为积分因子的条件

设$P(x,y)$,$Q(x,y)$在某单连通区域D有连续的偏导数,则$\mu(x,y)$是式(11.3-3)的积分因子$\Leftrightarrow$

$$\frac{\partial(\mu P)}{\partial y}=\frac{\partial(\mu Q)}{\partial x},$$

即

$$P\frac{\partial\mu}{\partial y}-Q\frac{\partial\mu}{\partial x}=\mu\left(\frac{\partial Q}{\partial x}-\frac{\partial P}{\partial y}\right). \tag{11.3-4}$$

一般情形下,先求解式(11.3-4)得积分因子,然后再解式(11.3-3)是行不通的.在某些特殊情形却是可行的.

3) 几种特殊类型的积分因子的求法

设在某单连通区域D内P,Q有连续的偏导数.

① 若$G(x)=\left(\frac{\partial P}{\partial y}-\frac{\partial Q}{\partial x}\right)\Big/Q$仅是$x$的函数,则式(11.3-3)有仅依赖于$x$的积分因子$\mu(x)=\mathrm{e}^{\int G(x)\mathrm{d}x}$.

② 若$H(y)=\frac{-1}{P}\left(\frac{\partial P}{\partial y}-\frac{\partial Q}{\partial x}\right)$仅是$y$的函数,则式(11.3-3)有仅依赖于$y$的积分因子$\mu(y)=\mathrm{e}^{\int H(y)\mathrm{d}y}$.

③ 若$\varphi(z)=\left(\frac{\partial P}{\partial y}-\frac{\partial Q}{\partial x}\right)\Big/(xQ-yP)$仅是$z=x^2+y^2$的函数,则式(11.3-3)有仅依赖于$z$的积分因子$\mu(z)=\mathrm{e}^{\frac{1}{2}\int\varphi(z)\mathrm{d}z}$.

二、典型题型归纳及解题方法与技巧

1. 格林公式的其他形式

【例 11.3.1】设D为有界闭区域,边界L是分段光滑曲线,$P(x,y)$,$Q(x,y)$在D有连续偏导数,由格林公式

$$\iint\limits_D\left(\frac{\partial Q}{\partial x}-\frac{\partial P}{\partial y}\right)\mathrm{d}x\,\mathrm{d}y=\int_{L^+}P\,\mathrm{d}x+Q\,\mathrm{d}y, \tag{11.3-5}$$

导出如下另一形式的格林公式

(1) $$\iint\limits_D\left(\frac{\partial P}{\partial x}+\frac{\partial Q}{\partial y}\right)\mathrm{d}x\,\mathrm{d}y=\int_{L^+}P\,\mathrm{d}y-Q\,\mathrm{d}x; \tag{11.3-6}$$

(2) $$\iint\limits_D\left(\frac{\partial P}{\partial x}+\frac{\partial Q}{\partial y}\right)\mathrm{d}x\,\mathrm{d}y=\int_{L^+}[P\cos\langle\boldsymbol{n},\boldsymbol{i}\rangle+Q\cos\langle\boldsymbol{n},\boldsymbol{j}\rangle]\mathrm{d}s, \tag{11.3-7}$$

其中,L^+表示沿边界L的正向,$\boldsymbol{n}$为L^+的外法向.

【证明】(1) 将式(11.3-5)中的Q换成P,P换成$-Q$即得式(11.3-6).

(2) 由例11.2.4中给出的第一、二类曲线积分关系的另一形式:

$$\int_{L^+}P\,\mathrm{d}y-Q\,\mathrm{d}x=\int_{L^+}[P\cos\langle\boldsymbol{n},\boldsymbol{i}\rangle+Q\cos\langle\boldsymbol{n},\boldsymbol{j}\rangle]\mathrm{d}s$$

及式(11.3-6)即得式(11.3-7).

学习随笔

2. 由曲线积分求平面图形的面积.

【例 11.3.2】设 D 为有界闭区域，边界 L 分段光滑，D 的面积为 A.

(1) 求证：$A=\frac{1}{2}\int_{L^+}-y\mathrm{d}x+x\mathrm{d}y$，$L^+$ 为边界 L 的正向；

(2) D 的边界 L 是曲线：$x=t-t^3, y=t^2(-1\leqslant t\leqslant 1)$，求 D 的面积 A.

【分析与求解】(1) 在格林公式：$\iint\limits_D\left(\frac{\partial Q}{\partial x}-\frac{\partial P}{\partial y}\right)\mathrm{d}x\mathrm{d}y=\int_{L^+}P\mathrm{d}x+Q\mathrm{d}y$ 中分别取 P,Q，使二重积分的被积函数为常数，并注意$\iint\limits_D\mathrm{d}x\mathrm{d}y=A$，因此，取 $P=-y,Q=x$ 即得证.

(2) L 是闭曲线($(x(-1),y(-1))=(x(1),y(1))$)，则 L 所围区域 D 的面积

$$A=\left|\frac{1}{2}\int_L-y\mathrm{d}x+x\mathrm{d}y\right|=\frac{1}{2}\left|\int_{-1}^{1}[-t^2(1-3t^2)+(t-t^3)2t]\mathrm{d}t\right|$$

$$=\frac{1}{2}\int_{-1}^{1}(t^4+t^2)\mathrm{d}t=\int_0^1(t^4+t^2)\mathrm{d}t=\frac{1}{5}+\frac{1}{3}=\frac{8}{15}.$$

评注 ① 同理可导出 $A=\int_{L^+}x\mathrm{d}y, A=\int_{L^+}-y\mathrm{d}x$.

② 在曲线积分表示的平面图形的面积公式中，可以不必考虑边界曲线是否取正向，只须在公式中加上绝对值即可，如 $A=\frac{1}{2}\left|\int_L-y\mathrm{d}x+x\mathrm{d}y\right|$.

3. 利用格林公式求曲线积分

【例 11.3.3】利用格林公式求曲线积分：

$$I=\int_{C^+}\sqrt{x^2+y^2}\mathrm{d}x+y[xy+\ln(x+\sqrt{x^2+y^2})]\mathrm{d}y,$$

其中 C^+ 是以点 $A(1,1),B(2,2)$ 和 $E(1,3)$ 为顶点的三角形正向边界线.

【解】记所求积分为 $I=\int_{C^+}P\mathrm{d}x+Q\mathrm{d}y$，先求$\frac{\partial Q}{\partial x}-\frac{\partial P}{\partial y}$，然后用格林公式.

记 D 为 C^+ 所围成的三角形区域 ABE. 见图 11.3-6.

$$P=\sqrt{x^2+y^2},\quad Q=y[xy+\ln(x+\sqrt{x^2+y^2})].$$

则 $$\frac{\partial Q}{\partial x}-\frac{\partial P}{\partial y}=y^2+y\cdot\frac{1}{x+\sqrt{x^2+y^2}}\left(1+\frac{x}{\sqrt{x^2+y^2}}\right)-\frac{y}{\sqrt{x^2+y^2}}=y^2.$$

由格林公式得 $I=\int_{C^+}P\mathrm{d}x+Q\mathrm{d}y=\iint\limits_D\left(\frac{\partial Q}{\partial x}-\frac{\partial P}{\partial y}\right)\mathrm{d}x\mathrm{d}y=\iint\limits_D y^2\mathrm{d}x\mathrm{d}y$.

再写出 D 的边界线方程：

$\overline{AB}: y=x\quad(1\leqslant x\leqslant 2)$，$\overline{BE}: y=-x+4\quad(1\leqslant x\leqslant 2)$，$\overline{AE}: x=1(1\leqslant y\leqslant 3)$.

按先 y 后 x 的顺序(不必将 D 分块)求二重积分得

$$I=\int_1^2\mathrm{d}x\int_x^{-x+4}y^2\mathrm{d}y=\frac{1}{3}\int_1^2\left[y^3\right]_{y=x}^{y=-x+4}\mathrm{d}x=\frac{1}{3}\int_1^2[(-x+4)^3-x^3]\mathrm{d}x$$

$$=\frac{1}{4}\left(\int_2^3t^3\mathrm{d}t-\int_1^2x^3\mathrm{d}x\right)=\frac{1}{12}([t^4]_2^3-[x^4]_1^2)=\frac{25}{6}.$$

学习随笔

评注　该题是直接利用格林公式，把求曲线积分$\int_{C^+} P\mathrm{d}x+Q\mathrm{d}y$转化为求二重积分$\iint\limits_{D}\left(\frac{\partial Q}{\partial x}-\frac{\partial P}{\partial y}\right)\mathrm{d}\sigma$，当后者计算简单时则可行.

【例 11.3.4】求曲线积分

$$I=\int_{L}[\mathrm{e}^{x}\sin y-b(x+y)]\mathrm{d}x+(\mathrm{e}^{x}\cos y-ax)\mathrm{d}y,$$

其中，$a,b>0$为常数，L是由点$A(2a,0)$沿曲线$y=\sqrt{2ax-x^2}$到点$O(0,0)$的弧段.

【分析与求解】L是以$(a,0)$为圆心，半径为a的上半圆. 直接计算此曲线积分不方便，可用格林公式. 见图 11.3－7. 记$I=\int_{L}P\mathrm{d}x+Q\mathrm{d}y$.

① 先求$\frac{\partial Q}{\partial x}-\frac{\partial P}{\partial y}=(\mathrm{e}^{x}\cos y-a)-(\mathrm{e}^{x}\cos y-b)=b-a$.

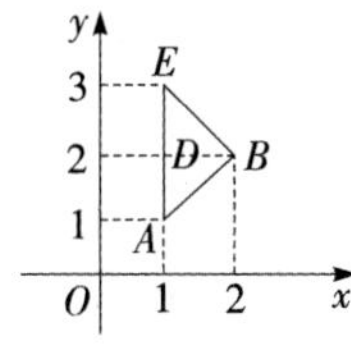

图 11.3－6

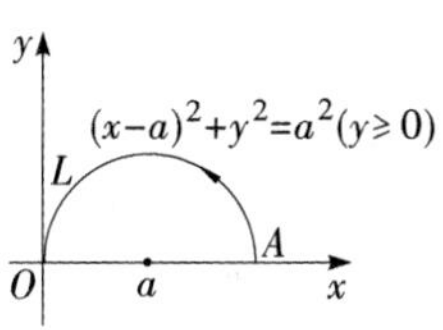

图 11.3－7

② L不是闭曲线，不围成区域，因而不能直接用格林公式. 为此，要添加辅助线$\overline{OA}$：$y=0,x\in[0,2a]$. 计算辅助线上的线积分

$$\int_{\overline{OA}}P\mathrm{d}x+Q\mathrm{d}y=\int_{0}^{2a}P(x,0)\mathrm{d}x=\int_{0}^{2a}-bx\mathrm{d}x=-\frac{b}{2}x^2\Big|_{0}^{2a}=-2a^2b.$$

③ 在L与$\overline{OA}$围成的区域D上用格林公式

$$\int_{L\cap\overline{OA}}P\mathrm{d}x+Q\mathrm{d}y=\iint\limits_{D}\left(\frac{\partial Q}{\partial x}-\frac{\partial P}{\partial y}\right)\mathrm{d}\sigma.$$

则

$$\begin{aligned}I&=\int_{L}P\mathrm{d}x+Q\mathrm{d}y=\iint\limits_{D}(b-a)\mathrm{d}\sigma-\int_{\overline{OA}}P\mathrm{d}x+Q\mathrm{d}y\\&=(b-a)\cdot\frac{\pi}{2}a^2-(-2a^2b)\\&=\frac{\pi}{2}a^2(b-a)+2a^2b.\end{aligned}$$

评注　该题是利用格林公式计算非封闭曲线的曲线积分. 首先要添加辅助线，构成封闭曲线，然后在它们所围区域上利用格林公式. 将计算曲线积分转化为求辅助线上的积分与区域上的二重积分. 若后二者计算简便则可行.

【例 11.3.5】求曲线积分

$$I=\oint_{L}\frac{x\mathrm{d}y-(y-1)\mathrm{d}x}{4x^2+(y-1)^2},$$

其中，L是以$(0,0)$为圆心，$R(R\neq1)$为半径的圆周，取逆时针方向.

学习随笔

【分析】写出 L 的参数方程,然后直接计算这个积分不太简单,也想在 L 所围的区域 D 上利用格林公式来计算. 将 I 记成 $I=\int_L P\mathrm{d}x+Q\mathrm{d}y$.

先求
$$\frac{\partial Q}{\partial x}=\frac{1}{4x^2+(y-1)^2}-\frac{8x^2}{[4x^2+(y-1)^2]^2}=\frac{(y-1)^2-4x^2}{[4x^2+(y-1)^2]^2},$$
$$\frac{\partial P}{\partial y}=-\frac{1}{4x^2+(y-1)^2}+\frac{2(y-1)^2}{[4x^2+(y-1)^2]^2}=\frac{(y-1)^2-4x^2}{[4x^2+(y-1)^2]^2},$$
于是
$$\frac{\partial Q}{\partial x}-\frac{\partial P}{\partial y}=0,\quad (x,y)\neq(0,1).$$

若在 D 上用格林公式便得
$$I=\int_L P\mathrm{d}x+Q\mathrm{d}y=\iint_D\left(\frac{\partial Q}{\partial x}-\frac{\partial P}{\partial y}\right)\mathrm{d}x\mathrm{d}y=0.$$
$\forall R\neq1$,用上述解法是错误的. 因为 $P(x,y)$,$Q(x,y)$在点$(0,1)$无定义,也就不连续.

当 $R<1$ 时,因为 D 不含点$(0,1)$,在 D 上满足格林公式的条件,可用格林公式,上述解法正确. 见图 11.3-8.

当 $R>1$ 时,D 中含点$(0,1)$,$P(x,y)$,$Q(x,y)$在点$(0,1)\in D$ 处无定义,在 D 上不满足格林公式的条件,因而不能在 D 上用格林公式. 但是,如果在 D 内作一条环绕点$(0,1)$的闭曲线 C,也取逆时针方向,则在 L 与 C 围成的区域 D_0 上可用格林公式(见图 11.3-9). 于是
$$\int_L P\mathrm{d}x+Q\mathrm{d}y=\int_C P\mathrm{d}x+Q\mathrm{d}y+\iint_D\left(\frac{\partial Q}{\partial x}-\frac{\partial P}{\partial y}\right)\mathrm{d}x\mathrm{d}y=\int_C P\mathrm{d}x+Q\mathrm{d}y,$$
这样就把求$\int_L P\mathrm{d}x+Q\mathrm{d}y$ 转化为求$\int_C P\mathrm{d}x+Q\mathrm{d}y$.

若能选取特殊的 C,使得$\int_C P\mathrm{d}x+Q\mathrm{d}y$ 容易计算,则就可行.

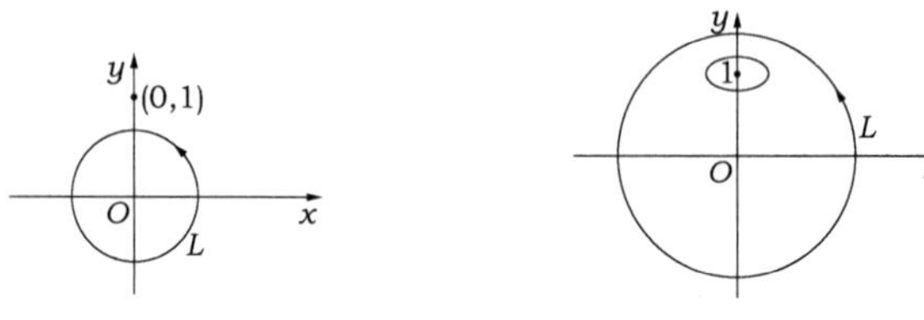

图 11.3-8　　图 11.3-9

【解】将所求积分记为 $I=\int_L P\mathrm{d}x+Q\mathrm{d}y$,经计算得$\frac{\partial Q}{\partial x}=\frac{\partial P}{\partial y}$ $((x,y)\neq(0,1))$.

当 $R<1$ 时,在 L 围成的区域 D 上用格林公式得
$$I=\int_L P\mathrm{d}x+Q\mathrm{d}y=\iint_D\left(\frac{\partial Q}{\partial x}-\frac{\partial P}{\partial y}\right)\mathrm{d}\sigma=0.$$

当 $R>1$ 时,作 C:$4x^2+(y-1)^2=\varepsilon^2$($\varepsilon>0$ 充分小),使 C 在 D 内,(相应的积分容易求得). C 取逆时针方向. 在 C 与 L 围成的区域 D_0 上可用格林公式得(见图 11.3-10).
$$I=\int_L P\mathrm{d}x+Q\mathrm{d}y=\int_C P\mathrm{d}x+Q\mathrm{d}y+\iint_{D_0}\left(\frac{\partial Q}{\partial x}-\frac{\partial P}{\partial y}\right)\mathrm{d}\sigma$$

学习随笔

$$=\int_C P\mathrm{d}x+Q\mathrm{d}y=\frac{1}{\varepsilon^2}\int_C -(y-1)\mathrm{d}x+x\mathrm{d}y.$$

再在 C 围成的区域 D^* 上用格林公式得

$$I=\frac{1}{\varepsilon^2}\iint_{D^*}(1+1)\mathrm{d}x\mathrm{d}y=\frac{2}{\varepsilon^2}\pi\frac{\varepsilon}{2}\cdot\varepsilon=\pi,$$

其中椭圆 D^* 的面积为 $\pi\frac{\varepsilon}{2}\cdot\varepsilon$.

评注　① 该题代表了一类问题. 设 D_0 为单连通区域，$M_0\in D_0$，$D=D_0\backslash\{M_0\}$，P，Q 在 D 有连续偏导数，且

$$\frac{\partial Q}{\partial x}=\frac{\partial P}{\partial y}((x,y)\in D),$$

L 是 D 内环绕 M_0 的分段光滑闭曲线，取逆时针方向. 在 L 所围区域内不能用格林公式求 $\int_L P\mathrm{d}x+Q\mathrm{d}y$，但在此区域内，可任作一条分段光滑闭曲线 C 环绕 M_0，也取逆时针方向，在 C 与 L 围成的区域上可用格林公式（见图 11.3-11），于是得 $\int_L P\mathrm{d}x+Q\mathrm{d}y=\int_C P\mathrm{d}x+Q\mathrm{d}y$.

若能特殊选取曲线 C，使右端积分易求出，则就可算出曲线积分 $\int_L P\mathrm{d}x+Q\mathrm{d}y$. 我们把这一方法形象地说成“挖洞法”或“挖奇点法”，这里 M_0 称为 P 与 Q 的奇点.

② 上述三个例子，给出了利用格林公式计算曲线积分的三种情形：

- 直接用格林公式.
- 曲线不封闭时，添加辅助线后再用格林公式.
- 挖奇点法（挖洞法）.

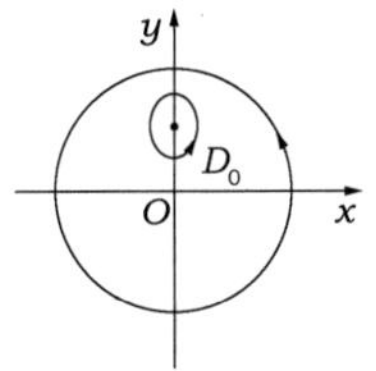

图 11.3-10

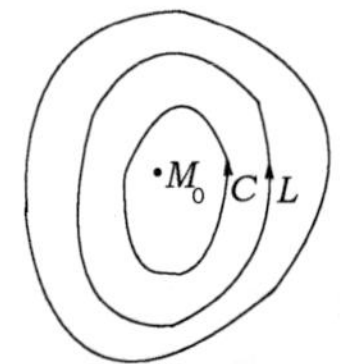

图 11.3-11

4. 利用格林公式求二重积分

【例 11.3.6】设区域 D 由摆线 $x=a(t-\sin t)$，$y=a(1-\cos t)$ $(0\leqslant t\leqslant 2\pi)$ 的第一拱与 x 轴围成，其中 $a>0$ 为常数. 求 $I=\iint_D y^2\mathrm{d}x\mathrm{d}y$.

【分析与求解】这是求二重积分，积分区域 D 的边界由参数方程给出. 利用格林公式将求区域 D 上的二重积分转化为求 D 的边界 Γ 上的曲线积分，由曲线的参数方程求曲线积分是方便的.

区域 D 如图 11.3-12 所示，边界 Γ 取正向（逆时针方向），在格林公式

学习随笔

$$\iint_D \left(\frac{\partial Q}{\partial x}-\frac{\partial P}{\partial y}\right)\mathrm{d}x\mathrm{d}y=\int_\Gamma P\mathrm{d}x+Q\mathrm{d}y$$

中,取 $P=-\frac{1}{3}y^3$,$Q=0$,左端积分即是 I.

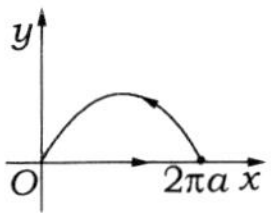

$$I=\iint_D y^2\mathrm{d}x\mathrm{d}y=\int_\Gamma -\frac{1}{3}y^3\mathrm{d}x.$$

图 11.3-12

Γ 由摆线 Γ_1 与 x 轴上的线段 Γ_2 组成,则

$$\begin{aligned}I&=\int_{\Gamma_1}-\frac{1}{3}y^3\mathrm{d}x+\int_{\Gamma_2}-\frac{1}{3}y^3\mathrm{d}x=\int_{\Gamma_1}-\frac{1}{3}y^3\mathrm{d}x\\&=-\frac{1}{3}\int_{2\pi}^{0}a^3(1-\cos t)^3a(1-\cos t)\mathrm{d}t\\&=\frac{1}{3}a^4\int_0^{2\pi}2^4\sin^8\frac{t}{2}\mathrm{d}t=\frac{32}{3}a^4\int_0^{\pi}\sin^8 s\mathrm{d}s=\frac{32}{3}a^4\cdot 2\int_0^{\frac{\pi}{2}}\sin^8 s\mathrm{d}s\\&=\frac{32}{3}a^4\cdot 2\cdot\frac{7\cdot 5\cdot 3}{8\cdot 6\cdot 4\cdot 2}\cdot\frac{\pi}{2}=\frac{35}{12}\pi a^4.\end{aligned}$$

*5. 另一形式格林公式的应用

【例 11.3.7】* 设 C 为光滑的简单闭曲线,C 所围区域的面积为 A,C 的单位外法向量为 $\boldsymbol{n}$,$\boldsymbol{l}$ 为给定的单位向量.求曲线积分:$I=\oint_C\cos\langle\boldsymbol{l},\boldsymbol{n}\rangle\mathrm{d}s$.

【分析与求解】先求表达式 $\cos\langle\boldsymbol{l},\boldsymbol{n}\rangle$,然后用另一形式的格林公式.

已知 $\boldsymbol{l}=(a,b)$,$\boldsymbol{n}=\{\cos\langle\boldsymbol{n},\boldsymbol{i}\rangle,\cos\langle\boldsymbol{n},\boldsymbol{j}\rangle\}$,则

$$\cos\langle\boldsymbol{l},\boldsymbol{n}\rangle=\boldsymbol{l}\cdot\boldsymbol{n}=a\cos\langle\boldsymbol{n},\boldsymbol{i}\rangle+b\cos\langle\boldsymbol{n},\boldsymbol{j}\rangle.$$

再由另一形式的格林公式得

$$\begin{aligned}I&=\oint_C\cos\langle\boldsymbol{l},\boldsymbol{n}\rangle\mathrm{d}s=\oint_C[a\cos\langle\boldsymbol{n},\boldsymbol{i}\rangle+b\cos\langle\boldsymbol{n},\boldsymbol{j}\rangle]\mathrm{d}s\\&=\iint_D\left(\frac{\partial a}{\partial x}+\frac{\partial b}{\partial y}\right)\mathrm{d}x\mathrm{d}y=0,\end{aligned}$$

其中,D 为 C 所围的区域.

6. 判断曲线积分是否与路径无关

【例 11.3.8】判断下列曲线积分分别在区域

$$D_1=\{(x,y)\mid x>0\}\text{ 与 }D_2=\{(x,y)\mid x^2+y^2>0\}$$

上是否与路径无关?

(1) $I=\int_L\frac{x\mathrm{d}x+y\mathrm{d}y}{(x^2+y^2)^{3/2}}$; (2) $I=\int_L\frac{(x-y)\mathrm{d}x+(x+y)\mathrm{d}y}{(x^2+y^2)^n}$,其中 n 为常数.

【分析与求解】将曲线积分记作 $I=\int_L P\mathrm{d}x+Q\mathrm{d}y$.

(1) 方法一　首先验证在所考虑的区域上 $\frac{\partial Q}{\partial x}=\frac{\partial P}{\partial y}$ 是否成立?

记 $r=\frac{1}{\sqrt{x^2+y^2}}$,则 $P=\frac{x}{r^3}$,$Q=\frac{y}{r^3}$,　$\frac{\partial Q}{\partial x}=-\frac{3y}{r^4}\cdot\frac{x}{r}=-\frac{3xy}{r^5}$.

同理有
$$\frac{\partial P}{\partial y}=-\frac{3xy}{r^5}.$$

这里
$$\frac{\partial r}{\partial x}=\frac{x}{r},\quad \frac{\partial r}{\partial y}=\frac{y}{r}.$$

于是
$$\frac{\partial Q}{\partial x}=\frac{\partial P}{\partial y},(x,y)\neq(0,0).\tag{11.3-8}$$

D_1 是单连通区域，因此$\int_L \frac{x\mathrm{d}x+y\mathrm{d}y}{(x^2+y^2)^{3/2}}$ 在 D_1 与路径无关.

D_2 是全平面除去原点，它不是单连通的，式(11.3-8)成立不能判断$\int_L P\mathrm{d}x+Q\mathrm{d}y$ 在 D_2 是否与路径无关. 再取环绕原点 O 的一条闭路，如 $C:x^2+y^2=1$，逆时针方向，于是

$$\oint_C P\mathrm{d}x+Q\mathrm{d}y=\oint_C x\mathrm{d}x+y\mathrm{d}y=\iint\limits_{x^2+y^2\leqslant 1}\left[\frac{\partial}{\partial x}(y)-\frac{\partial}{\partial y}(x)\right]\mathrm{d}x\mathrm{d}y$$
$$=0.\text{（在 }C\text{ 围成的区域上用格林公式）}$$

因此，$\int_L \frac{x\mathrm{d}x+y\mathrm{d}y}{(x^2+y^2)^{3/2}}$ 在 D_2 也是与路径无关的.

方法二　用凑微分方求被积表达式的原函数.

$$\frac{x\mathrm{d}x+y\mathrm{d}y}{(x^2+y^2)^{3/2}}=\frac{\frac{1}{2}\mathrm{d}(x^2+y^2)}{r^3}=\frac{\frac{1}{2}\mathrm{d}r^2}{r^3}=\frac{r\mathrm{d}r}{r^3}=\mathrm{d}\left(-\frac{1}{r}\right)\ (r\neq 0).$$

因此，$r\neq 0$ 时$\frac{x\mathrm{d}x+y\mathrm{d}y}{(x^2+y^2)^{3/2}}$存在原函数，原积分不论在 D_1 还是 D_2 都与路径无关.

(2) 由于
$$\frac{\partial Q}{\partial x}=\frac{1}{(x^2+y^2)^n}-\frac{2nx(x+y)}{(x^2+y^2)^{n+1}}=\frac{x^2(1-2n)+y^2-2nxy}{(x^2+y^2)^{n+1}},$$
$$\frac{\partial P}{\partial y}=\frac{-1}{(x^2+y^2)^n}-\frac{2ny(x-y)}{(x^2+y^2)^{n+1}}=\frac{-x^2+(2n-1)y^2-2nxy}{(x^2+y^2)^{n+1}},$$
$$\frac{\partial Q}{\partial x}=\frac{\partial P}{\partial y}(x^2+y^2\neq 0)\Leftrightarrow(n-1)(x^2+y^2)=0(x^2+y^2\neq 0)\Leftrightarrow n=1.$$

于是，当 $n\neq 1$ 时，不论是在 D_1 或 D_2，均有$\frac{\partial Q}{\partial x}\neq\frac{\partial P}{\partial y}$，因此积分不是与路径无关.

当 $n=1$ 时，由于 D_1 是单连通的，在 D_1 上$\frac{\partial Q}{\partial x}=\frac{\partial P}{\partial y}$，因此积分$\int_L P\mathrm{d}x+Q\mathrm{d}y$ 在 D_1 与路径无关.

当 $n=1$ 时，在 D_2 虽有$\frac{\partial Q}{\partial x}=\frac{\partial P}{\partial y}$，但 D_2 不是单连通的，不能作出判断. 于是在 D_2 中取闭路 $C:x^2+y^2=1$，逆时针方向，则

$$\oint_C P\mathrm{d}x+Q\mathrm{d}y=\oint_C (x-y)\mathrm{d}x+(x+y)\mathrm{d}y$$
$$=\iint\limits_{x^2+y^2\leqslant 1}\left[\frac{\partial}{\partial y}(x+y)-\frac{\partial}{\partial y}(x-y)\right]\mathrm{d}x\mathrm{d}y$$

学习随笔

$$= \iint\limits_{x^2+y^2\leqslant 1} 2\mathrm{d}x\,\mathrm{d}y = 2\pi \neq 0.$$（在 C 围成的区域上用格林公式）

因此，$n=1$ 时积分 $\int_L P\mathrm{d}x + Q\mathrm{d}y$ 在 D_2 也不是与路径无关.

7. 求 $P\mathrm{d}x+Q\mathrm{d}y$ 的原函数

【例 11.3.9】试判断 $P\mathrm{d}x+Q\mathrm{d}y=\dfrac{3y-x}{(x+y)^3}\mathrm{d}x+\left[\dfrac{y-3x}{(x+y)^3}+y\right]\mathrm{d}y$ 在区域 $D=\{(x,y)\,|\,y>-x\}$ 是否存在原函数，若存在求出原函数.

【解法一】不定积分法. 由

$$\frac{\partial u}{\partial x}=\frac{3y-x}{(x+y)^3}=\frac{4y}{(x+y)^3}-\frac{1}{(x+y)^2}$$

（用分解法作恒等变形，以便于积分），$\Rightarrow$

$$u(x,y)=-\frac{2y}{(x+y)^2}+\frac{1}{x+y}+c(y)=\frac{x-y}{(x+y)^2}+c(y).$$

$$\Rightarrow \qquad \frac{\partial u}{\partial y}=\frac{-(x+y)^2-2(x-y)(x+y)}{(x+y)^4}+c'(y)$$

$$=\frac{-3x+y}{(x+y)^3}+c'(y).$$

依题意 $\dfrac{\partial u}{\partial y}=\dfrac{y-3x}{(x+y)^3}+y$，则 $c'(y)=y$，$c(y)=\dfrac{1}{2}y^2+C$.

因此，存在原函数为 $u(x,y)=\dfrac{x-y}{(x+y)^2}+\dfrac{1}{2}y^2+C \quad (y>-x)$.

【解法二】特殊路径积分法. 先验证：

$$\frac{\partial Q}{\partial x}=\frac{-3}{(x+y)^3}-\frac{3(y-3x)}{(x+y)^4}=\frac{6(x-y)}{(x+y)^4},$$

$$\frac{\partial P}{\partial y}=\frac{3}{(x+y)^3}-\frac{3(3y-x)}{(x+y)^4}=\frac{6(x-y)}{(x+y)^4},$$

$\Rightarrow$ 在单连通区域 $D: y>-x$ 上，$\dfrac{\partial Q}{\partial x}=\dfrac{\partial P}{\partial y} \Rightarrow P\mathrm{d}x+Q\mathrm{d}y$ 在 D 上存在原函数.

现用取特殊路径求积分的方法求原函数：

$$v(x,y)=\int_{(x_0,y_0)}^{(x,y)} P\mathrm{d}x+Q\mathrm{d}y.$$

取 $(x_0,y_0)=(1,1)$（或其他，但不能取在直线 $y=-x$ 上，如 $(0,0)$）. 取积分路径为与坐标轴平行的折线，$(1,1)$ 为起点，(x,y) 为终点（见图 11.3－13）.

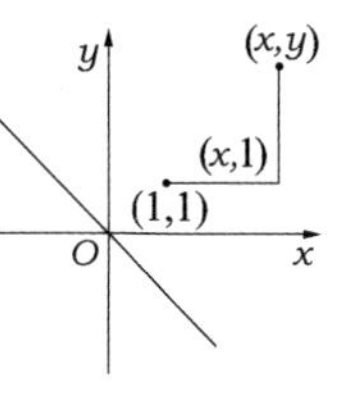

图 11.3－13

$$v(x,y)=\int_{(1,1)}^{(x,y)} \frac{(3y-x)\mathrm{d}x+(y-3x)\mathrm{d}y}{(x+y)^3}+y\mathrm{d}y$$

$$=\int_1^x \frac{3-x}{(1+x)^3}\mathrm{d}x+\int_1^y\left[\frac{y-3x}{(x+y)^3}+y\right]\mathrm{d}y$$

学习随笔

$$=\int_1^x\left[\frac{4}{(1+x)^3}-\frac{1}{(1+x)^2}\right]dx+\int_1^y\left[\frac{1}{(x+y)^2}-\frac{4x}{(x+y)^3}+y\right]dy$$

$$=\left[-\frac{2}{(1+x)^2}+\frac{1}{1+x}\right]_{x=1}^{x=x}+\left[-\frac{1}{x+y}+\frac{2x}{(x+y)^2}+\frac{1}{2}y^2\right]_{y=1}^{y=y}$$

$$=-\frac{2}{(1+x)^2}+\frac{1}{1+x}-\frac{1}{x+y}+\frac{2x}{(x+y)^2}+\frac{1}{2}y^2+$$

$$\frac{1}{1+x}-\frac{2x}{(1+x)^2}+C_0$$

$$=-\frac{1}{x+y}+\frac{2x}{(x+y)^2}+\frac{1}{2}y^2+C_0$$

$$=\frac{x-y}{(x+y)^2}+\frac{1}{2}y^2+C_0.$$

因此，区域 D 上的原函数为 $u(x,y)=\dfrac{x-y}{(x+y)^2}+\dfrac{1}{2}y^2+C$.

【解法三】用凑微分法求原函数.

$$\frac{3y-x}{(x+y)^3}dx+\frac{y-3x}{(x+y)^3}dy+ydy$$

$$=\frac{3(y+x)}{(x+y)^3}dx-\frac{4x}{(x+y)^3}dx+\frac{y+x}{(x+y)^3}dy-\frac{4x}{(x+y)^3}dy+d\left(\frac{1}{2}y^2\right)$$

$$=\frac{3}{(x+y)^2}dx+\frac{1}{(x+y)^2}dy-\frac{4x}{(x+y)^3}d(x+y)+d\left(\frac{1}{2}y^2\right)$$

$$=\frac{2}{(x+y)^2}dx+\frac{1}{(x+y)^2}d(x+y)+2x\,d\left[\frac{1}{(x+y)^2}\right]+d\left(\frac{1}{2}y^2\right)$$

$$=\frac{d(2x)}{(x+y)^2}+2x\,d\left[\frac{1}{(x+y)^2}\right]-d\left(\frac{1}{x+y}\right)+d\left(\frac{1}{2}y^2\right)$$

$$=d\left[\frac{2x}{(x+y)^2}-\frac{1}{x+y}+\frac{1}{2}y^2\right]$$

$$=d\left[\frac{x-y}{(x+y)^2}+\frac{1}{2}y^2\right].$$

因此，区域 D 上的原函数为 $u(x,y)=\dfrac{x-y}{(x+y)^2}+\dfrac{1}{2}y^2+C$.

【例 11.3.10】 设 $P(x,y)=\dfrac{y}{x^2-2xy+2y^2}$，$Q(x,y)=\dfrac{-x}{x^2-2xy+2y^2}$，

$D_1=\{(x,y)\mid y>0\}$，　$D_2=\{(x,y)\mid x>0\}$，　$D_3=\{(x,y)\mid x^2+y^2>0\}$.
问分别在区域(1) D_1，(2) D_2，(3) D_3，上积分 $\int_L P\,dx+Q\,dy$ 是否与路径无关？$P\,dx+Q\,dy$ 是否存在原函数？若存在并求出原函数.

【分析与求解】 $\int_L P\,dx+Q\,dy$ 与路径无关 $\Leftrightarrow P\,dx+Q\,dy$ 存在原函数. 由必要条件知，先计算 $\dfrac{\partial P}{\partial y}$，$\dfrac{\partial Q}{\partial x}$.

学习随笔

$$\frac{\partial P}{\partial y}=\frac{(x^2-2xy+2y^2)-y(-2x+4y)}{(x^2-2xy+2y^2)^2}=\frac{x^2-2y^2}{(x^2-2xy+2y^2)^2},$$

$$\frac{\partial Q}{\partial x}=\frac{-(x^2-2xy+2y^2)+x(2x-2y)}{(x^2-2xy+2y^2)^2}=\frac{x^2-2y^2}{(x^2-2xy+2y^2)^2},$$

$\Rightarrow \dfrac{\partial P}{\partial y}=\dfrac{\partial Q}{\partial x}\ ((x,y)\neq(0,0)),(x^2-2xy+2y^2=(x-y)^2+y^2=0\Leftrightarrow(x,y)=(0,0))$.

(1) 在 D_1:D_1 是单连通区域,在 D_1 上 $\dfrac{\partial P}{\partial y}=\dfrac{\partial Q}{\partial x}\Rightarrow$ 积分 $\int_L P\mathrm{d}x+Q\mathrm{d}y$ 与路径无关,$P\mathrm{d}x+Q\mathrm{d}y$ 存在原函数,记为 $u(x,y)$,下求 $u(x,y)$:由凑微分法得

$$P\mathrm{d}x+Q\mathrm{d}y=\frac{y\mathrm{d}x-x\mathrm{d}y}{(x-y)^2+y^2}=\frac{\dfrac{y\mathrm{d}x-x\mathrm{d}y}{y^2}}{\left(\dfrac{x}{y}-1\right)^2+1}=\frac{\mathrm{d}\left(\dfrac{x}{y}\right)}{\left(\dfrac{x}{y}-1\right)^2+1}$$

$$=\mathrm{d}\left(\arctan\frac{x-y}{y}\right).$$

因此,原函数 $u(x,y)=\arctan\dfrac{x-y}{y}+C$.

(2) 在 D_2:D_2 也是单连通区域,同样的道理,在 D_2 上 $\int_L P\mathrm{d}x+Q\mathrm{d}y$ 与路径无关,$P\mathrm{d}x+Q\mathrm{d}y$ 存在原函数,记为 $u(x,y)$同样可用凑微分法得

$$P\mathrm{d}x+Q\mathrm{d}y=\frac{y\mathrm{d}x-x\mathrm{d}y}{x^2-2xy+2y^2}=\frac{2(y\mathrm{d}x-x\mathrm{d}y)}{(2y-x)^2+x^2}$$

$$=\frac{-\mathrm{d}\left(\dfrac{2y}{x}\right)}{1+\left(\dfrac{2y-x}{x}\right)^2}=-\mathrm{d}\arctan\frac{2y-x}{x}.$$

因此,原函数 $u(x,y)=-\arctan\dfrac{2y-x}{x}+C$.

(3) 在 D_3:由于 D_3 不是单连通区域,仅由 $\dfrac{\partial P}{\partial y}=\dfrac{\partial Q}{\partial x}((x,y)\in D_3)$ 不能判断 $\int_L P\mathrm{d}x+Q\mathrm{d}y$ 在 D_3 是否与路径无关,此时,我们要取一条环绕(0,0)的闭曲线 C,看 $\oint_C P\mathrm{d}x+Q\mathrm{d}y$ 是否为零.

取闭曲线 C:$x^2-2xy+2y^2=1$,逆时针方向,则

$$\oint_C P\mathrm{d}x+Q\mathrm{d}y=\int_C y\mathrm{d}x-x\mathrm{d}y\xlongequal{\text{格林公式}}\iint_D -2\mathrm{d}x\mathrm{d}y=-2\cdot D\text{ 的面积}\neq 0,$$

其中,D 是 C 围成的区域. 因此在 D_3,$\int_L P\mathrm{d}x+Q\mathrm{d}y$ 不是与路径无关,$P\mathrm{d}x+Q\mathrm{d}y$ 不存在原函数.

评注 C:$x^2-2xy+2y^2=1$ 是环绕原点(0,0)的闭曲线,因为它关于直线 $y=x$ 的对称,且与直线 $y=x$ 交于点(1,1)与(−1,−1).

学习随笔

8. 积分与路径无关时求积分值

【例 11.3.11】求下列曲线积分：

(1) $I=\int_C -2xy\sin(x^2)\mathrm{d}x+\cos(x^2)\mathrm{d}y$，其中 C 为椭圆 $\frac{x^2}{a^2}+\frac{y^2}{b^2}=1$ 的右半平面部分（$x\geqslant 0$），从 $A(0,-b)$ 到 $B(0,b)$；

(2) $I=\int_{\overset{\frown}{AB}}\frac{x\mathrm{d}y-y\mathrm{d}x}{(x-y)^2}$，其中 $A(0,-1)$，$B(1,0)$，$\overset{\frown}{AB}$ 为单位圆在第四象限部分.

【分析与求解】(1) 易求被积表达式的原函数

$$-2xy\sin(x^2)\mathrm{d}x+\cos(x^2)\mathrm{d}y=-y\sin(x^2)\mathrm{d}x^2+\cos(x^2)\mathrm{d}y$$
$$=y\mathrm{d}\cos(x^2)+\cos(x^2)\mathrm{d}y=\mathrm{d}[y\cos(x^2)].$$

于是
$$I=\int_{\overset{\frown}{AB}}\mathrm{d}[y\cos(x^2)]=y\cos(x^2)\Big|_{(0,-b)}^{(0,b)}=2b.$$

(2) 方法一　先判断积分与路径无关，然后取特殊路径求积分值. 由

$$\frac{\partial P}{\partial y}=\frac{\partial}{\partial y}\left[\frac{-y}{(x-y)^2}\right]=-\frac{1}{(x-y)^2}-\frac{2y}{(x-y)^3}=-\frac{x+y}{(x-y)^3},$$
$$\frac{\partial Q}{\partial x}=\frac{\partial}{\partial x}\left[\frac{x}{(x-y)^2}\right]=\frac{1}{(x-y)^2}-\frac{2x}{(x-y)^3}=\frac{-(x+y)}{(x-y)^3},$$

$\Rightarrow$
$$\frac{\partial P}{\partial y}=\frac{\partial Q}{\partial x}\quad(x\neq y).$$

$\Rightarrow$ 积分在单连通区域 $D=\{(x,y)\mid y<x\}$ 上与路径无关.

取特殊路径 $\overline{AB}$（见图 11.3-14）：$y=x-1$，$x\in[0,1]$，

于是
$$I=\int_{\overline{AB}}\frac{x\mathrm{d}y-y\mathrm{d}x}{(x-y)^2}=\int_{\overline{AB}}-y\mathrm{d}x+x\mathrm{d}y$$
$$=\int_0^1(-x+1+x)\mathrm{d}x=1.$$

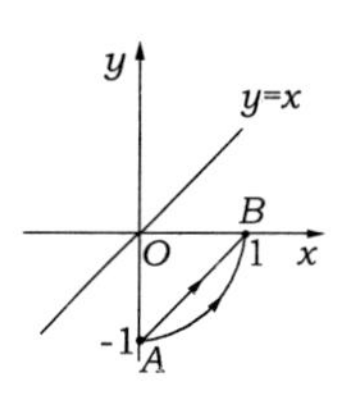

图 11.3-14

方法二　先求原函数，然后求积分值.

直接用凑微分法求原函数：

$$\frac{x\mathrm{d}y-y\mathrm{d}x}{(x-y)^2}=\frac{(x-y)\mathrm{d}y-y\mathrm{d}(x-y)}{(x-y)^2}=\frac{1}{x-y}\mathrm{d}y+y\mathrm{d}\frac{1}{x-y}=\mathrm{d}\left(\frac{y}{x-y}\right).$$

于是
$$I=\int_{\overset{\frown}{AB}}\mathrm{d}\left(\frac{y}{x-y}\right)=\frac{y}{x-y}\Big|_{(0,-1)}^{(1,0)}=1.$$

或用不定积分法求原函数：

由 $\frac{\partial u}{\partial x}=\frac{-y}{(x-y)^2}$，对 x 积分得：$u=\frac{y}{x-y}+C(y)$.

$\Rightarrow$
$$\frac{\partial u}{\partial y}=\frac{1}{x-y}+\frac{y}{(x-y)^2}+C'(y)=\frac{x}{(x-y)^2}+C'(y)=\frac{x}{(x-y)^2}.$$

$\Rightarrow C'(y)=0$，$C(y)=C\Rightarrow$ 原函数 $u=\frac{x}{x-y}+C$.

于是
$$I=\int_{\overset{\frown}{AB}}\mathrm{d}\left(\frac{x}{x-y}\right)=\frac{x}{x-y}\Big|_{(0,-1)}^{(1,0)}=1.$$

学习随笔

注:这里原函数$\frac{y}{x-y}$与$\frac{x}{x-y}$只相差一个常数.

*9. 求解全微分方程

【例 11.3.12】求解方程$(2x\sin y+3x^2y)\mathrm{d}x+(x^3+x^2\cos y+y^2)\mathrm{d}y=0$.

【解】这不是我们所熟悉的基本类型的方程.考察一下是否全微分方程?

将方程表为$P\mathrm{d}x+Q\mathrm{d}y=0$.因$\frac{\partial P}{\partial y}=2x\cos y+3x^2=\frac{\partial Q}{\partial x}$,所以原方程是全微分方程.求它的通解归结为求$P\mathrm{d}x+Q\mathrm{d}y$的原函数.

方法一　由$\frac{\partial u}{\partial x}=2x\sin y+3x^2y$对$x$积分得

$$u=x^2\sin y+x^3y+C(y).$$

$$\Rightarrow\qquad \frac{\partial u}{\partial y}=x^2\cos y+x^3+C'(y)=x^3+x^2\cos y+y^2.$$

$$\Rightarrow\qquad C'(y)=y^2,\ C(y)=\frac{1}{3}y^3+C.$$

因此,通解为$x^2\sin y+x^3y+\frac{1}{3}y^3=C$,其中$C$为$\forall$常数.

方法二　取特殊路径如图 11.3-15 所示,求出$P\mathrm{d}x+Q\mathrm{d}y$的一个原函数

$$\begin{aligned}u(x,y)&=\int_{(0,0)}^{(x,y)}P\mathrm{d}x+Q\mathrm{d}y=\int_0^x P(x,0)\mathrm{d}x+\int_0^y Q(x,y)\mathrm{d}y\\&=\int_0^y(x^3+x^2\cos y+y^2)\mathrm{d}y\\&=x^3y+x^2\sin y+\frac{1}{3}y^3,\end{aligned}$$

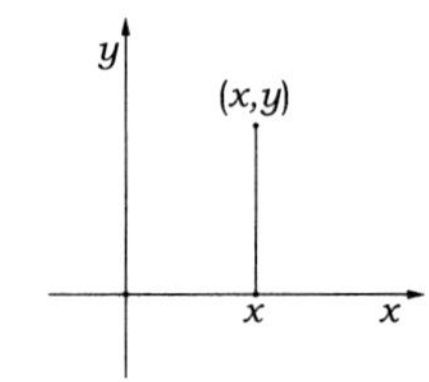

图 11.3-15

因此,通解为$x^3y+x^2\sin y+\frac{1}{3}y^3=C$, C为$\forall$常数.

方法三　用凑微分法.

$$\begin{aligned}&(2x\sin y+3x^2y)\mathrm{d}x+(x^3+x^2\cos y+y^2)\mathrm{d}y\\=&\sin y\mathrm{d}x^2+x^2\mathrm{d}\sin y+y\mathrm{d}x^3+x^3\mathrm{d}y+y^2\mathrm{d}y\\=&\mathrm{d}\left(x^2\sin y+x^3y+\frac{1}{3}y^3\right),\end{aligned}$$

因此,通解为$x^2\sin y+x^3y+\frac{1}{3}y^3=C$,$C$为$\forall$常数.

**10. 用积分因子法求方程的通解

【例 11.3.13】求下列方程的通解:

(1) $\left(2xy+x^2y+\frac{y^3}{3}\right)\mathrm{d}x+(x^2+y^2)\mathrm{d}y=0$;　(2) $y\mathrm{d}x-(x^2+y^2+x)\mathrm{d}y=0$.

【分析与求解】不是全微分方程,也不是我们所熟悉的基本类型,看一看能否用积分因子法化为全微分方程后求解.将每个方程均记为$P\mathrm{d}x+Q\mathrm{d}y=0$.

学习随笔

(1) $\frac{\partial P}{\partial y}-\frac{\partial Q}{\partial x}=2x+x^2+y^2-2x=x^2+y^2,\frac{\frac{\partial P}{\partial y}-\frac{\partial Q}{\partial x}}{Q}=1.$

因此，有积分因子 $\mu(x)=e^{\int dx}=e^x$. 原方程两边乘 $\mu(x)=e^x$，得

$$e^x\left(2xy+x^2y+\frac{y^3}{3}\right)dx+e^x(x^2+y^2)dy=0.$$

改写成　$e^x(2xy+x^2y)dx+e^xx^2dy+\frac{1}{3}y^3de^x+e^xd\left(\frac{1}{3}y^3\right)=0,$

$$yd(e^xx^2)+(e^xx^2)dy+d\left(\frac{1}{3}e^xy^3\right)=0,\text{即 } d\left(e^xx^2y+\frac{1}{3}e^xy^3\right)=0.$$

因此得通解为 $ye^x\left(x^2+\frac{1}{3}y^2\right)=C.$

(2) $\frac{\partial P}{\partial y}-\frac{\partial Q}{\partial x}=1-(-2x-1)=2(x+1),$

再看　$xQ-yP=-x(x^2+y^2+x)-y^2=-(x^2+y^2)(x+1),$

于是　$\left(\frac{\partial P}{\partial y}-\frac{\partial Q}{\partial x}\right)\Big/(xQ-yP)=-\frac{2}{x^2+y^2}=\varphi(z).$

仅与 $z=x^2+y^2$ 有关，原方程有积分因子

$$\mu(z)=e^{\frac{1}{2}\int\varphi(z)dz}=e^{-\int\frac{dz}{z}}=\frac{1}{z}=\frac{1}{x^2+y^2}.$$

原方程两边乘 $\mu(z)$ 得

$$\frac{ydx-xdy}{x^2+y^2}-dy=0,\tag{11.3-9}$$

即

$$\frac{ydx-xdy}{y^2}\Big/\left[1+\left(\frac{x}{y}\right)^2\right]-dy=0.$$

$$\frac{d\left(\frac{x}{y}\right)}{1+\left(\frac{x}{y}\right)^2}-dy=0,\quad d\left(\arctan\frac{x}{y}-y\right)=0.$$

因此得通解为 $\arctan\frac{x}{y}-y=C.$

我们也可将式(11.3-9)改写为

$$-\frac{xdy-ydx}{x^2}\Big/\left[1+\left(\frac{y}{x}\right)^2\right]-dy=0.$$

又可得通解为 $\arctan\frac{y}{x}+y=C.$

评注　熟悉基本微分表及某些微分公式

$$d(x\pm y)=dx\pm dy,\qquad d(xy)=ydx+xdy,$$

$$d\left(\frac{y}{x}\right)=\frac{xdy-ydx}{x^2},\qquad d\left(\arctan\frac{y}{x}\right)=\frac{xdy-ydx}{x^2+y^2},$$

学习随笔

$$d(\sqrt{x^2+y^2})=\frac{x\,dx+y\,dy}{\sqrt{x^2+y^2}},$$

对于用凑微分法(即观察法)求解全微分方程或求出积分因子是重要的.

第四节 对面积的曲面积分

一、知识点归纳总结

1. 对面积的曲面积分的概念

(1) 定义

设函数 $f(x,y,z)$ 定义在分块光滑曲面 S 上,任意分割 S 成 n 个小曲面,小块曲面及其面积均记作

$$\Delta S_1,\Delta S_2,\cdots,\Delta S_i,\cdots,\Delta S_n,$$

令 $\lambda=\max\limits_{1\leqslant i\leqslant n}\{\Delta S_i$ 的直径$\}$,在每个 ΔS_i 任取一点 $M_i(x_i,y_i,z_i)$,若极限

$$\lim_{\lambda\to 0}\sum_{i=1}^{n}f(x_i,y_i,z_i)\Delta S_i$$

存在(不依赖于对曲面 S 的分割法及点 M_i 的取法),则称此极限值为 $f(x,y,z)$ 在曲面 S 上的对面积的曲面积分(第一类曲面积分),记作 $\iint\limits_S f(x,y,z)dS$,其中 S 称为积分曲面,$f(x,y,z)$ 称为被积函数.

(2) 物理意义

一曲面形物件占据曲面 S,面密度为 $f(x,y,z)$,则它的质量 $m=\iint\limits_S f(x,y,z)dS$.

2. 第一类曲面积分的存在性与性质

设曲面 S 是分块光滑的,$f(x,y,z)$ 在 S 上连续(或除有限条分段光滑曲线外,$f(x,y,z)$ 连续,有界),则存在第一类曲面积分 $\iint\limits_S f(x,y,z)dS$. 它具有以下性质:

性质一 线性性质. 设 $\iint\limits_S f(x,y,z)dS$ 与 $\iint\limits_S g(x,y,z)dS$ ∃,则 ∀ 常数 λ,μ,有

$$\iint\limits_S[\lambda f(x,y,z)+\mu g(x,y,z)]dS=\lambda\iint\limits_S f(x,y,z)dS+\mu\iint\limits_S g(x,y,z)dS.$$

性质二 对积分曲面的可加性. 设 $S=S_1\cup S_2$,S_1,S_2 均是分块光滑的,只有边界线相重合,则

$$\iint\limits_S f(x,y,z)dS=\iint\limits_{S_1}f(x,y,z)dS_1+\iint\limits_{S_2}f(x,y,z)dS,$$

其中,只要左端积分存在,则右端两个积分均存在或反之,且等式成立.

性质三 第一型曲面积分的中值定理. 设 $f(x,y,z)$ 在 S 连续,则存在 $M^*\in S$,使得

$$\iint\limits_S f(x,y,z)\mathrm{d}S=f(M^*)\cdot A,$$

其中,A 为 S 的面积.

性质四　第一型曲面积分的保序性质.设$\iint\limits_S f(x,y,z)\mathrm{d}S$,$\iint\limits_S g(x,y,z)\mathrm{d}S$ 存在,若

$$f(x,y,z)\leqslant g(x,y,z)\quad (\forall (x,y,z)\in S),$$

则

$$\iint\limits_S f(x,y,z)\mathrm{d}S\leqslant\iint\limits_S g(x,y,z)\mathrm{d}S.$$

3. 第一类曲面积分的对称性问题

设分块光滑曲面 S 关于 xOy 平面对称,又 $f(x,y,z)$在 S 连续,则

$$\iint\limits_S f(x,y,z)\mathrm{d}S=\begin{cases}0, & 若\ f(x,y,z)\ 关于\ z\ 为奇函数,\\ 2\iint\limits_{S_1} f(x,y,z)\mathrm{d}S, & 若\ f(x,y,z)\ 关于\ z\ 为偶函数,\end{cases}$$

其中,$S_1=S\cap\{z\geqslant 0\}$.

若 S 关于 yOz 平面或 zOx 平面对称,有类似结论.

4. 第一类曲面积分的计算

设曲面 S 的方程为 $z=z(x,y)$ $((x,y)\in D_{xy})$,D_{xy} 是 S 在 xy 平面上的投影区域,$z(x,y)$在 D_{xy} 有连续偏导数,又设 $f(x,y,z)$在 S 连续,则

$$\iint\limits_S f(x,y,z)\mathrm{d}S=\iint\limits_{D_{xy}} f[x,y,z(x,y)]\sqrt{1+(z'_x)^2+(z'_y)^2}\,\mathrm{d}x\mathrm{d}y.$$

若曲面 S 可表为 $x=x(y,z)$ $((y,z)\in D_{yz})$,或 $y=y(z,x)$ $((z,x)\in D_{zx})$,在类似的条件下可得

$$\iint\limits_S f(x,y,z)\mathrm{d}S=\iint\limits_{D_{yz}} f[x(y,z),y,z]\sqrt{1+(x'_y)^2+(x'_z)^2}\,\mathrm{d}y\mathrm{d}z,$$

$$\iint\limits_S f(x,y,z)\mathrm{d}S=\iint\limits_{D_{zx}} f[x,y(z,x),z]\sqrt{1+(y'_z)^2+(y'_x)^2}\,\mathrm{d}z\mathrm{d}x.$$

利用上述计算公式的要点是:

① 给出曲面的显式表示,确定投影区域,写出面积微元公式(S:$z=z(x,y)$,$(x,y)\in D_{xy}$,$\mathrm{d}S=\sqrt{1+(z'_x)^2+(z'_y)^2}\,\mathrm{d}x\mathrm{d}y$),化曲面积分为二重积分,余下就是计算二重积分.

② 若曲面关于坐标面有对称性,被积函数有相应的奇偶性,要利用它达到简化计算的目的.

③ 注意到用曲面方程可能简化被积函数.

④ 若曲面分块表示或被积函数分块表示,要用分块积分法.

5. 第一类曲面积分的应用

与重积分、第一类线积分类似,利用第一类曲面积分,已知曲面形物体的面密度,可求它的质量、质心、对坐标轴的转动惯量,对质点的引力等.

学习随笔

二、典型题型归纳及解题方法与技巧

1. 第一类曲面积分的性质

【例 11.4.1】设 S 是光滑曲面：$z=z(x,y)((x,y)\in D_{xy})$.

(1) 若 $f(x,y,z)$ 在 S 上连续，非负，不恒为零，求证：$I=\iint\limits_{S} f(x,y,z)\mathrm{d}S>0$；

(2) 若 $M=\max\limits_{S} f(x,y,z)$，$m=\min\limits_{S} f(x,y,z)$，且 $f(x,y,z)$ 在 S 不恒为常数，求证：

$$mA<\iint\limits_{S} f(x,y,z)\mathrm{d}S<MA,$$

其中，A 为 S 的面积.

【分析与证明】将 $\iint\limits_{S} f(x,y,z)\mathrm{d}S$ 化为二重积分，有

$$I=\iint\limits_{S} f(x,y,z)\mathrm{d}S=\iint\limits_{D_{xy}} f[x,y,z(x,y)]\sqrt{1+\left(\frac{\partial z}{\partial x}\right)^{2}+\left(\frac{\partial z}{\partial y}\right)^{2}}\,\mathrm{d}\sigma. \tag{11.4-1}$$

由二重积分性质得证.

(1) 由式(11.4-1)，因被积函数连续，非负，不恒为零，再由二重积分性质知，$I>0$.

(2) 注意，由曲面面积计算公式知

$$A=\iint\limits_{D_{xy}}\sqrt{1+\left(\frac{\partial z}{\partial x}\right)^{2}+\left(\frac{\partial z}{\partial y}\right)}\,\mathrm{d}\sigma,$$

$$MA-\iint\limits_{S} f(x,y,z)\mathrm{d}S=\iint\limits_{D_{xy}}[M-f(x,y,z(x,y)]\sqrt{1+\left(\frac{\partial z}{\partial x}\right)^{2}+\left(\frac{\partial z}{\partial y}\right)^{2}}\,\mathrm{d}\sigma>0,$$

其中，被积函数连续，非负，不恒为零.

因此，$MA>\iint\limits_{S} f(x,y,z)\mathrm{d}S$.

同理可证：$mA<\iint\limits_{S} f(x,y,z)\mathrm{d}S$.

评注 将第一类曲面积分化为二重积分，利用二重积分的性质，可证某些第一类曲面积分的性质.

【例 11.4.2】设 $\boldsymbol{F}(x,y,z)=\dfrac{1}{(x^{2}+y^{2}+z^{2})^{3/2}}\{x,y,z\}$，其中 S 为球面 $x^{2}+y^{2}+z^{2}=R^{2}$，$\boldsymbol{n}$ 为 S 上任意一点 (x,y,z) 的单位法向量，求 $I=\iint\limits_{S}\boldsymbol{F}\cdot\boldsymbol{n}\mathrm{d}S$.

【解】记 $\boldsymbol{r}=\{x,y,z\}$，$r=|\boldsymbol{r}|$，则 $\boldsymbol{n}=\dfrac{\{x,y,z\}}{r}=\dfrac{\boldsymbol{r}}{r}$，$\boldsymbol{F}=\dfrac{\boldsymbol{r}}{r^{3}}$，于是

$$I=\iint\limits_{S}\frac{\boldsymbol{r}}{r^{3}}\cdot\frac{\boldsymbol{r}}{r}\mathrm{d}s=\iint\limits_{S}\frac{|\boldsymbol{r}|^{2}}{r^{4}}\mathrm{d}S=\frac{1}{R^{2}}\iint\limits_{S}\mathrm{d}S=\frac{1}{R^{2}}4\pi R^{2}=4\pi.$$

学习随笔

评注　曲面积分的被积函数定义在曲面上因而常常可用曲面方程简化被积函数，又由第一类曲面积分的定义知$\iint\limits_S k\,\mathrm{d}S = k \cdot S$ 的面积，k 为常数.

2. 将第一类曲面积分化为二重积分并计算

【例 11.4.3】求下列第一类曲面积分：

(1) $I=\iint\limits_S z\,\mathrm{d}S$，其中 S 是上半球面 $x^2+y^2+z^2=R^2$，$z\geqslant 0$；

(2) $I=\iint\limits_S (x^2+y^2)\,\mathrm{d}S$，其中 S 为曲面 $z=\sqrt{x^2+y^2}$ 及 $z=1$ 所围立体的整个边界；

(3) $I=\iint\limits_S \dfrac{\mathrm{d}S}{x^2+y^2+z^2}$，其中 S 为圆柱面 $x^2+y^2=R^2$ 界于 $z=0$ 及 $z=H$ 之间的部分，$H>0$.

【解】(1) 积分曲面 S 的方程为 $x^2+y^2+z^2=R^2$，$z\geqslant 0$，分别对 x，y 求导得

$$2x+2zz'_x=0,\quad 2y+2zz'_y=0,\quad z'_x=-\frac{x}{z},\quad z'_y=-\frac{y}{z}.$$

S 在 Oxy 平面上投影区域为 D_{xy}：$x^2+y^2\leqslant R^2$，于是

$$I=\iint\limits_{D_{xy}} z\sqrt{1+\left(\frac{\partial z}{\partial x}\right)^2+\left(\frac{\partial z}{\partial y}\right)^2}\,\mathrm{d}x\,\mathrm{d}y$$

$$=\iint\limits_{D_{xy}} z\sqrt{1+\frac{x^2}{z^2}+\frac{y^2}{z^2}}\,\mathrm{d}x\,\mathrm{d}y=\iint\limits_{D_{xy}} R\,\mathrm{d}x\,\mathrm{d}y=\pi R^3.$$

(2) 曲面 S 在 Oxy 平面上的投影区域为 $D_{xy}=\{(x,y)\mid x^2+y^2\leqslant 1\}$.

曲面 S 由两部分组成：$S=S_1\cup S_2$，如图 11.4－1 所示，其中

S_1 是圆面，它的方程是 $z=1\quad(\sqrt{x^2+y^2}\leqslant 1)$.

S_2 是锥面，它的方程是 $z=\sqrt{x^2+y^2}\quad(\sqrt{x^2+y^2}\leqslant 1)$.

先求$\iint\limits_{S_1}(x^2+y^2)\,\mathrm{d}S$. 计算曲面面积微元：$\mathrm{d}S=\sqrt{1+z_x'^2+z_y'^2}\,\mathrm{d}x\,\mathrm{d}y=\mathrm{d}x\,\mathrm{d}y$. 于是，化曲面积分为二重积分得

$$\iint\limits_{S_1}(x^2+y^2)\,\mathrm{d}S=\iint\limits_{D_{xy}}(x^2+y^2)\,\mathrm{d}x\,\mathrm{d}y=\int_0^{2\pi}\mathrm{d}\theta\int_0^1 r^2 r\,\mathrm{d}r=\frac{\pi}{2}.\text{（极坐标变换）}$$

再求$\iint\limits_{S_2}(x^2+y^2)\,\mathrm{d}S$. 计算曲面面积微元：

$$\mathrm{d}S=\sqrt{1+z_x'^2+z_y'^2}\,\mathrm{d}x\,\mathrm{d}y=\sqrt{1+\frac{x^2}{x^2+y^2}+\frac{y^2}{x^2+y^2}}\,\mathrm{d}x\,\mathrm{d}y=\sqrt{2}\,\mathrm{d}x\,\mathrm{d}y.$$

于是，化曲面积分为二重积分得

$$\iint\limits_{S_2}(x^2+y^2)\,\mathrm{d}S=\iint\limits_{D_{xy}}\sqrt{2}(x^2+y^2)\,\mathrm{d}x\,\mathrm{d}y=\frac{\sqrt{2}}{2}\pi.$$

最后求得 $\iint\limits_S(x^2+y^2)\,\mathrm{d}S=\iint\limits_{S_1}(x^2+y^2)\,\mathrm{d}S+\iint\limits_{S_2}(x^2+y^2)\,\mathrm{d}S=\dfrac{\pi}{2}(1+\sqrt{2})$.

学习随笔

(3) 曲面 S 只能表为 y 是 x 的函数或 x 是 y 的函数,故只能投影到 zx 平面或 yz 平面来计算. 投影到 yz 平面来计算,需分前后两个半圆柱面 S_1,S_2 来计算.

S_1 的方程 $x=\sqrt{R^2-y^2}$,$(y,z)\in D_{yz}$,

S_2 的方程 $x=-\sqrt{R^2-y^2}$,$(y,z)\in D_{yz}$.

投影区域 D_{yz} 为长方形:$-R\leqslant y\leqslant R$,$0\leqslant z\leqslant H$(见图 11.4-2).

$$\frac{\partial x}{\partial y}=\mp\frac{y}{\sqrt{R^2-y^2}},\quad \frac{\partial x}{\partial z}=0,$$

$$\sqrt{1+\left(\frac{\partial x}{\partial y}\right)^2+\left(\frac{\partial x}{\partial z}\right)^2}=\sqrt{1+\frac{y^2}{R^2-y^2}}=\frac{R}{\sqrt{R^2-y^2}}.$$

$$\begin{aligned}
I&=\iint\limits_{S_1}\frac{\mathrm{d}S}{R^2+z^2}+\iint\limits_{S_2}\frac{\mathrm{d}S}{R^2+z^2}\\
&=\iint\limits_{D_{yz}}\frac{1}{R^2+z^2}\sqrt{1+\left(\frac{\partial x}{\partial y}\right)^2+\left(\frac{\partial x}{\partial z}\right)^2}\,\mathrm{d}y\,\mathrm{d}z+\\
&\quad\iint\limits_{D_{yz}}\frac{1}{R^2+z^2}\sqrt{1+\left(\frac{\partial x}{\partial y}\right)^2+\left(\frac{\partial x}{\partial z}\right)^2}\,\mathrm{d}y\,\mathrm{d}z\\
&=2\iint\limits_{D_{yz}}\frac{1}{R^2+z^2}\frac{R}{\sqrt{R^2-y^2}}\mathrm{d}y\,\mathrm{d}z=2R\int_0^H\frac{1}{R^2+z^2}\mathrm{d}z\int_{-R}^{R}\frac{\mathrm{d}y}{\sqrt{R^2-y^2}}\\
&=2R\cdot\left[\frac{1}{R}\arctan\frac{z}{R}\right]_0^H\cdot\left[2\arcsin\frac{y}{R}\right]_0^R=2\pi\arctan\frac{H}{R}.
\end{aligned}$$

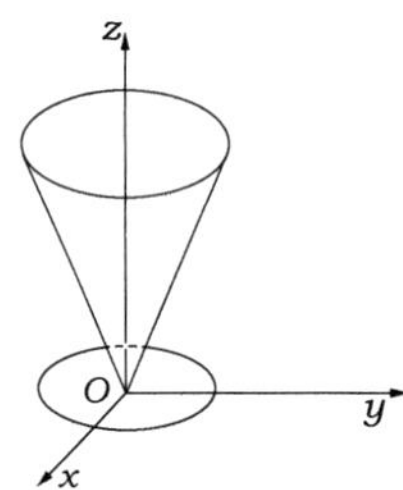

图 11.4-1

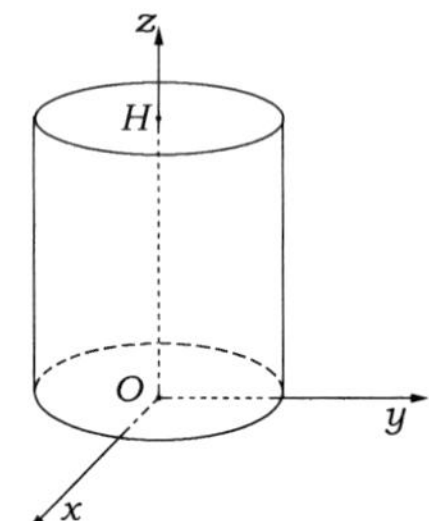

图 11.4-2

评注 求第一类曲面积分的基本方法是:套公式,化为二重积分,再化为累次积分. 化二重积分时,若曲面 S 的方程为 $z=z(x,y)$,首先要求出 $\mathrm{d}S=\sqrt{1+z_x'^2+z_y'^2}\,\mathrm{d}x\mathrm{d}y$,及 S 在 Oxy 平面上的投影区域 D_{xy}. 要注意利用曲面方程简化被积函数. 当曲面分块表示时,则要用分块积分法.

3. 利用对称性计算第一类曲面积分

【例 11.4.4】设 $S:x^2+y^2+z^2=a^2(z\geqslant 0)$,$S_1$ 是 S 在第一卦限中的部分,则有

(A) $\iint\limits_S x\,\mathrm{d}S=4\iint\limits_{S_1}x\,\mathrm{d}S$.　　(B) $\iint\limits_S y\,\mathrm{d}S=4\iint\limits_{S_1}x\,\mathrm{d}S$.

学习随笔

(C) $\iint\limits_{S} z\,\mathrm{d}S = 4\iint\limits_{S_1} x\,\mathrm{d}S$.　　(D) $\iint\limits_{S} xyz\,\mathrm{d}S = 4\iint\limits_{S_1} xyz\,\mathrm{d}S$.

【分析】关于奇偶性与对称性在计算第一类曲面积分中的应用与三重积分类似. 这里 S 关于 yz 平面与 zx 平面均对称，而 $f(x,y,z)=z$ 对 x,y 均为偶函数 $\Rightarrow$

$$\iiint\limits_{S} z\,\mathrm{d}S = 2\iint\limits_{S\cap\{x\geqslant 0\}} z\,\mathrm{d}S = 4\iint\limits_{S_1} z\,\mathrm{d}S.$$

再利用变量的转换对称性 $\Rightarrow \iint\limits_{S_1} z\,\mathrm{d}S = \iint\limits_{S_1} y\,\mathrm{d}S = \iint\limits_{S_1} x\,\mathrm{d}S$. 因此，选(C).

评注　(A)、(B)、(D)为什么不对？因 S 关于 Oyz 平面对称，又 $f(x,y,z)=x$ 对 x 为奇函数 $\Rightarrow \iint\limits_{S} x\,\mathrm{d}S = 0$，在 S_1 上 $f(x,y,z)\geqslant 0, \not\equiv 0$，又连续 $\Rightarrow \iint\limits_{S_1} x\,\mathrm{d}S > 0$. 因此(A)不对，同理(B)，(D)也不对.

【例 11.4.5】求下列第一类曲面积分：

(1) $I = \iint\limits_{S}(xy+yz+zx)\,\mathrm{d}S$，其中 S 为圆锥面 $z=\sqrt{x^2+y^2}$ 被曲面 $x^2+y^2=2ax$ 所截下的部分($a>0$)；

(2) $I = \iint\limits_{S}|xyz|\,\mathrm{d}S$，$S$ 为 $z=x^2+y^2(0\leqslant z\leqslant 1)$.

【解】(1) 步骤如下：

① 曲面 S 关于 Ozx 平面对称，被积函数 $xy+yz$ 对 y 为奇函数，则

$$\iint\limits_{S}(xy+yz)\,\mathrm{d}S = 0,$$

$$\Rightarrow \qquad I = \iint\limits_{S} zx\,\mathrm{d}S.$$

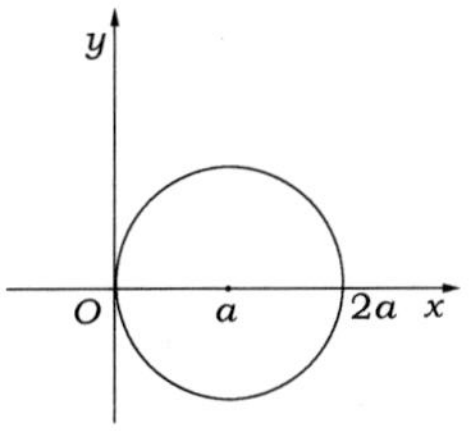

图 11.4-3

② 我们知道 S 的方程是 $z=\sqrt{x^2+y^2}$ 且它在 xy 平面上的投影区域是

$$D_{xy}: x^2+y^2 \leqslant 2ax,\quad 即 (x-a)^2+y^2\leqslant a^2,$$

见图 11.4-3.

为把曲面积分化为二重积分，先要计算曲面面积微元 dS

$$\mathrm{d}S = \sqrt{1+z_x'^2+z_y'^2}\,\mathrm{d}x\mathrm{d}y = \sqrt{1+\left(\frac{x}{\sqrt{x^2+y^2}}\right)^2+\left(\frac{y}{\sqrt{x^2+y^2}}\right)^2}\,\mathrm{d}x\mathrm{d}y$$

$$=\sqrt{2}\,\mathrm{d}x\mathrm{d}y.$$

于是，代公式得 $I = \iint\limits_{D_{xy}} x\sqrt{x^2+y^2}\sqrt{1+z_x'^2+z_y'^2}\,\mathrm{d}x\mathrm{d}y = \sqrt{2}\iint\limits_{D_{xy}} x\sqrt{x^2+y^2}\,\mathrm{d}x\mathrm{d}y$.

作极坐标变换 $x=r\cos\theta$，$y=r\sin\theta$，则 $D_{xy}: -\frac{\pi}{2}\leqslant\theta\leqslant\frac{\pi}{2}, 0\leqslant r\leqslant 2a\cos\theta$.

因此　$$I=\sqrt{2}\int_{-\frac{\pi}{2}}^{\frac{\pi}{2}}\mathrm{d}\theta\int_0^{2a\cos\theta} r\cos\theta r\cdot r\,\mathrm{d}r = \frac{\sqrt{2}}{4}\int_{-\frac{\pi}{2}}^{\frac{\pi}{2}}\left[r^4\right]_0^{2a\cos\theta}\cos\theta\,\mathrm{d}\theta$$

学习随笔

$$=4\sqrt{2}a^4\int_{-\frac{\pi}{2}}^{\frac{\pi}{2}}\cos^5\theta\mathrm{d}\theta=8\sqrt{2}a^4\int_0^{\frac{\pi}{2}}\cos^5\theta\mathrm{d}\theta=8\sqrt{2}a^4\cdot\frac{4.2}{5.3.1}=\frac{64}{15}\sqrt{2}a^4.$$

(2) S 关于 Oyz 平面与 Ozx 平面对称，$|xyz|$ 对 x 与 y 均为偶函数 $\Rightarrow$

$$I=4\iint_{S_1}xyz\mathrm{d}S,$$

其中，$S_1=S\cap\{x\geqslant0,y\geqslant0\}$，即 S_1 是 S 在第一卦限部分.

$S_1:z=x^2+y^2,(x,y)\in D_1,\quad D_1:x^2+y^2\leqslant1,\quad x\geqslant0,y\geqslant0.$

$\Rightarrow\ \mathrm{d}S=\sqrt{1+z_x'^2+z_y'^2}\,\mathrm{d}x\mathrm{d}y=\sqrt{1+4x^2+4y^2}\,\mathrm{d}x\mathrm{d}y.$

于是，代公式得 $I=4\iint\limits_{D_1}xy(x^2+y^2)\sqrt{1+4x^2+4y^2}\,\mathrm{d}x\mathrm{d}y.$

作极坐标变换 $x=r\cos\theta,y=r\sin\theta$，则 $D_1:0\leqslant\theta\leqslant\frac{\pi}{2},0\leqslant r\leqslant1.$

$$\Rightarrow\quad I=4\iint_{D_1}r\cos\theta r\sin\theta\cdot r^2\sqrt{1+4r^2}\,r\mathrm{d}r=4\int_0^{\frac{\pi}{2}}\sin\theta\cos\theta\mathrm{d}\theta\cdot\int_0^1r^5\sqrt{1+4r^2}\,\mathrm{d}r$$

$$=4\cdot\left[\frac{1}{2}\sin^2\theta\right]_0^{\frac{\pi}{2}}\cdot\int_1^{\sqrt{5}}\frac{1}{4}\left(\frac{u^2-1}{4}\right)^2u^2\mathrm{d}u\quad(\text{令 }u=\sqrt{1+4r^2})$$

$$=\frac{1}{32}\int_1^{\sqrt{5}}(u^2-1)^2u^2\mathrm{d}u=\frac{125\sqrt{5}-1}{420}.$$

评注 在计算第一型曲面积分时，若曲面对坐标面有对称性且被积函数有相应的奇偶性，要利用它简化计算(这与三重积分类似的).

在例 11.4.3 的题(3)中，S 关于 Oyz 平面对称，$f(x,y,z)=\frac{1}{x^2+y^2+z^2}$ 关于 x 为偶函数，直接可得 $I=2\iint\limits_{S_1}\frac{\mathrm{d}S}{x^2+y^2+z^2}=2\iint\limits_{S_1}\frac{\mathrm{d}S}{R^2+z^2}.$

4. 第一类曲面积分的应用

【例 11.4.6】设曲面 $S:z=\frac{1}{2}(x^2+y^2)\left(0\leqslant z\leqslant\frac{3}{2}\right)$ 的面密度 ρ 为常数，求 S 的质量与质心.

【解】S 在 Oxy 平面上的投影区域 $D_{xy}:x^2+y^2\leqslant3$，则 S 的质量

$$M=\iint_S\rho\mathrm{d}S=\rho\iint_{D_{xy}}\sqrt{1+\left(\frac{\partial z}{\partial x}\right)^2+\left(\frac{\partial z}{\partial y}\right)^2}\,\mathrm{d}\sigma$$

$$=\rho\iint_{D_{xy}}\sqrt{1+x^2+y^2}\,\mathrm{d}x\mathrm{d}y\xlongequal[\text{变换}]{\text{极坐标}}\rho\int_0^{2\pi}\mathrm{d}\theta\int_0^{\sqrt{3}}r\sqrt{1+r^2}\,\mathrm{d}r$$

$$=2\pi\rho\cdot\left[\frac{1}{3}(1+r^2)^{\frac{3}{2}}\right]_0^{\sqrt{3}}=\frac{14}{3}\pi\rho.$$

下求质心：由对称性且质量分布均匀 $\Rightarrow$ S 的质心为$(0,0,\bar{z})$.

$$\bar{z}=\iint_S\rho z\mathrm{d}S\Big/M=\frac{3}{14\pi}\iint_Sz\mathrm{d}S=\frac{3}{14\pi}\iint_{D_{xy}}\frac{1}{2}(x^2+y^2)\sqrt{1+\left(\frac{\partial z}{\partial x}\right)^2+\left(\frac{\partial z}{\partial y}\right)^2}\,\mathrm{d}x\mathrm{d}y$$

$$=\frac{3}{14\pi}\iint_{D_{xy}}\frac{1}{2}(x^2+y^2)\sqrt{1+x^2+y^2}\,\mathrm{d}x\mathrm{d}y=\frac{3}{14\pi}\int_0^{2\pi}\mathrm{d}\theta\int_0^{\sqrt{3}}\frac{1}{2}r^2\sqrt{1+r^2}\,r\mathrm{d}r$$

$$=\frac{3}{14}\int_0^{\sqrt{3}}r^3\sqrt{1+r^2}\,\mathrm{d}r=\frac{3}{14}\int_0^3\frac{1}{2}t\sqrt{1+t}\,\mathrm{d}t$$

$$=\frac{3}{14}\cdot\frac{1}{2}\int_1^4(u-1)\sqrt{u}\,\mathrm{d}u=\frac{3}{14}\left[\frac{2}{5}u^{\frac{5}{2}}-\frac{2}{3}u^{\frac{3}{2}}\right]_1^4=\frac{29}{35}.$$

【例 11.4.7】求一段均匀圆柱面 $S:x^2+y^2=R^2(0\leqslant z\leqslant h)$ 对原点处单位质点的引力(设面密度 $\mu=1$).

【分析与求解】(1) 设引力 $\boldsymbol{F}=\{F_x,F_y,F_y\}$，由对称性可知，$F_x=0,F_y=0$. 因此只须求 $\boldsymbol{F}$ 沿 z 轴方向的分量 F_z.

(2) 在圆柱面上任意一点(x,y,z)处取一小块曲面元 $\mathrm{d}S$，记$\boldsymbol{r}=\{x,y,z\}$，$r=|\boldsymbol{r}|=\sqrt{x^2+y^2+z^2}$，则曲面元对原点处单位质点的引力

$$\mathrm{d}\boldsymbol{F}=k\,\frac{1}{r^2}\cdot\frac{\boldsymbol{r}}{r}\mathrm{d}S$$

沿 z 轴方向的分量 $\mathrm{d}F_z=k\,\frac{z}{r^3}\mathrm{d}S$.

(3) 圆柱面对原点处单位质点的引力的 z 分量为

$$F_z=\iint_S\frac{kz}{r^3}\mathrm{d}S.$$

(4) 计算曲面积分.

S 关于 Oyz 平面(Ozx 平面)对称，又被积函数对 x 为偶函数

$$\Rightarrow\qquad F_z=2\iint_{S_1}\frac{kz}{r^3}\mathrm{d}S,$$

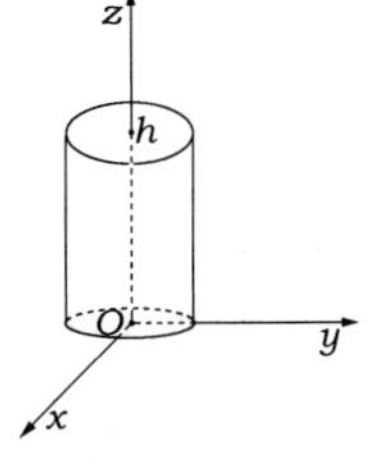

图 11.4－4

其中 $S_1=S\cap\{x\geqslant0\}$，见图 11.4－4.

S_1 的方程为 $x=\sqrt{R^2-y^2}$，S_1 在 Oyz 平面上的投影区域 $D_{yz}:-R\leqslant y\leqslant R,0\leqslant z\leqslant h$.

曲面微元 $\mathrm{d}S=\sqrt{1+x_y'^2+x_z'^2}\,\mathrm{d}y\mathrm{d}z=\sqrt{1+\frac{y^2}{R^2-y^2}}\,\mathrm{d}y\mathrm{d}z=\frac{R}{\sqrt{R^2-y^2}}\mathrm{d}y\mathrm{d}z$，于是

$$F_z=2k\iint_{D_{yz}}\frac{z}{(R^2+z^2)^{3/2}}\,\frac{R}{\sqrt{R^2-y^2}}\mathrm{d}y\mathrm{d}z$$

$$=2kR\int_0^h\frac{z}{(R^2+z^2)^{3/2}}\mathrm{d}z\int_{-R}^R\frac{\mathrm{d}y}{\sqrt{R^2-y^2}}$$

$$=2kR\left(\left[-\frac{1}{\sqrt{R^2+z^2}}\right]_0^h\cdot\left[2\arcsin\frac{y}{R}\right]_0^R\right)$$

$$=2kR\pi\left(\frac{1}{R}-\frac{1}{\sqrt{R^2+h^2}}\right).$$

学习随笔

第五节 对坐标的曲面积分

一、知识点归纳总结

1. 对坐标的曲面积分的概念

(1) 定义

设 S 是分块光滑的定向曲面，记选定的法向量为 $\boldsymbol{n}(M)$. 设 S 上给定向量函数

$$\boldsymbol{F}(x,y,z)=\{P(x,y,z),Q(x,y,z),R(x,y,z)\},$$

任意将 S 分割成 n 个小曲面 $\Delta S_i(i=1,2,\cdots,n)$. 在 ΔS_i 上任取一点 $M_i(x_i,y_i,z_i)$，作和数

$$\sum_{i=1}^{n}P(x_i,y_i,z_i)\Delta\sigma_{i,yz}+Q(x_i,y_i,z_i)\Delta\sigma_{i,zx}+R(x_i,y_i,z_i)\Delta\sigma_{i,xy},$$

其中 $\Delta\sigma_{i,yz},\Delta\sigma_{i,zx},\Delta\sigma_{i,xy}$ 是 ΔS_i 依据 $\boldsymbol{n}(M_i)$ 分别在 Oyz 平面，Ozx 平面和 Oxy 平面上的有向投影面积. 令 $\lambda=\max\limits_{1\leqslant i\leqslant n}\{\Delta S_i$ 的直径$\}$，当 $\lambda\to 0$ 时若上述和式存在极限(与曲面 S 的分割及点 M_i 的取法无关)，则称此极限为向量函数 $\boldsymbol{F}(x,y,z)=\{P,Q,R\}$ 在 S 上的对坐标的曲面积分(第二类曲面积分)，记为

$$\iint_S \boldsymbol{F}(M)\cdot \mathrm{d}\boldsymbol{S},\quad 或\quad \iint_S P\mathrm{d}y\mathrm{d}z+Q\mathrm{d}z\mathrm{d}x+R\mathrm{d}x\mathrm{d}y.$$

我们又分别称$\iint\limits_S P\mathrm{d}y\mathrm{d}z,\iint\limits_S Q\mathrm{d}z\mathrm{d}x,\iint\limits_S R\mathrm{d}x\mathrm{d}y$ 为 P,Q,R 在有向曲面 S 上对坐标 y、z，z、x 与 x、y 的积分.

这里 ΔS_i 在坐标面上的有向投影面积是带正负号的.

若 ΔS_i 在点 M_i 处的法向量 $\boldsymbol{n}(M_i)$ 与 x 轴正向成锐角，则 $\Delta\sigma_{i,yz}$ 取正号，成钝角时，则 $\Delta\sigma_{i,yz}$ 取负号，若 $\boldsymbol{n}(M_i)$ 与 y 轴正向成锐角，则 $\Delta\sigma_{i,zx}$ 取正号，成钝角，则 $\Delta\sigma_{i,zx}$ 取负号，若 $\boldsymbol{n}(M_i)$ 与 z 轴正向成锐角，则 $\Delta\sigma_{i,xy}$ 取正号，成钝角，时 $\Delta\sigma_{i,xy}$ 取负号.

(2) 物理意义

设空间中流体的流速

$$\boldsymbol{V}(x,y,z)=\{P(x,y,z),Q(x,y,z),R(x,y,z)\},$$

则通过定向光滑曲面 S 的体积流量(单位时间通过的体积)为

$$\iint_S \boldsymbol{V}\cdot\mathrm{d}\boldsymbol{S}=\iint_S P\mathrm{d}y\mathrm{d}z+Q\mathrm{d}z\mathrm{d}x+R\mathrm{d}x\mathrm{d}y.$$

设空间中有电场强度 $\boldsymbol{E}=\boldsymbol{E}(x,y,z)$ 则通过定向光滑曲面 S 的电通量为$\iint\limits_S \boldsymbol{E}\cdot\mathrm{d}\boldsymbol{S}$.

2. 第二类曲面积分的性质

设 S 是分块光滑的定向曲面，$P(x,y,z),Q(x,y,z),R(x,y,z)$ 在 S 上连续(或除有限条分段光滑曲线外在 S 连续且有界)，则 $\boldsymbol{F}(x,y,z)=\{P,Q,R\}$ 在 S 存在第二类曲面积分

学习随笔

$$\iint_S \boldsymbol{F}\cdot \mathrm{d}\boldsymbol{S}=\iint_S P\mathrm{d}y\mathrm{d}z+Q\mathrm{d}z\mathrm{d}x+R\mathrm{d}x\mathrm{d}y,$$

它有与第一类曲面积分类似的性质:线性性质与可加性质.但与第一类曲面积分不同的是,第二类曲面积分与曲面的定向有关:改变曲面的定向,第二类曲面积分变号.对第二类曲面积分也没有类似于第一类曲面积分的中值定理与保序性质.

3. 第二类曲面积分的对称性问题

设曲面 S 是分块光滑的,关于 Oyz 平面对称,又 $P(x,y,z)$在 S 连续,则

$$\iint_S P(x,y,z)\mathrm{d}y\mathrm{d}z=\begin{cases}0, & \text{若 } P(x,y,z) \text{ 关于 } x \text{ 为偶函数},\\ 2\iint_{S_1} P(x,y,z)\mathrm{d}y\mathrm{d}z, & \text{若 } P(x,y,z) \text{ 关于 } x \text{ 为奇函数},\end{cases}$$

其中 $S_1=S\cap\{x\geqslant 0\}$.

对$\iint_S Q(x,y,z)\mathrm{d}z\mathrm{d}x$ 与$\iint_S R(x,y,z)\mathrm{d}x\mathrm{d}y$ 有类似的情形.

4. 第二类曲面积分的计算公式

若光滑曲面 S 表示为

$$z=z(x,y)\ \ ((x,y)\in D_{xy}),$$

其中 D_{xy} 是 S 在 xy 平面上投影区域,$z(x,y)$在 D 有连续偏导数.又 $P(x,y,z)$,$Q(x,y,z)$,$R(x,y,z)$均在 S 上连续,则

$$\iint_S P\mathrm{d}y\mathrm{d}z+Q\mathrm{d}z\mathrm{d}x+R\mathrm{d}x\mathrm{d}y=$$

$$\pm\iint_{D_{xy}}\left[P(x,y,z(x,y))\left(-\frac{\partial z}{\partial x}\right)+Q(x,y,z(x,y))\left(-\frac{\partial z}{\partial y}\right)+R(x,y,z(x,y))\right]\mathrm{d}x\mathrm{d}y.$$

当 S 取上侧时取“+”号,当 S 取下侧时取“−”号.

在类似条件下,若 S 表示为 $y=y(z,x)\ ((z,x)\in D_{zx})$,或 $x=x(y,z)\ ((y,z)\in D_{yz})$,则有

$$\iint_S P\mathrm{d}y\mathrm{d}z+Q\mathrm{d}z\mathrm{d}x+R\mathrm{d}x\mathrm{d}y=$$

$$\pm\iint_{D_{zx}}\left[P(x,y(z,x),z)\left(-\frac{\partial y}{\partial x}\right)+Q(x,y(z,x),z)+R(x,y(z,x),z)\left(-\frac{\partial y}{\partial z}\right)\right]\mathrm{d}z\mathrm{d}x.$$

(11.5-1)

当 S 取右侧时取“+”号,取左侧时取“−” 号.

$$\iint_S P\mathrm{d}y\mathrm{d}z+Q\mathrm{d}z\mathrm{d}x+R\mathrm{d}x\mathrm{d}y=$$

$$\pm\iint_{D_{yz}}\left[P(x(y,z),y,z)+Q(x(y,z),y,z)\left(-\frac{\partial x}{\partial y}\right)+R(x(y,z),y,z)\left(-\frac{\partial x}{\partial z}\right)\right]\mathrm{d}y\mathrm{d}z.$$

当 S 取前侧时取“+”号,S 取后侧时取“−”号.

利用上述计算公式的要点是:

学习随笔

① 选择投影方向,给出曲面 S 的显式表示,确定投影区域,并求出曲面方程相应的偏导数,然后代公式化曲面积分为二重积分,注意由曲面的定向确定公式前的“+,−”号,余下的就是计算二重积分.

② 若曲面关于所求积分相应的坐标面有对称性,被积函数有相应的奇偶性,要利用它达到简化计算的目的,但要注意,第二类面积分有与第一类面积分不同的对称性质.

③ 注意利用曲面方程简化被积函数.

④ 若曲面分块表示或被积函数分块表示,要用分块积分法.

5. 第二类曲面积分的应用

利用第二类曲面积分,已知流体速度可求流体通过定向光滑曲面的体积流量.已知静电场的场强可求它通过定向光滑曲面的电通量.因为第二类曲面积分可以转化为第一类曲面积分,流量、电通量等也可表为第一类曲面积分.

6. 两类曲面积分的联系与区别

设 S 是分块光滑曲面,则两类曲面积分有如下关系:

$$\iint_S P\,\mathrm{d}y\mathrm{d}z+Q\,\mathrm{d}z\mathrm{d}x+R\,\mathrm{d}x\mathrm{d}y=\iint_S (P\cos\alpha+Q\cos\beta+R\cos\gamma)\,\mathrm{d}S,$$

其中 $\cos\alpha,\cos\beta,\cos\gamma$ 是曲面 S 在点 (x,y,z) 处单位法向量的方向余弦,P,Q,R 在 S 上连续,写成向量形式

$$\iint_S \boldsymbol{F}\cdot\mathrm{d}\boldsymbol{S}=\iint_S \boldsymbol{F}\cdot\boldsymbol{n}\,\mathrm{d}S.$$

第一、二类曲面积分重要不同点是:第一类曲面积分与曲面定向(即法向量的取向)无关,而第二类曲面积分与曲面的定向有关,设 S^+,S^- 是同一块分块光滑曲面,但定向不同,则有

$$\iint_{S^+} P\,\mathrm{d}y\mathrm{d}z+Q\,\mathrm{d}z\mathrm{d}x+R\,\mathrm{d}x\mathrm{d}y=-\iint_{S^-} P\,\mathrm{d}y\mathrm{d}z+Q\,\mathrm{d}z\mathrm{d}x+R\,\mathrm{d}x\mathrm{d}y.$$

二、典型题型归纳及解题方法与技巧

1. 曲面的定向

【例 11.5.1】在空间直角坐标系 $Oxyz$ 中,z 轴正向铅直向上,x 轴正向朝前,y 轴正向朝右,设光滑面 S 由方程 $z=z(x,y)((x,y)\in D_{xy})$ 给出,即 $z(x,y)$ 在 D_{xy} 有连续的偏导数.

(1) 求 S 上 $\forall$ 点 (x,y,z) 处的单位法向量 $\boldsymbol{n}=(\cos\alpha,\cos\beta,\cos\gamma)$;

(2) 用法向量确定 S 的上侧($\boldsymbol{n}$ 与 z 轴正向的夹角为锐角,即法向量朝上)或下侧($\boldsymbol{n}$ 与 z 轴正向的夹角为钝角,即法向量朝下).

【解】(1) 令 $F(x,y,z)=z-z(x,y)$,则 S 的方程为 $F(x,y,z)=0$.它的一个法向量为 $\mathbf{grad}F=\left(\dfrac{\partial F}{\partial x},\dfrac{\partial F}{\partial y},\dfrac{\partial F}{\partial z}\right)=\left(-\dfrac{\partial z}{\partial x},-\dfrac{\partial z}{\partial y},1\right)$. S 在 $\forall$ 点 (x,y,z) 处的单位法向量只有两个:

学习随笔

$$\boldsymbol{n}=(\cos\alpha,\cos\beta,\cos\gamma)=\pm\frac{1}{\sqrt{1+\left(\frac{\partial z}{\partial x}\right)^2+\left(\frac{\partial z}{\partial y}\right)^2}}\left(-\frac{\partial z}{\partial x},-\frac{\partial z}{\partial y},1\right). \tag{11.5-2}$$

(2) 因为 $\cos\gamma=\pm\dfrac{1}{\sqrt{1+\left(\frac{\partial z}{\partial x}\right)^2+\left(\frac{\partial z}{\partial y}\right)^2}}$,因此式(11.5-2)中,取"+"时,曲面 S 取上侧,取"−"时,曲面 S 取下侧.

2. 第二类曲面积分的性质

【例 11.5.2】设 S 是分片光滑的曲面,P,Q,R 在 S 连续.

(1) 若 S 垂直 Oyz 平面(即法向量与 yz 平面平行),则 $\iint\limits_S P\,\mathrm{d}y\,\mathrm{d}z=$________;

(2) 若 S 垂直 Ozx 平面(即法向量与 zx 平面平行),则 $\iint\limits_S Q\,\mathrm{d}z\,\mathrm{d}x=$________;

(3) 若 S 垂直 Oxy 平面,则 $\iint\limits_S R\,\mathrm{d}x\,\mathrm{d}y=$________.

【分析】它们取值均为零,如 $\iint\limits_S R\,\mathrm{d}x\,\mathrm{d}y=\lim\limits_{\lambda\to 0}\sum\limits_{i=1}^{n}R(x_i,y_i,z_i)\Delta\sigma_{i,xy}=0$,

其中,$\Delta\sigma_{i,xy}$ 是小曲面块 ΔS_i 在 xy 平面上的有向投影面积,$\Delta\sigma_{i,xy}=0(i=1,2,\cdots,n)$.

或由两类积分的关系:$\iint\limits_S R\,\mathrm{d}x\,\mathrm{d}y=\iint\limits_S R\cos\gamma\,\mathrm{d}S=0$,

其中,S 的法向量与 z 轴正向 $\boldsymbol{k}$ 的夹角 $\gamma=\dfrac{\pi}{2}$,$\cos\gamma=0$.

【例 11.5.3】设 S 为柱面 $y^2+z^2=R^2(0\leqslant x\leqslant h)$,取外侧,则

$$I=\iint\limits_S \sin xy\,\mathrm{d}y\,\mathrm{d}z=\_\_\_\_\_\_\_\_.$$

【分析】因为 S 垂直 Oyz 平面,所以 $\iint\limits_S \sin xy\,\mathrm{d}y\,\mathrm{d}z=0$.

【例 11.5.4】下面的命题是否正确?证明你的判断.

设 S 是光滑曲面,$R_1(x,y,z)$,$R_2(x,y,z)$ 在 S 上连续,且 $R_1(x,y,z)\leqslant R_2(x,y,z)$ $((x,y,z)\in S)$,则 $\iint\limits_S R_1(x,y,z)\,\mathrm{d}x\,\mathrm{d}y\leqslant\int_S R_2(x,y,z)\,\mathrm{d}x\,\mathrm{d}y$.

【分析】不正确.如 $S:x^2+y^2+z^2=1,z\leqslant 0$,取外侧,在 S 上 $R_1(x,y,z)=z\leqslant z^2=R_2(x,y,z)$,但 $\iint\limits_S z\,\mathrm{d}x\,\mathrm{d}y>\iint\limits_S z^2\,\mathrm{d}x\,\mathrm{d}y$.

因为

$$\iint\limits_S z\,\mathrm{d}x\,\mathrm{d}y=-\iint\limits_{D_{xy}}-\sqrt{1-x^2-y^2}\,\mathrm{d}x\,\mathrm{d}y=\iint\limits_{D_{xy}}\sqrt{1-x^2-y^2}\,\mathrm{d}x\,\mathrm{d}y>0,$$

$$\iint\limits_S z^2\,\mathrm{d}x\,\mathrm{d}y=-\iint\limits_{D_{xy}}(1-x^2-y^2)\,\mathrm{d}x\,\mathrm{d}y<0,$$

其中,$D_{xy}:x^2+y^2\leqslant 1$.

学习随笔

评注　要注意第一、二类曲面积分的区别.

3. 两类曲面积分的关系

【例 11.5.5】求 $I=\iint\limits_S x\,\mathrm{d}y\mathrm{d}z+y\mathrm{d}z\mathrm{d}x+z\mathrm{d}x\mathrm{d}y$,其中 $S:x^2+y^2+z^2=R^2$,取外侧.

【解】将它化为第一类曲面积分并利用被积函数与 S 的特殊性可求得 I 值.

S 上 $\forall$ 点(x,y,z)处的单位法向量

$$\boldsymbol{n}=\{\cos\alpha,\cos\beta,\cos\gamma\}=\frac{1}{R}\{x,y,z\}. \tag{11.5-3}$$

将第二类曲面积分 I 化为第一类曲面积分并代入式(11.5-3)得

$$I=\iint\limits_S(x\cos\alpha+y\cos\beta+z\cos\gamma)\mathrm{d}S=\iint\limits_S\frac{1}{R}(x^2+y^2+z^2)\mathrm{d}S.$$

由于 S 上 $x^2+y^2+z^2=R^2$,且 S 的面积为 $4\pi R^2$,

$$\Rightarrow\qquad I=R\iint\limits_S\mathrm{d}S=4\pi R^3.$$

4. 将第二类曲面积分化为二重积分并计算

【例 11.5.6】求下列第二类曲面积分:

(1) $I=\iint\limits_S yz\,\mathrm{d}z\mathrm{d}x+xz\,\mathrm{d}x\mathrm{d}y$,其中,$S$ 为上半球面 $x^2+y^2+z^2=R^2(z\geqslant0)$ 的上侧;

(2) $I=\iint\limits_S x\,\mathrm{d}y\mathrm{d}z+y\mathrm{d}z\mathrm{d}x+z\mathrm{d}x\mathrm{d}y$,其中 S 为锥面 $z^2=x^2+y^2$ 被平面 $z=0$ 及 $z=h$ 所截部分的外侧;

(3) $I=\iint\limits_S\dfrac{x\,\mathrm{d}y\mathrm{d}z+z^2\mathrm{d}x\mathrm{d}y}{x^2+y^2+z^2}$,其中 S 是由曲面 $x^2+y^2=R^2$ 及平面 $z=R,z=-R$ 围成的立体表面的外侧,$R>0$.

【分析与求解】(1) 因 S 是上半球面,投影到 Oxy 平面上来计算比较方便. 投影区域是

$$D_{xy}:x^2+y^2\leqslant R^2,$$

见图 11.5-1. 于是 $I=\iint\limits_{D_{xy}}\left[yz\left(-\dfrac{\partial z}{\partial y}\right)+xz\right]\mathrm{d}x\mathrm{d}y.$

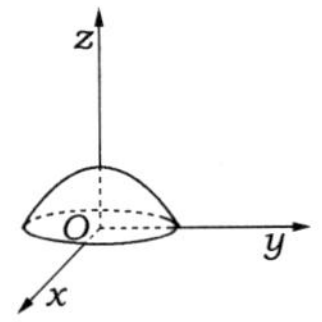

图 11.5-1

由 S 的方程:$x^2+y^2+z^2=R^2(z\geqslant0)$得 $\dfrac{\partial z}{\partial y}=-\dfrac{y}{z}$.

$$\Rightarrow\quad I=\iint\limits_{D_{xy}}(y^2+x\sqrt{R^2-x^2-y^2})\mathrm{d}x\mathrm{d}y=\iint\limits_{D_{xy}}y^2\mathrm{d}x\mathrm{d}y,$$

其中 $\iint\limits_{D_{xy}}x\sqrt{R^2-x^2-y^2}\,\mathrm{d}x\mathrm{d}y=0.$

因为 D_{xy} 关于 y 轴对称,被积函数对 x 为奇函数.

作极坐标变换 $x=r\cos\theta,y=r\sin\theta$,

$$\Rightarrow\quad I=\int_0^{2\pi}\mathrm{d}\theta\int_0^R r^2\sin^2\theta r\,\mathrm{d}r=\int_0^{2\pi}\sin^2\theta\,\mathrm{d}\theta\cdot\int_0^R r^3\mathrm{d}r=\frac{1}{4}\pi R^4.$$

(2) 由 S 的方程：$z=\sqrt{x^2+y^2}$ $(0\leqslant z\leqslant h)$，投影到 Oxy 平面上来计算比较方便. 投影区域是 $D_{xy}:\sqrt{x^2+y^2}\leqslant h$，见图 11.5-2. 这里 S 取下侧，于是

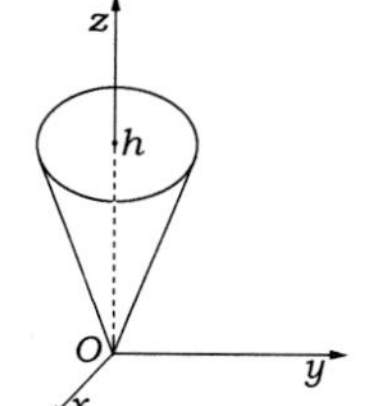

图 11.5-2

$$I=-\iint_{D_{xy}}\left[x\left(-\frac{\partial z}{\partial x}\right)+y\left(-\frac{\partial z}{\partial y}\right)+z\right]\mathrm{d}x\,\mathrm{d}y.$$

由 S 的方程，得 $\frac{\partial z}{\partial x}=\frac{x}{z},\frac{\partial z}{\partial y}=\frac{y}{z}$.

$$\Rightarrow\quad I=+\iint_{D_{xy}}\left(\frac{x^2}{z}+\frac{y^2}{z}-2z\right)\mathrm{d}x\,\mathrm{d}y=-\iint_{D_{xy}}\sqrt{x^2+y^2}\,\mathrm{d}x\,\mathrm{d}y$$

$$=-\int_0^{2\pi}\mathrm{d}\theta\int_0^k r\cdot r\,\mathrm{d}r=-\frac{2}{3}\pi h^3.$$

(3) 曲面 S 由上、下底圆及圆柱面组成，分别记为 S_1,S_2 与 S_3，见图 11.5-3. 先计算

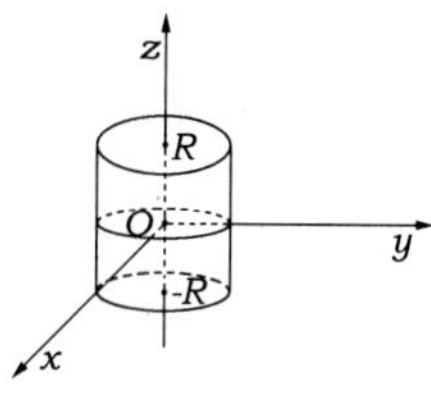

图 11.5-3

$$\iint_S\frac{z^2}{x^2+y^2+z^2}\mathrm{d}x\,\mathrm{d}y=\sum_{i=1}^{3}\iint_{S_i}\frac{z^2}{x^2+y^2+z^2}\mathrm{d}x\,\mathrm{d}y$$

$$=\iint_{D_{xy}}\frac{R^2}{x^2+y^2+R^2}\mathrm{d}x\,\mathrm{d}y-\iint_{D_{xy}}\frac{R^2}{x^2+y^2+R^2}\mathrm{d}x\,\mathrm{d}y=0.$$

其中，D_{xy} 为 S_1,S_2 在 xy 平面上的投影区域，对 S_1 是取上侧，S_2 取下侧，化为二重积分时，一个取正号，另一个取负号，而 S_3 与 xy 平面垂直，因而

$$\iint_{S_3}\frac{z^2}{x^2+y^2+z^2}\mathrm{d}x\,\mathrm{d}y=0.$$

再求另一积分

$$I_1=\iint_S\frac{x\,\mathrm{d}y\,\mathrm{d}z}{x^2+y^2+z^2}=\sum_{i=1}^{3}\iint_{S_i}\frac{x}{x^2+y^2+z^2}\mathrm{d}y\,\mathrm{d}z$$

$$=\iint_{S_3}\frac{x}{x^2+y^2+z^2}\mathrm{d}y\,\mathrm{d}z,$$

其中 S_1,S_2 均垂直 yz 平面，相应的曲面积分为零.

现投影到 Oyz 平面上，分成前后两部分，曲面方程分别为 $x=\pm\sqrt{R^2-y^2}$，投影区域

$$D_{yz}:-R\leqslant y\leqslant R,\quad -R\leqslant z\leqslant R.$$

于是
$$I_1=+\iint_{D_{xy}}\frac{\sqrt{R^2-y^2}}{R^2+z^2}\mathrm{d}y\,\mathrm{d}z-\iint_{D_{xy}}\frac{-\sqrt{R^2-y^2}}{R^2+x^2}\mathrm{d}y\,\mathrm{d}z$$

$$=2\iint_{D_{yz}}\frac{\sqrt{R^2-y^2}}{R^2+z^2}\mathrm{d}y\,\mathrm{d}z=2\int_{-R}^{R}\sqrt{R^2-y^2}\,\mathrm{d}y\cdot\int_{-R}^{R}\frac{1}{R^2+z^2}\mathrm{d}z$$

$$=8\int_0^R\sqrt{R^2-y^2}\,\mathrm{d}y\int_0^R\frac{1}{R^2+z^2}\mathrm{d}z$$

$$=8\cdot\frac{1}{4}\pi R^2\cdot\left[\frac{1}{R}\arctan\frac{z}{R}\right]_0^R=\frac{1}{2}\pi^2R.$$

学习随笔

因此 $I=\frac{1}{2}\pi^2 R$.

评注　直接计算第二类曲面积分的基本方法也是套公式化为二重积分,再化为累次积分.化为二重积分时要注意选择投影方向,确定曲面 S 的投影区域,并注意由曲面的定向选择公式所带的正负号.注意不同的投影方向所用的公式是不同的.如求 $\iint\limits_S P\mathrm{d}y\mathrm{d}z$,若 $S: x=x(y,z),(y,z)\in D_{yz}$,投影到 Oyz 平面上得 $\iint\limits_S P\mathrm{d}y\mathrm{d}z=\pm\iint\limits_{D_{yz}} P[x(y,z),y,z]\mathrm{d}y\mathrm{d}z$.

若 $S: z=z(x,y),(x,y)\in D_{xy}$,投影到 Oxy 平面上得

$$\iint\limits_S P\mathrm{d}y\mathrm{d}z=\pm\iint\limits_{D_{xy}} P[x,y,z(x,y)]\left(-\frac{\partial z}{\partial x}\right)\mathrm{d}x\mathrm{d}y.$$

若 S 是分块表示的,也要用分块积分法.

在计算中还要注意用例 11.5.2 中的结论.

5. 利用对称性计算第二类曲面积分

【例 11.5.7】求下列积分值:

$$I=\iint\limits_S \mathrm{d}x\mathrm{d}y,\qquad J=\iint\limits_S y^2\mathrm{d}z\mathrm{d}x,$$

其中 S 为椭球面:$\frac{x^2}{a^2}+\frac{y^2}{b^2}+\frac{z^2}{c^2}=1$,取内侧.

【解】椭球面 S 关于 Oxy 平面对称,被积函数 1 关于 z 为偶函数,所以 $I=\iint\limits_S 1\mathrm{d}x\mathrm{d}y=0$.

椭球面 S 关于 Ozx 平面对称,被积函数 y^2 关于 y 为偶函数,所以 $J=\iint\limits_S y^2\mathrm{d}z\mathrm{d}x=0$.

【例 11.5.8】求下列第二类曲面积分:

(1) $I=\iint\limits_S \frac{\mathrm{d}y\mathrm{d}z}{x}+\frac{\mathrm{d}z\mathrm{d}x}{y}+\frac{\mathrm{d}x\mathrm{d}y}{z}$,其中 S 为椭球面 $\frac{x^2}{a^2}+\frac{y^2}{b^2}+\frac{z^2}{c^2}=1$ 的外侧;

(2) $I=\iint\limits_S xyz^2\mathrm{d}x\mathrm{d}y+xz\mathrm{d}y\mathrm{d}z+z^2\mathrm{d}z\mathrm{d}x$,其中 S 是 $x^2+z^2=a^2$ 在 $x\geqslant 0$ 的一半中被 $y=0$ 与 $y=h(h>0)$ 所截下部分的外侧.

【分析与求解】(1) 先求 $I_0=\iint\limits_S \frac{1}{z}\mathrm{d}x\mathrm{d}y$.

由于 S 关于 Oxy 平面对称,$\frac{1}{z}$ 在 S 对 z 为奇函数 $\Rightarrow I_0=2\iint\limits_{S_1}\frac{1}{z}\mathrm{d}x\mathrm{d}y$.

S_1 是上半椭球面,即 $S_1=S\cap\{z\geqslant 0\}$.由于 S_1 取上侧,S_1 的方程

$$z=c\sqrt{1-\frac{x^2}{a^2}-\frac{y^2}{b^2}},(x,y)\in D_{xy},\quad D_{xy}:\frac{x^2}{a^2}+\frac{y^2}{b^2}\leqslant 1,$$

学习随笔

$$\Rightarrow \quad I_0 = 2\iint\limits_{D_{xy}} \frac{\mathrm{d}x\,\mathrm{d}y}{c\sqrt{1-\frac{x^2}{a^2}-\frac{y^2}{b^2}}}.$$

如何求这个二重积分?

方法一　广义极坐标变换:$x=ar\cos\theta, y=br\sin\theta$,则

$D_{xy}: 0\leqslant\theta\leqslant 2\pi, 0\leqslant r\leqslant 1, |J|=abr$,

$$I_0=\frac{2}{c}\int_0^{2\pi}\mathrm{d}\theta\int_0^1\frac{abr}{\sqrt{1-r^2}}\mathrm{d}r=\frac{4ab\pi}{c}\left[-\sqrt{1-r^2}\right]_0^1=\frac{4ab\pi}{c}.$$

方法二　极坐标变换:$x=r\cos\theta, y=r\sin\theta$,

则 $D_{xy}: 0\leqslant\theta\leqslant 2\pi, 0\leqslant r\leqslant \dfrac{1}{\sqrt{\dfrac{\cos^2\theta}{a^2}+\dfrac{\sin^2\theta}{b^2}}}\stackrel{\text{记}}{=\!=}\varphi(\theta)$.

$$I_0=\frac{2}{c}\int_0^{2\pi}\mathrm{d}\theta\int_0^{\varphi(\theta)}\frac{r}{\sqrt{1-\left[\frac{r}{\varphi(\theta)}\right]^2}}\mathrm{d}r=\frac{-2}{c}\int_0^{2\pi}\varphi^2(\theta)\left[\sqrt{1-\frac{r^2}{\varphi^2(\theta)}}\right]_{r=0}^{r=\varphi(\theta)}\mathrm{d}\theta$$

$$=\frac{2}{c}\int_0^{2\pi}\varphi^2(\theta)\mathrm{d}\theta \quad (\varphi^2(\theta)\text{ 以 }\pi\text{ 为周期且为偶函数})$$

$$=\frac{2}{c}\cdot 4\int_0^{\frac{\pi}{2}}\frac{\mathrm{d}\theta}{\frac{\cos^2\theta}{a^2}+\frac{\sin^2\theta}{b^2}}=\frac{8}{c}\cdot\int_0^{\frac{\pi}{2}}\frac{ab\,\mathrm{d}\left(\frac{a}{b}\tan\theta\right)}{1+\left(\frac{a}{b}\tan\theta\right)^2}$$

$$=\frac{8ab}{c}\left[\arctan\left(\frac{a}{b}\tan\theta\right)\right]_0^{\frac{\pi}{2}}=\frac{4ab}{c}\pi.$$

现在利用坐标的转换对称性.若已求出

$$\iint\limits_S\frac{\mathrm{d}x\,\mathrm{d}y}{z}=f(a,b,c),$$

将 y 轴换成 z 轴,z 轴换成 x 轴,x 轴换成 y 轴,见图 11.5-4,则

$$\iint\limits_S\frac{\mathrm{d}z\,\mathrm{d}x}{y}=f(c,a,b).$$

同理　$$\iint\limits_S\frac{\mathrm{d}y\,\mathrm{d}z}{x}=f(b,c,a).$$

于是　$$\iint\limits_S\frac{\mathrm{d}z\,\mathrm{d}x}{y}=\frac{4ac}{b}\pi,\quad \iint\limits_S\frac{\mathrm{d}y\,\mathrm{d}z}{x}=\frac{4bc}{a}\pi,$$

因此　$$I=4\pi\left(\frac{bc}{a}+\frac{ac}{b}+\frac{ab}{c}\right).$$

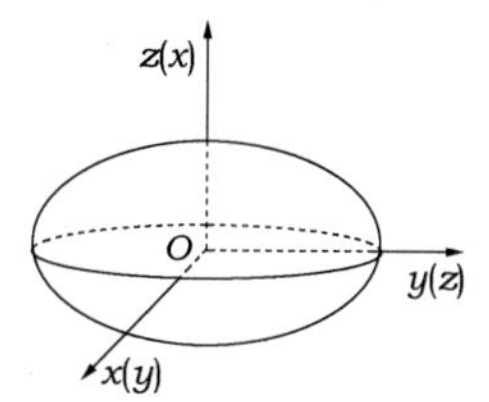

图 11.5-4

(2) 注意:S 关于 Oxy 平面对称,xyz^2 对 z 为偶函数,

$$\Rightarrow \quad \iint\limits_S xyz^2\,\mathrm{d}x\,\mathrm{d}y=0.$$

学习随笔

又 S 垂直于 Ozx 平面，则$\iint\limits_S z^2\mathrm{d}z\mathrm{d}x=0$. 最后只须计算 $I_0=\iint\limits_S xz\mathrm{d}y\mathrm{d}z$.

S 在 Oyz 平面上的投影区域 D_{yz}：$0\leqslant y\leqslant h,-a\leqslant z\leqslant a$，(见图 11.5-5). S 的方程是 $x=\sqrt{a^2-z^2}$，

$\Rightarrow$
$$I_0=\iint\limits_{D_{yz}} z\sqrt{a^2-z^2}\,\mathrm{d}y\mathrm{d}z=0.$$

(这是二重积分，D_{yz} 关于 y 轴对称，被积函数对 z 为奇函数)

S 的图形见图 11.5-6.

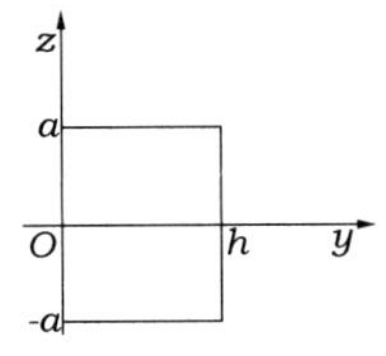

图 11.5-5

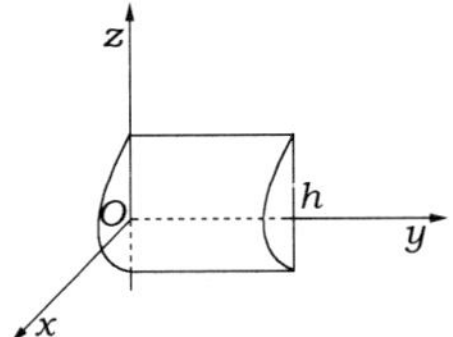

图 11.5-6

评注 ① 求第二型曲面积分时也要注意利用曲面关于坐标面的对称性及被积函数相应的奇偶性来简化计算. 但一定要注意它与第一型曲面积分有不同的性质.

② 若利用对称性可简化例 11.5.6 题(3)的计算. 该题中，S 关于 Oxy 平面对称，$\dfrac{z^2}{x^2+y^2+z^2}$ 对 z 为偶函数 $\Rightarrow\iint\limits_S\dfrac{z^2}{x^2+y^2+z^2}\mathrm{d}x\mathrm{d}y=0$，

又 S_3 关于 Oyz 平面对称，$\dfrac{x}{x^2+y^2+z^2}$ 对 x 为奇函数

$$\Rightarrow\iint\limits_{S_3}\frac{x}{x^2+y^2+z^2}\mathrm{d}y\mathrm{d}z=2\iint\limits_{S_3'}\frac{x}{x^2+y^2+z^2}\mathrm{d}y\mathrm{d}z,\text{其中 } S'_3=S_3\cap\{x\geqslant 0\}.$$

6. 第二类曲面积分的应用

【例 11.5.9】设流速 $\boldsymbol{v}=x\boldsymbol{i}+y\boldsymbol{j}+z\boldsymbol{k}$，求流体的流量 Q.

(1) 穿过圆锥 $x^2+y^2\leqslant z^2(0\leqslant z\leqslant h)$ 的侧表面，法向量朝外；

(2) 穿过上述圆锥的底面，法向量朝外.

【解】(1) 用曲面积分表示流量 Φ. 即

$$\Phi=\iint\limits_S x\mathrm{d}y\mathrm{d}z+y\mathrm{d}z\mathrm{d}x+z\mathrm{d}x\mathrm{d}y=\iint\limits_S(x\cos\alpha+y\cos\beta+z\cos\gamma)\mathrm{d}S,\tag{11.5-4}$$

其中 S 是圆锥面(见图 11.5-7) $x^2+y^2=z^2(0\leqslant z\leqslant h)$，$\{\cos\alpha,\cos\beta,\cos\gamma\}$ 是圆锥面的单位外法向量：

$$\{\cos\alpha,\cos\beta,\cos\gamma\}=\frac{1}{\sqrt{x^2+y^2+z^2}}\{-x,-y,z\},$$

代入式(11.5-4)得

学习随笔

$$\varPhi=\iint_S \frac{1}{\sqrt{x^2+y^2+z^2}}(-x^2-y^2+z^2)\mathrm{d}S=\iint_S 0\mathrm{d}S=0.$$

(2) 同样,用曲面积分表示流量 $\varPhi$,即

$$\varPhi=\iint_S x\mathrm{d}y\mathrm{d}z+y\mathrm{d}z\mathrm{d}x+z\mathrm{d}x\mathrm{d}y,$$

其中 S 是上述圆锥的底面(见图 11.5-7).

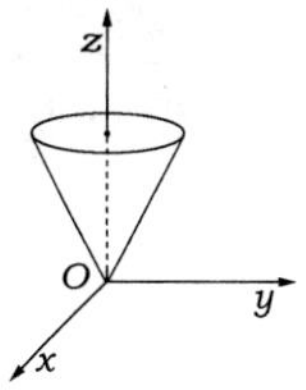

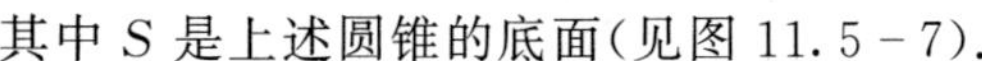

图 11.5-7

因为 S 与 Oyz 平面,Ozx 平面均垂直 $\Rightarrow \iint_S x\mathrm{d}y\mathrm{d}z=0,\ \iint_S y\mathrm{d}z\mathrm{d}x=0.$

S 在 Oxy 平面的投影区域是 $D_{xy}:x^2+y^2\leqslant h^2$,$S$ 的方程是 $z=h((x,y)\in D_{xy})$,

$$\Rightarrow \qquad \varPhi=\iint_{D_{xy}} h\mathrm{d}x\mathrm{d}y=\pi h^3.$$

评注　用曲面积分计算某些物理量,首先要给出相应的曲面积分表达式,或类比于三重积分的情形或用微元法导出.

第六节　高斯公式　*通量与散度

一、知识点归纳总结

1. 高斯公式的表述

定理　设 Ω 是空间中的有界闭区域,其边界是分片光滑曲面.若向量函数

$$\boldsymbol{F}(x,y,z)=\{P(x,y,z),Q(x,y,z),R(x,y,z)\}$$

的各分量在 Ω 有连续的偏导数,则有高斯公式

$$\iint_{S^+} P\mathrm{d}y\mathrm{d}z+Q\mathrm{d}z\mathrm{d}x+R\mathrm{d}x\mathrm{d}y=\iiint_\Omega\left(\frac{\partial P}{\partial x}+\frac{\partial Q}{\partial y}+\frac{\partial R}{\partial z}\right)\mathrm{d}V,$$

其中 S^+ 表示 S 的外侧.

高斯公式也可表为

$$\iint_S (P\cos\alpha+Q\cos\beta+R\cos\gamma)\mathrm{d}S=\iiint_\Omega\left(\frac{\partial P}{\partial x}+\frac{\partial Q}{\partial y}+\frac{\partial R}{\partial z}\right)\mathrm{d}V,$$

其中 $\boldsymbol{n}=\{\cos\alpha,\cos\beta,\cos\gamma\}$ 是 S 的单位外法向量(指向 Ω 的外部)

2. 高斯公式的物理意义

光滑闭曲面 S 围成区域 Ω,取 S 的单位外法向量 $\boldsymbol{n}$.设任意点 $(x,y,z)\in\Omega$ 处流体的流速

$$\boldsymbol{v}(x,y,z)=\{P(x,y,z),Q(x,y,z),R(x,y,z)\},$$

流体的密度 $\mu=1$,则高斯公式

$$\iint_S \boldsymbol{v}\cdot\boldsymbol{n}\mathrm{d}S=\iint_S P\mathrm{d}y\mathrm{d}z+Q\mathrm{d}z\mathrm{d}x+R\mathrm{d}x\mathrm{d}y=\iiint_\Omega\left(\frac{\partial P}{\partial x}+\frac{\partial Q}{\partial y}+\frac{\partial R}{\partial z}\right)\mathrm{d}V$$

表示:单位时间内,通过 S 流出的流体质量等于整个区域内流出的流体质量.

学习随笔

3. 空间中的分部积分公式与第一、第二高斯公式

设 Ω 是空间有界闭区域，边界 S 是分片光滑曲面，$\boldsymbol{n}$ 为 S 的单位外法向量，则有

(1) 空间中的分部积分公式

$$\iiint\limits_{\Omega} u\,\frac{\partial w}{\partial x}\mathrm{d}V=\iint\limits_{S} uw\cos\langle \boldsymbol{n},\boldsymbol{i}\rangle \mathrm{d}S-\iiint\limits_{\Omega} w\,\frac{\partial u}{\partial x}\mathrm{d}V,$$

$$\iiint\limits_{\Omega} u\,\frac{\partial w}{\partial y}\mathrm{d}V=\iint\limits_{S} uw\cos\langle \boldsymbol{n},\boldsymbol{j}\rangle \mathrm{d}S-\iiint\limits_{\Omega} w\,\frac{\partial u}{\partial y}\mathrm{d}V,$$

$$\iiint\limits_{\Omega} u\,\frac{\partial w}{\partial z}\mathrm{d}V=\iint\limits_{S} uw\cos\langle \boldsymbol{n},\boldsymbol{k}\rangle \mathrm{d}S-\iiint\limits_{\Omega} w\,\frac{\partial u}{\partial z}\mathrm{d}V,$$

其中 u,w 在 Ω 有连续偏导数.

(对 $P=uw,Q=R=0$，利用高斯公式得第一式，其余类似).

(2) 第一高斯公式

$$\iiint\limits_{\Omega} u\Delta v\mathrm{d}V=\iint\limits_{S} u\,\frac{\partial v}{\partial n}\mathrm{d}S-\iiint\limits_{\Omega}\nabla u\cdot\nabla v\mathrm{d}V,$$

其中 u,v 在 Ω 有二阶连续偏导数.

(在三个分部积分公式中分别令 $w=\dfrac{\partial v}{\partial x},\dfrac{\partial v}{\partial y},\dfrac{\partial v}{\partial z}$ 并把三式相加即得).

(3) 第二高斯公式

$$\iiint\limits_{\Omega}(u\Delta v-v\Delta u)\mathrm{d}V=\iint\limits_{S}\left(u\,\frac{\partial v}{\partial n}-v\,\frac{\partial u}{\partial n}\right)\mathrm{d}S,$$

其中 u,v 在 Ω 有二阶连续偏导数.

4. 高斯公式的应用

(1) 空间区域的体积表示为曲面积分

设 Ω 是空间中的有界闭区域，边界 S 是分块光滑曲面，取外法向，则

$$V(\Omega)=\frac{1}{3}\iint\limits_{S} x\mathrm{d}y\mathrm{d}z+y\mathrm{d}z\mathrm{d}x+z\mathrm{d}x\mathrm{d}y.\ (\Omega\text{ 的体积})$$

(对 $P=x,Q=y,R=z$ 在 Ω 上利用高斯公式)

(2) 利用高斯公式计算曲面积分

$$\iint\limits_{S} P\mathrm{d}y\mathrm{d}z+Q\mathrm{d}z\mathrm{d}x+R\mathrm{d}x\mathrm{d}y=\iiint\limits_{\Omega}\left(\frac{\partial P}{\partial x}+\frac{\partial Q}{\partial y}+\frac{\partial R}{\partial z}\right)\mathrm{d}V,$$

其中 Ω 为闭曲面 S 围成的区域，S 为 Ω 的边界面取外侧. 若右端三重积分容易求出，则计算左端的曲面积分化为计算三重积分.

$$\begin{aligned}&\iiint\limits_{\Omega}\left(\frac{\partial P}{\partial x}+\frac{\partial Q}{\partial y}+\frac{\partial R}{\partial z}\right)\mathrm{d}V\\ =&\iint\limits_{S^{+}} P\mathrm{d}y\mathrm{d}z+Q\mathrm{d}z\mathrm{d}x+R\mathrm{d}x\mathrm{d}y-\iint\limits_{S_{0}^{+}} P\mathrm{d}y\mathrm{d}z+Q\mathrm{d}z\mathrm{d}x+R\mathrm{d}x\mathrm{d}y,\end{aligned}$$

学习随笔

其中闭曲面 S 与 S_0 围成区域 Ω，S 为 Ω 的外边界，S_0 为 Ω 的内边界，S 的法向指向 Ω 的外部，S_0 的法向指向 Ω 的内部.（见图 11.6－1，用平面图示意空间图形）

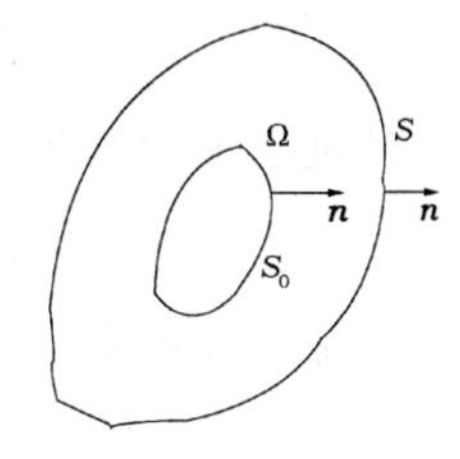

图 11.6－1

若左端的重积分为零，则将沿 S^+ 的曲面积分化为沿另一个较简单的曲面 S_0^+ 的积分.

在利用高斯公式计算曲面积分时要注意条件：一是必须是一个封闭曲面上的积分，否则必须添加辅助面使之封闭，再用高斯公式；二是 P,Q,R 应在 Ω 有连续的偏导数. 如在个别点不满足这个条件，则须把这样的点挖去，再用高斯公式.

(3) 沿任意闭曲面的曲面积分为零的条件

设 Ω 是空间中的有界闭区域，并满足：Ω 内 $\forall$ 闭曲面所围成的区域均属于 Ω（称 Ω 为空间二维单连通区域）. 若 $P(x,y,z),Q(x,y,z),R(x,y,z)$ 在 Ω 有一阶连续偏导数，则曲面积分 $\iint\limits_S P\mathrm{d}y\mathrm{d}z+Q\mathrm{d}z\mathrm{d}x+R\mathrm{d}x\mathrm{d}y$ 在 Ω 内与所取曲面 S 无关而只取决于 S 的边界曲线（或沿 Ω 内 $\forall$ 闭曲面的面积分为零）的充分必要条件是

$$\frac{\partial P}{\partial x}+\frac{\partial Q}{\partial y}+\frac{\partial R}{\partial z}=0 \quad ((x,y,z)\in\Omega)$$

5. 高斯公式与格林公式的关系

格林公式

$$\iint\limits_D\left(\frac{\partial P}{\partial x}+\frac{\partial Q}{\partial y}\right)\mathrm{d}x\mathrm{d}y=\int_{L^+}P\mathrm{d}y-Q\mathrm{d}x$$

是高斯公式的特殊情形，其中 L^+ 是平面区域 D 的边界，取正向.

取向量函数

$$\boldsymbol{F}=\{P(x,y),Q(x,y),0\},$$

Ω 是空间中的柱体，上下底面平行于 Oxy 平面，投影区域为 D，柱面的准线为 D 的边界，母线平行于 z 轴，则由 $\boldsymbol{F}$ 在 Ω 上的高斯公式

$$\iiint\limits_\Omega\left(\frac{\partial P}{\partial x}+\frac{\partial Q}{\partial y}\right)\mathrm{d}x\mathrm{d}y\mathrm{d}z=\iint\limits_S[P\cos\langle\boldsymbol{n},\boldsymbol{i}\rangle+Q\cos\langle\boldsymbol{n},\boldsymbol{j}\rangle]\mathrm{d}S,$$

可得格林公式，其中 S 是 Ω 的边界，见图 11.6－2.

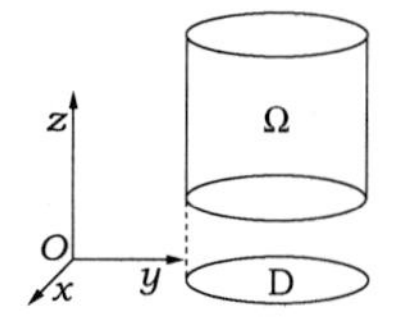

图 11.6－2

6. 向量场的通量与散度

定义在某区域上的一个向量函数

$$\boldsymbol{F}(x,y,z)=\{P(x,y,z),Q(x,y,z),R(x,y,z)\},$$

就确定了一个向量场.

(1) 向量场的通量的定义

设 S 为分片光滑定向曲面，单位法向量 $\boldsymbol{n}=\{\cos\alpha,\cos\beta,\cos\gamma\}$，称曲面积分

$$\iint\limits_S\boldsymbol{F}\cdot\mathrm{d}\boldsymbol{S}=\iint\limits_S\boldsymbol{F}\cdot\boldsymbol{n}\mathrm{d}S=\iint\limits_S(P\cos\alpha+Q\cos\beta+R\cos\gamma)\mathrm{d}S$$

学习随笔

$$=\iint_S P\,dydz+Q\,dzdx+R\,dxdy$$

为 $\boldsymbol{F}$ 通过曲面 S 向着指定侧的通量.

(2) 向量场的散度的定义

设有向量场 $\boldsymbol{F}(M)$,任作一包围 M 点的分片光滑闭曲面 S,$\boldsymbol{n}$ 为 S 的单位外法向量,S 所围区域体积为 ΔV. 当 S 收缩到点 M 时,若存在极限 $\lim\limits_{S\to M}\dfrac{\iint_S \boldsymbol{F}\cdot\boldsymbol{n}\,dS}{\Delta V}$,且与 S 的取法无关,称它为向量场 $\boldsymbol{F}$ 在点 M 的散度,记作 $\mathrm{div}\boldsymbol{F}$.

若在区域 Ω 上,$\mathrm{div}\boldsymbol{F}=0$,称 $\boldsymbol{F}$ 为无源场.

(3) 散度的计算公式

若 $\boldsymbol{F}(x,y,z)=\{P(x,y,z),Q(x,y,z),R(x,y,z)\}$ 的各分量有一阶连续偏导数,则

$$\mathrm{div}\boldsymbol{F}=\frac{\partial P}{\partial x}+\frac{\partial Q}{\partial y}+\frac{\partial R}{\partial z},$$

并可写作

$$\mathrm{div}\boldsymbol{F}=\nabla\cdot\boldsymbol{F},\nabla=\left\{\frac{\partial}{\partial x},\frac{\partial}{\partial y},\frac{\partial}{\partial z}\right\}.$$

(4) 通量与散度的关系——高斯公式

由散度与通量的概念,高斯公式可写为

$$\iint_S \boldsymbol{F}\cdot\boldsymbol{n}\,dS=\iiint_\Omega \mathrm{div}\boldsymbol{F}\,dV,$$

其中 S 是区域 Ω 的边界,取外法向.

7. 散度的运算性质

① $\nabla\cdot(C\boldsymbol{F})=C\nabla\cdot\boldsymbol{F}$($C$ 为常数).

② $\nabla\cdot(\boldsymbol{F}\pm\boldsymbol{G})=\nabla\cdot\boldsymbol{F}\pm\nabla\cdot\boldsymbol{G}$.

③ $\nabla\cdot(u\boldsymbol{F})=u\nabla\cdot\boldsymbol{F}+\nabla u\cdot\boldsymbol{F}$.

④ $\nabla\cdot(\nabla u)=\nabla^2u=\triangle u=\dfrac{\partial^2u}{\partial x^2}+\dfrac{\partial^2u}{\partial y^2}+\dfrac{\partial^2u}{\partial z^2}$.

⑤ $\nabla\cdot(\nabla\times\boldsymbol{F})=0$.

二、典型题型归纳及解题方法与技巧

1. 用高斯公式求曲面积分

【例 11.6.1】求下列曲面积分:

(1) $I=\iint_S x^2dydz+y^2dzdx+z^2dxdy$,其中 S 是立方体 Ω:$0\leqslant x\leqslant a,0\leqslant y\leqslant b,0\leqslant z\leqslant c$ 的表面外侧;

(2) $I=\iint_S\left(\dfrac{1}{b^2}xy^2dydz+\dfrac{1}{c^2}yz^2dzdx+\dfrac{1}{a^2}zx^2\right)dxdy$,其中 S 为上半椭球面:

学习随笔

$\frac{x^2}{a^2}+\frac{y^2}{b^2}+\frac{z^2}{c^2}=1(0\leqslant z\leqslant c)$的内侧.

【分析与求解】

(1) S 是分片表示的,直接计算要分块计算.用高斯公式计算是方便的.

因 S 是闭分块光滑曲面,直接用高斯公式得

$$I=\iiint\limits_{\Omega}\left[\frac{\partial}{\partial x}(x^2)+\frac{\partial}{\partial y}(y^2)+\frac{\partial}{\partial z}(z^2)\right]\mathrm{d}V$$

$$=2\iiint\limits_{\Omega}(x+y+z)\mathrm{d}V,$$

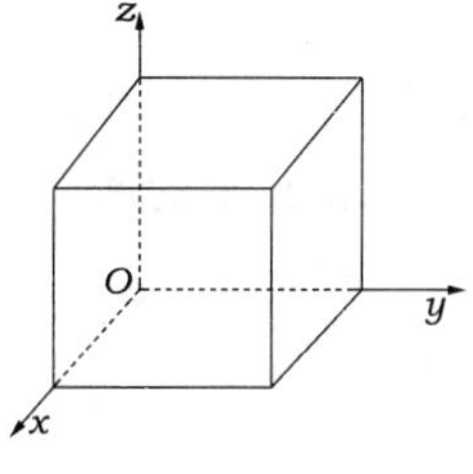

图 11.6-3

其中 Ω 是长方体,见图 11.6-3.

直接利用化三重积分为累次积分公式得

$$I=2\left(\iint\limits_{D_{yz}}\mathrm{d}y\mathrm{d}z\int_0^a x\mathrm{d}x+\iint\limits_{D_{zx}}\mathrm{d}z\mathrm{d}x\int_0^b y\mathrm{d}y+\iint\limits_{D_{xy}}\mathrm{d}x\mathrm{d}y\int_0^c z\mathrm{d}z\right)=abc(a+b+c),$$

其中 D_{yz},D_{zx},D_{xy} 分别是 Ω 在 Oyz 平面,Ozx 平面与 Oxy 平面上的投影区域.

评注　① 因被积函数是一次函数,若用平移变换:$u=x-\frac{a}{2},v=y-\frac{b}{2},w=z-\frac{c}{2}$,则可利用对称性得 $I=\iiint\limits_{\Omega'}\left[u+v+w+\frac{1}{2}(a+b+c)\right]\mathrm{d}u\mathrm{d}v\mathrm{d}w$,

其中 $$\Omega':-\frac{a}{2}\leqslant u\leqslant\frac{a}{2},-\frac{b}{2}\leqslant v\leqslant\frac{b}{2},-\frac{c}{2}\leqslant w\leqslant\frac{c}{2}.$$

在 $O'uvw$ 坐标系中关于三个坐标面均对称,于是 $\iiint\limits_{\Omega'}(u+v+w)\mathrm{d}u\mathrm{d}v\mathrm{d}w=0$,

$\Rightarrow$ $$I=(a+b+c)\iiint\limits_{\Omega'}\mathrm{d}u\mathrm{d}v\mathrm{d}w=(a+b+c)abc.$$

② 由密度均匀的立体的质心公式

$$(\overline{x},\overline{y},\overline{z})=\frac{1}{\iiint\limits_{\Omega}\mu\mathrm{d}V}\left(\iiint\limits_{\Omega}\mu x\mathrm{d}V,\iiint\limits_{\Omega}\mu y\mathrm{d}V,\iiint\limits_{\Omega}\mu z\mathrm{d}V\right)=\frac{1}{V}\left(\iiint\limits_{\Omega}x\mathrm{d}V,\iiint\limits_{\Omega}y\mathrm{d}V,\iiint\limits_{\Omega}z\mathrm{d}V\right),$$

其中 V 是 Ω 的体积,常数 μ 为体密度.

由该长方体的质心 $(\overline{x},\overline{y},\overline{z})=\left(\frac{a}{2},\frac{b}{2},\frac{c}{2}\right)$,$V=abc$,因此得

$$\iiint\limits_{\Omega}(x+y+z)\mathrm{d}V=abc(a+b+c).$$

(2) 直接计算不方便,也想借助于高斯公式来计算,由于 S 不是封闭曲面,所以要添加辅助面 $S_1:z=0\left(\frac{x^2}{a^2}+\frac{y^2}{b^2}\leqslant 1\right)$,即 Oxy 平面被上半椭球面所截部分,法向量朝上.

把原积分记为 $I=\iint\limits_{S}P\mathrm{d}y\mathrm{d}z+Q\mathrm{d}z\mathrm{d}x+R\mathrm{d}x\mathrm{d}y$,在 S 与 S_1 所围成的区域 Ω(边界取内法向)上用高斯公式得

学习随笔

$$\iint_{S\cup S_1} P\mathrm{d}y\mathrm{d}z+Q\mathrm{d}z\mathrm{d}x+R\mathrm{d}x\mathrm{d}y=-\iiint_{\Omega}\left(\frac{\partial P}{\partial x}+\frac{\partial Q}{\partial y}+\frac{\partial R}{\partial z}\right)\mathrm{d}V$$

$$=-\iiint_{\Omega}\left(\frac{1}{b^2}y^2+\frac{1}{c^2}z^2+\frac{1}{a^2}x^2\right)\mathrm{d}V,$$

这里因边界取内法向,三重积分前添负号.

求 S 上的曲面积分 I 归结为求 S_1 上的曲面积分与 Ω 上的三重积分.

因为 S_1 与 Oyz 平面、Ozx 平面垂直,又在 S_1 上 $z=0$,

$$\Rightarrow\qquad \iint_{S_1} P\mathrm{d}y\mathrm{d}z+Q\mathrm{d}z\mathrm{d}x+R\mathrm{d}x\mathrm{d}y=0.$$

现由先二后一的积分公式计算三重积分

$$\iiint_{\Omega} y^2\mathrm{d}V=\int_0^b\mathrm{d}y\iint_{D(y)}y^2\mathrm{d}z\mathrm{d}x=\int_0^b y^2\pi ac\left(1-\frac{y^2}{b^2}\right)\mathrm{d}y$$

$$=\pi ac\left[\frac{1}{3}y^3-\frac{1}{5b^2}y^5\right]_0^b=\frac{2\pi}{15}acb^3.$$

同理可求或用变量的轮换对称性

$$\Rightarrow\qquad \iiint_{\Omega} x^2\mathrm{d}V=\frac{2\pi}{15}a^3cb,\quad \iiint_{\Omega} z^2\mathrm{d}V=\frac{2\pi}{15}abc^3.$$

因此 $\displaystyle\iiint_{\Omega}\left(\frac{1}{b^2}y^2+\frac{1}{c^2}z^2+\frac{1}{a^2}x^2\right)\mathrm{d}V=\frac{2}{5}\pi abc.\ I=-\frac{2}{5}\pi abc.$

评注 当闭曲面 S 围成区域 Ω 时,用高斯公式把求曲面 S 的曲面积分转化为求 Ω 上的三重积分,若被积函数简单,此三重积分好求时该方法有效.当曲面 S 不封闭时,需添加辅助面 S_1 方可用高斯公式,把求 S 上的曲面积分转化求辅助面上的曲面积分与相应的三重积分,若后两个积分好求,则方法有效.注意辅助面 S_1 的取向要与 S 相匹配构成区域的外法向或内法向.取内法向时高斯公式的三重积分项要带上负号.

【例 11.6.2】求曲面积分

$$I=\iint_S y\ln r\mathrm{d}y\mathrm{d}z-x\ln r\mathrm{d}z\mathrm{d}x+z\mathrm{d}x\mathrm{d}y,$$

其中 S 是椭球面:$\dfrac{x^2}{a^2}+\dfrac{y^2}{b^2}+\dfrac{z^2}{c^2}=1$ 的外侧,$r=\sqrt{x^2+y^2+z^2}$.

【分析与求解】把曲面积分表为 $I=\iint_S P\mathrm{d}y\mathrm{d}z+Q\mathrm{d}z\mathrm{d}x+R\mathrm{d}x\mathrm{d}y$,直接计算是困难的,借助于高斯公式.

先计算 $\dfrac{\partial P}{\partial x}+\dfrac{\partial Q}{\partial y}+\dfrac{\partial R}{\partial z}=\dfrac{y}{r}\dfrac{\partial r}{\partial x}-\dfrac{x}{r}\dfrac{\partial r}{\partial y}+1=\dfrac{yx}{r^2}-\dfrac{xy}{r^2}+1=1\ (r\neq 0).$

在 S 所围成的区域 Ω 上不能用高斯公式,因为 Ω 中含原点$(0,0,0)$,P,Q 在此点不连续,不满足用高斯公式的条件.

以原点为球心,$\varepsilon>0$ 充分小为半径作球面 S_ε 使之被包围在 S 所围区域内,法向量指向原点.S 与 S_ε 围成区域 Ω_ε(边界取外侧),在 Ω_ε 上就可用高斯公式得

学习随笔

$$\iint\limits_{S\cup S_\varepsilon} P\,\mathrm{d}y\,\mathrm{d}z+Q\,\mathrm{d}z\,\mathrm{d}x+R\,\mathrm{d}x\,\mathrm{d}y=\iiint\limits_{\Omega_\varepsilon}\left(\frac{\partial P}{\partial x}+\frac{\partial Q}{\partial y}+\frac{\partial R}{\partial z}\right)\mathrm{d}V$$

$$=\iiint\limits_{\Omega_\varepsilon}\mathrm{d}V=\frac{4}{3}\pi abc-\frac{4}{3}\pi\varepsilon^3.\quad\text{（椭球体体积与球体体积之差）}$$

现再计算

$$\iint\limits_{S_\varepsilon} P\,\mathrm{d}y\,\mathrm{d}z+Q\,\mathrm{d}z\,\mathrm{d}x+R\,\mathrm{d}x\,\mathrm{d}y=\iint\limits_{S_\varepsilon} y\ln\varepsilon\,\mathrm{d}y\,\mathrm{d}z-x\ln\varepsilon\,\mathrm{d}z\,\mathrm{d}x+z\,\mathrm{d}x\,\mathrm{d}y$$

$$=-\iiint\limits_{K_\varepsilon}\left[\frac{\partial}{\partial x}(y\ln\varepsilon)+\frac{\partial}{\partial y}(x\ln\varepsilon)+\frac{\partial}{\partial z}(z)\right]\mathrm{d}V$$

$$=-\iiint\limits_{K_\varepsilon}\mathrm{d}V=-\frac{4}{3}\pi\varepsilon^3,$$

其中 K_ε 为 S_ε 围成的球体，在 K_ε 上用了高斯公式，因 S_ε 对 K_ε 是取内法向，故高斯公式的三重积分前带负号.

因此，最后得

$$I=-\iint\limits_{S_\varepsilon} P\,\mathrm{d}y\,\mathrm{d}z+Q\,\mathrm{d}z\,\mathrm{d}x+R\,\mathrm{d}x\,\mathrm{d}y+\frac{4}{3}\pi abc-\frac{4}{3}\pi\varepsilon^3=\frac{4}{3}\pi abc.$$

评注　设分块光滑闭曲面 S 围成区域 Ω，取外侧，$M_0\in\Omega$，P,Q,R 在 Ω 内除 M_0 外有连续偏导数且

$$\frac{\partial P}{\partial x}+\frac{\partial Q}{\partial y}+\frac{\partial R}{\partial z}=0,(x,y,z)\in\Omega\backslash\{M_0\},$$

（P,Q,R 在 M_0 无定义），因而在 Ω 上不能用高斯公式求

$$I=\iint\limits_S P\,\mathrm{d}y\,\mathrm{d}z+Q\,\mathrm{d}z\,\mathrm{d}x+R\,\mathrm{d}x\,\mathrm{d}y,$$

在 Ω 内任意作一闭曲面 S_0，它包围 M_0，S_0 的法向量指向 S_0 所围成的区域内部，（见图 11.6－4）. 在 S 与 S_0 围成的区域 Ω_0 上可用高斯公式得

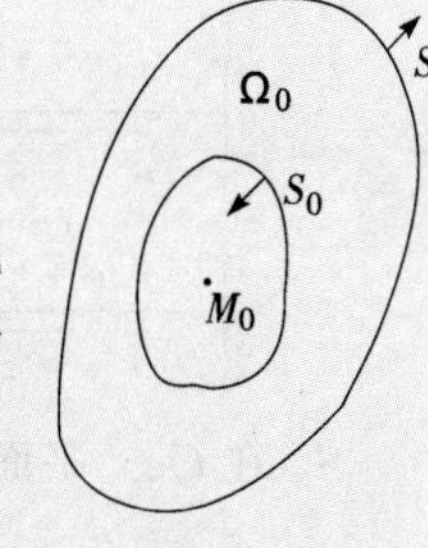

图 11.6－4

$$\iint\limits_{S\cup S_0} P\,\mathrm{d}y\,\mathrm{d}z+Q\,\mathrm{d}z\,\mathrm{d}x+R\,\mathrm{d}x\,\mathrm{d}y=\iiint\limits_{\Omega_0}\left(\frac{\partial P}{\partial x}+\frac{\partial Q}{\partial y}+\frac{\partial R}{\partial z}\right)\mathrm{d}V=0,$$

$$\Rightarrow\iint\limits_S P\,\mathrm{d}y\,\mathrm{d}z+Q\,\mathrm{d}z\,\mathrm{d}x+R\,\mathrm{d}x\,\mathrm{d}y=-\iint\limits_{S_0} P\,\mathrm{d}y\,\mathrm{d}z+Q\,\mathrm{d}z\,\mathrm{d}x+R\,\mathrm{d}x\,\mathrm{d}y.$$

若可取特殊的曲面 S_0 使得上式右端积分易求，就可通过此方法求得左端的曲面积分. 这是利用高斯公式求曲面积分的一种重要情形. 例 11.6.2 就属于这种情形.

2. 选用适当方法求曲面积分

【例 11.6.3】求下列曲面积分：

（1）$I=\iint\limits_S \dfrac{\mathrm{e}^{\sqrt{y}}}{\sqrt{x^2+z^2}}\mathrm{d}z\,\mathrm{d}x$，其中 S 由曲面 $y=x^2+z^2$ 与平面 $y=1$，$y=2$ 所围立体表面的外侧；

学习随笔

(2) $I=\iint\limits_{S}2xz\mathrm{d}y\mathrm{d}z+yz\mathrm{d}z\mathrm{d}x-z^2\mathrm{d}x\mathrm{d}y$，其中 S 是由曲面 $z=\sqrt{x^2+y^2}$ 与 $z=\sqrt{2-x^2-y^2}$ 围成立体表面外侧.

【分析与求解】(1) 有以下两种方法：

方法一　S 由三块曲面组成，S 围成 Ω，用高斯公式得

$$I=\iiint\limits_{\Omega}\frac{\partial}{\partial y}\left(\frac{\mathrm{e}^{\sqrt{y}}}{\sqrt{x^2+z^2}}\right)\mathrm{d}V=\frac{1}{2}\iiint\limits_{\Omega}\frac{\mathrm{e}^{\sqrt{y}}}{\sqrt{y}\sqrt{x^2+z^2}}\mathrm{d}V.$$

Ω 是旋转体，作柱坐标变换：$z=r\cos\theta$，$x=r\sin\theta$，$y=y$，(见图 11.6－5)，得

$$I=\frac{1}{2}\iiint\limits_{\Omega'}\frac{\mathrm{e}^{\sqrt{y}}}{\sqrt{y}r}r\mathrm{d}r\mathrm{d}\theta\mathrm{d}y,$$

其中 Ω'：$1\leqslant y\leqslant 2,0\leqslant\theta\leqslant 2\pi,0\leqslant r\leqslant\sqrt{y}$.

进一步化为累次积分得

$$I=\frac{1}{2}\int_1^2\mathrm{d}y\int_0^{2\pi}\mathrm{d}\theta\int_0^{\sqrt{y}}\frac{\mathrm{e}^{\sqrt{y}}}{\sqrt{y}}\mathrm{d}r=\pi\int_1^2\mathrm{e}^{\sqrt{y}}\mathrm{d}y$$

$$\xlongequal{t=\sqrt{y}}\pi\int_1^{\sqrt{2}}2t\mathrm{e}^t\mathrm{d}t=2\pi\mathrm{e}^{\sqrt{2}}(\sqrt{2}-1).$$

方法二　$S=S_1\cup S_2\cup S_3$，其中 $S_1:y=2(x^2+z^2\leqslant 2)$，$S_2:y=1(x^2+z^2\leqslant 1)$，$S_3:y=x^2+z^2(1\leqslant y\leqslant 2)$.

计算这三块曲面上的曲面积分均较容易. $S_i=(i=1,2)$在 Ozx 平面上 的投影为 D_i.

$$D_1:x^2+z^2\leqslant 2,\quad D_2:x^2+z^2\leqslant 1.$$

S_1 是取上侧，S_2 是取下侧(这里 y 轴正向朝上).

$$\iint\limits_{S_1}\frac{\mathrm{e}^{\sqrt{y}}}{\sqrt{x^2+z^2}}\mathrm{d}z\mathrm{d}x=\iint\limits_{D_1}\frac{\mathrm{e}^{\sqrt{2}}}{\sqrt{x^2+z^2}}\mathrm{d}z\mathrm{d}x=\int_0^{2\pi}\mathrm{d}\theta\int_0^{\sqrt{2}}\frac{\mathrm{e}^{\sqrt{2}}}{r}r\mathrm{d}r=2\sqrt{2}\pi\mathrm{e}^{\sqrt{2}},$$

$$\iint\limits_{S_2}\frac{\mathrm{e}^{\sqrt{y}}}{\sqrt{x^2+z^2}}\mathrm{d}z\mathrm{d}x=-\iint\limits_{D_2}\frac{\mathrm{e}}{\sqrt{x^2+z^2}}\mathrm{d}z\mathrm{d}x=-\int_0^{2\pi}\mathrm{d}\theta\int_0^1\frac{\mathrm{e}}{r}r\mathrm{d}r=-2\pi\mathrm{e}.$$

S_3 在 Ozx 平面的投影区域 D_3：$1\leqslant x^2+z^2\leqslant\sqrt{2}$，取下侧.

$$\iint\limits_{S_3}\frac{\mathrm{e}^{\sqrt{y}}}{\sqrt{x^2+z^2}}\mathrm{d}z\mathrm{d}x=-\iint\limits_{D_3}\frac{\mathrm{e}^{\sqrt{x^2+z^2}}}{\sqrt{x^2+z^2}}\mathrm{d}z\mathrm{d}x=-\int_0^{2\pi}\mathrm{d}\theta\int_1^{\sqrt{2}}\frac{\mathrm{e}^r}{r}r\mathrm{d}r=-2\pi(\mathrm{e}^{\sqrt{2}}-\mathrm{e}).$$

因此　$I=\sum\limits_{i=1}^{3}\iint\limits_{S_i}\frac{\mathrm{e}^{\sqrt{y}}}{\sqrt{x^2+z^2}}\mathrm{d}S=2\sqrt{2}\pi\mathrm{e}^{\sqrt{2}}-2\pi\mathrm{e}-2\pi(\mathrm{e}^{\sqrt{2}}-\mathrm{e})=2\pi\mathrm{e}^{\sqrt{2}}(\sqrt{2}-1)$.

(2) 直接计算是不方便的，借助于高斯公式来计算. S 围成区域 Ω，由高斯公式得

$$I=\iiint\limits_{\Omega}\left[\frac{\partial}{\partial x}(2xz)+\frac{\partial}{\partial y}(yz)+\frac{\partial}{\partial z}(-z^2)\right]\mathrm{d}V=\iiint\limits_{\Omega}z\mathrm{d}V,$$

Ω 由锥面 $z=\sqrt{x^2+y^2}$ 及上半球面 $z=\sqrt{2-x^2-y^2}$ 围成，(见图 11.6－6). 作球坐标变换，则

$$\Omega:0\leqslant\theta\leqslant 2\pi,0\leqslant\varphi\leqslant\frac{\pi}{4},0\leqslant r\leqslant\sqrt{2},$$

学习随笔

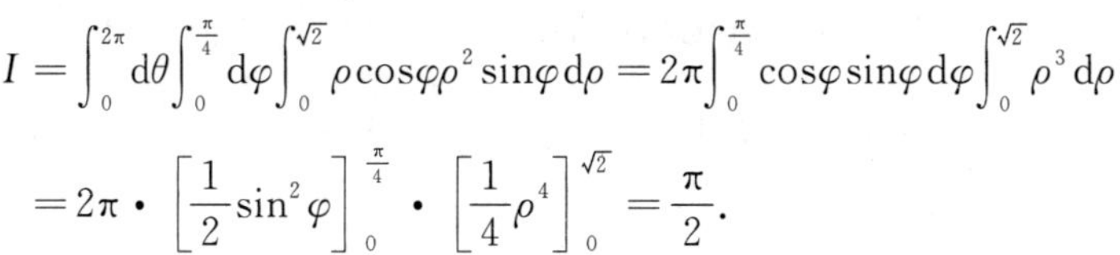

$$I=\int_0^{2\pi}\mathrm{d}\theta\int_0^{\frac{\pi}{4}}\mathrm{d}\varphi\int_0^{\sqrt{2}}\rho\cos\varphi\rho^2\sin\varphi\mathrm{d}\rho=2\pi\int_0^{\frac{\pi}{4}}\cos\varphi\sin\varphi\mathrm{d}\varphi\int_0^{\sqrt{2}}\rho^3\mathrm{d}\rho$$

$$=2\pi\cdot\left[\frac{1}{2}\sin^2\varphi\right]_0^{\frac{\pi}{4}}\cdot\left[\frac{1}{4}\rho^4\right]_0^{\sqrt{2}}=\frac{\pi}{2}.$$

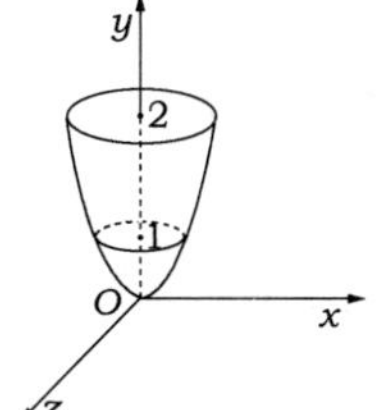

图 11.6－5

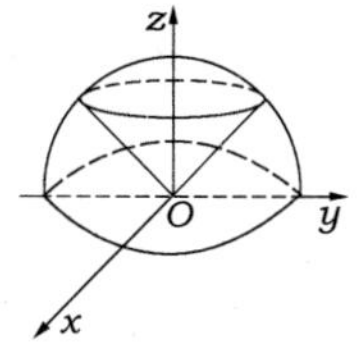

图 11.6－6

3. 点电荷组形成的静电场的电通量

【例 11.6.4】设静电场由分别位于点 $M_i(x_i,y_i,z_i)$ 的 n 个点电荷 q_i 所产生($i=1,2,\cdots,n$),S 为静电场中的一个光滑闭曲面,取外法向.

(1) 求静电场的电场强度 $\boldsymbol{E}$;

(2) 设 S 所围的区域 Ω 内不含任一点电荷 q_i,求通过 S 的电通量 Φ;

(3) 设 S 包围这 n 个点电荷,求通过 S 的电通量 Φ.

【分析与求解】(1) 先求点电荷 q_i 在 $\forall$ 点 $M(x,y,z)$ 处单位正电荷所施的力 $\boldsymbol{F}_i$. 由物理学知识知

$$\boldsymbol{E}_i=\boldsymbol{F}_i=\frac{1}{4\pi\varepsilon_0}\frac{q_i}{r_i^3}\boldsymbol{r}_i\text{(点电荷间相互作用力的库仑定律)},$$

其中 $\boldsymbol{r}_i=\overrightarrow{M_iM}$,$r_i=|\boldsymbol{r}_i|$.

因此,n 个点电荷形成的静电场对点 $M(x,y,z)$ 处的电场强度

$$\boldsymbol{E}=\sum_{i=1}^{n}\frac{1}{4\pi\varepsilon_0}\frac{q_i\boldsymbol{r}_i}{r_i^3}=\sum_{i=1}^{n}\boldsymbol{E}_i$$

用坐标表示,其中

$$\boldsymbol{r}_i=\{x-x_i,y-y_i,z-z_i\},\ r_i=\sqrt{(x-x_i)^2+(y-y_i)^2+(z-z_i)^2}.$$

(2) 求通过 S 的电通量即求

$$\Phi=\iint_S\boldsymbol{E}\cdot\boldsymbol{n}\mathrm{d}S=\sum_{i=1}^{n}\iint_S\boldsymbol{E}_i\cdot\boldsymbol{n}\mathrm{d}S=\sum_{i=1}^{n}\iint_S P_i\mathrm{d}y\mathrm{d}z+Q_i\mathrm{d}z\mathrm{d}x+R_i\mathrm{d}x\mathrm{d}y,$$

其中 $\boldsymbol{E}_i=\{P_i,Q_i,R_i\}=\dfrac{k_i}{r_i^3}\{x-x_i,y-y_i,z-z_i\}$,$k_i=\dfrac{q_i}{4\pi\varepsilon_0}$.

现用高斯公式来求这个曲面积分. 由于

$$\frac{\partial P_i}{\partial x}+\frac{\partial Q_i}{\partial y}+\frac{\partial R_i}{\partial x_i}$$

$$=\left[\frac{1}{r_i^3}-\frac{3(x-x_i)^2}{r_i^5}+\frac{1}{r_i^3}-\frac{3(y-y_i)^2}{r_i^5}+\frac{1}{r_i^3}-\frac{3(z-z_i)^2}{r_i^5}\right]=0(r_i\neq 0),$$

学习随笔

在 S 所围成的区域 Ω 上不含每个点 M_i，因而在 Ω 上可用高斯公式得

$$\iint\limits_{S} P_i\mathrm{d}y\mathrm{d}z + Q_i\mathrm{d}z\mathrm{d}x + R_i\mathrm{d}x\mathrm{d}y = \iiint\limits_{\Omega}\left(\frac{\partial P_i}{\partial x} + \frac{\partial Q_i}{\partial y} + \frac{\partial R_i}{\partial z}\right)\mathrm{d}V = 0,$$

$\Rightarrow \Phi = 0$.

(3) S 所围成的区域 Ω，含每个点 M_i，对 $\boldsymbol{E}_i = \{P_i, Q_i, R_i\}$，不能直接用高斯公式求 $\iint\limits_{S}\boldsymbol{E}_i\cdot\boldsymbol{n}\mathrm{d}S = \iint\limits_{S}P_i\mathrm{d}y\mathrm{d}z + Q_i\mathrm{d}z\mathrm{d}x + R_i\mathrm{d}x\mathrm{d}y$，因为被积函数在点 $M_i\in\Omega$ 不连续，不满足用高斯公式的条件.

如同例 11.6.2，以 M_i 为球心，半径为 $\varepsilon>0$ 充分小，作小球面 S_ε，法向量指向球心，S_ε 被 S 所包围，在 S 与 S_ε 所围的区域 Ω_ε 上可用高斯公式得

$$\iint\limits_{S\cup S_\varepsilon} P_i\mathrm{d}y\mathrm{d}z + Q_i\mathrm{d}z\mathrm{d}x + R_i\mathrm{d}x\mathrm{d}y = \iiint\limits_{\Omega_\varepsilon}\left(\frac{\partial P_i}{\partial x} + \frac{\partial Q_i}{\partial y} + \frac{\partial R_i}{\partial z}\right)\mathrm{d}V = 0.$$

$$\Rightarrow \iint\limits_{S}\boldsymbol{E}_i\cdot\boldsymbol{n}\mathrm{d}S = \iint\limits_{S}P_i\mathrm{d}y\mathrm{d}z + Q_i\mathrm{d}z\mathrm{d}x + R_i\mathrm{d}x\mathrm{d}y = -\iint\limits_{S_\varepsilon}P_i\mathrm{d}y\mathrm{d}z + Q_i\mathrm{d}z\mathrm{d}x + R_i\mathrm{d}x\mathrm{d}y$$

$$= -\iint\limits_{S_\varepsilon}\boldsymbol{E}_i\cdot\boldsymbol{n}\mathrm{d}S = -k_i\iint\limits_{S_\varepsilon}\frac{\boldsymbol{r}_i\cdot\boldsymbol{n}}{r_i^3}\mathrm{d}S$$

$$\xlongequal{\boldsymbol{n}=\frac{\boldsymbol{r}_i}{r_i}} k_i\iint\limits_{S_\varepsilon}\frac{\mathrm{d}S}{\varepsilon^2} = 4\pi\cdot\frac{q_i}{4\pi\varepsilon_0} = \frac{q_i}{\varepsilon_0},$$

$$\Rightarrow \quad \Phi = \sum_{i=1}^{n}\iint\limits_{S}\boldsymbol{E}_i\cdot\boldsymbol{n}\mathrm{d}S = \frac{1}{\varepsilon_0}\sum_{i=1}^{n}q_i.$$

评注　例 11.6.4 题(3)也是例 11.6.2 评注中所讨论的情形，方法与例 11.6.2 相同.

第七节　斯托克斯公式　*环流量与旋度

一、知识点归纳总结

1. 斯托克斯公式的表述

空间中双侧曲面的边界线的正向.

给定双侧曲面 S，用右手拇指指向曲面 S 的法向量 $\boldsymbol{n}$，另四指所指出的转动方向就是边界曲线 L 的正向，取正向的边界曲线 L 记为 L^+. 这就是所谓右手法则(见图 11.7-1).

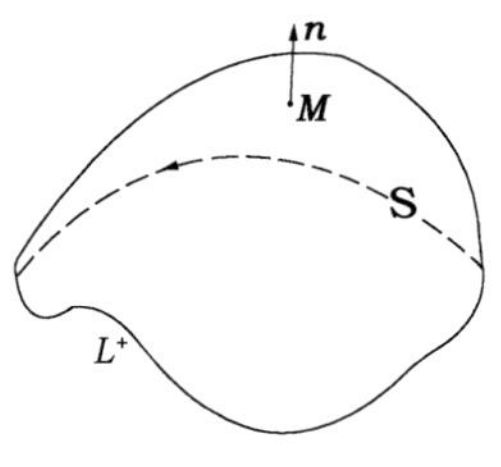

图 11.7-1

定理(斯托克斯公式)　设双侧曲面 S 分片光滑，L^+ 为曲面 S 的边界曲线，取正向，如果向量函数 $\boldsymbol{F}=\{P(x,y,z),Q(x,y,z),R(x,y,z)\}$的各个分量在包含 S 的空间区域内有一阶连续偏导数，则有斯托克斯公式

$$\oint_{L^+} P\mathrm{d}x + Q\mathrm{d}y + R\mathrm{d}z =$$

$$\iint_S \left(\frac{\partial R}{\partial y} - \frac{\partial Q}{\partial z}\right)\mathrm{d}y\mathrm{d}z + \left(\frac{\partial P}{\partial z} - \frac{\partial R}{\partial x}\right)\mathrm{d}z\mathrm{d}x + \left(\frac{\partial Q}{\partial x} - \frac{\partial P}{\partial y}\right)\mathrm{d}x\mathrm{d}y =$$

$$\iint_S \left[\left(\frac{\partial R}{\partial y} - \frac{\partial Q}{\partial z}\right)\cos\alpha + \left(\frac{\partial P}{\partial z} - \frac{\partial R}{\partial x}\right)\cos\beta + \left(\frac{\partial Q}{\partial x} - \frac{\partial P}{\partial y}\right)\cos\gamma\right]\mathrm{d}S,$$

其中 $\boldsymbol{n}=\{\cos\alpha,\cos\beta,\cos\gamma\}$是 S 的单位法向量.

便于记忆可形式地写成

$$\int_{L^+} P\mathrm{d}x + Q\mathrm{d}y + R\mathrm{d}z =$$

$$\iint_S \begin{vmatrix} \mathrm{d}y\mathrm{d}z & \mathrm{d}z\mathrm{d}x & \mathrm{d}x\mathrm{d}y \\ \dfrac{\partial}{\partial x} & \dfrac{\partial}{\partial y} & \dfrac{\partial}{\partial z} \\ P & Q & R \end{vmatrix} = \iint_S \begin{vmatrix} \cos\alpha & \cos\beta & \cos\gamma \\ \dfrac{\partial}{\partial x} & \dfrac{\partial}{\partial y} & \dfrac{\partial}{\partial z} \\ P & Q & R \end{vmatrix}\mathrm{d}S.$$

2. 利用斯托克斯公式计算曲线积分

利用斯托克斯公式求曲线积分$\int_{L^+} P\mathrm{d}x + Q\mathrm{d}y + R\mathrm{d}z$，转化为求曲面积分

$$\iint_S \begin{vmatrix} \mathrm{d}y\mathrm{d}z & \mathrm{d}z\mathrm{d}x & \mathrm{d}x\mathrm{d}y \\ \dfrac{\partial}{\partial x} & \dfrac{\partial}{\partial y} & \dfrac{\partial}{\partial z} \\ P & Q & R \end{vmatrix}.$$

如果曲线积分的计算不是太复杂，而化成的第二类曲面积分也不见得好算，当然就不必用这种方法.

3. 斯托克斯公式与格林公式的关系

格林公式 $\int_{L^+} P\mathrm{d}x + Q\mathrm{d}y = \iint_D \left(\frac{\partial Q}{\partial x} - \frac{\partial P}{\partial y}\right)\mathrm{d}x\mathrm{d}y$，是斯托克斯公式的特殊情形，其中 L^+是平面区域 D 的正向边界.

若向量函数 $\boldsymbol{F}=\{P(x,y),Q(x,y),0\}$，$S$ 是 xy 上的平面区域 D，法向量 $\boldsymbol{n}=\boldsymbol{k}$，则由斯托克斯公式可得这个格林公式.

*4. 空间曲线积分 $\int_L P\mathrm{d}x+Q\mathrm{d}y+R\mathrm{d}z$ 与路径无关问题

① 设三元函数 P,Q,R 在空间区域Ω 连续，则$\int_L P\mathrm{d}x + Q\mathrm{d}y + R\mathrm{d}z$ 在Ω 与路径无关 $\Leftrightarrow$ 对 Ω 内 $\forall$ 分段光滑闭曲线 C，$\oint_C P\mathrm{d}x + Q\mathrm{d}y + R\mathrm{d}z = 0 \Leftrightarrow P\mathrm{d}x + Q\mathrm{d}y + R\mathrm{d}z$ 在$\Omega\ \exists$ 原函数 $u(x,y,z)(\mathrm{d}u = P\mathrm{d}x + Q\mathrm{d}y + R\mathrm{d}z)$，此时 $u(x,y,z)=\int_{(x_0,y_0,z_0)}^{(x,y,z)} P\mathrm{d}x + Q\mathrm{d}y + R\mathrm{d}z$ 是 $P\mathrm{d}x + Q\mathrm{d}y + R\mathrm{d}z$ 在Ω 的一个原函数，$(x_0,y_0,z_0)\in\Omega$ 是一定点.

② 设 P,Q,R 是Ω 有连续的偏导数，若$\int_L P\mathrm{d}x + Q\mathrm{d}y + R\mathrm{d}z$ 在Ω 与路径无关，则

学习随笔

$$\begin{vmatrix} \boldsymbol{i} & \boldsymbol{j} & \boldsymbol{k} \\ \dfrac{\partial}{\partial x} & \dfrac{\partial}{\partial y} & \dfrac{\partial}{\partial z} \\ P & Q & R \end{vmatrix} = 0,$$

即
$$\frac{\partial R}{\partial y}=\frac{\partial Q}{\partial z},\quad \frac{\partial P}{\partial z}=\frac{\partial R}{\partial x},\quad \frac{\partial Q}{\partial x}=\frac{\partial P}{\partial y}. \tag{11.7-1}$$

反之,若式(11.7-1)成立,又 Ω 是曲面单连通的,则 $\int_L P\mathrm{d}x+Q\mathrm{d}y+R\mathrm{d}z$ 在 Ω 与路径无关.

空间中的区域 Ω 称为是曲面单连通的:若对 Ω 中任意分段光滑闭曲线 Γ,存在以 Γ 为边界的分片光滑曲面 S 且 $S\subset\Omega$.

③ 当 $\int_{\overset{\frown}{AB}} P\mathrm{d}x+Q\mathrm{d}y+R\mathrm{d}z$ 与路径无关时如何求?

➢ 若求得 $P\mathrm{d}x+Q\mathrm{d}y+R\mathrm{d}z$ 的原函数 $u(x,y,z)$,则

$$\int_{\overset{\frown}{AB}} P\mathrm{d}x+Q\mathrm{d}y+R\mathrm{d}z=\int_{\overset{\frown}{AB}}\mathrm{d}u=u\Big|_A^B.$$

➢ 取特殊路径求 $\int_L P\mathrm{d}x+Q\mathrm{d}y+R\mathrm{d}z$.

5. 向量场的环流量与旋度

(1) 向量场的环流量的定义

向量场 $\boldsymbol{F}$ 沿有向分段光滑闭曲线 Γ 的曲线积分 $\oint_\Gamma \boldsymbol{F}\cdot\mathrm{d}\boldsymbol{s}=\oint_\Gamma P\mathrm{d}x+Q\mathrm{d}y+R\mathrm{d}z$ 称为 $\boldsymbol{F}$ 沿 Γ 的环流量.

(2)* 向量场的方向旋量与旋度的定义

设有向量场 $\boldsymbol{F}$. 在点 M 取定一单位向量 $\boldsymbol{n}$,过 M 作平面 Π 以 $\boldsymbol{n}$ 为法向量,在 Π 上取环绕 M 的分段光滑闭曲线 C,C 的正向与 $\boldsymbol{n}$ 成右手系. C 所围的平面区域及其面积均记为 ΔS. 当 ΔS 收缩到 M 点时,若极限

$$\lim_{\Delta S\to M}\frac{\oint_C \boldsymbol{F}\cdot\mathrm{d}\boldsymbol{s}}{\Delta S},$$

存在且与 C 的选取无关,称它为 $\boldsymbol{F}$ 在点 M 沿方向 $\boldsymbol{n}$ 的方向旋量. 记为 $R_n(M)$.

设 $\boldsymbol{F}(M)$ 为一向量场,对点 M,若存在向量 $\boldsymbol{h}(M)$ 使得对任意单位向量 $\boldsymbol{n}$,有

$$R_n(M)=\boldsymbol{h}(M)\cdot\boldsymbol{n},$$

称 $\boldsymbol{h}(M)$ 为 $\boldsymbol{F}$ 在点 M 的旋度,记为 $\mathbf{rot}\boldsymbol{F}(M)$.

若在区域 Ω 上,$\mathbf{rot}\boldsymbol{F}=\boldsymbol{\theta}$,称 $\boldsymbol{F}$ 为无旋场.

(3) 旋度的计算公式

若 $\boldsymbol{F}=\{P(x,y,z),Q(x,y,z),R(x,y,z)\}$ 的各分量有连续的一阶偏导数,则

$$\mathbf{rot}\boldsymbol{F}=\nabla\times\boldsymbol{F}=\begin{vmatrix} \boldsymbol{i} & \boldsymbol{j} & \boldsymbol{k} \\ \dfrac{\partial}{\partial x} & \dfrac{\partial}{\partial y} & \dfrac{\partial}{\partial z} \\ P & Q & R \end{vmatrix}=\left\{\frac{\partial R}{\partial y}-\frac{\partial Q}{\partial z},\ \frac{\partial P}{\partial z}-\frac{\partial R}{\partial x},\ \frac{\partial Q}{\partial x}-\frac{\partial P}{\partial y}\right\}.$$

学习随笔

(4) 环流量与旋度的关系

由环流量与旋度概念，斯托克斯公式可写成

$$\int_{L^+} \boldsymbol{F} \cdot \mathrm{d}\boldsymbol{s} = \iint_S \mathbf{rot}\boldsymbol{F} \cdot \boldsymbol{n} \mathrm{d}S,$$

其中 L^+ 是曲面 S 的正向边界，$\boldsymbol{n}$ 是 S 的单位法向量.

6. 旋度的运算性质

① $\nabla \times (C\boldsymbol{F}) = C \nabla \times \boldsymbol{F}$（$C$ 为常数）.

② $\nabla \times (\boldsymbol{F} + \boldsymbol{G}) = \nabla \times \boldsymbol{F} + \nabla \times \boldsymbol{G}$.

③ $\nabla \times (u\boldsymbol{F}) = u \nabla \times \boldsymbol{F} + \nabla u \times \boldsymbol{F}$.

④ $\nabla \times (\nabla u) = \boldsymbol{\theta}$.

以上 $u = u(x, y, z)$ 有二阶连续偏导数.

二、典型题型归纳及解题方法与技巧

1. 用斯托克斯公式求曲线积分

【例 11.7.1】求下列曲线积分：

(1) $I = \int_C y\mathrm{d}x + z\mathrm{d}y + x\mathrm{d}z$，其中 C 为圆周 $\begin{cases} x^2 + y^2 + z^2 = R^2, \\ x + y + z = 0, \end{cases}$ 从 x 轴正向看去，它沿逆时针方向；

(2) $I = \int_C (y^2 - z^2)\mathrm{d}x + (z^2 - x^2)\mathrm{d}y + (x^2 - y^2)\mathrm{d}z$，其中 C 是用平面 $x + y + z = \frac{3}{2}R$ 切立方体：$0 \leqslant x \leqslant R, 0 \leqslant y \leqslant R, 0 \leqslant z \leqslant R$ 表面所得到的切痕，从 x 轴正向看去，它是沿逆时针方向.

【分析】若直接计算均要先求出曲线 C 的参数方程，题(2)中曲线 C 还是分段表示的，因而这是不方便的. 这里 C 均是平面曲线，因而利用斯托克斯公式，把曲线积分转化为曲面积分是方便的.

【解】(1) 平面 $x + y + z = 0$ 上曲线 C 所围部分记为 S. 按右手法则，S 的单位法向量 $\boldsymbol{n} = \{\cos\alpha, \cos\beta, \cos\gamma\} = \frac{1}{\sqrt{3}}\{1, 1, 1\}$（见图 11.7-2），$S$ 的面积为 πR^2，于是由斯托克斯公式

$$I = \iint_S \begin{vmatrix} \cos\alpha & \cos\beta & \cos\gamma \\ \frac{\partial}{\partial x} & \frac{\partial}{\partial y} & \frac{\partial}{\partial z} \\ y & z & x \end{vmatrix} \mathrm{d}S$$

$$= -\iint_S (\cos\alpha + \cos\beta + \cos\gamma)\mathrm{d}S = -\sqrt{3}\iint_S \mathrm{d}S = -\sqrt{3}\pi R^2.$$

(2) 平面 $x + y + z = \frac{3}{2}R$ 上切痕所围部分记为 S，它是正六边形，顶点即是该平面与正方体棱的交点分别为

学习随笔

$\left(R,\frac{R}{2},0\right),\left(\frac{R}{2},R,0\right),\left(0,R,\frac{R}{2}\right),\left(0,\frac{R}{2},R\right),\left(\frac{R}{2},0,R\right),\left(R,0,\frac{R}{2}\right)$.

按右手法则,S 的单位法向量 $\boldsymbol{n}=\{\cos\alpha,\cos\beta,\cos\gamma\}=\frac{1}{\sqrt{3}}\{1,1,1\}$,见图 11.7-3.于是由斯托克斯公式

$$\begin{aligned}I&=\iint_S\begin{vmatrix}\cos\alpha&\cos\beta&\cos\gamma\\\frac{\partial}{\partial x}&\frac{\partial}{\partial y}&\frac{\partial}{\partial z}\\y^2-z^2&z^2-x^2&x^2-y^2\end{vmatrix}\mathrm{d}S\\&=-2\iint_S[(y+z)\cos\alpha+(z+x)\cos\beta+(x+y)\cos\gamma]\mathrm{d}S\\&=-\frac{4}{\sqrt{3}}\iint_S(x+y+z)\mathrm{d}S=-\frac{4}{\sqrt{3}}\cdot\frac{3}{2}R\iint_S\mathrm{d}S=-2\sqrt{3}R\iint_S\mathrm{d}S.\end{aligned}$$

为了求 S 的面积,先求 S 在 Oxy 平面上的投影区域,只须再求出点 $A\left(\frac{R}{2},0,R\right)$,$B\left(0,\frac{R}{2},R\right)$,在 Oxy 平面上的投影点$\left(\frac{R}{2},0,0\right)$,$\left(0,\frac{R}{2},0\right)$,就可得到 S 在 Oxy 平面上的投影区域 D,见图 11.7-4.

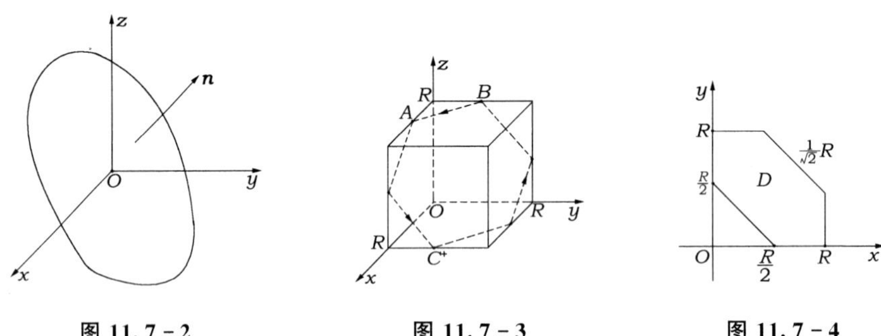

图 11.7-2　　图 11.7-3　　图 11.7-4

区域 D 的面积为 $\sigma=\frac{3}{4}R^2$,S 的面积$=\frac{\sigma}{|\cos\gamma|}=\sqrt{3}\sigma$,因此

$$I=-2\sqrt{3}R\sqrt{3}\cdot\frac{3}{4}R^2=-\frac{9}{2}R^3.$$

【例 11.7.2】求曲线积分

$$I=\int_L(y^2+z^2)\mathrm{d}x+(z^2+x^2)\mathrm{d}y+(x^2+y^2)\mathrm{d}z,$$

其中 L 是球面 $x^2+y^2+z^2=2bx$ 与柱面 $x^2+y^2=2ax\ (b>a>0)$ 的交线($z\geqslant0$).L 的方向规定为沿 L 的方向运动时,从 z 轴正向往下看,曲线 L 所围球面部分总在左边.

【分析与求解】若写出 L 的参数方程直接计算比较复杂,可考虑用斯托克斯公式来计算.

记 L 所围的球面部分为 Σ,按 L 的方向与右手法则,取 Σ 的法向量朝上,先利用曲线方程简化被积函数,然后用斯托克斯公式,得

学习随笔

$$I=\int_L(2bx-x^2)\mathrm{d}x+(2bx-y^2)\mathrm{d}y+2ax\mathrm{d}z$$

$$=\iint_\Sigma\begin{vmatrix}\mathrm{d}y\mathrm{d}z & \mathrm{d}z\mathrm{d}x & \mathrm{d}x\mathrm{d}y\\ \dfrac{\partial}{\partial x} & \dfrac{\partial}{\partial y} & \dfrac{\partial}{\partial z}\\ 2bx-x^2 & 2bx-y^2 & 2ax\end{vmatrix}=-2a\iint_\Sigma\mathrm{d}z\mathrm{d}x+2b\iint_\Sigma\mathrm{d}x\mathrm{d}y.$$

注意 Σ 关于 Ozx 平面对称，被积函数 1 对 y 为偶函数，于是 $\iint\limits_\Sigma\mathrm{d}z\mathrm{d}x=0$. 记 Σ 在 Oxy 平面区域为 $D_{xy}((x-a)^2+y^2\leqslant a^2)$，因此 $I=2b\iint\limits_{D_{xy}}\mathrm{d}x\mathrm{d}y=2\pi ba^2$.

评注 若直接求空间第二类曲线积分不方便时，可考虑用斯托克斯公式将它转化为求曲面积分. 特别是空间曲线是平面曲线，曲线所围平面区域的面积易求且相应的曲面积分的被积函数又简单时，或空间曲线是某特殊的简单的曲面（如球面的一部分）的边界线时. 要注意由曲线的定向按右手法则确定相应曲面的定向. 在转化成曲面积分之前，应尽可能用曲线方程将曲线积分的被积函数化简.

2. 选择适当方法求曲线积分

【例 11.7.3】设曲线 L 是两球面 $x^2+y^2+z^2=1$ 与 $x^2+y^2+z^2=2z$ 的交线，其方向与 z 轴正向满足右手法则，求积分

$$I=\int_L y\mathrm{d}x+(|y-x|+x)\mathrm{d}y+z\mathrm{d}z.$$

【分析与求解】先求交线 L. 由

$$\begin{cases}x^2+y^2+z^2=1,\\ x^2+y^2+z^2=2z,\end{cases}\Rightarrow\begin{cases}x^2+y^2=\dfrac{3}{4},\\ z=\dfrac{1}{2}.\end{cases}\tag{11.7-2}$$

即 L 是平面 $z=\dfrac{1}{2}$ 上的圆周，按右手法则取逆时针方向. 由于 L 上 $\mathrm{d}z=0$，于是

$$I=\int_L y\mathrm{d}x+(|y-x|+x)\mathrm{d}y.$$

方法一 此积分可分解为两部分，一部分被积表达式易求原函数，另一部分直接计算（先求 L 的参数方程，再化为定积分）.

由式(11.7-2)，L 的参数方程为 $x=\dfrac{\sqrt{3}}{2}\cos t$，$y=\dfrac{\sqrt{3}}{2}\sin t$，$z=\dfrac{1}{2}$，$t\in[0,2\pi]$，$t=0$ 对应起点，$t=2\pi$ 对应终点.

$$I=\int_L y\mathrm{d}x+x\mathrm{d}y+\int_L|y-x|\mathrm{d}y=\int_L\mathrm{d}(xy)+\int_0^{2\pi}\frac{\sqrt{3}}{2}|\sin t-\cos t|\frac{\sqrt{3}}{2}\cos t\mathrm{d}t$$

$$=0+\frac{3}{4}\sqrt{2}\int_0^{2\pi}\left|\sin\left(t-\frac{\pi}{4}\right)\right|\cos t\mathrm{d}t$$

$$=\frac{3}{4}\sqrt{2}\int_{-\frac{\pi}{4}}^{2\pi-\frac{\pi}{4}}|\sin s|\cos\left(s+\frac{\pi}{4}\right)\mathrm{d}s\left(令\ t-\frac{\pi}{4}=s\right)$$

学习随笔

$$=\frac{3}{4}\int_{-\pi}^{\pi}|\sin s|(\cos s-\sin s)\mathrm{d}s \quad (\text{周期为 }2\pi\text{ 的函数的积分性质})$$

$$=\frac{3}{2}\int_{0}^{\pi}\sin s\cos s\,\mathrm{d}s=\frac{3}{4}\left[\sin^2 s\right]_0^{\pi}=0. \quad (\text{奇偶函数的积分性质})$$

方法二　用斯托克斯公式. 先分解成

$$I=\int_L y\mathrm{d}x+x\mathrm{d}y+\int_L|y-x|\mathrm{d}y\xlongequal{\text{记}}I_1+I_2.$$

在 $z=\frac{1}{2}$ 上 L 所围的圆域为 Σ,法向量朝上,则由斯托克斯公式可得

$$I_1=\int_L y\mathrm{d}x+x\mathrm{d}y=\iint_{\Sigma}\begin{vmatrix}\mathrm{d}y\mathrm{d}z & \mathrm{d}z\mathrm{d}x & \mathrm{d}x\mathrm{d}y\\ \frac{\partial}{\partial x} & \frac{\partial}{\partial y} & \frac{\partial}{\partial z}\\ y & x & 0\end{vmatrix}=0.$$

在 $z=\frac{1}{2}$ 上的直线 $\begin{cases}y=x,\\ z=\frac{1}{2}\end{cases}$ 与 L 交于 A、B 两点,$\overline{AB}$ 把 Σ 分成两部分为 $\Sigma_1(y\leqslant x)$ 与 $\Sigma_2(y\geqslant x)$,L 相应地被分成 L_1 与 L_2,(见图 11.7-5)

则　$$I_2=\int_{L_1}(x-y)\mathrm{d}y+\int_{L}(y-x)\mathrm{d}y=\int_{L_1\cup\overline{BA}}(x-y)\mathrm{d}y+\int_{L_2\cup\overline{AB}}(y-x)\mathrm{d}y.$$

由斯托克斯公式

$$\Rightarrow \quad I_2=\iint_{\Sigma_1}\begin{vmatrix}\mathrm{d}y\mathrm{d}z & \mathrm{d}z\mathrm{d}x & \mathrm{d}x\mathrm{d}y\\ \frac{\partial}{\partial x} & \frac{\partial}{\partial y} & \frac{\partial}{\partial z}\\ 0 & x-y & 0\end{vmatrix}+\iint_{\Sigma_2}\begin{vmatrix}\mathrm{d}y\mathrm{d}z & \mathrm{d}z\mathrm{d}x & \mathrm{d}x\mathrm{d}y\\ \frac{\partial}{\partial x} & \frac{\partial}{\partial y} & \frac{\partial}{\partial z}\\ 0 & y-x & 0\end{vmatrix}$$

$$=\iint_{\Sigma_1}\mathrm{d}x\mathrm{d}y-\iint_{\Sigma_2}\mathrm{d}x\mathrm{d}y=\iint_{D_1}\mathrm{d}x\mathrm{d}y-\iint_{D_2}\mathrm{d}x\mathrm{d}y=0,$$

其中 D_1,D_2 分别是 Σ_1 与 Σ_2 在 Oxy 平面上的投影,它们的面积相等.

方法三　投影到 Oxy 平面上,用格林公式.

L 是 $z=\frac{1}{2}$ 上的平面曲线(圆周),它在 xy 平面上的投影 Γ 是:$x^2+y^2=\frac{3}{4}(z=0)$,也取逆时针方向,于是 $I=\int_{\Gamma}y\mathrm{d}x+x\mathrm{d}y+\int_{\Gamma}|y-x|\mathrm{d}y\xlongequal{\text{记}}I_1+I_2$.

Γ 所围区域记为 D,由格林公式得 $I_1=\iint_D(1-1)\mathrm{d}x\mathrm{d}y=0$.

直线 $y=x$ 与 Γ 的交点为 A,B(见图 11.7-6),Γ 在 $\overline{AB}$ 上方部分记为 Γ_1,下方部分记为 Γ_2.

$$I_2=\int_{\Gamma_1}(y-x)\mathrm{d}y+\int_{\Gamma_2}(x-y)\mathrm{d}y=\int_{\Gamma_1\cup\overline{AB}}(y-x)\mathrm{d}y+\int_{\Gamma_2\cup\overline{AB}}(x-y)\mathrm{d}y.$$

记 Γ_1 与 $\overline{AB}$ 围成的半圆为 D_1,$\overline{BA}$ 与 Γ_2 围成的半圆为 D_2,由格林公式可得

$$I_2=\iint_{D_1}\frac{\partial(y-x)}{\partial x}\mathrm{d}x\mathrm{d}y+\iint_{D_2}\frac{\partial}{\partial x}(x-y)\mathrm{d}x\mathrm{d}y=-\iint_{D_1}\mathrm{d}x\mathrm{d}y+\iint_{D_2}\mathrm{d}x\mathrm{d}y=0.$$

因此，$I=I_1+I_2=0$.

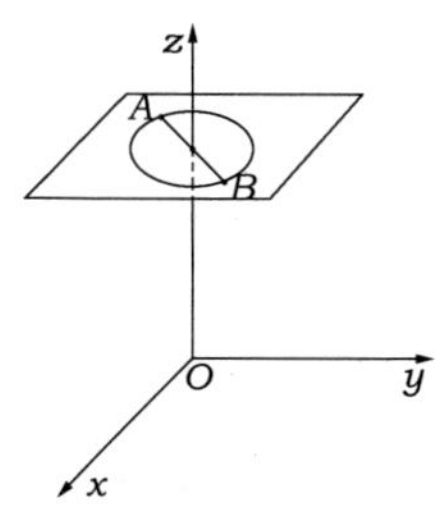

图 11.7－5

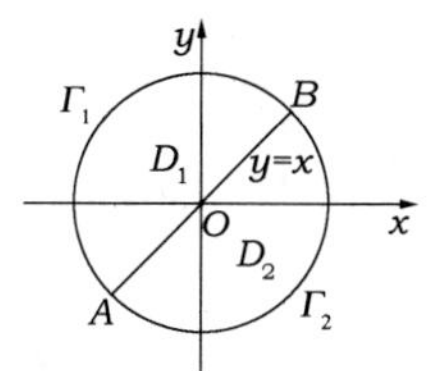

图 11.7－6

*3. 空间中曲线积分与路径无关时求曲线积分

【例 11.7.4】设 Γ 为光滑定向闭曲线，它是光滑定向曲面 S 的边界，求

$$\oint_{\Gamma}\mathbf{grad}[\sin(x+y+z)]\cdot\mathrm{d}\boldsymbol{s}.$$

【分析与求解】由 $\mathbf{rot}[\mathbf{grad}(\sin(x+y+z))]=\boldsymbol{\theta}\Rightarrow$ 积分 $\int_L\mathbf{grad}[\sin(x+y+z)]\cdot\mathrm{d}\boldsymbol{s}$ 与路径无关.

则
$$\oint_{\Gamma}\mathbf{grad}[\sin(x+y+z)]\cdot\mathrm{d}\boldsymbol{s}=0.$$

评注　或用斯托克斯公式

原积分$=\oint_{\Gamma}\cos(x+y+z)\mathrm{d}x+\cos(x+y+z)\mathrm{d}y+\cos(x+y+z)\mathrm{d}z$

$$=\iint_S\begin{vmatrix}\mathrm{d}y\mathrm{d}z & \mathrm{d}z\mathrm{d}x & \mathrm{d}x\mathrm{d}y\\ \dfrac{\partial}{\partial x} & \dfrac{\partial}{\partial y} & \dfrac{\partial}{\partial z}\\ \cos(x+y+z) & \cos(x+y+z) & \cos(x+y+z)\end{vmatrix}=0,$$

这里不妨设 S 与 Γ 的定向符合右手法则.

【例 11.7.5】求：$I=\int_{\widehat{AmB}}(x^2-yz)\mathrm{d}x+(y^2-zx)\mathrm{d}y+(z^2-xy)\mathrm{d}z$，其中 $\widehat{AmB}$ 是从点 $A(a,0,0)$ 沿螺线 $x=a\cos\varphi, y=a\sin\varphi, z=\dfrac{h}{2\pi}\varphi$ 到点 $B(a,0,h)$ 的一段.

【解法一】易求原函数

$$\begin{aligned}&(x^2-yz)\mathrm{d}x+(y^2-zx)\mathrm{d}y+(z^2-xy)\mathrm{d}z\\ =&\mathrm{d}\left(\frac{1}{3}x^3+\frac{1}{3}y^3+\frac{1}{3}z^3\right)-(yz\mathrm{d}x+zx\mathrm{d}y+xy\mathrm{d}z)\\ =&\mathrm{d}\left[\frac{1}{3}(x^3+y^3+z^3)-xyz\right],\end{aligned}$$

$\Rightarrow$
$$\begin{aligned}I&=\int_{\widehat{AmB}}\mathrm{d}\left[\frac{1}{3}(x^3+y^3+z^3)-xyz\right]\\ &=\left[\frac{1}{3}(x^3+y^3+z^3)-xyz\right]\Bigg|_{(a,0,0)}^{(a,0,h)}=\frac{1}{3}h^3.\end{aligned}$$

学习随笔

【解法二】求相应的旋度,证明积分与路径无关.

把积分记为 $\int_{\overset{\frown}{AmB}} \boldsymbol{F} \cdot \mathrm{d}s = \int_{\overset{\frown}{AmB}} P\mathrm{d}x + Q\mathrm{d}y + R\mathrm{d}z$,

则 $$\mathbf{rot}\boldsymbol{F} = \begin{vmatrix} \boldsymbol{i} & \boldsymbol{j} & \boldsymbol{k} \\ \dfrac{\partial}{\partial x} & \dfrac{\partial}{\partial y} & \dfrac{\partial}{\partial z} \\ x^2 - yz & y^2 - zx & z^2 - xy \end{vmatrix}$$

$$= (-x+x)\boldsymbol{i} + (-y+y)\boldsymbol{j} + (-z+z)\boldsymbol{k} = \boldsymbol{\theta}.$$

$\to$ 积分与路径无关,取特殊路径 $\overline{AB}$(见图 11.7-7):

$$x = a, \quad y = 0, \quad z = t, \quad t \in [0, h].$$

$\Rightarrow$ $$I = \int_{\overline{AB}} \boldsymbol{F} \cdot \mathrm{d}s = \int_0^h t^2 \mathrm{d}t = \frac{h^3}{3}.$$

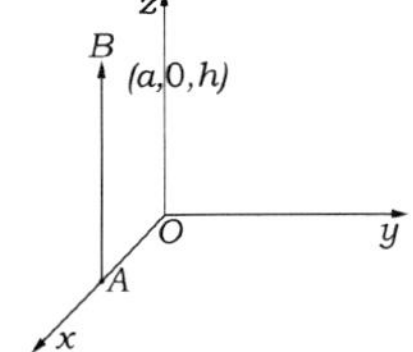

图 11.7-7

评注 计算空间曲线积分 $\int_L P\mathrm{d}x + Q\mathrm{d}y + R\mathrm{d}z$ 的方法:

① 写出 L 的参数方程及起终的参数,然后套公式.

② 利用斯托克斯公式,转化为求曲面积分.

③ 投影到坐标平面上,化空间曲线积分为平面曲线积分.

④ 当曲线积分与路径无关时,选择特殊的积分路径来计算或归结为求被积表达式的原函数.

4. 散度与旋度的若干性质

【例 11.7.6】设有数量场 $u=u(x,y,z)$ 及向量场 $\boldsymbol{F}(x,y,z)=\{P(x,y,z),Q(x,y,z),R(x,y,z)\}$,其中 P,Q,R,u 在 Ω 有连续的二阶偏导数. 证明:

(1) $\mathrm{div}\,\mathbf{grad}u = \triangle u$ ($\nabla \cdot \nabla u = \Delta u$);

(2) $\mathrm{div}(\mathbf{rot}\boldsymbol{F}) = 0$ ($\nabla \cdot (\nabla \times \boldsymbol{F}) = 0$);

(3) $\mathbf{rot}(\mathbf{grad}u) = \boldsymbol{\theta}$ ($\nabla \times (\nabla u) = \boldsymbol{\theta}$).

【证明】由梯度,散度及旋度的计算公式得到:

(1) $\mathbf{grad}u = \left\{\dfrac{\partial u}{\partial x}, \dfrac{\partial u}{\partial y}, \dfrac{\partial u}{\partial z}\right\}$,

$$\mathrm{div}\,\mathbf{grad}u = \frac{\partial}{\partial x}\left(\frac{\partial u}{\partial x}\right) + \frac{\partial}{\partial y}\left(\frac{\partial u}{\partial y}\right) + \frac{\partial}{\partial z}\left(\frac{\partial u}{\partial z}\right) = \frac{\partial^2 u}{\partial x^2} + \frac{\partial^2 u}{\partial y^2} + \frac{\partial^2 u}{\partial z^2} \overset{\text{记}}{=\!=} \Delta u.$$

(2) $$\mathbf{rot}\boldsymbol{F} = \begin{vmatrix} \boldsymbol{i} & \boldsymbol{j} & \boldsymbol{k} \\ \dfrac{\partial}{\partial x} & \dfrac{\partial}{\partial y} & \dfrac{\partial}{\partial z} \\ P & Q & R \end{vmatrix} = \left(\frac{\partial R}{\partial y} - \frac{\partial Q}{\partial z}\right)\boldsymbol{i} + \left(\frac{\partial P}{\partial z} - \frac{\partial R}{\partial x}\right)\boldsymbol{j} + \left(\frac{\partial Q}{\partial x} - \frac{\partial P}{\partial y}\right)\boldsymbol{k},$$

$$\mathrm{div}(\mathbf{rot}\boldsymbol{F}) = \frac{\partial}{\partial x}\left(\frac{\partial R}{\partial y} - \frac{\partial Q}{\partial z}\right) + \frac{\partial}{\partial y}\left(\frac{\partial P}{\partial z} - \frac{\partial R}{\partial x}\right) + \frac{\partial}{\partial z}\left(\frac{\partial Q}{\partial x} - \frac{\partial P}{\partial y}\right)$$

$$= \frac{\partial^2 R}{\partial y \partial x} - \frac{\partial^2 Q}{\partial z \partial x} + \frac{\partial^2 P}{\partial z \partial y} - \frac{\partial^2 R}{\partial x \partial y} + \frac{\partial^2 Q}{\partial x \partial z} - \frac{\partial^2 P}{\partial y \partial z} = 0.$$

(3) $\mathbf{grad}u = \left\{\dfrac{\partial u}{\partial x}, \dfrac{\partial u}{\partial y}, \dfrac{\partial u}{\partial z}\right\}$,

学习随笔

$$\mathbf{rot}(\mathbf{grad}u)=\begin{vmatrix}\boldsymbol{i}&\boldsymbol{j}&\boldsymbol{k}\\ \dfrac{\partial}{\partial x}&\dfrac{\partial}{\partial y}&\dfrac{\partial}{\partial z}\\ \dfrac{\partial u}{\partial x}&\dfrac{\partial u}{\partial y}&\dfrac{\partial u}{\partial z}\end{vmatrix}=\left(\frac{\partial^2 u}{\partial z\partial y}-\frac{\partial^2 u}{\partial y\partial z}\right)\boldsymbol{i}+\left(\frac{\partial^2 u}{\partial x\partial z}-\frac{\partial^2 u}{\partial z\partial x}\right)\boldsymbol{j}+\left(\frac{\partial^2 u}{\partial y\partial x}-\frac{\partial^2 u}{\partial x\partial y}\right)\boldsymbol{k}=\boldsymbol{\theta}.$$

评注　题(2)与题(3)都利用了混合偏导数连续时与求导次序无关.

【例 11.7.7】设有数量函数 $u(x,y,z)$ 及向量函数 $\boldsymbol{F}(x,y,z)=\{P(x,y,z),Q(x,y,z),R(x,y,z)\}$，其中 P,Q,R,u 有连续偏导数，求证：$\nabla\cdot(u\boldsymbol{F})=\nabla u\cdot\boldsymbol{F}+u\nabla\cdot\boldsymbol{F}$.

【证明】由梯度、散度及向量的点乘计算公式得

$$\begin{aligned}\nabla\cdot(u\boldsymbol{F})&=\frac{\partial}{\partial x}(uP)+\frac{\partial}{\partial y}(uQ)+\frac{\partial}{\partial z}(uR)\\&=\left(\frac{\partial u}{\partial x}P+u\frac{\partial P}{\partial x}\right)+\left(\frac{\partial u}{\partial y}Q+u\frac{\partial Q}{\partial y}\right)+\left(\frac{\partial u}{\partial z}R+u\frac{\partial R}{\partial z}\right)\\&=\left(\frac{\partial u}{\partial x}P+\frac{\partial u}{\partial y}Q+\frac{\partial u}{\partial z}R\right)+u\left(\frac{\partial P}{\partial x}+\frac{\partial Q}{\partial y}+\frac{\partial R}{\partial z}\right)=\nabla u\cdot\boldsymbol{F}+u\nabla\cdot\boldsymbol{F}.\end{aligned}$$

5. 求向量场的散度与旋度

【例 11.7.8】设有向量场 $\boldsymbol{F}=\{xyz,xyz,xyz\}$ 及点 $M(1,3,2)$.

(1) 求 $\mathrm{div}\boldsymbol{F}|_M$；　(2) 求 $\mathbf{rot}\,\boldsymbol{F}|_M$.

【解】(1) $\mathrm{div}\boldsymbol{F}=\dfrac{\partial}{\partial x}(xyz)+\dfrac{\partial}{\partial y}(xyz)+\dfrac{\partial}{\partial z}(xyz)=yz+xz+xy=yz+zx+xy$,

$$\mathrm{div}\boldsymbol{F}|_M=3\times 2+2\times 1+1\times 3=11.$$

(2) $$\mathbf{rot}\,\boldsymbol{F}=\begin{vmatrix}\boldsymbol{i}&\boldsymbol{j}&\boldsymbol{k}\\ \dfrac{\partial}{\partial x}&\dfrac{\partial}{\partial y}&\dfrac{\partial}{\partial z}\\ xyz&xyz&xyz\end{vmatrix}=(xz-xy)\boldsymbol{i}+(xy-yz)\boldsymbol{j}+(yz-xz)\boldsymbol{k},$$

$$\mathbf{rot}\,\boldsymbol{F}|_M=-\boldsymbol{i}-3\boldsymbol{j}+4\boldsymbol{k}.$$

【例 11.7.9】设 $\boldsymbol{r}=(x,y,z)$，$r=|\boldsymbol{r}|$，$r\neq 0$ 时 $f(r)$ 有连续导数，求：

(1) $\mathrm{div}[f(r)\boldsymbol{r}]$；　(2) $\mathbf{rot}[f(r)\boldsymbol{r}]$.

【解法一】直接计算 $f(r)\boldsymbol{r}=\{f(r)x,\ f(r)y,\ f(r)z\}$,

(1) $$\begin{aligned}\mathrm{div}[f(r)\boldsymbol{r}]&=\frac{\partial}{\partial x}[f(r)x]+\frac{\partial}{\partial y}[f(r)y]+\frac{\partial}{\partial z}[f(r)z]\\&=f(r)+x\frac{\partial}{\partial x}[f(r)]+f(r)+y\frac{\partial}{\partial y}[f(r)]+f(r)+z\frac{\partial}{\partial z}[f(r)]\\&=3f(r)+f'(r)\left(\frac{x^2}{r}+\frac{y^2}{r}+\frac{z^2}{r}\right)=3f(r)+rf'(r).\end{aligned}$$

学习随笔

(2) $\mathbf{rot}(f(r)\boldsymbol{r})=\begin{vmatrix} \boldsymbol{i} & \boldsymbol{j} & \boldsymbol{k} \\ \dfrac{\partial}{\partial x} & \dfrac{\partial}{\partial y} & \dfrac{\partial}{\partial z} \\ f(r)x & f(r)y & f(r)z \end{vmatrix}$

$$=\left[\frac{\partial}{\partial y}(f(r)z)-\frac{\partial}{\partial z}(f(r)y)\right]\boldsymbol{i}+\left[\frac{\partial}{\partial x}(f(r)x)-\frac{\partial}{\partial x}(f(r)z)\right]\boldsymbol{j}+\left[\frac{\partial}{\partial x}(f(r)y)-\frac{\partial}{\partial y}(f(r)x)\right]\boldsymbol{k}$$

$$=\left[f'(r)\frac{yz}{r}-f'(r)\frac{yz}{r}\right]\boldsymbol{i}+\left[f'(r)\frac{xz}{r}-f'(r)\frac{zx}{r}\right]\boldsymbol{j}+\left[f'(r)\frac{yx}{r}-f'(r)\frac{xy}{r}\right]\boldsymbol{k}=\boldsymbol{\theta}.$$

【解法二】(1) $\mathrm{div}[f(r)\boldsymbol{r}]=\nabla\cdot[f(r)\boldsymbol{r}]=\nabla f(r)\cdot\boldsymbol{r}+f(r)\nabla\cdot\boldsymbol{r}$

$$=f'(r)\cdot\frac{\boldsymbol{r}\cdot\boldsymbol{r}}{r}+3f(r)=rf'(r)+3f(r).$$

(2) $\mathbf{rot}[f(r)\boldsymbol{r}]=\nabla\times[f(r)\boldsymbol{r}]=f(r)\nabla\times\boldsymbol{r}+\nabla f(r)\times\boldsymbol{r}=\boldsymbol{\theta}+f'(r)\dfrac{\boldsymbol{r}}{r}\times\boldsymbol{r}=\boldsymbol{\theta}.$

评注　① 利用了梯度运算法则 $\nabla\Phi(r)=\Phi'(r)\nabla r$, $\nabla r=\dfrac{\boldsymbol{r}}{r}$ 直接计算

$$\nabla\times\boldsymbol{r}=\boldsymbol{\theta}.$$

② 求向量的散度或旋度的方法:直接按散度旋度的计算公式,或用散度与旋度的运算性质.

学习随笔

第十二章　无穷级数

第一节　常数项级数的概念和性质

一、知识点归纳总结

1. 基本概念

(1) 级数

数列 $a_1, a_2, \cdots, a_n, \cdots$ 的各项依次用加号连接起来的式子

$$a_1 + a_2 + \cdots + a_n + \cdots, \tag{12.1-1}$$

叫(常数项)无穷级数,简称(常数项)级数.上式可简记为 $\sum_{n=1}^{\infty} a_n$.第 n 项 a_n 叫作级数的一般项也称通项.

(2) 级数的部分和

级数(12.1-1)的前 n 项之和 $S_n = a_1 + a_2 + \cdots + a_n$ 称为该级数的部分和.

(3) 级数的收敛与发散、级数的和

若级数(12.1-1)的部分和 S_n 收敛,即存在极限 $\lim_{n\to+\infty} S_n = S$,则称级数(12.1-1)收敛,且称 S 为该级数的和.若 S_n 不收敛,则称级数(12.1-1)发散.

(4) 级数的余项

称级数 $r_n = \sum_{k=n+1}^{\infty} a_k = a_{n+1} + a_{n+2} + \cdots$ 为级数(12.1-1)的余项.

(5) 按定义可证

几何级数 $\sum_{n=0}^{\infty} q^n \begin{cases} 收敛, & |q| < 1, \\ 发散, & |q| \geqslant 1, \end{cases}$ $\sum_{n=0}^{\infty} q^n = \dfrac{1}{1-q}$ $(|q| < 1)$.

2. 基本性质

① 线性性质:设 $\sum_{n=1}^{\infty} a_n$,$\sum_{n=1}^{\infty} b_n$ 均收敛,则 $\forall$ 常数 λ, μ,$\sum_{n=1}^{\infty} (\lambda a_n + \mu b_n)$ 也收敛,且

$$\sum_{n=1}^{\infty} (\lambda a_n + \mu b_n) = \lambda \sum_{n=1}^{\infty} a_n + \mu \sum_{n=1}^{\infty} b_n.$$

② 收敛级数的通项:若 $\sum_{n=1}^{\infty} a_n$ 收敛,则 $\lim_{n\to+\infty} a_n = 0$.

③ 改变有限项不改变级数的敛散性.

④ 余项性质:$\sum_{n=1}^{\infty} a_n$ 收敛 $\Leftrightarrow$ 余项 $r_n = \sum_{k=n+1}^{\infty} a_k$ 收敛.收敛时 $\lim_{n\to+\infty} r_n = 0$.

学习随笔

⑤ 收敛级数的结合律：对一个收敛级数 $\sum_{n=1}^{\infty} a_n = S$ 的项任意加括号，所成之新级数仍收敛，且其和仍为 S.

3. 级数与数列的关系

① 讨论级数 $\sum_{n=1}^{\infty} a_n$ 的敛散性与求和，归结为讨论部分和数列 S_n 的敛散性与求数列 $\{S_n\}$ 的极限.

② 给定数列 $\{x_n\}$，对应于以 x_n 为部分和数列的级数是

$$x_1 + (x_2 - x_1) + \cdots + (x_n - x_{n-1}) + \cdots = \sum_{n=1}^{\infty} (x_n - x_{n-1}),\ x_0 = 0.$$

*4. 级数收敛的充要条件——柯西审敛原理

级数 $\sum_{n=1}^{\infty} a_n$ 收敛 $\Leftrightarrow \forall$ 给定的 $\varepsilon > 0$，总 $\exists$ 自然数 N，当 $n > N$ 时，$\forall$ 自然数 p，都有

$$\left| \sum_{k=n+1}^{n+p} a_k \right| < \varepsilon$$

成立.

二、典型题型归纳及解题方法与技巧

1. 按定义判断级数的敛散及按定义求级数的和

【例 12.1.1】按定义判断下列级数是否收敛，若收敛并求其和.

(1) $\sum_{n=1}^{\infty} \frac{n}{(n+1)!}$；　(2) $\sum_{n=1}^{\infty} \ln\left(1 + \frac{1}{n}\right)$；　(3) $\sum_{n=1}^{\infty} \frac{1}{(n+1)\sqrt{n} + n\sqrt{n+1}}$.

【分析与求解】考察级数的部分和数列.

(1) 为求部分和数列 $S_n = \sum_{k=1}^{n} \frac{k}{(k+1)!}$，将一般项分解：

$$\frac{k}{(k+1)!} = \frac{k+1-1}{(k+1)!} = \frac{1}{k!} - \frac{1}{(k+1)!}.$$

$$\Rightarrow \quad S_n = \sum_{k=1}^{n} \frac{1}{k!} - \sum_{k=1}^{n} \frac{1}{(k+1)!} = \sum_{k=1}^{n} \frac{1}{k!} - \sum_{k=2}^{n+1} \frac{1}{k!} = 1 - \frac{1}{(n+1)!},$$

$$\Rightarrow \quad \lim_{n\to+\infty} S_n = 1 - \lim_{n\to+\infty} \frac{1}{(n+1)!} = 1.$$

因此原级数收敛，和为 1.

(2) 同样考察部分和数列

$$S_n = \sum_{k=1}^{n} \ln\left(1 + \frac{1}{k}\right) = \sum_{k=1}^{n} \ln(1+k) - \sum_{k=1}^{n} \ln k$$
$$= \sum_{k=2}^{n+1} \ln k - \sum_{k=1}^{n} \ln k = \ln(n+1),$$

$$\Rightarrow \qquad \lim_{n\to+\infty} S_n = \lim_{n\to+\infty} \ln(n+1) = +\infty.$$

因此,原级数发散.

(3) 还是考察部分和数列

$$S_n = \sum_{k=1}^{n} \frac{1}{(k+1)\sqrt{k} + k\sqrt{k+1}},$$

将一般项分母有理化后作分解

$$\frac{1}{(k+1)\sqrt{k} + k\sqrt{k+1}} = \frac{(k+1)\sqrt{k} - k\sqrt{k+1}}{(k+1)k} = \frac{1}{\sqrt{k}} - \frac{1}{\sqrt{k+1}},$$

$$S_n = \sum_{k=1}^{n} \frac{1}{\sqrt{k}} - \sum_{k=1}^{n} \frac{1}{\sqrt{k+1}} = 1 - \frac{1}{\sqrt{n+1}},$$

$$\Rightarrow \qquad \lim_{n\to+\infty} S_n = 1 - \lim_{n\to+\infty} \frac{1}{\sqrt{n+1}} = 1.$$

因此原级数收敛,和为 1.

评注 ① 按定义判断级数是否收敛,就是判断部分和数列 S_n 是否收敛,若收敛且还能求得极限 $\lim\limits_{n\to+\infty} S_n$,也就求得级数的和.

② 例 12.1.1 中 3 道题均属于简单的常见的情形:$\sum\limits_{n=1}^{\infty}(b_n - b_{n+1})$.

级数 $\sum\limits_{n=1}^{\infty}(b_n - b_{n+1})$ 收敛 $\Leftrightarrow \exists$ 极限 $\lim\limits_{n\to+\infty} b_n = B$. 收敛时,和 $S = b_1 - B$.

更一般的情形是:

级数 $\sum\limits_{n=1}^{\infty}(b_n - b_{n+l})$ 收敛 $\Leftrightarrow \exists$ 极限 $\lim\limits_{n\to+\infty} b_n = B$,其中 l 为某自然数. 收敛时,和 $S = \sum\limits_{k=1}^{l} b_k - lB$. 因为该级数的部分和数列

$$S_n = \sum_{k=1}^{n}(b_k - b_{k+l}) = \sum_{k=1}^{n} b_k - \sum_{s=l+1}^{l+n} b_s = \sum_{k=1}^{l} b_k - \sum_{s=n+1}^{n+l} b_s = \sum_{k=1}^{l} b_k - \sum_{k=1}^{l} b_{k+n},$$

$$\Rightarrow \qquad \lim_{n\to+\infty} S_n \text{ 存在} \Leftrightarrow \lim_{n\to+\infty} b_n \text{ 存在}.$$

且 $\lim\limits_{n\to+\infty} b_n = B$ 存在时,$\lim\limits_{n\to+\infty} S_n = \sum\limits_{k=1}^{l} b_k - lB$.

【例 12.1.2】 设 $\sum\limits_{n=1}^{\infty} a_n$ 满足 $\lim\limits_{n\to+\infty} a_n = 0$,部分和数列为 S_n. 若 $\lim\limits_{n\to+\infty} S_{2n} = S$(或 $\lim\limits_{n\to+\infty} S_{2n-1} = S$),求证:$\sum\limits_{n=1}^{\infty} a_n$ 收敛且和为 S.

【证明】 只需再考察 S_{2n-1}. 因 $S_{2n-1} = S_{2n} - a_{2n}$,

则
$$\lim_{n\to+\infty} S_{2n-1} = \lim_{n\to+\infty} S_{2n} - \lim_{n\to+\infty} a_{2n} = S - 0 = S.$$

由 $\lim\limits_{n\to+\infty} S_{2n} = \lim\limits_{n\to+\infty} S_{2n-1} = S \Rightarrow \lim\limits_{n\to+\infty} S_n = S$.

学习随笔

因此,原级数收敛,和为 S.

评注 上述证明中用到数列极限的一个结论:

$$\lim_{n\to+\infty} x_n = a \Leftrightarrow \lim_{n\to+\infty} x_{2n} = \lim_{n\to+\infty} x_{2n-1} = a.$$

【例 12.1.3】设级数 $\langle A\rangle$: $\sum_{n=1}^{\infty} a_n$ 满足 $\lim_{n\to+\infty} a_n = 0$,又

$$\langle A'\rangle: a_2 + a_1 + a_4 + a_3 + \cdots + a_{2n} + a_{2n-1} + \cdots$$

收敛且和为 S,求证:原级数收敛,和也是 S.

【分析与证明】$\langle A\rangle$与$\langle A'\rangle$的部分和为 S_n 与 T_n. 考察它们的关系. 显然 $S_{2n} = T_{2n}$,
$\Rightarrow \lim_{n\to+\infty} S_{2n} = \lim_{n\to+\infty} T_{2n} = \lim_{n\to+\infty} T_n = S$.
且由例 12.1.2 结论知,级数$\langle A\rangle$收敛,和为 S.

2. $\sum_{n=1}^{\infty} a_n$、$\sum_{n=1}^{\infty} b_n$ 的敛散性与 $\sum_{n=1}^{\infty}(a_n+b_n)$ 的敛散性

【例 12.1.4】请完成表 12.1-1 并证明你的判断:

表 12.1-1

	假设	结论
	$\sum_{n=1}^{\infty} a_n$, $\sum_{n=1}^{\infty} b_n$	$\sum_{n=1}^{\infty}(a_n+b_n)$
敛散性	收敛, 收敛	
	收敛, 发散	
	发散, 发散	

【分析】(1) $\sum_{n=1}^{\infty} a_n$, $\sum_{n=1}^{\infty} b_n$ 均收敛,由线性性质 $\Rightarrow \sum_{n=1}^{\infty}(a_n+b_n)$ 收敛.

(2) $\sum_{n=1}^{\infty} a_n$ 收敛,$\sum_{n=1}^{\infty} b_n$ 发散 $\Rightarrow \sum_{n=1}^{\infty}(a_n+b_n)$ 发散.

反证法:若 $\sum_{n=1}^{\infty}(a_n+b_n)$ 收敛,由线性性质 $\Rightarrow \sum_{n=1}^{\infty} b_n = \sum_{n=1}^{\infty}(a_n+b_n) - \sum_{n=1}^{\infty} a_n$ 收敛,
与假设条件 $\sum_{n=1}^{\infty} b_n$ 发散矛盾. 因此 $\sum_{n=1}^{\infty}(a_n+b_n)$ 发散.

(3) 若 $\sum_{n=1}^{\infty} a_n$, $\sum_{n=1}^{\infty} b_n$ 均发散,则 $\sum_{n=1}^{\infty}(a_n+b_n)$ 的敛散性不确定,要具体问题具体分析.

如 $\sum_{n=1}^{\infty}\left[\frac{1}{2^n} + \ln\left(1+\frac{1}{n}\right)\right]$, $\sum_{n=1}^{\infty}\left[-\ln\left(1+\frac{1}{n}\right)\right]$ 均发散,则

$$\sum_{n=1}^{\infty}\left[\left(\frac{1}{2^n} + \ln\left(1+\frac{1}{n}\right)\right) - \ln\left(1+\frac{1}{n}\right)\right] = \sum_{n=1}^{\infty}\frac{1}{2^n} \text{ 收敛.}$$

又如 $\sum_{n=1}^{\infty}\left[\frac{1}{2^n} + \ln\left(1+\frac{1}{n}\right)\right]$, $\sum_{n=1}^{\infty}\ln\left(1+\frac{1}{n}\right)$ 均发散,则

$$\sum_{n=1}^{\infty}\left[\left(\frac{1}{2^n}+\ln\left(1+\frac{1}{n}\right)\right)+\ln\left(1+\frac{1}{n}\right)\right]=\sum_{n=1}^{\infty}\left[\frac{1}{2^n}+2\ln\left(1+\frac{1}{n}\right)\right]\quad 发散.$$

评注　例 12.1.4 的结论可用于分解法来判断级数的敛散性. 若将 c_n 分解成：$c_n = a_n + b_n$，又 $\sum_{n=1}^{\infty}a_n$，$\sum_{n=1}^{\infty}b_n$ 均收敛或一个收敛，另一个发散，均可对 $\sum_{n=1}^{\infty}c_n$ 的敛散性作出判断，当 $\sum_{n=1}^{\infty}a_n$，$\sum_{n=1}^{\infty}b_n$ 均发散时，分解法无效.

3. 添加括号后的级数与原级数敛散性的关系

【例 12.1.5】 讨论下列问题：

(1) 设 $(a_1+a_2)+(a_3+a_4)+\cdots+(a_{2n-1}+a_{2n})+\cdots$ 收敛，问 $\sum_{n=1}^{\infty}a_n$ 是否收敛，证明你的判断；

(2) 设 $(a_1+a_2)+(a_3+a_4)+\cdots+(a_{2n-1}+a_{2n})+\cdots$ 收敛且和为 S，又 $\lim\limits_{n\to+\infty}a_n=0$，问 $\sum_{n=1}^{\infty}a_n$ 是否收敛，若收敛时和为多少？证明你的判断.

【分析与证明】 (1) 不一定. 考察级数 $\sum_{n=1}^{\infty}(-1)^{n-1}=1-1+1-1+\cdots+1-1+\cdots$，它是发散的，但添加括号后的级数

$$(1-1)+(1-1)+\cdots+(1-1)+\cdots=0+0+\cdots+0+\cdots=0$$

是收敛的.

(2) 设 $(a_1+a_2)+(a_3+a_4)+\cdots+(a_{2n-1}+a_{2n})+\cdots$ 的部分和为 T_n，$\sum_{n=1}^{\infty}a_n$ 的部分和为 S_n，$\Rightarrow T_n=S_{2n}\Rightarrow \lim\limits_{n\to+\infty}S_{2n}=\lim\limits_{n\to+\infty}T_n=S$.

又已知 $\lim\limits_{n\to+\infty}a_n=0$，由例 12.1.2 的结论 $\Rightarrow \sum_{n=1}^{\infty}a_n=S$.

评注　对于收敛的级数可以任意添加括号，不改变它的敛散性与和数. 题(1)说明反过来则不一定对，但在适当条件下(如一般项趋于零)添加括号后的级数收敛，则原级数也收敛且有相同的和. 题(2)就是这一种情形，它可用于判断级数的敛散与级数的求和.

【例 12.1.6】 设 $\sum_{n=1}^{\infty}(-1)^{n-1}a_n=2$，$\sum_{n=1}^{\infty}a_{2n-1}=5$，求 $\sum_{n=1}^{\infty}a_n$.

【分析与求解】 ① 先求 $\sum_{n=1}^{\infty}a_{2n}$.

由
$$2=\sum_{n=1}^{\infty}(-1)^{n-1}a_n=a_1-a_2+a_3-a_4+\cdots+a_{2n-1}-a_{2n}+\cdots$$
$$\xlongequal{添加括号}\sum_{n=1}^{\infty}(a_{2n-1}-a_{2n}),$$

$$\Rightarrow\quad \sum_{n=1}^{\infty}a_{2n}=\sum_{n=1}^{\infty}a_{2n-1}-\sum_{n=1}^{\infty}(a_{2n-1}-a_{2n})=5-2=3.$$

② $\sum_{n=1}^{\infty}(a_{2n-1}+a_{2n})=\sum_{n=1}^{\infty}a_{2n-1}+\sum_{n=1}^{\infty}a_{2n}=5+3=8.$

学习随笔

学习随笔

③ 由 $\sum_{n=1}^{\infty}(-1)^{n-1}a_n$ 收敛 $\Rightarrow \lim_{n\to+\infty}(-1)^{n-1}a_n=0 \Rightarrow \lim_{n\to+\infty}a_n=0$.

而
$$\sum_{n=1}^{\infty}(a_{2n-1}+a_{2n})=(a_1+a_2)+(a_3+a_4)+\cdots$$
是
$$\sum_{n=1}^{\infty}a_n=a_1+a_2+a_3+a_4+\cdots$$
添加括号而得.因此,用例 12.1.5 的结论,由 $\sum_{n=1}^{\infty}(a_{2n-1}+a_{2n})=8 \Rightarrow \sum_{n=1}^{\infty}a_n=8$.

4.利用收敛级数一般项性质判断级数的发散性

【例 12.1.7】判断下列级数的敛散性:

(1) $\sum_{n=1}^{\infty}\left(\frac{3n}{3n+1}\right)^n$; (2) $\sum_{n=1}^{\infty}\sin n\alpha$.

【分析与求解】考察一般项 a_n 的极限.

(1) 由 $\lim_{n\to+\infty}\left(\frac{3n}{3n+1}\right)^n=\lim_{n\to+\infty}\left[\frac{1}{\left(1+\frac{1}{3n}\right)^{3n}}\right]^{\frac{1}{3}}=e^{-\frac{1}{3}}\neq 0$

$\Rightarrow$ 原级数发散.

(2) 当 $\alpha=k\pi$(k 为整数)时,$a_n=\sin n\alpha=0 \Rightarrow \sum_{n=1}^{\infty}\sin n\alpha$ 收敛.

当 $\alpha\neq k\pi$ 时可证:$\sin n\alpha$ 不趋于零,用反证法,设 $\sin n\alpha\to 0(n\to+\infty) \Rightarrow \sin(n+1)\alpha\to 0(n\to+\infty)$.由
$$\sin(n+1)\alpha=\sin n\alpha\cos\alpha+\cos n\alpha\sin\alpha$$
$$\Rightarrow \quad \lim_{n\to+\infty}\cos n\alpha\cdot\sin\alpha=0,\quad \lim_{n\to+\infty}\cos n\alpha=0.$$
这与 $\sin^2 n\alpha+\cos^2 n\alpha=1$ 矛盾.因此,$\alpha\neq k\pi$ 时,$\sum_{n=1}^{\infty}\sin n\alpha$ 发散.

评注 因 $\sum_{n=1}^{\infty}a_n$ 收敛必有 $\lim_{n\to+\infty}a_n=0$.若 a_n 不趋于 $0(n\to+\infty)$,则 $\sum_{n=1}^{\infty}a_n$ 发散,当 $\lim_{n\to+\infty}a_n=0$ 时 $\sum_{n=1}^{\infty}a_n$ 不一定收敛,讨论 $\sum_{n=1}^{\infty}a_n$ 的敛散性就是进一步分析无穷小量 a_n 趋向于零的快慢.

第二节 常数项级数的审敛法

一、知识点归纳总结

1.正项级数收敛的充要条件

若 $a_n\geqslant 0(n=1,2,3,\cdots)$,称 $\sum_{n=1}^{\infty}a_n$ 为正项级数.设 $\sum_{n=1}^{\infty}a_n$ 为正项级数,则

$\sum_{n=1}^{\infty} a_n$ 收敛$\Leftrightarrow S_n=\sum_{k=1}^{n} a_k$ 有界 $\Leftrightarrow \sum_{n=1}^{\infty} a_n$ 添加括号后的级数收敛.

2. 正项级数的比较判别法

(1) 比较原理

设$\sum_{n=1}^{\infty} a_n,\sum_{n=1}^{\infty} b_n$ 为正项级数,$\exists N$,当 $n>N$ 时,$a_n \leqslant b_n$.

若$\sum_{n=1}^{\infty} b_n$ 收敛,则$\sum_{n=1}^{\infty} a_n$ 收敛;若$\sum_{n=1}^{\infty} a_n$ 发散,则$\sum_{n=1}^{\infty} b_n$ 发散.

(2) 比较原理的极限形式

设有正项级数$\langle A\rangle \sum_{n=1}^{\infty} a_n$,$\langle B\rangle \sum_{n=1}^{\infty} b_n$,又设 $\lim\limits_{n \to +\infty} \dfrac{a_n}{b_n}=l$,则

① 当 $0<l<+\infty$时,级数$\langle A\rangle$与$\langle B\rangle$有相同的敛散性.

② 当 $l=0$ 时,若级数$\langle B\rangle$收敛,则级数$\langle A\rangle$也收敛.

③ 当 $l=+\infty$时,若$\langle B\rangle$发散,则$\langle A\rangle$也发散.

(3) 几个重要的级数

$\sum_{n=1}^{\infty} q^n$(几何级数)$\begin{cases}收敛, & |q|<1,\\ 发散, & |q|\geqslant 1;\end{cases}$ $\sum_{n=1}^{\infty} \dfrac{1}{n^p}$($p$ 级数)$\begin{cases}收敛, & p>1,\\ 发散, & p\leqslant 1;\end{cases}$

$\sum_{n=1}^{\infty} \dfrac{1}{n\ln^q n}\begin{cases}收敛, & q>1,\\ 发散, & q\leqslant 1.\end{cases}$

3. 与几何级数比较——比值与根值判别法

设有正项级数$\sum_{n=1}^{\infty} a_n$,且有 $\lim\limits_{n \to +\infty} \dfrac{a_{n+1}}{a_n}=\rho$,或 $\lim\limits_{n \to +\infty} \sqrt[n]{a_n}=\rho$.

① 若 $\rho<1$,则原级数收敛.

② 若 $\rho>1$,则原级数发散且 $\lim\limits_{n \to +\infty} a_n=+\infty$.

③ 若 $\rho=1$,则判别法失效.

这两个判别法则分别称为比值与根值判别法. 比值判别法又称达朗贝尔判别法,根值判别法又称柯西判别法.

4. 与 p 级数比较——确定无穷小 a_n 关于$\dfrac{1}{n}$的阶

设$\langle A\rangle$:$\sum_{n=1}^{\infty} a_n$ 为正项级数,

① 若 $a_n=o^*\left(\dfrac{1}{n^p}\right)(n \to +\infty)$,即 $\lim\limits_{n \to +\infty} \dfrac{a_n}{\dfrac{1}{n^p}}=l \neq 0$ 为有限数,即 a_n 与$\dfrac{1}{n^p}$ 为同阶无穷小,则 $p>1$ 时,$\langle A\rangle$ 收敛;$p \leqslant 1$ 时,$\langle A\rangle$ 发散.

② 若 $a_n=o\left(\dfrac{1}{n^p}\right)(n\to+\infty)$,且 $p>1$,则$\langle A\rangle$收敛.

学习随笔

③ 若$\frac{1}{n^p}=o(a_n)(n\to+\infty)$即 a_n 是比$\frac{1}{n^p}$低阶的无穷小,$p\leqslant1$,则$\langle A\rangle$发散.

**5. 积分判别法

设$\langle A\rangle$:$\sum\limits_{n=1}^{\infty}a_n$ 为正项级数.若存在单调下降的正值函数 $f(x)(x\geqslant1)$,使得 $a_n=f(n)(n=1,2,3,\cdots)$,则级数$\langle A\rangle$收敛 $\Leftrightarrow$ 序列 $A_n=\int_1^n f(x)\mathrm{d}x$ 收敛 $\Leftrightarrow$ 无穷积分 $\int_1^{+\infty}f(x)\mathrm{d}x$ 收敛.

6. 交错级数收敛性判别法(莱布尼兹判别法)

形如$\sum\limits_{n=1}^{\infty}(-1)^{n-1}a_n(a_n>0,n=1,2,3,\cdots)$的级数称为交错级数.若 a_n 单调下降且 $\lim\limits_{n\to+\infty}a_n=0$,则此交错级数收敛,且其和 $S\leqslant a_1$,余项$|r_n|\leqslant a_{n+1}$.

7. 条件收敛与绝对收敛

(1) 定义

对于级数$\langle A\rangle$:$\sum\limits_{n=1}^{\infty}a_n$,若$\sum\limits_{n=1}^{\infty}|a_n|$收敛,称$\langle A\rangle$为绝对收敛,若$\sum\limits_{n=1}^{\infty}|a_n|$发散,但$\sum\limits_{n=1}^{\infty}a_n$收敛,称$\langle A\rangle$为条件收敛.

(2) 绝对收敛与条件收敛的性质

① 记$a_n^+=\frac{1}{2}(|a_n|+a_n)$ (它是$\sum\limits_{n=1}^{\infty}a_n$ 中的正项),

$a_n^-=\frac{1}{2}(a_n-|a_n|)$ (它是$\sum\limits_{n=1}^{\infty}a_n$ 中的负项),

则$\sum\limits_{n=1}^{\infty}a_n$ 绝对收敛时,$\sum\limits_{n=1}^{\infty}a_n^+$ 与$\sum\limits_{n=1}^{\infty}a_n^-$ 均收敛;$\sum\limits_{n=1}^{\infty}a_n$ 条件收敛时,$\sum\limits_{n=1}^{\infty}a_n^+$ 与$\sum\limits_{n=1}^{\infty}a_n^-$ 均发散.

② $\sum\limits_{n=1}^{\infty}a_n$ 绝对收敛则$\sum\limits_{n=1}^{\infty}a_n$ 收敛.

* ③ 绝对收敛级数经任意改变项的位置后构成的级数也收敛(绝对收敛)且与原级数有相同的和(即绝对收敛级数具有可交换性).

* ④ 设级数$\sum\limits_{n=1}^{\infty}a_n=s$,$\sum\limits_{n=1}^{\infty}b_n=\sigma$ 均绝对收敛,则它们各项的乘积 $a_ib_j(i,j=1,2,3,\cdots)$按任意次序相加后所成的级数绝对收敛且其和为 $s\cdot\sigma$.(即两个级数都绝对收敛时它们的乘法可以像两个有限项和的乘法那样进行.)

常用的是如下乘法公式:

$$\left(\sum_{n=1}^{\infty}a_n\right)\cdot\left(\sum_{n=1}^{\infty}b_n\right)=\sum_{n=1}^{\infty}(a_1b_n+a_2b_{n-1}+\cdots+a_nb_1).$$

学习随笔

(3) 绝对收敛判别法

判别 $\sum\limits_{n=1}^{\infty}a_n$ 是否绝对收敛即判别正项级数 $\sum\limits_{n=1}^{\infty}|a_n|$ 是否收敛. 若 $\sum\limits_{n=1}^{\infty}|a_n|$ 收敛，则 $\sum\limits_{n=1}^{\infty}a_n$ 绝对收敛；若 $\sum\limits_{n=1}^{\infty}|a_n|$ 发散，则 $\sum\limits_{n=1}^{\infty}a_n$ 不绝对收敛，但不能断定 $\sum\limits_{n=1}^{\infty}a_n$ 发散. 若用比值或根值判别法：$\lim\limits_{n\to+\infty}|\frac{a_{n+1}}{a_n}|=\rho$，或 $\lim\limits_{n\to+\infty}\sqrt[n]{|a_n|}=\rho$，当 $\rho<1$ 时 $\sum\limits_{n=1}^{\infty}a_n$ 绝对收敛，当 $\rho>1$ 时可断定 $\sum\limits_{n=1}^{\infty}a_n$ 发散.

**8. 形如 $\sum\limits_{n=1}^{\infty}a_nb_n$ 的级数的狄里克雷判别法和阿贝尔判别法

狄里克雷判别法：设序列 a_n 单调下降趋于零且级数 $\sum\limits_{n=1}^{\infty}b_n$ 的部分和有界，则 $\sum\limits_{n=1}^{\infty}a_nb_n$ 收敛.

阿贝尔判别法：设序列 a_n 单调有界且级数 $\sum\limits_{n=1}^{\infty}b_n$ 收敛，则 $\sum\limits_{n=1}^{\infty}a_nb_n$ 收敛.

二、典型题型归纳及解题方法与技巧

1. 用比较原理的极限形式判断正项级数的敛散性

【例 12.2.1】判断下列级数的敛散性：

(1) $\sum\limits_{n=1}^{\infty}\frac{2\sqrt[n]{n}}{3^n}$；　　(2) $\sum\limits_{n=1}^{\infty}\frac{\sqrt{n}}{\sqrt{2n-1}\sqrt{n+1}}$.

【解】(1) $\lim\limits_{n\to+\infty}\frac{2\sqrt[n]{n}}{3^n}\Big/\frac{1}{3^n}=\lim\limits_{n\to+\infty}2\sqrt[n]{n}=2$，又 $\sum\limits_{n=1}^{\infty}\frac{1}{3^n}$ 收敛 $\Rightarrow$ 原级数收敛.

(2)
$$\lim_{n\to+\infty}\frac{\sqrt{n}}{\sqrt{2n-1}\sqrt{n+1}}\Big/\frac{1}{\sqrt{n}}=\lim_{n\to+\infty}\frac{n}{\sqrt{2n-1}\sqrt{n+1}}$$
$$=\lim_{n\to+\infty}\frac{1}{\sqrt{2-\frac{1}{n}}\sqrt{1+\frac{1}{n}}}=\frac{1}{\sqrt{2}},$$

又 $\sum\limits_{n=1}^{\infty}\frac{1}{\sqrt{n}}$ 发散 $\Rightarrow$ 原级数发散.

评注　若易选择知其敛散性的正项级数 $\sum\limits_{n=1}^{\infty}b_n$(如几何级数或 p- 级数)，又易求得极限 $\lim\limits_{n\to+\infty}\frac{a_n}{b_n}$，则用比较原理的极限形式判断正项级数 $\sum\limits_{n=1}^{\infty}a_n$ 的敛散性.

2. 用比值或根值判别法讨论正项级数的敛散性

【例 12.2.2】判断下列级数的敛散性：

学习随笔

(1) $\sum\limits_{n=1}^{\infty} n!\left(\dfrac{x}{n}\right)^n (x>0)$；　　(2) $\sum\limits_{n=1}^{\infty}\dfrac{2+(-1)^n}{2^n}$.

【解】由正项级数一般项特点,用比值或根值判别法.

(1) 记 $a_n=n!\left(\dfrac{x}{n}\right)^n$,一般项含阶乘项,用比值判别法：

$$\frac{a_{n+1}}{a_n}=\frac{(n+1)!\left(\dfrac{x}{n+1}\right)^{n+1}}{n!\left(\dfrac{x}{n}\right)^n}=x\frac{1}{\left(1+\dfrac{1}{n}\right)^n}\to\frac{x}{\mathrm{e}}\quad(n\to+\infty),$$

由此知,$0<x<\mathrm{e}$ 时,原级数收敛,$x>\mathrm{e}$ 时原级数发散. $x=\mathrm{e}$ 时,比值判别法失效.

但是,$x=\mathrm{e}$ 时,$\dfrac{a_{n+1}}{a_n}=\dfrac{\mathrm{e}}{\left(1+\dfrac{1}{n}\right)^n}>1$,

因为 $n\to+\infty$ 时,$\left(1+\dfrac{1}{n}\right)^n$ 单调上升趋于 e. 这表明：$\lim\limits_{n\to+\infty}a_n\neq 0\Rightarrow x=\mathrm{e}$ 时,原级数发散.

(2) 记 $a_n=\dfrac{2+(-1)^n}{2^n}$. 由于

$$\frac{1}{2}\leqslant\sqrt[n]{a_n}=\frac{1}{2}\sqrt[n]{2+(-1)^n}\leqslant\frac{1}{2}\sqrt[n]{3},$$

又 $\lim\limits_{n\to+\infty}\sqrt[n]{3}=1\Rightarrow\lim\limits_{n\to+\infty}\sqrt[n]{a_n}=\dfrac{1}{2}<1$.

因此原级数收敛.

评注 ① 比值判别法对题(2)无效. 记 $z_n=\dfrac{a_{n+1}}{a_n}$,$a_n=\dfrac{2+(-1)^n}{2^n}$,

$$\Rightarrow\qquad z_{2n}=\frac{a_{2n+1}}{a_{2n}}=\frac{\dfrac{1}{2^{2n+1}}}{\dfrac{3}{2^{2n}}}=\frac{1}{6},\quad z_{2n-1}=\frac{a_{2n}}{a_{2n-1}}=\frac{\dfrac{3}{2^{2n}}}{\dfrac{1}{2^{2n-1}}}=\frac{3}{2}.$$

$$\Rightarrow\qquad \lim_{n\to+\infty}z_n,\quad 即\quad\lim_{n\to+\infty}\frac{a_{n+1}}{a_n}不存在.$$

② 一般说来,根值判别法要比比值判别法适用范围广.

事实上,可以证明:设 $a_n>0$,$\lim\limits_{n\to+\infty}\dfrac{a_{n+1}}{a_n}=l\Rightarrow\lim\limits_{n\to+\infty}\sqrt[n]{a_n}=l$,

即如果可用比值判别法讨论正项级数 $\sum\limits_{n=1}^{\infty}a_n$ 的收敛性,则一定也可用根值判别法讨论它的敛散性. 但反过来则不一定,即 $\lim\limits_{n\to+\infty}\sqrt[n]{a_n}=l$,则可能有 $\lim\limits_{n\to+\infty}\dfrac{a_{n+1}}{a_n}$ 不存在.

③ 当极限 $\lim\limits_{n\to+\infty}\dfrac{a_{n+1}}{a_n}$ 与 $\lim\limits_{n\to+\infty}\sqrt[n]{a_n}$ 均存在时,求解的难易程度可能不同. 如题(1),易求 $\lim\limits_{n\to+\infty}\dfrac{a_{n+1}}{a_n}$,但难求得 $\lim\limits_{n\to+\infty}\sqrt[n]{a_n}$.

学习随笔

【例 12.2.3】讨论级数 $\sum_{n=1}^{\infty}\frac{n^k}{a^n}$ 的敛散性，其中 $a>0$ 为常数，k 为任意常数.

【解】这是正项级数，用根值判别法，考察

$$\lim_{n\to+\infty}\sqrt[n]{\frac{n^k}{a^n}}=\lim_{n\to+\infty}\frac{(\sqrt[n]{n})^k}{a}=\frac{1}{a}\begin{cases}<1, & a>1,\\ >1, & 0<a<1\end{cases}$$

$\Rightarrow a>1$ 时原级数收敛，$0<a<1$ 时原级数发散(不论 k 取何值).

当 $a=1$ 时比值判别法失效，此时原级数即 p- 级数：$\sum_{n=1}^{\infty}\frac{1}{n^{-k}}\begin{cases}收敛, & k<-1,\\ 发散, & k\geqslant -1.\end{cases}$

评注　这也是常见而重要的一类级数，按该例所得结论，我们可知

$$\sum_{n=1}^{\infty}\frac{n^2}{3^n},\quad \sum_{n=1}^{\infty}\frac{n^3}{2^n},$$

等均收敛.

3. 确定 a_n 关于 $\frac{1}{n}$ 的阶判断正项级数 $\sum_{n=1}^{\infty}a_n$ 的敛散性

【例 12.2.4】判断下列级数的敛散性：

(1) $\sum_{n=1}^{\infty}\left(1-\cos\frac{1}{n}\right)^p\ (p>0)$；　(2) $\sum_{n=1}^{\infty}(e^{\frac{1}{n}}-e^{\frac{1}{n+1}})$；

(3) $\sum_{n=1}^{\infty}(\sqrt{n+1}-\sqrt{n})^p\ln\frac{n+1}{n}$；　(4) $\sum_{n=1}^{\infty}\left(\frac{1}{n}-\ln\frac{n+1}{n}\right)$.

【解】将级数记为 $\sum_{n=1}^{\infty}a_n$，均为正项级数，确定 $n\to+\infty$ 时，a_n 关于 $\frac{1}{n}$ 的阶.

(1) $1-\cos\frac{1}{n}\sim\frac{1}{2n^2}\ (n\to+\infty)\Rightarrow\left(1-\cos\frac{1}{n}\right)^p\sim\frac{1}{2^pn^{2p}}\ (n\to+\infty)$.

又 $\sum_{n=1}^{\infty}\frac{1}{n^{2p}}\begin{cases}收敛, & p>\frac{1}{2},\\ 发散, & p\leqslant\frac{1}{2}\end{cases}\Rightarrow\sum_{n=1}^{\infty}\left(1-\cos\frac{1}{n}\right)^p\begin{cases}收敛, & p>\frac{1}{2},\\ 发散, & 0<p\leqslant\frac{1}{2}.\end{cases}$

(2) $a_n=e^{\frac{1}{n+1}}(e^{\frac{1}{n}-\frac{1}{n+1}}-1)=e^{\frac{1}{n+1}}[e^{\frac{1}{n(n+1)}}-1]\sim\frac{1}{n(n+1)}\sim\frac{1}{n^2}\ (n\to+\infty)$,

又 $\sum_{n=1}^{\infty}\frac{1}{n^2}$ 收敛 $\Rightarrow\sum_{n=1}^{\infty}(e^{\frac{1}{n}}-e^{\frac{1}{n+1}})$ 收敛.

(3) $a_n=\frac{1}{(\sqrt{n+1}+\sqrt{n})^p}\ln\left(1+\frac{1}{n}\right)=\frac{1}{n^{\frac{p}{2}}\left(1+\sqrt{1+\frac{1}{n}}\right)^p}\ln\left(1+\frac{1}{n}\right)$.

注意 $\ln\left(1+\frac{1}{n}\right)\sim\frac{1}{n}(n\to+\infty)\Rightarrow a_n\sim\frac{1}{2^pn^{\frac{p}{2}+1}}\quad(n\to+\infty)$.

又 $\sum_{n=1}^{\infty}\frac{1}{2^pn^{\frac{p}{2}+1}}\begin{cases}收敛, & p>0,\\ 发散, & p\leqslant 0\end{cases}$

学习随笔

$$\Rightarrow \qquad \sum_{n=1}^{\infty}(\sqrt{n+1}-\sqrt{n})^{p}\ln\frac{n+1}{n}\begin{cases}\text{收敛}, & p>0,\\ \text{发散}, & p\leqslant 0.\end{cases}$$

(4) $a_n=\dfrac{1}{n}-\ln\left(1+\dfrac{1}{n}\right)$. 由 $\ln(1+x)$ 的泰勒公式

$$\ln(1+x)=x-\frac{1}{2}x^2+o(x^2)\quad(x\to 0)$$

$$\Rightarrow \qquad \ln\left(1+\frac{1}{n}\right)=\frac{1}{n}-\frac{1}{2}\frac{1}{n^2}+o\left(\frac{1}{n^2}\right).$$

$$\Rightarrow \qquad a_n=\frac{1}{n}-\left[\frac{1}{n}-\frac{1}{2n^2}+o\left(\frac{1}{n^2}\right)\right]\sim\frac{1}{2n^2}.$$

又 $\sum\limits_{n=1}^{\infty}\dfrac{1}{2n^2}$ 收敛 $\Rightarrow \sum\limits_{n=1}^{\infty}\left(\dfrac{1}{n}-\ln\dfrac{n+1}{n}\right)$ 收敛.

评注 ① 将 p 级数与几何级数比较时总有

$$\lim_{n\to+\infty}\frac{\dfrac{1}{n^p}}{q^n}=+\infty\ (0<q<1).$$

由 $\sum\limits_{n=1}^{\infty}q^n$ 收敛,不能判断 $\sum\limits_{n=1}^{\infty}\dfrac{1}{n^p}$ 是否收敛. 因此若一个正项级数 $\sum\limits_{n=1}^{\infty}a_n$ 的敛散性与 p 级数相当时,与几何级数相比较是无效的,这时就要将 a_n 与某个 $\dfrac{1}{n^p}$ 相比较,即确定 a_n 关于 $\dfrac{1}{n}$ 的阶.

② 确定 a_n 关于 $\dfrac{1}{n}$ 的阶常用的方法是:首先确定无穷小数列 a_n 的阶转化为确定函数无穷小关于 x 的阶 $(x\to 0)$ 并利用某些已知的等价关系:如 $1-\cos x\sim\dfrac{1}{2}x^2\,(x\to 0)\Rightarrow 1-\cos\dfrac{1}{n}\sim\dfrac{1}{2}\dfrac{1}{n^2}\,(n\to+\infty)$;$\ln(1+x)\sim x\,(x\to 0)\Rightarrow\ln\left(1+\dfrac{1}{n}\right)\sim\dfrac{1}{n}\,(n\to+\infty)$. 其次利用泰勒公式. 最后求有关数列极限转化为函数极限用洛必达法则.

4. 讨论级数 $\sum\limits_{n=2}^{\infty}\dfrac{1}{n^{\alpha}\ln^{\beta}n}$ 的敛散性

【例 12.2.5】设 $\alpha\neq 1$,讨论级数 $\sum\limits_{n=2}^{+\infty}\dfrac{1}{n^{\alpha}\ln^{\beta}n}$ 的敛散性.

【分析与求解】将 $\dfrac{1}{n^{\alpha}\ln^{\beta}n}$ 与 $\dfrac{1}{n^p}$ 作比较. 要用到如下结论:$\forall$ 的实数 μ,有

$$\lim_{n\to+\infty}\frac{\ln^{\mu}n}{n^{\lambda}}=\begin{cases}0, & \lambda>0,\\ +\infty, & \lambda<0.\end{cases}$$

现 $\lim\limits_{n\to+\infty}\dfrac{\dfrac{1}{n^{\alpha}\ln^{\beta}n}}{\dfrac{1}{n^{p}}}=\lim\limits_{n\to+\infty}\dfrac{1}{n^{\alpha-p}\ln^{\beta}n}=\lim\limits_{n\to+\infty}\dfrac{\ln^{-\beta}n}{n^{\alpha-p}}=\begin{cases}0, & \alpha>p,\\ +\infty, & \alpha<p.\end{cases}$

因此，当 $\alpha>1$ 时，$\forall$ 的实数 β，取实数 p，$\alpha>p>1$，有 $\lim\limits_{n\to+\infty}\dfrac{\dfrac{1}{n^{\alpha}\ln^{\beta}n}}{\dfrac{1}{n^{p}}}=0$.

因 $\sum\limits_{n=1}^{\infty}\dfrac{1}{n^{p}}$ 收敛 $\Rightarrow\sum\limits_{n=2}^{\infty}\dfrac{1}{n^{\alpha}\ln^{\beta}n}$ 收敛.

当 $\alpha<1$ 时，取实数 p，$\alpha<p<1$，有 $\lim\limits_{n\to+\infty}\dfrac{\dfrac{1}{n^{\alpha}\ln^{\beta}n}}{\dfrac{1}{n^{p}}}=+\infty$.

又 $\sum\limits_{n=1}^{\infty}\dfrac{1}{n^{p}}$ 发散 $\Rightarrow\sum\limits_{n=2}^{\infty}\dfrac{1}{n^{\alpha}\ln^{\beta}n}$ 发散.

评注　① 该例仍然是通过确定 $\dfrac{1}{n^{\alpha}\ln^{\beta}n}$ 关于 $\dfrac{1}{n}$ 的阶来判断相应级数的敛散性. 当 $\alpha>1$ 时，$\dfrac{1}{n^{\alpha}\ln^{\beta}n}=o\left(\dfrac{1}{n^{p}}\right)$，$(n\to+\infty)$，其中 $\alpha>p>1$. 当 $\alpha<1$ 时，$\dfrac{1}{n^{p}}=o\left(\dfrac{1}{n^{\alpha}\ln^{\beta}n}\right)$，其中 $1>p>\alpha$.

② 级数 $\sum\limits_{n=2}^{\infty}\dfrac{1}{n^{\alpha}\ln^{\beta}n}$ 也是一个重要的常用的级数，当 $\alpha>1$ 时它收敛，$\alpha<1$ 时它发散（$\forall$ 实数 β）. 当 $\alpha=1$ 时，它的敛散性依赖于 β：$\beta>1$ 时收敛，$\beta\leqslant1$ 时发散. 见例 12.2.9.

5. 用适当放大缩小法讨论正项级数的敛散性

【例 12.2.6】判断下列级数的敛散性：

(1) $\sum\limits_{n=1}^{\infty}\dfrac{n^{n-1}}{(2n^{2}+n+1)^{\frac{n+1}{2}}}$；　　(2) $\sum\limits_{n=1}^{\infty}\int_{0}^{\frac{\pi}{n}}\dfrac{\sin x}{1+x}\mathrm{d}x$；

(3) $\sum\limits_{n=1}^{\infty}\dfrac{n}{3^{\sqrt{n}}}$；　　(4) $\sum\limits_{n=1}^{\infty}\dfrac{\ln(n!)}{n^{\alpha}}$.

【分析与求解】将各级数表为 $\sum\limits_{n=1}^{\infty}a_{n}$，均为正项级数，将 a_{n} 进行适当的放大或缩小.

(1) $0<a_{n}<\dfrac{n^{n-1}}{(n^{2})^{\frac{n+1}{2}}}=\dfrac{1}{n^{2}}$，又 $\sum\limits_{n=1}^{\infty}\dfrac{1}{n^{2}}$ 收敛 $\Rightarrow$ 原级数收敛.

(2) $0<a_{n}<\int_{0}^{\frac{\pi}{n}}x\,\mathrm{d}x=\dfrac{1}{2}x^{2}\Big|_{0}^{\frac{\pi}{n}}=\dfrac{\pi^{2}}{2n^{2}}$，又 $\sum\limits_{n=1}^{\infty}\dfrac{\pi}{2n^{2}}$ 收敛 $\Rightarrow$ 原级数收敛.

(3) 已知：$\lim\limits_{x\to+\infty}\dfrac{x^{k}}{a^{x}}=0(a>1)\Rightarrow\exists X>0$，$x\geqslant X$ 时，$0<\dfrac{x^{k}}{a^{x}}<1$，

学习随笔

$$0<a_n=\frac{n}{3^{\sqrt{n}}}=\frac{\sqrt{n^6}}{\sqrt{n^4}\,3^{\sqrt{n}}}\leqslant\frac{1}{n^2}.\quad(n\geqslant N)$$

又$\sum_{n=1}^{\infty}\frac{1}{n^2}$收敛 $\Rightarrow$ 原级数收敛.

(4) 注意:$n\geqslant 4$ 时,$n!\geqslant 2^n$,$n\ln 2=\ln 2^n\leqslant \ln n!=\ln 1+\ln 2+\cdots+\ln n\leqslant n\ln n$,

$\Rightarrow n\geqslant 4$ 时,$\frac{\ln 2}{n^{\alpha-1}}=\frac{n\ln 2}{n^\alpha}\leqslant\frac{\ln(n!)}{n^\alpha}\leqslant\frac{n\ln n}{n^\alpha}=\frac{\ln n}{n^{\alpha-1}}$.

当 $\alpha-1\leqslant 1$,即 $\alpha\leqslant 2$ 时,$\sum_{n=1}^{\infty}\frac{\ln 2}{n^{\alpha-1}}$ 发散 $\Rightarrow$ 原级数发散.

当 $\alpha-1>1$ 时,即 $\alpha>2$ 时,$\sum_{n=1}^{\infty}\frac{\ln n}{n^{\alpha-1}}$ 收敛(见例 12.2.5) $\Rightarrow$ 原级数收敛.

评注　这里用适当放大缩小法找到正项级数的收敛的强级数或发散的弱级数来证明正项级数是收敛的或发散的,常用的放大与缩小法有:① 简单的放大缩小手段(例 12.2.6 题(1),题(2));② 利用极限的不等式性质(例 12.2.6 题(3));③ 利用某些已知的不等式(例 12.2.6 题(4)).

6. 由正项级数一般项的某些特性判断级数的敛散性

【例 12.2.7】设$\sum_{n=1}^{\infty}a_n$ 为收敛的正项级数,求证:

(1) $\sum_{n=1}^{\infty}a_n^2$ 收敛;　　(2) $\sum_{n=1}^{\infty}a_{2n}$ 收敛.

【分析与证明】(1) 因为$\sum_{n=1}^{\infty}a_n$ 是收敛的正项级数

$\Rightarrow$　$a_n\geqslant 0,\lim\limits_{n\to+\infty}a_n=0\Rightarrow\exists N$,当 $n>N$ 时,$0<a_n<1$

$\Rightarrow$　$0<a_n^2<a_n(n>N)$.

由比较原理 $\Rightarrow\sum_{n=1}^{\infty}a_n^2$ 收敛.

(2) 考察$\sum_{n=1}^{\infty}a_{2n}$ 的部分和 T_n.

记$\sum_{n=1}^{\infty}a_n$ 的部分和S_n.因正项级数$\sum_{n=1}^{\infty}a_n$ 收敛 $\Rightarrow S_n$ 有界,即 $\exists$ 常数$M>0,S_n\leqslant M$. $(\forall n=1,2,3,\cdots)$.　$T_n=a_2+a_4+\cdots+a_{2n}\leqslant S_{2n}\leqslant M$,即正项级数$\sum_{n=1}^{\infty}a_{2n}$ 的部分和有界,因此它收敛.

【例 12.2.8】设 x_n 是单调上升的正值数列,求证:

(1) $\sum_{n=1}^{\infty}\frac{x_{n+1}-x_n}{x_{n+1}^2}$ 收敛;　　(2) $\sum_{n=1}^{\infty}\frac{x_{n+1}-x_n}{x_n}$ 收敛的充要条件是$\{x_n\}$有界.

【分析与证明】均为正项级数.

(1) 考察一般项,将它适当放大:

$$0 \leqslant \frac{x_{n+1}-x_n}{x_{n+1}^2} \leqslant \frac{x_{n+1}-x_n}{x_{n+1}x_n} = \frac{1}{x_n} - \frac{1}{x_{n+1}}.$$

再考察放大后的正项级数 $\sum\limits_{n=1}^{\infty}\left(\frac{1}{x_n}-\frac{1}{x_{n+1}}\right)$ 的部分和

$$\sum_{k=1}^{n}\left(\frac{1}{x_k}-\frac{1}{x_{k+1}}\right) = \frac{1}{x_1} - \frac{1}{x_{n+1}} < \frac{1}{x_1},$$

它是有界的 $\Rightarrow$ $\sum\limits_{n=1}^{\infty}\left(\frac{1}{x_n}-\frac{1}{x_{n+1}}\right)$ 收敛. 再由比较原理 $\Rightarrow$ 原级数收敛.

(2) 已知 $\{x_n\}$ 单调有界，考察正项级数 $\sum\limits_{n=1}^{\infty}\frac{x_{n+1}-x_n}{x_n}$ 的一般项并适当放大：

$$0 \leqslant \frac{x_{n+1}-x_n}{x_n} \leqslant \frac{x_{n+1}-x_n}{x_1},$$

而正项级数 $\sum\limits_{n=1}^{\infty}\frac{x_{n+1}-x_n}{x_1}$ 的部分和 $\sum\limits_{k=1}^{n}\frac{x_{k+1}-x_k}{x_1} = \frac{1}{x_1}(x_{n+1}-x_1)$ 有界 $\Rightarrow$ 原正项级数部分和有界 $\Rightarrow$ 原级数收敛.

现设 $\{x_n\}$ 单调上升无界 $\Rightarrow$ $\lim\limits_{n\to+\infty} x_n = +\infty$，要证：$\sum\limits_{n=1}^{\infty}\frac{x_{n+1}-x_n}{x_n}$ 发散.

考察一般项，并将它缩小.

$$\frac{x_{n+1}-x_n}{x_n} \geqslant \int_{x_n}^{x_{n+1}} \frac{\mathrm{d}t}{t} = \ln x_{n+1} - \ln x_n,$$

级数 $\sum\limits_{n=1}^{\infty}(\ln x_{n+1}-\ln x_n)$ 发散(部分和 $\sum\limits_{k=1}^{n}(\ln x_{k+1}-\ln x_k) = \ln x_{n+1} - \ln x_1 \to +\infty (n\to+\infty)$). 因此，$\sum\limits_{n=1}^{\infty}\frac{x_{n+1}-x_n}{x_n}$ 发散.

评注　考察正项级数 $\sum\limits_{n=1}^{\infty} a_n$ 的敛散性时，在没给出 a_n 的具体表达式而只给出 a_n 满足某些特性的情况下，常用的方法是：按定义考察部分和数列的极限，或判断部分和是否有界，或先适当放大、缩小后再用上述方法.

**7. 用积分判别法判断正项级数的敛散性

【例 12.2.9】 判断下列级数的敛散性：

(1) $\sum\limits_{n=2}^{+\infty}\frac{1}{n\ln^{\beta} n}$；　　(2) $\sum\limits_{n=3}^{+\infty}\frac{1}{n\ln^{\beta}\ln n}$.

【解】 记为 $\sum\limits_{n=2}^{+\infty} a_n$.

(1) 令 $f(x) = \frac{1}{x\ln^{\beta} x}$，则 $a_n = f(n)$. 又 $f(x)$ 单调下降且是正的($x \geqslant 2$)，

$$\int_{2}^{+\infty} f(x)\mathrm{d}x = \int_{2}^{+\infty}\frac{\mathrm{d}x}{x\ln^{\beta}x} = \int_{2}^{+\infty}\frac{\mathrm{d}\ln x}{\ln^{\beta}x} = \int_{\ln 2}^{+\infty}\frac{\mathrm{d}t}{t^{\beta}}\begin{cases}\text{收敛}, & \beta > 1,\\ \text{发散}, & \beta \leqslant 1,\end{cases}$$

因此，由积分判别法知，$\beta>1$ 时原级数收敛，$\beta\leqslant 1$ 时原级数发散.

学习随笔

(2) 令 $f(x)=\dfrac{1}{x\ln^{\beta}\ln x}$,则 $a_n=f(n)$. 又 $f(x)$ 单调下降且正的($x\geqslant 3$),

$$\int_3^{+\infty}f(x)\mathrm{d}x=\int_3^{+\infty}\frac{\mathrm{d}x}{x\ln^{\beta}\ln x}=\int_3^{+\infty}\frac{\mathrm{d}\ln x}{\ln^{\beta}\ln x}=\int_{\ln 3}^{+\infty}\frac{\mathrm{d}t}{\ln^{\beta}t}\text{ 发散},$$

$\Rightarrow$ 原级数发散.

评注 ① $\lim\limits_{t\to+\infty}\dfrac{\frac{1}{\ln^{\beta}t}}{\frac{1}{t}}=\lim\limits_{t\to+\infty}\dfrac{t}{\ln^{\beta}t}=+\infty$,又 $\displaystyle\int_{\ln 3}^{+\infty}\frac{\mathrm{d}t}{t}$ 发散 $\Rightarrow \displaystyle\int_{\ln 3}^{+\infty}\frac{\mathrm{d}t}{\ln^{\beta}t}$ 发散.

② 利用收敛性判别法则判断正项级数的敛散性时,首先看一般项是否趋于零,若不趋于零则发散,若趋于零,再用比较判别法. 当极限易求时用比较原理的极限形式,或直接与知其敛散性的级数相比较,或用比值、根值判别法(与几何级数比较),或确定一般项关于 $\dfrac{1}{n}$ 的阶(与 p 级数作比较). 有时用适当放大、缩小法寻找收敛的强级数或发散的弱级数更为简单. 若这些法则失效时,有时可考虑用积分判别法.

8. 用莱布尼兹法则证明交错级数是收敛的

【例 12.2.10】判断下列级数的敛散性:

(1) $\displaystyle\sum_{n=1}^{\infty}(-1)^{n-1}\frac{1}{n-\ln n}$; (2) $\displaystyle\sum_{n=2}^{\infty}\sin\left(n\pi+\frac{1}{\ln n}\right)$.

【分析与求解】(1) 这是交错级数,表为 $\displaystyle\sum_{n=1}^{\infty}(-1)^{n-1}a_n$,则

$$\lim_{n\to+\infty}a_n=\lim_{n\to+\infty}\frac{1}{n\left(1-\frac{\ln n}{n}\right)}=0,\text{其中}\lim_{n\to+\infty}\frac{\ln n}{n}=0.$$

再考察 $\dfrac{1}{n-\ln n}$ 的单调性,等同于考察 $n-\ln n$ 的单调性.

按定义,由于 $[(n+1)-\ln(n+1)]-(n-\ln n)=1-\ln\left(1+\dfrac{1}{n}\right)>0$,

$\forall$ 自然数 n 成立,所以 $n-\ln n$ 单调上升即 $a_n=\dfrac{1}{n-\ln n}$ 单调下降. 由莱布尼兹法则知,原交错级数收敛.

(2) 先作恒等变形,$\sin\left(n\pi+\dfrac{1}{\ln n}\right)=\cos n\pi\cdot\sin\dfrac{1}{\ln n}=(-1)^n\sin\dfrac{1}{\ln n}$,显然有

$$\lim_{n\to+\infty}\sin\frac{1}{\ln n}=0.$$

又由于 $\sin x$ 在 $\left[0,\dfrac{\pi}{2}\right]$ 是单调增函数,而 $\dfrac{1}{\ln n}$ 单调下降,所以 $\sin\dfrac{1}{\ln n}$ 是单调下降的. 因此原级数 $\displaystyle\sum_{n=2}^{\infty}\sin\left(n\pi+\frac{1}{\ln n}\right)=\sum_{n=2}^{\infty}(-1)^n\sin\frac{1}{\ln n}$ 满足莱布尼兹法则的条件,从而它是收敛的.

学习随笔

评注　在题(1)中，若令 $f(x)=x-\ln x$，则 $f'(x)=1-\dfrac{1}{x}>0(x>1)$，从而 $f(x)$ 在 $[1,+\infty)$ 单调上升，所以 $f(n)=n-\ln n$ 单调上升. 讨论交错级数 $\sum\limits_{n=1}^{\infty}(-1)^{n-1}a_n$ 时，常引进一个函数 $f(x)$，使得 $a_n=f(n)$，把证明 a_n 单调下降趋于零，转化为证明 $f(x)$ 当 $x\geqslant 1$(或 x 充分大时)单调下降且 $\lim\limits_{x\to+\infty}f(x)=0$. 这可以用微分学的方法.

9. 变号级数与正项级数的不同点

【例 12.2.11】判断下列命题是否正确，试证明你的判断.

(1) 设 $\sum\limits_{n=1}^{\infty}a_n$ 收敛，则 $\sum\limits_{n=1}^{\infty}a_n^2$ 收敛；

(2) 设 $n\to+\infty$ 时 a_n 与 b_n 是等价无穷小($a_n\sim b_n$)，若 $\sum\limits_{n=1}^{\infty}a_n$ 收敛，则 $\sum\limits_{n=1}^{\infty}b_n$ 收敛；

(3) 设 $\sum\limits_{n=1}^{\infty}a_n$ 收敛，则 $\sum\limits_{n=1}^{\infty}a_{2n}$ 收敛；

(4) 设有正项级数 $\sum\limits_{n=1}^{\infty}a_n$，若

$$(a_1+a_2)+(a_3+a_4)+\cdots+(a_{2n-1}+a_{2n})+\cdots \tag{12.2-1}$$

收敛，则原级数收敛.

【分析与证明】错误的举出反例，正确的给出证明.

(1) 错. 例如 $\sum\limits_{n=1}^{\infty}a_n=\sum\limits_{n=1}^{\infty}\dfrac{(-1)^{n-1}}{\sqrt{n}}$ 收敛，$\sum\limits_{n=1}^{\infty}a_n^2=\sum\limits_{n=1}^{\infty}\dfrac{1}{n}$ 发散.

(2) 错. 例如 $\sum\limits_{n=1}^{\infty}a_n=\sum\limits_{n=1}^{\infty}\dfrac{(-1)^{n-1}}{\sqrt{n}}$ 收敛，$\sum\limits_{n=1}^{\infty}b_n=\sum\limits_{n=1}^{\infty}\left[\dfrac{(-1)^{n-1}}{\sqrt{n}}+\dfrac{1}{n}\right]$ 发散.

但
$$\lim_{n\to+\infty}\frac{b_n}{a_n}=\lim_{n\to+\infty}\left[\frac{(-1)^{n-1}}{\sqrt{n}}+\frac{1}{n}\right]\Big/\frac{(-1)^{n-1}}{\sqrt{n}}=\lim_{n\to+\infty}\left[1+\frac{(-1)^{n-1}}{\sqrt{n}}\right]=1,$$

即 $a_n\sim b_n(n\to+\infty)$.

(3) 错. 例如 $\sum\limits_{n=1}^{\infty}a_n=\sum\limits_{n=1}^{\infty}\dfrac{(-1)^{n-1}}{\sqrt{n}}=1-\dfrac{1}{\sqrt{2}}+\dfrac{1}{\sqrt{3}}-\dfrac{1}{\sqrt{4}}+\cdots$　收敛，

$$\sum_{n=1}^{\infty}a_{2n}=\sum_{n=1}^{\infty}\frac{-1}{\sqrt{2n}}=-\frac{1}{\sqrt{2}}\sum_{n=1}^{\infty}\frac{1}{n^{\frac{1}{2}}}\quad 发散.$$

(4) 正确. 记 $\sum\limits_{n=1}^{\infty}a_n$ 的部分和为 S_n，添加括号后的级数 $\sum\limits_{n=1}^{\infty}(a_{2n-1}+a_{2n})$ 的部分和为 T_n，因后者(正项级数)收敛，$\Rightarrow$ 部分和有界即 $\exists$ 常数 $M>0$，$\forall$ 的 n，$T_n\leqslant M$. 注意 $T_n=S_{2n}(\forall n)$，$\forall$ 自然数 n，$\exists$ 自然数 m，$n\leqslant 2m\Rightarrow 0\leqslant S_n\leqslant S_{2m}=T_m\leqslant M$，即 S_n 有界 $\Rightarrow$ 正项级数 $\sum\limits_{n=1}^{\infty}a_n$ 收敛.

学习随笔

评注　① 若$\sum_{n=1}^{\infty}a_n$是正项级数，则题(1)～题(3)的结论均正确. 此时，题(1)，(3)即例12.2.7. 题(2)即正项级数比较原理的极限形式的一种情形.

② 若$\sum_{n=1}^{\infty}a_n$是变号级数，则式(12.2-1)收敛不能保证原级数收敛(例12.1.4). 但，对于正项级数来说，式(12.2-1)的收敛性与原级数的收敛性是等价的.

10. 用分解法讨论级数的敛散性

【例12.2.12】请完成表12.2-1并证明你的判断：

表12.2-1

	假设		结论
	$\sum_{n=1}^{\infty}a_n$，	$\sum_{n=1}^{\infty}b_n$	$\sum_{n=1}^{\infty}(a_n+b_n)$
绝对收敛还是条件收敛	绝对收敛，	绝对收敛	
	绝对收敛，	条件收敛	
	条件收敛，	条件收敛	

【分析】(1) 设$\sum_{n=1}^{\infty}a_n$，$\sum_{n=1}^{\infty}b_n$均绝对收敛 ⇒ $|a_n+b_n|\leqslant|a_n|+|b_n|$.

再由线性性质 ⇒ $\sum_{n=1}^{\infty}(|a_n|+|b_n|)$收敛 ⇒ $\sum_{n=1}^{\infty}|a_n+b_n|$收敛，即$\sum_{n=1}^{\infty}(a_n+b_n)$绝对收敛.

(2) 设$\sum_{n=1}^{\infty}a_n$绝对收敛，$\sum_{n=1}^{\infty}b_n$条件收敛，由线性性质 ⇒ $\sum_{n=1}^{\infty}(a_n+b_n)$收敛. 进一步证明$\sum_{n=1}^{\infty}|a_n+b_n|$发散. 若$\sum_{n=1}^{\infty}|a_n+b_n|$收敛，由题(1)结论 ⇒ $(a_n+b_n)+(-a_n)=b_n$也绝对收敛，与假设条件矛盾. 因此$\sum_{n=1}^{\infty}(a_n+b_n)$条件收敛.

(3) 设$\sum_{n=1}^{\infty}a_n$，$\sum_{n=1}^{\infty}b_n$均条件收敛，由线性性质 ⇒ $\sum_{n=1}^{\infty}(a_n+b_n)$收敛，但不能确定它是条件收敛还是绝对收敛，要具体问题具体分析.

评注　若将c_n分解成$c_n=a_n+b_n$，在某些情形下，可由$\sum_{n=1}^{\infty}a_n$，$\sum_{n=1}^{\infty}b_n$的敛散性讨论$\sum_{n=1}^{\infty}c_n$的敛散性. 例12.1.4与例12.2.12用的就是分解法.

【例12.2.13】判断下列级数是条件收敛还是绝对收敛或发散.

(1) $\sum_{n=1}^{\infty}(-1)^n\dfrac{n+k}{n^2}$，$k>0$为常数；　(2) $\sum_{n=1}^{\infty}\left(\dfrac{\sin an}{n^2}-\dfrac{1}{\sqrt{n}}\right)$，$a>0$为常数；

(3) $\sum_{n=1}^{\infty}(-1)^n\dfrac{a_n}{\sqrt{n^2+\lambda}}$，其中$\lambda>0$为常数，$\sum_{n=1}^{\infty}a_n^2$收敛.

【分析与求解】(1) $(-1)^n\dfrac{n+k}{n^2}=\dfrac{(-1)^n}{n}+\dfrac{(-1)^nk}{n^2}$，$\left|\dfrac{(-1)^nk}{n^2}\right|\leqslant\dfrac{k}{n^2}$.

$\Rightarrow\sum\limits_{n=1}^{\infty}\dfrac{(-1)^nk}{n^2}$ 绝对收敛，又 $\sum\limits_{n=1}^{\infty}\dfrac{(-1)^n}{n}$ 条件收敛$\Big($由莱布尼兹法则知，交错级数 $\sum\limits_{n=1}^{\infty}\dfrac{(-1)^n}{n}$ 收敛，而 $\sum\limits_{n=1}^{\infty}\left|\dfrac{(-1)^n}{n}\right|=\sum\limits_{n=1}^{\infty}\dfrac{1}{n}$ 发散$\Big)$，因此，原级数条件收敛.

(2) 因 $\sum\limits_{n=1}^{\infty}\dfrac{1}{\sqrt{n}}$ 发散，又 $\left|\dfrac{\sin an}{n^2}\right|\leqslant\dfrac{1}{n^2}\Rightarrow\sum\limits_{n=1}^{\infty}\dfrac{\sin an}{n^2}$ 绝对收敛，因而收敛，因此原级数发散.

(3) 为建立一般项与 $\sum\limits_{n=1}^{\infty}a_n^2$ 的联系，用初等不等式 $|ab|\leqslant\dfrac{1}{2}(a^2+b^2)$，

将 $\left|\dfrac{(-1)^na_n}{\sqrt{n^2+\lambda}}\right|$ 放大后分解成 $\left|\dfrac{(-1)^na_n}{\sqrt{n^2+\lambda}}\right|\leqslant\dfrac{1}{2}\left(a_n^2+\dfrac{1}{n^2+\lambda}\right)$.

因 $\sum\limits_{n=1}^{\infty}\dfrac{1}{2}a_n^2$，$\sum\limits_{n=1}^{\infty}\dfrac{1}{n^2+\lambda}$ 均收敛 $\Rightarrow\sum\limits_{n=1}^{\infty}\dfrac{1}{2}\left(a_n^2+\dfrac{1}{n^2+\lambda}\right)$ 收敛 $\Rightarrow\sum\limits_{n=1}^{\infty}\left|\dfrac{(-1)^na_n}{\sqrt{n^2+\lambda}}\right|$ 收敛，即原级数绝对收敛.

【例 12.2.14】判断 $\sum\limits_{n=2}^{\infty}\dfrac{(-1)^n}{\sqrt{n}-(-1)^n}$ 的敛散性.

【分析】请看下面的解法：

$$\frac{(-1)^n}{\sqrt{n}-(-1)^n}\Big/\frac{(-1)^n}{\sqrt{n}}=\frac{1}{1-\dfrac{(-1)^n}{\sqrt{n}}}\to1\ (n\to+\infty),$$

即
$$\frac{(-1)^n}{\sqrt{n}-(-1)^n}\sim\frac{(-1)^n}{\sqrt{n}}\ (n\to+\infty),$$

因 $\sum\limits_{n=1}^{\infty}\dfrac{(-1)^n}{\sqrt{n}}$ 收敛 $\Rightarrow$ 原级数收敛.

上述解法是错误的，因为原级数不是正项级数.

原级数是交错级数，若表成 $\sum\limits_{n=1}^{\infty}(-1)^na_n$，则 a_n 不单调下降，不能用莱布尼兹法则. 下用分解法.

【解】将一般项分解

$$\frac{(-1)^n}{\sqrt{n}-(-1)^n}=\frac{(-1)^n[\sqrt{n}+(-1)^n]}{n-1}=\frac{(-1)^n[\sqrt{n}-1+1+(-1)^n]}{n-1}$$

$$=\frac{(-1)^n}{\sqrt{n}+1}+\frac{(-1)^n}{n-1}+\frac{1}{n-1},$$

由莱布尼兹法则易知 $\sum\limits_{n=2}^{\infty}\dfrac{(-1)^n}{\sqrt{n}+1}$，$\sum\limits_{n=2}^{\infty}\dfrac{(-1)^n}{n-1}$ 均收敛.

$\Rightarrow\sum\limits_{n=2}^{\infty}\left[\dfrac{(-1)^n}{\sqrt{n}+1}+\dfrac{(-1)^n}{n-1}\right]$ 收敛，又 $\sum\limits_{n=2}^{\infty}\dfrac{1}{n-1}$ 发散，因此，原级数发散.

学习随笔

【例 12.2.15】 讨论下列级数的敛散性(是否条件收敛或绝对收敛):

(1) $\sum_{n=1}^{\infty} a_n$,其中 $a_n = \frac{(-1)^{n-1}}{n^p} - \frac{1}{2n^{2p}} + o\left(\frac{1}{n^{2p}}\right)$,$(n \to +\infty)$,其中 $p > 0$ 为常数.

(2) $\sum_{n=1}^{\infty} \ln\left[1 + \frac{(-1)^{n-1}}{n^p}\right]$,其中 $p > 0$ 为常数.

【分析与求解】(1) 用分解法. 将 a_n 分解成 $a_n = b_n - c_n$,其中

$$b_n = \frac{(-1)^{n-1}}{n^p},\quad c_n = \frac{1}{2n^{2p}} + o\left(\frac{1}{n^{2p}}\right),$$

$\sum_{n=1}^{\infty} b_n = \sum_{n=1}^{\infty} \frac{(-1)^{n-1}}{n^p}$ 是交错级数,$p > 0$ 时由莱布尼兹法则,它是收敛的,$\sum_{n=1}^{\infty} |b_n| = \sum_{n=1}^{\infty} \frac{1}{n^p}$,则

$$\sum_{n=1}^{\infty} b_n \begin{cases} \text{绝对收敛}, & p > 1, \\ \text{条件收敛}, & 0 < p \leqslant 1. \end{cases}$$

而 $c_n = \frac{1}{2n^{2p}}[1 + o(1)] \sim \frac{1}{2n^{2p}}\ (n \to +\infty)$,

$\Rightarrow \sum_{n=1}^{\infty} c_n$ 实质上是正项级数,于是 $\sum_{n=1}^{\infty} c_n \begin{cases} \text{绝对收敛}, & p > \frac{1}{2}, \\ \text{发散}, & 0 < p \leqslant \frac{1}{2}. \end{cases}$

因此,$\sum_{n=1}^{\infty} a_n \begin{cases} \text{绝对收敛}, & p > 1, \\ \text{条件收敛}, & \frac{1}{2} < p \leqslant 1, \\ \text{发散}, & 0 < p \leqslant \frac{1}{2}. \end{cases}$

(2) 这是变号级数,我们也用分解法来讨论它的敛散性.

用泰勒公式 $\ln(1+x) = x - \frac{1}{2}x^2 + o(x^2)$. $(x \to 0)$

将 $\ln\left[1+\frac{(-1)^{n-1}}{n^p}\right]$ 分解成 $\ln\left[1+\frac{(-1)^{n-1}}{n^p}\right] = \frac{(-1)^{n-1}}{n^p} - \frac{1}{2n^{2p}} + o\left(\frac{1}{n^{2p}}\right)$.

于是由题(1)的结论可得 $\ln\left[1+\frac{(-1)^{n-1}}{n^p}\right] \begin{cases} \text{绝对收敛}, & p>1, \\ \text{条件收敛}, & \frac{1}{2}<p\leqslant 1, \\ \text{发散}, & 0<p\leqslant\frac{1}{2}. \end{cases}$

评注 ① 以下解法是错误的:由

$$\ln\left[1 + \frac{(-1)^{n-1}}{n^p}\right] \sim \frac{(-1)^{n-1}}{n^p},\ (n \to +\infty)$$

$\Rightarrow \sum_{n=1}^{\infty}\ln\left[1+\frac{(-1)^{n-1}}{n^p}\right]$ 与 $\sum_{n=1}^{\infty}\frac{(-1)^{n-1}}{n^p}$ 有相同的敛散性. 因为 $\sum_{n=1}^{\infty}\ln\left[1+\frac{(-1)^{n-1}}{n^p}\right]$ 不是正项级数.

② 在题(1)的讨论中用到了例 12.1.4 与例 12.2.12 的结论.

③ 用泰勒公式将级数的一般项 a_n 分解成 $a_n=b_n+c_n$，然后由 $\sum_{n=1}^{\infty}b_n$ 与 $\sum_{n=1}^{\infty}c_n$ 的敛散性讨论 $\sum_{n=1}^{\infty}a_n$ 的敛散性，这也是一种有效的方法.

11. 利用级数的性质讨论级数的敛散性

【例 12.2.16】判别级数 $\sum_{n=2}^{\infty}\frac{(-1)^n}{[n+(-1)^n]^p}$ $(p>0)$ 的收敛性(包括条件收敛或绝对收敛).

【分析】这是交错级数，先讨论是否绝对收敛. 若表成 $\sum_{n=2}^{\infty}(-1)^n a_n$，这里 $a_n\geqslant a_{n+1}$ 不总是成立，即莱布尼兹判别法的条件不满足，这样，当其不是绝对收敛时，莱布尼兹法则不能用. 考虑利用级数的某些性质来考察它的敛散性.

【解】为判断其是否绝对收敛，采用比较判别法，与 $\frac{1}{n^p}$ 作比较.

$$\left|\frac{(-1)^n}{[n+(-1)^n]^p}\right|=\frac{1}{n^p}\cdot\frac{1}{\left[1+\frac{(-1)^n}{n}\right]^p}\sim\frac{1}{n^p},$$

$\Rightarrow$ $p>1$ 时该级数绝对收敛，$p\leqslant 1$ 时该级数不绝对收敛.

下讨论 $p\leqslant 1$ 时原级数是否收敛.

方法一　考察两两添加括号后的级数

$$\left(\frac{1}{3^p}-\frac{1}{2^p}\right)+\left(\frac{1}{5^p}-\frac{1}{4^p}\right)+\cdots+\left[\frac{1}{(2n+1)^p}-\frac{1}{(2n)^p}\right]+\cdots. \quad (12.2-2)$$

$\forall n=2,3,\cdots$，记 $c_n=\frac{1}{(2n+1)^p}-\frac{1}{(2n)^p}$ 则 $c_n<0$，$\sum_{n=1}^{\infty}c_n$ 是负项级数，本质上与正项级数相同. 考察

$$c_n=\frac{(2n)^p-(2n+1)^p}{(2n+1)^p(2n)^p}=\frac{-\left[\left(\frac{2n+1}{2n}\right)^p-1\right]}{(2n+1)^p}\sim\frac{-\ln\left(\frac{2n+1}{2n}\right)^p}{(2n+1)^p}$$

$$=\frac{-p\ln\left(1+\frac{1}{2n}\right)}{(2n+1)^p}\sim\frac{-p\cdot\frac{1}{2n}}{(2n+1)^p}\sim\frac{-p}{(2n)^{p+1}},$$

(其中 $\lim\limits_{n\to+\infty}\frac{(2n+1)^p}{(2n)^p}=1$，利用了等价关系

$$\ln(1+x)\sim x\ (x\to 0),\quad \ln(1+x_n)\sim x_n(x_n\to 0).$$

取 $x_n=\left(\frac{2n+1}{2n}\right)^p-1$，则

学习随笔

$$\ln(1+x_n)=p\ \ln\left(1+\frac{1}{2n}\right),\quad \ln\left(1+\frac{1}{2n}\right)\sim\frac{1}{2n}\ (n\to+\infty).)$$

因 $\sum\limits_{n=2}^{+\infty}\frac{-p}{(2n)^{p+1}}$ 收敛 $\Rightarrow\sum\limits_{n=2}^{+\infty}c_n$ 收敛,即级数(12.2-2)收敛.由于

$$\lim_{n\to+\infty}\frac{(-1)^n}{[n+(-1)^n]^p}=0(p>0),$$

$\Rightarrow$ 原级数收敛(例 12.1.5(2)).因此,$0<p\leqslant1$ 时原级数条件收敛.

方法二　同样考察添加括号后的级数(12.2-2).它是负项级数.部分和

$$\begin{aligned}0>T_n&=\left(\frac{1}{3^p}-\frac{1}{2^p}\right)+\left(\frac{1}{5^p}-\frac{1}{4^p}\right)+\cdots+\left[\frac{1}{(2n+1)^p}-\frac{1}{(2n)^p}\right]\\&=\left(-\frac{1}{2^p}+\frac{1}{3^p}\right)+\left(-\frac{1}{4^p}+\frac{1}{5^p}\right)+\left(-\frac{1}{6^p}+\frac{1}{7^p}\right)+\cdots+\\&\quad\left[-\frac{1}{(2n)^p}+\frac{1}{(2n+1)^p}\right]\\&=-\frac{1}{2^p}+\left(\frac{1}{3^p}-\frac{1}{4^p}\right)+\left(\frac{1}{5^p}-\frac{1}{6^p}\right)+\cdots+\left[\frac{1}{(2n-1)^p}-\frac{1}{(2n)^p}\right]+\\&\quad\frac{1}{(2n+1)^p}>-\frac{1}{2^p}+\frac{1}{(2n+1)^p}>-\frac{1}{2^p}.\end{aligned}$$

$\Rightarrow T_n$ 有界 $\Rightarrow$ 负项级数(12.2-2)收敛.因原级数一般项趋于零 $\Rightarrow$ 原级数收敛.

方法三　原级数是

$$\frac{1}{3^p}-\frac{1}{2^p}+\frac{1}{5^p}-\frac{1}{4^p}+\cdots+\frac{1}{(2n+1)^p}-\frac{1}{(2n)^p}+\cdots,$$

注意,奇偶项互换后的新级数

$$-\frac{1}{2^p}+\frac{1}{3^p}-\frac{1}{4^p}+\frac{1}{5^p}-\cdots-\frac{1}{(2n)^p}+\frac{1}{(2n+1)^p}-\cdots\qquad(12.2-3)$$

$$\overset{记}{=\!=}\sum_{n=1}^{\infty}(-1)^na_n,\quad a_n=\frac{1}{n+1},$$

则 a_n 单调下降趋于零,用莱布尼兹法则,级数(12.2-3)收敛.因为

$$\frac{(-1)^n}{[n+(-1)^n]^p}\to0\ (n\to+\infty),$$

$\Rightarrow$ 原级数收敛(【例 12.1.3】).

评注　利用级数的性质来判断敛散性时,常用的方法有:① 分解法,这时要用到级数的线性性质及例 12.1.4,例 12.2.12 的结论.② 添加括号,这时要用到级数的基本性质⑤及例 12.1.4 的结论.③ 相邻奇偶项互换顺序,如例 12.2.16 的方法三,这时要用到例 12.1.3 的结论.

**12. 用阿贝尔判别法或狄里克雷判别法判别形如 $\sum\limits_{n=1}^{\infty}a_nb_n$ 级数的敛散性

【例 12.2.17】判断下列级数是否收敛,绝对收敛还是条件收敛:

(1) $\sum_{n=1}^{\infty}\frac{(-1)^n}{n}\frac{a}{1+a^n}(a>0)$；　　(2) $\sum_{n=1}^{\infty}\frac{\sin nx}{n^p},\sum_{n=1}^{\infty}\frac{\cos nx}{n^p}$.

【分析与求解】

(1) $a>1$ 时，$\left|\frac{(-1)^n a}{n(1+a^n)}\right|\leqslant\left(\frac{1}{a}\right)^{n-1}$，$\sum_{n=1}^{\infty}\left(\frac{1}{a}\right)^{n-1}$ 收敛，$\Rightarrow$ 原级数绝对收敛.

$0<a<1$ 时，$\left|\frac{(-1)^n a}{n(1+a^n)}\right|\sim\frac{a}{n}$，$a=1$ 时，$\left|\frac{(-1)^n a}{n(1+a^n)}\right|\sim\frac{1}{2n}$，

$\Rightarrow 0<a\leqslant 1$ 时，$\sum_{n=1}^{\infty}\left|\frac{(-1)^n a}{n(1+a^n)}\right|$ 发散.

下面再证明 $\sum_{n=1}^{\infty}\frac{(-1)^n a}{n(1+a^n)}$ 收敛.（$0<a\leqslant 1$）

显然，$\sum_{n=1}^{\infty}\frac{(-1)^n}{n}$ 收敛，又 $\frac{a}{1+a^n}$ 单调且有界$\left(\text{因为极限}\lim\limits_{n\to+\infty}\frac{a}{1+a^n}\ \exists\right)$. 因此由阿贝尔判别法原级数收敛，即条件收敛.

(2) $\left|\frac{\sin nx}{n^p}\right|\leqslant\frac{1}{n^p}$，$\left|\frac{\cos nx}{n^p}\right|\leqslant\frac{1}{n^p}$，所以 $p>1$ 时，级数 $\sum_{n=1}^{\infty}\frac{\sin nx}{n^p}$，$\sum_{n=1}^{\infty}\frac{\cos nx}{n^p}$ 绝对收敛.

现考察 $p\leqslant 1$ 的情形，原级数不是交错级数. 注意

$$\begin{aligned}\left(\sum_{k=1}^{n}\sin kx\right)\sin\frac{x}{2}&=\frac{1}{2}\sum_{k=1}^{n}\left[\cos\left(k-\frac{1}{2}\right)x-\cos\left(k+\frac{1}{2}\right)x\right]\\&=\frac{1}{2}\left[\sum_{k=0}^{n-1}\cos\left(k+\frac{1}{2}\right)x-\sum_{k=1}^{n}\cos\left(k+\frac{1}{2}\right)x\right]\\&=\frac{1}{2}\left(\cos\frac{x}{2}-\cos\frac{2n+1}{2}x\right),\end{aligned}$$

所以 $\left|\sum_{k=0}^{n}\sin kx\right|=\left|\frac{\cos\frac{x}{2}-\cos\frac{2n+1}{2}x}{2\sin\frac{x}{2}}\right|\leqslant\frac{1}{\left|\sin\frac{x}{2}\right|}$，$(x\neq 2m\pi,m=0,\pm1,\pm2,\cdots)$

同理 $\left|\sum_{k=0}^{n}\cos kx\right|=\begin{cases}\left|\frac{\sin\frac{2n+1}{2}x-\sin\frac{x}{2}}{2\sin\frac{x}{2}}\right|, & x\neq 2m\pi,m=0,\pm1,\pm2,\cdots,\\ n, & x=2m\pi,m=0,\pm1,\pm2,\cdots.\end{cases}$

又 $p>0$ 时 $\frac{1}{n^p}$ 单调下降趋于零，所以由狄利克雷判别法，$p>0$，$x\neq 2m\pi$ 时，$\sum_{n=1}^{\infty}\frac{\sin nx}{n^p}$，$\sum_{n=1}^{\infty}\frac{\cos nx}{n^p}$ 均收敛.

当 $0<p\leqslant 1$ 时，$\left|\frac{\sin nx}{n^p}\right|\geqslant\frac{\sin^2 nx}{n^p}=\frac{1}{2n^p}-\frac{\cos 2n}{2n^p}\geqslant 0$.

学习随笔

级数$\sum_{n=1}^{\infty}\frac{1}{2n^p}$发散，$\sum_{n=1}^{\infty}\frac{\cos 2n}{2n^p}$收敛，于是$\sum_{n=1}^{\infty}\left(\frac{1}{2n^p}-\frac{\cos 2n}{2n^p}\right)$发散，由比较判别法，$\sum_{n=1}^{\infty}\left|\frac{\sin nx}{n^p}\right|$发散，即$\sum_{n=1}^{\infty}\frac{\sin nx}{n^p}(x\neq 2m\pi)$条件收敛.

同理可证$\sum_{n=1}^{\infty}\frac{\cos nx}{n^p}(x\neq 2m\pi)$条件收敛.

当$x=2m\pi$时，显然$\sum_{n=1}^{\infty}\frac{\sin nx}{n^p}$绝对收敛(一般项恒为零)，$\sum_{n=1}^{\infty}\frac{\cos nx}{n^p}=\sum_{n=1}^{\infty}\frac{1}{n^p}(0<p\leqslant 1)$发散.

评注 对形如$\sum_{n=1}^{\infty}a_nb_n$的级数不能用莱布尼兹判别法时可考虑用狄里克雷判别法或阿贝尔判别法，它们可用于判断条件收敛的级数，其作用不可能由正项级数的比较判别法所代替.

第三节 幂级数

一、知识点归纳总结

每一项均为幂函数的级数

$$a_0+a_1(x-x_0)+a_2(x-x_0)^2+\cdots+a_n(x-x_0)^n+\cdots=\sum_{n=0}^{\infty}a_n(x-x_0)^n$$

称为幂级数，其中$a_0,a_1,a_2,\cdots,a_n,\cdots$都是常数，$x_0$也是常数.

1. 幂级数收敛性的特点

设有幂级数$\langle A\rangle$：$\sum_{n=0}^{\infty}a_nx^n$.

① 若$\langle A\rangle$在$x=x_1\neq 0$收敛$\Rightarrow \forall x,|x|<|x_1|$，$\sum_{n=0}^{\infty}a_nx^n$均绝对收敛. 若$\langle A\rangle$在$x=x_2$发散$\Rightarrow \forall x,|x|>|x_2|$，$\sum_{n=0}^{\infty}a_nx^n$均发散.

② 对任意幂级数$\langle A\rangle$，必有下列三种情形之一成立：

- $\forall x$，$\langle A\rangle$均收敛，即收敛区间为$(-\infty,+\infty)$，收敛半径$R=+\infty$；
- 仅在$x=0$，$\langle A\rangle$收敛，收敛半径$R=0$；
- $\exists R,0<R<+\infty,\forall x,|x|<R$时$\langle A\rangle$收敛；$\forall x,|x|>R$时$\langle A\rangle$发散，即收敛区间为$(-R,R)$，收敛半径为$R$.

③ 幂级数在收敛区间内绝对收敛.

2. 收敛半径公式与幂级数的收敛域

设有幂级数$\langle A\rangle$：$\sum_{n=0}^{\infty}a_nx^n$，收敛半径为$R$.

若 $\lim\limits_{n\to+\infty}\left|\dfrac{a_{n+1}}{a_n}\right|=\rho$，或 $\lim\limits_{n\to+\infty}\sqrt[n]{|a_n|}=\rho\Rightarrow R=\begin{cases}\dfrac{1}{\rho}, & 0<\rho<+\infty,\\ +\infty, & \rho=0,\\ 0, & \rho=+\infty.\end{cases}$

求得收敛区间后再判断幂级数在收敛区间端点的敛散性就可得到幂级数的收敛域（即使幂级数收敛的全体 x 的集合）.

3. 幂级数的相加与相乘

设幂级数 $\sum\limits_{n=0}^{\infty}a_nx^n$ 与 $\sum\limits_{n=0}^{\infty}b_nx^n$ 的收敛半径分别为 R_1,R_2，令 $R=\min(R_1,R_2)$，则 $\forall x\in(-R,R)$ 可进行如下运算：

$$\sum_{n=0}^{\infty}(\lambda a_n+\mu b_n)x^n=\lambda\sum_{n=0}^{\infty}a_nx^n+\mu\sum_{n=0}^{\infty}b_nx^n,$$

其中 λ,μ 为 $\forall$ 常数.

$$\left(\sum_{n=0}^{\infty}a_nx^n\right)\cdot\left(\sum_{n=0}^{\infty}b_nx^n\right)=\sum_{n=0}^{\infty}(a_0b_n+a_1b_{n-1}+\cdots+a_nb_0)x^n.$$

当 $R_1\neq R_2$ 时，R 是它们的收敛半径.

4. 幂级数的求导与求积分

设 $f(x)=\sum\limits_{n=0}^{\infty}a_nx^n$ 的收敛区间为 $(-R,R)$，收敛域为 D，则

① 在收敛域 D 上 $f(x)$ 连续.

② $f(x)$ 在 D 上可积，$\forall x\in D$，逐项积分公式成立：

$$\int_0^x f(t)\mathrm{d}t=\sum_{n=0}^{\infty}\int_0^x a_nt^n\mathrm{d}t=\sum_{n=0}^{\infty}\frac{a_n}{n+1}x^{n+1},$$

它的收敛半径也是 R.

③ 在 $(-R,R)$ 内 $f(x)$ 任意阶可导，并可逐项求导：

$$f'(x)=\sum_{n=0}^{\infty}(a_nx^n)'=\sum_{n=1}^{\infty}na_nx^{n-1},$$

$$f''(x)=\sum_{n=0}^{\infty}(a_nx^n)''=\sum_{n=2}^{\infty}n(n-1)a_nx^{n-2},$$

$$f^{(m)}(x)=\sum_{n=0}^{\infty}(a_nx^n)^{(m)}=\sum_{n=m}^{\infty}n(n-1)\cdots(n-m+1)a_nx^{n-m},$$

它们的收敛半径仍为 R.

5. 幂级数在收敛区间端点的性质

设幂级数的收敛区间为 $(-R,R)$，则

① $\sum\limits_{n=0}^{\infty}a_nR^n$ 收敛 $\Rightarrow\lim\limits_{x\to R-0}\sum\limits_{n=0}^{\infty}a_nx^n=\sum\limits_{n=0}^{\infty}a_nR^n$.

特别是，又 $f(x)=\sum\limits_{n=0}^{\infty}a_nx^n$，$x\in(-R,R]$，则 $f(x)$ 在 $(-R,R]$ 连续. 或 $f(x)=\sum\limits_{n=0}^{\infty}a_nx^n$，

学习随笔

$x \in (-R,R)$,又 $f(x)$ 在 $x=R$ 左连续,则 $f(R)=\sum\limits_{n=0}^{\infty}a_nR^n$.

② $\sum\limits_{n=0}^{\infty}a_n(-R)^n$ 收敛 $\Rightarrow \lim\limits_{x\to -R+0}\sum\limits_{n=0}^{\infty}a_nx^n=\sum\limits_{n=0}^{\infty}a_n(-R)^n$.

特别是,又 $f(x)=\sum\limits_{n=0}^{\infty}a_nx^n$,$x\in[-R,R)$,则 $f(x)$ 在$[-R,R)$ 连续. 或 $f(x)=\sum\limits_{n=0}^{\infty}a_nx^n$,$x\in(-R,R)$,又 $f(x)$ 在 $x=-R$ 右连续,则 $f(-R)=\sum\limits_{n=0}^{\infty}a_n(-R)^n$.

③ 若 $\sum\limits_{n=0}^{\infty}a_nx^n$ 在 $x=R(-R)$ 收敛,则逐项积分后的幂级数 $\sum\limits_{n=0}^{\infty}\int_0^x a_nt^n\mathrm{d}t=\sum\limits_{n=0}^{\infty}\frac{a_n}{n+1}x^{n+1}$ 在 $x=R(-R)$ 收敛.

④ 若 $\sum\limits_{n=0}^{\infty}a_nx^n$ 在 $x=R(-R)$ 发散,则逐项求导后的幂级数 $\sum\limits_{n=0}^{\infty}(a_nx^n)'=\sum\limits_{n=0}^{\infty}na_nx^{n-1}$ 在 $x=R(-R)$ 发散.

6. 幂级数求和的方法

给定幂级数 $\sum\limits_{n=0}^{\infty}a_nx^n$,如何求它的和函数 $f(x)$? 常用以下方法:

方法一　按定义求它的部分和的极限.

方法二　变量替换法:已知 $\sum\limits_{n=0}^{\infty}a_nx^n=f(x)$,可求 $\sum\limits_{n=0}^{\infty}a_n(bx)^n$.

方法三　分解法. $a_n=b_n+c_n$,若会求 $\sum\limits_{n=0}^{\infty}b_nx^n$ 与 $\sum\limits_{n=0}^{\infty}c_nx^n$ 的和函数,也就会求 $\sum\limits_{n=0}^{\infty}a_nx^n$ 的和函数.

方法四　逐项积分与逐项求导法.

若已知 $f'(x)=\sum\limits_{n=1}^{\infty}na_nx^{n-1}=g(x)$

$$\Rightarrow \qquad f(x)=\sum_{n=1}^{\infty}\int_0^x na_nt^{n-1}\mathrm{d}t+a_0=\int_0^x g(t)\mathrm{d}t+a_0.$$

若已知 $\int_0^x f(t)\mathrm{d}t=\int_0^x\sum\limits_{n=0}^{\infty}a_nt^n\mathrm{d}t=\sum\limits_{n=0}^{\infty}\frac{a_n}{n+1}x^{n+1}=g(x)$

$$\Rightarrow \qquad f(x)=g'(x).$$

它们有相同的收敛区间.

二、典型题型归纳及解题方法与技巧

1. 求幂级数的收敛半径或收敛域

【例 12.3.1】求下列幂级数的收敛半径与收敛域:

(1) $\sum\limits_{n=1}^{\infty}\frac{\ln(1+n)}{n}x^{n-1}$;　(2) $\sum\limits_{n=1}^{\infty}\frac{1}{n3^n}(x-3)^n$;　(3) $\sum\limits_{n=1}^{\infty}\frac{n}{(-3)^n+2^n}x^{2n-1}$.

【分析与求解】先求收敛半径,再考察收敛区间端点.

(1) 直接用求收敛半径公式：

$$\lim_{n\to+\infty}\left|\frac{\ln(1+n+1)}{n+1}\Big/\frac{\ln(1+n)}{n}\right|$$

$$=\lim_{n\to+\infty}\left[\frac{\ln(2+n)}{\ln(1+n)}\cdot\frac{n}{n+1}\right]$$

$$=\lim_{n\to+\infty}\frac{\ln(2+n)}{\ln(1+n)}=\lim_{x\to+\infty}\frac{\ln(2+x)}{\ln(1+x)}=\lim_{x\to+\infty}\frac{\frac{1}{2+x}}{\frac{1}{1+x}}=1$$

$\Rightarrow R=1$，收敛区间为$(-1,1)$.

$x=1$ 时，$\sum\limits_{n=1}^{\infty}\dfrac{\ln(1+n)}{n}$ 发散 $\left(因为\dfrac{\ln(1+n)}{n}>\dfrac{1}{n},n\geqslant 2\right)$.

$x=-1$ 时，$\sum\limits_{n=1}^{\infty}\dfrac{(-1)^{n-1}\ln(1+n)}{n}$ 收敛$\left(交错级数，\dfrac{\ln(1+n)}{n}单调下降趋于零\right)$.
因此，收敛域为$[-1,1)$.

(2) 先作变量替换 $t=x-3$，转化为考察级数

$$\sum_{n=1}^{\infty}\frac{1}{n3^n}t^n. \tag{12.3-1}$$

先求收敛半径：$\lim\limits_{n\to+\infty}\sqrt[n]{\dfrac{1}{n3^n}}=\lim\limits_{n\to+\infty}\dfrac{1}{3\sqrt[n]{n}}=\dfrac{1}{3}$

$\Rightarrow$ 收敛半径 $R=3$. 收敛区间为$(-3,3)$.

$t=3$ 时，$\sum\limits_{n=1}^{\infty}\dfrac{1}{n}$ 发散；$t=-3$ 时，$\sum\limits_{n=1}^{\infty}\dfrac{(-1)^n}{n}$ 收敛. 因此式(12.3－1)的收敛域为$[-3,3)$，原级数的收敛域为$[0,6)$.

(3) 先看一看下面的解法：考察相邻系数之比

$$\left|\frac{n+1}{(-3)^{n+1}+2^{n+1}}\Big/\frac{n}{(-3)^n+2^n}\right|=\frac{n+1}{n}\,\frac{3^n+(-2)^n}{3^{n+1}+(-2)^{n+1}}\to\frac{1}{3}(n\to+\infty)$$

$\Rightarrow R=3$.

上述解法是错误的. 若把原级数记为$\sum\limits_{n=0}^{\infty}a_nx^n$，则$\dfrac{n}{(-3)^n+2^n}$ 不是 a_n 而是 a_{2n-1}. $a_{2n}=0$，因而 $\lim\limits_{n\to+\infty}\dfrac{a_{n+1}}{a_n}$ 不存在. 求解这类幂级数的收敛半径常用下面的方法：

方法一　对每个 x，看作数值级数，用比值判别法：

$$\left|\frac{n+1}{(-3)^{n+1}+2^{n+1}}x^{2n+1}\Big/\frac{n}{(-3)^n+2^n}x^{2n-1}\right|\to\frac{1}{3}|x|^2,$$

$\dfrac{1}{3}|x|^2<1$，即$|x|<\sqrt{3}$时原幂级数收敛. $\dfrac{1}{3}|x|^2>1$，即$|x|>\sqrt{3}$时原级数发散. 因而收敛半径 $R=\sqrt{3}$，收敛区间为$(-\sqrt{3},\sqrt{3})$.

方法二　作变量替换. 考察$\sum\limits_{n=1}^{\infty}\dfrac{n}{(-3)^n+2^n}x^{2n}$.

学习随笔

令 $x^2=t$,对 $\sum_{n=1}^{\infty}\frac{n}{(-3)^n+2^n}t^n$,利用幂级数收敛半径公式得 $R=3$. 回到原问题得 $R=\sqrt{3}$. $\left(\sum_{n=1}^{\infty}\frac{n}{(-3)^n+2^n}x^{2n}\text{ 与 }\sum_{n=1}^{\infty}\frac{n}{(-3)^n+2^n}x^{2n-1}\text{ 有相同的收敛半径}\right)$.

现再看端点 $x=\pm\sqrt{3}$,级数 $\pm\frac{1}{\sqrt{3}}\sum_{n=1}^{\infty}\frac{n3^n}{(-3)^n+2^n}$ 发散.

$$\left(\left|\frac{n3^n}{(-3)^n+2^n}\right|=\frac{n}{1+\left(-\frac{2}{3}\right)^n}\to+\infty\right)$$

因此收敛域为 $(-\sqrt{3},\sqrt{3})$.

评注 ① 求幂级数收敛域的基本方法是:先求收敛区间,再讨论收敛区间端点的收敛性.

② 求收敛区间等同于求收敛半径 R. 求 R 常用的方法:

方法一 用求 R 公式:$R=\left(\lim\limits_{n\to+\infty}\left|\frac{a_{n+1}}{a_n}\right|\right)^{-1}$ 或 $R=\left(\lim\limits_{n\to+\infty}\sqrt[n]{|a_n|}\right)^{-1}$(当极限存在时).(如题(1),(2))

方法二 用变量替换法.(如题(2)及题(3)方法二)

方法三 当 $\lim\limits_{n\to+\infty}\left|\frac{a_{n+1}}{a_n}\right|$,$\lim\limits_{n\to+\infty}\sqrt[n]{|a_n|}$ 不存在时,将 $\sum_{n=0}^{\infty}a_nx^n$ 当作数项级数来用比值或根值判别法求收敛半径.(如题(3) 方法一)

③ 该例的题(3),是一类缺项幂级数$\left(\sum_{n=0}^{\infty}a_nx^n\text{ 的系数 }a_n\text{ 中有无穷多个等于零}\right)$,对这类幂级数不能直接用求收敛半径公式,可用题(3) 中的方法一. 有时也可用题(3) 中的方法二(变量替换法).

④ 讨论收敛区间端点的敛散性时,比值与根值判别法失效. 常有以下情形:级数一般项不趋于零,级数发散;是几何级数与 p-级数的情形;是交错级数的情形;可用分解法等.

2. 幂级数收敛性的特点

【例 12.3.2】设幂级数 $\sum_{n=0}^{\infty}a_nx^n$ 在 $x=-3$ 处条件收敛,R 是收敛半径,则下列正确的是

(A) $R>3$.　　(B) $R<3$.

(C) $R=3$.　　(D) 不能确定上述哪一个是正确的.

【分析】由幂级数的收敛性特点,若 $R>3$,则 $x=-3$ 时,$|x|=3<R$,幂级数绝对收敛,因而(A)不对. 若 $R<3$,则 $x=-3$ 时,$|x|=3>R$,幂级数发散,因而(B)也不对. 这就证明了只有 $R=3$. 因此(C)是正确的.

【例 12.3.3】求出下列幂级数的收敛区间或收敛域:

(1) 已知 $\sum_{n=1}^{\infty}na_nx^n$ 的收敛半径 $R=2$,则 $\sum_{n=0}^{\infty}a_nx^n$ 的收敛区间是________;

学习随笔

（2）已知$\sum\limits_{n=0}^{\infty}a_n(x-2)^n$当$x=0$时收敛，$x=4$时发散，则该幂级数的收敛域是_________.

【分析】（1）$\sum\limits_{n=0}^{\infty}a_nx^n$与$\sum\limits_{n=0}^{\infty}(a_nx^n)'=\sum\limits_{n=1}^{\infty}na_nx^{n-1}$有相同的收敛半径，又$\sum\limits_{n=1}^{\infty}na_nx^{n-1}$与$\sum\limits_{n=1}^{\infty}na_nx^n$有相同的收敛半径. 因此$\sum\limits_{n=0}^{\infty}a_nx^n$的收敛半径$R=2$，收敛区间为$(-2,2)$.

（2）令$t=x-2\Rightarrow\sum\limits_{n=0}^{\infty}a_nt^n$当$t=-2$时收敛$\Rightarrow R\geqslant 2$，当$t=2$时$\sum\limits_{n=0}^{\infty}a_nt^n$发散$\Rightarrow R\leqslant 2$. 因此$\sum\limits_{n=0}^{\infty}a_nt^n$的收敛半径$R=2$，收敛区间为$(-2,2)$，因此收敛域为$[-2,2)$. 回到原问题，$\sum\limits_{n=0}^{\infty}a_n(x-2)^n$的收敛域为$[0,4)$.

评注　① 例12.3.2、例12.3.3均是利用幂级数收敛性特点，在某些条件下求幂级数的收敛区间或收敛域.

②对例12.3.3题(1)，可否用如下解法：因$\sum\limits_{n=1}^{\infty}na_nx^n$的收敛半径$R=2$，则

$$\lim_{n\to+\infty}\left|\frac{(n+1)a_{n+1}}{na_n}\right|=\frac{1}{2}.$$

$$\Rightarrow\qquad \lim_{n\to+\infty}\left|\frac{a_{n+1}}{a_n}\right|=\lim_{n\to+\infty}\left[\left|\frac{(n+1)a_{n+1}}{na_n}\right|\cdot\frac{n}{n+1}\right]=\frac{1}{2}$$

$\Rightarrow\sum\limits_{n=1}^{\infty}a_nx^n$的收敛半径$R=2$.

这种解法是错误的. 因为极限$\lim\limits_{n\to+\infty}\left|\dfrac{(n+1)a_{n+1}}{na_n}\right|$不一定存在.

3. 幂级数收敛区间端点的性质

【例12.3.4】求幂级数的收敛域.

（1）求幂级数$\sum\limits_{n=1}^{\infty}\dfrac{x^n}{n\sqrt{n}}$与$\sum\limits_{n=1}^{\infty}\left(\dfrac{x^n}{n\sqrt{n}}\right)'$的收敛域；

（2）求幂级数$\sum\limits_{n=0}^{\infty}(-1)^nx^{2n}$与$\sum\limits_{n=0}^{\infty}\int_0^x(-1)^nt^{2n}\,\mathrm{d}t$的收敛域.

【解】（1）$\lim\limits_{n\to+\infty}\sqrt[n]{\dfrac{1}{n\sqrt{n}}}=\lim\limits_{n\to+\infty}\dfrac{1}{(\sqrt[n]{n})^{3/2}}=1\Rightarrow\sum\limits_{n=1}^{\infty}\dfrac{x^n}{n\sqrt{n}}$的收敛半径$R=1$.

当$x=\pm1$时，$\sum\limits_{n=1}^{\infty}\dfrac{1}{n^{3/2}}$，$\sum\limits_{n=1}^{\infty}\dfrac{(-1)^n}{n^{3/2}}$均收敛. 因此$\sum\limits_{n=1}^{\infty}\dfrac{x^n}{n\sqrt{n}}$的收敛域为$[-1,1]$.

$\sum\limits_{n=1}^{\infty}\left(\dfrac{x^n}{n\sqrt{n}}\right)'=\sum\limits_{n=1}^{\infty}\dfrac{x^n}{\sqrt{n}}$，$x=1$时它发散，$x=-1$时它收敛. 因此$\sum\limits_{n=1}^{\infty}\left(\dfrac{x^n}{n\sqrt{n}}\right)'$的收敛域为$[-1,1)$.

学习随笔

(2) 显然$\sum_{n=0}^{\infty}(-1)^n x^{2n}$的收敛域为$(-1,1)$,但$\sum_{n=0}^{\infty}\int_0^x(-1)^n t^{2n}\mathrm{d}t=\sum_{n=0}^{\infty}\frac{(-1)^n}{2n+1}x^{2n+1}$.当$x=\pm1$时收敛,因而收敛域为$[-1,1]$.

评注 设$\sum_{n=0}^{\infty}a_n x^n$的收敛区间为$(-R,R)$.若它在收敛区间端点收敛,则逐项求导后的级数$\sum_{n=0}^{\infty}(a_n x^n)'$在该端点可能发散.若$\sum_{n=0}^{\infty}a_n x^n$在收敛区间端点发散,则逐项求积后的级数$\sum_{n=0}^{\infty}\int_0^x a_n t^n\mathrm{d}t$在该端点可能收敛.

4. 利用逐项求导或逐项求积求幂级数的和函数

【例 12.3.5】求下列幂级数的和函数:

(1) $\sum_{n=1}^{\infty}\frac{x^n}{n(n+1)}$; (2) $\sum_{n=1}^{\infty}\frac{(2n-1)x^{2n-2}}{2^n}$; (3) $\sum_{n=0}^{\infty}\frac{x^{2n+1}}{(2n+1)!}$.

【分析与求解】(1) 记$S(x)=\sum_{n=1}^{\infty}\frac{x^n}{n(n+1)}$.为了求导后易求和,先求

$$xS(x)=\sum_{n=1}^{\infty}\frac{x^{n+1}}{n(n+1)},$$

两边求导得 $[xS(x)]'=\sum_{n=1}^{\infty}\left[\frac{x^{n+1}}{n(n+1)}\right]'=\sum_{n=1}^{\infty}\frac{x^n}{n}$,且 $[xS(x)]'|_{x=0}=0$.

再求导得 $[xS(x)]''=\sum_{n=1}^{\infty}\left(\frac{x^n}{n}\right)'=\sum_{n=1}^{\infty}x^{n-1}=\sum_{n=0}^{\infty}x^n$

$$=\frac{1}{1-x}\quad(\text{几何级数求和,公比为 }x).\quad(|x|<1)$$

两边积分得 $[xS(x)]'=\int_0^x\frac{\mathrm{d}t}{1-t}=-\ln(1-x)$,

再积分得 $xS(x)=-\int_0^x\ln(1-t)\mathrm{d}t=-x\ln(1-x)-\int_0^x\frac{t}{1-t}\mathrm{d}t$

$$=-x\ln(1-x)-\int_0^x\frac{t-1+1}{1-t}\mathrm{d}t=-x\ln(1-x)+x+\ln(1-x)$$

$$=(1-x)\ln(1-x)+x.$$

$\Rightarrow$ $$S(x)=1+(1-x)\frac{\ln(1-x)}{x},\quad x\in(-1,1),x\neq0.$$

$x=0$时直接由$S(x)$的表达式得$S(0)=0$.

在收敛区间端点$x=\pm1$处,原级数收敛.由幂级数在收敛区间端点的性质知

$$S(-1)=\lim_{x\to-1+0}S(x)=1+\lim_{x\to-1}(1-x)\frac{\ln(1-x)}{x}=1-2\ln2,$$

$$S(1)=\lim_{x\to1-0}S(x)=1+\lim_{x\to1-0}(1-x)\frac{\ln(1-x)}{x}=1.$$

因此得 $S(x)=\begin{cases}1+(1-x)\dfrac{\ln(1-x)}{x}, & -1\leqslant x<1, x\neq 0,\\ 0, & x=0,\\ 1, & x=1.\end{cases}$

(2) 记 $S(x)=\sum\limits_{n=1}^{\infty}\dfrac{(2n-1)x^{2n-2}}{2^n}$. 先求 $\int_0^x S(t)\mathrm{d}t$.

$$\int_0^x S(t)\mathrm{d}t=\sum_{n=1}^{\infty}\int_0^x\frac{(2n-1)t^{2n-2}}{2^n}\mathrm{d}t=\sum_{n=1}^{\infty}\frac{x^{2n-1}}{2^n}$$

$$=\frac{x}{2}\sum_{n=1}^{\infty}\left(\frac{x^2}{2}\right)^{n-1}=\frac{x}{2}\sum_{n=0}^{\infty}\left(\frac{x^2}{2}\right)^{n}$$

$$=\frac{x}{2}\frac{1}{1-\frac{x^2}{2}}=\frac{x}{2-x^2}.\quad\left(\frac{x^2}{2}<1,\text{即}|x|<\sqrt{2}\right)$$

两边求导得 $S(x)=\left[\int_0^x S(t)\mathrm{d}t\right]'=\left(\dfrac{x}{2-x^2}\right)'=\dfrac{2+x^2}{(2-x^2)^2}$, $x\in(-\sqrt{2},\sqrt{2})$.

$x=\pm\sqrt{2}$ 时原幂级数发散.

(3) 记 $S(x)=\sum\limits_{n=0}^{\infty}\dfrac{x^{2n+1}}{(2n+1)!}$. 逐项求导得

$$S'(x)=\sum_{n=0}^{\infty}\frac{x^{2n}}{(2n)!}$$

再逐项求导得 $S''(x)=\sum\limits_{n=1}^{\infty}\dfrac{x^{2n-1}}{(2n-1)!}=\sum\limits_{n=1}^{\infty}\dfrac{x^{2(n-1)}+1}{[2(n-1)+1]!}=\sum\limits_{n=0}^{\infty}\dfrac{x^{2n+1}}{(2n+1)!}$ $=S(x)$

又 $S(0)=0, S'(0)=1$. 解初值问题 $\begin{cases}S''(x)-S(x)=0\\ S(0)=0, S'(0)=1\end{cases}$ 得 $S(x)=\dfrac{1}{2}(\mathrm{e}^x-\mathrm{e}^{-x})$.

评注　① 用逐项求导或逐项求积方法求幂级数 $\sum\limits_{n=0}^{\infty}a_nx^n$ 的和函数 $f(x)$ 时可不必考察它的收敛区间，只要逐项求导或逐项求积后的幂级数（常常是几何级数）的收敛区间易求得，就可知原幂级数的收敛区间. 因为它们有相同的收敛区间.

② 幂级数逐项求导与逐项求积只保证收敛区间不变，不能保证收敛区间的端点的敛散性不变. 因此求得 $\sum\limits_{n=0}^{\infty}a_nx^n=f(x)$ 的收敛区间 $(-R,R)$ 后，还要看 $x=\pm R$ 时此公式是否成立. 若 $x=R$（或 $-R$）时 $\sum\limits_{n=0}^{\infty}a_nx^n$ 收敛，又 $f(x)$ 在 $x=R$（或 $-R$）左（右）连续，则求和公式在 $x=R(-R)$ 也成立.

③常通过逐项求导或求积把幂级数的求和转化为几何级数的求和：

$$\sum_{n=0}^{\infty}x^n=\frac{1}{1-x},\quad\sum_{n=0}^{\infty}(-1)^nx^n=\frac{1}{1+x}\ (|x|<1),$$

这是常用的一种方法. 由此易求得

学习随笔

$$\sum_{n=1}^{\infty}(-1)^{n-1}\frac{x^n}{n}=\ln(1+x)\quad(-1<x\leqslant 1).$$

④ 有时用逐项求导法不能立即得幂级数和函数 $S(x)$ 的导函数 $S'(x)$，但可得到 $S(x)$ 满足的微分方程，通过解微分方程的初值问题得到和函数 $S(x)$.

5. 利用分解法求幂级数的和函数

【例 12.3.6】求下列幂级数的和函数：

(1) $\displaystyle\sum_{n=0}^{\infty}\frac{(-1)^n n x^{2n}}{n+1}$；　　(2) $\displaystyle\sum_{n=0}^{\infty}\frac{(n-1)^2}{n+1}x^n$.

【分析与求解】

(1) 原式$\displaystyle=\sum_{n=0}^{\infty}\frac{(-1)^n[(n+1)-1]}{n+1}x^{2n}=\sum_{n=0}^{\infty}(-1)^n x^{2n}-\sum_{n=0}^{\infty}\frac{(-1)^n x^{2n}}{n+1}$

$$=\frac{1}{1+x^2}-\sum_{m=1}^{\infty}\frac{(-1)^{m-1}x^{2m-2}}{m}$$

$$=\begin{cases}\dfrac{1}{1+x^2}-\dfrac{1}{x^2}\ln(1+x^2), & x\neq 0,|x|<1,\\ 0, & x=0.\end{cases}$$

(2) 原式$\displaystyle=\sum_{n=0}^{\infty}\frac{[(n+1)-2]^2}{n+1}x^n=\sum_{n=0}^{\infty}(n+1)x^n-4\sum_{n=0}^{\infty}x^n+4\sum_{n=0}^{\infty}\frac{1}{n+1}x^n$,

注意：$\displaystyle\sum_{n=0}^{\infty}x^n=\frac{1}{1-x}.\quad(|x|<1)$

$$S_1(x)=\sum_{n=0}^{\infty}(n+1)x^n=\left(\sum_{n=0}^{\infty}x^{n+1}\right)'=\left(\frac{x}{1-x}\right)'=\frac{1}{(1-x)^2},$$

$$S_2(x)=\sum_{n=0}^{\infty}\frac{1}{n+1}x^n=\sum_{n=0}^{\infty}\frac{1}{x}\int_0^x t^n\,\mathrm{d}t=\frac{1}{x}\int_0^x\sum_{n=0}^{\infty}t^n\,\mathrm{d}t=\frac{1}{x}\int_0^x\frac{1}{1-t}\mathrm{d}t$$

$$=-\frac{1}{x}\ln(1-x).\quad(|x|<1,x\neq 0)$$

因此，原式$=\begin{cases}\dfrac{1}{(1-x)^2}-\dfrac{4}{1-x}-\dfrac{4}{x}\ln(1-x), & |x|<1,x\neq 0,\\ 1, & x=0.\end{cases}$

第四节　函数展开成幂级数

一、知识点归纳总结

1. 基本概念

给定函数 $f(x)$，若能求得一个幂级数 $\sum\limits_{n=0}^{\infty}a_n(x-x_0)^n$，使该幂级数在其收敛区间 I 上的和函数是 $f(x)$，即 $\sum\limits_{n=0}^{\infty}a_n(x-x_0)^n=f(x)$，$x\in I$，则称函数 $f(x)$ 在区间 I 上能展

学习随笔

开为幂级数，并称$\sum_{n=0}^{\infty}a_n(x-x_0)^n$为$f(x)$在$x=x_0$处的幂级数展开式.

2. 函数 $f(x)$ 可展成幂级数的充要条件

$f(x)=\sum_{n=0}^{\infty}a_n(x-x_0)^n(x\in I=(x_0-R,x_0+R))\Leftrightarrow f(x)$在$I$上任意阶可导且

$$f(x)=\sum_{n=0}^{\infty}\frac{f^{(n)}(x_0)}{n!}(x-x_0)^n,x\in I$$

$\Leftrightarrow f(x)$在I上任意阶可导且$\lim\limits_{n\to+\infty}R_n(x)=0,x\in I$，其中

$$R_n(x)=f(x)-\sum_{k=0}^{n}\frac{f^{(k)}(x_0)}{k!}(x-x_0)^k \tag{12.4-1}$$

$$=\frac{f^{(n+1)}(\xi)}{(n+1)!}(x-x_0)^{n+1}$$，ξ在x与x_0之间，(这是拉格朗日余项)，

$\sum_{n=0}^{\infty}\frac{f^{(n)}(x_0)}{n!}(x-x_0)^n$称为$f(x)$的泰勒级数(不论它是否收敛).

特别当$x_0=0$时，即$\sum_{n=0}^{\infty}\frac{f^{(n)}(0)}{n!}x^n$称为$f(x)$的麦克劳林级数.

若$f(x)$可展成幂级数$\sum_{n=0}^{\infty}a_nx^n$，即$f(x)$可展成泰勒级数：$a_n=\frac{f^{(n)}(0)}{n!}$，这就是幂级数展开式的唯一性.

3. 函数 $f(x)$ 可展成幂级数的一个充分条件

若$\exists$常数$M>0,\forall x\in I$，有$|f^{(n)}(x)|\leqslant M^n(n=1,2,3,\cdots)$.

$$\Rightarrow\quad f(x)=\sum_{n=0}^{\infty}\frac{f^{(n)}(x_0)}{n!}(x-x_0)^n,x\in I=(x_0-R,x_0+R).$$

4. 几个初等函数的幂级数展开式

① $$\mathrm{e}^x=\sum_{n=0}^{\infty}\frac{x^n}{n!}=1+x+\frac{x^2}{2!}+\cdots+\frac{x^n}{n!}+\cdots,(-\infty<x<+\infty). \tag{12.4-2}$$

② $$\sin x=\sum_{n=0}^{\infty}(-1)^n\frac{x^{2n+1}}{(2n+1)!}=x-\frac{x^3}{3!}+\frac{x^5}{5!}-\frac{x^7}{7!}+\cdots+(-1)^n\frac{x^{2n+1}}{(2n+1)!}+\cdots,(-\infty<x<+\infty). \tag{12.4-3}$$

③ $$\cos x=\sum_{n=0}^{\infty}(-1)^n\frac{x^{2n}}{(2n)!}=1-\frac{x^2}{2!}+\frac{x^4}{4!}-\frac{x^6}{6!}+\cdots+(-1)^n\frac{x^{2n}}{(2n)!}+\cdots,(-\infty<x<+\infty). \tag{12.4-4}$$

④ $$\ln(1+x)=\sum_{n=1}^{\infty}(-1)^{n-1}\frac{x^n}{n}=x-\frac{x^2}{2}+\frac{x^3}{3}-\frac{x^4}{4}+\cdots+(-1)^{n-1}\frac{x^n}{n}+\cdots,(-1<x\leqslant 1). \tag{12.4-5}$$

学习随笔

⑤ $(1+x)^{\alpha}=1+\alpha x+\dfrac{\alpha(\alpha-1)}{2!}x^2+\cdots+\dfrac{\alpha(\alpha-1)\cdots(\alpha-n+1)}{n!}x^n+\cdots,$

$(-1<x<1).$ (12.4-6)

该级数在端点 $x=\pm 1$ 处的收敛性,视 α 而定.特别地,当 $\alpha=-1$ 时,有

$$\frac{1}{1+x}=1-x+x^2-x^3+\cdots+(-1)^n x^n+\cdots,(-1<x<1)$$

$$\frac{1}{1-x}=1+x+x^2+x^3+\cdots+x^n+\cdots,(-1<x<1).$$

5. 求函数幂级数展开式的方法

直接法　直接计算泰勒系数 $a_n=\dfrac{f^{(n)}(x_0)}{n!}$ 并要证明

$$\lim_{n\to+\infty}R_n(x)=0,\qquad x\in I.$$

然后可得 $f(x)=\sum\limits_{n=0}^{\infty}a_n(x-x_0)^n=\sum\limits_{n=0}^{\infty}\dfrac{f^{(n)}(x_0)}{n!}(x-x_0)^n,x\in I,$

其中 $R_n(x)$ 由式(12.4-1)给出.

间接法　由于直接法通常比较复杂,所以求幂级数展开多用间接法,即利用已知的幂级数展开式,特别是式(12.4-2)~式(12.4-6),并通过变量替换、四则运算(即分解法)或逐项求导,逐项积分,待定系数等方法得到函数的幂级数展开式.

二、典型题型归纳及解题方法与技巧

1. 利用分解法与变量替换法求函数的幂级数展开式

【例 12.4.1】求下列函数的麦克劳林展开式及展开式成立区间:

(1) $f(x)=\ln(1+x+x^2+x^3+x^4)$; (2) $f(x)=\dfrac{1}{1-x}\ln(1-x)$.

【分析与求解】(1) 将 $f(x)$ 分解成

$$f(x)=\ln\frac{1-x^5}{1-x}=\ln(1-x^5)-\ln(1-x),$$

由 $\ln(1+t)=\sum\limits_{n=1}^{\infty}(-1)^{n-1}\dfrac{t^n}{n}(-1<t\leqslant 1)$,分别令 $t=-x^5,t=-x$ 得

$$\ln(1-x^5)=\sum_{n=1}^{\infty}(-1)^{n-1}\frac{(-x^5)^n}{n}=-\sum_{n=1}^{\infty}\frac{x^{5n}}{n}(-1\leqslant x<1),$$

$$\ln(1-x)=\sum_{n=1}^{\infty}(-1)^{n-1}\frac{(-x)^n}{n}=-\sum_{n=1}^{\infty}\frac{x^n}{n}(-1\leqslant x<1).$$

两式相减得 $f(x)=\ln(1-x^5)-\ln(1-x)=\sum\limits_{n=1}^{\infty}\dfrac{x^n}{n}-\sum\limits_{n=1}^{\infty}\dfrac{x^{5n}}{n}.$

(2) $f(x)$已分成两个简单函数之积,它们的幂级数展开是已知的.

$$\frac{1}{1-x}=\sum_{n=0}^{\infty}x^n=\sum_{n=0}^{\infty}a_n x^n(|x|<1),\text{其中 } a_n=1(n=0,1,2,\cdots).$$

学习随笔

$$\ln(1-x)=\sum_{n=1}^{\infty}\frac{(-1)^{n-1}(-x)^n}{n}=-\sum_{n=1}^{\infty}\frac{x^n}{n}=\sum_{n=0}^{\infty}b_nx^n(-1<x\leqslant 1),$$

其中 $b_0=0,b_n=-\frac{1}{n}(n=1,2,3,\cdots)$.

由幂级数相乘的规则 $\Rightarrow$

$$f(x)=\left(\sum_{n=0}^{\infty}a_nx^n\right)\left(\sum_{n=0}^{\infty}b_nx^n\right)=\sum_{n=0}^{\infty}(a_0b_n+a_1b_{n-1}+\cdots+a_nb_0)x^n$$

$$=-\sum_{n=1}^{\infty}\left(1+\frac{1}{2}+\frac{1}{3}+\cdots+\frac{1}{n}\right)x^n(|x|<1).$$

【例 12.4.2】求下列函数在指定点处的幂级数展开式及展开式成立的区间：

(1) $\frac{1}{x^2+3x+2}$ 在 $x=1$ 处；　　(2) $\sin x$ 在 $x=\frac{\pi}{4}$ 处；

(3) $\ln(2x^2+x-3)$ 在 $x=3$ 处.

【分析与求解】(1) 将 $f(x)=\frac{1}{x^2+3x+2}$ 分解成

$$f(x)=\frac{1}{(x+1)(x+2)}=\frac{1}{x+1}-\frac{1}{x+2}$$

$$=\frac{1}{2+(x-1)}-\frac{1}{3+(x-1)}=\frac{1}{2\left(1+\frac{x-1}{2}\right)}-\frac{1}{3\left(1+\frac{x-1}{3}\right)}.$$

由展开式 $\frac{1}{1+t}=\sum_{n=0}^{\infty}(-1)^nt^n(|t|<1)$，分别令 $t=\frac{x-1}{2},t=\frac{x-1}{3}$ 得

$$\left(1+\frac{x-1}{2}\right)^{-1}=\sum_{n=0}^{\infty}(-1)^n\left(\frac{x-1}{2}\right)^n,-1<x<3,$$

$$\left(1+\frac{x-1}{3}\right)^{-1}=\sum_{n=0}^{\infty}(-1)^n\left(\frac{x-1}{3}\right)^n,-2<x<4.$$

因此 $f(x)=\sum_{n=0}^{\infty}(-1)^n\left[\left(\frac{1}{2}\right)^{n+1}-\left(\frac{1}{3}\right)^{n+1}\right](x-1)^n,-1<x<3.$

(2) 将 $f(x)=\sin x$ 分解成

$$f(x)=\sin\left[\left(x-\frac{\pi}{4}\right)+\frac{\pi}{4}\right]=\frac{\sqrt{2}}{2}\left[\sin\left(x-\frac{\pi}{4}\right)+\cos\left(x-\frac{\pi}{4}\right)\right].$$

由展开式 $\sin t=\sum_{n=0}^{\infty}\frac{(-1)^nt^{2n+1}}{(2n+1)!},\cos t=\sum_{n=0}^{\infty}\frac{(-1)^nt^{2n}}{(2n)!}(|t|<+\infty)$，令 $t=x-\frac{\pi}{4}$ 得

$$f(x)=\frac{\sqrt{2}}{2}\left[\sum_{n=0}^{\infty}(-1)^n\frac{\left(x-\frac{\pi}{4}\right)^{2n+1}}{(2n+1)!}+\sum_{n=0}^{\infty}(-1)^n\frac{\left(x-\frac{\pi}{4}\right)^{2n}}{(2n)!}\right]$$

$$=\frac{\sqrt{2}}{2}\sum_{n=0}^{\infty}(-1)^{\frac{n(n-1)}{2}}\frac{\left(x-\frac{\pi}{4}\right)^n}{n!},-\infty<x<+\infty.$$

(3) 将 $f(x)=\ln(2x^2+x-3)$ 分解成

学习随笔

$$\begin{aligned}f(x)&=\ln((2x+3)(x-1))=\ln(2x+3)+\ln(x-1)\\&=\ln[2(x-3)+9]+\ln[(x-3)+2]\\&=\ln 9+\ln\left[1+\frac{2}{9}(x-3)\right]+\ln 2+\ln\left[1+\frac{1}{2}(x-3)\right].\end{aligned}$$

由展开式 $\ln(1+t)=\sum\limits_{n=1}^{\infty}\frac{(-1)^{n-1}t^n}{n}$，$-1<t\leqslant 1$，分别令 $t=\frac{2}{9}(x-3)$，$t=\frac{1}{2}(x-3)$ 得

$$\ln\left[1+\frac{2}{9}(x-3)\right]=\sum_{n=1}^{\infty}\frac{(-1)^{n-1}\left[\frac{2}{9}(x-3)\right]^n}{n},-1.5<x\leqslant 7.5,$$

$$\ln\left[1+\frac{1}{2}(x-3)\right]=\sum_{n=1}^{\infty}\frac{(-1)^{n-1}\left[\frac{1}{2}(x-3)\right]^n}{n},1<x\leqslant 5.$$

因此 $f(x)=\ln 2+2\ln 3+\sum\limits_{n=1}^{\infty}\frac{(-1)^{n-1}}{n}\left[\left(\frac{2}{9}\right)^n+\frac{1}{2^n}\right](x-3)^n,1<x\leqslant 5.$

评注 用分解法求函数的幂级数展开式的基本思路是分解成可用展开式(12.4-2)～(12.4-6)的情形.

如对于对数函数先分解成形如 $\ln(ax+b)$之和，再分解成

$$\ln(a+bx)=\ln[a+bx_0+b(x-x_0)]=\ln a_1+\ln\left[1+\frac{b}{a_1}(x-x_0)\right],$$

可得在 $x=x_0$ 的展开式，其中 $a_1=a+bx_0$.

又如对于函数$\frac{1}{x^2+px+q}$，先分解成

$$\frac{1}{x^2+px+q}=\frac{1}{(x+\alpha)(x+\beta)}=\left(\frac{1}{x+\alpha}-\frac{1}{x+\beta}\right)\cdot\frac{1}{\beta-\alpha}$$

(这里设 $x^2+px+q=0$ 有不同的实根). 然后又作变形

$$\frac{1}{x+\alpha}=\frac{1}{\alpha+x_0+(x-x_0)}=\frac{1}{(\alpha+x_0)\left(1+\frac{x-x_0}{\alpha+x_0}\right)},$$

可得在 $x=x_0$ 的展开式.

2. 利用逐项求导或逐项求积法求函数的幂级数展开式

【例 12.4.3】求下列函数的麦克劳林展开式及展开式成立的区间：

(1) $f(x)=\arcsin x$； (2) $f(x)=\frac{1}{(1-x)^3}$； (3) $f(x)=\int_0^x e^{-t^2}\,dt$.

【分析与求解】(1) 先求 $f'(x)=\frac{1}{\sqrt{1-x^2}}$的展开式. 由

$$(1+t)^{-\frac{1}{2}}=1-\frac{1}{2}t+\frac{-\frac{1}{2}\left(-\frac{1}{2}-1\right)}{2!}t^2+\cdots+$$

学习随笔

$$\frac{-\frac{1}{2}\left(-\frac{1}{2}-1\right)\cdots\left(-\frac{1}{2}-n+1\right)}{n!}t^n+\cdots$$

$$=1-\frac{1}{2}t+\frac{1\cdot 3}{2\cdot 4}t^2-\cdots+(-1)^n\frac{1\cdot 3\cdot 5\cdots(2n-1)}{2\cdot 4\cdot 6\cdots 2n}t^n+\cdots$$

$$=1+\sum_{n=1}^{\infty}\frac{(-1)^n(2n-1)!!}{(2n)!!}t^n\quad(|t|<1),$$

令 $t=-x^2\Rightarrow$

$$f'(x)=\frac{1}{\sqrt{1-x^2}}=1+\sum_{n=1}^{\infty}\frac{(2n-1)!!}{(2n)!!}x^{2n}\quad(|x|<1).$$

将上式积分 $\Rightarrow$

$$f(x)=\int_0^x f'(t)\mathrm{d}t=x+\sum_{n=1}^{\infty}\frac{(2n-1)!!}{(2n)!!}\int_0^x t^{2n}\mathrm{d}t$$

$$=x+\sum_{n=1}^{\infty}\frac{(2n-1)!!}{(2n)!!\,(2n+1)}x^{2n+1}\quad(|x|\leqslant 1).\qquad(12.4-7)$$

注意,幂级数(12.4-7)与$\frac{1}{\sqrt{1-x^2}}$的幂级数有相同的收敛半径 $R=1$,又 $x=\pm 1$ 时幂级数(12.4-7)是 $\pm\sum\limits_{n=1}^{\infty}\frac{(2n-1)!!}{(2n)!!\,(2n+1)}$ 收敛,这是因为$\frac{(2n-1)!!}{(2n)!!\,(2n+1)}<\frac{1}{(2n+1)^{3/2}}$.

又 $f(x)=\arcsin x$ 在 $x=\pm 1$ 均连续,因此展开式(12.4-7)的成立区间是[-1,1].

评注 由于 $\frac{2n-1}{2n}<\frac{2n}{2n+1}(n=1,2,3,\cdots)\Rightarrow\frac{1\cdot 3\cdot 5\cdot\cdots\cdot(2n-1)}{2\cdot 4\cdot 6\cdot\cdots\cdot(2n)}<\frac{2\cdot 4\cdot 6\cdot\cdots\cdot(2n)}{3\cdot 5\cdot 7\cdot\cdots\cdot(2n+1)}\Rightarrow\left[\frac{(2n-1)!!}{(2n)!!}\right]^2<\frac{1}{2n+1}\Rightarrow\frac{(2n-1)!!}{(2n)!!}<\frac{1}{\sqrt{2n+1}}$.

(2) $f(x)=\frac{1}{(1-x)^3}$ 的积分简单. $\int_0^x f(t)\mathrm{d}t=\frac{1}{2(1-x)^2}$, $\int_0^x\frac{\mathrm{d}t}{(1-x)^2}=\frac{1}{1-x}$.
于是由$\frac{1}{1-x}$ 的展开式$\frac{1}{1-x}=1+x+x^2+\cdots=\sum\limits_{n=0}^{\infty}x^n(|x|<1)$,求导两次得

$$\frac{1}{(1-x)^2}=\sum_{n=1}^{\infty}nx^{n-1},\qquad\frac{2}{(1-x)^3}=\sum_{n=2}^{\infty}n(n-1)x^{n-2},$$

即
$$\frac{1}{(1-x)^3}=\frac{1}{2}\sum_{n=0}^{\infty}(n+1)(n+2)x^n\quad(|x|<1).$$

(3) 由 e^x 的展开式 $\mathrm{e}^x=\sum\limits_{n=0}^{\infty}\frac{x^n}{n!}(|x|<+\infty)$,得 $\mathrm{e}^{-t^2}=\sum\limits_{n=0}^{\infty}\frac{(-1)^n t^{2n}}{n!}$.
逐项积分得 $\int_0^x\mathrm{e}^{-t^2}\mathrm{d}t=\sum\limits_{n=0}^{\infty}\int_0^x\frac{(-1)^n t^{2n}}{n!}\mathrm{d}t=\sum\limits_{n=0}^{\infty}\frac{(-1)^n}{n!\,(2n+1)}x^{2n+1}\quad(|x|<+\infty)$.

学习随笔

评注　若$f'(x)$或$\int_0^x f(t)\mathrm{d}t$是式(12.4-2)～式(12.4-6)中的情形,就可得它们的展开式,然后求积或求导就得$f(x)$的展开式.逐项求导或逐项求积求展开式与幂级数求和是类似的.

3. 用待定系数法求函数的幂级数展开式

【例 12.4.4】求$f(x)=\dfrac{1-x^2}{1-2x\cos\theta+x^2}$.

【分析与求解】设$f(x)=\sum\limits_{n=0}^{\infty}a_nx^n\Rightarrow$

$$1-x^2=(1-2x\cos\theta+x^2)\sum_{n=0}^{\infty}a_nx^n=\sum_{n=0}^{\infty}a_nx^n-2\cos\theta\sum_{n=0}^{\infty}a_nx^{n+1}+\sum_{n=0}^{\infty}a_nx^{n+2}$$

$$=\sum_{n=0}^{\infty}a_nx^n-2\cos\theta\sum_{n=1}^{\infty}a_{n-1}x^n+\sum_{n=2}^{\infty}a_{n-2}x^n$$

$$=a_0+(a_1-2\cos\theta a_0)x+\sum_{n=2}^{\infty}(a_n-2\cos\theta a_{n-1}+a_{n-2})x^n.$$

比较系数得　$a_0=1,\quad a_1=2\cos\theta a_0=2\cos\theta,$

$a_2-2\cos\theta a_1+a_0=-1\Rightarrow a_2=2(2\cos^2\theta-1)=2\cos2\theta,$

……

$a_n-2\cos\theta a_{n-1}+a_{n-2}=0\Rightarrow a_n=2\cos\theta a_{n-1}-a_{n-2}.$

归纳可得　$a_n=2\cos\theta\cdot2\cos(n-1)\theta-2\cos(n-2)\theta$

$=2[\cos n\theta+\cos(n-2)\theta]-2\cos(n-2)\theta=2\cos n\theta.$

级数$1+\sum\limits_{n=1}^{\infty}(\cos n\theta)x^n$的收敛半径$R=1$.因为$|(\cos n\theta)x^n|\leqslant|x|^n$.$|x|<1$时绝对收敛.又$x=\pm1$时,$\cos n\theta\not\to0\Rightarrow R=1$且收敛域为$(-1,1)$.

这就证明了:$(1-2x\cos\theta+x^2)\sum\limits_{n=0}^{\infty}a_nx^n=1-x^2$.

因此
$$\frac{1-x^2}{1-2x\cos\theta+x^2}=\sum_{n=0}^{\infty}a_nx^n\quad(|x|<1),$$
其中$a_n=2\cos n\theta(n=1,2,3,\cdots),a_0=1$.

评注　① $1-2x\cos\theta+x^2$不能再分解,因而无法用分解法求该例的幂级数展开式.

② 刚开始时,并不知$\dfrac{1-x^2}{1-2x\cos\theta+x^2}$是否可展成幂级数,我们先形式地用上述待定系数法求得系数a_n时,只有证明了$\sum\limits_{n=0}^{\infty}a_nx^n$收敛并求得收敛区间之后,上述的运算就是合理的,并证明了该幂级数就是该函数的幂级数展开式.

4. 由幂级数展开式的系数求$f^{(n)}(x_0)$

【例 12.4.5】设$f(x)=\dfrac{\mathrm{d}g(x)}{\mathrm{d}x}$,其中$g(x)=\begin{cases}\dfrac{\mathrm{e}^x-1}{x}, & x\neq0,\\ 1, & x=0,\end{cases}$求$f^{(n)}(0)$.

学习随笔

【分析与求解】由于

$$\frac{e^x-1}{x}=\frac{1}{x}\left(\sum_{n=0}^{\infty}\frac{x^n}{n!}-1\right)=\frac{1}{x}\sum_{n=1}^{\infty}\frac{x^n}{n!}=\sum_{n=1}^{\infty}\frac{x^{n-1}}{n!}\quad(|x|<+\infty,x\neq 0),$$

又$\left(\sum\limits_{n=1}^{\infty}\dfrac{x^{n-1}}{n!}\right)\Bigg|_{x=0}=1$，所以

$$g(x)=\sum_{n=1}^{\infty}\frac{x^{n-1}}{n!}=\sum_{n=0}^{\infty}\frac{x^n}{(n+1)!}\quad(|x|<+\infty).$$

逐项求导得 $f(x)=g'(x)=\sum\limits_{n=1}^{\infty}\dfrac{nx^{n-1}}{(n+1)!}=\sum\limits_{n=0}^{\infty}\dfrac{(n+1)x^n}{(n+2)!}\ (|x|<+\infty)$.

由幂级数展开式的唯一性 ⇒

$$\frac{f^{(n)}(0)}{n!}=\frac{n+1}{(n+2)!}\Rightarrow f^{(n)}(0)=\frac{1}{n+2}(n=1,2,3,\cdots).$$

评注　由幂级数展开的唯一性，若 $f(x)=\sum\limits_{n=0}^{\infty}a_n(x-x_0)^n$，又 $f(x)=\sum\limits_{n=0}^{\infty}\dfrac{f^{(n)}(x_0)}{n!}\cdot(x-x_0)^n\Rightarrow a_n=\dfrac{f^{(n)}(x_0)}{n!}\Rightarrow f^{(n)}(x_0)=n!\,a_n$. 因此可由幂级数展开式的系数求得 $f^{(n)}(x_0)$.

5. 由函数的幂级数展开式证明分段函数在分界点处的任意阶可导性

【例 12.4.6】设 $f(x)=\begin{cases}\dfrac{1+x^2}{x}\arctan x, & x\neq 0,\\ A, & x=0,\end{cases}$ 确定常数 A，使得 $f(x)$ 在 $x=0$ 处任意阶可导.

【分析与求解】确定常数 A 使得 $f(x)$ 在 $x=0$ 邻域可展成幂级数. 关键是将 $\arctan x$ 展成幂级数.

$$(\arctan x)'=\frac{1}{1+x^2}=\sum_{n=0}^{\infty}(-1)^n x^{2n},x\in(-1,1),$$

积分得 $\arctan x=\displaystyle\int_0^x\sum_{n=0}^{\infty}(-1)^n t^{2n}\mathrm{d}t=\sum_{n=0}^{\infty}\frac{(-1)^n x^{2n+1}}{2n+1},x\in(-1,1)$,

$$\begin{aligned}\Rightarrow\quad \frac{1+x^2}{x}\arctan x&=(1+x^2)\sum_{n=0}^{\infty}\frac{(-1)^n x^{2n}}{2n+1}=\sum_{n=0}^{\infty}\frac{(-1)^n x^{2n}}{2n+1}+\sum_{n=0}^{\infty}\frac{(-1)^n x^{2(n+1)}}{2n+1}\\&=\sum_{n=0}^{\infty}\frac{(-1)^n x^{2n}}{2n+1}+\sum_{n=1}^{\infty}\frac{(-1)^{n-1}x^{2n}}{2n-1}\\&=1+\sum_{n=1}^{\infty}(-1)^n\left(\frac{1}{2n+1}-\frac{1}{2n-1}\right)x^{2n}\\&=1+\sum_{n=1}^{\infty}\frac{(-1)^n 2}{1-4n^2}x^{2n},x\in(-1,1),x\neq 0.\end{aligned}$$

右端级数当 $x=0$ 时取值为 1 ⇒ 取 $A=1$，则

$$f(x)=1+\sum_{n=1}^{\infty}\frac{(-1)^n 2}{1-4n^2}x^{2n},x\in(-1,1).$$

学习随笔

由幂级数的性质 $\Rightarrow f(x)$在$(-1,1)$任意次可导 $\Rightarrow f(x)$在 $x=0$ 处任意次可导.

评注 设 $f(x)=\begin{cases}\dfrac{g(x)}{x-x_0},\\ A,\end{cases}$ 若可取 A 使得 $f(x)$在 $x=x_0$ 邻域可展成幂级数,由于幂级数在收敛区间内任意次可导,于是可证 $f(x)$在 $x=x_0$ 任意次可导.

6. 利用某些初等函数的幂级数展开式求幂级数的和函数或数值级数的和

【例 12.4.7】求下列级数的和:

(1) $\displaystyle\sum_{n=0}^{\infty}\frac{1+n^2}{n!\ 2^n}x^n$;　　(2) $\dfrac{1+\dfrac{\pi^4}{5!}+\dfrac{\pi^8}{9!}+\dfrac{\pi^{12}}{13!}+\cdots}{\dfrac{1}{3!}+\dfrac{\pi^4}{7!}+\dfrac{\pi^8}{11!}+\dfrac{\pi^{12}}{15!}+\cdots}$.

【分析与求解】(1) 原式$\displaystyle=\sum_{n=0}^{\infty}\frac{1}{n!}\left(\frac{x}{2}\right)^n+\sum_{n=1}^{\infty}\frac{(n-1)+1}{(n-1)!}\left(\frac{x}{2}\right)^n$

$$=e^{\frac{x}{2}}+\sum_{n=2}^{\infty}\frac{1}{(n-2)!}\left(\frac{x}{2}\right)^n+\sum_{n=1}^{\infty}\frac{1}{(n-1)!}\left(\frac{x}{2}\right)^n$$

$$=e^{\frac{x}{2}}+\sum_{n=0}^{\infty}\frac{1}{n!}\left(\frac{x}{2}\right)^{n+2}+\sum_{n=0}^{\infty}\frac{1}{n!}\left(\frac{x}{2}\right)^{n+1}$$

$$=e^{\frac{x}{2}}+\left(\frac{x}{2}\right)^2e^{\frac{x}{2}}+\frac{x}{2}e^{\frac{x}{2}}$$

$$=e^{\frac{x}{2}}\left(1+\frac{x}{2}+\frac{x^2}{4}\right).\ (-\infty<x<+\infty)$$

(2) 由分子、分母的表达式看来,它们与 $\sin x$ 的展开式有关,在

$$\sin x=x-\frac{1}{3!}x^3+\frac{1}{5!}x^5-\frac{1}{7!}x^7+\cdots=\sum_{n=0}^{\infty}\frac{(-1)^nx^{2n+1}}{(2n+1)!}$$

中取 $x=\pi$,得

$$\sin\pi=\sum_{n=0}^{\infty}\frac{(-1)^n\pi^{2n+1}}{(2n+1)!}.$$

设法转化为 $\sin\pi$. 记

$$p=1+\frac{\pi^4}{5!}+\frac{\pi^8}{9!}+\frac{\pi^{12}}{13!}+\cdots=\sum_{n=0}^{\infty}\frac{\pi^{4n}}{(4n+1)!},$$

$$q=\frac{1}{3!}+\frac{\pi^4}{7!}+\frac{\pi^8}{1!}+\cdots=\sum_{n=0}^{\infty}\frac{\pi^{4n}}{(4n+3)!},$$

注意　$\displaystyle\sin\pi=\left(\pi-\frac{1}{3!}\pi^3\right)+\left(\frac{\pi^5}{5!}-\frac{\pi^7}{7!}\right)+\cdots+\left[\frac{\pi^{4n+1}}{(4n+1)!}-\frac{\pi^{4n+3}}{(4n+3)!}\right]+\cdots,$

$\Rightarrow$
$$\pi p-\pi^3q=\sum_{n=0}^{\infty}\left[\frac{\pi^{4n+1}}{(4n+1)!}-\frac{\pi^{4n+3}}{(4n+3)!}\right]=\sin\pi=0.$$

$\Rightarrow$
$$\frac{p}{q}=\pi^2.$$

学习随笔

第五节　函数的幂级数展开式的应用

一、知识点归纳总结

1. 利用幂级数求数值级数的和

求数值级数 $\sum_{n=0}^{\infty} a_n$ 的和 S 可转化为求幂级数

$$f(x)=\sum_{n=0}^{\infty} a_n x^n \quad 或 \quad \sum_{n=0}^{\infty} a_n x^{2n+1} \quad 或 \quad \sum_{n=0}^{\infty} a_n x^{2n}$$

等的和. 对于幂级数求和有更多有效的方法.

2. 利用幂级数近似计算函数值

若 $f(x)=\sum_{n=0}^{\infty} a_n x^n=\sum_{k=0}^{n} a_k x^k+R_n(x), x\in(-R,R)$，由给定的精度要求，通过误差项 $R_n(x)$ 的估计确定 n，则可用近似公式

$$f(x)\approx\sum_{k=0}^{n} a_k x^k, x\in(-R,R)$$

来近似计算 $f(x)$.

*3. 微分方程的幂级数解法

当微分方程的解不能或难以用初等函数表达时，在有些情况下，可以用幂级数解法.

当方程

$$y''+p(x)y'+q(x)y=0 \tag{12.5-1}$$

的系数 $p(x), q(x)$ 在 x_0 的邻域内能展成幂级数，即

$$p(x)=\sum_{n=0}^{\infty} a_n(x-x_0)^n, q(x)=\sum_{n=0}^{\infty} b_n(x-x_0)^n \quad (|x-x_0|<r)$$

时，则式(12.5-1)在区间 $|x-x_0|<r$ 内有收敛的幂级数解

$$y=\sum_{n=0}^{\infty} c_n(x-x_0)^n, \tag{12.5-2}$$

其中 c_0, c_1 是两个任意常数. 系数 c_n 待定，将式(12.5-2)代入式(12.5-1)并比较两端 $x-x_0$ 的同次幂系数，即可确定 $c_n(n=2,3,4,\cdots)$.

4. 欧拉公式

由 $e^{i\beta x}, \cos\beta x, \sin\beta x$ 的幂级数展开式可得

$$e^{(\alpha+i\beta)x}=e^{\alpha x}(\cos\beta x+i\sin\beta x),$$

其中 α, β 为实数，$i=\sqrt{-1}$，由此得

$$\cos\beta x=\frac{e^{i\beta x}+e^{-i\beta x}}{2}, \quad \sin\beta x=\frac{e^{i\beta x}-e^{-i\beta x}}{2i}.$$

学习随笔

二、典型题型归纳及解题方法与技巧

1. 求数值级数的和——转化为幂级数求和

【例 12.5.1】求下列数值级数的和：

(1) $S=1-\frac{1}{3}+\frac{1}{5}-\frac{1}{7}+\cdots=\sum\limits_{n=0}^{\infty}\frac{(-1)^n}{2n+1}$； (2) $S=\sum\limits_{n=1}^{\infty}\frac{(-1)^{n-1}}{n(2n-1)3^n}$.

【分析与求解】(1) 引进幂级数 $f(x)=\sum\limits_{n=0}^{\infty}\frac{(-1)^n x^{2n+1}}{2n+1}$，$f(0)=0$.

逐项求导得 $f'(x)=\sum\limits_{n=0}^{\infty}(-1)^n x^{2n}=\frac{1}{1+x^2}\quad(|x|<1)$.

积分得 $f(x)=\int_0^x f'(t)\mathrm{d}t=\int_0^x\frac{\mathrm{d}t}{1+t^2}=\arctan x$.

注意原级数在 $x=\pm1$ 收敛(交错级数，由莱布尼兹判别法知)，又 $\arctan x$ 在 $x=\pm1$ 连续. 因此，

$$\sum_{n=0}^{\infty}\frac{(-1)^n x^{2n+1}}{2n+1}=\arctan x,\ x\in[-1,1],\text{(幂级数在收敛区间端点的性质)}.$$

令 $x=1\Rightarrow\sum\limits_{n=0}^{\infty}\frac{(-1)^n}{2n+1}=\arctan 1=\frac{\pi}{4}$.

(2) 令 $f(x)=\sum\limits_{n=1}^{\infty}\frac{(-1)^{n-1}}{n(2n-1)}x^{2n}\Rightarrow f(0)=0$

$$\Rightarrow\qquad f'(x)=2\sum_{n=1}^{\infty}\frac{(-1)^{n-1}}{2n-1}x^{2n-1},\quad f'(0)=0$$

$$\Rightarrow\qquad f''(x)=2\sum_{n=1}^{\infty}(-1)^{n-1}x^{2n-2}=2\sum_{n=0}^{\infty}(-1)^n(x^2)^n=\frac{2}{1+x^2},\ |x|<1.$$

两边积分 $\Rightarrow\qquad f'(x)=\int_0^x f''(t)\mathrm{d}t=2\int_0^x\frac{\mathrm{d}t}{1+t^2}=2\arctan x$.

再积分 $\Rightarrow\qquad f(x)=\int_0^x f'(t)\mathrm{d}t=2\int_0^x\arctan t\,\mathrm{d}t=2x\arctan x-2\int_0^x\frac{t}{1+t^2}\mathrm{d}t$

$$=2x\arctan x-\ln(1+x^2)\quad(|x|<1).$$

$$S=f\left(\frac{1}{\sqrt3}\right)=2\frac{1}{\sqrt3}\arctan\frac{1}{\sqrt3}-\ln\left(1+\frac{1}{3}\right)=\frac{1}{3\sqrt3}\pi-2\ln2+\ln3.$$

评注　求数值级数 $\sum\limits_{n=0}^{\infty}a_n$ 的和，除了按定义求和外，更为重要的方法是转化求相应的幂级数的和：

$f(x)=\sum\limits_{n=0}^{\infty}a_n x^n$ 或 $f(x)=\sum\limits_{n=0}^{\infty}a_n x^{2n}$ 或 $f(x)=\sum\limits_{n=0}^{\infty}a_n x^{2n+1}$ 等，只要收敛半径 $R>1$ 或 $R=1$ 且 $x=1$ 时求和公式成立，则就求得 $f(1)=\sum\limits_{n=0}^{\infty}a_n$.

引入何种形式的幂级数，就具体问题而定，为的是容易求出幂级数的和函数.

学习随笔

2. 利用幂级数展开式作近似计算

【例 12.5.2】求 ln2 的近似值,使误差小于 10^{-4}.

【分析与求解】已知

$$\ln(1+x)=x-\frac{1}{2}x^2+\frac{1}{3}x^3-\cdots+(-1)^{n-1}\frac{x^n}{n}+\cdots\quad(-1<x\leqslant 1),$$

令 $x=1\Rightarrow \ln 2=1-\frac{1}{2}+\frac{1}{3}-\cdots+(-1)^{n-1}\frac{1}{n}+r_n$.

由交错级数的余项估计公式 $\Rightarrow |r_n|\leqslant\frac{1}{n+1}<10^{-4}, n>10^4-1$,计算量太大.

令 $x=-\frac{1}{2}\Rightarrow$

$$\ln 2=\frac{1}{2}+\frac{1}{2}\left(\frac{1}{2}\right)^2+\cdots+\frac{1}{n}\left(\frac{1}{2}\right)^n+r_n,$$

$$\begin{aligned}|r_n|&=\left|\frac{1}{n+1}\left(\frac{1}{2}\right)^{n+1}+\frac{1}{n+2}\left(\frac{1}{2}\right)^{n+2}+\cdots\right|\\&\leqslant\frac{1}{n+1}\left(\frac{1}{2}\right)^{n+1}\left(1+\frac{1}{2}+\frac{1}{2^2}+\cdots\right)\\&\leqslant\frac{1}{n+1}\left(\frac{1}{2}\right)^{n+1}\frac{1}{1-\frac{1}{2}}=\frac{1}{n+1}\cdot\left(\frac{1}{2}\right)^n<10^{-4}\end{aligned}$$

$\Rightarrow n>14$. 计算量仍然较大.

我们作如下改进. 已知

$$\begin{aligned}\ln\frac{1+x}{1-x}&=\ln(1+x)-\ln(1-x)=\sum_{n=1}^{\infty}\frac{(-1)^{n-1}x^n}{n}-\sum_{n=1}^{\infty}\frac{(-1)^{n-1}(-x)^n}{n}\\&=2\left(x+\frac{x^3}{3}+\frac{x^5}{5}+\cdots\right),\end{aligned}\tag{12.5-3}$$

令 $\frac{1+x}{1-x}=2$ 得 $x=\frac{1}{3}$. 于是在式(12.5-3)中令 $x=\frac{1}{3}$,得

$$\begin{aligned}\ln 2&=2\left[\frac{1}{3}+\frac{1}{3}\left(\frac{1}{3}\right)^3+\frac{1}{5}\left(\frac{1}{3}\right)^5+\cdots+\frac{1}{2n+1}\left(\frac{1}{3}\right)^{2n+1}+\cdots\right]\\&=\frac{2}{3}\sum_{n=0}^{\infty}\frac{1}{2n+1}\left(\frac{1}{9}\right)^n=\frac{2}{3}\sum_{k=0}^{n}\frac{1}{2k+1}\left(\frac{1}{9}\right)^k+r_n,\end{aligned}$$

$$\begin{aligned}|r_n|&\leqslant\frac{2}{3}\,\frac{1}{2n+3}\left(\frac{1}{9}\right)^{n+1}\left(1+\frac{1}{9}+\frac{1}{9^2}+\cdots\right)\\&=\frac{2}{3}\,\frac{1}{2n+3}\left(\frac{1}{9}\right)^{n+1}\frac{1}{1-\frac{1}{9}}=\frac{1}{12}\cdot\frac{1}{2n+3}\left(\frac{1}{9}\right)^n<10^{-4}.\end{aligned}$$

取 $n=3$, $|r_3|<0.2\times10^{-4}$, $\ln 2\approx 2\left(\frac{1}{3}+\frac{1}{3}\cdot\frac{1}{3^3}+\frac{1}{5}\cdot\frac{1}{3^5}+\frac{1}{7}\cdot\frac{1}{3^7}\right)$.

允许每项舍入误差$\leqslant 0.2\times10^{-4}$. $\ln 2\approx 0.6931$.

学习随笔

评注　① 利用幂级数展开式求近似值的关键是估计误差以确定展开式的项数. 常用的误差估计方法是:

方法一　交错级数的余项估计: $\sum_{n=1}^{\infty}(-1)^{n-1}a_n$, a_n 单调下降趋于零, 则

$$|r_n|=\left|\sum_{k=n+1}^{\infty}(-1)^{k-1}a_k\right|\leqslant a_{n+1}.$$

方法二　适当放大后归结为几何级数求和.

② 上述估计的是公式误差(截断误差). 计算级数的每一项还有舍入误差, 算到第 $m+1$ 位四舍五入, 误差 $\leqslant 0.5\times 10^{-m}$.

3. 已知二阶线性微分方程的两个幂级数解, 判断它们的线性相关性

【例 12.5.3】已知方程 $y''=xy$ 有幂级数解

$$y_1(x)=1+\frac{(x-1)^2}{2}+\frac{(x-1)^3}{6}+\frac{(x-1)^4}{24}+\frac{(x-1)^5}{30}+\cdots,$$

$$y_2(x)=(x-1)+\frac{(x-1)^3}{6}+\frac{(x-1)^4}{12}+\frac{(x-1)^5}{120}+\cdots.$$

试判断它们线性相关性.

【解】由解的级数表达式知

$$y_1(1)=1,\ y'_1(1)=0,\ y_2(1)=0,\ y'_2(1)=1.$$

于是
$$\begin{vmatrix} y_1(1) & y_2(1) \\ y'_1(1) & y^2(1) \end{vmatrix}=\begin{vmatrix} 1 & 0 \\ 0 & 1 \end{vmatrix}=1\neq 0.$$

因此, $y_1(x)$ 与 $y_2(x)$ 线性无关.

评注　设 $p(x)$, $q(x)$ 连续, 若

$$y''+p(x)y'+q(x)y=0$$

有幂级数解 $y_1(x)=\sum_{n=0}^{\infty}a_nx^n$, $y_2(x)=\sum_{n=0}^{\infty}b_nx^n$.

$$\Rightarrow\qquad W_0=\begin{vmatrix} y_1(0) & y_2(0) \\ y'_1(0) & y'_2(0) \end{vmatrix}=\begin{vmatrix} a_0 & b_0 \\ a_1 & b_1 \end{vmatrix},$$

当 $W_0\neq 0$ 时 $y_1(x)$, $y_2(x)$ 线性无关, 否则线性相关.

4. 求二阶线性微分方程的幂级数解

【例 12.5.4】求 n 阶贝塞尔方程

$$x^2y''+xy'+(x^2-n^2)y=0 \tag{12.5-4}$$

的幂级数解: $y=\sum_{k=0}^{\infty}c_kx^k$, 其中 $n\geqslant 0$ 为常数.

【分析与求解】设 $y=\sum_{k=0}^{\infty}c_kx^k$, 先作形式计算

$$x^2y=\sum_{k=0}^{\infty}c_kx^{k+2}=\sum_{k=2}^{\infty}c_{k-2}x^k,\quad -n^2y=\sum_{k=0}^{\infty}-n^2c_kx^k,$$

$$xy'=\sum_{k=1}^{\infty}kc_kx^k,\quad x^2y''=\sum_{k=2}^{\infty}k(k-1)c_kx^k.$$

$\Rightarrow$ $x^2y''+xy'+(x^2-n^2)y$

$$=\sum_{k=2}^{\infty}[k(k-1)c_k+kc_k-n^2c_k+c_{k-2}]x^k+(-n^2)c_0-n^2c_1x+c_1x=0.$$

$\Rightarrow$ $n^2\cdot c_0=0,$ (12.5-5)

$(1-n^2)c_1=0,$ (12.5-6)

$(k^2-n^2)c_k+c_{k-2}=0, k=2,3,4,\cdots.$ (12.5-7)

当 $n\geqslant 0$ 不是整数时，由式(12.5-5)与式(12.5-6) $\Rightarrow c_0=c_1=0$，再由式(12.5-7) $\Rightarrow c_k=0(k=2,3,\cdots)$因此，式(12.5-4)无非零幂级数解.

设 $n\geqslant 0$ 是整数. $n=0$，c_0 任意给定，

$$c_1=0,\ k^2c_k+c_{k-2}=0,\quad c_k=-\frac{1}{k^2}c_{k-2}\quad(k=2,3,\cdots).$$

由 $c_1=0\Rightarrow c_{2m-1}=0\ (m=1,2,3,\cdots)$.

任意给定 $c_0\Rightarrow c_{2m}=-\frac{c_{2m-2}}{(2m)^2}=\frac{1}{(2m)^2}\frac{1}{(2m-2)^2}c_{2m-4}=\cdots$

$$=(-1)^m\frac{c_0}{2^2\times 4^2\times\cdots\times(2m)^2}=(-1)^m\frac{c_0}{2^{2m}(m!)^2}.$$

$$\Rightarrow\qquad y=\sum_{m=0}^{\infty}\frac{(-1)^m}{(m!)^2}\left(\frac{x}{2}\right)^{2m}c_0.$$

$n=1$ 时 $\Rightarrow c_0=0, c_1\ \forall$ 给定. 由(12.5-6) $\Rightarrow c_k=-\frac{c_{k-2}}{k^2-1}(k\geqslant 2)$.

$n\geqslant 2$ 时，$c_0=c_1=\cdots=c_{n-1}=0, c_n\ \forall$ 给定，$c_k=-\frac{c_{k-2}}{k^2-n^2}(k>n)$，由此 $\Rightarrow$

$$c_{n+1}=c_{n+3}=\cdots=0.$$

$$y=\sum_{k=n}^{\infty}c_kx^k=\sum_{k=0}^{\infty}c_{k+n}x^{k+n}=(\sum_{k=0}^{\infty}a_kx^k)x^n,\tag{12.5-8}$$

其中 $a_k=c_{k+n}=\frac{-1}{(k+n)^2-n^2}c_{k-2+n}=-\frac{a_{k-2}}{k(2n+k)}$.

$\Rightarrow a_1=a_3=a_5=\cdots=0,\quad a_2=\frac{(-1)a_0}{2^2(n+1)},$

$$a_4=\frac{(-1)^2}{2^2(2n+4)}\cdot\frac{a_0}{2^2(n+1)}=\frac{(-1)^2a_0}{2^4(n+1)(n+2)2!},$$

$$a_6=\frac{(-1)^3}{2^2\cdot 3(n+3)}\cdot\frac{a_0}{2^4(n+1)(n+2)2!}=\frac{(-1)^3a_0}{2^6(n+1)(n+2)(n+3)\cdot 3!},$$

……

$$a_{2m}=\frac{(-1)^ma_0}{2^{2m}(n+1)(n+2)\cdots(n+m)\cdot m!}.$$

将它代入式(12.5-8)式 $\Rightarrow$

学习随笔

$$y=\sum_{m=0}^{\infty}\frac{(-1)^m}{(n+1)(n+2)\cdots(n+m)\cdot m!}\left(\frac{x}{2}\right)^{2m+n}\cdot a_0. \qquad (12.5-9)$$

(这里以 a_0 代替 $a_0 2^n$,它们均是任意常数).

下求该幂级数的收敛半径.

$$\left|\frac{1}{(n+1)(n+2)\cdots(n+m+1)(m+1)!}\left(\frac{x}{2}\right)^{2m+2+n}\Big/\frac{1}{(n+1)(n+2)\cdots(n+m)m!}\left(\frac{x}{2}\right)^{2m+n}\right|$$

$$=\frac{1}{(m+1)(n+m+1)}\left|\frac{x}{2}\right|^2\to 0(m\to+\infty).$$

因此幂级数(12.5-9)的收敛半径为 $R=+\infty$,式(12.5-9)是式(12.5-4)的幂级数解.

上述讨论说明:$n\geqslant 0$ 不是整数时,式(12.5-4)无幂级数解.

$n\geqslant 0$ 是整数时,式(12.5-4)只有一个线性无关的幂级数解.

评注 式(12.5-4)不满足式(12.5-1)的条件,因而开始时并不知道它是否有幂级数解.先设它有幂级数解 $\sum_{n=0}^{\infty}c_n x^n$,形式地进行逐项求导代入方程,通过比较系数求 c_n.若只能有 $c_n=0(n=0,1,2,\cdots)$,说明原方程无非零幂级数解.若能求出 c_n 后,只当证明了所求幂级数收敛时,所有逐项求导就是合理的,求得的 $\sum_{n=0}^{\infty}c_n x^n$ 确实是方程的幂级数解.

*第六节 函数项级数的一致收敛性及一致收敛级数的基本性质

一、知识点归纳总结

1. 函数项级数和它的收敛域

级数 $\sum_{n=1}^{\infty}u_n(x)$ 称为函数级数,其中一般项 $u_n(x)(n=1,2,3,\cdots)$ 是 x 的函数,它们有共同的定义域 X.

若 $x_0\in X$,常数项级数 $\sum_{n=1}^{\infty}u_n(x_0)$ 收敛,称 x_0 为 $\sum_{n=1}^{\infty}u_n(x)$ 的收敛点,否则就是发散点.$\sum_{n=1}^{\infty}u_n(x)$ 所有收敛点构成的集合就是该函数项级数的收敛域,所有发散点构成的集合就是发散域.

求 $\sum_{n=1}^{\infty}u_n(x)$ 收敛域问题,本质上是判断数项级数的收敛性问题,对每个 $x\in X$,判断 $\sum_{n=1}^{\infty}u_n(x)$ 是否收敛.

主要方法：

① 用比值或根值判别法求

$$\lim_{n\to+\infty}\left|\frac{u_{n+1}(x)}{u_n(x)}\right|=\rho(x) \text{ 或 } \lim_{n\to+\infty}\sqrt[n]{|u_n(x)|}=\rho(x),$$

解 $\rho(x)<1$，其解集合属于收敛域. 再解 $\rho(x)=1$. 对这个解集合作进一步分析，判断是否属于收敛域.

② 作变量替换转换转化为幂级数的情形.

③ 用其他数值级数的收敛性判别法.

*2. 函数项级数的一致收敛性及其判别法

(1) 一致收敛性定义

设级数 $\sum_{n=1}^{\infty}u_n(x)$ 在区间 X 收敛，其和为 $S(x)$，$S_n(x)$ 是该级数的部分和，如果 $\forall\varepsilon>0$，都存在某正整数 N，使得当 $n>N$ 时，$\forall x\in X$，都有

$$|S_n(x)-S(x)|<\varepsilon,$$

则称级数 $\sum_{n=1}^{\infty}u_n(x)$ 在 X 上一致收敛.

设函数序列 $\{f_n(x)\}$ 在区间 X 上每一点 x，都收敛到一个函数 $f(x)$，若 $\forall\varepsilon>0$，存在某正整数 N，使得当 $n>N$ 时，$\forall x\in X$，都有

$$|f_n(x)-f(x)|<\varepsilon,$$

则称函数序列 $\{f_n(x)\}$ 在区间 X 上一致收敛到 $f(x)$.

因此，级数 $\sum_{n=1}^{\infty}u_n(x)$ 在区间 X 上一致收敛即它的部分和序列 $S_n(x)$ 在 X 上一致收敛.

(2) 一致收敛判别法

魏尔斯特拉斯判别法(又称 M—判别法)　若 $\forall x\in X$，都有

$$|u_n(x)|\leqslant a_n\quad(n=1,2,3,\cdots),$$

且正项级数 $\sum_{n=1}^{\infty}a_n$ 收敛，则 $\sum_{n=1}^{\infty}u_n(x)$ 在 X 上一致收敛.

柯西准则　$\sum_{n=1}^{\infty}u_n(x)$ 在区间 X 上一致收敛 $\Leftrightarrow$ $\forall\varepsilon>0$，存在正整数 N，当 $n>N$ 时对 $\forall$ 正整数 p 及 $x\in X$，都有

$$\left|\sum_{k=n}^{n+p}u_k(x)\right|<\varepsilon.$$

形如 $\sum_{n=1}^{\infty}a_n(x)b_n(x)$ 的级数一致收敛性判别法：

狄里克雷判别法　设 $\sum_{n=1}^{\infty}b_n(x)$ 的部分和 $B_n(x)=\sum_{k=1}^{n}b_k(x)$ 在 X 上一致有界(即存在常数 $M>0$，$\forall x\in X$ 及 n 有 $|B_n(x)|\leqslant M$)，又对每个 $x\in X$，序列 $\{a_n(x)\}$ 单调且

学习随笔

在区间 X 上一致收敛到零,则级数 $\sum_{n=1}^{\infty} a_n(x)b_n(x)$ 在 X 上一致收敛.

阿贝尔判别法　设级数 $\sum_{n=1}^{\infty} b_n(x)$ 在 X 上一致收敛,又对每个 $x \in X$,序列$\{a_n(x)\}$ 单调且在 X 上一致有界,则 $\sum_{n=1}^{\infty} a_n(x)b_n(x)$ 在区间 X 上一致收敛.

*3. 函数项级数的和函数的性质

记 $\sum_{n=1}^{\infty} u_n(x) = S(x), x \in [a,b]$.

(1) 和函数的连续性问题

设 $\sum_{n=1}^{\infty} u_n(x)$ 在$[a,b]$一致收敛,且每一项 $u_n(x)(n=1,2,3,\cdots)$ 在区间$[a,b]$连续,则 $S(x)$ 在$[a,b]$上连续. 即

$$\lim_{\substack{x\to x_0\\ x\in[a,b]}} \sum_{n=1}^{\infty} u_n(x) = \sum_{n=1}^{\infty} \lim_{\substack{x\to x_0\\ x\in[a,b]}} u_n(x) = \sum_{n=1}^{\infty} u_n(x_0)$$

可逐项取极限,即求极限与求无穷和可交换次序.

(2) 和函数的可积性问题

设 $\sum_{n=1}^{\infty} u_n(x)$ 在$[a,b]$一致收敛,且每一项 $u_n(x)$ 在$[a,b]$连续(可积),则 $S(x)$ 在$[a,b]$可积,且可逐项积分, 即

$$\int_a^b S(x)\mathrm{d}x = \int_a^b \sum_{n=1}^{\infty} u_n(x)\mathrm{d}x = \sum_{n=1}^{\infty}\int_a^b u_n(x)\mathrm{d}x,$$

即求积分与求无穷和可交换次序.

(3) 和函数的可微性问题

设 $\sum_{n=1}^{\infty} u_n(x)$ 在$[a,b]$处处收敛, 每一项 $u_n(x)$ 在$[a,b]$有连续的导数, 级数 $\sum_{n=1}^{\infty} u_n'(x)$ 在$[a,b]$一致收敛,则 $S(x)$ 在$[a,b]$有连续的导数,且可逐项求导, 即

$$S'(x) = \left[\sum_{n=1}^{\infty} u_n(x)\right]' = \sum_{n=1}^{\infty} u_n'(x), x \in [a,b].$$

即求导与求无穷和可交换次序.

二、典型题型归纳及解题方法与技巧

1. 求函数项级数的收敛域

【例 12.6.1】求下列函数级数的收敛域:

(1) $\sum_{n=1}^{\infty} \frac{n}{2n+1}\left(\frac{x}{2x+1}\right)^n$;　(2) $\sum_{n=1}^{\infty} \frac{(n+x)^n}{n^{n+x}}$;　(3) $\sum_{n=1}^{\infty} \frac{(-1)^{n-1}}{(n^2+2n+1)^x}$.

学习随笔

【解】(1) 作变量替换 $t=\dfrac{x}{2x+1}$,化为幂级数 $\sum\limits_{n=1}^{\infty}\dfrac{n}{2n+1}t^n$.

$$\lim_{n\to+\infty}\left|\frac{n+1}{2(n+1)+1}\Big/\frac{n}{2n+1}\right|=1.$$

$\Rightarrow$ 该幂级数收敛半径为 $R=1$,$t=\pm1$ 时幂级数的一般项不趋于零,故发散.因此幂级数的收敛域为$(-1,1)$.原级数的收敛域:$\left|\dfrac{x}{2x+1}\right|<1$,即 $(-\infty,-1)\cup\left(-\dfrac{1}{3},+\infty\right)$.

(2) 注意 $\lim\limits_{n\to+\infty}\sqrt[n]{\left|\dfrac{(n+x)^n}{n^{n+x}}\right|}=\lim\limits_{n\to+\infty}\dfrac{|n+x|}{n^{1+\frac{x}{n}}}=1$,

根值判别法失效.将一般项与 $\dfrac{1}{n^x}$ 比较,求

$$\lim_{n\to+\infty}\frac{(n+x)^n}{n^{n+x}}\Big/\frac{1}{n^x}=\lim_{n\to+\infty}\left(1+\frac{x}{n}\right)^{\frac{n}{x}\cdot x}=\mathrm{e}^x\quad(x\neq0),$$

$x=0$ 时原级数发散.因此,$x>1$ 时原级数收敛,$x\leqslant1$ 时原级数发散.收敛域为$(1,+\infty)$.

(3) 对给定的每个 x,该级数是交错级数.

当 $x\leqslant0$ 时,$\lim\limits_{n\to+\infty}\dfrac{1}{(n^2+2n+1)^x}=\begin{cases}1, & x=0,\\ +\infty, & x<0\end{cases}\Rightarrow$ 原级数发散.

$x>0$ 时,显然 $\lim\limits_{n\to+\infty}\dfrac{1}{(n^2+2n+1)^x}=0$,且 $\dfrac{1}{(n^2+2n+1)^x}$ 对 n 单调下降.由莱布尼兹法则,原级数收敛.因此,收敛域为$(0,+\infty)$.

*2. 利用 M 判别法证明函数项级数在指定区间上一致收敛

【例 12.6.2】证明 $\sum\limits_{n=1}^{\infty}u_n(x)=\sum\limits_{n=1}^{\infty}\dfrac{nx}{1+n^5x^2}$ 在$(-\infty,+\infty)$一致收敛.

【证法一】利用微分学方法求 $u_n(x)$的最大值.

$$u_n'(x)=\frac{n(1-n^5x^2)}{(1+n^5x^2)^2}\begin{cases}>0, & 0<x<\dfrac{1}{n^{5/2}},\\ =0, & x=\dfrac{1}{n^{5/2}},\\ <0, & x>\dfrac{1}{n^{5/2}}\end{cases}$$

$$\Rightarrow\qquad u_n(x)\leqslant u_n\left(\frac{1}{n^{5/2}}\right)=\frac{1}{2n^{3/2}}\quad(0\leqslant x<+\infty).$$

$u_n(x)$ 为奇函数 $\Rightarrow$ $|u_n(x)|\leqslant\dfrac{1}{2n^{3/2}}$ $(|x|<+\infty)$.

又因 $\sum\limits_{n=1}^{\infty}\dfrac{1}{2n^{3/2}}$ 收敛 $\Rightarrow$ $\sum\limits_{n=1}^{\infty}u_n(x)$ 在$(-\infty,+\infty)$一致收敛.

【证法二】利用连续函数的有界性找强级数.

$$u_n(x)=\frac{1}{n^{3/2}}\,\frac{n^{5/2}x}{1+n^5x^2}.$$

学习随笔

函数 $f(z)=\dfrac{z}{1+z^2}$ 在$(-\infty,+\infty)$连续，$\lim\limits_{z\to\pm\infty}f(z)=0$

$$\Rightarrow \qquad |f(z)|\leqslant M \quad (\forall z\in(-\infty,+\infty))$$

$$\Rightarrow \qquad |u_n(x)|\leqslant \frac{M}{n^{3/2}},\text{其中 } M>0 \text{ 为某常数.}$$

【证法三】利用通常的放大手段. 由已知不等式 $a^2+b^2\geqslant 2ab\Rightarrow$

$$1+n^5x^2\geqslant 2n^{5/2}|x|,$$

$$|u_n(x)|\leqslant \frac{n|x|}{2n^{5/2}|x|}=\frac{1}{2n^{5/2}} \quad (\forall x\neq 0).$$

又 $u_n(0)=0\Rightarrow |u_n(x)|\leqslant \dfrac{1}{2n^{5/2}}$ $(\forall x\in(-\infty,+\infty))$.

评注　用 M 判别法证明 $\sum\limits_{n=1}^{\infty}u_n(x)$ 在指定区间 I 上一致收敛时，关键是要找到收敛的强级数 $\sum\limits_{n=1}^{\infty}a_n(|u_n(x)|\leqslant a_n,x\in I)$. 常用的方法有：

① 用微分学方法求 $|u_n(x)|$ 在区间 I 上的最大值 a_n，如证法一.

② 利用连续函数在一定条件下的有界性. 例如，设 $f(x)$ 在$(-\infty,+\infty)$连续，又 $\lim\limits_{x\to\pm\infty}f(x)$ 均存在，则 $f(x)$ 在$(-\infty,+\infty)$有界：$|f(x)|\leqslant M(\forall x\in(-\infty,+\infty))$. 于是 $\forall$ 一串 $x_n\in(-\infty,+\infty)$，均有估计 $|f(x_n)|\leqslant M$. 如证法二.

③ 通常的适当放大法，如利用已知的不等式. 如证法三.

**3. 利用阿贝尔判别法或狄利克雷判别法证明函数项级数在指定区间上一致收敛

【例 12.6.3】证明下列函数项级数在指定区间上一致收敛：

(1) $\sum\limits_{n=0}^{\infty}(-1)^n(1-x)x^n,x\in[0,1]$；　(2) $\sum\limits_{n=1}^{\infty}\dfrac{(-1)^n\sqrt{n+1}}{\sqrt{n(n+x)}},x\in[0,+\infty)$.

【分析与证明】(1) $\sum\limits_{k=1}^{n}(-1)^k$ 在$[0,1]$一致有界. 令 $a_n(x)=(1-x)x^n$，显然，当 $x\in[0,1]$ 时 $a_n(x)$ 对 n 单调，下证 $a_n(x)$ 在$[0,1]$一致收敛到零. 为此先求 $a_n(x)$ 在$[0,1]$上的最大值.

$$a_n'(x)=nx^{n-1}-(n+1)x^n=x^{n-1}[n-(n+1)x]$$

$$=\frac{x^{n-1}}{n+1}\left(\frac{n}{n+1}-x\right)\begin{cases}>0, & 0<x<\dfrac{n}{n+1},\\ =0, & x=\dfrac{n}{n+1},\\ <0, & \dfrac{n}{n+1}<x<1,\end{cases}$$

$$\Rightarrow 0\leqslant a_n(x)\leqslant a_n\left(\frac{n}{n+1}\right)=\left(1-\frac{n}{n+1}\right)\left(\frac{n}{n+1}\right)^n\overset{\text{记}}{=\!=}z_n\ (x\in[0,1]).$$

学习随笔

又因
$$\lim_{n\to+\infty} z_n=0$$
$\Rightarrow a_n(x)$在$[0,1]$一致收敛到零. 由狄利克雷判别法知,原函数级数在$[0,1]$一致收敛.

(2) **方法一**　$\sum\limits_{k=1}^{n}(-1)^k$ 在$[0,+\infty)$一致有界,令 $a_n(x)=\sqrt{\dfrac{n+1}{n(n+x)}}$,由 $a_n(x)=\sqrt{\dfrac{1}{n+x}+\dfrac{1}{n(n+x)}}\Rightarrow x\geqslant 0$ 时 $a_n(x)$ 对 n 单调下降. 又
$$0\leqslant a_n(x)\leqslant\sqrt{\frac{n+1}{n^2}}\ (x\geqslant 0),\ \lim_{n\to+\infty}\sqrt{\frac{n+1}{n^2}}=0$$
$\Rightarrow a_n(x)$在$[0,+\infty)$一致收敛到零. 由狄利克雷判别法知,原函数项级数在$[0,+\infty)$一致收敛.

方法二　$\sum\limits_{n=1}^{\infty}\dfrac{(-1)^n}{\sqrt{n}}$ 在$[0,+\infty)$一致收敛. 令 $a_n(x)=\sqrt{\dfrac{n+1}{n+x}}$,显然
$$0<a_n(x)\leqslant\sqrt{\frac{n+1}{n}}\leqslant 2\ (x\in[0,+\infty)),$$
即 $a_n(x)$对 $x\in[0,+\infty)$一致有界. 再考察
$$a_{n+1}^2(x)-a_n^2(x)=\frac{n+2}{n+1+x}-\frac{n+1}{n+x}=\frac{x-1}{(n+1+x)(n+x)}$$
$\Rightarrow x\in[0,+\infty)$时,$\sqrt{\dfrac{n+1}{n+x}}$ 对 n 单调. 因此,由阿贝尔判别法知,原函数项级数在$[0,+\infty)$一致收敛.

评注　① 在用狄里克雷判别法时,常用如下方法证明函数数列$\{a_n(x)\}$在区间 X 上一致收敛到零:将$|a_n(x)|$适当放大,$|a_n(x)|\leqslant p_n(x\in X)$,而 $\lim\limits_{n\to+\infty}p_n=0$ 即可. 放大的方法如例 12.6.2 的评注所指出.

② 为证明 $\forall x\in X, a_n(x)$ 对 n 单调,或按定义考察 $a_{n+1}(x)-a_n(x)$ 或将离散的变量 n 改成连续的变量 t,然后用微分学的方法证明相应的 t 的函数对 $t>1$ 是单调的即可. 如题(2)中的方法二,是按定义考察 $a_{n+1}^2(x)-a_n^2(x)$,证明其单调性. 也可考察相应的 $\dfrac{t+1}{t+x}(t>1)$:
$$\left(\frac{t+1}{t+x}\right)_t'=\frac{(t+x)-(t+1)}{(t+x)^2}=\frac{x-1}{(t+x)^2}\begin{cases}>0, & 1<x,\\ \leqslant 0, & 0\leqslant x<1\end{cases}$$
$\Rightarrow\dfrac{t+1}{t+x}$ 对 $t>1$ 单调 $\Rightarrow x\geqslant 0$ 时 $\dfrac{n+1}{n+x}$ 对 n 单调 $\Rightarrow\sqrt{\dfrac{n+1}{n+x}}$ 当 $x\geqslant 0$ 时对 n 单调.

**4. 讨论函数项级数和函数的连续性与可微性

【例 12.6.4】设 $f(x)=\sum\limits_{n=1}^{\infty}\dfrac{(-1)^{n-1}}{1+\sqrt{n}}e^{-nx}$,求证:

(1) $f(x)$ 在$[0,+\infty)$连续;　(2) $f(x)$ 在$(0,+\infty)$任意次可导.

【分析与证明】(1) $u_n(x)=b_n(x)a_n(x)=\dfrac{(-1)^{n-1}}{1+\sqrt{n}}e^{-nx}$ 在$[0,+\infty)$连续.

学习随笔

$\sum_{n=1}^{\infty} b_n(x) = \sum_{n=1}^{\infty} \frac{(-1)^{n-1}}{1+\sqrt{n}}$ 在$[0,+\infty)$一致收敛,当 $x \in [0,+\infty)$ 时 $a_n(x) = e^{-nx}$ 对 n 单调且一致有界,$0 < a_n \leqslant 1 \Rightarrow \sum_{n=1}^{\infty} \frac{(-1)^{n-1}}{1+\sqrt{n}} e^{-nx}$ 在$[0,+\infty)$一致收敛.因此 $f(x)$ 在$[0,+\infty)$连续.

(2) $u_n(x)$在$(0,+\infty)$任意次可导($\forall \delta > 0$).当 $x \in [\delta,+\infty)$时,

$$|u_n^{(k)}(x)| = \left| \frac{(-1)^{n-1}(-n)^k e^{-nx}}{1+\sqrt{n}} \right| \leqslant n^{k-\frac{1}{2}} e^{-n\delta} = \frac{n^{k-\frac{1}{2}}}{(e^{\delta})^n},$$

又 $\sum_{n=1}^{\infty} \frac{n^{k-\frac{1}{2}}}{(e^{\delta})^n}$ 收敛 $\Rightarrow \sum_{n=1}^{\infty} u_n^{(k)}(x)$ 在$[\delta,+\infty)$一致收敛 $\Rightarrow f(x)$ 在$[\delta,+\infty)$任意次可导.由 $\delta > 0$ 的任意性 $\Rightarrow f(x)$ 在$(0,+\infty)$任意次可导.

评注 在利用前面给出的充分条件证明函数项级数在指定区间上的连续性,可积性(并可逐项求积)或可导性(并可逐项求导)时,关键步骤是证明有关级数在指定区间上的一致收敛性.若指定区间是开区间时,不必要求在开区间上一致收敛,而只需要求在开区间上内闭一致收敛.

若 $\sum_{n=1}^{\infty} u_n(x)$ 在(a,b)内的任意有界闭区间上一致收敛,则称 $\sum_{n=1}^{\infty} u_n(x)$ 在(a,b)内闭一致收敛.

对开区间有如下结论:设 $\sum_{n=1}^{\infty} u_n(x)$ 在(a,b)上点点收敛,每一项 $u_n(x)(n=1,2,3,\cdots)$ 在(a,b)有连续的导数,级数 $\sum_{n=1}^{\infty} u_n'(x)$ 在(a,b)内闭一致收敛,则 $S(x) = \sum_{n=1}^{\infty} u_n(x)$ 在(a,b)有连续的导数且可逐项求导.

例 12.6.4 就是在$(a,b)=(0,+\infty)$)上用到了这一结论.

第七节 傅里叶级数

一、知识点归纳总结

1. 三角函数系的正交性

三角函数系

$$1, \cos\frac{\pi}{l}x, \sin\frac{\pi}{l}x, \cos\frac{2\pi}{l}x, \sin\frac{2\pi}{l}x, \cdots, \cos\frac{n\pi}{l}x, \sin\frac{n\pi}{l}x, \cdots$$

在$[-l,l]$上正交,即其中任意两个不同的函数之积在区间$[-l,l]$的积分为零.特别是三角函数系

$$1, \cos x, \sin x, \cos 2x, \sin 2x, \cdots, \cos nx, \sin nx, \cdots$$

在$[-\pi,\pi]$上正交.

学习随笔

2. 函数的傅里叶系数与傅里叶级数

设 $f(x)$为定义在$(-\infty,+\infty)$上周期为 2π 的函数,如果它在$[-\pi,\pi]$上可积,则称

$$a_n=\frac{1}{\pi}\int_{-\pi}^{\pi}f(x)\cos nx\,\mathrm{d}x\quad(n=0,1,2,\cdots),$$

$$b_n=\frac{1}{\pi}\int_{-\pi}^{\pi}f(x)\sin nx\,\mathrm{d}x\quad(n=1,2,3,\cdots)$$

为函数 $f(x)$的(以 2π 为周期的)傅里叶系数.相应的三角级数

$$\frac{a_0}{2}+\sum_{n=1}^{\infty}(a_n\cos nx+b_n\sin nx)$$

称为函数 $f(x)$ 的傅里叶级数.记为 $f(x)\sim\frac{a_0}{2}+\sum\limits_{n=1}^{\infty}(a_n\cos nx+b_n\sin nx)$.

3. 傅里叶级数的收敛定理

收敛定理,狄利克雷(Dirichlet)充分条件　设 $f(x)$是周期为 2π 的周期函数,如果它满足:

① 在一个周期内连续或只有有限个第一类间断点.

② 在一个周期内至多只有有限个极值点.

则 $f(x)$的傅里叶级数收敛,并且

当 x 是 $f(x)$的连续点时,级数收敛于 $f(x)$;

当 x 是 $f(x)$的间断点时,级数收敛于$\frac{1}{2}[f(x-0)+f(x+0)]$.

若只给出 $f(x)$在$[-\pi,\pi]$的表达式,常用公式

$$\begin{aligned}f(-\pi+0)+f(-\pi-0)&=f(-\pi+0)+f(\pi-0)\\&=f(\pi+0)+f(\pi-0).\end{aligned}$$

4. 函数 $f(x)$的傅里叶级数的和函数 $S(x)$与 $f(x)$的关系

狄利克雷充分条件告诉我们,当周期函数 $f(x)$在一个周期内连续或只有有限个第一类间断点并且只有有限个极值点时,$f(x)$的傅里叶级数处处收敛,即傅里叶级数的和函数 $S(x)$在$(-\infty,+\infty)$有定义,但是 $S(x)$未必与 $f(x)$处处相等.当 x 是 $f(x)$的连续点时,$S(x)=f(x)$;当 x 是 $f(x)$的第一类间断点时,$S(x)=\frac{f(x-0)+f(x+0)}{2}$.这就是和函数 $S(x)$与 $f(x)$的关系.知道了 $S(x)$与 $f(x)$的关系,便可以方便地求得傅里叶级数在某些特殊点处的和.例如 $f(x)$是以 2π 为周期的周期函数,且在$[-\pi,\pi]$上的表达式为

$$f(x)=\begin{cases}\mathrm{e}^x, & 0\leqslant x<\pi,\\-1, & -\pi\leqslant x<0.\end{cases}$$

显然 $f(x)$ 满足收敛定理的条件,$x=0$ 与 $x=\pi$ 是 $f(x)$ 的第一类间断点,$x=\frac{\pi}{2}$ 是 $f(x)$ 的连续点.如果 $f(x)$ 的傅里叶级数是$\frac{a_0}{2}+\sum\limits_{n=1}^{\infty}(a_n\cos nx+b_n\sin nx)$,那么

学习随笔

取 $x=0$,得 $\frac{a_0}{2}+\sum_{n=1}^{\infty}a_n=\frac{f(0-)+f(0+)}{2}=0$;

取 $x=\pi$,得 $\frac{a_0}{2}+\sum_{n=1}^{\infty}(-1)^n a_n=\frac{f(-\pi+)+f(\pi-)}{2}=\frac{-1+e^{\pi}}{2}$;

取 $x=\frac{\pi}{2}$,得 $\frac{a_0}{2}+\sum_{n=1}^{\infty}[(-1)^n a_n+(-1)^{n-1}b_{2n-1}]=f\left(\frac{\pi}{2}\right)=e^{\frac{\pi}{2}}$.

5. 正弦级数和余弦级数

(1) 奇(偶)延拓

设函数 $f(x)$ 定义在区间 $[0,\pi]$ 上并且满足收敛定理的条件,我们在开区间 $(-\pi,0)$ 内补充函数 $f(x)$ 的定义,得到定义在 $(-\pi,\pi]$ 上的函数 $F(x)$,使它在 $(-\pi,\pi)$ 上成为奇函数(偶函数).(注:补充 $f(x)$ 的定义使它在 $(-\pi,\pi)$ 上成为奇函数时,若 $f(0)\neq 0$,规定 $F(0)=0$.)按这种方式拓广函数定义域的过程称为奇延拓(偶延拓).然后将奇延拓(偶延拓)后的函数展开成傅里叶级数,这个级数必定是正弦级数(余弦级数).再限制 x 在 $(0,\pi]$ 上,此时 $F(x)\equiv f(x)$,这样便得到 $f(x)$ 的正弦级数(余弦级数)展开式.

(2) 正弦级数和余弦级数

设 $f(x)$ 定义在 $(-\infty,+\infty)$ 上以 2π 为周期或只定义在 $[-\pi,\pi]$ 上,在 $[-\pi,\pi]$ 上可积.

若 $f(x)$ 在 $[-\pi,\pi]$ 为偶函数,则 $f(x)$ 的傅里叶系数

$$a_n=\frac{2}{\pi}\int_0^{\pi}f(x)\cos nx\,dx\,(n=0,1,2,\cdots),b_n=0(n=1,2,3,\cdots),$$

其傅里叶级数为余弦级数 $f(x)\sim\frac{a_0}{2}+\sum_{n=1}^{\infty}a_n\cos nx$.

若 $f(x)$ 在 $[-\pi,\pi]$ 为奇函数,则 $f(x)$ 的傅里叶系数

$$a_n=0(n=0,1,2,\cdots),\quad b_n=\frac{2}{\pi}\int_0^{\pi}f(x)\sin nx\,dx\,(n=1,2,3,\cdots),$$

其傅里叶级数为正弦级数 $f(x)\sim\sum_{n=1}^{\infty}b_n\sin nx$.

二、典型题型归纳及解题方法与技巧

1. 傅里叶系数与傅里叶级数的收敛性

【例 12.7.1】设函数 $f(x)=\pi x+x^2(-\pi<x<\pi)$ 的傅里叶级数展开式为 $\frac{a_0}{2}+\sum_{n=1}^{\infty}(a_n\cos nx+b_n\sin nx)$,则其中系数 $b_3=$________.

【分析】由所给的傅里叶级数展开式知,这是将函数 $f(x)$ 在 $(-\pi,\pi)$ 上展开成以 2π 为周期的傅里叶级数,故由傅里叶系数公式可知

$$b_3=\frac{1}{\pi}\int_{-\pi}^{\pi}(\pi x+x^2)\sin 3x\,dx=\frac{2}{\pi}\int_0^{\pi}\pi x\sin 3x\,dx$$

学习随笔

$$=2\left[-\frac{1}{3}x\cos3x+\frac{1}{9}\sin3x\right]_0^{\pi}=\frac{2}{3}\pi.$$

【例 12.7.2】设 $f(x)=\begin{cases}-1, & -\pi<x\leqslant0,\\ 1+x^2, & 0<x\leqslant\pi,\end{cases}$ 则其以 2π 为周期的傅里叶级数在点 $x=\pm\pi$ 处收敛于________.

【分析】由狄利克雷充分条件知，函数 $f(x)$ 在 $[-\pi,\pi]$ 上的傅里叶级数，在 $x=\pm\pi$ 处，其和函数的值 $S(\pm\pi)=\frac{1}{2}[f(\pi-0)+f(-\pi+0)]$，所以

$$S(\pm\pi)=\frac{1}{2}[(1+\pi^2)+(-1)]=\frac{\pi^2}{2}.$$

2. 函数展开成傅里叶级数

【例 12.7.3】设函数 $f(x)$ 的周期为 2π，它在 $(-\pi,\pi)$ 内的表达式为

$$f(x)=\begin{cases}0, & -\pi<x\leqslant0,\\ x^2, & 0<x<\pi,\end{cases}$$

把函数展开为傅里叶级数.

【解】$f(x)$ 在点 $x=(2k+1)\pi(k=0,\pm1,\pm2,\cdots)$ 处不连续，因此，$f(x)$ 的傅里叶级数在 $x=(2k+1)\pi$ 处收敛于

$$\frac{1}{2}[f(\pi-0)+f(\pi+0)]=\frac{1}{2}[f(\pi-0)+f(-\pi+0)]=\frac{1}{2}(\pi^2+0)=\frac{\pi^2}{2},$$

在连续点 $(x\neq(2k+1)\pi)$ 处收敛于 $f(x)$. 计算傅里叶系数如下：

$$a_0=\frac{1}{\pi}\int_0^{\pi}x^2\mathrm{d}x=\frac{\pi^2}{3},$$

$$a_n=\frac{1}{\pi}\int_0^{\pi}x^2\cos nx\,\mathrm{d}x=\frac{1}{n\pi}\left[\pi^2\sin n\pi+\frac{2\pi}{n}\cos n\pi+\frac{1}{n^2}(2\sin0-2\sin n\pi)\right]$$

$$=\frac{2}{n^2}\cos n\pi=\frac{2(-1)^n}{n^2},$$

$$b_n=\frac{1}{\pi}\int_0^{\pi}x^2\sin nx\,\mathrm{d}x=\frac{1}{n\pi}\left[-\pi^2\cos n\pi+\frac{2\pi}{n}\sin n\pi-\frac{1}{n^2}(2\cos0-2\cos n\pi)\right]$$

$$=-\frac{(-1)^n}{n}\pi+\frac{2}{n^3\pi}[(-1)^n-1],$$

于是　$a_1=-2,\ a_2=\frac{2}{2^2},\ a_3=-\frac{2}{3^2},\cdots$

$$b_1=\pi-\frac{4}{\pi},\ b_2=-\frac{\pi}{2},\ b_3=\frac{\pi}{3}-\frac{4}{3^2\pi},\ b_4=-\frac{\pi}{4},\cdots$$

故 $f(x)=\frac{\pi^2}{6}-2\cos x+\left(\pi-\frac{4}{\pi}\right)\sin x+\frac{1}{2}\cos2x-\frac{\pi}{2}\sin2x+\cdots,(x\neq(2k+1)\pi)$.

【例 12.7.4】在区间 $(-\pi,\pi)$ 内把函数 $f(x)=\sin ax\,(a>0)$ 展开成以 2π 为周期的傅里叶级数.

【解】$f(x)$ 在 $(-\pi,\pi)$ 内满足收敛定理的条件，并且每一点都连续，因此，它的傅里叶级数在 $(-\pi,\pi)$ 内收敛于函数 $f(x)$.

学习随笔

因为 $f(x)$ 在 $(-\pi,\pi)$ 上为奇函数，故其展开式应为正弦级数，即

$$a_n=0(n=0,1,2,3,\cdots).$$

(1) 当 a 不是整数时，

$$\begin{aligned}b_n&=\frac{2}{\pi}\int_0^{\pi}\sin ax\sin nx\,dx\\&=\frac{2}{\pi}\int_0^{\pi}\frac{1}{2}[\cos(n-a)x-\cos(n+a)x]dx\\&=\frac{2\sin a\pi}{\pi}\cdot\frac{(-1)^{n+1}n}{n^2-a^2},\end{aligned}$$

于是 $$\sin ax=\frac{2\sin a\pi}{\pi}\sum_{n=1}^{\infty}\frac{(-1)^{n+1}n}{n^2-a^2}\sin nx,(-\pi<x<\pi),(a\neq 1,2,\cdots).$$

(2) 当 a 为整数时，由三角函数的正交性，得

$$b_n=\frac{1}{\pi}\int_{-\pi}^{\pi}\sin ax\sin nx\,dx=\begin{cases}1, & a=n,\\0, & a\neq n.\end{cases}$$

于是 $\sin ax=\sum\limits_{n=1}^{\infty}b_n\sin nx=\sin ax,(-\pi<x<\pi),(a=1,2,\cdots)$，即 a 为整数时，$\sin ax$ 的傅里叶级数就是它本身.

综上得 $$\sin ax=\begin{cases}\dfrac{2\sin a\pi}{\pi}\sum\limits_{n=1}^{\infty}\dfrac{(-1)^{n+1}n}{n^2-a^2}\sin nx, & a\neq 1,2,\cdots,(-\pi<x<\pi),\\ \sin ax, & a=1,2,\cdots,(-\pi<x<\pi).\end{cases}$$

3. 正弦级数和余弦级数

【例 12.7.5】设函数 $f(x)=1-\dfrac{x}{\pi}(0\leqslant x\leqslant\pi)$.(1) 将 $f(x)$ 展开成以 2π 为周期的余弦级数;(2) 求此级数的和函数 $S(x)$ 的值:$S(-3)$,$S(12)$.

【解】(1) 将 $f(x)$ 作偶延拓，并求出傅里叶系数：

$$b_n=0(n=1,2,\cdots),\ a_0=\frac{2}{\pi}\int_0^{\pi}\left(1-\frac{x}{\pi}\right)dx=1,$$

$$a_n=\frac{2}{\pi}\int_0^{\pi}\left(1-\frac{x}{\pi}\right)\cos nx\,dx=\frac{2}{n^2\pi^2}[1-(-1)^n],(n=1,2,\cdots).$$

由于 $f(x)$ 在 $[-\pi,\pi]$ 满足狄利克雷充分条件，又因 $f(x)$ 在 $[-\pi,\pi]$ 处处连续且 $f(-\pi)=f(\pi)$，故 $f(x)=\dfrac{1}{2}+\sum\limits_{n=1}^{\infty}\dfrac{2}{n^2\pi^2}[1-(-1)^n]\cos nx$.

(2) $S(x)=f(x)$，并且 $S(x)$ 是偶函数且以 2π 为周期，因此

$$S(-3)=S(3)=f(3)=1-\frac{3}{\pi},$$

$$S(12)=S(12-4\pi)=S(4\pi-12)=f(4\pi-12)=1+\frac{12-4\pi}{\pi}.$$

【例 12.7.6】应如何把给定在 $\left(0,\dfrac{\pi}{2}\right)$ 内的可积函数 $f(x)$ 延拓到 $(-\pi,\pi)$ 内，使得它展开成的傅里叶级数的形式为 $f(x)=\sum\limits_{n=1}^{\infty}a_n\cos(2n-1)x,(-\pi<x<\pi)$.

学习随笔

【解】由于展开式中无正弦项，故 $f(x)$ 延拓到 $(-\pi,\pi)$ 内应满足 $f(-x)=f(x)$，函数 $f(x)$ 延拓到 $\left(\frac{\pi}{2},\pi\right)$ 的部分记为 $g(x)$，则由题设有

$$\int_0^{\frac{\pi}{2}} f(x)\cos 2nx\,dx+\int_{\frac{\pi}{2}}^{\pi} g(x)\cos 2nx\,dx=0,(n=0,1,2,\cdots).$$

在上式左端第一个积分中作代换 $\pi-x=y$，即得

$$-\int_{\pi}^{\frac{\pi}{2}} f(\pi-y)\cos 2ny\,dy+\int_{\frac{\pi}{2}}^{\pi} g(x)\cos 2nx\,dx=0,$$

亦即

$$\int_{\frac{\pi}{2}}^{\pi}[f(\pi-x)+g(x)]\cos 2nx\,dx=0,(n=0,1,2,\cdots).$$

要使上式成立，显然只须要求对于 $\left(\frac{\pi}{2},\pi\right)$ 内任何 x 值，恒有

$$f(\pi-x)+g(x)=0,\text{即 } g(x)=-f(\pi-x).$$

于是，先要在 $\left(\frac{\pi}{2},\pi\right)$ 内定义一个函数，使它等于 $-f(\pi-x)$；然后再按偶函数延拓到 $(-\pi,0)$，不妨将延拓到 $(-\pi,\pi)$ 上的函数记为 $f(x)$，则要求 $f(x)$ 满足

$$f(-x)=f(x),\quad f(\pi-x)=-f(x),(-\pi<x<\pi).$$

4. 由函数的性质讨论傅里叶系数的特性

【例 12.7.7】设 $f(x)$ 在 $[-\pi,\pi]$ 可积，且

$$f(x)\sim\frac{a_0}{2}+\sum_{n=1}^{\infty}a_n\cos nx+b_n\sin nx.$$

(1) 若 $f(x)$ 在 $[-\pi,\pi]$ 有连续导数，求证：$\lim\limits_{n\to+\infty}a_n=\lim\limits_{n\to+\infty}b_n=0$；

(2) 若 $f(x)$ 在 $[-\pi,\pi]$ 有二阶连续导数，求证：$\sum\limits_{n=1}^{\infty}|a_n|$ 收敛.

【分析与证明】$a_n=\frac{1}{\pi}\int_{-\pi}^{\pi}f(x)\cos nx\,dx$，$b_n=\frac{1}{\pi}\int_{-\pi}^{\pi}f(x)\sin nx\,dx$.

要对 a_n 与 b_n 进行估计，为此要对 a_n 与 b_n 的表达式作变形——分部积分.

(1) 作一次分部积分. $a_n=\frac{1}{n\pi}\int_{-\pi}^{\pi}f(x)\,d\sin nx=-\frac{1}{n\pi}\int_{-\pi}^{\pi}f'(x)\sin nx\,dx$.

记 $M_1=\max\limits_{[-\pi,\pi]}|f'(x)|\Rightarrow|a_n|\leqslant\frac{2M_1}{n}$.

同理可证：$|b_n|\leqslant\frac{2M_1}{n}$.

因此 $\lim\limits_{n\to+\infty}a_n=\lim\limits_{n\to+\infty}b_n=0$.

(2) 再作一次分部积分

$$\begin{aligned}a_n&=\frac{1}{n^2\pi}\int_{-\pi}^{\pi}f'(x)\,d\cos nx\\&=\frac{(-1)^n}{n^2\pi}[f'(\pi)-f'(-\pi)]-\frac{1}{n^2\pi}\int_{-\pi}^{\pi}f''(x)\cos nx\,dx.\end{aligned}$$

注意 $|\cos nx|\leqslant1$，$f''(x)$ 在 $[-\pi,\pi]$ 有界 $\Rightarrow\exists$ 常数 M 使得 $|a_n|\leqslant\frac{M}{n^2}$.

学习随笔

因此，$\sum_{n=1}^{\infty}|a_n|$收敛.

第八节 一般周期函数的傅里叶级数

一、知识点归纳总结

1. 函数的傅里叶系数与傅里叶级数

(1) 定义在区间$[-l,l]$上的函数的傅里叶系数与傅里叶级数

设 $f(x)$定义在$(-\infty,+\infty)$上以 $2l$ 为周期或只定义在$[-l,l]$上，在$[-l,l]$可积，则称

$$a_n=\frac{1}{l}\int_{-l}^{l}f(x)\cos\frac{n\pi}{l}x\,dx\quad(n=0,1,2,\cdots),$$

$$b_n=\frac{1}{l}\int_{-l}^{l}f(x)\sin\frac{n\pi}{l}x\,dx\quad(n=1,2,\cdots)$$

为 $f(x)$的(以 $2l$ 为周期的)傅里叶系数，简称为傅氏系数. 相应的三角级数

$$\frac{a_0}{2}+\sum_{n=1}^{\infty}\left(a_n\cos\frac{n\pi}{l}x+b_n\sin\frac{n\pi}{l}x\right)$$

称为 $f(x)$的(以 $2l$ 为周期的)傅里叶级数，简称为傅氏级数，记作

$$f(x)\sim\frac{a_0}{2}+\sum_{n=1}^{\infty}\left(a_n\cos\frac{n\pi}{l}x+b_n\sin\frac{n\pi}{l}x\right).$$

(2) 奇偶函数的傅氏系数与傅氏级数

设 $f(x)$定义在$(-\infty,+\infty)$上以 $2l$ 为周期或只定义在$[-l,l]$上，在$[-l,l]$可积.

若 $f(x)$在$[-l,l]$为偶函数，则 $f(x)$的傅氏系数

$$a_n=\frac{2}{l}\int_{0}^{l}f(x)\cos\frac{n\pi}{l}x\,dx\,(n=0,1,2,3,\cdots),\quad b_n=0(n=1,2,3,\cdots),$$

其傅氏级数为余弦级数 $f(x)\sim\frac{a_0}{2}+\sum_{n=1}^{\infty}a_n\cos\frac{n\pi}{l}x$.

若 $f(x)$在$[-l,l]$为奇函数，则 $f(x)$的傅氏系数

$$a_n=0(n=0,1,2,3,\cdots),\quad b_n=\frac{2}{l}\int_{0}^{l}f(x)\sin\frac{n\pi}{l}x\,dx\,(n=1,2,3,\cdots),$$

其傅氏级数为正弦级数 $f(x)\sim\sum_{n=1}^{\infty}b_n\sin\frac{n\pi}{l}x$.

(3) 定义在区间$[0,l]$上函数以 $2l$ 为周期的傅氏系数与傅氏级数

首先将 $f(x)$延拓到$[-l,0)$上，即在$[-l,l]$上构造一个函数 $f^*(x)$使之在$[0,l]$上为 $f(x)$. 然后求定义在$[-l,l]$上函数 $f^*(x)$的以 $2l$ 为周期的傅氏系数与傅氏级数.

常用的延拓方法有：

① 偶延拓：$f^*(x)$在$[-l,l]$为偶函数.

② 奇延拓：$f^*(x)$在$[-l,l]$为奇函数.

学习随笔

③ 零延拓：$f^*(x)=\begin{cases} f(x), & x\in[0,l], \\ 0, & x\in[-l,0]. \end{cases}$

2. 傅氏级数的收敛性定理及其和函数

收敛定理、狄里克雷充分条件　设 $f(x)$是周期为 $2l$ 的函数，若 $f(x)$在$[-l,l]$满足

① 连续或只有有限个第一类间断点.

② 至多只有有限个极值点，

则 $\forall x\in[-l,l]$，$f(x)$的傅氏级数

$$f(x)\sim\frac{a_0}{2}+\sum_{n=1}^{\infty}\left(a_n\cos\frac{n\pi}{l}x+b_n\sin\frac{n\pi}{l}x\right), \qquad (12.8-1)$$

均收敛，记其和函数为 $S(x)$，$S(x)$与 $f(x)$的关系如下：

$$S(x)=\begin{cases} f(x), & x\in(-l,l),\text{为 } f(x) \text{ 的连续点}, \\ \dfrac{f(x+0)+f(x-0)}{2}, & x\in(-l,l),\text{为 } f(x) \text{ 的间断点}, \\ \dfrac{f(-l+0)+f(l-0)}{2}, & x=\pm l. \end{cases}$$

$\forall x$，$f(x)$的傅氏级数(12.8-1)均收敛，其和函数

$$S(x)=\begin{cases} f(x), & \text{当 } x \text{ 为 } f(x) \text{ 的连续点时}, \\ \dfrac{1}{2}[f(x+0)+f(x-0)], & \text{当 } x \text{ 为 } f(x) \text{ 的间断点时}. \end{cases}$$

3. 函数的傅氏级数展开

若在某区间上 $f(x)$的傅氏级数收敛到 $f(x)$，则称在此区间上 $f(x)$可展开为傅氏级数，并称此傅氏级数为 $f(x)$的傅氏级数展开式.

(1) 设 $f(x)$在$[-l,l]$满足收敛定理条件，在$(-l,l)$连续，又

$$f(x)\sim\frac{a_0}{2}+\sum_{n=1}^{\infty}\left(a_n\cos\frac{n\pi}{l}x+b_n\sin\frac{n\pi}{l}x\right),$$

则
$$f(x)=\frac{a_0}{2}+\sum_{n=1}^{\infty}\left(a_n\cos\frac{n\pi}{l}+b_n\sin\frac{n\pi}{l}x\right), x\in(-l,l),$$

即在$(-l,l)$上 $f(x)$可展开为以 $2l$ 为周期的傅氏级数.

(2) 在上述同样条件下又设 $f(x)$在$[-l,l]$连续且 $f(l)=f(-l)$，则

$$f(x)=\frac{a_0}{2}+\sum_{n=1}^{\infty}\left(a_n\cos\frac{n\pi}{l}x+b_n\sin\frac{n\pi}{l}x\right), x\in[-l,l],$$

即在$[-l,l]$上 $f(x)$可展开为以 $2l$ 为周期的傅氏级数.

*4. 傅氏级数的复数形式

设 $f(x)$ 定义在$(-\infty,+\infty)$上以 T 为周期或只定义在 $\left[-\frac{T}{2},\frac{T}{2}\right]$ 上，在 $\left[-\frac{T}{2},\frac{T}{2}\right]$ 上可积，则 $f(x)$的以 T 为周期的傅氏级数

$$f(x)\sim\frac{a_0}{2}+\sum_{n=1}^{\infty}(a_n\cos n\omega x+b_n\sin n\omega x),$$

学习随笔

其中 $\omega=\dfrac{2\pi}{T}$,

$$a_n=\frac{2}{T}\int_{-\frac{T}{2}}^{\frac{T}{2}} f(x)\cos n\omega x\,\mathrm{d}x \quad (n=0,1,2,\cdots),$$

$$b_n=\frac{2}{T}\int_{-\frac{T}{2}}^{\frac{T}{2}} f(x)\sin n\omega x\,\mathrm{d}x \quad (n=1,2,\cdots). \tag{12.8-2}$$

由 $\cos\theta=\dfrac{\mathrm{e}^{\mathrm{i}\theta}+\mathrm{e}^{-\mathrm{i}\theta}}{2}$,$\sin\theta=\dfrac{\mathrm{e}^{\mathrm{i}\theta}-\mathrm{e}^{-\mathrm{i}\theta}}{2\mathrm{i}}$,$\mathrm{i}=\sqrt{-1}$,可得 $f(x)$的以 T 为周期的傅氏级数的复数形式

$$f(x)\sim\sum_{n=-\infty}^{+\infty} c_n \mathrm{e}^{\mathrm{i}n\omega x},$$

其中
$$c_n=\frac{1}{T}\int_{-\frac{T}{2}}^{\frac{T}{2}} f(x)\mathrm{e}^{-\mathrm{i}n\omega x}\,\mathrm{d}x \ (n=0,\pm1,\pm2,\cdots).$$

c_n 与 a_n,b_n 有如下关系:

$$c_0=\frac{a_0}{2},\ c_n=\frac{1}{2}(a_n-\mathrm{i}b_n) \quad (n=1,2,3,\cdots),$$

$$c_{-n}=\frac{1}{2}(a_n+\mathrm{i}b_n) \quad (n=1,2,3,\cdots),$$

$$a_n=c_n+c_{-n} \quad (n=0,1,2,3,\cdots),$$

$$b_n=\mathrm{i}(c_n-c_{-n}) \quad (n=1,2,3,\cdots),$$

$$|c_n|=|c_{-n}|=\frac{1}{2}\sqrt{a_n^2+b_n^2}.$$

求复数形式的傅氏级数在计算上比较方便,因为 c_n 的公式是统一的,只须算一个积分.

对复数形式的傅氏级数也有相应的收敛性定理.

二、典型题型归纳及解题方法与技巧

1. 求给定函数的傅氏系数与傅氏级数

【例 12.8.1】求 $f(x)=\begin{cases} x, & 0\leqslant x\leqslant 2, \\ 4-x, & 2\leqslant x\leqslant 4 \end{cases}$ 的以 8 为周期的傅氏系数与傅氏级数.

(1) $f(x)$作奇延拓;　(2) $f(x)$作偶延拓;　(3) $f(x)$作零延拓.

【解】(1) $f(x)$为奇函数,$l=4\Rightarrow$

$a_n=0(n=0,1,2,3,\cdots)$,

$$b_n=\frac{2}{4}\int_0^4 f(x)\sin\frac{n\pi x}{4}\mathrm{d}x=\frac{1}{2}\left[\int_0^2 x\sin\frac{n\pi x}{4}\mathrm{d}x+\int_2^4(4-x)\sin\frac{n\pi x}{4}\mathrm{d}x\right],$$

其中 $\displaystyle\int_2^4(4-x)\sin\frac{n\pi x}{4}\mathrm{d}x \xlongequal{4-x=t} \int_0^2 t\sin\frac{n\pi(4-t)}{4}\mathrm{d}t=\int_0^2 x(-1)^{n-1}\sin\frac{n\pi x}{4}\mathrm{d}x.$

$\Rightarrow$
$$b_{2n}=0 \quad (n=1,2,\cdots),$$

$$b_{2n-1}=\int_0^2 x\sin\frac{(2n-1)\pi x}{4}\mathrm{d}x=\frac{-4}{(2n-1)\pi}\int_0^2 x\,\mathrm{d}\cos\frac{(2n-1)\pi x}{4}$$

学习随笔

$$=\frac{4}{(2n-1)\pi}\int_0^2\cos\frac{(2n-1)\pi x}{4}\mathrm{d}x$$

$$=(-1)^{n-1}\left[\frac{4}{(2n-1)\pi}\right]^2\quad(n=1,2,3,\cdots).$$

$$\Rightarrow\qquad f(x)\sim\sum_{n=1}^{\infty}(-1)^{n-1}\left[\frac{4}{(2n-1)\pi}\right]^2\sin\frac{(2n-1)\pi x}{4}.$$

(2) $f(x)$为偶函数，$l=4$，类似计算 $\Rightarrow b_n=0(n=1,2,3,\cdots)$.

$$\Rightarrow\qquad a_{2n-1}=0(n=1,2,3,\cdots),$$

$$a_{2n}=\left(\frac{2}{n\pi}\right)^2[(-1)^n-1]\quad(n=1,2,3,\cdots),$$

$$a_0=2.$$

$$\Rightarrow\qquad f(x)\sim1-\sum_{n=1}^{\infty}\frac{8}{(2n-1)^2\pi^2}\cos\frac{2n-1}{2}\pi x.$$

(3) $$f(x)=\begin{cases}0, & -4\leqslant x\leqslant0,\\ x, & 0\leqslant x\leqslant2,\\ 4-x, & 2\leqslant x\leqslant4.\end{cases}\qquad(12.8-3)$$

按通常的办法我们可由表达式(12.8-3)直接按公式计算零延拓后的$f(x)$的傅氏系数.但是,如果注意零延拓函数(记为$f_3(x)$)与偶延拓函数(记为$f_1(x)$)及奇延拓函数(记为$f_2(x)$)之间的关系$f_3(x)=\frac{1}{2}[f_1(x)+f_2(x)]$,因此利用前面结果就有

$$f(x)\sim\frac{1}{2}+\sum_{n=1}^{\infty}\left[\frac{-4}{(2n-1)^2\pi^2}\cos\frac{(2n-1)\pi}{2}x+(-1)^{n-1}\frac{8}{(2n-1)^2\pi^2}\sin\frac{(2n-1)\pi}{4}x\right].$$

评注 ① 给定$f(x)$求傅氏系数,首先按题意确定傅氏级数的形式,然后按傅氏系数公式计算相应的定积分.

② 设区间$[-l,l]$上的函数$f_1(x),f_2(x)$的傅氏系数分别为$a_n^{(1)},b_n^{(1)};a_n^{(2)},b_n^{(2)}$，$f(x)=f_1(x)+f_2(x)$的傅氏系数为$a_n,b_n$,则 $a_n=a_n^{(1)}+a_n^{(2)},b_n=b_n^{(1)}+b_n^{(2)}$.

2. 由函数的性质讨论傅氏系数的特性

【例 12.8.2】 设$f(x)$以$2l$为周期,在$[-l,l]$上可积,又满足：$f(x+l)=-f(x)$.求证：$f(x)$的傅氏系数a_n与b_n满足：

$$a_{2n}=0,\quad a_{2n+1}=\frac{2}{l}\int_0^l f(x)\cos\frac{(2n+1)\pi}{l}x\,\mathrm{d}x,$$

$$b_{2n}=0,\quad b_{2n+1}=\frac{2}{l}\int_0^l f(x)\sin\frac{(2n+1)\pi}{l}x\,\mathrm{d}x.$$

【分析与证明】

$$a_n=\frac{1}{l}\int_{-l}^{l}f(x)\cos\frac{n\pi}{l}x\,\mathrm{d}x=\frac{1}{l}\int_{-l}^{0}f(x)\cos\frac{n\pi}{l}x\,\mathrm{d}x+\frac{1}{l}\int_0^l f(x)\cos\frac{n\pi}{l}x\,\mathrm{d}x,$$

其中
$$\int_{-l}^{0}f(x)\cos\frac{n\pi}{l}x\,\mathrm{d}x=\int_{-l}^{0}-f(x+l)\cos\frac{n\pi}{l}x\,\mathrm{d}x$$

$$\xlongequal{x+l=t}-\int_0^l f(t)\cos\frac{n\pi}{l}(t-l)\,\mathrm{d}t$$

学习随笔

$$=-\int_0^l f(x)\cos\left(\frac{n\pi}{l}x-n\pi\right)\mathrm{d}x$$

$$=(-1)^{n+1}\int_0^l f(x)\cos\frac{n\pi}{l}x\,\mathrm{d}x.$$

于是 $$a_n=\frac{1}{l}\left[(-1)^{n+1}\int_0^l f(x)\cos\frac{n\pi}{l}x\,\mathrm{d}x+\int_0^l f(x)\cos\frac{n\pi}{l}x\,\mathrm{d}x\right].$$

$\Rightarrow$ $$a_{2n}=0,\ a_{2n+1}=\frac{2}{l}\int_0^l f(x)\cos\frac{(2n+1)\pi}{l}x\,\mathrm{d}x.$$

同理可证 b_n 的结论.

3. 求给定函数的傅氏级数的和函数

【例 12.8.3】设 $f(x)=\begin{cases}x, & 0\leqslant x\leqslant\frac{1}{2},\\ 2-2x, & \frac{1}{2}<x\leqslant 1,\end{cases}$ 又 $f(x)$以 2 为周期且为偶函数. $S(x)$是 $f(x)$的傅氏级数的和函数,且

$$S(x)=\frac{a_0}{2}+\sum_{n=1}^{\infty}a_n\cos n\pi x\ (-\infty<x<+\infty).$$

(1) $x\in[0,1]$时,求 $S(x)$;　(2) $x\in[-1,0]$时,求 $S(x)$;

(3) $x\in\left[-3,-\frac{5}{2}\right]$时,求 $S(x)$.

【分析与求解】当 $x\in[0,1]$时 $f(x)$的图形如图 12.8-1 所示. $f(x)$在$[-1,1]$上分段单调,除 $x=\pm\frac{1}{2}$外均连续,且 $f(-1)=f(1)$. 因此,由收敛性定理,当 $x\in[-1,1]$且 $x\neq\pm\frac{1}{2}$时 $S(x)=f(x)$. $S(x)$是偶函数.

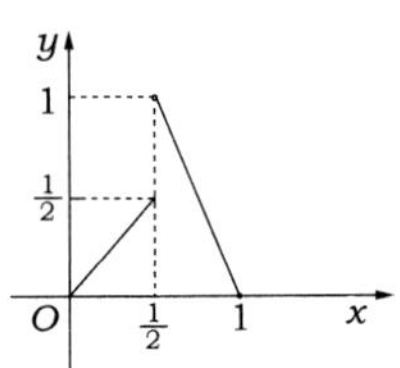

图 12.8-1

$$S\left(-\frac{1}{2}\right)=S\left(\frac{1}{2}\right)=\frac{1}{2}\left[f\left(\frac{1}{2}-0\right)+f\left(\frac{1}{2}+0\right)\right]=\frac{1}{2}\left(\frac{1}{2}+1\right)=\frac{3}{4}.$$

$$(1)\ S(x)=\begin{cases}f(x), & x\in[0,1],x\neq\frac{1}{2},\\ \frac{3}{4}, & x=\frac{1}{2}\end{cases}=\begin{cases}x, & 0\leqslant x<\frac{1}{2},\\ \frac{3}{4}, & x=\frac{1}{2},\\ 2-2x, & \frac{1}{2}<x\leqslant 1.\end{cases}$$

(2) $x\in[-1,0]$时,$S(x)=S(-x)$.

$x\in\left[-1,-\frac{1}{2}\right)$时,$-x\in\left(\frac{1}{2},1\right]$,$x=-\frac{1}{2}\Rightarrow -x=\frac{1}{2}$,$x\in\left(-\frac{1}{2},0\right]$时,$-x\in\left[0,\frac{1}{2}\right)$.

因此
$$S(x)=S(-x)=\begin{cases}2+2x, & -1\leqslant x<-\dfrac{1}{2},\\ \dfrac{3}{4}, & x=-\dfrac{1}{2},\\ -x, & -\dfrac{1}{2}<x\leqslant 0.\end{cases}$$

(3) $S(x)$以 2 为周期. 当$-3\leqslant x\leqslant -\dfrac{5}{2}$时,$-1\leqslant x+2\leqslant -\dfrac{1}{2}$,

$$S(x)=S(x+2)=2+2(x+2)=6+2x\left(-3\leqslant x<-\frac{5}{2}\right),$$

$$S\left(-\frac{5}{2}\right)=S\left(-\frac{1}{2}\right)=\frac{3}{4}.$$

评注 对给定的函数求傅氏级数在点 x 处的和时,要区分 x 是区间$[-l,l]$的端点或内点,是连续点还是间断点,来用收敛性定理.

4. 求给定函数的傅氏级数展开式并求某些数值级数的和

【例 12.8.4】设 $f(x)=x^2,x\in[0,\pi]$. 将 $f(x)$ 展成以 π 为周期的傅氏级数,并求 $\sum\limits_{n=1}^{\infty}\dfrac{1}{n^2}$.

【分析与求解】(1) 先求傅氏系数.

将 $f(x)$看作是作了周期延拓后以 π 为周期的函数. 于是利用周期函数的积分性质,求得傅氏系数

$$a_n=\frac{1}{\frac{\pi}{2}}\int_{-\frac{\pi}{2}}^{\frac{\pi}{2}}f(x)\cos\frac{n\pi x}{\frac{\pi}{2}}\mathrm{d}x=\frac{2}{\pi}\int_0^{\pi}x^2\cos 2nx\,\mathrm{d}x=\frac{1}{n\pi}\int_0^{\pi}x^2\mathrm{d}\sin 2nx$$
$$=-\frac{2}{n\pi}\int_0^{\pi}x\sin 2nx\,\mathrm{d}x=\frac{1}{n^2\pi}\int_0^{\pi}x\,\mathrm{d}\cos 2nx=\frac{1}{n^2}-\frac{1}{n^2\pi}\int_0^{\pi}\cos 2nx\,\mathrm{d}x$$
$$=\frac{1}{n^2}(n=1,2,3,\cdots),$$

$$a_0=\frac{2}{\pi}\int_0^{\pi}x^2\quad\mathrm{d}x=\frac{2}{3}\pi^2.$$

同理 $b_n=\dfrac{2}{\pi}\displaystyle\int_0^{\pi}x^2\sin 2nx\,\mathrm{d}x=-\dfrac{1}{n\pi}\int_0^{\pi}x^2\mathrm{d}\cos 2nx=-\dfrac{\pi}{n}+\dfrac{2}{n\pi}\int_0^{\pi}x\cos 2nx\,\mathrm{d}x$

$$=-\frac{\pi}{n}+\frac{1}{n^2\pi}\int_0^{\pi}x\,\mathrm{d}\sin 2nx=-\frac{\pi}{n}-\frac{1}{n^2\pi}\int_0^{\pi}\sin 2nx\,\mathrm{d}x=-\frac{\pi}{n}\quad(n=1,2,3,\cdots).$$

(2) 求傅氏展开式. 由收敛性定理知

$$f(x)=x^2=\frac{a_0}{2}+\sum_{n=1}^{\infty}(a_n\cos 2nx+b_n\sin 2nx)$$
$$=\frac{1}{3}\pi^2+\sum_{n=1}^{\infty}\left(\frac{1}{n^2}\cos 2nx-\frac{\pi}{n}\sin 2nx\right),\quad 0<x<\pi.$$

当 $x=0,\pi$ 时是$[0,\pi]$的端点,收敛于

学习随笔

$$\frac{1}{2}[f(0+0)+f(\pi-0)]=\frac{1}{2}(0+\pi^2)=\frac{\pi^2}{2}.$$

(3) 令 $x=0$ 得 $\frac{\pi^2}{2}=\frac{\pi^2}{3}+\sum_{n=1}^{\infty}\frac{1}{n^2}\Rightarrow\sum_{n=1}^{\infty}\frac{1}{n^2}=\frac{\pi^2}{2}-\frac{\pi^2}{3}=\frac{\pi^2}{6}$.

5. 傅里叶级数的复数形式

【例 12.8.5】将 $f(x)=e^{\alpha x}(\alpha\neq 0),x\in[-\pi,\pi]$展成复数形式的傅氏级数.

【解】先按公式计算 $f(x)$的复数形式的傅氏系数

$$\begin{aligned}c_n&=\frac{1}{2\pi}\int_{-\pi}^{\pi}f(x)e^{-inx}dx\quad\left(T=2\pi,\omega=\frac{2\pi}{T}=1\right)\\&=\frac{1}{2\pi}\int_{-\pi}^{\pi}e^{(\alpha-in)x}dx=\frac{1}{2\pi(\alpha-in)}e^{(\alpha-in)x}\Big|_{-\pi}^{\pi}\\&=\frac{1}{2\pi(\alpha-in)}[e^{(\alpha-in)\pi}-e^{-(\alpha-in)\pi}]=\frac{1}{2\pi(\alpha-in)}[e^{\alpha\pi}\cos n\pi-e^{-\alpha\pi}\cos n\pi]\\&=\frac{(-1)^n}{\pi(\alpha-in)}\mathrm{sh}\alpha\pi\ (n=0,\pm1,\pm2,\cdots).\end{aligned}$$

现由收敛性定理得

$$e^{\alpha x}=\sum_{n=-\infty}^{\infty}\frac{(-1)^n\mathrm{sh}\alpha\pi}{\pi(\alpha-in)}e^{inx},\ x\in(-\pi,\pi),\text{其中 }\mathrm{sh}x=\frac{e^x-e^{-x}}{2}.$$

由于 $e^{\alpha x}$ 在$-\pi,\pi$ 处不相等,按收敛性定理,在 $x=-\pi,\pi$ 处,有

$$\sum_{n=-\infty}^{\infty}\frac{(-1)^n\mathrm{sh}\alpha\pi}{\pi(\alpha-in)}e^{\pm in\pi}=\frac{1}{2}(e^{\alpha\pi}+e^{-\alpha\pi}),\quad\text{即}\quad\sum_{n=-\infty}^{+\infty}\frac{\mathrm{sh}\alpha\pi}{\pi(\alpha-in)}=\mathrm{ch}\alpha\pi,$$

其中 $\mathrm{ch}x=\frac{e^x+e^{-x}}{2}$.